DIE STATISTISCHE THEORIE DES ATOMS UND IHRE ANWENDUNGEN

VON

PROF. DR. P. GOMBÁS

DIREKTOR DES PHYSIKALISCHEN INSTITUTS DER UNIVERSITÄT FÜR
TECHNISCHE WISSENSCHAFTEN IN BUDAPEST

MIT 59 TEXTABBILDUNGEN

SPRINGER-VERLAG WIEN GMBH
1949

Vorwort.

Die statistische Theorie des Atoms ist nach einer raschen Entwicklung zur Zeit so weit fortgeschritten, daß sie über viele Eigenschaften der Atome, Moleküle und der zusammenhängenden Materie Aufschluß geben kann. Dies ließ es als zweckmäßig erscheinen, die Theorie und ihre vielseitigen Anwendungen zusammenfassend darzustellen.

Ich war bestrebt, dies in einer Weise zu tun, die es auch dem Experimentalphysiker, technischen Physiker oder Chemiker gestattet, sich mit möglichst geringer Mühe in dieses Gebiet einzuarbeiten. Das anschau liche Bild, das der statistischen Theorie des Atoms zugrunde liegt, und der einfache gedankliche Aufbau der Theorie dürften besonders diejenigen in ihrer Arbeit unterstützen, die in die Atomphysik vordringen möchten, aber den weitaus komplizierteren Apparat der Quantenmechanik nicht beherrschen. Als Vorkenntnisse sind hier nur die elementarsten Regeln der Differential- und Integralrechnung vorausgesetzt.

Einen Überblick über die Einteilung und den Inhalt des Buches gibt das Inhaltsverzeichnis. Weiterhin steht am Anfang von jedem Kapitel und von fast allen Paragraphen eine kurze Zusammenfassung des betreffenden Gebietes.

Im Zusammenhang mit der Einteilung sei erwähnt, daß es sich als notwendig erwies, einige Benennungen einzuführen, bzw. einige in der Literatur schon eingebürgerte Benennungen konsequent beizubehalten, um die durch verschiedene Korrektionen erweiterten statistischen Modelle auch durch ihre Benennungen einfach abgrenzen zu können. Als THOMAS-FERMISches Modell — das wir im Kap. II entwickeln — wurde durchweg dasjenige Modell bezeichnet, bei welchem zwischen den Elektronen nur die elektrostatischen Kräfte berücksichtigt sind und die Elektronen nicht-relativistisch behandelt werden. Die über diesen Rahmen hinausgehenden Korrektionen und Erweiterungen des Modells bringen wir im Kap. III. Dementsprechend behandeln wir die FERMI-AMALDISche Korrektion — die noch im Rahmen des THOMAS-FERMISchen Modells verbleibt — im Kap. II. Im Kap. III befassen wir uns unter anderen sehr ausführlich mit den durch die Austausch- und Korrelationskorrektion erweiterten statistischen Modellen. An diesen beiden erweiterten statistischen Modellen läßt sich in Verbindung mit der FERMI-AMALDISchen Korrektion eine Modifikation anbringen, die wir im § 10 und im letzten Abschnitt des § 11 ausführlich besprechen; die entsprechenden Modelle bezeichnen wir kurz als „modifiziert". Das mit der Austauschkorrektion erweiterte, aber nicht modifizierte Modell nennen wir sehr häufig auch THOMAS-FERMI-DIRACsches Modell.

Der Vollständigkeit halber sind im Rahmen der Erweiterungen des statistischen Modells auch die Erweiterung durch die relativistische Korrektion und eine Erweiterung, die in der Gruppierung der Elektronen mit gleicher Nebenquantenzahl besteht, beschrieben, obwohl diese für die Anwendungen der Theorie praktisch keine Rolle spielen. Die vollständige Darstellung der bisher durchgeführten Erweiterungen des Modells gibt aber einen Ausblick auf die Möglichkeiten eines weiteren Ausbaues der Theorie. Ansätze der statistischen Theorie zur Behandlung von Fragen des Kernbaues gehen über den Rahmen des Buches hinaus und wurden nicht behandelt.

Das Manuskript des Buches war schon im Herbst 1944 druckfertig. Mit der Drucklegung konnte aber zufolge kriegsbedingter Schwierigkeiten erst jetzt begonnen werden. Dem inzwischen gemachten Fortschritt der statistischen Theorie des Atoms und ihrer Anwendungen habe ich überall Rechnung getragen.

Ich habe nun noch die angenehme Pflicht, für die Unterstützung und Hilfe zu danken, die mir bei meiner Arbeit zuteil wurde. Herr Geheimrat Prof. A. SOMMERFELD hat mir freundlicherweise einige Sonderdrucke von Arbeiten zugesendet, die während des Krieges hier nicht zu beschaffen waren. Herr Prof. H. JENSEN und Herr Prof. J. C. SLATER haben mir freundlichst mehrere, bisher nicht veröffentlichte, tabellierte Lösungen der THOMAS-FERMI-DIRACschen und der THOMAS-FERMIschen Gleichung zur Veröffentlichung zur Verfügung gestellt. Beim Lesen der Korrekturen wurde ich von meinen Assistenten, den Herren Dr. A. KÓNYA, Dr. T. A. HOFFMANN, ZS. NÁRAY und ganz besonders von Dr. R. GÁSPÁR, unterstützt. Eine besonders tatkräftige Hilfe erhielt ich von meiner gewesenen Assistentin Fräulein V. ADORJÁN durch die präzise Zeichnung des größten Teiles der Abbildungen. Dem Verlag Springer danke ich für das Verständnis und Entgegenkommen, das er meinen Wünschen gegenüber bewiesen hat, weiterhin für die Sorgfalt, mit der die Ausstattung des Buches durchgeführt wurde.

Budapest, im August 1948.

P. Gombás.

Inhaltsverzeichnis.

Seite

Einleitung 1

Allgemeiner Teil.

I. Allgemeine Grundlagen 3

§ 1. Elektronengas freier Elektronen. FERMI-DIRACsche Statistik. 3
Sehr tiefe Temperaturen 4. — Beliebige Temperaturen 8.

§ 2. Wechselwirkung freier Elektronen 14
Grundlagen der wellenmechanischen Berechnung der
Wechselwirkungsenergie von Elektronen 14. — Wechsel-
wirkungsenergie freier Elektronen 22.

II. Das statistische Modell nach THOMAS und FERMI 30

§ 3. Begründung des THOMAS-FERMIschen Modells. Die THOMAS-
FERMIsche Gleichung 31
Allgemeine Systeme 31. — Atome und Ionen 35.

§ 4. Lösung der THOMAS-FERMIschen Gleichung für Atome und
Ionen 41

§ 5. Dichteverteilung des Elektronengases im THOMAS-FERMI-
schen Atom- und Ionmodell 54

§ 6. Energiebeziehungen in der THOMAS-FERMIschen Theorie 58
Das GIBBSsche chemische Potential 58. — Energie des
Atoms und Ions 59. — Virialsatz 60.

§ 7. Die Korrektion von FERMI und AMALDI 65

§ 8. Das RITZsche Verfahren zur Bestimmung der Potential-
und Elektronenverteilung 71

III. Erweiterungen des statistischen Modells 76

§ 9. Die Austauschkorrektion 77
Die THOMAS-FERMI-DIRACsche Gleichung 77. — Das THOMAS-
FERMI-DIRACsche Atom- und Ionmodell 79. — Lösung
der THOMAS-FERMI-DIRACschen Gleichung für Atome
und Ionen 84. — Dichteverteilung des Elektronengases
im THOMAS-FERMI-DIRACschen Atom- und Ionmodell
88. — Energiebeziehungen 90.

§ 10. Modifikation des THOMAS-FERMI-DIRACschen Atom- und
Ionmodells 91
Die modifizierte THOMAS-FERMI-DIRACsche Gleichung 92. —
Lösung der modifizierten THOMAS-FERMI-DIRACschen
Gleichung 93.

Seite

§ 11. Korrektion durch die Korrelation 96
    Die mit der Korrelation erweiterte statistische Gleichung
    96. — Das erweiterte statistische Atom- und Ionmodell
    98. — Energiebeziehungen 104. — Modifikation des
    erweiterten statistischen Atom- und Ionmodells 105.

§ 12. Korrektion der kinetischen Energie 110
    Herleitung der kinetischen Energiekorrektion 110. —
    Erweiterung des statistischen Modells durch die kine-
    tische Energiekorrektion 114.

§ 13. Erweiterung des statistischen Atom- und Ionmodells durch
    Gruppierung der Elektronen nach der Nebenquanten-
    zahl 117

§ 14. Die relativistische Korrektion 120

§ 15. Korrektion für sehr hohe Temperaturen 123

§ 16. Begründung des statistischen Atommodells seitens der
    wellenmechanischen Methode des „self-consistent field" 125
    Die Methode des „self-consistent field" 126. — Dichtematrix
    128. — Herleitung der statistischen Grundgleichungen
    130.

IV. Störungsrechnung 133

§ 17. Störung statistischer Systeme. Bestimmung der Elektronen-
    dichte und Energie des gestörten Systems 133
    Das Iterationsverfahren 136. — Das Variationsverfahren
    138. — Vergleich mit der Wellenmechanik 140.

§ 18. Wechselwirkung von Atomen und Ionen mit abgeschlossenen
    Elektronenschalen in erster Näherung 143
    Wechselwirkungsenergie 143. — Beziehungen zwischen der
    elektrostatischen und kinetischen Energieänderung 148.

V. Weiterentwicklung der statistischen Theorie 150

§ 19. Statistische Formulierung des PAULIschen Besetzungs-
    verbotes der vollbesetzten Quantenzustände von Atomen 150

§ 20. Nicht-statische Behandlung des Elektronengases 160
    Die hydrodynamischen Bewegungsgleichungen für ein
    Elektronengas 160. — Eigenschwingungen des Elek-
    tronengases 162. — Eigenschwingungen eines verein-
    fachten statistischen Atoms 165.

Spezieller Teil.

VI. Atome 167

§ 21. Theorie der Bildung der Elektronengruppen im periodischen
    System der Elemente 167

§ 22. Ionisierungsenergien 171

§ 23. Mittlere Anregungsenergien 181

Seite

§ 24. Berechnung von Atomspektren 183
    Termberechnung im statistischen elektrostatischen Poten-
    tialfeld des Atoms 184. — Berechnung von optischen
    Termen im modifizierten Potentialfeld des Atoms 206. —
    Dublettintervalle 217. — Intensitätsverhältnisse von
    Spektrallinien 218.

§ 25. Theorie der Gruppe der seltenen Erden 219

§ 26. Atom- und Ionenradien 222

§ 27. Diamagnetische Suszeptibilitäten 229

§ 28. Polarisierbarkeiten 238

§ 29. Streuvermögen von Atomen und Ionen für Röntgen- und
    Elektronenstrahlen 243
    Streuung von Röntgenstrahlen und raschen Elektronen-
    strahlen 243. — Kohärente Streuung langsamer Elek-
    tronenstrahlen 252. — Intensitätsverteilung der
    COMPTON-Linie 257.

§ 30. Bremsvermögen von Atomen 259

VII. Moleküle 266

§ 31. Allgemeine Übersicht. Berechnung der Potential- und
    Elektronenverteilung in einfachen Molekülen 267

§ 32. Heteropolare Moleküle 271

§ 33. Homöopolare Moleküle 276

VIII. Kristalle 279

§ 34. Ionenkristalle 280
    Gitterkonstante und Gitterenergie 281. — Kompressibilität
    292. — Ultrarote Eigenfrequenz 294.

§ 35. Metalle 299
    Begründung des Modells 300. — Die metallische Bindung.
    Berechnung der wichtigsten Konstanten der Alkali- und
    Erdalkalimetalle 310. — Druck-Dichte-Beziehung am
    absoluten Nullpunkt der Temperatur 326. — Austritts-
    arbeit 329. — Verlauf des Potentials und der Elektronen-
    dichte am Metallrand 332.

IX. Materie unter hohem Druck 337

§ 36. Das statistische Modell der Materie unter hohem Druck 338

§ 37. Die Druck-Dichte-Beziehung der Elemente bei hohen
    Drucken am absoluten Nullpunkt der Temperatur 347

Anhang.

I. Lösungen der THOMAS-FERMIschen Gleichung (3, 52) und die
    Ableitung einiger Lösungen nach x für verschiedene Anstiege $\varphi'(0)$
    der Anfangstangente, weiterhin die Funktion $\eta_0(x)$ und ihre Ab-
    leitung nach x 357

Seite

II. Lösungen der Thomas-Fermi-Diracschen Gleichung (9, 26) und die Ableitung der Lösungen nach x für Ar, Kr und X für verschiedene Anstiege $\psi'(0)$ der Anfangstangente nach Jensen, Meyer-Gossler und Rohde 361

III. Zur numerischen Berechnung der Wechselwirkungsenergie von statistischen Atomen und Ionen 378

IV. Die Wentzel-Kramers-Brillouinsche Methode 381

Zahlenwerte häufig benutzter Konstanten und Einheiten 386

Literaturverzeichnis 388

Verzeichnis der häufig vorkommenden Bezeichnungen . . . 390

Namenverzeichnis 393

Sachverzeichnis 400

Einleitung.

Eine konsequente und erfolgreiche Theorie des Mehrelektronenproblems konnte erst im Rahmen der modernen Atomtheorie entwickelt werden. Die ältere BOHRsche Theorie des Atoms erwies sich in dieser Hinsicht als gänzlich ungeeignet, da schon das einfache Zweielektronenproblem, das He-Problem, zu unüberwindbaren Schwierigkeiten führte. Allerdings erzielte die Wellenmechanik auch nur beim Einelektronenproblem eine exakte Lösung, es konnte aber in der Wellenmechanik einerseits eine allgemeine Theorie des Mehrelektronenproblems entwickelt werden, die zu einigen wesentlichen neuen Erkenntnissen — z. B. der Austauschwechselwirkung und der Austauschenergie — führten, anderseits war es möglich, wellenmechanische Näherungsverfahren zu entwickeln, mit denen man sehr befriedigende quantitative Resultate erhält. Die wichtigsten wellenmechanischen Näherungsverfahren für Atomprobleme sind das Variationsverfahren und die Methode des „self-consistent field" von HARTREE, bzw. von HARTREE und FOCK. Das wellenmechanische Variationsverfahren eignet sich besonders für leichte Atome (zirka bis K); auf schwere Atome wurde dieses Verfahren wegen mathematischen Schwierigkeiten bis jetzt nicht angewendet. Mit Hilfe der von HARTREE entwickelten Methode des „self-consistent field", welche von FOCK weiter ausgebaut wurde, kann man auch die Elektronenverteilung schwerer Atome (z. B. Hg) bestimmen. Allerdings ist die Anwendung dieser Methode mit einer enormen Rechenarbeit verbunden, die nur mit entsprechenden Maschinen bewältigt werden kann. Außerdem ist es in einigen Fällen von Nachteil, daß man mit der HARTREESchen oder HARTREE-FOCKschen Methode für die Eigenfunktionen, bzw. die Elektronenverteilung keine analytischen Ausdrücke, sondern numerische Tabellen erhält.

Parallel zu diesen Methoden wurde die statistische Methode zur Behandlung schwerer Atome entwickelt, die aus den grundlegenden Arbeiten von THOMAS (1926) und von FERMI (1927) entstand. Das wesentliche dieser Methode besteht darin, daß man die Elektronen eines Atoms als ein entartetes Elektronengas am absoluten Nullpunkt der Temperatur betrachtet und statistisch behandelt, wodurch natürlich die feineren Züge der Elektronenverteilung, z. B. der Schalenaufbau der Elektronen, weiterhin einige individuelle Elektroneneigenschaften verlorengehen.

Das THOMAS-FERMIsche statistische Atommodell, das in seiner ursprünglichen Fassung mit einigen Mängeln behaftet war, erhielt in rascher

Folge in den Arbeiten mehrerer Forscher eine wichtige Vervollkommnung, welche im wesentlichen darin besteht, daß die elektrostatische Selbstwechselwirkung des Elektrons ausgeschaltet und die Austauschenergie des Elektronengases, weiterhin die Wechselbeziehung der Elektronen mit antiparallelem Spin mitberücksichtigt wurde. Außerdem ist die statistische Theorie auch in anderer Richtung hin ausgebaut worden. Einerseits war es nämlich gelungen, die Valenzelektronen in die Theorie aufzunehmen und anderseits konnte die Methode auch auf kompliziertere Systeme sowie Moleküle, Ionenkristalle und Metalle erweitert werden, so daß man heute schon von einer in sich geschlossenen statistischen Theorie des Atoms sprechen kann.

An Genauigkeit bleibt natürlich die statistische Methode hinter der HARTREE-FOCKschen zurück, außerdem liegt es im Wesen der statistischen Behandlungsweise, daß die individuellen Atomeigenschaften verwischt werden. Trotzdem spielt die statistische Theorie des Atoms als eine Näherung der wellenmechanischen Theorie des Mehrelektronenproblems eine wichtige Rolle, denn auf Grund dieser war es möglich, mehrere wichtige Eigenschaften des Atoms und der zusammenhängenden Materie einfach zu erklären.

Die statistische Theorie des Atoms wurde zunächst zur Erklärung, bzw. Berechnung von Atomeigenschaften und Atomkonstanten herangezogen. So gelang es z. B. den Schalenaufbau der Elektronen im periodischen System der Elemente befriedigend zu erklären; außerdem wurden u. a. Röntgen-Terme, optische Terme, Ionisierungsenergien, diamagnetische Suszeptibilitäten, Polarisierbarkeiten von Atomen und Ionen sowie Ionenradien in guter Übereinstimmung mit der Erfahrung berechnet; weiterhin konnte auch das Streuvermögen von Atomen und Ionen für Röntgen- und Elektronenstrahlen und das Bremsvermögen von Atomen für rasche elektrische Teilchen ebenfalls im besten Einklang mit dem empirischen Befund bestimmt werden. Bei der Anwendung der statistischen Theorie auf Molekülprobleme traten Schwierigkeiten mathematischer Art auf, es gelang aber auch hier, die Grundlagen für eine Weiterentwicklung zu schaffen. Bei Kristallen liegen die Verhältnisse für die Anwendung der Theorie bedeutend günstiger als bei Molekülen, denn durch die hohe Symmetrie des Aufbaues wird die Anwendung wesentlich erleichtert. So konnte man u. a. eine befriedigende Erklärung der Bindung der Alkalihalogenidkristalle und der Alkali- und Erdalkalimetalle geben und die wichtigsten Konstanten und Eigenschaften dieser Kristalle in guter Übereinstimmung mit dem empirischen Befund bestimmen. Außerdem gelang es für die unter hohem Druck stehende Materie (Materie im Sterninneren) ein statistisches Modell zu entwickeln und auf Grund dessen die Druck-Dichte-Beziehung der Elemente für hohe Drucke beim absoluten Nullpunkt der Temperatur herzuleiten.

Allgemeiner Teil.

I. Allgemeine Grundlagen.

Im statistischen Atommodell werden die Elektronen des Atoms als ein Elektronengas am absoluten Nullpunkt der Temperatur betrachtet und statistisch behandelt. Die statistische Theorie des Atoms gründet sich also im wesentlichen auf das Verhalten eines Elektronengases am absoluten Nullpunkt der Temperatur, mit dem wir uns im § 1 ausführlich befassen. Im § 2 behandeln wir dann die Wechselwirkung von Elektronen, die für die statistische Theorie des Atoms ebenfalls von grundlegender Bedeutung ist.

§ 1. Elektronengas freier Elektronen.
Fermi-Diracsche Statistik.

Bei der statistischen Behandlungsweise einer Gesamtheit von Elektronen ist das Ziel die Anzahl der Elektronen festzustellen, deren Koordinaten sich zwischen x und $x+dx$, y und $y+dy$, z und $z+dz$ und deren Geschwindigkeitskomponenten sich zwischen v_x und v_x+dv_x, v_y und v_y+dv_y, v_z und v_z+dv_z befinden. Aus rechnerischen Gründen ist es zweckmäßig statt den Geschwindigkeitsraum den Impulsraum einzuführen, also das Problem in dem Koordinaten-Impulsraum, dem sogenannten Phasenraum zu behandeln. Man kann also die gestellte Aufgabe auch folgendermaßen formulieren: es ist die Anzahl der Bildpunkte der Elektronen oder kurz die Anzahl der Elektronen zu ermitteln, die sich im Phasenraumelement

$$d\Phi = d\Omega\, d\Theta \qquad (1, 1)$$

befinden, wo $d\Omega = dx\, dy\, dz$, $d\Theta = dp_x\, dp_y\, dp_z$ ist und p_x, p_y, p_z die Impulskomponenten des Elektrons bezeichnen. Die Verteilungsfunktion, die hierüber Aufschluß gibt, ist im allgemeinen eine Funktion von x, y, z und p_x, p_y, p_z. Außer der Verteilung der Elektronen im Phasenraum interessiert hier noch besonders die Verteilung der Elektronen auf die verschiedenen Energiezustände, die man im Falle freier Elektronen sehr einfach aus der Verteilung im Phasenraum bestimmen kann.

Die statistische Theorie des Elektronengases gründet sich auf die

Statistik von FERMI[1] und DIRAC[2], die auf der Nichtunterscheidbarkeit der
Elektronen und auf dem PAULI-Prinzip beruht und mit der wir uns noch
ausführlich befassen werden[3]. Das PAULI-Prinzip sagt bekanntlich aus,
daß in einem vollständig gequantelten System jeder Quantenzustand
höchstens von einem Elektron besetzt werden kann. Der Quantenzustand ist dabei durch den Zustand der Bahnbewegung des Elektrons
und das Vorzeichen des Spins definiert. Die Brücke zwischen Quantentheorie und Statistik wird durch den bekannten Satz gegeben, daß auf
das Volumen h^3 des Phasenraumes bei Berücksichtigung des Elektronen-
spins 2 Quantenzustände entfallen, die sich nur durch die entgegengesetzte Spinrichtung unterscheiden ($h =$ PLANCKsche Konstante). Es
kann also im Phasenraum eine Elementarzelle vom Volumen h^3 höchstens
von 2 Elektronen besetzt werden.

Wir befassen uns im folgenden mit einem Elektronengas von N freien
Elektronen, das sich in einem Volumen Ω befindet, von dessen Wänden
wir annehmen, daß sie für Elektronen undurchlässig sind. Die Elektronen
betrachten wir als frei, wir nehmen also an, daß in Ω ein konstantes elektrisches Potential herrscht, das wir gleich 0 setzen können. Wir zergliedern unsere Betrachtungen in zwei Teile, auf den Fall sehr tiefer
Temperaturen und auf den Fall beliebiger Temperaturen.

Sehr tiefe Temperaturen. Bei sehr tiefen Temperaturen kann man die
Verteilungsfunktionen der Elektronen sehr einfach bestimmen, da hierbei
die FERMI-DIRACsche Statistik nur durch die Bedingung zur Anwendung
gelangt, daß sich in einer Elementarzelle vom Volumen h^3 höchstens
2 Elektronen befinden können.

Im Falle sehr tiefer Temperaturen kann man annehmen, daß die
Elektronen die möglichst tiefsten Energieniveaus besetzen. Diese energetisch tiefsten Quantenzustände kann man folgendermaßen beschreiben.
Nach unserer Voraussetzung ist in dem Raum, in dem sich die Elektronen
befinden, das Potential Null, die Energie u eines Elektrons ist also
eine rein kinetische, und zwar ist

$$u = \frac{1}{2} m v^2 = \frac{p^2}{2m}, \qquad (1, 2)$$

wo v den Betrag der Geschwindigkeit, p den Betrag des Impulses und

---

[1] E. FERMI, Rend. Lincei (6) **3**, 145, 1926; Zs. f. Phys. **36**, 902, 1926.

[2] P. A. M. DIRAC, Proc. Roy. Soc. London (A) **112**, 661, 1926.

[3] Die Grundlagen der FERMI-DIRACschen Statistik sind in den zitierten
Arbeiten von FERMI und DIRAC entwickelt, die Anwendungen auf ein freies
Elektronengas wurden hauptsächlich von J. FRENKEL, Zs. f. Phys. **47**, 819,
1928 und besonders von A. SOMMERFELD, Zs. f. Phys. **47**, 1, 1928 ausgearbeitet. Man vgl. auch den Artikel von A. SOMMERFELD und H. BETHE
in GEIGER-SCHEELS Handb. d. Phys. XXIV/2, 2. Aufl., S. 333, Springer,
Berlin, 1933.

m die Masse des Elektrons bezeichnet. u ist also eine Funktion von v, bzw. p und hängt vom Ort nicht ab. Man kann sich daher auf den Impulsraum beschränken. Wegen der Kräftefreiheit des Raumes sind alle Bewegungsrichtungen der Elektronen gleichberechtigt; da außerdem die Energie des Elektrons nur vom Betrag p des Impulses abhängt, von der Impulsrichtung aber unabhängig ist, sind die energetisch tiefsten Quantenzustände in einer Kugel des Impulsraumes enthalten, deren Zentrum der Origo des Impulsraumes ist und deren Radius p_μ den Betrag des maximalen Impulses der Elektronen darstellt. Jeder dieser energetisch tiefsten Quantenzustände ist am absoluten Nullpunkt der Temperatur maximal mit einem Elektron besetzt, alle Quantenzustände außerhalb der Kugel sind leer.

Die Bestimmung von p_μ erfolgt sehr einfach. Das Volumen der Impulskugel ist $4\pi p_\mu^3/3$, den Elektronen im Volumen Ω entspricht also das Phasenraumvolumen

$$\Phi = \frac{4\pi}{3} p_\mu^3 \Omega . \tag{1, 3}$$

Die Anzahl der Quantenzustände erhält man durch Division mit $h^3/2$. Da jeder dieser Quantenzustände 1 Elektron enthält, folgt

$$2 \frac{4\pi p_\mu^3 \Omega}{3h^3} = N. \tag{1, 4}$$

Hieraus ergibt sich für p_μ

$$p_\mu = \frac{1}{2}\left(\frac{3}{\pi}\right)^{1/3} h\, \varrho^{1/3}, \tag{1, 5}$$

wo

$$\varrho = \frac{N}{\Omega} \tag{1, 6}$$

die Dichte des Elektronengases ist.

Mit p_μ folgt für die maximale Energie eines Elektrons

$$u_\mu = \frac{p_\mu^2}{2m} = \frac{1}{8}\left(\frac{3}{\pi}\right)^{2/3} \frac{h^2}{m} \varrho^{2/3} = \frac{1}{2}\left(3\pi^2\right)^{2/3} e^2 a_0 \varrho^{2/3}, \tag{1, 7}$$

$$a_0 = \frac{h^2}{4\pi^2 m e^2}. \tag{1, 8}$$

Hier bezeichnet e die positive Elementarladung und a_0 den kleinsten Bohrschen Wasserstoffradius. Alle Quantenzustände mit einer Energie $\leq u_\mu$ sind voll besetzt und alle anderen Quantenzustände sind leer.

Wir können somit die Verteilungsfunktion sehr einfach angeben. Da wir angenommen haben, daß der Raum, in dem sich die Elektronen befinden, kräftefrei ist, hängt die Verteilungsfunktion f von den Ortskoordinaten nicht ab, wir können uns folglich bei der Bestimmung der Elektronenverteilung wieder auf den Impulsraum beschränken. Wir haben also die Anzahl dn der N Elektronen im Volumen Ω festzustellen, welche einen Impuls besitzen, dessen Komponenten zwischen p_x und $p_x +$ $+ dp_x$, p_y und $p_y + dp_y$, p_z und $p_z + dp_z$ fallen. Das Phasenraumvolumen, das diesen Elektronen entspricht, ist

$$d\Phi = \Omega\, dp_x\, dp_y\, dp_z\,. \tag{1, 9}$$

Es existieren also

$$dq = 2\,\frac{d\Phi}{h^3} \tag{1, 10}$$

Quantenzustände, für die der Impulsvektor im vorgegebenen Intervall liegt. Da jeder Quantenzustand innerhalb der Impulskugel vom Radius p_μ, bzw. bis zur maximalen Energie u_μ mit je einem Elektron besetzt ist, folgt für diese Quantenzustände

$$dn = dq\,. \tag{1, 11}$$

Für jene Quantenzustände, denen ein Impulsraumelement entspricht, das außerhalb der Impulskugel liegt, denen also eine Energie $> u_\mu$ zukommt, ist $dn = 0$.

Die Verteilungsfunktion f kann man folgendermaßen definieren

$$dn = f dq\,, \tag{1, 12}$$

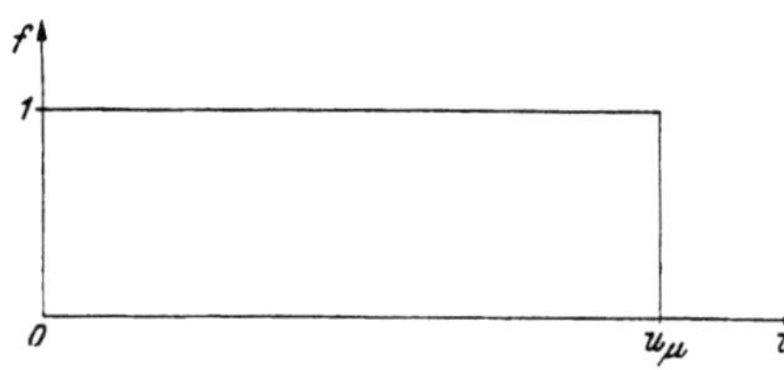

Abb. 1. Die Verteilungsfunktion f als Funktion der Energie u für $T = 0$.

wo f als Funktion der Energie u des Elektrons folgenden Verlauf zeigt. Für $u \leq u_\mu$ ist $f = 1$ und für $u > u_\mu$ ist $f = 0$. Man vgl. hierzu Abb. 1.

Für die Anzahl dQ der Quantenzustände der Elektronen im Volumen Ω, denen ein Impulsbetrag zwischen p und $p + dp$, bzw. eine Energie zwischen u und $u + du$ entspricht, erhält man, wenn man dq über eine Kugelschale vom Radius p und der Dicke dp integriert und den Zusammenhang (1, 2) berücksichtigt,

$$dQ = \frac{8\pi\Omega\, p^2}{h^3}\, dp = \frac{4\pi\Omega\, (2m)^{3/2}}{h^3}\, u^{1/2}\, du\,. \tag{1, 13}$$

Die Anzahl der Elektronen im Volumen Ω, deren Impulsbetrag zwischen p und $p + dp$, bzw. deren Energie zwischen u und $u + du$ liegt, ist also

$$dN = f dQ\,. \tag{1, 14}$$

Wir können nun nach der mittleren Energie u_m der Elektronen fragen, die man folgendermaßen definiert

$$u_m = \frac{1}{N} \int u\, dn = \frac{1}{N} \int u\, f\, dq\,.\tag{1, 15}$$

Mit Berücksichtigung von (1, 2) und (1, 4) ergibt sich

$$u_m = \frac{1}{N} \int u\, f\, dQ = \frac{4\pi}{m\,h^3}\frac{\Omega}{N} \int\limits_0^{p_\mu} p^4\, dp = \frac{4\pi}{5\,m\,h^3}\frac{\Omega}{N}\, p_\mu{}^5 = \frac{3}{5}\frac{p_\mu{}^2}{2\,m}\tag{1, 16}$$

und aus einem Vergleich mit (1, 7) folgt

$$u_m = \frac{3}{5}\, u_\mu\,.\tag{1, 17}$$

Für die kinetische Energie des Elektronengases pro Volumeneinheit, welche wir mit U_D bezeichnen, erhält man also

$$U_D = \varrho\, u_m = \varkappa_k\, \varrho^{5/3}\,,\tag{1, 18}$$

$$\varkappa_k = \frac{3}{10}\,(3\pi^2)^{2/3}\, e^2\, a_0 = 2{,}871\, e^2\, a_0\,.\tag{1, 19}$$

Die gesamte kinetische Energie des Elektronengases im Volumen Ω ist also

$$U = \varkappa_k\, \varrho^{5/3}\,\Omega = \varkappa_k\,\frac{N^{5/3}}{\Omega^{2/3}}\,.\tag{1, 20}$$

Man bezeichnet U_D, bzw. U als die Nullpunktsenergie des Elektronengases, um anzudeuten, daß diese Energie auch noch am absoluten Nullpunkt der Temperatur vorhanden ist[1]. Der dem Ausdruck (1, 18) entsprechende klassische Ausdruck ist

$$U_D^{kl} = \frac{3}{2}\,\varrho\, k\, T,\tag{1, 21}$$

wo k die BOLTZMANNsche Konstante und T die absolute Temperatur bezeichnet. Nach diesem Ausdruck würde also die Energie am absoluten Nullpunkt der Temperatur verschwinden.

Wir bestimmen noch den sogenannten Nullpunktsdruck P des Elektronengases, mit dessen Hilfe man die Zustandsgleichung des Elektronengases für sehr tiefe Temperaturen angeben kann. Wir denken uns hierzu das Elektronengas in ein Volumen Ω eingeschlossen, dessen

---

[1] HELLMANN konnte zeigen, daß dieser Energieausdruck auch noch im Grenzfall eines einzelnen Elektrons sinnvoll bleibt, man vgl. H. HELLMANN, Acta Physicochimica U. R. S. S. **1,** 913, 1935.

eine Wand ein beweglicher Kolben sei. Für eine adiabatische Volumenänderung $d\Omega$ besteht zwischen der Energieänderung und Volumenänderung folgender Zusammenhang

$$dU = -P\,d\Omega. \tag{1, 22}$$

Aus diesem erhält man mit Rücksicht auf (1, 20) für den Nullpunktsdruck

$$P = -\frac{\partial U}{\partial \Omega} = \frac{2}{3}\varkappa_k\left(\frac{N}{\Omega}\right)^{5/3} = \frac{2}{3}U_D. \tag{1, 23}$$

Bei der Berechnung von P haben wir die aus der gegenseitigen elektrostatischen Wechselwirkung der Elektronen resultierende potentielle Energie, aus welcher sich zufolge der elektrostatischen Abstoßung ebenfalls ein Druck ergibt, unberücksichtigt gelassen. P ist also eine alleinige Folge der Nullpunktsenergie, also einer nichtklassischen Eigenschaft des Elektronengases.

Die Zustandsgleichung des Elektronengases erhält man aus (1, 23) durch Multiplikation mit Ω. Es ergibt sich

$$P\Omega = \frac{2}{3}U. \tag{1, 24}$$

Die rechte Seite dieser Zustandsgleichung erweist sich also als temperaturunabhängig, das einen wesentlichen Unterschied im Vergleich mit der entsprechenden Gleichung der klassischen Gastheorie bedeutet.

Diese Abweichungen des Verhaltens des Elektronengases, die eine Folge der für ein FERMI-Gas eigenartigen Verteilung sind, nennt man Entartung, und zwar ist die Entartung im vorliegenden Falle vollkommen.

Beliebige Temperaturen. Bei höheren Temperaturen ist die Entartung des Elektronengases nicht mehr vollkommen, die Elektronen werden also nicht mehr nur Quantenzustände bis zur maximalen Energie u_μ besetzen, sondern es werden Elektronen durch thermische Anregung auch in höhere Quantenzustände gelangen.

Die Bestimmung der Verteilung der Elektronen auf die verschiedenen Energiezustände geschieht auf Grund der quantenmechanischen FERMI-DIRACschen Statistik. Zwischen den quantenmechanischen Statistiken und der klassischen Statistik besteht in den verschiedenen Annahmen über die gleichwahrscheinlichen Fälle ein grundsätzlicher Unterschied. In der klassischen Statistik sind die verschiedenen *Zustände* a priori gleichwahrscheinlich, es bildet also die Zugehörigkeit eines beliebigen Teilchens zu einer beliebigen Quantenzelle das gleichwahrscheinliche Element der Abzählung. Demgegenüber hat man in den quantenmechanischen Statistiken die *Besetzungszahlen* der Quantenzustände als a priori gleichwahrscheinlich zu betrachten, es sind also die Folgen der Besetzungszahlen die gleichwahrscheinlichen Elemente der Abzählung, wobei es ganz unwesentlich ist, ob sich das Teilchen a oder das Teilchen b im Zustand i befindet, denn es besteht prinzipiell keine Möglichkeit, die beiden Teilchen voneinander zu unterscheiden. Die FERMI-DIRACsche Statistik ist eine spezielle quantenmechanische Statistik, die dadurch charakterisiert ist, daß sie dem PAULI-Prinzip Rechnung trägt. Dementsprechend sind in der FERMI-DIRACschen Statistik die Besetzungszahlen eines mit Rücksicht auf den Spin definierten Quantenzustandes 0 oder 1.

Zur analytischen Herleitung der Verteilungsfunktion fassen wir alle Quantenzustände, die physikalisch gleichwertig sind, zu einer „Schicht" des Phasenraumes zusammen. Im Falle unseres freien Elektronengases wird man also diejenigen Quantenzellen zusammenfassen, denen ungefähr die gleiche Energie zukommt, die also im Impulsraum in einer Kugelschale vom Radius p und der Dicke dp liegen. Es seien in der i-ten Schicht des Phasenraumes, welcher die Energie u_i entspricht, Q_i Quantenzustände, von denen N_i mit je einem Elektron belegt sind. Die Belegungszahlen $N_1, N_2, \cdots, N_i, \cdots$ haben den Nebenbedingungen

$$\sum_i N_i = N \quad , \quad \sum_i N_i u_i = U \tag{1, 25}$$

zu genügen, da wir die Gesamtzahl der Elektronen und die Gesamtenergie unseres freien Elektronengases als gegeben annehmen. Als Wahrscheinlichkeit einer Verteilung $N_1, N_2, \cdots, N_i, \cdots$ betrachten wir die Anzahl der Realisierungsmöglichkeiten dieser Verteilung, also die Anzahl der Mikrozustände, welche zu dieser Verteilung gehören. Unser Ziel ist mit Rücksicht auf die Nebenbedingungen (1, 25) diejenige Zahlenfolge $N_1, N_2, \cdots, N_i, \cdots$ zu bestimmen, für welche die Wahrscheinlichkeit maximal ist, zu welcher also die größte Anzahl von Mikrozuständen gehört.

Im allgemeinen sind Q_i und N_i große Zahlen, wir können uns deshalb zunächst auf die i-te Schicht des Phasenraumes beschränken und die Anzahl W_i der Mikrozustände berechnen, welche zur Verteilung der N_i Elektronen auf Q_i gleichwertige Quantenzustände gehören. Da jeder Quantenzustand von höchstens einem Elektron besetzt werden kann, gibt N_i die Anzahl der je durch ein Elektron besetzten und $Q_i - N_i$ die Anzahl der unbesetzten Quantenzustände in der i-ten Schicht. Die Anzahl der Realisierungsmöglichkeiten dieser Verteilung ist nach einem elementaren Satz der Kombinatorik $\binom{Q_i}{N_i}$, es wird also

$$W_i = \frac{Q_i!}{N_i! \, (Q_i - N_i)!} \cdot \tag{1, 26}$$

Die Wahrscheinlichkeit W der Verteilung $N_1, N_2, \cdots, N_i, \cdots$ erhält man als Produkt der W_i, es ergibt sich somit

$$W = \prod_i W_i = \prod_i \frac{Q_i!}{N_i!\,(Q_i - N_i)!}. \tag{1, 27}$$

Wir haben nun mit Berücksichtigung der Nebenbedingungen (1, 25) die Zahlenfolge $N_1, N_2, \cdots, N_i, \cdots$ zu bestimmen, für die W ein Maximum aufweist. Statt aus dem Maximum von W bestimmen wir die wahrscheinlichsten N_i aus dem Maximum von $\ln W$, wodurch sich die Rechnungen wesentlich vereinfachen. Wir fordern also

$$\delta\,(\ln W - \alpha N - \beta U) = 0, \tag{1, 28}$$

wo α und β LAGRANGEsche Multiplikatoren bedeuten. Zu variieren sind bei festgehaltenem Volumen die N_i, die Q_i sind dagegen Konstante.

Mit Hilfe der STIRLINGschen Formel, nach welcher für große n

$$n! \cong \left(\frac{n}{e}\right)^n \tag{1, 29}$$

ist, kann man für $\ln W$ setzen

$$\ln W = \sum_i \left[Q_i \ln Q_i - N_i \ln N_i - (Q_i - N_i) \ln (Q_i - N_i)\right]. \tag{1, 30}$$

Mit diesem Ausdruck für $\ln W$ erhält man aus (1, 28) in der bekannten Weise

$$\ln (Q_i - N_i) - \ln N_i = \alpha + \beta\,u_i. \tag{1, 31}$$

woraus

$$N_i = \frac{Q_i}{e^{\alpha + \beta u_i} + 1} \tag{1, 32}$$

folgt.

Wenn wir zur kontinuierlichen Verteilung übergehen, haben wir also für die Anzahl der Elektronen in Ω, deren Impulsbetrag zwischen p und $p+dp$, bzw. deren Energie zwischen u und $u+du$ liegt,

$$dN = \frac{dQ}{e^{\alpha + \beta u} + 1}, \tag{1, 33}$$

wo u durch (1, 2) und dQ durch (1, 13) definiert ist. Die FERMI-DIRACsche Verteilungsfunktion ist also die folgende

$$f = \frac{1}{e^{\alpha + \beta u} + 1}. \tag{1, 34}$$

Die Bestimmung der LAGRANGEschen Multiplikatoren α und β kann im Anschluß an die Thermodynamik geschehen. Diese ist durch die fundamentale BOLTZMANNsche Beziehung zwischen der Entropie S

und W festgelegt und lautet folgendermaßen

$$S = k \ln W. \tag{1, 35}$$

Mit diesem Zusammenhang kann man (1, 28) in der Gestalt

$$\delta\left(\frac{S}{k} - \alpha N - \beta U\right) = 0 \tag{1, 36}$$

schreiben, woraus

$$\alpha = \frac{1}{k}\left(\frac{\partial S}{\partial N}\right)_{U,\Omega} \quad , \quad \beta = \frac{1}{k}\left(\frac{\partial S}{\partial U}\right)_{N,\Omega} \tag{1, 37}$$

folgt. Hier ist bei den partiellen Differentiationen U und Ω, bzw. N und Ω konstant zu halten, was wir durch die entsprechenden Indices kurz angedeutet haben.

Zur Berechnung von α und β benutzen wir folgende thermodynamische Beziehung

$$T\,ds = du + P\,d\omega, \tag{1, 38}$$

wo sich s, u und ω auf das Elektron als Masseneinheit beziehen[1], es ist also

$$S = Ns \quad , \quad U = Nu \quad , \quad \Omega = N\omega. \tag{1, 39}$$

Aus diesen Gleichungen folgt

$$dS = N\,ds + s\,dN, \quad dU = N\,du + u\,dN, \quad d\Omega = N\,d\omega + \omega\,dN. \tag{1, 40}$$

Mit Hilfe dieser Zusammenhänge kann man die Gl. (1, 38), wenn man beide Seiten dieser Gleichung mit N multipliziert, folgendermaßen schreiben

$$T\,dS = dU + P\,d\Omega - \zeta\,dN, \tag{1, 41}$$

wo

$$\zeta = u - Ts + P\omega \tag{1, 42}$$

ist; ζ bezeichnet also das Gibbssche thermodynamische Potential der Masseneinheit. Aus (1, 37) und (1, 41) folgt also

$$\alpha = -\frac{\zeta}{kT}, \quad \beta = \frac{1}{kT}. \tag{1, 43}$$

Mit diesen Werten erhält man für f

$$f = \frac{1}{e^{\frac{u-\zeta}{kT}} + 1} = \frac{1}{\frac{1}{A}\,e^{\frac{u}{kT}} + 1}, \tag{1, 44}$$

---

[1] u ist also mit u_m aus Formel (1, 15) identisch.

wo wir die Bezeichnung

$$A = e^{-a} = e^{\frac{\zeta}{kT}} \qquad (1, 45)$$

einführten. Hiermit ist also f endgültig festgelegt.

Mit Berücksichtigung der Beziehung (1, 13) folgt aus (1, 25)

$$N = \int f \, dQ = \frac{4\,\pi\,\Omega\,(2m)^{3/2}}{h^3} \int_0^\infty \frac{u^{1/2}}{\frac{1}{A}\,e^{\frac{u}{kT}} + 1} \, du \qquad (1, 46)$$

und

$$U = \int f\,u\,dQ = \frac{4\,\pi\,\Omega\,(2m)^{3/2}}{h^3} \int_0^\infty \frac{u^{3/2}}{\frac{1}{A}\,e^{\frac{u}{kT}} + 1} \, du \,. \qquad (1, 47)$$

Die Gl. (1, 46) dient zur Berechnung von A, während man aus Gl. (1, 47) die Energie des Elektronengases als Funktion der Elektronendichte und Temperatur bestimmen kann.

Wir befassen uns zunächst mit f. Für sehr kleine Werte von A wird

$$f = A\,e^{-\frac{u}{kT}}, \quad A \ll 1, \qquad (1, 48)$$

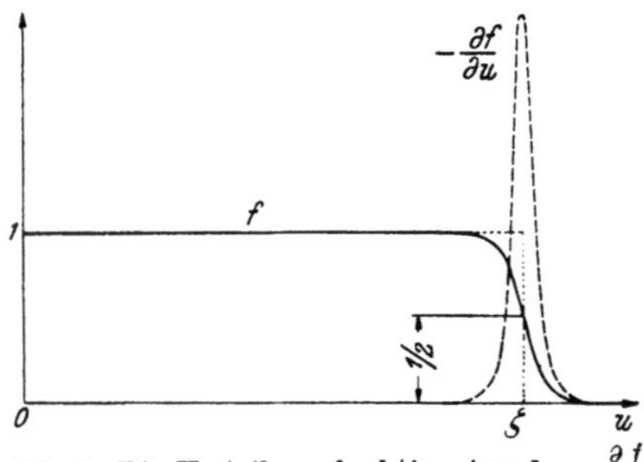

Abb. 2. Die Verteilungsfunktion f und $-\dfrac{\partial f}{\partial u}$ als Funktion der Energie u für T nicht gleich 0. Der Verlauf von f für $T = 0$ ist punktiert eingezeichnet.

es geht also in diesem Falle f in die MAXWELLsche Verteilungsfunktion über. Für große Werte von A, welche uns hier interessieren, ist aber die Verteilungsfunktion eine wesentlich andere, und zwar zeigt in diesem Falle f als Funktion von u eine große Ähnlichkeit mit der Verteilungsfunktion in Abb. 1 für den absoluten Nullpunkt der Temperatur, mit dem Unterschied, daß jetzt bei $u = u_\mu$ die Funktion f einen abgeglätteten Abfall zeigt; man vgl. hierzu Abb. 2. Der Abfall wird um so steiler, je kleiner T ist und geht für $T = 0$ in den abrupten Abfall der Abb. 1 über.

Das Entartungskriterium lautet also

$$A \gg 1 \,. \qquad (1, 49)$$

In diesem Falle erfolgt der Abfall von f in der unmittelbaren Umgebung des Energiewertes

$$u = \zeta = k\,T \ln A \, , \qquad (1, 50)$$

für den $f = \frac{1}{2}$ wird.

Für ζ, bzw. $\ln A$ kann man in diesem Falle auf einfachem Wege einen Näherungsausdruck herleiten. Durch eine partielle Integration erhält man aus (1, 46) mit Berücksichtigung von (1, 6)

$$\varrho = -\frac{8\,\pi}{3}\,\frac{(2\,m)^{3/2}}{h^3}\int\limits_0^\infty \frac{\partial f}{\partial u}\,u^{3/2}\,du. \qquad (1, 51)$$

Wenn man beachtet, daß $\dfrac{\partial f}{\partial u}$ nur in der unmittelbaren Umgebung von $u = \zeta$ von 0 verschieden ist und daß

$$-\int\limits_0^\infty \frac{\partial f}{\partial u}\,du = 1 \qquad (1, 52)$$

ist, erhält man in erster Näherung für die rechte Seite von (1, 51) den Wert $\dfrac{8\,\pi}{3}\,(2\,m\,\zeta)^{3/2}/h^3$. Aus (1, 51) ergibt sich also mit Berücksichtigung von (1, 50)

$$\frac{\zeta}{k\,T} = \ln A = \frac{h^2}{2\,m\,k\,T}\left(\frac{3\,\varrho}{8\,\pi}\right)^{2/3} = \frac{u_\mu}{k\,T}\,. \qquad (1, 53)$$

In erster Näherung ist also $\zeta = u_\mu$, wie dies auch unmittelbar für sehr große A-Werte aus dem Verlauf von f — man vgl. Abb. 2 — folgt.

Das Entartungskriterium kann man demnach folgendermaßen formulieren

$$\frac{h^2}{2\,m\,k\,T}\left(\frac{3\,\varrho}{8\,\pi}\right)^{2/3} \gg 1\,. \qquad (1, 54)$$

Die Entartung wird also durch große Dichte, kleine Masse und kleine Temperatur begünstigt. Wir betrachten als Beispiel ein Elektronengas, bei dem auf eine Kugel vom Radius $5\,a_0 = 2{,}65\cdot10^{-8}\,\mathrm{cm}$ im Mittel ein Elektron entfällt, bei dem die Dichte ϱ also $\backsimeq 1{,}3\cdot10^{22}\,\mathrm{cm}^{-3}$ beträgt[1]. Mit diesem Wert von ϱ erhält man

$$\frac{h^2}{2\,m\,k\,T}\left(\frac{3\,\varrho}{8\,\pi}\right)^{2/3} \backsimeq \frac{24\,000\ \mathrm{Grad}}{T}\,. \qquad (1, 55)$$

Es ergibt sich also, daß das Elektronengas bei Zimmertemperaturen noch hochgradig entartet ist.

---

[1] Diese Dichte entspricht im Durchschnitt ungefähr der Dichte der Metallelektronen in Alkalimetallen.

Die Größen $\varrho = N/\Omega$ und $U_{DT} = U/\Omega$ wurden von SOMMERFELD ausführlich untersucht[1]. Durch eine Umformung der Ausdrücke (1, 46), (1, 47) und eine Reihenentwicklung der Integranden erhält SOMMERFELD in zweiter Näherung

$$\varrho = \frac{N}{\Omega} = \left(\frac{3}{5 \varkappa_k}\right)^{3/2} \zeta^{3/2} \left[1 + \frac{\pi^2}{8}\left(\frac{kT}{\zeta}\right)^2\right], \qquad (1, 56)$$

$$U_{DT} = \frac{U}{\Omega} = U_D \left[1 + \frac{5\pi^2}{12}\left(\frac{kT}{u_\mu}\right)^2\right], \qquad (1, 57)$$

wo $\varkappa_k$ durch (1, 19), u_μ durch (1, 7) und U_D durch (1, 18) definiert ist.

Aus der Bedingung, daß die Anzahl der Elektronen für alle Werte von T gleich sein muß, also (1, 56) für $T = 0$ und für ein beliebiges anderes T zum selben Wert ϱ führen muß, folgt

$$\zeta = u_\mu \left[1 - \frac{\pi^2}{12}\left(\frac{kT}{u_\mu}\right)^2\right]. \qquad (1, 58)$$

Bei einem entarteten Elektronengas zeigen also die Energiedichte U_{DT} und die Grenzenergie ζ — wenn man von sehr großen T-Werten absieht — nur eine sehr geringe Temperaturabhängigkeit, was auch aus dem Verlauf von f (Abb. 2) zu sehen ist.

§ 2. Wechselwirkung freier Elektronen.

Bisher haben wir die Grundlagen der statistischen Behandlungsweise eines Elektronengases entwickelt, ohne auf die Wechselwirkung der Elektronen einzugehen. Die Berechnung der Wechselwirkungsenergie der Elektronen eines Elektronengases gründet sich auf wellenmechanische Betrachtungen. Wir befassen uns deshalb auf Grund der Wellenmechanik ganz allgemein mit der Wechselwirkung von Elektronen und wenden dann die Resultate auf das Elektronengas der freien Elektronen an.

Grundlagen der wellenmechanischen Berechnung der Wechselwirkungs-energie von Elektronen. Wir beginnen unsere allgemeinen wellenmechanischen Betrachtungen mit dem Fall von nur 2 Elektronen, die sich in einem Potentialfeld V befinden und berechnen die Wechselwirkungsenergie der beiden Elektronen in erster Näherung.

Die SCHRÖDINGER-Gleichung unseres Zweielektronenproblems lautet:

$$\Delta \psi + \frac{8\pi^2 m}{h^2}(\varepsilon - \chi)\psi = 0, \qquad (2, 1)$$

$$\Delta = \Delta_1 + \Delta_2. \qquad (2, 2)$$

Hier bezeichnet Δ_i den auf das i-te Elektron bezogenen LAPLACEschen

---

[1] A. SOMMERFELD, Zs. f. Phys. **47**, 1, 1928.

Operator, ε den Energieparameter und ψ die Wellenfunktion der Elektronen; χ ist die potentielle Energie der beiden Elektronen. Wenn man den gegenseitigen Abstand der beiden Elektronen mit r_{12} bezeichnet, so ist

$$\chi = -V(1)\,e - V(2)\,e + \frac{e^2}{r_{12}}, \tag{2,3}$$

wo wir im Argument von V statt den rechtwinkeligen Koordinaten der beiden Elektronen $x_1,\,y_1,\,z_1$, bzw. $x_2,\,y_2,\,z_2$ der Kürze halber 1, bzw. 2 geschrieben haben. Das Wechselwirkungsglied

$$\chi_s = \frac{e^2}{r_{12}} \tag{2,4}$$

setzen wir als klein voraus und bemerken, daß χ_s in den Koordinaten der beiden Elektronen symmetrisch ist. Wir betrachten nun χ_s als ein Störungsglied und bestimmen die Wechselwirkungsenergie der beiden Elektronen auf Grund der Störungstheorie.

In nullter Näherung vernachlässigen wir χ_s, wodurch die Gl. (2, 1) mit

$$\psi = \psi_{ik} = \psi_i(1)\,\psi_k(2) \quad \text{und} \quad \varepsilon = \varepsilon_{ik} = \varepsilon_i + \varepsilon_k \tag{2,5}$$

in die folgenden zwei identischen Gleichungen zerfällt

$$\left. \begin{aligned} \varDelta_1\,\psi_i(1) + \frac{8\,\pi^2\,m}{h^2}\,[\varepsilon_i + V(1)\,e]\,\psi_i(1) &= 0\,, \\[2mm] \varDelta_2\,\psi_k(2) + \frac{8\,\pi^2\,m}{h^2}\,[\varepsilon_k + V(2)\,e]\,\psi_k(2) &= 0\,. \end{aligned} \right\} \tag{2,6}$$

Diese Gleichungen entsprechen dem nicht-perturbierten System und wir nehmen an, daß ihre Lösungen ψ_i und ψ_k mit den entsprechenden Eigenwerten ε_i und ε_k bekannt sind. ψ_i und ψ_k sind für verschiedene Zustände, also für $\varepsilon_i \neq \varepsilon_k$ auf einander orthogonal. Wir setzen voraus, daß ψ_i und ψ_k auch auf 1 normiert sind. Zur vollständigen Beschreibung eines Elektronenzustandes hat man außer der Eigenfunktion noch den Elektronenspin zu berücksichtigen, den wir hier in die Rechnungen explicite nicht einführen und nur insofern in Betracht ziehen, als wir dem PAULI-Prinzip Rechnung tragen, also der Eigenfunktion die vom PAULI-Prinzip geforderte Symmetrie erteilen.

Die Eigenwerte ε_{ik} des Zweielektronensystems in nullter Näherung sind nach (2, 5) Summen der Eigenwerte der beiden in nullter Näherung voneinander als unabhängig betrachteten Elektronensysteme. Eine Eigenfunktion nullter Näherung des Zweielektronensystems, die zum Eigenwert ε_{ik} gehört, ist nach (2, 5) ψ_{ik}. Da man die Elektronen nicht unterscheiden kann und die Gl. (2, 1) in den Koordinaten 1 und 2 symmetrisch ist, erhält man durch Vertauschung der Elektronen in ψ_{ik}

ebenfalls eine Eigenfunktion des Gesamtsystems, es ist also

$$\psi_{ki} = \psi_k(1)\,\psi_i(2) \qquad (2,7)$$

ebenfalls eine Eigenfunktion unseres Zweielektronenproblems. Unser Zweielektronenproblem ist also entartet, denn es gehören zum Eigenwert ε_{ik} zwei voneinander linear unabhängige Eigenfunktionen ψ_{ik} und ψ_{ki}.

Bei Berücksichtigung der Wechselwirkung als Störung wird die Entartung aufgehoben und der Energieeigenwert ε_{ik} wird in zwei verschiedene Energiewerte aufgespalten, die man mit den entsprechenden Eigenfunktionen auf Grund der SCHRÖDINGERschen Störungsrechnung bestimmen kann. Wir gehen hier auf die Störungsrechnung nicht ein und berechnen die Eigenfunktionen und die Wechselwirkungsenergien auf folgende einfache Weise.

Wegen der Linearität und Homogenität der SCHRÖDINGER-Gleichung ist eine lineare Komposition von ψ_{ik} und ψ_{ki}, also

$$\psi(1,2) = c_1\,\psi_{ik} + c_2\,\psi_{ki} = c_1\,\psi_i(1)\,\psi_k(2) + c_2\,\psi_k(1)\,\psi_i(2), \qquad (2,8)$$

wo c_1 und c_2 Konstanten bezeichnen, ebenfalls eine Lösung. Hieraus erhält man für die Wahrscheinlichkeit, daß sich das erste Elektron am Ort 1 und gleichzeitig das zweite Elektron am Ort 2 befindet,

$$\left.\begin{aligned}\varrho(1,2) = \psi\,\psi^* = {}&|c_1|^2\,|\psi_i(1)|^2\,|\psi_k(2)|^2 + |c_2|^2\,|\psi_k(1)|^2\,|\psi_i(2)|^2 + \\ &+ c_1\,c_2{}^*\,\psi_i(1)\,\psi_k(2)\,\psi_k{}^*(1)\,\psi_i{}^*(2) + c_1{}^*\,c_2\,\psi_i{}^*(1)\,\psi_k{}^*(2)\,\psi_k(1)\,\psi_i(2),\end{aligned}\right\} \quad (2,9)$$

wo ψ^*, $\psi_j{}^*$ und $c_j{}^*$ die bzw. zu ψ, ψ_j und c_j konjugiert komplexen Größen bezeichnen. Wegen der Nichtunterscheidbarkeit der Elektronen muß

$$\varrho\,(1,2) = \varrho\,(2,1) \qquad (2,10)$$

sein, woraus

$$|c_1|^2 = |c_2|^2 \quad \text{und} \quad c_1\,c_2{}^* = c_1{}^*\,c_2\,, \qquad (2,11)$$

also

$$c_1 = \pm\,c_2 = c_0 \qquad (2,12)$$

folgt. Man erhält also folgende zwei Lösungen:

$$\psi_s = c_0\,(\psi_{ik} + \psi_{ki})\,, \qquad (2,13)$$

$$\psi_a = c_0\,(\psi_{ik} - \psi_{ki})\,. \qquad (2,14)$$

Die Konstante c_0 wird aus der Normierungsbedingung

$$\int \psi\,\psi^*\,d\tau = 1 \qquad (2,15)$$

bestimmt, wo $d\tau$ das Volumenelement des 6-dimensionalen Konfigurationsraumes der beiden Elektronen bedeutet und man für die Koordinaten jedes der beiden Elektronen über das in Frage kommende ganze Volumen zu integrieren hat. Wenn man beachtet, daß ψ_i und ψ_k auf 1 normiert und aufeinander orthogonal sind, findet man

$$c_0 = \frac{1}{\sqrt{2}} . \qquad (2, 16)$$

Die beiden Eigenfunktionen ψ_s und ψ_a weisen gegenüber der Vertauschung der Elektronen charakteristische Züge auf, und zwar bleibt ψ_s bei der Vertauschung der Koordinaten der Elektronen unverändert, während ψ_a das Vorzeichen ändert. Es ist also ψ_s in Bezug einer Vertauschung der Elektronenkoordinaten symmetrisch und ψ_a antisymmetrisch.

Für die Aufenthaltswahrscheinlichkeiten, bzw. mittlere Elektronendichten ergibt sich mit Berücksichtigung des Wertes von c_0

$$\left.\begin{aligned}
\varrho_s = \psi_s\,\psi_s{}^* &= \frac{1}{2}\left[\varrho_i(1)\,\varrho_k(2) + \varrho_k(1)\,\varrho_i(2)\right] + \\
&+ \frac{1}{2}\left[\varrho_{ik}(1)\,\varrho_{ik}{}^*(2) + \varrho_{ik}{}^*(1)\,\varrho_{ik}(2)\right],
\end{aligned}\right\} \qquad (2, 17)$$

$$\left.\begin{aligned}
\varrho_a = \psi_a\,\psi_a{}^* &= \frac{1}{2}\left[\varrho_i(1)\,\varrho_k(2) + \varrho_k(1)\,\varrho_i(2)\right] - \\
&- \frac{1}{2}\left[\varrho_{ik}(1)\,\varrho_{ik}{}^*(2) + \varrho_{ik}{}^*(1)\,\varrho_{ik}(2)\right],
\end{aligned}\right\} \qquad (2, 18)$$

wo wir folgende Bezeichnung einführten

$$\varrho_i(\mathfrak{r}) = |\psi_i(\mathfrak{r})|^2, \quad \varrho_k(\mathfrak{r}) = |\psi_k(\mathfrak{r})|^2, \quad \varrho_{ik}(\mathfrak{r}) = \psi_i(\mathfrak{r})\,\psi_k{}^*(\mathfrak{r}) . \qquad (2, 19)$$

$\mathfrak{r}\,(x,\,y,\,z)$ ist der Ortsvektor und steht als Abkürzung für die Koordinaten x, y, z des Elektrons. ϱ_i und ϱ_k entspricht also der mittleren statistischen Elektronendichte eines Elektrons im Zustand i, bzw. k. Das Glied

$$\varrho_K = \frac{1}{2}\left[\varrho_i(1)\,\varrho_k(2) + \varrho_k(1)\,\varrho_i(2)\right] \qquad (2, 20)$$

in ϱ_s und ϱ_a entspricht der klassischen Überlagerung der Elektronendichten der beiden Elektronen. Das zweite Glied im Ausdruck von ϱ_s und ϱ_a

$$\varrho_Q = \frac{1}{2}\left[\varrho_{ik}(1)\,\varrho_{ik}{}^*(2) + \varrho_{ik}{}^*(1)\,\varrho_{ik}(2)\right] \qquad (2, 21)$$

hat aber kein klassisches Analogon. In diesem stehen die „gemischten Dichten" $\varrho_{ik}(1)$ und $\varrho_{ik}(2)$, die man anschaulich nicht deuten kann. ϱ_Q ist eine Folge der quantenmechanischen Behandlungsweise und entsteht daraus, daß man die Elektronen als nichtunterscheidbar betrachten muß, also daß man neben der Lösung ψ_{ik} auch ψ_{ki} zu berücksichtigen hat.

Die Störungsenergien erster Ordnung η_s und η_a, welche den beiden Zuständen ψ_s, bzw. ψ_a entsprechen, erhält man, wenn man χ_s über die mittleren Elektronendichten mittelt. Es ist also

$$\eta_s = C_{ik} + A_{ik}, \qquad (2, 22)$$

$$\eta_a = C_{ik} - A_{ik}, \qquad (2, 23)$$

$$C_{ik} = \int \chi_s \varrho_K \, d\tau = e^2 \iint \frac{\varrho_i(\mathfrak{r})\,\varrho_k(\mathfrak{r}')}{|\mathfrak{r} - \mathfrak{r}'|} \, dv \, dv', \qquad (2, 24)$$

$$A_{ik} = \int \chi_s \varrho_Q \, d\tau = e^2 \iint \frac{\varrho_{ik}(\mathfrak{r})\,\varrho_{ik}^*(\mathfrak{r}')}{|\mathfrak{r} - \mathfrak{r}'|} \, dv \, dv'. \qquad (2, 25)$$

dv und dv' bezeichnen das Volumenelement im Koordinatenraum der Komponenten der Ortsvektoren $\mathfrak{r}$ bzw. $\mathfrak{r}'$. Hieraus sieht man, daß C_{ik} die elektrostatische Wechselwirkungsenergie der Ladungswolken $-e\,\varrho_i$ und $-e\,\varrho_k$ darstellt, C_{ik} ist also der wellenmechanische Ausdruck für die elektrostatische Wechselwirkungsenergie der beiden Elektronen im Zustand i, bzw. k. Die Energie A_{ik} für den symmetrischen Zustand und $-A_{ik}$ für den antisymmetrischen Zustand, die kein klassisches Analogon besitzt und eine Folge des Elektronenaustausches ist, nennt man Austauschenergie. Bei der klassischen Betrachtungsweise würde A_{ik} nicht auftreten.

Da η_s und η_a voneinander verschieden sind, wird der Energieeigenwert ε_{ik} in zwei verschiedene Werte, und zwar in erster Näherung in $\varepsilon_s = \varepsilon_{ik} + \eta_s$ und $\varepsilon_a = \varepsilon_{ik} + \eta_a$ aufgespalten.

Man hat nun zu ermitteln, welche Zustände in der Natur tatsächlich verwirklicht werden. Hierüber gibt das PAULI-Prinzip Aufschluß, das man in der Wellenmechanik folgendermaßen formulieren kann: Elektronensysteme können nur in solchen Zuständen existieren, deren Eigenfunktionen, in welchen auch die Spinfunktionen berücksichtigt sind, bei der Vertauschung zweier Elektronen antisymmetrisch sind. Die Eigenfunktion des Elektronensystems muß also bei Vertauschung *aller* Bestimmungsstücke (Elektronenkoordinaten und Spine) zweier Elektronen das Vorzeichen ändern.

Wenn man die Spinfunktionen einführt, so folgt mit Hilfe des wellenmechanisch formulierten PAULI-Prinzips, daß bei paralleler Spineinstellung der beiden Elektronen der Zustand ψ_a und bei antiparalleler Spineinstellung der Zustand ψ_s realisiert ist. Dies kann man ohne den Spineigenfunktionen auf folgender einfacher Weise einsehen. Nach dem PAULI-Prinzip kann in einem System von Elektronen ein mit Rücksicht auf den Spin definierter Quantenzustand höchstens mit einem Elektron besetzt sein. Ein Zustand des Systems, in welchem ein vollständig definierter Quantenzustand von mehr als einem Elektron besetzt ist, existiert also nicht. Bei parallelen Spins existiert also der Zustand, in welchem $\psi_i \equiv \psi_k$ ist, nicht, da in diesem Falle die beiden Elektronen denselben Quantenzustand besetzen. Die Eigenfunktion des Gesamtsystems muß also dann identisch verschwinden, was nur bei ψ_a der Fall ist. Ist dagegen die Spineinstellung der beiden Elektronen antiparallel, so sind die Quantenzustände im Falle $\psi_i \equiv \psi_k$, eben wegen der verschiedenen Spinrichtungen verschieden, der Zustand existiert also, was bedeutet, daß die entsprechende Eigenfunktion nicht identisch 0 wird. Dies ist nur bei ψ_s der Fall. Es entspricht also der parallelen Spineinstellung die Eigenfunktion ψ_a, der antiparallelen Spineinstellung die Eigenfunktion ψ_s.

Der Weiteren halber sei hier bemerkt, daß man ψ_a auch in der Form

$$\psi_a = \frac{1}{\sqrt{2}} \begin{vmatrix} \psi_i(1) & \psi_i(2) \\ \psi_k(1) & \psi_k(2) \end{vmatrix} \qquad (2, 26)$$

schreiben kann.

Nachdem wir alles Wesentliche am Beispiel von zwei Elektronen erläutert haben, gehen wir zu einem Mehrelektronenproblem über, bei welchem N Elektronen n Quantenzustände, die wir durch die Eigenfunktionen

$$\psi_1, \psi_2, \cdots, \psi_n \qquad (2, 27)$$

beschreiben, doppelt besetzen. Es befinden sich demnach in jedem der ohne Rücksicht auf den Spin definierten Quantenzustände ψ_i zwei Elektronen, deren Spine zueinander antiparallel stehen. Das N-Elektronensystem zerfällt also in zwei Schwärme von je $n = N/2$ Elektronen, und zwar befinden sich in dem einen Schwarm die Elektronen mit „aufwärts" gerichtetem Spin und im anderen die Elektronen mit „abwärts" gerichtetem Spin.

Die Berechnung der Wechselwirkung der Elektronen in erster Näherung mit Hilfe der Störungsrechnung kann auf ganz analoger Weise erfolgen wie im Falle zweier Elektronen. Das aus der Wechselwirkung der Elektronen resultierende Störungsglied ist jetzt

$$\chi_s = \frac{1}{2} \sum_{j,l=1}^{N} {}' \frac{e^2}{r_{jl}} . \qquad (2, 28)$$

Der Strich nach dem Summenzeichen bedeutet, daß die Glieder mit $j = l$ auszuschließen sind. Den Faktor 1/2 hat man zur Vermeidung der doppelten Zählung der Elektronenpaare zu berücksichtigen.

Die Eigenfunktion des N-Elektronensystems kann man in nullter Näherung aus den Eigenfunktionen (2, 27) aufbauen, die aufeinander orthogonal sind und von denen wir annehmen, daß sie auf 1 normiert sind. Wenn wir die Elektronen des einen Schwarmes von 1 bis n und die des anderen Schwarmes von $n+1$ bis $2\,n$ numerieren und im Argument der ψ_j die Koordinaten des i-ten Elektrons kurz mit i bezeichnen, so ist nach FOCK[1] die auf 1 normierte Eigenfunktion ψ des N-Elektronensystems mit Rücksicht auf das PAULI-Prinzip die folgende

$$\psi = \psi_a^{(1)} \cdot \psi_a^{(2)}\,, \tag{2, 29}$$

$$\psi_a^{(1)} = \frac{1}{\sqrt{n!}} \begin{vmatrix} \psi_1(1) & \psi_1(2) & \cdots & \psi_1(n) \\ \psi_2(1) & \psi_2(2) & \cdots & \psi_2(n) \\ \cdots\cdots\cdots\cdots\cdots\cdots \\ \psi_n(1) & \psi_n(2) & \cdots & \psi_n(n) \end{vmatrix}\,, \tag{2, 30}$$

$$\psi_a^{(2)} = \frac{1}{\sqrt{n!}} \begin{vmatrix} \psi_1(n+1) & \psi_1(n+2) & \cdots & \psi_1(2\,n) \\ \psi_2(n+1) & \psi_2(n+2) & \cdots & \psi_2(2\,n) \\ \cdots\cdots\cdots\cdots\cdots\cdots\cdots \\ \psi_n(n+1) & \psi_n(n+2) & \cdots & \psi_n(2\,n) \end{vmatrix}\,, \tag{2, 31}$$

$\psi_a^{(1)}$ und $\psi_a^{(2)}$ bedeuten die Eigenfunktionen der einzelnen Schwärme. Dem entsprechend, daß die Spine der Elektronen eines Schwarmes die gleiche Richtung haben, sind $\psi_a^{(1)}$ und $\psi_a^{(2)}$ auf dieselbe Weise aufgebaut wie ψ_a. Es gelten auch dieselben Symmetriebeziehungen, es ist also z. B. die Eigenfunktion eines Schwarmes in bezug auf die Vertauschung der Koordinaten zweier Elektronen desselben Schwarmes antisymmetrisch, denn die Vertauschung der Koordinaten zweier Elektronen bedeutet die Vertauschung zweier Kolonnen der Determinante, demzufolge sich nur das Vorzeichen der Determinante ändert. Die Gesamteigenfunktion des N-Elektronensystems ist nach (2, 29) ein einfaches Produkt von $\psi_a^{(1)}$ und $\psi_a^{(2)}$, wodurch zum Ausdruck gelangt, daß man die beiden Schwärme in nullter Näherung voneinander als unabhängig betrachten kann.

Die Störungsenergie erster Ordnung erhält man, wenn man χ_s nach $\psi\psi^*$ mittelt. Nach der Durchführung der einfachen Rechnungen ergibt sich

$$\eta = \frac{1}{2}\sum_{j,l=1}^{n}{}' C_{jl} - \frac{1}{2}\sum_{j,l=1}^{n}{}' A_{jl} + \frac{1}{2}\sum_{j,l=n+1}^{2\,n}{}' C_{jl} - \\ - \frac{1}{2}\sum_{j,l=n+1}^{2\,n}{}' A_{jl} + \sum_{j=1}^{n}\sum_{l=n+1}^{2\,n} C_{jl}\,. \tag{2, 32}$$

Hier ist C_{jl} und A_{jl} durch (2, 24) und (2, 25) definiert, es bedeutet also C_{jl} die elektrostatische Wechselwirkungsenergie und $-A_{jl}$ die Austauschenergie zweier Elektronen, die sich im Zustand j und l befinden.

---

[1] V. FOCK, Zs. f. Phys. **61**, 126, 1930.

Im Ausdruck von η haben also die einzelnen Glieder auf der rechten Seite folgende Bedeutung: das erste Glied bedeutet die elektrostatische Wechselwirkungsenergie der Elektronen des ersten Elektronenschwarmes, das zweite Glied (mit seinem Vorzeichen) die Austauschenergie desselben Schwarmes, das dritte und vierte Glied hat eine ganz analoge Bedeutung für den zweiten Elektronenschwarm, das fünfte Glied ist die elektrostatische Wechselwirkungsenergie der beiden Elektronenschwärme.

Der Strich nach den ersten vier Summen bedeutet, daß die Glieder mit $l = j$ wegzulassen sind. Das Glied C_{jj} ist nämlich die elektrostatische Selbstenergie und $-A_{jj}$ die Energie des „Selbstaustausches" des Elektrons im j-ten Zustand, denen natürlich keine physikalische Bedeutung zukommt. Man kann aber diese Glieder in den Summen auf der rechten Seite von (2, 32) trotzdem aufnehmen, denn für $l = j$ wird

$$\varrho_{jl} = \varrho_{jj} = \varrho_j \,, \qquad (2, 33)$$

es ist also nach (2, 24) und (2, 25)

$$C_{jj} = A_{jj} \,. \qquad (2, 34)$$

Die elektrostatische Selbstenergie des Elektrons wird also durch die Energie des Selbstaustausches aufgehoben.

Die elektrostatische Wechselwirkungsenergie C aller Elektronen erhält man durch Zusammenfassen der ersten, dritten und fünften Summen auf der rechten Seite von (2, 32), es wird also

$$C = \frac{1}{2} \sum_{j,l=1}^{N}{}' C_{jl} \,. \qquad (2, 35)$$

Für die Austauschenergie A aller N Elektronen erhält man

$$A = -\frac{1}{2} \sum_{j,l=1}^{n}{}' A_{jl} - \frac{1}{2} \sum_{j,l=n+1}^{2n}{}' A_{jl} \,. \qquad (2, 36)$$

In unserem Falle sind die Austauschenergien der beiden Schwärme gleich, da die Elektronen beider Schwärme, abgesehen von der Spinrichtung, dieselben Quantenzustände besetzen.

Die Wechselwirkungsenergie der Elektronen in zweiter Näherung läßt sich auf Grund der Störungsrechnung zweiter Ordnung berechnen, welche man ebenfalls ganz allgemein entwickeln kann. Wir gehen darauf nicht ein, denn bei der Anwendung der allgemeinen Formeln auf spezielle Probleme entstehen meistens Konvergenzschwierigkeiten, so daß man bei der Durchführung der Störungsrechnung zweiter Ordnung diese meistens dem speziellen Problem anpassen und vom allgemeinen Verfahren abweichen muß. Für freie Elektronen berechnen wir die Wechselwirkungsenergie zweiter Ordnung am Ende des nächsten Abschnittes.

Wechselwirkungsenergie freier Elektronen. Wir berechnen nun mit Hilfe der hergeleiteten allgemeinen Resultate die Wechselwirkungsenergie der Elektronen eines freien Elektronengases, das sich im Volumen Ω befindet und aus N Elektronen besteht.

Wir führen die Rechnungen für gänzlich freie Elektronen durch, beschreiben also den j-ten Bewegungszustand eines Elektrons durch die ebene Welle

$$\psi_j(\mathfrak{r}) = \frac{1}{\sqrt{\Omega}}\, e^{i(\mathfrak{k}_j,\,\mathfrak{r})}. \qquad (2,37)$$

Diese Eigenfunktion erfüllt die Randbedingung, nach welcher ψ_j an den Randflächen des Volumens Ω verschwinden muß, nicht. Wenn wir aber annehmen, daß Ω sehr groß ist, so kann man diese Randbedingung praktisch schon durch eine kleine Modifikation von ψ_j erfüllen, die darin besteht, daß man ψ_j über einen infinitesimalen Bereich des Ausbreitungsvektors $\mathfrak{k}_j$ integriert, wodurch ψ_j im Unendlichen verschwindet. Die Orthogonalität der zu verschiedenen Zuständen gehörenden Eigenfunktionen ψ_j und ψ_l kommt in unserer halbklassischen Betrachtungsweise, die wir im folgenden entwickeln, dadurch zum Ausdruck, daß den Impulsvektoren $\frac{2\pi}{h}\,\mathfrak{k}_j$ und $\frac{2\pi}{h}\,\mathfrak{k}_l$ im Phasenraum verschiedene Zellen des Impulsraumes entsprechen müssen, das wir bei der Berechnung der Austauschenergie berücksichtigen werden.

Die im wellenmechanischen Sinne gedeutete mittlere Dichteverteilung eines Elektrons im Zustand ψ_j ist

$$\varrho_j(\mathfrak{r}) = \frac{1}{\Omega} = \text{const}. \qquad (2,38)$$

Die mittlere Dichte ist also vom Zustand unabhängig und wir können statt den Dichten in den verschiedenen Zuständen, also statt ϱ_j usw. ϱ_0 schreiben. Die mittlere Dichte ϱ aller N Elektronen des Elektronengases entspricht der klassischen Elektronendichte, denn es ist

$$\varrho = N\varrho_0 = \frac{N}{\Omega}. \qquad (2,39)$$

Mit Hilfe dieser Zusammenhänge erhält man aus (2, 24) für die elektrostatische Wechselwirkungsenergie zweier Elektronen

$$C_{jl} = C_{00} = \varrho_0{}^2\, e^2 \int\!\!\int \frac{1}{|\mathfrak{r} - \mathfrak{r}'|}\, dv\, dv'. \qquad (2,40)$$

Die gesamte elektrostatische Energie aller N Elektronen wird also nach (2, 35)

$$C = \frac{1}{2}\left(1 - \frac{1}{N}\right)\varrho^2\, e^2 \int\!\!\int \frac{1}{|\mathfrak{r} - \mathfrak{r}'|}\, dv\, dv'. \qquad (2,41)$$

Dies entspricht dem Ausdruck der elektrostatischen Wechselwirkungsenergie einer mit der konstanten Dichte $\varrho e = N\varrho_0 e$ kontinuierlich verteilten Ladung Ne mit dem Unterschied, daß in (2, 41) die Selbstenergie
der Elektronen in Abzug gebracht ist, was dadurch zum Ausdruck kommt,
daß in (2, 41) der Faktor $1 - \dfrac{1}{N}$ statt 1 steht.

Die Austauschenergie der Elektronen des Elektronengases kann
man ebenfalls einfach berechnen[1]. Hierzu nehmen wir an, daß sich das
Elektronengas am absoluten Nullpunkt der Temperatur befindet, daß
also die $n = N/2$ energetisch tiefsten Quantenzellen im Phasenraum
von je zwei Elektronen besetzt sind, deren Spine zueinander antiparallel
stehen. Wir haben also wie im weiter oben behandelten allgemeinen
Fall zwei Elektronenschwärme von je $n = N/2$ Elektronen, die sich
darin unterscheiden, daß die Elektronen des einen Schwarmes „aufwärts“, die des anderen „abwärts“ gerichtete Spine besitzen. Die Eigenfunktionen der einzelnen Elektronenzustände, welche wir durch die
ebenen Wellen (2, 37) annähern, seien die folgenden

$$\psi_1, \ \psi_2, \quad \cdot \quad \cdot \quad \cdot \quad , \quad \psi_n \ . \tag{2, 42}$$

Jeder dieser Zustände ist doppelt besetzt. Wir numerieren die Elektronen des ersten Schwarmes wieder von 1 bis n und die des zweiten
Schwarmes von $n+1$ bis $2n$.

Für zwei Elektronen desselben Schwarmes, die sich im Zustand ψ_j
und ψ_l befinden, ist der Betrag der Austauschenergie

$$A_{jl} = e^2 \iint \frac{\varrho_{jl}(\mathfrak{r})\, \varrho_{jl}^{*}(\mathfrak{r}')}{|\mathfrak{r} - \mathfrak{r}'|}\, dv\, dv' \tag{2, 43}$$

mit

$$\varrho_{jl} = \frac{1}{\Omega}\, e^{i\,(\mathfrak{f}_j - \mathfrak{f}_l,\, \mathfrak{r})} \ . \tag{2, 44}$$

Man kann

$$V_{jl}(\mathfrak{r}) = \int \frac{\varrho_{jl}^{*}(\mathfrak{r}')}{|\mathfrak{r} - \mathfrak{r}'|}\, dv' \tag{2, 45}$$

als das Potential der Verteilung ϱ_{jl}^{*} betrachten. Es besteht also die
Poissonsche Gleichung

$$\Delta\, V_{jl}(\mathfrak{r}) = - 4\,\pi\, \varrho_{jl}^{*}(\mathfrak{r}) = - \frac{4\,\pi}{\Omega}\, e^{-i\,(\mathfrak{f}_j - \mathfrak{f}_l,\, \mathfrak{r})} \ , \tag{2, 46}$$

aus welcher

$$V_{jl}(\mathfrak{r}) = \frac{4\,\pi}{|\mathfrak{f}_j - \mathfrak{f}_l|^2}\, \varrho_{jl}^{*}(\mathfrak{r}) \tag{2, 47}$$

---

[1] Man vgl. F. Bloch, Zs. f. Phys. 57, 545, 1929 und H. Bethe, Geiger-Scheels
Handb. d. Phys. XXIV/2, 2. Aufl. S. 484 und 485, Springer, Berlin, 1933.

folgt. Wir haben also

$$A_{jl} = e^2 \int \varrho_{jl}(\mathfrak{r}) \, V_{jl}(\mathfrak{r}) \, dv = \frac{4 \pi e^2}{\Omega \, |\mathfrak{k}_j - \mathfrak{k}_l|^2} \, . \tag{2, 48}$$

Zwischen dem Ausbreitungsvektor $\mathfrak{k}_i$ und dem Impulsvektor des Elektrons $\mathfrak{p}_i$ besteht der bekannte Zusammenhang

$$\mathfrak{k}_i = \frac{2 \pi}{h} \, \mathfrak{p}_i, \tag{2, 49}$$

mit dessen Hilfe man A_{jl} folgendermaßen schreiben kann

$$A_{jl} = \frac{h^2 \, e^2}{\Omega \pi \, |\mathfrak{p}_j - \mathfrak{p}_l|^2} \, . \tag{2, 50}$$

Die gesamte Austauschenergie der Elektronen des einen Schwarmes erhält man, wenn man $-A_{jl}$ über die möglichen Kombinationen jl summiert. Dies geschieht folgendermaßen. Wenn man den Betrag von $\mathfrak{p}_j$ und $\mathfrak{p}_l$ mit p_j, bzw. p_l und den Winkel zwischen $\mathfrak{p}_j$ und $\mathfrak{p}_l$ mit ϑ bezeichnet, dann ist

$$|\mathfrak{p}_j - \mathfrak{p}_l|^2 = p_j{}^2 + p_l{}^2 - 2 \, p_j \, p_l \cos \vartheta \, . \tag{2, 51}$$

Wir führen im Impulsraum ein Polarkoordinatensystem ein, als dessen Achse wir $\mathfrak{p}_j$ wählen. Die Anzahl der Elektronen des ersten Schwarmes, deren Impulsrichtung zwischen ϑ und $\vartheta + d\vartheta$ und deren Impulsbetrag zwischen p_l und $p_l + dp_l$ fällt, ist

$$d n = \frac{2 \pi \Omega}{h^3} \, p_l{}^2 \sin \vartheta \, dp_l \, d\vartheta \, , \tag{2, 52}$$

wobei man zu beachten hat, daß sich im Phasenraum in den vollbesetzten Elementarzellen vom Volumen h^3 nur je ein Elektron des betreffenden Schwarmes befindet. Die Summierung von $-A_{jl}$ über l wird in der statistischen Behandlungsweise durch eine Integration ersetzt und man erhält

$$\left.\begin{aligned}
-\sum_{l=1}^{n} A_{jl} &= -\frac{2 \, e^2}{h} \int_{0}^{p_\mu} dp_l \, p_l{}^2 \int_{0}^{\pi} \frac{\sin \vartheta \, d\vartheta}{p_j{}^2 + p_l{}^2 - 2 \, p_j \, p_l \cos \vartheta} = \\
&= -\frac{e^2}{h} \left(\frac{p_\mu{}^2 - p_j{}^2}{p_j} \ln \frac{p_\mu + p_j}{p_\mu - p_j} + 2 \, p_\mu \right),
\end{aligned}\right\} \tag{2, 53}$$

wo p_μ den Betrag des maximalen Impulses bezeichnet. Dieser Ausdruck gibt die Austauschenergie, die aus der Austauschwechselwirkung eines Elektrons mit dem Impulsbetrag p_j mit allen übrigen Elektronen des Schwarmes (und sich selbst) resultiert. Die gesamte Austauschenergie des Schwarmes erhält man, wenn man diesen Ausdruck noch über j summiert. Die Summierung über j ersetzen wir ebenfalls durch eine

Integration. Wir haben hierzu den Ausdruck (2, 53) mit $\dfrac{4\pi\Omega}{h^3}\, p_j{}^2\, dp_j$ zu multiplizieren und über p_j von 0 bis p_μ zu integrieren. Die gesamte Austauschenergie des ersten Schwarmes wird also

$$
\left.
\begin{aligned}
-\frac{1}{2}\sum_{j,\,l=1}^{n} A_{jl} &= -\frac{2\pi e^2\Omega}{h^4}\int_0^{p_\mu}\left(\frac{p_\mu{}^2-p_j{}^2}{p_j}\ln\frac{p_\mu+p_j}{p_\mu-p_j}+2\,p_\mu\right)p_j{}^2\,d\,p_j = \\
&= -\frac{2\pi e^2\Omega}{h^4}\left[\frac{1}{4}\,(p_j{}^2-p_\mu{}^2)^2\ln\frac{p_\mu-p_j}{p_\mu+p_j}+\frac{1}{2}\,(p_\mu{}^3\,p_j+p_\mu\,p_j{}^3)\right]_{p_j=0}^{p_j=p_\mu} = \\
&= -\frac{2\pi e^2\Omega}{h^4}\,p_\mu{}^4\,.
\end{aligned}
\right\}
\qquad (2,54)
$$

Gerade so groß ist in unserem Falle die Austauschenergie des anderen Schwarmes.

Für die gesamte Austauschenergie A aller N Elektronen folgt also

$$
A = -\frac{4\pi e^2\Omega}{h^4}\,p_\mu{}^4, \qquad (2,55)
$$

p_μ ist der Betrag des maximalen Impulses der Elektronen eines Schwarmes. p_μ ist identisch mit dem Betrag des maximalen Impulses aller Elektronen, da eine Elementarzelle nur höchstens von einem Elektron des einen Schwarmes aber von zwei Elektronen verschiedener Schwärme besetzt werden kann. Von den Elektronen eines Schwarmes werden also im Phasenraum die Elementarzellen derselben Impulskugel besetzt, welche die N Elektronen beider Schwärme besetzen. Man erhält also für p_μ wieder den Ausdruck (1, 5), wo $\varrho = \dfrac{N}{\Omega}$ die Dichte aller N Elektronen bezeichnet. Mit diesem Ausdruck von p_μ folgt aus (2, 55)

$$
A = -\varkappa_a\,\varrho^{4/3}\,\Omega\,, \qquad (2,56)
$$

$$
\varkappa_a = \frac{3}{4}\left(\frac{3}{\pi}\right)^{1/3} e^2 = 0{,}7386\,e^2\,. \qquad (2,57)
$$

Für die Austauschenergie pro Volumeneinheit A_D ergibt sich also

$$
A_D = -\varkappa_a\,\varrho^{4/3}\,. \qquad (2,58)
$$

In A und A_D ist auch die Energie des Selbstaustausches der Elektronen enthalten, denn wir haben in (2, 53) bei der Integration über p_l von 0 bis p_μ auch die Zustände $l = j$ mitgerechnet.

Man kann den Ausdruck (2, 58) für die Austauschenergie freier Elektronen auf einem anderen, bedeutend anschaulicherem Wege herleiten, der von WIGNER und SEITZ[1] stammt. Aus (2, 30) und (2, 31) sieht man,

---

[1] E. WIGNER u. F. SEITZ, Phys. Rev. (2) **43,** 804, 1933; **46,** 509, 1934.

daß $\psi_a^{(1)}$, bzw. $\psi_a^{(2)}$ verschwindet, wenn zwei Elektronen desselben Schwarmes sich am gleichen Ort befinden, denn es werden dann zwei Kolonnen der betreffenden Determinante gleich. Dies bedeutet, daß die Wahrscheinlichkeit dafür, daß man zwei Elektronen mit parallelem Spin am gleichen Ort findet, 0 ist. Die Elektronen mit parallelem Spin werden also von einander abgedrängt. Diese Abdrängung ist nicht mit der elektrostatischen Abstoßung zu verwechseln und ist eine Folge der wellenmechanisch-statistischen Beziehungen, die schon in nullter Näherung, also schon bei Vernachlässigung der elektrostatischen Wechselwirkung der Elektronen auftritt[1]. Zufolge dieser wellenmechanisch-statistischen Beziehungen hängt also die Aufenthaltswahrscheinlichkeit eines Elektrons in einem Volumenelement davon ab, ob sich in diesem schon ein Elektron mit derselben Spinrichtung befindet. Bei Elektronen mit antiparallelem Spin existieren solche wellenmechanisch-statistische Beziehungen in nullter Näherung nicht, diese kann man in nullter Näherung von einander als unabhängig betrachten.

WIGNER und SEITZ konnten für den Fall ebener Wellen, also freier Elektronen zeigen, daß die Wahrscheinlichkeit dafür, daß man in dv, in der Entfernung r von einem herausgegriffenen Elektron ein anderes mit gleicher Spinrichtung findet, die folgende ist

$$\Phi(r)\,dv = \varrho_p \left\{ 1 - 9\left[\frac{\sin\frac{r}{a} - \frac{r}{a}\cos\frac{r}{a}}{\left(\frac{r}{a}\right)^3}\right]^2 \right\} dv \qquad (2,59)$$

mit

$$a = \frac{1}{(6\,\pi^2\,\varrho_p)^{1/3}}. \qquad (2,60)$$

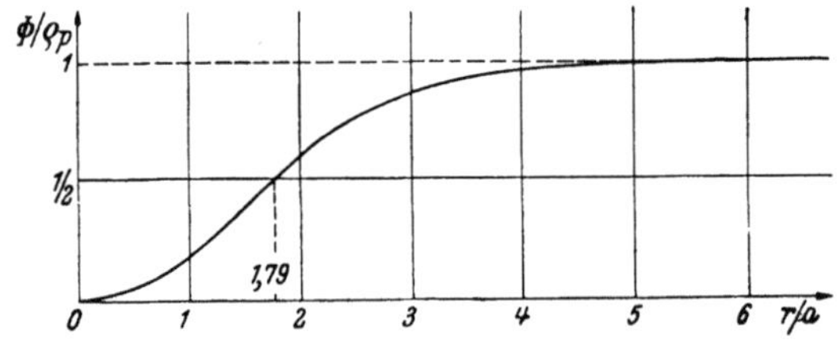

ϱ_p bezeichnet die Dichte der Elektronen, deren Spine die gleiche Richtung haben wie das herausgegriffene Elektron. In unserem Falle ist $\varrho_p = \tfrac{1}{2}\varrho$. In Abb. 3 haben wir $\dfrac{1}{\varrho_p}\Phi$ als Funk-

Abb. 3. Φ/ϱ_p als Funktion von r/a.

---

[1] Eine elektrostatische Abdrängung ist zwischen Elektronen mit parallelem Spin natürlich ebenfalls vorhanden, durch diese wird aber die aus der wellenmechanisch-statistischen Beziehung resultierende Abdrängung nur unbedeutend beeinflußt. Die elektrostatische Abdrängung der Elektronen ist nur für die Elektronen mit antiparallelem Spin von Bedeutung (man vgl. weiter unten).

tion von r/a aufgetragen. Aus dem Verlauf von $\frac{1}{\varrho_p}\,\Phi$ sieht man, daß die Verteilung der Elektronen mit gleichgerichtetem Spin nicht konstant ist, sondern, daß die mittlere Dichte dieser Elektronen für $r = 0$ Null ist, mit wachsendem r wächst und erst in größerer Entfernung vom herausgegriffenen Elektron einen praktisch konstanten Wert erreicht.

In der Umgebung jedes Elektrons ist also die Dichte der Elektronen mit gleichgerichtetem Spin wesentlich kleiner als im Falle einer konstanten Verteilung, es entsteht also in der Dichteverteilung der Elektronen mit gleichgerichtetem Spin in der Umgebung jedes Elektrons ein „Loch". Dies führt zu einer Verminderung der elektrostatischen potentiellen Energie der Elektronen gegenüber denjenigen Wert dieser Energie, den man für einen durchweg konstanten Wert von ϱ_p berechnet, da man vom Potential, mit dem die übrigen Elektronen auf ein herausgegriffenes Elektron wirken, das „Loch" in Abzug zu bringen hat. Diese Verminderung der elektrostatischen Wechselwirkungsenergie der Elektronen ist mit der Austauschenergie identisch. Für den Betrag der elektrostatischen Energieverminderung $-A$ aller N Elektronen erhält man

$$-A = \frac{1}{2}\,N e^2\,9\,\varrho_p \int\limits_0^\infty \frac{1}{r}\left[\frac{\sin\dfrac{r}{a} - \dfrac{r}{a}\cos\dfrac{r}{a}}{\left(\dfrac{r}{a}\right)^3}\right]^2 4\pi\,r^2\,dr =$$

$$= \frac{3}{4}\left(\frac{3}{\pi}\right)^{1/3} N\,(2\,\varrho_p)^{1/3}\,e^2\,. \tag{2, 61}$$

Den Faktor 1/2 vor dem Integral hat man zu berücksichtigen, um die doppelte Zählung der Elektronenpaare zu vermeiden. Mit Beachtung der Zusammenhänge $N = \varrho\,\Omega$ und $2\,\varrho_p = \varrho$ folgt für A die Formel (2, 56).

Die gesamte Wechselwirkungsenergie η der Elektronen in erster Näherung erhält man als Summe von (2, 41) und (2, 56). Dabei hat man aber zu beachten, daß (2, 41) die Energie der elektrostatischen Selbstwechselwirkung der Elektronen nicht enthält, während in (2, 56) die Energie aus dem Selbstaustausch der Elektronen inbegriffen ist. Da sich, wie wir gesehen haben, die Energie dieser Selbstwechselwirkungen gerade kompensiert, erhält man für η den richtigen Wert, wenn man auch in C die Selbstwechselwirkung berücksichtigt. Es wird also

$$\eta = \frac{1}{2}\,e^2\,\varrho^2 \int\!\!\int \frac{1}{|\mathfrak{r}-\mathfrak{r}'|}\,dv\,dv' - \varkappa_a\,\varrho^{4/3}\,\Omega\,. \tag{2, 62}$$

In der Näherung, mit welcher wir uns bisher befaßten, weichen sich die Elektronen mit antiparallelem Spin nicht aus, da zwischen diesen keinerlei wellenmechanisch-statistische Beziehungen bestehen. In der nächsten Näherung besteht aber auch zwischen diesen Elektronen zufolge ihrer elektrostatischen Wechselwirkung eine Abdrängung. In zweiter Näherung bewegen sich also auch die Elektronen mit antiparallelem Spin nicht unabhängig voneinander, sondern trachten sich von einander in möglichst großer Entfernung aufzuhalten, das man als einen Polarisationseffekt der Elektronen mit antiparallelem Spin im erweiterten Sinne des Wortes betrachten kann, den wir mit WIGNER kurz als Korrelation bezeichnen.[1] Dieser Korrelationseffekt der Elektronen mit antiparallelem Spin, den man mit Hilfe einer Störungsrechnung zweiter Ordnung behandeln kann, führt also ebenfalls zu einer Energieverminderung.

Bei einigen Atomen kann man diese Energieverminderung abschätzen. Für den Grundzustand des He-Atoms erhält man z. B. aus den HARTREE-schen, bzw. FOCKschen Gleichungen, welche in diesem Falle identisch sind und der Korrelation nicht Rechnung tragen, eine um 1,03 e-Volt höhere Energie[2] als die empirische. Diese Energiedifferenz ist im wesentlichen eine Folge der Korrelation. Für He ist diese Energie relativ groß, denn die beiden Elektronen sind im Grundzustand auf engem Raum zusammengedrängt.

Die Berechnung der Korrelationsenergie ist ein schwieriges Problem, das für ebene Wellen angenähert von WIGNER[3] gelöst wurde. WIGNERS Betrachtungen, denen wir hier kurz folgen, beziehen sich auf das Elektronengas der Metallelektronen, haben aber allgemeine Gültigkeit.

In dem einfachen Fall, wenn die Elektronendichte so klein ist, daß man die kinetische Nullpunktsenergie (1, 20) der Elektronen vernachlässigen kann, läßt sich ein einfacher Ausdruck für die Korrelationsenergie angeben. In diesem Falle entspricht nämlich der stabilsten Elektronenanordnung ein raumzentriertes Gitter, es entsteht also in der Umgebung jedes Elektrons eine starke Verminderung der Elektronendichte, denn in der Umgebung jedes Elektrons befindet sich im Bereich der 1 Elektron enthaltenden Elementarzelle überhaupt kein Elektron. Es entsteht also in der elektrostatischen potentiellen Energie der Elektronen des Elektronengases eine Energieverminderung, welche gegenüber der elektrostatischen Energie, die man mit einer durchweg konstanten Elektronendichte berechnet, $-0{,}746 \dfrac{e^2}{r_s}$ beträgt, wo r_s den Radius der 1 Elektron enthaltenden Elementarkugel bezeichnet, der mit ϱ folgendermaßen zusammenhängt

---

[1] Dieser Effekt ist auch bei Elektronen mit parallelem Spin vorhanden, ist aber dort von wesentlich geringerer Bedeutung (man vgl. die Fußnote 1, auf S. 26).

[2] H. BETHE, GEIGER-SCHEELS Handb. d. Phys. XXIV/1, 2. Aufl., S. 368 bis 371, Springer, Berlin, 1933.

[3] E. WIGNER, Phys. Rev. (2) **46**, 1002, 1934 und Trans. Faraday Soc. **34**, 678, 1938. Man vgl. auch F. SEITZ, The Modern Theory of Solids, S. 342 bis 344, McGraw-Hill Book Company, New York, London, 1940.

$$\frac{\Omega}{N} = \frac{1}{\varrho} = \frac{4\pi r_s^3}{3}, \qquad r_s = \left(\frac{3}{4\pi}\right)^{1/3} \frac{1}{\varrho^{1/3}}. \tag{2, 63}$$

In dieser Energieverminderung ist auch die aus der Austauschwechselwirkung der Elektronen mit parallelem Spin resultierende Austauschenergie enthalten, für die man nach (2, 58) pro Elektron

$$\frac{A_D}{\varrho} = -\varkappa_a\, \varrho^{1/3} = -0{,}458\, \frac{e^2}{r_s} \tag{2, 64}$$

erhält. Die Korrelationsenergie pro Elektron w_m ergibt sich demnach als Differenz der gesamten Energieverminderung und A_D/ϱ, man erhält also

$$w_m = -0{,}288\, \frac{e^2}{r_s}. \tag{2, 65}$$

Dieses Resultat gilt aber nur für sehr kleine ϱ, also für sehr große r_s.

Die Berechnung von w_m für beliebige Werte von r_s wurde von WIGNER näherungsweise folgendermaßen durchgeführt. Das Elektronengas, mit welchem wir uns befassen, soll wieder aus $N = 2n$ Elektronen bestehen, die die energetisch tiefsten n Quantenzustände (2, 27) doppelt besetzen. Das Elektronengas zerfällt also wieder in zwei Elektronenschwärme von je n Elektronen und wir numerieren die Elektronen des ersten Schwarmes mit „aufwärts" gerichtetem Spin wieder von 1 bis n und die des zweiten Schwarmes mit „abwärts" gerichtetem Spin von $n+1$ bis $2n$. WIGNER macht nun statt (2, 30) und (2, 31) für die Eigenfunktion ψ des Systems folgenden modifizierten Ansatz

$$\psi = \psi_a{}^{(1)}\, \psi_a{}^{(2)}, \tag{2, 66}$$

$$\psi_a{}^{(1)} = \frac{1}{\sqrt{n!}} \begin{vmatrix} \psi_1(1;\, n+1,\, \cdots,\, 2n) & \cdots & \psi_1(n;\, n+1,\, \cdots,\, 2n) \\ \psi_2(1;\, n+1,\, \cdots,\, 2n) & \cdots & \psi_2(n;\, n+1,\, \cdots,\, 2n) \\ \cdots\cdots\cdots\cdots\cdots\cdots & & \cdots\cdots\cdots\cdots\cdots\cdots \\ \psi_n(1;\, n+1,\, \cdots,\, 2n) & \cdots & \psi_n(n;\, n+1,\, \cdots,\, 2n) \end{vmatrix}, \tag{2, 67}$$

wo die Zahlen im Argument der ψ_i wieder statt den Koordinaten der betreffenden Elektronen stehen. $\psi_a{}^{(2)}$ bleibt unverändert, ist also mit (2, 31) identisch. Es wird also angenommen, daß sich die Elektronen des einen Schwarmes nicht unabhängig von den Elektronen des anderen Schwarmes bewegen. Die Eigenfunktionen der einzelnen Elektronen $\psi_k(i;\, n+1,\, \cdots,\, 2n)$ werden aus der Minimumsforderung der Energie bestimmt. Mit diesen ψ_k Eigenfunktionen wird dann eine neue Eigenfunktion des N Elektronensystems aufgebaut, die die wirkliche Eigenfunktion besser approximiert als (2, 29) bis (2, 31) und mit der man eine neue Gesamtenergie berechnet, die tiefer liegt als die Energie, welche der Eigenfunktion (2, 29) bis (2, 31) entspricht.

Die auf diese Weise für große Elektronendichten[1] bestimmte Korrelationsenergie und das Resultat (2, 65) kann man nach WIGNER durch folgende Formel darstellen

$$w_m = -\frac{0{,}288\,e^2}{5{,}1\,a_0 + r_s}\,. \tag{2, 68}$$

w_m konnte von WIGNER wegen der Schwierigkeit der Rechnungen nur näherungsweise bestimmt werden, und zwar beträgt nach WIGNER der Fehler des Ausdruckes (2, 68) weniger als 20 %. Mit dem Zusammenhang (2, 63) kann man w_m als einfache Funktion von $\varrho^{1/3}$ darstellen, und zwar ergibt sich

$$w_m = -g(\varrho^{1/3}) = -\frac{a_1}{\varrho^{1/3}+a_2}\,\varrho^{1/3} \tag{2, 69}$$

mit

$$a_1 = 0{,}05647\,\frac{e^2}{a_0} \quad \text{und} \quad a_2 = 0{,}1216\,\frac{1}{a_0}\,. \tag{2, 70}$$

Für sehr große ϱ wird also

$$w_m = -a_1 \tag{2, 71}$$

und für sehr kleine ϱ erhält man

$$w_m = -\frac{a_1}{a_2}\,\varrho^{1/3}\,. \tag{2, 72}$$

Die Funktion $g(\varrho^{1/3})$ ist in Abb. 11 auf S. 97 dargestellt. Mit (2, 69) ergibt sich für die Korrelationsenergie pro Volumeneinheit

$$W_D = -g(\varrho^{1/3})\,\varrho\,. \tag{2, 73}$$

Die gesamte Wechselwirkungsenergie des Elektronengases in erster und zweiter Näherung erhält man also, wenn man die Energie $W = W_D\Omega$ zu (2, 62) noch hinzufügt. $|W|$ ist im Verhältnis zu C und $|A|$ klein, so daß die für W von WIGNER erreichte Genauigkeit praktisch in allen Fällen ausreicht.

II. Das statistische Modell von Thomas und Fermi.

Die statistische Theorie atomarer Systeme — Atome, Moleküle oder Kristalle — gründet sich auf die Annahme, daß man die Elektronen des Systems als ein entartetes Elektronengas am absoluten Nullpunkt der Temperatur betrachten kann. Es wird angenommen, daß in diesem Elektronengas die Ladung der Elektronen kontinuierlich verteilt ist,

---

[1] Für Elektronendichten von der Größenordnung der Dichten der Metallelektronen in Metallen.

man betrachtet also die Elektronen als pulverisiert. Diese kontinuierlich verteilte Elektronenladung bildet im statistischen Modell eine Art Atmosphäre um die Kerne, die durch die Anziehung der Kerne und die gegenseitige Abstoßung der negativen Ladungselemente im Gleichgewicht gehalten wird. In der statistischen Theorie werden also die individuellen Eigenschaften der Elektronen verwischt. Aus den Grundannahmen der Theorie folgt, daß man die Theorie nur auf solche Systeme anwenden kann, in welchen die Anzahl der Elektronen groß, also die statistische Behandlungsweise gerechtfertigt ist.

Die statistische Theorie entstand aus der grundlegenden Theorie von THOMAS[1] und FERMI[2], die die beiden Autoren von einander unabhängig entwickelten. Im statistischen Modell von THOMAS und FERMI, mit dem wir uns in diesem Kapitel befassen, wird zwischen den Elektronen nur die elektrostatische Wechselwirkung in Betracht gezogen, alle weiteren Wechselwirkungen zwischen den Elektronen, sowie der Elektronenaustausch und die Wechselbeziehung der Elektronen mit antiparallelem Spin werden durchweg vernachlässigt. Das THOMAS-FERMISche Modell kann man also nur als eine erste Näherung der statistischen Theorie betrachten. An diesem Modell wurden dann Verbesserungen verschiedener Art vorgenommen, die wir im folgenden Kapitel behandeln.

§ 3. Begründung des Thomas-Fermischen Modells. Die Thomas-Fermische Gleichung.

Das Grundproblem der statistischen Theorie eines atomaren Systems bildet die Bestimmung der Potentialverteilung, bzw. die Bestimmung der Dichteverteilung der Elektronen. Durch eine dieser Verteilungsfunktionen ist das statistische Modell eindeutig festgelegt. In der statistischen Theorie von THOMAS und FERMI werden diese Verteilungsfunktionen durch die THOMAS-FERMISche Gleichung bestimmt, die im Mittelpunkt der folgenden Betrachtungen steht.

Allgemeine Systeme. Analog zur Wellenmechanik, wo man die SCHRÖDINGERsche Gleichung, welche die Eigenfunktion und somit die mittlere Aufenthaltswahrscheinlichkeit der Elektronen bestimmt, aus einem Variationsprinzip herleiten kann, läßt sich in der statistischen Theorie des Atoms die THOMAS-FERMISche Gleichung ebenfalls aus einem Variationsprinzip herleiten.

Zu diesem Variationsprinzip gelangt man nach LENZ[3], indem man

---

[1] L. H. THOMAS, Proc. Cambridge Phil. Soc. **23**, 542, November 1926.

[2] E. FERMI, Rend. Lincei (6) **6**, 602, Dezember 1927; Zs. f. Phys. **48**, 73, Februar 1928. Man vgl. auch Leipziger Vorträge 1928, Hirzel, Leipzig, 1928.

[3] W. LENZ, Zs. f. Phys. **77**, 713, 1932.

den Energieausdruck des Elektronengases bildet. Im Anschluß an LENZ berechnen wir also zunächst die Energie des Elektronengases in einem elektronenreichen System, bei welchem sich die Elektronen in einem Potentialfeld V_k befinden, das sich aus dem Potential von beliebig vielen Kernen und einem beliebigen äußeren Potential zusammensetzen kann. Zur Herleitung des Energieausdruckes führen wir ein System von Scheidewänden ein, mit denen wir das Elektronengas in Teilvolumina unterteilen, und zwar in der Weise, daß jedes räumliche Volumenelement dv noch viele Elektronen enthält und das Potential in diesen Zellen praktisch konstant sei. Wir sehen im folgenden zunächst davon ab, daß diese Bedingungen in Gebieten geringer Elektronendichte, also z. B. im Falle eines Atoms in großer Entfernung vom Kern, und außerdem in der unmittelbaren Umgebung der Kerne, wo sich das Potential der Kerne sehr stark ändert, nicht erfüllbar sind.

Da sich die Energie eines FERMI-Gases bei einer Unterteilung in Teilvolumina, in welchen sich noch viele Elektronen befinden, nur unbedeutend ändert, kann man die Energie des Systems als Summe der Energien der einzelnen Teilvolumina auffassen. Bei der von uns vorgenommenen Zelleneinteilung kann man die Elektronen in jeder Zelle als ein freies Elektronengas am absoluten Nullpunkt der Temperatur betrachten. Mit (1, 18) und (1, 19) wird also die kinetische Energie des Elektronengases in einer Zelle $\varkappa_k \varrho^{5/3} dv$, wo ϱ die Elektronendichte in dv bezeichnet. Für die kinetische Energie des Systems folgt also

$$E_k = \varkappa_k \int \varrho^{5/3} dv. \tag{3, 1}$$

Zur Berechnung der potentiellen Energie des Elektronengases in einer Zelle dv ist es zweckmäßig, das Potential in dv in zwei Teile aufzuspalten, und zwar in das Potential V_k und in das Potential V_e, das die Elektronenwolke erzeugt und das man folgendermaßen darstellen kann

$$V_e(\mathfrak{r}) = -\int \frac{\varrho(\mathfrak{r}')\,e}{|\mathfrak{r}-\mathfrak{r}'|}\,dv', \tag{3, 2}$$

wo $\mathfrak{r}$ den zu dv und $\mathfrak{r}'$ den zu dv' gezogenen Radiusvektor bezeichnet. Die potentielle Energie des Elektronengases in dv setzt sich demnach aus $-V_k \varrho\, e$ und $-V_e \varrho\, e$ zusammen. Die gesamte potentielle Energie E_p des Elektronengases erhält man also als Summe der folgenden beiden Energieterme

$$E_p^k = -\int V_k \varrho\, e\, dv, \tag{3, 3}$$

$$E_p^e = -\frac{1}{2}\int V_e \varrho\, e\, dv = \frac{1}{2}\,e^2 \iint \frac{\varrho(\mathfrak{r})\,\varrho(\mathfrak{r}')}{|\mathfrak{r}-\mathfrak{r}'|}\,dv\,dv', \tag{3, 4}$$

$$E_p = E_p^k + E_p^e \, . \tag{3, 5}$$

Es bedeutet also E_p^k die potentielle Energie des Elektronengases im Potentialfeld V_k und E_p^e die aus der elektrostatischen Wechselwirkung der Elektronen resultierende potentielle Energie. Der Faktor 1/2 im Ausdruck von E_p^e muß berücksichtigt werden, um die doppelte Zählung der Elektronenpaare zu vermeiden. In E_p^e ist auch die aus der elektrostatischen Selbstwechselwirkung resultierende Energie enthalten. Dieser Mangel äußert sich — wie wir sehen werden — in den äußeren Gebieten des Atoms in einem zu langsamen Verschwinden von ϱ.

Die gesamte Energie E des Elektronengases wird also

$$E = E_k + E_p = \varkappa_k \int \varrho^{5/3}\, dv - e \int V_k\, \varrho\, dv + \frac{1}{2}\, e^2 \iint \frac{\varrho(\mathfrak{r})\, \varrho(\mathfrak{r}')}{|\mathfrak{r} - \mathfrak{r}'|}\, dv\, dv' \, . \tag{3, 6}$$

Wenn wir die Gesamtzahl der Elektronen mit N bezeichnen, dann hat ϱ, bzw. die Ladungsdichte $-\varrho\, e$ folgender Bedingung zu genügen

$$\int \varrho\, e\, dv = Ne \, . \tag{3, 7}$$

Die Variation von E hinsichtlich ϱ bei festgehaltenen Kernen und äußeren Bedingungen und bei festgehaltener Elektronenzahl des Systems liefert die Thomas-Fermische Gleichung. Wenn man einen Lagrangeschen Multiplikator V_0 einführt, so kann man also das Variationsprinzip folgendermaßen formulieren

$$\delta\, (E + V_0\, Ne) = 0 \, . \tag{3, 8}$$

Die Variation läßt sich einfach durchführen, denn es ist

$$\delta E_k = \frac{5}{3}\, \varkappa_k \int \varrho^{2/3}\, \delta \varrho\, dv \, , \tag{3, 9}$$

$$\delta E_p^k = - e \int V_k\, \delta \varrho\, dv \, , \tag{3, 10}$$

$$\left. \begin{aligned} \delta E_p^e &= \frac{1}{2}\, e^2 \iint \frac{\varrho(\mathfrak{r}')\, \delta\varrho(\mathfrak{r}) + \varrho(\mathfrak{r})\, \delta\varrho(\mathfrak{r}')}{|\mathfrak{r} - \mathfrak{r}'|}\, dv\, dv' = \\ &= e^2 \iint \frac{\varrho(\mathfrak{r}')\, \delta\varrho(\mathfrak{r})}{|\mathfrak{r} - \mathfrak{r}'|}\, dv\, dv' = - e \int V_e\, \delta\varrho\, dv \, , \end{aligned} \right\} \tag{3, 11}$$

$$e\, \delta N = e \int \delta \varrho\, dv \, . \tag{3, 12}$$

Mit Hilfe dieser Ausdrücke erhält man aus (3, 8)

$$\int \left(\frac{5}{3}\, \varkappa_k\, \varrho^{2/3} - Ve + V_0\, e \right) \delta \varrho\, dv = 0 \, , \tag{3, 13}$$

wo V das Gesamtpotential bezeichnet, es ist also

$$V = V_k + V_e \,. \tag{3, 14}$$

Aus (3, 13) folgt

$$(V - V_0)\, e - \frac{5}{3}\, \varkappa_k\, \varrho^{2/3} = 0, \tag{3, 15}$$

also

$$\varrho = \sigma_0\, (V - V_0)^{3/2}, \tag{3, 16}$$

mit

$$\sigma_0 = \left(\frac{3\, e}{5\, \varkappa_k}\right)^{3/2} = \frac{2^{3/2}}{3\, \pi^2\, e^{3/2}\, a_0^{3/2}} = 0{,}09553\, \frac{1}{e^{3/2}\, a_0^{3/2}}\,. \tag{3, 17}$$

Zwischen V und ϱ besteht die POISSONsche Gleichung, die man mit Rücksicht darauf, daß V_0 eine Konstante ist, folgendermaßen schreiben kann

$$\Delta\, (V - V_0) = 4\, \pi \varrho\, e \,. \tag{3, 18}$$

Wenn man auf der rechten Seite dieser Gleichung für ϱ den Ausdruck (3, 16) einsetzt, so folgt die THOMAS-FERMIsche Gleichung

$$\Delta\, (V - V_0) = 4\, \pi\, \sigma_0\, e\, (V - V_0)^{3/2}, \tag{3, 19}$$

die den Potentialverlauf und mit Rücksicht auf (3, 16) die Dichteverteilung des Elektronengases bestimmt.

Die Gleichungen (3, 16) und (3, 19) haben natürlich nur in den Gebieten Gültigkeit, in denen ϱ nicht verschwindet. In den Gebieten, in denen $\varrho = 0$ ist, besteht die Gleichung $\Delta\, (V - V_0) = \Delta\, V = 0$. Dies, bzw. das Dementsprechende hat man auch in den weiteren Ausführungen, insbesondere in III bei den Erweiterungen des statistischen Modells zu beachten, ohne daß hierauf ständig hingewiesen wird.

Die THOMAS-FERMIsche Gleichung kann man auch auf elementarem Wege folgendermaßen herleiten. Die Gesamtenergie $\frac{p^2}{2\,m} - V e$ eines Elektrons, das im Verbande des atomaren Systems verbleibt, also an das System gebunden ist, kann höchstens gleich werden mit der höchstmöglichen potentiellen Energie eines Elektrons im System. Wenn wir also das höchste Potential im System mit V_0 bezeichnen, so folgt

$$\frac{p^2}{2\,m} - V e \leq - V_0\, e \,. \tag{3, 20}$$

Im Verbande des Systems gebundene Elektronen können also alle Zustände besetzen, für welche

$$p \leqq [2\,m\,e\,(V-V_0)]^{1/2} \tag{3, 21}$$

ist. Wenn wir annehmen, daß alle diese Zustände vollbesetzt sind, und berücksichtigen, daß für den Betrag des maximalen Impulses der Ausdruck (1, 5) gilt, so folgt

$$p_\mu = \frac{1}{2}\left(\frac{3}{\pi}\right)^{1/3} h\,\varrho^{1/3} = [2\,m\,e\,(V-V_0)]^{1/2}. \tag{3, 22}$$

Diese Gleichung ist mit (3, 16) identisch, liefert also mit der Poissonschen Gleichung (3, 18) die Thomas-Fermische Gleichung. Aus dieser Herleitung folgt, daß der Lagrangesche Multiplikator V_0 in (3, 19), mit dessen Bestimmung für spezielle Systeme wir uns im folgenden noch befassen werden, mit dem möglichst höchsten Potential im atomaren System identisch ist; — $V_0\,e$ bedeutet also die maximale Energie eines Elektrons.

Die Thomas-Fermische Gleichung (3, 19) gilt für beliebige Systeme. Die einzelnen besonderen Fälle unterscheiden sich dadurch, daß V verschiedenen Randbedingungen genügen muß und daß die Gesamtzahl der Elektronen verschieden ist. Die Lösung der nicht linearen Thomas-Fermischen Gleichung führt bei komplizierteren Systemen auf Schwierigkeiten. Die exakte Lösung konnte bis jetzt nur für den einfachsten Fall, für Atome und Ionen (Einzentrensysteme) mit kugelsymmetrischer Elektronenverteilung bestimmt werden. Mit diesem Fall wollen wir uns im folgenden ausführlich befassen.

Atome und Ionen. Wir beschränken uns im folgenden auf ein Atom mit der Ordnungszahl Z und der Elektronenzahl N mit kugelsymmetrischer Elektronenverteilung. Da N von Z verschieden sein kann, beziehen sich die folgenden Betrachtungen auch auf Ionen. Wir entwickeln hier die Theorie der *freien* Atome und Ionen, die das Gerüst der ganzen statistischen Theorie bildet. Wenn wir also von Atomen und Ionen sprechen, so verstehen wir darunter immer *freie* Atome und Ionen. Zum großen Teil gelten aber diese allgemeinen Ausführungen auch für Atome, die, unter Wahrung der Kugelsymmetrie, durch einen äußeren Zwang (Druck) zusammengedrängt sind. Diese durch äußeren Zwang zusammengedrängten Atome sind für den Fall von Bedeutung, daß sich die Materie unter hohem Druck befindet. Man kann dann nämlich das Atomvolumen in sehr guter Näherung durch eine Kugel vom gleichen Volumen darstellen, so daß die Kugelsymmetrie bestehen bleibt. Mit diesem Fall befassen wir uns in IX ausführlich und begnügen uns hier und in den folgenden Paragraphen des allgemeinen Teiles mit einigen kurzen Hinweisen in bezug auf die zusammengedrängten Atome, um überall, wo Unterschiede gegenüber der Theorie der freien Atome bestehen, diese kurz hervorzuheben.

Für ein Atom mit der Ordnungszahl Z wird, wenn wir die Entfernung vom Kern mit r bezeichnen,

$$V_k(r) = \frac{Z\,e}{r}\,. \qquad\qquad (3,\,23)$$

V_e kann man im Falle einer kugelsymmetrischen Elektronenverteilung folgendermaßen schreiben

$$V_e(r) = -e \int \frac{\varrho(r')}{|\mathfrak{r}-\mathfrak{r}'|}\,dv'\,, \qquad\qquad (3,\,24)$$

wo r' den Betrag von $\mathfrak{r}'$ bezeichnet.

Die THOMAS-FERMI*sche Gleichung für Atome und Ionen.* Die THOMAS-FERMIsche Gleichung wird im Falle einer kugelsymmetrischen Elektronenverteilung um den Kern die folgende

$$\frac{d^2(V-V_0)}{d\,r^2} + \frac{2}{r}\,\frac{d(V-V_0)}{d\,r} = 4\,\pi\,\sigma_0\,e\,(V-V_0)^{3/2}, \qquad (3,\,25)$$

woraus — wenn man statt $V-V_0$ das r-fache dieser Funktion, also $r\,(V-V_0)$ einführt — folgt

$$\frac{d^2}{d\,r^2}[r\,(V-V_0)] = 4\,\pi\,\sigma_0\,e\,\frac{1}{r^{1/2}}\,[r\,(V-V_0)]^{3/2}\,. \qquad (3,\,26)$$

Bevor wir uns mit dieser Gleichung ausführlich befassen, machen wir noch einige Feststellungen allgemeiner Art, die den Atomrand und V_0 betreffen.

Grenzradius und Randdichte. Wir nehmen an, daß die Elektronendichte des Atoms bis zu einem Grenzradius r_0 ausläuft und außerhalb der Kugel vom Radius r_0 überall 0 ist. Wir setzen uns zum Ziel $\varrho(r_0)$, also die Elektronendichte am Atomrand, zu bestimmen. Die Lösung der THOMAS-FERMIschen Gleichung ist nur dann eindeutig festgelegt, wenn der Grenzradius vorgegeben ist. Die Lösungen von (3, 26) hängen demnach von r_0 ab, es wird also auch ϱ und somit die Energie E des Atoms eine Funktion von r_0. Man kann deshalb r_0, bzw. $\varrho(r_0)$ nach JENSEN[1] aus der Gleichung

$$\frac{d\,E}{d\,r_0} = 0 \qquad\qquad (3,\,27)$$

bestimmen. Die Bestimmungsgleichung von r_0, bzw. $\varrho(r_0)$ kann man auch auf die Weise erhalten, daß man in E, ϱ und r_0 mit Berücksichtigung der Nebenbedingung (3, 7) gleichzeitig variiert. Der besseren Übersicht halber ist es aber zweckmäßig, ϱ und r_0 nacheinander zu variieren, wobei aber zu beachten ist, daß man in (3, 27) E mit einer Dichte ϱ zu bilden hat, die der Gl. (3, 15) genügt.

---

[1] H. JENSEN, Zs. f. Phys. **93**, 232, 1935.

Bei der Berechnung von $\dfrac{dE}{dr_0}$ ist zu berücksichtigen, daß bei den Integrationen im Ausdruck der Energie (3, 6) die obere Grenze der Integration ebenfalls von r_0 abhängt, da man nur auf die Kugel vom Radius r_0 zu integrieren hat. Es wird also, wenn wir der Kürze halber $\varrho(r_0) = \varrho_0$ setzen

$$\frac{dE}{dr_0} = 4\pi\, r_0{}^2 \left\{ \varkappa_k\, \varrho_0{}^{5/3} - \left[V_k(r_0) + \frac{1}{2}\, V_e(r_0) \right] e\, \varrho_0 \right\} + \\ + 4\pi \int_0^{r_0} r^2 \left\{ \frac{\partial \varrho}{\partial r_0} \left[\frac{5}{3}\varkappa_k\, \varrho^{2/3} - \left(V_k + \frac{1}{2}\, V_e \right) e \right] - \frac{1}{2} e\, \varrho\, \frac{\partial V_e}{\partial r_0} \right\} dr . \qquad (3,28)$$

Diesen Ausdruck kann man vereinfachen, denn aus (3, 24) erhält man

$$\frac{\partial V_e}{\partial r_0} = - e \oint \frac{\varrho(r')}{|\mathfrak{r}-\mathfrak{r}'|}\, df' - e \int \frac{\partial \varrho(r')}{\partial r_0}\, \frac{1}{|\mathfrak{r}-\mathfrak{r}'|}\, dv' , \qquad (3,29)$$

wo man im ersten Glied auf der rechten Seite, das aus der Differentiation nach der Grenze folgt, die Integration auf die Kugelfläche $r' = r_0$ zu erstrecken hat. Durch Vertauschung der Integrationen ergibt sich

$$4\pi \int_0^{r_0} \frac{\partial V_e}{\partial r_0}\, \varrho\, r^2 dr = \int \frac{\partial V_e}{\partial r_0}\, \varrho\, dv = 4\pi\, r_0{}^2\, V_e(r_0)\, \varrho_0 + 4\pi \int_0^{r_0} \frac{\partial \varrho}{\partial r_0}\, V_e r^2\, dr . \qquad (3,30)$$

Wenn man diesen Ausdruck in (3, 28) einsetzt und beachtet, daß ϱ voraussetzungsgemäß eine Lösung der Gl. (3, 15) ist, so folgt

$$\frac{dE}{dr_0} = 4\pi\, r_0{}^2 [\varkappa_k\, \varrho_0{}^{5/3} - V(r_0)\, e\, \varrho_0] - 4\pi\, V_0\, e \int_0^{r_0} \frac{\partial \varrho}{\partial r_0}\, r^2\, dr . \qquad (3,31)$$

Das Integral auf der rechten Seite kann man mit Hilfe der Nebenbedingung (3, 7) einfach berechnen, denn es ist

$$\frac{dN}{dr_0} = 4\pi\, r_0{}^2\, \varrho_0 + 4\pi \int_0^{r_0} \frac{\partial \varrho}{\partial r_0}\, r^2\, dr = 0 . \qquad (3,32)$$

Man erhält also

$$4\pi \int_0^{r_0} \frac{\partial \varrho}{\partial r_0}\, r^2\, dr = - 4\pi\, r_0{}^2\, \varrho_0 . \qquad (3,33)$$

Mit Hilfe dieser Beziehung folgt aus (3, 31)

$$\frac{dE}{dr_0} = 4\pi r_0{}^2 \left\{ \varkappa_k \varrho_0{}^{5/3} - [V(r_0) - V_0]\, \varrho_0\, e \right\} . \qquad (3,34)$$

Für $[V(r_0) - V_0]\, e$ erhält man aus der Gl. (3, 15) bei $r = r_0$

$$[V(r_0) - V_0]\, e = \frac{5}{3} \varkappa_k \varrho_0^{2/3} \, . \qquad (3,35)$$

Wenn man diesen Ausdruck in (3, 34) einsetzt, folgt

$$\frac{dE}{dr_0} = -4\pi r_0^2 \frac{2}{3} \varkappa_k \varrho_0^{5/3} \, . \qquad (3,36)$$

Aus der Gl. (3, 27) ergibt sich also

$$\varrho_0 = 0 \, . \qquad (3,37)$$

Die Elektronendichte am Rand des THOMAS-FERMI-Modells ist also Null. Hierdurch ist, wie wir in § 4 sehen werden, auch r_0 festgelegt.

Die rechte Seite der Gl. (3, 36) kann man mit Rücksicht auf (1, 23) auch in der Form $-4\pi r_0^2 P(r_0)$ schreiben, wo $P(r_0)$ den Druck des Elektronengases am Atomrand bezeichnet. Dies folgt auch unmittelbar aus dem Zusammenhang $dE = -P\,dv$, wenn man $dv = 4\pi r_0^2\, dr_0$ setzt. Die anschauliche Bedeutung der Gl. (3, 27) ist also, daß am Atomrand der Druck des Elektronengases verschwindet.

Für Atome, die durch äußeren Zwang zusammengedrängt sind, gilt (3, 37) nicht, für diese wird ϱ_0 nicht 0, denn es verschwindet dann der Druck am Atomrand nicht.

Bestimmung des LAGRANGE*schen Multiplikators* V_0. Mit Hilfe des Resultates (3, 37) erhält man aus (3, 16) mit $r = r_0$ für den Multiplikator V_0 folgenden Ausdruck

$$V_0 = V(r_0) \, . \qquad (3,38)$$

Da ϱ kugelsymmetrisch ist, folgt

$$V_e(r_0) = -\frac{Ne}{r_0} \, , \qquad (3,39)$$

woraus sich mit Berücksichtigung von (3, 23) und (3, 14)

$$V_0 = \frac{(Z - N)\, e}{r_0} \qquad (3,40)$$

ergibt. Für neutrale Atome ist also

$$V_0 = 0 \, . \qquad (3,41)$$

Für Atome, die durch äußeren Zwang zusammengedrängt sind, gilt (3, 40) und (3, 41) nicht, da diese Resultate auf (3, 37) beruhen. Auf die Bestimmung von V_0 für zusammengedrängte Atome kommen wir in IX zu sprechen.

Randbedingungen. Im Rahmen dieser allgemeinen Betrachtungen befassen wir uns noch mit den Randbedingungen, denen V, bzw. $V - V_0$ genügen muß.

Da V das Gesamtpotential bedeutet, muß für $r = 0$

$$\lim_{r=0} (r\,V) = Z\,e \tag{3, 42}$$

gelten. Wenn man beachtet, daß V_0 eine Konstante ist, so kann man diese Bedingung auch folgendermaßen schreiben

$$\lim_{r=0} [r\,(V - V_0)] = Z\,e \,. \tag{3, 43}$$

Am Rande des Atoms müssen das Potential und die Feldstärke stetig in die Werte übergehen, die außerhalb der Kugel vom Radius r_0 gelten. Da für $r \geq r_0$ das Potential $(Z - N)\,e/r$ und die Feldstärke $-(Z - N)\,e/r^2$ ist, müssen am Rande des Atoms folgende zwei Gleichungen bestehen

$$V(r_0) = \frac{(Z - N)\,e}{r_0}, \tag{3, 44}$$

$$\left(\frac{d\,V}{d\,r}\right)_{r=r_0} = -\frac{(Z - N)\,e}{r_0^{\,2}} \,. \tag{3, 45}$$

Die zweite dieser Gleichungen enthält die Aussage, daß die Gesamtladung des Atoms, also die Summe der im Inneren der Kugel vom Radius r_0 befindlichen Kernladung und Elektronenladung $(Z - N)\,e$ ist. Denn nach den Grundsätzen der Elektrostatik wird die Gesamtladung Q in einem Volumen durch das auf die geschlossene Oberfläche f des Volumens erstreckte Integral folgendermaßen dargestellt

$$Q = -\frac{1}{4\,\pi} \oint \frac{\partial\,V}{\partial\,n}\,df \,, \tag{3, 46}$$

wo n die nach außen zeigende Flächennormale bezeichnet. Hieraus folgt in unserem Falle mit Berücksichtigung der Gl. (3, 45), wenn wir als Grenzfläche f die Kugelfläche $r = r_0$ wählen, für die Gesamtladung des Atoms

$$Q_A = -\frac{1}{4\,\pi} \oint \left(\frac{d\,V}{d\,r}\right)_{r=r_0} df = \frac{1}{4\,\pi}\,\frac{(Z - N)\,e}{r_0^{\,2}} \oint df = (Z - N)\,e \,. \tag{3, 47}$$

Da voraussetzungsgemäß die Ladung des Kernes $Z\,e$ beträgt, enthält die Gl. (3, 45) auch die Aussage, daß die Gesamtladung der Elektronen des Atoms $-N\,e$ ist. Die Bedingung (3, 45) ist also mit der Bedingung (3, 7) äquivalent, die man mit Berücksichtigung von (3, 16) und (3, 26) folgendermaßen schreiben kann

$$\int_0^{r_0} r\,\frac{d^2}{d\,r^2}\,[r\,(V - V_0)]\,dr = N\,e \,. \tag{3, 48}$$

Mit einer partiellen Integration und Berücksichtigung von (3, 43) und (3, 44) läßt sich sehr einfach zeigen, daß auch umgekehrt aus (3, 48) die Bedingung (3, 45) folgt.

Alle Randbedingungen gelten in unveränderter Form auch für Atome, die durch äußeren Zwang zusammengedrängt sind.

Transformation der THOMAS-FERMI*schen Gleichung in universelle Variable.* Die THOMAS-FERMI*sche* Gleichung (3, 26) kann man in eine sehr einfache Normalform transformieren. Hierzu führen wir mit FERMI[1] statt r die dimensionslose Variable

$$x = \frac{r}{\mu} \tag{3, 49}$$

mit

$$\mu = \frac{1}{(4\,\pi\,\sigma_0)^{2/3}\,e\,Z^{1/3}} = \frac{1}{4}\left(\frac{9\,\pi^2}{2\,Z}\right)^{1/3} a_0 = \frac{0{,}8853\,a_0}{Z^{1/3}} \tag{3, 50}$$

und statt $r(V-V_0)$ die dimensionslose Funktion

$$\varphi(x) = \frac{r}{Z\,e}\,(V - V_0) \tag{3, 51}$$

ein, mit welchen man die THOMAS-FERMI*sche* Gleichung folgendermaßen schreiben kann

$$\varphi'' = \frac{\varphi^{3/2}}{x^{1/2}}, \tag{3, 52}$$

wo φ'' den zweiten Differentialquotienten von φ nach x bedeutet.

Diese Differentialgleichung zeigt große Ähnlichkeit mit der EMDEN-schen Differentialgleichung[2] der polytropen Gaskugeln

$$\varphi'' = -\frac{\varphi^n}{x^{n-1}}, \tag{3, 53}$$

welche aus der Astrophysik her schon seit früher bekannt ist. Für $n = 3/2$ geht diese Gleichung, abgesehen vom Vorzeichen der rechten Seite, in die THOMAS-FERMI*sche* Gleichung über.

Mit x und φ erhält man für die Randbedingung bei $r = x = 0$

$$\varphi(0) = 1\,. \tag{3, 54}$$

Die Randbedingungen (3, 44) und (3, 45) für $r = r_0$ kann man mit $x_0 = r_0/\mu$ und mit Berücksichtigung von (3, 40) folgendermaßen schreiben

---

[1] E. FERMI, Rend. Acc. Lincei (6) **6**, 602, 1927; Zs. f. Phys. **48**, 73, 1928.

[2] R. EMDEN, Theorie der Gaskugeln, Teubner, Berlin, 1907.

$$\varphi(x_0) = 0 , \qquad\qquad (3, 55)$$

$$x_0\,\varphi'(x_0) = -\,q , \qquad\qquad (3, 56)$$

wo wir den Ionisationsgrad $(Z - N)/Z$ mit q bezeichneten.

Für Atome, die durch äußeren Zwang zusammengedrängt sind, gilt (3, 54) unverändert, (3, 55) bleibt aber nicht bestehen, da diese Gleichung letzten Endes aus (3, 37) folgt. Da (3, 55) ausfällt, wird auch (3, 56) modifiziert, und zwar findet man dann aus (3, 45) mit einfacher Rechnung statt (3, 56) die Gleichung

$$\varphi(x_0) - x_0\,\varphi'(x_0) = q . \qquad\qquad (3, 57)$$

Das Gesamtpotential im Atom kann man mit φ folgendermaßen darstellen

$$V = \frac{Z\,e}{r}\,\varphi + V_0 . \qquad\qquad (3, 58)$$

Für die Elektronendichte im Atom ergibt sich aus (3, 16) mit x und φ, bzw. φ'' folgender Ausdruck

$$\varrho = \frac{Z}{4\,\pi\,\mu^3}\left(\frac{\varphi}{x}\right)^{3/2} = \frac{Z}{4\,\pi\,\mu^3}\,\frac{\varphi''}{x} . \qquad\qquad (3, 59)$$

Hieraus sieht man, daß für $r = x = 0$ die Elektronendichte wie $\dfrac{1}{x^{3/2}}$, also wie $\dfrac{1}{r^{3/2}}$ unendlich wird.

Zum Schluß dieses Paragraphen sei noch betont, daß die Gleichungen (3, 25), (3, 26), (3, 51), (3, 52), (3, 58) und (3, 59) nur für $r \leq r_0$, bzw. $x \leq x_0$ gelten. Für $r > r_0$, bzw. $x > x_0$ ist $\varrho = 0$ und $V = (Z - N)\,e/r$. Um die Schreibweise dieser Gleichungen nicht zu komplizieren, werden wir dies auch im Folgenden und auch bei den entsprechenden Gleichungen der korrigierten statistischen Atommodelle nur dann eigenst hervorheben, wenn es notwendig erscheint.

§ 4. Lösung der Thomas-Fermischen Gleichung für Atome und Ionen.

Zur Lösung der THOMAS-FERMIschen Gleichung gehen wir von der Form (3, 52) dieser Gleichung aus und ziehen freie neutrale Atome, freie Ionen und durch äußeren Zwang zusammengedrängte Atome gesondert in Betracht. Mit der Randbedingung $\varphi(0) = 1$ hat die Gl. (3, 52) eine einparametrige Lösungsschar, die in Abb. 4 dargestellt ist. Wie wir in den folgenden sehen werden, gibt es unter diesen Kurven eine, φ_0, die dem freien neutralen Atom entspricht. Die Kurven, die unterhalb

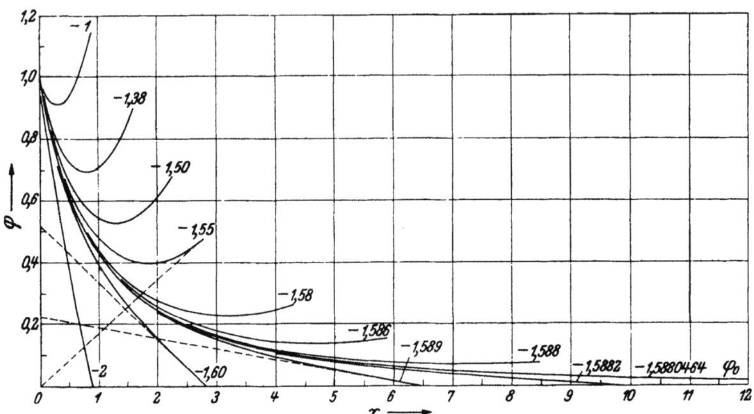

Abb. 4. Lösungen der Thomas-Fermischen Gleichung als Funktionen von x. Die neben den Kurven stehenden Zahlen sind die Werte von $\varphi'(0)$. Bei einigen Kurven sind die Tangenten bei $x = x_0$ (gestrichelt) eingezeichnet.

dieser verlaufen, sind die Lösungen für freie positive Ionen[1]. Die Kurven oberhalb der Lösung φ_0 entsprechen Atomen, welche durch einen äußeren Zwang zusammengedrängt sind, die wir hier nur kurz berühren, und auf die wir ausführlicher erst später, in IX, zu sprechen kommen. Für freie negative Ionen existieren strenge Lösungen nicht.

Freie neutrale Atome. Wir befassen uns zunächst mit freien neutralen Atomen, setzen also $N = Z$ und $q = 0$ und bezeichnen für diesen Fall φ mit φ_0. Es hat also φ_0 der Gl. (3, 52) mit den Randbedingungen

$$\varphi_0(0) = 1 \,, \qquad \varphi_0(x_0) = 0 \,, \qquad \varphi_0'(x_0) = 0 \qquad (4, 1)$$

zu genügen.

Mit $\varphi_0(x_0) = 0$ und $\varphi_0'(x_0) = 0$ folgt aus der Gl. (3, 52), daß auch die zweite und alle höheren Ableitungen von φ_0 nach x bei $x = x_0$ verschwinden. Dies bedeutet aber, wenn x_0 endlich ist, daß φ_0 identisch verschwindet. Da diese triviale Lösung nicht in Frage kommt, müssen wir hieraus auf $x_0 = \infty$ schließen, woraus $r_0 = \infty$ folgt[2]. Der Grenzradius des neutralen Thomas-Fermischen Atoms ist also unendlich groß.

Die Thomas-Fermische Gleichung kann man mit den Randbedingungen (4, 1) auf analytischem Wege exakt nicht lösen. Die exakte Lösung wurde von Fermi, Baker und später von Miranda, weiterhin von

---

[1] E. Guth u. R. Peierls, Phys. Rev. (2) **37**, 217, 1931. Es sei schon hier darauf hingewiesen, daß die Bakersche Definition [E. Baker, Phys. Rev. (2) **36**, 630, 1930] positiver statistischer Ionen falsch ist. Die Lösungen der Gl. (3, 52) von Baker für verschiedene Anstiege der Anfangstangente und die weiter unten zitierten Resultate von Baker bleiben jedoch von diesem Einwand unberührt.

[2] Man vgl. hierzu A. Sommerfeld, Atombau u. Spektrallinien, Bd. II, 2. Aufl., S. 693, Vieweg, Braunschweig, 1939.

SLATER und KRUTTER mit großer Genauigkeit auf numerischem Wege[1] und von BUSH und CALDWELL mit noch größerer Genauigkeit mit Hilfe einer Integriermaschine[2] bestimmt. Die THOMAS-FERMIsche Gleichung und die numerischen Lösungsmethoden wurden sehr ausführlich von MIRANDA[3] untersucht.

Für sehr kleine x hat φ_0 BAKER[4] durch eine Reihe dargestellt. Eine Reihenentwicklung nach TAYLOR kann man bei $x = 0$ nicht vornehmen, denn es ist $\varphi_0''(0) = \infty$. Mit einer Methode sukzessiver Approximationen erhält man für sehr kleine x

$$\left.\begin{aligned}
\varphi_0(x) = 1 &+ \varphi_0'(0)\, x + \frac{4}{3}\, x^{3/2} + \frac{2}{5}\, \varphi_0'(0)\, x^{5/2} + \\
&+ \frac{1}{3}\, x^3 + \frac{3}{70}\, [\varphi_0'(0)]^2\, x^{7/2} + \frac{2}{15}\, \varphi_0'(0)\, x^4 + \\
&+ \frac{4}{63}\left\{\frac{7}{6} - \frac{1}{16}\, [\varphi_0'(0)]^3\right\}\, x^{9/2} + \cdots .
\end{aligned}\right\} \qquad (4,2)$$

Nach MIRANDA[5] ist

$$\varphi_0'(0) = -1{,}5880464 . \qquad (4,3)$$

Den Fehler dieses sehr genau bestimmten Wertes gibt MIRANDA kleiner als 10^{-6} an. Dieser Wert von $\varphi_0'(0)$, der mit kleinerer Genauigkeit auch von anderen Autoren bestimmt wurde[6], kann nicht durch eine Entwicklung beim Nullpunkt abgeleitet werden, sondern wird durch die Randbedingungen für $x_0 = \infty$ festgelegt. Durch den Wert von $\varphi_0'(0)$ ist der Winkel α bestimmt, unter dem die Kurve φ_0 die Achse φ schneidet, denn es ist

$$\operatorname{tg} \alpha = -\frac{1}{\varphi_0'(0)} . \qquad (4,4)$$

In Tab. 1 bringen wir die von BUSH und CALDWELL mit der Integriermaschine von BUSH berechneten Werte von φ_0. Wir haben die Tabelle von BUSH und CALDWELL mit einigen Werten von FERMI und MIRANDA ergänzt, welche sich auf x-Werte beziehen, die in der Tabelle von BUSH

---

[1] E. FERMI, Zs. f. Phys. **48**, 73, 1928; Leipziger Vortr. 1928, Hirzel, Leipzig, 1928; E. BAKER, Phys. Rev. (2) **36**, 630, 1930; C. MIRANDA, Mem. Acc. Italia **5**, 283, 1934; J. C. SLATER u. H. M. KRUTTER, Phys. Rev. (2) **47**, 559, 1935.
[2] V. BUSH u. S. H. CALDWELL, Phys. Rev. (2) **38**, 1898, 1931.
[3] C. MIRANDA, l. c. und Atti Soc. Italiana **21** II, 121, 1933; weiterhin A. MAMBRIANI, Rend. Lincei (6) **9**, 142, 620, 1929 und G. SCORZA-DRAGONI, Rend. Lincei (6) **8**, 361, 1928; (6) **9**, 623, 1929.
[4] E. BAKER, l. c. In der Entwicklung von BAKER befindet sich im letzten Glied ein Fehler, den wir in (4, 2) richtiggestellt haben.
[5] C. MIRANDA, l. c.
[6] Man vgl. E. BAKER, l. c.; weiterhin V. BUSH u. S. H. CALDWELL, l. c.; ferner J. C. SLATER u. H. M. KRUTTER, l. c.

und CALDWELL nicht angeführt sind. Die FERMIschen Werte — in Tab. 1 mit * gekennzeichnet — wurden durch die Resultate von BUSH und CALDWELL im allgemeinen gut bestätigt. Nur bei den größten x-Werten ($x \simeq 36$) der Tabelle von BUSH und CALDWELL zeigt sich eine größere Abweichung der beiden Resultate. Die von MIRANDA berechneten Werte sind in Tab. 1 durch ' gekennzeichnet. In Tab. 54 im Anhang I bringen wir die Funktionen φ_0, φ_0' und noch zwei weitere Funktionen (man vgl. S. 49) für gemeinsame Abszissenwerte, was für viele Anwendungen zweckdienlich ist. Die Werte von φ_0 in Tab. 54 wurden aus den Werten der Tab. 1 zum Teil durch Interpolation und Ausgleich der Daten ermittelt. Die Werte von φ_0' in Tab. 54 wurden teilweise der zitierten Arbeit von MIRANDA entnommen und teilweise aus φ_0 hier neu berechnet.

Eine analytische Näherungslösung der THOMAS-FERMIschen Gleichung wurde von SOMMERFELD[1] gegeben, deren Herleitung sich für neutrale Atome folgendermaßen gestaltet.

Über das Verhalten von φ für $x \to \infty$ bekommt man Aufschluß, wenn man

$$\varphi = \frac{A}{x^s} \tag{4, 5}$$

setzt. Durch Einsetzen dieses Ausdruckes in die Gl. (3, 52) folgt $A = 144$ und $s = 3$. Es stellt also

$$\varphi = \frac{144}{x^3} \tag{4, 6}$$

ein partikuläres Integral der THOMAS-FERMIschen Gleichung dar, das zusammen mit φ' im Unendlichen verschwindet, also den Randbedingungen $\varphi(\infty) = 0$, $\varphi'(\infty) = 0$ genügt, jedoch für $x = 0$ singulär wird und die Randbedingung $\varphi(0) = 1$ nicht erfüllt. Mit Hilfe der folgenden Ausführungen von SOMMERFELD kann man sich leicht überzeugen, daß alle Lösungen der Gl. (3, 52), die bei $x = \infty$ verschwinden, sich im Unendlichen wie (4, 6) verhalten. Unter diesen Lösungen gibt es eine, die auch der Randbedingung $\varphi(0) = 1$ genügt und die uns hier interessiert. Das asymptotische Verhalten dieser Lösung wird also durch (4, 6) dargestellt.

Zu einer brauchbaren Näherungslösung gelangt man nach SOMMERFELD, indem man (4, 6) mit einem mathematischen Kunstgriff zwingt, für $x = 0$ durch den Punkt 1 zu gehen. Hierzu führen wir mit SOMMERFELD statt x und φ die neuen Variablen y und ψ folgendermaßen ein

---

[1] A. SOMMERFELD, Rend. Lincei (6) **15**, 788, 1932.

Tab. 1. Die Lösung $\varphi_0(x)$ der THOMAS-FERMISchen Gleichung (3, 52) für das neutrale Atom von BUSH und CALDWELL, ergänzt mit einigen Werten von FERMI und MIRANDA, die durch * , bzw. ' gekennzeichnet sind.

x	φ_0	x	φ_0	x	φ_0	x	φ_0
0	1,000	1,200	0,375*	5,625	0,0656	17,78	0,0075
0,010	0,985	1,208	0,374	5,834	0,0619	18,46	0,0069
0,020	0,972*	1,250	0,364	6,042	0,0587	19,20	0,0064
0,030	0,959	1,300	0,353'	6,250	0,0554	20,00	0,0058
0,040	0,947*	1,400	0,333*	6,458	0,0526	20,87	0,0053
0,050	0,935*	1,458	0,322	6,667	0,0500	21,82	0,0048
0,060	0,924	1,500	0,315'	6,875	0,0473	22,85	0,0043
0,080	0,902	1,600	0,297*	7,083	0,0450	24,00	0,0038
0,100	0,882	1,667	0,287	7,292	0,0430	25,26	0,0034
0,150	0,835	1,700	0,283'	7,500	0,0408	26,67	0,0030
0,200	0,793	1,800	0,268*	7,708	0,0389	28,24	0,0026
0,250	0,755	1,875	0,259	7,917	0,0371	30,00	0,0022
0,292	0,727	1,900	0,255'	8,125	0,0355	32,00	0,0019
0,300	0,721*	2,000	0,244*	8,333	0,0340	34,00	0,0017*
0,333	0,700	2,083	0,234	8,542	0,0321	34,29	0,0016
0,350	0,691*	2,200	0,221'	8,750	0,0310	36,00	0,0015*
0,375	0,675	2,292	0,212	8,958	0,0298	36,92	0,0011
0,400	0,660*	2,400	0,202'	9,167	0,0287	38,00	0,0013*
0,417	0,651	2,500	0,193	9,375	0,0275	40,00	0,0011*
0,458	0,627	2,600	0,185'	9,583	0,0265	45,00	0,00079*
0,500	0,607	2,708	0,176	9,792	0,0255	50,00	0,00061*
0,542	0,582	2,800	0,170'	10,000	0,0244	55,00	0,00049*
0,584	0,569	2,918	0,162	10,22	0,0235	60,00	0,00039*
0,600	0,562*	3,000	0,157*	10,44	0,0225	65,00	0,00031*
0,625	0,552	3,125	0,150	10,67	0,0216	70,00	0,00026*
0,667	0,535	3,200	0,145'	10,92	0,0206	75,00	0,00022*
0,700	0,521*	3,333	0,138	11,16	0,0198	80,00	0,00018*
0,709	0,518	3,400	0,134'	11,43	0,0189	85,00	0,00015*
0,750	0,502	3,500	0,130*	11,72	0,0180	90,00	0,00012*
0,792	0,488	3,542	0,127	12,01	0,0171	95,00	0,00011*
0,800	0,485*	3,600	0,125'	12,31	0,0163	100,00	0,00010*
0,833	0,475	3,750	0,118	12,63	0,0155	200,00	$0{,}0^4 15'$
0,875	0,461	3,800	0,116'	12,97	0,0147	300,00	$0{,}0^5 46'$
0,900	0,453*	3,960	0,110	13,33	0,0139	400,00	$0{,}0^5 20'$
0,917	0,449	4,000	0,108*	13,72	0,0131	500,00	$0{,}0^5 10'$
0,958	0,436	4,167	0,102	14,12	0,0123	600,00	$0{,}0^6 61'$
1,000	0,425	4,375	0,0956	14,55	0,0116	700,00	$0{,}0^6 39'$
1,042	0,414	4,583	0,0895	15,01	0,0109	800,00	$0{,}0^6 26'$
1,083	0,406	4,792	0,0837	15,48	0,0102	900,00	$0{,}0^6 18'$
1,100	0,398'	5,000	0,0788	16,00	0,0094	1000,00	$0{,}0^6 13'$
1,125	0,393	5,209	0,0739	16,56	0,0088		
1,167	0,382	5,418	0,0695	17,14	0,0081		

$$y = \frac{1}{x}\,, \qquad\qquad \psi = y\,\varphi\,. \tag{4, 7}$$

Mit diesen kann man die Gl. (3, 52) und die partikuläre Lösung (4, 6) wie folgt schreiben

$$y^4\,\frac{d^2\,\psi}{d\,y^2} = \psi^{3/2}\,, \tag{4, 8}$$

$$\psi = 144\,y^4\,. \tag{4, 9}$$

SOMMERFELD ändert (4, 9) ab, indem er

$$\psi = 144\,y^4\,(1 + a\,y^\lambda + \cdots) \tag{4, 10}$$

setzt. Nach Einsetzen dieses Ausdruckes in (4, 8) ergibt sich

$$12^3\,y^6\left[1 + \frac{a}{12}\,(4+\lambda)\,(3+\lambda)\,y^\lambda + \cdots\right] = 12^3\,y^6\left(1 + \frac{3}{2}\,a\,y^\lambda + \cdots\right), \tag{4, 11}$$

woraus man für λ die Bestimmungsgleichung

$$(4+\lambda)(3+\lambda) = 18\,, \tag{4, 12}$$

$$\lambda^2 + 7\,\lambda - 6 = 0 \tag{4, 13}$$

erhält. Die Wurzeln dieser Gleichung, die wir mit $-\lambda_1$ und λ_2 bezeichnen, sind

$$-\lambda_1 = -\frac{1}{2}\,(7 + \sqrt{73}) = -7{,}772\,, \quad \lambda_2 = \frac{1}{2}\,(-7 + \sqrt{73}) = 0{,}772 \tag{4, 14}$$

und es ist

$$\lambda_1\,\lambda_2 = 6\,. \tag{4, 15}$$

Der mathematische Kunstgriff besteht nun darin, daß SOMMERFELD statt (4, 10) den Ausdruck

$$\psi = 144\,y^4\,(1 + b\,y^{\lambda_2})^n \tag{4, 16}$$

setzt, der für kleine y (große x) mit (4, 10) identisch ist und die frei verfügbaren Parameter b und n so wählt, daß die Randbedingung $\varphi(0) = 1$ erfüllt sei. Diese Randbedingung hat in den neuen Variablen folgende Gestalt

$$\psi = y \ \text{für} \ y = \infty\,. \tag{4, 17}$$

Mit dem Ausdruck (4, 16) erhält man hieraus folgende Bedingungsgleichung

$$\frac{1}{y^3} = 144\,b^n\,y^{\lambda_2 n}\,(1 + \cdots)\,. \tag{4, 18}$$

Diese wird erfüllt, wenn man mit Berücksichtigung von (4, 15)

$$n = -\frac{3}{\lambda_2} = -\frac{\lambda_1}{2} \quad \text{und} \quad b = 144^{\lambda_2/3} \tag{4, 19}$$

setzt.

Man erhält also

$$\psi = 144\, y^4\, (1 + 12^{2\,\lambda_2/3}\, y^{\lambda_2})^{-\lambda_1/2} \tag{4, 20}$$

und wenn man mit (4, 7) wieder auf x und φ zurückgeht, bzw. die neue unabhängige Variable

$$z = \left(\frac{x}{144^{1/3}}\right)^{\lambda_2} \tag{4, 21}$$

einführt, so kann man (4, 20) folgendermaßen schreiben

$$\varphi = \frac{1}{(1 + z)^{\lambda_1/2}} \,. \tag{4, 22}$$

Diese Näherungslösung von SOMMERFELD, die auch die Randbedingung $\varphi(0) = 1$ erfüllt, gibt für $z > 1$, also $x > 144^{1/3} \cong 5{,}2$ eine sehr gute Näherung der exakten Lösung und geht für sehr große x in (4, 6) über. Für $x < 144^{1/3}$ ist die Näherung weniger gut, hier ergeben sich Abweichungen bis zu zirka 10 %. Die wesentlichste Abweichung der SOMMERFELD-schen Näherungslösung von der exakten besteht darin, daß für die Näherungslösung $\varphi'(0) = -\infty$, also $\alpha = 0$ wird.

SOMMERFELD hat die Näherungslösung (4, 22) auch auf eine andere Weise[1] hergeleitet, indem er die THOMAS-FERMIsche Gleichung in eine Differentialgleichung erster Ordnung transformierte und diese näherungsweise integrierte.

Freie positive Ionen. Für freie positive Ionen hängt die Lösung der THOMAS-FERMIschen Gleichung (3, 52) nur vom Ionisationsgrad $q = (Z - N)/Z$ ab. Die Randbedingungen, denen φ genügen muß, sind die folgenden

$$\varphi(0) = 1\,, \quad \varphi(x_0) = 0\,, \quad x_0\, \varphi'(x_0) = -q\,. \tag{4, 23}$$

Lösungen für positive Ionen sind in Tab. 55 im Anhang I und graphisch in Abb. 4 dargestellt, sie sind dadurch gekennzeichnet, daß sie durch den Punkt $x = 0$, $\varphi = 1$ gehen und, wie aus der Bedingung $\varphi(x_0) = 0$ folgt, die x-Achse bei $x = x_0$ schneiden, wobei sich für x_0 ein endlicher Wert ergibt. Dies kann man mit Hilfe geometrischer Betrachtungen leicht einsehen. Aus der Gleichung $x_0\, \varphi'(x_0) = -q$ folgt nämlich, daß q die Strecke der Ordinatenachse bedeutet, die die zum Schnittpunkt

---

[1] A. SOMMERFELD, Zs. f. Phys. **78**, 283, 1932.

$(x_0, 0)$ gezogene und nach rückwärts verlängerte Tangente von der Ordinatenachse abschneidet. An Hand dieser geometrischen Betrachtungen sieht man aus Abb. 4, daß x_0 endlich ist und um so kleiner wird, je größer der Ionisationsgrad q ist. Dies findet seine Erklärung darin, daß bei größerem q, also größerem relativen Ladungsüberschuß des Kernes, die Elektronenwolke stärker zusammengedrängt wird. Für $q = 0$, also für das neutrale Atom, wird $x_0 = \infty$, denn es geht dann die Tangente in die x-Achse über.

Zur Bestimmung von φ für positive Ionen kann man nach Fermi[1] folgendermaßen verfahren. Man setzt

$$\varphi(x) = \varphi_0(x) + \delta(x) , \tag{4, 24}$$

wo φ_0 die Lösung des neutralen Atoms bedeutet und δ für x-Werte, die relativ zu x_0 genügend klein sind, eine kleine Korrektion von φ_0 darstellt. Wegen $\varphi(0) = 1$ und $\varphi_0(0) = 1$, muß $\delta(0) = 0$ sein.

Wenn man (4, 24) in die Gl. (3, 52) einsetzt und die rechte Seite nach δ/φ_0 in eine Reihe entwickelt, die man nach dem zweiten Glied abbricht, so folgt für δ die lineare Differentialgleichung

$$\delta'' = \frac{3}{2} \left(\frac{\varphi_0}{x} \right)^{1/2} \delta . \tag{4, 25}$$

Fermi setzt

$$\delta(x) = k\, \eta_0(x) , \tag{4, 26}$$

wo k eine von q abhängige Konstante darstellt und die universelle von q unabhängige Funktion $\eta_0(x)$ aus der Differentialgleichung (4, 25)

$$\eta_0'' = \frac{3}{2} \left(\frac{\varphi_0}{x} \right)^{1/2} \eta_0 \tag{4, 27}$$

mit den Anfangsbedingungen

$$\eta_0(0) = 0 \quad \text{und} \quad \eta_0'(0) = 1 \tag{4, 28}$$

bestimmt wird. Den für verschiedene Werte von q verschiedenen $\varphi'(0)$-Werten wird durch die Konstante k Rechnung getragen, denn wegen $\eta_0'(0) = 1$ folgt $\varphi'(0) = \varphi_0'(0) + k$. Die Bestimmung von k erfolgt auf die weiter unten geschilderte Weise mit Hilfe der Randbedingung $x_0 \varphi'(x_0) = - q$.

Man beweist leicht, daß die allgemeine Lösung der Gl. (4, 27) die folgende[2] ist

---

[1] E. Fermi, Mem. Acc. Italia 1, 1, 1930. Man kann φ auch aus den Tabellen von Baker (l. c.) berechnen, wobei aber das in der Fußnote 1 auf S. 42 Gesagte im Auge zu behalten ist.

[2] Diese wurde von Fermi angegeben, man vgl. E. Fermi, Mem. Acc. Italia 1, 1, 1930.

$$\eta_0 = A_1\left(\varphi_0 + \frac{1}{3}\,x\,\varphi_0{}'\right)\left\{\int\limits_0^x \frac{d\,x}{\left(\varphi_0 + \frac{1}{3}\,x\,\varphi_0{}'\right)^2} + A_2\right\}, \qquad (4,\,29)$$

wo A_1 und A_2 frei verfügbare Konstanten sind. Die Lösung, die den Randbedingungen (4, 28) genügt, ist also

$$\eta_0 = \left(\varphi_0 + \frac{1}{3}\,x\,\varphi_0{}'\right)\int\limits_0^x \frac{d\,x}{\left(\varphi_0 + \frac{1}{3}\,x\,\varphi_0{}'\right)^2}. \qquad (4,\,30)$$

In Tab. 2 geben wir die von FERMI — nicht aus (4, 30) sondern durch numerische Integration der Gl. (4, 27) — bestimmten Werte von η_0 an, die wir für $x > 31$ mit einigen η_0-Werten aus der Arbeit von FERMI und AMALDI[1] ergänzt haben. Von MIRANDA wurden später die Funktionen η_0 und $\eta_0{}'$ auf numerischem Wege ebenfalls bestimmt[2]. In Tab. 54 im Anhang I bringen wir die Funktionen η_0 und $\eta_0{}'$ zusammen mit φ_0 und $\varphi_0{}'$ für gemeinsame Abszissenwerte. Die in Tab. 54 angegebenen Werte von η_0 wurden teilweise von MIRANDA berechnet und teilweise aus den Werten der Tab. 2 durch Interpolation und Ausgleich festgestellt. Die tabellierten Werte von $\eta_0{}'$ stammen zu einem Teil aus der zitierten Arbeit von MIRANDA, zum anderen Teil wurden sie hier neu berechnet.

Die Konstante k wird folgendermaßen bestimmt. Man setzt für k einen beliebigen Wert ein (praktisch genügt es für k folgende Werte zu wählen $k = -10^{-3},\ -10^{-4},\ -10^{-5},\ -10^{-6},\ -10^{-7}$) und berechnet mit diesem mit Hilfe der Tab. 1 und 2 die Funktion φ nach (4, 24)

Tab. 2. $\eta_0(x)$ nach FERMI.

x	η_0	x	η_0	x	η_0	x	η_0
0,0	0,00	1,6	2,76	10	201	23	3460
0,1	0,10	1,8	3,36	11	271	24	4050
0,2	0,21	2,0	4,04	12	359	25	4710
0,3	0,32	2,5	6,1	13	467	26	5450
0,4	0,44	3,0	8,8	14	598	27	6280
0,5	0,56	3,5	12,3	15	755	28	7210
0,6	0,70	4,0	16,7	16	942	29	8250
0,7	0,85	4,5	22,1	17	1160	30	9410
0,8	1,01	5,0	28,6	18	1420	31	10690
0,9	1,18	6,0	45,9	19	1730	32	12000
1,0	1,36	7,0	70,0	20	2080	34	15100
1,2	1,76	8,0	103	21	2480	36	18800
1,4	2,23	9,0	146	22	2940		

[1] E. FERMI u. E. AMALDI, Mem. Acc. Italia **6**, 117, 1934.

[2] C. MIRANDA, Mem. Acc. Italia **5**, 283, 1934. Die von MIRANDA berechnete Tabelle ist aber nicht genügend ausführlich.

und (4, 26) bis zu solchen x-Werten, für die $k\eta_0$ relativ zu φ_0 klein (z. B. nicht größer als 1/10) ist. Für größere x-Werte, für die $k\eta_0$ von der gleichen Größenordnung wie φ_0 wird, bei welchen also die Gl. (4, 25) nur eine grobe Näherung gibt, wird die Berechnung von φ durch direkte numerische Integration der exakten Gleichung $\varphi'' = \varphi^{3/2} / x^{1/2}$ fortgesetzt, und zwar bis zu demjenigen x_0-Wert, für den $\varphi(x_0) = 0$ ist. Die Funktion φ ist hiermit von $x = 0$ bis $x = x_0$ für ein beliebiges k eindeutig bestimmt. Die Zuordnung von k zu q erfolgt nun dadurch, daß man mit diesem φ den Wert $- x_0\,\varphi'(x_0)$ bildet, der nach der dritten Randbedingung (4, 23) gleich q ist, wodurch die Zuordnung eindeutig festgelegt ist. Die von FERMI berechneten zusammengehörenden k- und q-Werte sind in Tab. 3 zusammengestellt.

Tab. 3. k für verschiedene Werte von q nach FERMI.

k	-10^{-3}	-10^{-4}	-10^{-5}	-10^{-6}	-10^{-7}
q	0,22	0,10	0,05	0,02	0,01

Die von FERMI bestimmten x_0-Werte[1] für verschiedene Ionisationsgrade q befinden sich in der letzten Spalte der Tab. 4.

Wenn man sich mit kleinerer Genauigkeit begnügt, kann man von $x = 0$ bis $x = x_0$ durchweg $\varphi = \varphi_0 + k\,\eta_0$ setzen und für k die von FERMI und AMALDI[2] angegebene Interpolationsformel $k = -\,0{,}083\,q^3$ benutzen. Es entsteht hierdurch nur am Rande des Ions eine kleine Ungenauigkeit, so werden z. B. die auf diese Weise bestimmten x_0-Werte nur um weniger als 4% kleiner als die genaueren. Man vergleiche hierzu die Werte der Tab. 6 mit denen der Tab. 4. Eine auch am Rand des Ions sehr gute Näherungslösung erhält man, wenn man den Näherungsausdruck $\varphi = \varphi_0 + k\,\eta_0$ wieder im ganzen Ion als gültig betrachtet und k aus der Gleichung $\varphi(x_0) = \varphi_0(x_0) + k\,\eta_0(x_0) = 0$ mit den genauen FERMIschen x_0-Werten der Tab. 4 (oder mit Hilfe dieser Daten interpolierten x_0-Werten) bestimmt.

Von SOMMERFELD[3] wurde auch für positive Ionen eine Näherungslösung hergeleitet. SOMMERFELD verfährt in der Weise, daß er die Gl. (4, 25) näherungsweise löst, die Lösung in (4, 24) einsetzt und den so gewonnenen Ausdruck für φ von $x = 0$ bis $x = x_0$ als gültig betrachtet. Da man aus der SOMMERFELDschen Näherungslösung mit einer geringen Modifikation für φ eine sehr gute Näherung bekommt, wollen wir uns mit dieser kurz befassen.

---

[1] Man vgl. hierzu A. SOMMERFELD, Zs. f. Phys. **78**, 283, 1932.

[2] E. FERMI u. E. AMALDI, Mem. Acc. Italia **6**, 117, 1934.

[3] A. SOMMERFELD, Zs. f. Phys. **78**, 283, 1932.

SOMMERFELD setzt

$$\delta = C f(z) , \qquad (4, 31)$$

wo C eine Konstante bedeutet und z durch (4, 21) definiert ist. Durch Einsetzen in (4, 25) erhält man mit Berücksichtigung der Zusammenhänge $\dfrac{dz}{dx} = \dfrac{\lambda_2 z}{x}$ und $\lambda_1 \lambda_2 = 6$

$$z^2 \frac{d^2 f}{d z^2} + \frac{\lambda_2 - 1}{\lambda_2} z \frac{d f}{d z} = \frac{3}{2 \lambda_2^2} (x^3 \varphi_0)^{1/2} f = \frac{18}{\lambda_2^2} \left(\frac{z}{1 + z} \right)^{\lambda_1/4} f . \qquad (4, 32)$$

Wenn man in dieser Gleichung statt $\lambda_1/4 = 1{,}943$ im Exponenten 2 setzt, so folgt mit dem Ansatz

$$f = (1 + z)^n \qquad (4, 33)$$

für n die Gleichung

$$n (n - 1) + n \frac{\lambda_2 - 1}{\lambda_2} \frac{z + 1}{z} = \frac{18}{\lambda_2^2} . \qquad (4, 34)$$

Wenn man sich auf asymptotische Gültigkeit beschränkt, kann man das Glied mit $1/z$ streichen und erhält[1]

$$n = 1 + \frac{4}{\lambda_2} . \qquad (4, 35)$$

Es ergibt sich also

$$\varphi = \frac{1}{(1 + z)^{\lambda_1/2}} [1 + C (1 + z)^{\lambda_1/\lambda_2}] . \qquad (4, 36)$$

Die Konstante C wird aus der Bedingung $\varphi(x_0) = 0$ bestimmt, woraus

$$\varphi = \frac{1}{(1 + z)^{\lambda_1/2}} \left[1 - \left(\frac{1 + z}{1 + z_0} \right)^{\lambda_1/\lambda_2} \right] \qquad (4, 37)$$

folgt, wo

$$z_0 = \left(\frac{x_0}{144^{1/3}} \right)^{\lambda_2} \qquad (4, 38)$$

ist.

Die Bestimmung von z_0, bzw. x_0 geschieht mit Hilfe der Nebenbedingung $x_0 \varphi'(x_0) = - q$, die man folgendermaßen schreiben kann

$$\lambda_2 z_0 \left(\frac{d\varphi}{d z} \right)_{z = z_0} = - q . \qquad (4, 39)$$

Hieraus erhält man für z_0 folgende Gleichung

$$\frac{z_0}{(1 + z_0)^{\frac{\lambda_1}{2} + 1}} = \frac{q}{\lambda_1} . \qquad (4, 40)$$

---

[1] Der andere Wert für n fällt aus, weil man mit diesem die Randbedingungen bei x_0 nicht erfüllen kann.

Die aus dieser Gleichung von SOMMERFELD für einige Ionisationsgrade q berechneten z_0-, bzw. x_0-Werte sind in Tab. 4 neben den von FERMI auf dem weiter oben geschilderten numerischen Wege bestimmten x_0-Werten angegeben. Wie man sieht, nähern die SOMMERFELDschen x_0-Werte die FERMIschen ziemlich gut an.

Tab. 4. x_0 und z_0 für verschiedene Ionisationsgrade q.

q	z_0 nach (4,40)	x_0 nach (4,40)	x_0 nach FERMI
0,01	4,258	34,23	35,5
0,02	3,335	24,95	25,4
0,03	2,871	20,54	21,1
0,05	2,346	15,81	16,2
0,08	1,917	12,18	12,9
0,10	1,727	10,64	11,2

Für $x = 0$ muß die Bedingung $\varphi(0) = 1$ erfüllt sein. Die SOMMERFELD-sche Näherungslösung (4, 37) gibt dagegen

$$\varphi(0) = 1 - (1 + z_0)^{-\lambda_1/\lambda_2} . \qquad (4, 41)$$

Da aber $\lambda_1/\lambda_2 \sim 10$ und z_0 größer als 1 ist, unterscheidet sich die rechte Seite nur ganz belanglos von 1. Von der Näherungslösung wird also die Randbedingung bei $x = 0$ praktisch erfüllt.

Die SOMMERFELDsche Näherungslösung approximiert die von FERMI auf numerischem Wege bestimmten genaueren Lösungen für Ionen ziemlich gut. Die relativ kleinen Unterschiede von zirka 10% für kleine Werte von x sind darauf zurückzuführen, daß SOMMERFELD für φ_0 den Näherungsausdruck (4, 22) einsetzt; die kleinen Differenzen in der Nähe von x_0 sind dadurch verursacht, daß die SOMMERFELDschen x_0-Werte mit den exakten nicht gänzlich übereinstimmen.

Beide Fehler kann man praktisch eliminieren, indem man die SOMMER-FELDsche Näherungslösung in folgender Gestalt

$$\varphi = \varphi_0 \left[1 - \left(\frac{1 + z}{1 + z_0} \right)^{\lambda_1/\lambda_2} \right] \qquad (4, 42)$$

schreibt und für φ_0 die numerische Lösung der Tab. 1 und für z_0 die mit den exakten FERMIschen x_0-Werten der Tab. 4 berechneten z_0-Werte einsetzt. Die auf diese Weise bestimmte Funktion φ, die wir SOMMER-FELD-FERMIsche Lösung nennen wollen, nähert die numerische Lösung von FERMI sehr gut an. Für solche Ionisierungsgrade, für die FERMI x_0 nicht bestimmt hat, kann man x_0 mit Hilfe der in Tab. 4 angegebenen Werte durch Interpolation feststellen.

Schließlich sei noch bemerkt, daß der in Abb. 4 angegebene Anstieg $\varphi'(0)$ der Anfangstangenten aus den Näherungslösungen nicht berechnet werden kann.

Durch äußeren Zwang zusammengedrängte Atome. Wie aus dem vorangehenden Paragraphen folgt, lauten die Randbedingungen für neutrale Atome, die durch äußeren Zwang zusammengedrängt sind

$$\varphi(0) = 1 , \quad \varphi(x_0) - x_0\, \varphi'(x_0) = 0 . \tag{4, 43}$$

Letztere kann man in der Form

$$\varphi'(x_0) = \frac{\varphi(x_0)}{x_0} \tag{4, 44}$$

schreiben. Diese Bedingungsgleichung hat im Diagramm, das φ als Funktion von x darstellt, eine anschauliche Bedeutung. Sie besagt nämlich, daß die bei x_0 zu φ gezogene Tangente durch den Origo gehen muß, wodurch die graphische Bestimmung der x_0-Werte sehr vereinfacht wird.

SLATER und KRUTTER[1] haben für mehrere Werte von $\varphi'(0)$ die Lösung numerisch berechnet, für sehr kleine Werte von x haben sie eine Reihenentwicklung benutzt. Ihre Lösungen sind in der Tab. 53 im Anhang I und graphisch in Abb. 4 dargestellt. Die zusammengehörenden Werte von $-\varphi'(0)$ und x_0 haben wir in Tab. 5 zusammengestellt.

Tab. 5. Zusammengehörende Werte von $-\varphi'(0)$ und x_0.

$-\varphi'(0)$	1,00	1,38	1,50	1,55	1,58	1,586	1,588	1,58803
x_0	1,19	1,69	2,20	2,80	4,23	5,85	8,59	11,3

SAUVENIER[2] hat mit demselben Näherungsverfahren, das SOMMERFELD für positive Ionen benutzte, für zusammengedrängte Atome eine Näherungslösung angegeben. Der einzige Unterschied gegenüber positiven Ionen besteht darin, daß SAUVENIER die Konstante C im Ausdruck (4, 36) aus der Bedingung (4, 44) bestimmt. Auf diese Weise erhält er für φ den Näherungsausdruck

$$\varphi = \varphi_0 \left[1 - \left(\frac{1+z}{1+z_0} \right)^{\lambda_1/\lambda_2} \frac{1+4z_0}{1+4z_0 - \lambda_1 z_0} \right], \tag{4, 45}$$

wo z wieder durch (4, 21) definiert ist und z_0 mit x_0 durch die Beziehung $z_0 = (x_0/144^{1/3})^{\lambda_2}$ zusammenhängt. φ_0 ist die Lösung für das freie neutrale Atom. Die Bedingung $\varphi(0) = 1$ ist praktisch erfüllt. Zur Berechnung von $\varphi'(0)$ kann der Näherungsausdruck nicht herangezogen werden.

Schließlich sei noch bemerkt, daß im Rahmen des durch äußeren Zwang zusammengedrängten statistischen Modells auch negative Ionen stabil sind.

---

[1] J. C. SLATER u. H. M. KRUTTER, Phys. Rev. (2) **47**, 559, 1935.
[2] H. SAUVENIER, Bull. Soc. Roy. Sci. Lière **8**, 313, 1939.

§ 5. Dichteverteilung des Elektronengases im Thomas-Fermischen Atom- und Ionmodell.

Eine der wichtigsten Größen, die man mit φ_0, bzw. φ bilden kann, ist die radiale Elektronendichte $D = 4\pi\varrho\, r^2$, für die man mit Hilfe von (3, 59) folgenden Ausdruck erhält

$$D = \frac{Z}{\mu}\, \varphi^{3/2}\, x^{1/2}\,. \tag{5, 1}$$

Bei $x = 0$ verschwindet D, wegen $\varphi(0) = 1$, für alle Atome und Ionen wie $x^{1/2}$. Für neutrale Atome verschwindet D bei $x = \infty$ wie $1/x^4$, wie dies aus der asymptotischen Lösung (4, 22) von Sommerfeld zu sehen ist.

Da die statistische Behandlungsweise den individuellen Eigenschaften der einzelnen Elektronen nicht Rechnung trägt, wird im statistischen Ausdruck für die radiale Elektronendichte der Schalenaufbau der Elektronen verwischt. Die statistische Elektronendichte kann also nur einen Mittelwert der wahren Elektronendichte geben. Hieraus folgt, daß durch die statistische Verteilung der Elektronen am Atom-, bzw. Ionenrand die Elektronenverteilung solcher Atome und Ionen am besten approximiert

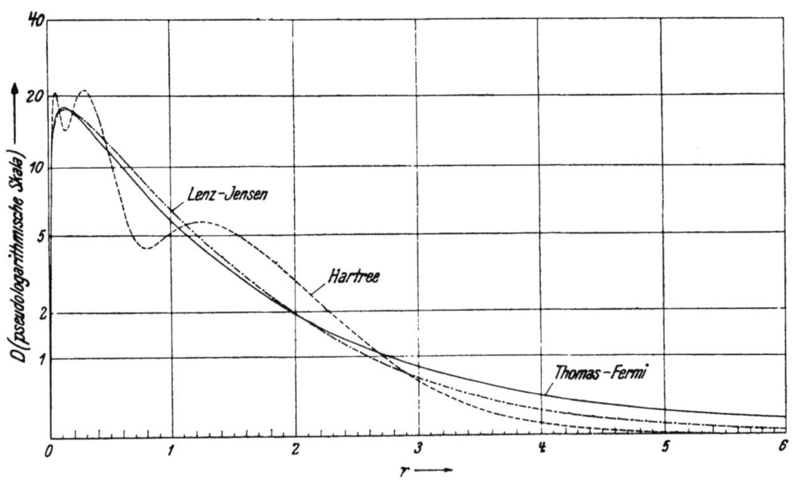

Abb. 5. Vergleich der Thomas-Fermischen statistischen, der Lenz-Jensenschen statistischen und der Hartreeschen wellenmechanischen radialen Dichteverteilung der Elektronen im Ar-Atom. r in a_0-Einheiten, $D = 4\pi r^2\varrho$ in $1/a_0$-Einheiten.

wird, bei denen die Elektronen in abgeschlossenen, edelgasähnlichen Elektronenschalen angeordnet sind. Bei Atomen und Ionen, die keine abgeschlossenen Elektronenschalen besitzen, ist nämlich für die Elektronendichte in großer Entfernung vom Kern die Verteilung der relativ locker gebundenen Valenzelektronen ausschlaggebend, deren individuelle Eigenschaften das statistische Modell meistens nur mangelhaft beschreiben kann.

In Abb. 5 haben wir die statistische Elektronenverteilung des Ar-Atoms dargestellt und zum Vergleich auch die nach der Methode des „self-consistent field" von D. R. HARTREE und W. HARTREE[1] berechnete Elektronenverteilung eingezeichnet[2]. Bei der Darstellung der Elektronenverteilung haben wir für die Ordinate eine pseudologarithmische Skala gewählt, die auch in den meisten folgenden analogen Abbildungen beibehalten wurde. Als Ordinate haben wir $\log(1 + D\,a_0)$ aufgetragen, die Darstellung wird also für große D logarithmisch und für kleine D linear. An der Ordinatenachse sind direkt die Werte von $D\,a_0$ angegeben. Diese

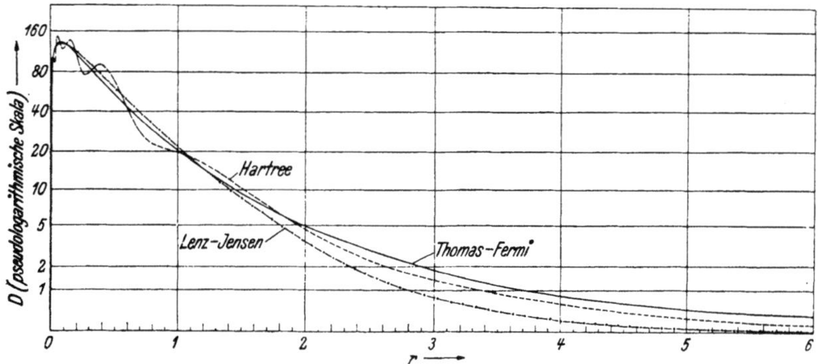

Abb. 6. Vergleich der THOMAS-FERMIschen statistischen, der LENZ-JENSENschen statistischen und der HARTREEschen wellenmechanischen radialen Dichteverteilung der Elektronen im Hg-Atom. r in a_0-Einheiten, $D = 4\pi r^2\varrho$ in $1/a_0$-Einheiten.

pseudologarithmische Skala besitzt den Vorteil, daß der relative Unterschied zwischen sehr großen und sehr kleinen Werten von D wesentlich verringert wird und man den gesamten Dichteverlauf gut übersichtlich darstellen kann. Aus einem Vergleich der Kurven sieht man, daß in dem Bereich von $r = 0$ bis $r \gtrsim 3\,a_0$ die THOMAS-FERMIsche Elektronenverteilung einen guten Mittelwert der HARTREEschen darstellt, in größeren Entfernungen vom Kern ist aber die statistische Elektronendichte durchweg größer als die HARTREEsche. Zum weiteren Vergleich haben wir in Abb. 6 und 7 auch die THOMAS-FERMIsche Elektronenverteilung des Hg-Atoms zusammen mit der HARTREEschen[3] dargestellt. In Abb. 6 wurde für die Ordinate wieder die pseudologarithmische Skala gewählt, in Abb. 7 ist für die inneren Gebiete des Hg-Atoms — um einige Feinheiten im HARTREEschen Dichteverlauf besser hervorzuheben — direkt D

---

[1] D. R. HARTREE u. W. HARTREE, Proc. Roy. Soc. London (A) **166**, 450, 1938.

[2] Bezüglich der Kurve, die die mit der Methode von LENZ u. JENSEN bestimmte radiale Elektronendichte des Ar-Atoms darstellt, vgl. man § 8.

[3] D. R. HARTREE u. W. HARTREE, Proc. Roy. Soc. London (A), **149**, 210, 1935.

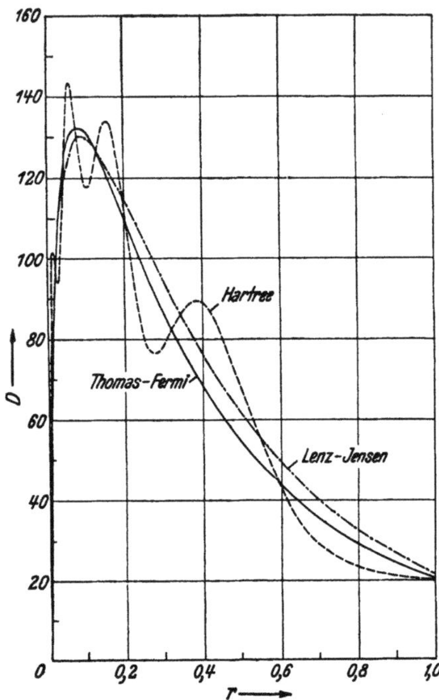

Abb. 7. Vergleich der THOMAS-FERMISchen statistischen, der LENZ-JENSENschen statistischen und der HARTREEschen wellenmechanischen radialen Dichteverteilung der Elektronen im Inneren des Hg-Atoms. r in a_0-Einheiten, $D = 4\pi r^2 \varrho$ in $1/a_0$-Einheiten.

als Funktion von r eingezeichnet[1]. Aus Abb. 6 und 7 ergibt sich ein ganz analoges Resultat wie bei Ar: im Inneren des Hg-Atoms gibt die statistische Elektronenverteilung einen sehr guten Mittelwert der HARTREEschen wellenmechanischen Verteilung, in den äußeren Gebieten des Atoms ist aber die statistische Elektronendichte zu groß.

Dies ist im allgemeinen ein Mangel des THOMAS-FERMISchen Modells, denn wie man mit Hilfe der SOMMERFELDschen Näherungslösung (4, 22) sieht, verschwindet ϱ für $r = \infty$ wie $1/r^6$, während die wellenmechanische mittlere Dichte im Unendlichen exponentiell verschwindet. Die THOMAS-FERMISche Elektronendichte der Atome ist also in großer Entfernung vom Kern relativ viel zu groß. Dies ist darauf zurückzuführen, daß in der THOMAS-FERMISchen Theorie die elektrostatische Selbstwechselwirkung der Elektronen mit inbegriffen ist, ein Mangel, den man — wie wir im weiteren sehen werden — durch die Berücksichtigung der Austauschwechselwirkung der Elektronen, bzw. durch eine elementare Korrektion von FERMI und AMALDI einfach beheben kann. Das THOMAS-FERMISche Modell kann man also nur zur Berechnung solcher Atomeigenschaften mit Erfolg anwenden, bei welchen es auf die inneren Elektronen des Atoms ankommt (z. B. Röntgenterme, Streuung der Röntgenstrahlen), zur Berechnung solcher Eigenschaften aber, bei welchen die äußeren Elektronen stark ins Gewicht fallen, ist das THOMAS-FERMISche Modell unbrauchbar.

Das THOMAS-FERMISche Modell des positiven Ions weist im Vergleich mit dem Atom einen wesentlichen Unterschied auf, der darin besteht, daß bei dem positiven Ion die Elektronendichte nicht bis ins Unendliche

---

[1] Bezüglich der Kurven in den Figuren 6 und 7, die sich auf die LENZ-JENSENsche Verteilung beziehen, vgl. man § 8.

ausläuft, sondern bei einem endlichen Wert r_0, bzw. x_0 verschwindet und von da an 0 bleibt. Für das Rb^+-Ion ist in Abb. 8 der Verlauf der

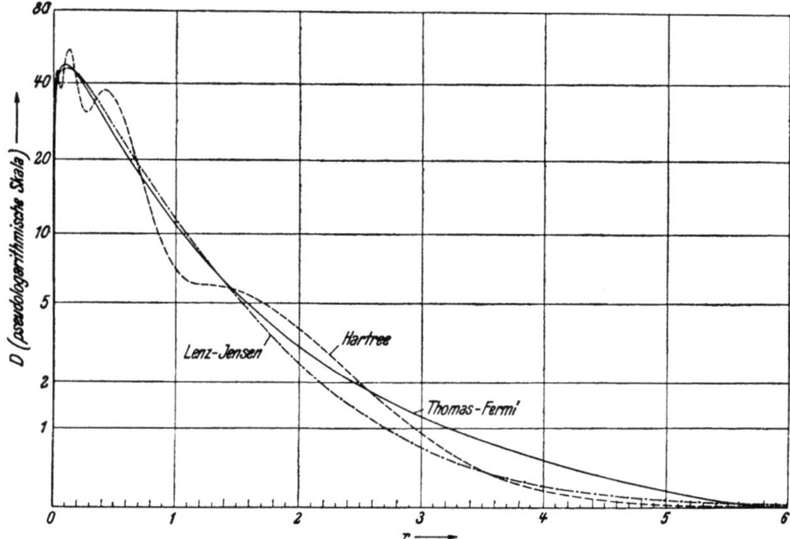

Abb. 8. Vergleich der THOMAS-FERMIschen statistischen, der LENZ-JENSENschen statistischen und der HARTREEschen wellenmechanischen radialen Dichteverteilung der Elektronen im Rb^+-Ion. r in a_0-Einheiten, $D = 4\pi r^2 \varrho$ in $1/a_0$-Einheiten.

statistischen Elektronendichte, den man mit der SOMMERFELD-FERMIschen Lösung (man vgl. die S. 52) erhält, zusammen mit dem HARTREE-schen Dichteverlauf[1] in entsprechender Weise wie in Abb. 5 und 6 dargestellt[2]. x_0 haben wir aus den FERMIschen x_0-Werten der Tab. 4 für Rb^+ $(q = 0{,}02703)$ durch eine graphische Interpolation ermittelt. Es ergibt sich $x_0 = 22{,}25$, woraus man mit der Beziehung (3, 49) $r_0 = 5{,}91\,a_0$ erhält. Aus Abb. 8 sieht man, daß in dem Gebiet von $r = 0$ bis $r \cong 3\,a_0$ die THOMAS-FERMIsche Elektronendichte einen guten Mittelwert der HARTREEschen darstellt, in dem Gebiet von $r \cong 3\,a_0$ bis $r \cong 5\,a_0$ aber die THOMAS-FERMIsche Dichte zu groß ist, was zum geringen Teil dadurch kompensiert wird, daß die THOMAS-FERMIsche Dichte für $r \geq r_0$ gleich 0 ist. Die Anwendbarkeit des THOMAS-FERMIschen Ionmodells, zur Berechnung solcher Eigenschaften von Ionen, für welche die äußeren Elektronen des Ions maßgebend sind, wird sich also (besonders bei Ionen mit hohem Ionisationsgrad) günstiger gestalten als bei den neutralen Atomen, denn bei den positiven Ionen approximiert die Dichte in den äußeren Gebieten den wahren Verlauf besser als beim neutralen Atom.

---

[1] D. R. HARTREE, Proc. Roy. Soc. London (A) **151**, 96, 1935.

[2] Bezüglich der LENZ-JENSENschen Verteilungskurve in Abb. 8 vgl. man § 8.

Die hier besprochenen Mängel des Thomas-Fermischen Modells, so auch insbesondere den Umstand, daß das Thomas-Fermische Modell negativer Ionen nicht stabil ist, hat man, wie schon bemerkt wurde, im wesentlichen darauf zurückzuführen, daß in der Thomas-Fermischen Theorie die elektrostatische Selbstwechselwirkung der Elektronen inbegriffen ist, was durch weitere Ergänzungen (man vgl. § 7 und besonders III) behoben werden kann. Die ursprüngliche Thomas-Fermische Theorie stellt also nur eine erste Näherung der statistischen Theorie des Atoms und Ions dar.

§ 6. Energiebeziehungen in der Thomas-Fermischen Theorie.

Die Energie des Elektronengases eines atomaren Systems wird nach (3, 6) durch folgenden Ausdruck dargestellt

$$E = E_k + E_p = E_k + E_p^k + E_p^e, \qquad (6, 1)$$

wo E_k die kinetische und $E_p = E_p^k + E_p^e$ die potentielle Energie des Elektronengases bezeichnet, die durch die Ausdrücke (3, 1), (3, 3) und (3, 4) definiert sind.

Das Gibbssche chemische Potential. Wir beginnen unsere Betrachtungen mit der von Hulthén[1] gegebenen Herleitung eines einfachen Ausdruckes für das Gibbssche chemische Potential, der bei verschiedenen Energieberechnungen von Wichtigkeit ist.

In der statistischen Theorie wird die Elektronendichte ϱ und die Berandung des Systems mit Berücksichtigung der Nebenbedingung (3, 7) auf die Weise bestimmt, daß E zum Minimum wird. Das Variationsprinzip zur Bestimmung von ϱ und der Berandung lautet also nach (3, 8)

$$\delta E + V_0 e \, \delta N = 0 . \qquad (6, 2)$$

Bei dem auf diese Weise bestimmten Minimum der Energie E, das eine Funktion von Z und N ist, kann man eine Variation der Energie noch durch eine Änderung der Elektronenzahl N bewirken, wodurch sich

$$\delta E = \frac{\partial E}{\partial N} \, \delta N . \qquad (6, 3)$$

ergibt. Aus einem Vergleich mit (6, 2) folgt demnach

$$\frac{\partial E}{\partial N} = - V_0 e . \qquad (6, 4)$$

Wie man aus der allgemeinen Beziehung (1, 41) sieht, ist also $- V_0 e$ das Gibbssche chemische Potential am absoluten Nullpunkt der Temperatur. Wie aus der Herleitung folgt, gilt diese Beziehung nicht nur in der

---

[1] L. Hulthén, Zs. f. Phys. **95,** 789, 1935.

statistischen Theorie der Atome, sondern besteht auch in der statistischen Theorie beliebiger Systeme (Moleküle, Kristalle). Man kann, wie ebenfalls HULTHÉN zeigte, die Beziehung (6, 4) für Atome und Ionen auch sehr einfach dadurch herleiten, daß man $\frac{\partial E}{\partial N}$ aus dem Energieausdruck der Atome oder Ionen mit Rücksicht auf die Nebenbedingung (3, 7) und den Zusammenhang (3, 16) direkt berechnet und berücksichtigt, daß ϱ am Rand verschwindet.

Energie des Atoms und Ions. Mit der Beziehung (6, 4) kann man nach HULTHÉN die Energie des statistischen Atoms sehr einfach bestimmen, wobei wir unsere Betrachtungen in der Weise durchführen, daß sie nicht nur für Atome, sondern auch für Ionen gelten. Der folgenden halber geben wir hier die einzelnen Energieterme explicite an. Wenn ϱ auch weiterhin die Elektronendichte und V_e das Potential der Elektronenwolke bezeichnet, so ist

$$E_k = \varkappa_k \int \varrho^{5/3} dv \;, \quad E_p^k = -Z e^2 \int \frac{\varrho}{r} dv \;, \quad E_p^e = -\frac{1}{2} e \int V_e \, \varrho \, dv \;. \quad (6,5)$$

Zur Herleitung des Energieausdruckes bildet man $\frac{dE}{dZ}$ unter Konstanthaltung von N/Z. Man erhält

$$\left(\frac{dE}{dZ}\right)_{N/Z} = \frac{\partial E}{\partial N}\frac{dN}{dZ} + \frac{\partial E}{\partial Z} = \frac{\partial E}{\partial N}\frac{N}{Z} - e^2 \int \frac{\varrho}{r} dv \;. \quad (6,6)$$

Mit Berücksichtigung von (6, 4) und (3, 40) folgt

$$\left(\frac{dE}{dZ}\right)_{N/Z} = -\frac{(Z-N)\,e^2}{r_0}\frac{N}{Z} - e^2 \int \frac{\varrho}{r} dv \;. \quad (6,7)$$

Die Berechnung des Integrals auf der rechten Seite kann man sehr einfach durchführen, wenn man statt r die Variable x einführt und ϱ mit Hilfe der Relation (3, 59) durch φ'' ausdrückt. Auf diese Weise erhält man

$$\int \frac{\varrho}{r} dv = \frac{Z}{\mu} \left[\varphi'(x_0) - \varphi'(0)\right] \;. \quad (6,8)$$

Wenn man hier $\varphi'(x_0)$ mit Hilfe des Zusammenhanges $x_0 \, \varphi'(x_0) = -q$ eliminiert und im ersten Glied auf der rechten Seite von (6, 7) statt r_0 x_0 einführt, so folgt mit Berücksichtigung von (3, 50)

$$\left(\frac{dE}{dZ}\right)_{N/Z} = 4\left(\frac{2}{9\,\pi^2}\right)^{1/3} \left[\varphi'(0) + \left(1 - \frac{N}{Z}\right)^2 \frac{1}{x_0}\right] Z^{4/3} \frac{e^2}{a_0} \;. \quad (6,9)$$

Wenn man diesen Ausdruck unter Konstanthaltung von N/Z, also unter Konstanthaltung von q nach Z integriert und beachtet, daß dabei x_0 und $\varphi'(0)$ ebenfalls konstant bleiben, ergibt sich

$$E = \frac{12}{7}\left(\frac{2}{9\,\pi^2}\right)^{1/3} \left[\varphi'(0) + \frac{q^2}{x_0}\right] Z^{7/3} \frac{e^2}{a_0} \;. \quad (6,10)$$

Für neutrale Atome, also für $q = 0$, erhält man mit (4, 3)

$$E = \frac{12}{7}\left(\frac{2}{9\,\pi^2}\right)^{1/3} \varphi_0{}'(0)\; Z^{7/3}\frac{e^2}{a_0} = -\,0{,}769\; Z^{7/3}\frac{e^2}{a_0} =$$

$$= -\,20{,}94\; Z^{7/3}\,\text{e-Volt}\,. \tag{6, 11}$$

Dieser Ausdruck wurde auch von Sommerfeld[1] im Anschluß an eine Arbeit von Milne[2] durch direkte Durchführung der Integrationen in (6, 5) hergeleitet.

Virialsatz. Zur Herleitung des Virialsatzes, der einen Zusammenhang zwischen der kinetischen und potentiellen Energie gibt, befassen wir uns zunächst mit der elektrostatischen Wechselwirkungsenergie eines Elektronengases,

$$E_p^e = -\,\frac{1}{2}\,e\int V_e(\mathfrak{r})\,\varrho(\mathfrak{r})\,dv = \frac{1}{2}\,e^2\iint \frac{\varrho(\mathfrak{r})\,\varrho(\mathfrak{r}')}{|\mathfrak{r}-\mathfrak{r}'|}\,dv\,dv'\,, \tag{6, 12}$$

für welche Duffin[3] einen für das Folgende wichtigen Zusammenhang angegeben hat. Diesen kann man nach Duffin auf folgendem sehr einfachem Wege herleiten. Wir bilden mit dem skalaren Parameter $\varkappa$ den Ausdruck

$$E_p^{e\,\varkappa} = \frac{1}{2}\,e^2\iint \frac{\varrho(\mathfrak{r})\,\varrho(\mathfrak{r}')}{|\varkappa\,\mathfrak{r}-\mathfrak{r}'|}\,dv\,dv' = \frac{1}{2\,\varkappa}\,e^2\iint \frac{\varrho(\mathfrak{r})\,\varrho(\mathfrak{r}')}{\left|\mathfrak{r}-\dfrac{\mathfrak{r}'}{\varkappa}\right|}\,dv\,dv'\,, \tag{6, 13}$$

den man mit Hilfe der Definitionsgleichung (3, 2) von V_e auch folgendermaßen schreiben kann

$$E_p^{e\,\varkappa} = -\,\frac{1}{2}\,e\int V_e(\varkappa\,\mathfrak{r})\,\varrho(\mathfrak{r})\,dv = -\,\frac{1}{2\,\varkappa}\,e\int V_e\left(\frac{\mathfrak{r}'}{\varkappa}\right)\varrho(\mathfrak{r}')\,dv'\,. \tag{6, 14}$$

Für $\varkappa = 1$ geht $E_p^{e\varkappa}$ in den Ausdruck (6, 12) über, es ist also $E_p^{e\,1} = E_p^e$. Wenn man den Ausdruck (6, 14) nach $\varkappa$ differenziert und beachtet, daß

$$\frac{d}{d\varkappa}\,V_e(\varkappa\,\mathfrak{r}) = \left(\mathfrak{r},\,\text{grad}\,V_e(\varkappa\,\mathfrak{r})\right) \tag{6, 15}$$

ist, so folgt für $\varkappa = 1$ der wichtige Zusammenhang

$$E_p^e = -\,\frac{1}{2}\,e\int V_e\,\varrho\,dv = e\int \varrho\,(\mathfrak{r},\,\text{grad}\,V_e)\,dv\,. \tag{6, 16}$$

Wie aus der Herleitung dieses Zusammenhanges folgt, gilt dieser nicht nur für Atome und Ionen, sondern hat für beliebige Systeme Gültigkeit.

---

[1] A. Sommerfeld, Zs. f. Phys. **78**, 283, 1932; Berichtigung zu dieser Arbeit Zs. f. Phys. **80**, 415, 1933.

[2] E. A. Milne, Proc. Cambridge Phil. Soc. **23**, 794, 1927.

[3] R. J. Duffin, Phys. Rev. (2) **47**, 421, 1935.

Mit Hilfe dieses Zusammenhanges kann man den Virialsatz einfach herleiten. Wir befassen uns zunächst mit Atomen und Ionen, also mit Einzentrensystemen und gehen dann auf Systeme mit beliebig vielen Kernen über.

Atome und Ionen. Zur Herleitung des Virialsatzes für Atome und Ionen hat man folgende Zusammenhänge zu berücksichtigen: erstens die Definitionsgleichung des Gesamtpotentials $V = \dfrac{Z\,e}{r} + V_e$, wo zu bemerken ist, daß V_e bei $r = 0$ endlich bleibt und zweitens die THOMAS-FERMIsche Beziehung (3, 16) zwischen Dichte und Potential, in der man für V_0 jetzt den Ausdruck (3, 40) zu setzen hat.

Der Ausdruck für die potentielle Energie lautet

$$E_p = E_p^k + E_p^e = -Z\,e^2 \int \frac{\varrho}{r}\,dv - \frac{1}{2}\,e \int V_e\,\varrho\,dv\ . \qquad (6,17)$$

Die kinetische Energie ist durch den ersten Ausdruck (6, 5) definiert, den man mit Berücksichtigung des Zusammenhanges (3, 16) und (3, 17) folgendermaßen schreiben kann

$$E_k = \frac{3}{5}\,\sigma_0\,e \int (V - V_0)^{5/2}\,dv\ . \qquad (6,18)$$

Die rechte Seite läßt sich durch eine partielle Integration umformen. Wenn man beachtet, daß das bei der partiellen Integration entstehende Oberflächenintegral verschwindet, da an der Oberfläche $V - V_0 = 0$ ist, so folgt

$$E_k = -\frac{1}{2}\,\sigma_0\,e \int (V - V_0)^{3/2}\,(\mathfrak{r},\ \mathrm{grad}\ V)\,dv\ . \qquad (6,19)$$

Hieraus ergibt sich mit (3, 16)

$$E_k = -\frac{1}{2}\,e \int \varrho\,(\mathfrak{r},\ \mathrm{grad}\ V)\,dv \qquad (6,20)$$

und hieraus mit der Definition von V

$$E_k = -\frac{1}{2}\,e \int \varrho\left(\mathfrak{r},\ \mathrm{grad}\ \frac{Z\,e}{r}\right)dv - \frac{1}{2}\,e \int \varrho\,(\mathfrak{r},\ \mathrm{grad}\ V_e)\,dv\ . \qquad (6,21)$$

Aus diesem Ausdruck erhält man mit Hilfe des Zusammenhanges (6, 16) folgendes Resultat

$$E_k = \frac{1}{2}\,Z\,e^2 \int \frac{\varrho}{r}\,dv + \frac{1}{4}\,e \int V_e\,\varrho\,dv\ . \qquad (6,22)$$

Ein Vergleich von (6, 22) mit (6, 17) führt zwischen der kinetischen und potentiellen Energie zu folgendem Zusammenhang

$$2\,E_k = -E_p\ , \qquad (6,23)$$

den man als Virialsatz des THOMAS-FERMIschen Atoms, bzw. Ions bezeichnet.

Mit Hilfe dieses Satzes kann man die Formel (6, 10) einfach herleiten. Hierzu formen wir den Ausdruck der kinetischen Energie (6, 18) mit Hilfe von (3, 16) folgendermaßen um

$$E_k = \frac{3}{5}\,e \int (V - V_0)\,\varrho\,dv = \frac{3}{5}\,e \int \left(\frac{Z\,e}{r} + V_e - V_0\right)\varrho\,dv\;. \qquad (6,24)$$

Mit (6, 24) und (6, 17) erhält man einerseits für die Gesamtenergie folgenden Ausdruck

$$E = E_k + E_p = -\frac{2}{5}\,Z\,e^2 \int \frac{\varrho}{r}\,dv + \frac{1}{10}\,e \int V_e\,\varrho\,dv - \frac{3}{5}\,N\,V_0\,e \qquad (6,25)$$

und anderseits aus dem Virialsatz den Zusammenhang

$$\frac{1}{2}\,e \int V_e\,\varrho\,dv = -\frac{1}{7}\,Z\,e^2 \int \frac{\varrho}{r}\,dv + \frac{6}{7}\,N\,V_0\,e\;. \qquad (6,26)$$

Außerdem ist

$$E_p^k = -Z\,e^2 \int \frac{\varrho}{r}\,dv = Z\,e\,V_e(0)\;. \qquad (6,27)$$

Mit (6, 26) und (6, 27) erhält man für E mit einigen einfachen Umformungen den Ausdruck

$$E = \frac{3}{7}\left\{(Z - N)\,V_0\,e + Z\,e\,[V_e(0) - V_0]\right\}, \qquad (6,28)$$

der mit Rücksicht auf den Zusammenhang

$$V_e(0) - V_0 = \frac{Z\,e}{\mu}\,\varphi'(0) \qquad (6,29)$$

mit (6, 10) identisch ist.

Für neutrale Atome bekommt man, da $V_0 = 0$ ist, aus (6, 26) das Resultat

$$E_p^e = -\frac{1}{7}\,E_p^k\;. \qquad (6,30)$$

Hiernach ist also bei neutralen Atomen die gegenseitige elektrostatische Wechselwirkungsenergie der Elektronen gleich $^1/_7$ des Betrages der elektrostatischen Wechselwirkungsenergie der Elektronen mit dem Kern.

Den Virialsatz (6, 23) kann man mit einem Verfahren von Fock[1] auch auf die folgende sehr einfache und übersichtliche Weise herleiten, wobei aber zu bemerken ist, daß das Verfahren in seiner ursprünglichen Form, mit der wir uns im folgenden befassen, nur auf Atome und Ionen (Einzentrensysteme) angewendet werden kann[2].

Wir befassen uns also auch weiterhin mit Atomen und Ionen und

---

[1] V. Fock, Phys. Zs. d. Sowjetunion 1, 747, 1932.

[2] Man vgl. hierzu H. Jensen, Zs. f. Phys. 81, 611, 1933.

gehen wieder von den Ausdrücken (6, 5) aus. Wir bezeichnen diejenige Dichtefunktion, die E zum Minimum macht, mit ϱ und konstruieren unter Wahrung der Normierungsbedingung (3, 7) eine Schar benachbarter Dichten ϱ_λ, indem wir den Abstand der Elektronen vom Punkt $\mathfrak{r} = 0$ und damit auch den Abstand der Elektronen voneinander mit dem Faktor $1/\lambda$ multiplizieren. Es kommen dann die Elektronen, die sich bei $\lambda\mathfrak{r}$ in dem Raumelement $dx\,dy\,dz = dv$ befinden, in das Raumelement von der Größe $\frac{1}{\lambda}\,dx\,\frac{1}{\lambda}\,dy\,\frac{1}{\lambda}\,dz = \frac{1}{\lambda^3}\,dv$, das den Punkt $\mathfrak{r}$ umgibt. Hieraus folgt, daß sich die Dichte mit dem Faktor λ^3 multipliziert und man erhält für ϱ_λ den Ausdruck

$$\varrho_\lambda = \lambda^3\,\varrho\,(\lambda\,\mathfrak{r})\,, \tag{6, 31}$$

der für $\lambda = 1$ in die Extremale ϱ übergeht. Daß ϱ_λ die Normierungsbedingung (3, 7) erfüllt, ist sofort zu sehen, man hat hierbei nur zu beachten, daß der für Ionen endliche Grenzradius r_0, der den Integrationsbereich definiert, bei der Variation ebenfalls abgeändert wird, und zwar in r_0/λ. Mit der Bezeichnung $r_\lambda = \lambda r$ erhält man also für das Normierungsintegral

$$\int\limits_0^{r_0/\lambda} \varrho_\lambda\,4\,\pi\,r^2\,dr = \int\limits_0^{r_0/\lambda} \varrho\,(\lambda\,\mathfrak{r})\,4\,\pi\,(\lambda\,r)^2\,d\,(\lambda\,r) = \int\limits_0^{r_0} \varrho\,(r_\lambda)\,4\,\pi\,r_\lambda{}^2\,d\,r_\lambda = N\,. \tag{6, 32}$$

Die Herleitung des Virialsatzes gestaltet sich nun in der Weise, daß man die Energie des Atoms oder Ions als Funktion von λ berechnet und in die Gleichung

$$\lim_{\lambda=1} \frac{d\,E_\lambda}{d\,\lambda} = 0\,, \tag{6, 33}$$

die aus der Minimumsforderung der Energie folgt, einsetzt.

Die Energie als Funktion von λ kann man sehr einfach bestimmen; man erhält z. B.

$$\left.\begin{aligned}
E_k^\lambda &= \varkappa_k \int\limits_0^{r_0/\lambda} \varrho_\lambda{}^{5/3}\,4\,\pi\,r^2\,dr = \lambda^2\,\varkappa_k \int\limits_0^{r_0/\lambda} [\varrho(\lambda\,\mathfrak{r})]^{5/3}\,4\,\pi(\lambda\,r)^2\,d\,(\lambda\,r) = \\[2ex]
&= \lambda^2\,\varkappa_k \int\limits_0^{r_0} [\varrho(r_\lambda)]^{5/3}\,4\,\pi\,r_\lambda{}^2\,d\,r_\lambda = \lambda^2\,E_k\,.
\end{aligned}\right\} \tag{6, 34}$$

Ganz analog ergibt sich

$$E_p^{k\,\lambda} = \lambda\,E_p^k \quad \text{und} \quad E_p^{e\,\lambda} = \lambda\,E_p^e\,, \quad \text{also} \quad E_p^\lambda = \lambda\,E_p\,. \tag{6, 35}$$

Die Formeln (6, 34) und (6, 35) folgen einfach daraus, daß die kinetische Energie eine homogene Funktion (—2)-ten Grades und die potentielle Energie eine homogene Funktion (—1)-ten Grades der Koordinaten ist.

Für die Gesamtenergie ergibt sich also

$$E_\lambda = \lambda^2 E_k + \lambda E_p \tag{6, 36}$$

und aus (6, 33) erhält man in Übereinstimmung mit (6, 23)

$$\lim_{\lambda=1} \frac{dE_\lambda}{d\lambda} = \lim_{\lambda=1} (2\,\lambda\,E_k + E_p) = 2\,E_k + E_p = 0 \,. \tag{6, 37}$$

Auf eine Erweiterung des Virialsatzes für beliebige Werte von r_0, also auf Atome und Ionen, die durch einen äußeren Zwang zusammengedrängt sind, kommen wir in IX zu sprechen.

Systeme mit mehreren Kernen. Für Systeme mit mehreren Kernen gilt ebenfalls eine Beziehung zwischen der kinetischen und potentiellen Energie, die wir als Virialsatz der THOMAS-FERMISchen Theorie bezeichnen. Zur Herleitung dieses Satzes nehmen wir an, daß sich das Elektronengas von der Dichte ϱ in dem Felde n fester Kerne befindet. Die Ladung und der Ortsvektor des i-ten Kernes seien $Z_i\,e$, bzw. $\mathfrak{r}_i$. Die Energie des Systems wird wieder als Summe der Energieterme (3, 1), (3, 3) und (3, 4) dargestellt. In (3, 3) bezeichnet jetzt V_k das Potential aller Kerne, es ist also

$$V_k(\mathfrak{r}) = \sum_{i=1}^{n} \frac{Z_i\,e}{|\mathfrak{r} - \mathfrak{r}_i|} \,. \tag{6, 38}$$

Der Virialsatz der THOMAS-FERMISchen Theorie wurde von DUFFIN[1] in ganz analoger Weise wie beim Atom und Ion hergeleitet. Die Zusammenhänge (6, 16), (3, 16) und (6, 20) bleiben auch für den allgemeinen Fall bestehen. Wenn man berücksichtigt, daß $V = V_k + V_e$ ist, folgt aus (6, 20)

$$2\,E_k = -\,e \int \varrho\,(\mathfrak{r}, \operatorname{grad} V_e)\,dv - e \sum_{i=1}^{n} \int \varrho \left(\mathfrak{r}, \operatorname{grad} \frac{Z_i\,e}{|\mathfrak{r} - \mathfrak{r}_i|} \right) dv \,. \tag{6, 39}$$

Für das erste Glied auf der rechten Seite kann man nach (6, 16) $-E_p^e$ schreiben und das zweite Glied kann man mit Hilfe der Identität

$$\left(\mathfrak{r}, \operatorname{grad} \frac{1}{|\mathfrak{r} - \mathfrak{r}_i|} \right) = -\,\frac{1}{|\mathfrak{r} - \mathfrak{r}_i|} - \left(\mathfrak{r}_i, \operatorname{grad}_i \frac{1}{|\mathfrak{r} - \mathfrak{r}_i|} \right) \tag{6, 40}$$

umformen, wodurch man folgenden Zusammenhang erhält

$$\left. \begin{aligned} 2\,E_k = -E_p^e &+ e \sum_{i=1}^{n} \int \frac{Z_i\,e}{|\mathfrak{r} - \mathfrak{r}_i|}\,\varrho\,dv + \\ &+ e \sum_{i=1}^{n} \int \left(Z_i\,\mathfrak{r}_i, \operatorname{grad}_i \frac{\varrho\,e}{|\mathfrak{r} - \mathfrak{r}_i|} \right) dv \,. \end{aligned} \right\} \tag{6, 41}$$

---

[1] R. J. DUFFIN, l. c.

Mit der Definition von V_k und E_p ergibt sich hieraus

$$2\,E_k + E_p = e \sum_{i=1}^{n} \int \left(Z_i\, \mathfrak{r}_i,\, \mathrm{grad}_i \frac{\varrho\, e}{|\mathfrak{r} - \mathfrak{r}_i|} \right) dv\,. \qquad (6,42)$$

Das Integral auf der rechten Seite ist am Ort der Kerne, also in den Punkten $\mathfrak{r}_i$ singulär, da ϱ in diesen Punkten wie $1/r'^{3/2}$ unendlich wird. Man muß also bei der Integration die Kerne ausschalten, indem man die Kerne mit Kugeln vom Radius a umgibt, die man aus dem Integrationsbereich ausschließt. Das Integral auf der rechten Seite von (6,42) hat man nach DUFFIN in diesem Sinne als einen Grenzwert für $a = 0$ aufzufassen. Die rechte Seite von (6,42) kann man umformen und gelangt zu folgendem Endresultat

$$2\,E_k + E_p = \lim_{a=0} \sum_{i=1}^{n} Z_i\, e\left(\mathfrak{r}_i,\, \mathfrak{E}_a(\mathfrak{r}_i) \right), \qquad (6,43)$$

wo $\mathfrak{E}_a$ die elektrische Feldstärke bezeichnet, die aus der Elektronenladung außerhalb der Kugeln vom Radius a resultiert. Den durch die Gl. (6,43) dargestellten Zusammenhang zwischen der kinetischen und potentiellen Energie nennen wir den Virialsatz der THOMAS-FERMIschen Theorie. Wie man sieht, folgt aus diesem für den Fall eines Kernes der Virialsatz des Atoms, bzw. Ions.

FOCK[1] hat diesen Zusammenhang mit Hilfe seines Verfahrens der Variation der Elektronendichte ebenfalls hergeleitet. Wie JENSEN zeigen konnte, läßt sich aber die von FOCK gegebene Herleitung nicht aufrechterhalten, da der dem FOCKschen Grenzübergang $\lambda \to 1$ entsprechende Grenzwert in diesem Falle nicht existiert. JENSEN[2] hat das FOCKsche Variationsverfahren modifiziert und mit diesem einen Zusammenhang zwischen der kinetischen und potentiellen Energie hergeleitet, der aber mit (6,43) nicht übereinstimmt. Dies ist darauf zurückzuführen, daß bei JENSEN die Variation der Elektronendichte — um Singularitäten zu vermeiden — auf eine zu spezielle Weise durchgeführt wurde.

§ 7. Die Korrektion von Fermi und Amaldi.

In der ursprünglichen statistischen Theorie von THOMAS und FERMI, mit der wir uns bis jetzt befaßten, können negative Ionen nicht stabil sein, und zwar aus folgendem Grunde. In der THOMAS-FERMIschen Theorie wird die elektrostatische Selbstwechselwirkung der Elektronen mit einbezogen, es wird also angenommen, daß auf jedes hervorgehobene Elektron das Potential der aus N Elektronen bestehenden Elektronen-

---

[1] V. FOCK, Phys. Zs. d. Sowjetunion **1**, 747, 1932.
[2] H. JENSEN, Zs. f. Phys. **81**, 611, 1933.

wolke wirkt, in der also auch das hervorgehobene Elektron miteingerechnet ist. Das Potential der N Elektronen konvergiert mit zunehmender Entfernung vom Kern zu dem Ausdruck $-Ne/r$. Es würde also z. B. bei einem einfach geladenen negativen Ion in großer Entfernung vom Kern das Gesamtpotential $Z\,e/r - (Z+1)\,e/r = -e/r$ herrschen, woraus zu sehen ist, daß schon das einfach geladene negative Ion nicht existenzfähig ist.

Man kann diesen Mangel des Modells nach FERMI und AMALDI[1] durch eine elementare Korrektion beheben, die zwar im Inneren des Atoms ziemlich roh ist, aber in den äußeren Gebieten des Atoms die Selbstwechselwirkung der Elektronen sehr gut eliminiert und in Verbindung mit der Austauschkorrektion und der Korrelationskorrektion (man vgl. § 10 und 11) zu sehr guten Resultaten führt. Die Korrektion von FERMI und AMALDI geht von der einfachen und groben Annahme aus, daß man in der statistischen Theorie eines atomaren Systems mit der Elektronenzahl N und der Elektronendichte ϱ jedem Elektron die Dichteverteilung ϱ/N zuordnen kann. Das von den $N-1$ Elektronen erzeugte Potential, das auf ein hervorgehobenes Elektron wirkt, ist also

$$V_e{}^*(\mathfrak{r}) = -(N-1)\int \frac{\dfrac{\varrho(\mathfrak{r}')\,e}{N}}{|\mathfrak{r}-\mathfrak{r}'|}\,dv' = \frac{N-1}{N}\,V_e(\mathfrak{r})\,, \qquad (7,1)$$

wo $V_e(\mathfrak{r})$ das nach (3, 2) definierte Potential aller N Elektronen bedeutet. Die elektrostatische Energie, die aus der Wechselwirkung der Elektronen resultiert, wird demnach

$$E_p^{e}{}^* = -\frac{1}{2}\,N\int V_e{}^*\frac{\varrho\,e}{N}\,dv = -\frac{1}{2}\,\frac{N-1}{N}\int V_e\,\varrho\,e\,dv = \frac{N-1}{N}\,E_p^e\,, \qquad (7,2)$$

wo E_p^e [man vgl. (3, 4)] die entsprechende Wechselwirkungsenergie in der ursprünglichen, nicht-korrigierten THOMAS-FERMIschen Theorie bezeichnet.

Wenn man im Energieausdruck (3, 6) E_p^e durch $E_p^{e}{}^*$ ersetzt, erhält man aus (3, 8) in ganz analoger Weise wie die ursprüngliche THOMAS-FERMIsche Gleichung die folgende korrigierte Gleichung

$$(V^* - V_0)\,e - \frac{5}{3}\,\varkappa_k\,\varrho^{2/3} = 0\,, \qquad (7,3)$$

mit

$$V^* = V_k + V_e{}^* = V_k + \frac{N-1}{N}\,V_e\,. \qquad (7,4)$$

---

[1] E. FERMI u. E. AMALDI, Mem. Acc. Italia **6**, 117, 1934.

Diese können wir auch in der Gestalt

$$(V - V_0)\, e - \frac{1}{N}\, V_e\, e - \frac{5}{3}\, \varkappa_k\, \varrho^{2/3} = 0 \qquad (7,5)$$

schreiben, wo $V = V_k + V_e$ ist und V_0 einen LAGRANGEschen Multiplikator bezeichnet. Aus einem Vergleich dieser Gleichung mit (3, 15) sieht man, daß die Korrektion durch das Glied $-\frac{1}{N}\, V_e\, e$ dargestellt wird.

Die POISSONsche Gleichung lautet

$$\Delta V = \Delta V_e = 4\,\pi\,\varrho\,e, \qquad (7,6)$$

die wir mit Berücksichtigung von (7, 1) folgendermaßen schreiben können

$$\Delta V^* = \Delta V_e^* = \frac{N-1}{N}\,\Delta V_e = \frac{N-1}{N}\,4\,\pi\,\varrho\,e. \qquad (7,7)$$

Wenn man ϱ aus (7, 3) ausdrückt und in (7, 7) einsetzt, folgt mit Rücksicht darauf, daß V_0 eine Konstante ist, die FERMI-AMALDIsche Gleichung

$$\Delta(V^* - V_0) = 4\,\pi\,\sigma_0\,e\,\frac{N-1}{N}\,(V^* - V_0)^{3/2}, \qquad (7,8)$$

wo σ_0 nach (3, 17) definiert ist. Da wir uns wieder auf eine kugelsymmetrische Potential- und Elektronenverteilung beschränken, kann man diese Gleichung folgendermaßen schreiben

$$\frac{d^2}{dr^2}\,[r\,(V^* - V_0)] = 4\,\pi\,\sigma_0\,e\,\frac{N-1}{N}\,\frac{1}{r^{1/2}}\,[r\,(V^* - V_0)]^{3/2}. \qquad (7,9)$$

Ganz analog wie beim nicht-korrigierten THOMAS-FERMIschen Modell kann man auch hier zeigen, daß ϱ am Rand des Atoms und Ions, also bei $r = r_0$, verschwindet. Man erhält somit aus (7, 5) für $r = r_0$

$$V_0 = \frac{(Z - N + 1)\,e}{r_0}. \qquad (7,10)$$

Wenn man

$$x = \frac{r}{\mu^*},$$

$$\mu^* = \mu \left(\frac{N}{N-1}\right)^{2/3} = \frac{1}{4}\left(\frac{9\,\pi^2}{2\,Z}\right)^{1/3}\left(\frac{N}{N-1}\right)^{2/3} a_0 = \frac{0{,}8853}{Z^{1/3}}\left(\frac{N}{N-1}\right)^{2/3} a_0,$$

und $\qquad (7,11)$

$$\varphi(x) = \frac{r}{Z\,e}\,(V^* - V_0) \qquad (7,12)$$

einführt, wo μ nach (3, 50) definiert ist, so kann man die Gl. (7, 9) in der Form

$$\varphi'' = \frac{\varphi^{3/2}}{x^{1/2}} \qquad (7,13)$$

schreiben; man erhält also wieder die alte Form der THOMAS-FERMISCHEN Gleichung, wobei aber zu bemerken ist, daß sich μ^* von μ durch den Faktor $\left(\dfrac{N}{N-1}\right)^{2/3}$ unterscheidet.

Die Randbedingungen sind jetzt die folgenden. Die früheren Randbedingungen (3, 54) und (3, 55) bleiben, wie man sofort sieht, unverändert, es ist also wieder

$$\varphi(0) = 1 \quad \text{und} \quad \varphi(x_0) = 0 \tag{7, 14}$$

mit $x_0 = r_0/\mu^*$. Die dritte Randbedingung ändert sich aber. Diese ist mit der Forderung

$$\int \varrho \, dv = N \tag{7, 15}$$

equivalent, die wir mit Berücksichtigung von (7, 7), (7, 9) und (7, 12) folgendermaßen schreiben können

$$\left.\begin{aligned}
N &= \frac{N}{N-1}\frac{1}{4\pi e}\int \varDelta V^* \, dv = \frac{N}{N-1}\frac{1}{e}\int_0^{r_0} r \frac{d^2}{dr^2}[r(V^* - V_0)]\, dr = \\
&= \frac{N}{N-1} Z \int_0^{x_0} x\,\varphi''\, dx\,.
\end{aligned}\right\} \tag{7, 16}$$

Das letzte Integral kann man mit einer partiellen Integration leicht auswerten und man erhält mit Berücksichtigung von (7, 14) aus (7, 16) jetzt als dritte Randbedingung folgende Bedingungsgleichung

$$x_0\,\varphi'(x_0) = -\frac{Z-N+1}{Z} = -\left(q + \frac{1}{Z}\right). \tag{7, 17}$$

Die dritte Randbedingung ist also im Vergleich zu (3, 56) modifiziert, da auf der rechten Seite nicht $-q$ sondern $-\left(q + \dfrac{1}{Z}\right)$ steht.

Es zeigen also jetzt neutrale Atome ein analoges Verhalten wie im nicht-korrigierten Modell positive Ionen, es haben also auch die neutralen Atome einen endlichen Radius und es werden auch einfach geladene negative Ionen stabil, und zwar verhalten sich diese wie im nicht-korrigierten Modell die neutralen Atome. Die Elektronenwolke der negativen Ionen läuft also bis ins Unendliche aus. Bei den positiven Ionen äußert sich die Korrektion in einer Kontraktion der Elektronenwolke.

Die Summe des Kernpotentials und des Potentials der $N-1$ Elektronen kann man in Atomen und Ionen mit φ folgendermaßen darstellen

$$V^* = \frac{Ze}{r}\varphi + V_0\,. \tag{7, 18}$$

Für die Elektronendichte in Atomen und Ionen ergibt sich mit Berücksichtigung von (7, 7) und (7, 12)

$$\varrho = \frac{Z}{4\,\pi\,\mu^{*3}}\,\frac{N}{N-1}\left(\frac{\varphi}{x}\right)^{3/2} = \frac{Z}{4\,\pi\,\mu^{*3}}\,\frac{N}{N-1}\,\frac{\varphi''}{x}. \qquad (7, 19)$$

Die Gl. (7, 9), (7, 12), (7, 13), (7, 18) und (7, 19) gelten für $r \leq r_0$, bzw. für $x \leq x_0$. Für $r > r_0$, bzw. $x > x_0$ ist $\varrho = 0$ und $V^* = (Z - N + 1)\,e/r$.

Die Gl. (7, 13) haben Fermi und Amaldi mit den Randbedingungen (7, 14) und (7, 17) für mehrere neutrale Atome gelöst, und zwar wurde von $x = 0$ bis $x = x_0$ mit dem einfachen Ansatz

$$\varphi = \varphi_0 + k\,\eta_0 \qquad (7, 20)$$

gerechnet, wo φ_0 und η_0 die in den Tabellen 1 und 2 dargestellten Funktionen sind und k durch die Randbedingungen bestimmt ist. k wurde aus der Interpolationsformel $k = -0{,}083 \left(q + \dfrac{1}{Z}\right)^3$ berechnet. Fermi und Amaldi haben auf diese Weise für die zusammengehörenden Werte von k und x_0 die in Tab. 6 zusammengestellten Wertepaare gefunden. Für neutrale Atome, die in der Tabelle nicht angegeben sind, kann man x_0 durch Interpolation ermitteln.

Tab. 6. k und x_0 für einige neutrale Atome nach Fermi und Amaldi.

	Z	$-k\,10^6$	x_0		Z	$-k\,10^6$	x_0
Ne	10	83,00	10,8	Ag	47	0,7994	24,5
Si	14	30,25	13,0	J	53	0,5575	26,1
K	19	12,10	15,4	Ce	58	0,4254	27,2
Fe	26	4,722	18,2	Ho	67	0,2760	29,2
Ga	31	2,786	19,9	W	74	0,2048	30,6
Rb	37	1,639	21,8	Hg	80	0,1621	31,7
Mo	42	1,120	23,2	U	92	0,1066	34,1

Bezüglich der Fermi-Amaldischen Korrektion kann man zusammenfassend folgendes feststellen. Der Verlauf der Elektronendichte wird besonders beim neutralen Atom im Verhältnis zum nicht-korrigierten Modell verbessert, denn durch das Abbrechen der Elektronendichte bei einem endlichen x_0-Wert wird der Ladungsverlauf in den äußeren Gebieten des Atoms an den wirklichen besser angepaßt; bei positiven Ionen wird der Ladungsverlauf durch die Korrektion — die sich in einer Kontraktion der Elektronenwolke äußert — ebenfalls verbessert (man vgl. hierzu § 27, S. 234). Wesentlich ist, daß sich mit der Fermi-Amaldischen Korrektion auch negative Ionen als stabil erweisen. Die negativen Ionen werden zwar im Rahmen des Fermi-Amaldischen Modells nicht

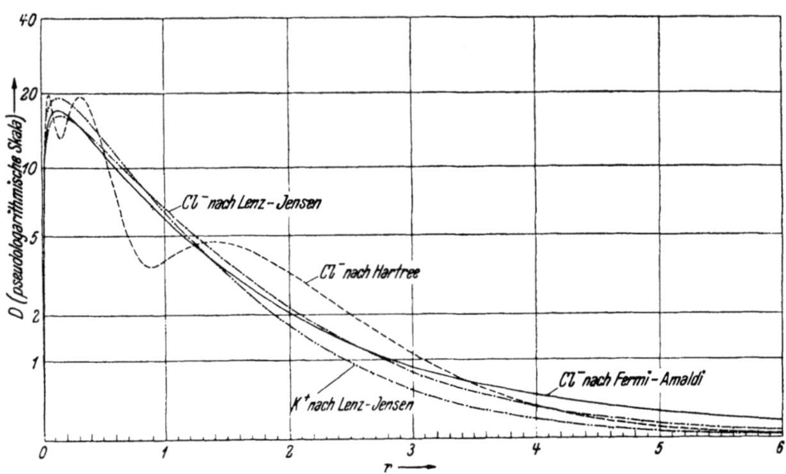

Abb. 9. Vergleich der FERMI-AMALDIschen statistischen, der LENZ-JENSENschen statistischen und der HARTREEschen wellenmechanischen radialen Dichteverteilung der Elektronen im Cl⁻-Ion, weiterhin der LENZ-JENSENschen statistischen radialen Dichteverteilung der Elektronen im K⁺-Ion. r in a_0-Einheiten, $D = 4\pi r^2 \varrho$ in $1/a_0$-Einheiten.

gänzlich befriedigend dargestellt, man kann aber den Umstand, daß die FERMI-AMALDIsche Korrektion zu stabilen negativen Ionen führt im Zusammenhang mit der Austauschkorrektion und der Korrelationskorrektion verwerten (man vgl. § 10 und 11). Bei den negativen FERMI-AMALDIschen Ionen ist die bis ins Unendliche auslaufende Elektronendichte in den äußeren Gebieten des Ions zu groß, man vgl. hierzu Abb. 9, wo der Dichteverlauf des Cl⁻-Ions zum Vergleich mit dem HARTREEschen dargestellt ist[1] (weiterhin vgl. man auch § 27, S. 234). Die Korrektion von FERMI und AMALDI ist auch in anderer Hinsicht nicht restlos befriedigend. Das FERMI-AMALDIsche Korrektionsglied $-\dfrac{1}{N} V_e e$ in (7, 5) kann nämlich nur in den äußeren Gebieten des Atoms begründet werden, im Inneren des Atoms jedoch nicht, und die Energie des Atoms, die man auf Grund der Gl. (7, 5) berechnet, gibt eine fehlgehende Abhängigkeit von der Elektronenzahl N. Für die Elektronenverteilung wirkt sich dieser Mangel nur unbedeutend aus, denn im Inneren des Atoms wird die Elektronenverteilung durch die Korrektion nur unwesentlich beeinflußt. Die FERMI-AMALDIsche Korrektion ist außerdem bei Systemen, welche aus mehreren Atomen oder Ionen bestehen (Moleküle, Kristalle), nicht gänzlich willkürfrei, denn man kann N nicht willkürfrei definieren. Bei großen Atomabständen kann man die Atome voneinander als

---

[1] Der HARTREEsche Dichteverlauf des Cl⁻-Ions wurde der Arbeit D. R. HARTREE u. W. HARTREE, Proc. Roy. Soc. London (A) **156**, 45, 1936 entnommen. Bezüglich der beiden weiteren Dichtekurven in Abb. 9 vgl. man § 8.

unabhängig betrachten, es wird also dann N für jedes Atom gleich seiner Elektronenzahl, bei kleinen Atomabständen, wenn sich die Atome zu einem Gesamtsystem vereinigen, wird man aber für N die Elektronenzahl des Gesamtsystems zu setzen haben, wie aber während des Überganges der Teilsysteme zum Gesamtsystem N zu definieren ist, bleibt unbestimmt.

§ 8. Das Ritzsche Verfahren zur Bestimmung der Potential- und Elektronenverteilung.

Im § 3 haben wir aus dem Energieausdruck für das Elektronengas durch Variation der Elektronendichte die THOMAS-FERMIsche Gleichung hergeleitet, die den Potentialverlauf und den Dichteverlauf bestimmt. Wir sind also vom Variationsproblem

$$\delta\,(E + V_0\,e\,N) = 0 \qquad\qquad (8,1)$$

zu der mit diesem equivalenten Differentialgleichung übergegangen. Man kann aber statt dessen die Dichteverteilung direkt aus dem Variationsprinzip mit Hilfe des RITZschen Verfahrens bestimmen.

Dieses besteht darin, daß man die unbekannte Funktion — in unserem Falle die Dichteverteilung — in einer Näherungsform mit zunächst unbestimmten Parametern ansetzt. Mit diesem Ansatz berechnet man dann die Energie als Funktion dieser Parameter und bestimmt die Parameter aus der Minimumsforderung der Energie, womit sich das ganze Verfahren auf ein gewöhnliches Minimumsproblem reduziert. Zur exakten Bestimmung der gesuchten Dichteverteilung hätte man unendlich viele, zunächst unbestimmte Parameter einzuführen, indem man z. B. ϱ nach zweckmäßig gewählten Funktionen f_i mit unbestimmten Koeffizienten c_i in eine Reihe entwickelt, also $\varrho = \sum\limits_i c_i\,f_i$ setzt. Die Funktionen f_i müssen die gleichen Randbedingungen erfüllen wie die gesuchte Funktion ϱ, können aber ansonsten beliebig gewählt werden. Da man im allgemeinen den Verlauf der gesuchten Funktion in großen Zügen kennt, geht man praktisch in der Weise vor, daß man die gesuchte Funktion in einer Form ansetzt, die der exakten möglichst nahe kommt, und kann so meistens schon mit einer kleinen Zahl von Parametern die unbekannte Funktion gut annähern. Durch den Verzicht auf eine strenge Lösung des Variationsproblems besteht die Möglichkeit, daß man mit dem RITZschen Verfahren sogar eine Verbesserung des Dichteverlaufes gegenüber der mathematisch exakten Lösung erzielen kann, denn man kann die Funktionen f_i unter Gesichtspunkten wählen, die den wellenmechanischen Resultaten Rechnung tragen. Auf diese Weise kann man einen Dichteverlauf erzwingen, der den wellenmechanischen besser approximiert als der THOMAS-FERMISche, auf dessen Mängel wir schon des öfteren hingewiesen haben. Das Integral dessen Minimum man aufsucht — im vorliegenden Fall die Energie —, nähert sich relativ rasch dem exakten Wert, und zwar bedeutend schneller als die approximierenden Funktionen sich der exakten Lösung anpassen. Die Energiewerte, die man mit den Näherungslösungen des RITZschen Variationsverfahrens erhält, liegen natürlich höher als der exakte Energiewert.

Das RITZsche Verfahren wurde von LENZ und JENSEN[1] in die statistische Theorie des Atoms eingeführt, worüber wir im folgenden berichten; wir beschränken uns hierbei nur auf kugelsymmetrische Einzentrensysteme, also auf Atome und Ionen mit kugelsymmetrischer Elektronenverteilung. Das wesentliche bei dem LENZ-JENSENschen Verfahren ist, daß sich auch negative Ionen als stabil erweisen, wodurch die statistische Behandlung polarer Molekel und Ionenkristalle ermöglicht wird (man vgl. VII und VIII). Außerdem kann man durch eine entsprechende Wahl der approximierenden Funktionen den Dichteverlauf in größerer Entfernung vom Kern an den durch wellenmechanische Methoden bestimmten genaueren Dichteverlauf besser anpassen, als dies bei den THOMAS-FERMIschen Atomen und Ionen der Fall ist. Allerdings ergibt sich hieraus zugleich ein Mangel des LENZ-JENSENschen Verfahrens, da der Dichteverlauf in großer Entfernung vom Kern nicht gänzlich willkürfrei ist. Wir kommen hierauf am Schluß dieses Paragraphen noch ausführlich zurück.

Zur Herleitung des LENZ-JENSENschen Verfahrens gehen wir vom Energieausdruck

$$E(\varrho) = E_k(\varrho) + E_p(\varrho) = E_k(\varrho) + E_p^k(\varrho) + E_p^e(\varrho) \qquad (8,2)$$

aus, wo die einzelnen Energieterme durch (3,1), (3,3) und (3,4) definiert sind. Die Elektronendichte ϱ hat folgender Nebenbedingung zu genügen

$$\int \varrho \, dv = N \,. \qquad (8,3)$$

Das Problem besteht darin, mit dem RITZschen Verfahren dasjenige ϱ zu ermitteln, das den Ausdruck (8,2) zum Minimum macht und der Nebenbedingung (8,3) genügt. Hierzu haben wir zunächst ϱ nach zweckmäßig gewählten Funktionen in eine Reihe zu entwickeln.

JENSEN wählte die approximierenden Funktionen mit Berücksichtigung folgender Gesichtspunkte:

---

[1] W. LENZ, Zs. f. Phys. **77**, 713, 1932; H. JENSEN, Zs. f. Phys. **77**, 722, 1932.

1. In großer Entfernung vom Kern soll ϱ exponentiell abfallen, wodurch ein Anpassen an den wellenmechanischen Dichteverlauf erreicht wird.

2. Bei $r = 0$ soll sich ϱ wie $1/r^{3/2}$ verhalten, ϱ soll also in derselben Weise ∞ werden, wie die exakte Lösung der THOMAS-FERMIschen·Gleichung.

3. Als unabhängige dimensionslose Variable wurde $x = \left(\dfrac{r\,\lambda}{a_0}\right)^{1/2} Z^{1/6}$ eingeführt, wo λ einen Variationsparameter bezeichnet, der aus der Minimumsforderung der Energie bestimmt wird. Hierdurch wird im Nenner von ϱ die Wurzel beseitigt, die bei der Berechnung von V_e Schwierigkeiten bereitet und weiterhin ein möglichst rasches Anschmiegen an den HARTREEschen Verlauf erzielt. Außerdem ist bei der Wahl der unabhängigen Variablen x der Virialsatz in jeder Näherung erfüllt.

4. Der Ausdruck e^{-x}/x^3, welcher den ersten beiden Forderungen genügt, wird mit dem Polynom $(1 + c_1\,x + c_2\,x^2 + \cdots)^3$ multipliziert. Die Wahl der dritten Potenz ist für die Durchführbarkeit der Rechnungen von Wichtigkeit, da in E_k im Integranden $\varrho^{5/3}$ steht.

ϱ wird also mit $c_0 = 1$ durch folgenden Ausdruck dargestellt

$$\varrho = \frac{N}{A}\,\frac{e^{-x}}{x^3}\left(\sum_{i=0}^{n} c_i\,x^i\right)^3, \tag{8, 4}$$

$n = 0, 1, 2, \ldots$ in der nullten, ersten, zweiten, $\ldots$ Näherung. A ist die Normierungskonstante, die man aus der Bedingung (8, 3) zu bestimmen hat, aus welcher

$$A = \frac{4\,\pi\,a_0^3}{\lambda^3}\,\frac{1}{Z}\,P(c_i) \tag{8, 5}$$

folgt, wo $P(c_i)$ ein Polynom in den c_i ist.

Das Potential V_e der Ladungsverteilung $-\varrho\,e$ erhält man aus der POISSONschen Gleichung. Es ergibt sich

$$V_e = -\frac{N\,e}{r}\,[1 - s(x)], \quad s(x) = e^{-x}\sum_{k=0}^{3n+1} b_k\,x^k. \tag{8, 6}$$

Die Koeffizienten b_k sind Funktionen der c_i. Bei neutralen Atomen ist $Nes(x)$ die bei $r = \lambda\,x^2$ wirksame Kernladung, bei Ionen bedeutet $Nes(x)$ die um die Ionenladung reduzierte wirksame Kernladung.

Mit den Ausdrücken (8, 4) und (8, 6) kann man E als Funktion der Parameter λ und c_i bestimmen. Man erhält

$$E = (F_k\,\lambda^2 - F_p\,\lambda)\,Z^{7/3}\,\frac{e^2}{a_0}, \tag{8, 7}$$

wo F_k und F_p von λ unabhängig sind und nur von N/Z und den c_i abhängen. Die Parameter λ und die c_i werden aus der Minimumsforderung der Energie, also aus dem Gleichungssystem

$$\frac{\partial E}{\partial \lambda} = 0 \,, \quad \frac{\partial E}{\partial c_i} = 0 \,, \quad (i = 1, 2, \cdots, n) \tag{8, 8}$$

bestimmt. Aus der ersten Gleichung folgt mit dem Ausdruck (8, 7)

$$\lambda = \frac{1}{2} \frac{F_p}{F_k} \,. \tag{8, 9}$$

Nach Einsetzen dieses Wertes von λ in (8, 7) erhält man

$$E = \frac{1}{4} \frac{F_p^2}{F_k} Z^{7/3} \frac{e^2}{a_0} - \frac{1}{2} \frac{F_p^2}{F_k} Z^{7/3} \frac{e^2}{a_0} = - \frac{1}{4} \frac{F_p^2}{F_k} Z^{7/3} \frac{e^2}{a_0} \,. \tag{8, 10}$$

Aus dem ersten Ausdruck von E in (8, 10), in welchem der positive Term die kinetische und der negative die potentielle Energie darstellt, sieht man, daß der Virialsatz in jeder Näherung erfüllt ist. Außerdem ist aus (8, 10) zu sehen, daß man statt der Lösung des komplizierten Gleichungssystems $\frac{\partial E}{\partial c_i} = 0$ ($i = 1, 2, \ldots, n$) die c_i aus der Forderung bestimmen kann, daß sie $-F_p^2/F_k$ zum Minimum machen. Die Lösung für die neutralen Atome ist universell, da λ von Z und N nur in der Form N/Z abhängt.

In der nullten Näherung (alle c_i, mit Ausnahme von c_0, gleich Null) ist die Approximation noch ziemlich schlecht.

In der ersten Näherung ist c_1 eine weitere verfügbare Konstante und es ergeben sich für ϱ, P und die Koeffizienten von $s(x)$ folgende Ausdrücke

$$\varrho = \frac{N}{A} \frac{e^{-x}}{x^3} (1 + c_1 x)^3 \,, \tag{8, 11}$$

$$P = 2 \sum_{k=0}^{3} \binom{3}{k} (k + 2)! \, c_1^{\,k}, \tag{8, 12}$$

$$\left. \begin{aligned} &b_0 = 1, \ b_1 = 1, \ b_2 = \frac{4}{P} (27 c_1^3 + 15 c_1^2 + 3 c_1) \,, \\[2mm] &b_3 = \frac{4}{P} (7 c_1^3 + 3 c_1^2) \,, \ b_4 = \frac{4}{P} c_1^3 \,. \end{aligned} \right\} \tag{8, 13}$$

Der Wert von c_1, für den $-F_p^2/F_k$ ein Minimum aufweist, wurde nebst λ von JENSEN für verschiedene Ionisationsgrade $q = (Z - N)/Z$ berechnet. Aus diesen Resultaten kann man c_1 und λ für weitere Ionisationsgrade durch Interpolation oder Extrapolation feststellen. Wir bringen die so erweiterten JENSENschen Resultate in Tab. 7.

Tab. 7. Werte von c_1 und λ für verschiedene Ionisationsgrade.

	Z	N	q	c_1	λ
Ca++	20	18	0,10000	0,301	13,07
Na+	11	10	0,09091	0,298	12,87
K+	19	18	0,05263	0,285	12,04
Ba++	56	54	0,03571	0,278	11,66
Rb+	37	36	0,02703	0,275	11,47
Cs+	55	54	0,01818	0,272	11,29
Neutrales Atom	—	—	0	0,265	10,91
J−	53	54	— 0,01887	0,258	10,53
Br−	35	36	— 0,02857	0,254	10,33
Cl−	17	18	— 0,05882	0,243	9,76

In der zweiten Näherung hängt $-F_p{}^2/F_k$ von c_1 und c_2 ab. Aus den Rechnungen von JENSEN ergibt sich, daß die zweite Näherung keine Verbesserung der Approximation gibt, denn man erhält für c_2 den Wert 0 und für c_1 denselben Wert wie in der ersten Näherung. Einen Fortschritt könnte man also erst durch die dritte oder höheren Näherungen erzielen, die nicht durchgeführt wurden.

Für die Energie erhielt JENSEN in der ersten, bzw. mit dieser identischen zweiten Näherung

$$E = -0{,}768\, Z^{7/3}\, \frac{e^2}{a_0}, \tag{8, 14}$$

also einen Wert, der mit dem exakten THOMAS-FERMIschen Energiewert (6, 11) schon sehr gut übereinstimmt.

Die Dichteverteilung, welche man mit dem LENZ-JENSENschen Verfahren erhält, stimmt in den inneren Gebieten von Atomen und positiven Ionen sehr gut mit der THOMAS-FERMIschen überein, gibt also einen guten Mittelwert der wellenmechanischen Dichte; in den äußeren Gebieten bewirkt das exponentielle Abfallen ein im Verhältnis zur THOMAS-FERMIschen Dichte rascheres Verschwinden und im Mittel ebenfalls ein gutes Anpassen an den wellenmechanischen Verlauf. Man vgl. hierzu die Abb. 5, 6, 7, 8 für die Atome Ar und Hg und für das Rb+-Ion. Aus Abb. 6 sieht man, daß die LENZ-JENSENsche Elektronendichte beim Hg-Atom in großer Entfernung vom Kern bedeutend rascher auf 0 abfällt als die HARTREEsche Elektronendichte. Dies ist eine Folge dessen, daß die statistische Theorie dem Umstand, daß die beiden $6\,s$-Valenzelektronen des Hg-Atoms relativ locker gebunden sind, also zum wellenmechanischen Dichteverlauf einen relativ weit auslaufenden Beitrag liefern, nicht Rechnung tragen kann. Die LENZ-JENSENschen Elektronendichten negativer Ionen geben im Inneren des Ions ebenfalls einen guten

Mittelwert der wellenmechanischen Dichten und passen sich in den
äußeren Gebieten des Ions im Mittel ebenfalls gut an den wellenmechanischen Verlauf an. Man vgl. hierzu Abb. 9 für das Cl^--Ion. Zum Vergleich ist in dieser Abbildung auch der LENZ-JENSENsche Dichteverlauf
des K^+-Ions dargestellt, das die gleiche Elektronenzahl, 18, besitzt, wie
das Cl^--Ion. Man sieht, daß in größerer Entfernung vom Kern, den
wahren Verhältnissen entsprechend, die Elektronendichte des K^+-Ions
bedeutend kleiner ist als die des Cl^--Ions.

Man hat jedoch bei der Beurteilung der Güte der LENZ-JENSENschen
Näherungslösung folgendes zu berücksichtigen. Aus den Rechnungen
von JENSEN folgt, daß die Energie des Atoms gegen eine Dichteänderung
in den äußeren Gebieten des Atoms außerordentlich unempfindlich ist.
In einer späteren Arbeit hat JENSEN gezeigt[1], daß man durch eine andere
Wahl des approximierenden Funktionssystems mit dem Variationsverfahren zu einer Dichte gelangt, die in den inneren Gebieten des Atoms
mit der früheren sehr gut übereinstimmt, sich aber in den äußeren Gebieten
von dieser wesentlich (bei $r \gtrsim 4\,a_0$ um den Faktor 2) unterscheidet und
für welche sich die Energie im Vergleich zur früheren nur um Bruchteile
eines Promilles ändert. In großer Entfernung vom Kern folgt also die
bis zur zweiten Näherung berechnete LENZ-JENSENsche Dichteverteilung nicht zwangsläufig aus der Minimumsforderung der Energie.
Man wird sie auch dementsprechend zu bewerten haben. Tatsächlich
gibt aber, wie man aus den Abb. 5, 6, 8, 9 und aus weiteren Vergleichen
(VI, VII, VIII) sieht, die LENZ-JENSENsche Dichteverteilung zufolge
einer glücklichen Wahl der approximierenden Funktionen auch in den
äußeren Gebieten des Atoms eine sehr gute Näherung der wellenmechanischen Verteilung und man kann dem LENZ-JENSENschen Dichteverlauf
eine analoge Bedeutung beimessen, wie etwa den SLATERschen halbempirischen Eigenfunktionen[2] der Elektronen eines Atoms.

III. Erweiterungen des statistischen Modells.

Im statistischen Modell von THOMAS und FERMI, mit dem wir uns
im vorangehenden Kapitel ausführlich befaßt haben, sind zwischen den
Elektronen nur die elektrostatischen Kräfte berücksichtigt worden.
Alle weiteren Wechselwirkungen zwischen den Elektronen wurden vernachlässigt, so daß das THOMAS-FERMIsche statistische Modell nur eine
erste Näherung darstellt, auf deren Mängel wir des öfteren hingewiesen
haben und die durch die Korrektion von FERMI und AMALDI und der

---

[1] H. JENSEN, Zs. f. Phys. **101**, 141, 1936.
[2] J. C. SLATER, Phys. Rev. (2) **36**, 57, 1930.

Weiterentwicklung der Methode von LENZ und JENSEN nicht durchaus befriedigend behoben werden.

Eine konsequente und sehr befriedigende Weiterentwicklung des statistischen Modells erhält man, wenn man außer der elektrostatischen Wechselwirkung zwischen den Elektronen noch die Austauschwechselwirkung der Elektronen und die Wechselbeziehung zwischen den Elektronen mit antiparallelem Spin in die statistische Theorie einbezieht, womit wir uns in diesem Kapitel befassen werden. Außerdem besprechen wir hier eine Korrektion an der kinetischen Energie des statistischen Atoms, dann eine Erweiterung des Modells durch Gruppierung der Elektronen mit gleicher Nebenquantenzahl, weiterhin die relativistische Korrektion und schließlich die für astrophysikalische Probleme wichtige Korrektion für sehr hohe Temperaturen. Am Schluß des Kapitels bringen wir eine von DIRAC gegebene Herleitung der statistischen Gleichungen aus den wellenmechanischen Gleichungen des „self-consistent field", wodurch man den Zusammenhang der statistischen Modelle mit der Wellenmechanik und den Näherungscharakter der statistischen Methode besser übersehen kann.

§ 9. Die Austauschkorrektion.

Die Austauschwechselwirkung der Elektronen wurde zuerst von DIRAC in die statistische Theorie des Atoms einbezogen. Die Berücksichtigung des Elektronenaustausches, mit dem wir uns im § 2 ausführlich befaßt haben, gibt nicht nur eine konsequente Weiterentwicklung des statistischen Modells, sondern durch die Austauschkorrektion wird auch die elektrostatische Selbstwechselwirkung der Elektronen kompensiert, wie wir dies ebenfalls im § 2 gezeigt haben. Hierdurch werden die Mängel des THOMAS-FERMIschen Modells zum Teil behoben. Freie negative Ionen sind aber auch in der von DIRAC erweiterten statistischen Theorie, kurz THOMAS-FERMI-DIRACschen Theorie, nicht existenzfähig, die Stabilität dieser Ionen kann jedoch durch eine Modifikation des THOMAS-FERMI-DIRACschen Modells erzwungen werden (man vgl. § 10).

Die Thomas-Fermi-Diracsche Gleichung. Die mit dem Elektronenaustausch erweiterte statistische Grundgleichung wurde zuerst von DIRAC[1] hergeleitet. Später gab JENSEN[2] eine sehr einfache und anschauliche Herleitung der THOMAS-FERMI-DIRACschen Gleichung aus dem Variationsprinzip, der wir uns im folgenden anschließen.

Hierzu ziehen wir wieder ein beliebiges atomares System in Betracht und ergänzen den Energieausdruck durch die Austauschenergie der

---

[1] P. A. M. DIRAC, Proc. Cambridge Phil. Soc. **26**, 376. 1930. Bezüglich der DIRACschen Herleitung dieser Gleichung vgl. man § 16.

[2] H. JENSEN, Zs. f. Phys. **89**, 713, 1934.

Elektronen. Wir gehen von denselben Voraussetzungen aus wie bei der Herleitung der Thomas-Fermischen Gleichung aus dem Variationsprinzip. Wir unterteilen also das Elektronengas wieder mit einem System von Scheidewänden in Zellen vom Volumen dv, in denen sich noch viele Elektronen befinden und in denen das Potential praktisch konstant ist. Wenn man von der unmittelbaren Umgebung der Kerne und den Gebieten sehr geringer Elektronendichten absieht, kann man wieder die Elektronen in einer Zelle als ein Elektronengas am absoluten Nullpunkt der Temperatur betrachten. Außer der elektrostatischen und kinetischen Energie des Elektronengases ziehen wir aber jetzt auch die Austauschenergie in Betracht, für die wir nach (2, 58) pro Volumenelement den Ausdruck $-\varkappa_a \varrho^{4/3} dv$ erhalten, wo ϱ die Elektronendichte in dv bezeichnet. Für die ganze Austauschenergie E_a des Atoms ergibt sich also

$$E_a = -\varkappa_a \int \varrho^{4/3} dv \,. \tag{9, 1}$$

Die Energie E des Atoms haben wir mit dieser Energie noch zu ergänzen, wir erhalten also

$$E = E_k + E_p + E_a \,, \tag{9, 2}$$

wo E_k und E_p durch (3, 1), (3, 3), (3, 4) und (3, 5) definiert sind. Wenn wir die Anzahl der Elektronen wieder mit N bezeichnen, so besteht wieder die Bedingung (3, 7), wir kommen also bei einer Variation hinsichtlich ϱ wieder zum Variationsprinzip (3, 8).

Wenn man berücksichtigt, daß

$$\delta E_a = -\frac{4}{3} \varkappa_a \int \varrho^{1/3} \delta \varrho \, dv \tag{9, 3}$$

ist, so folgt aus dem Variationsprinzip mit den Ausdrücken (3, 9) bis (3, 12) folgende Gleichung

$$(V - V_0)\, e - \frac{5}{3} \varkappa_k \varrho^{2/3} + \frac{4}{3} \varkappa_a \varrho^{1/3} = 0 \,. \tag{9, 4}$$

Diese Gleichung ist in $\varrho^{1/3}$ vom zweiten Grad, es läßt sich daher sehr einfach ϱ als Funktion von $V - V_0$ berechnen. Man erhält

$$\varrho = \sigma_0 \left[(V - V_0 + \tau_0^2)^{1/2} + \tau_0 \right]^3 \,, \tag{9, 5}$$

$$V = V_k + V_e \,, \tag{9, 6}$$

$$\tau_0 = \left(\frac{4\,\varkappa_a^2}{15\,\varkappa_k\,e} \right)^{1/2} = \left(\frac{1}{2\,\pi^2}\, \frac{e}{a_0} \right)^{1/2} = 0{,}2251 \left(\frac{e}{a_0} \right)^{1/2} \,, \tag{9, 7}$$

wo V_k die Summe des Potentials der Kerne und eventueller äußerer Potentiale bezeichnet und V_e das Potential des Elektronengases ist.

In der Gl. (9, 5) hat man im Ausdruck auf der rechten Seite die Wurzel mit positivem Vorzeichen zu nehmen, damit nahe zu den Kernen, wo V gegenüber allen anderen Konstanten auf der rechten Seite von (9, 5) groß ist, die Elektronendichte positiv sei.

Wenn man den Ausdruck (9, 5) für ϱ in die POISSONsche Gleichung einsetzt und beachtet, daß V_0 und τ_0^2 Konstanten sind, so folgt die THOMAS-FERMI-DIRACsche Gleichung

$$\Delta (V - V_0 + \tau_0^2) = 4 \pi \sigma_0 e \left[(V - V_0 + \tau_0^2)^{1/2} + \tau_0 \right]^3 . \qquad (9, 8)$$

Wie aus der Herleitung dieser Gleichung zu sehen ist, gilt diese nicht nur für Atome oder Ionen, sondern besteht für beliebige atomare Systeme (Moleküle, Kristalle). Für verschwindende Austauschkorrektion, also $\varkappa_a = 0$ und $\tau_0 = 0$, geht diese Gleichung in die THOMAS-FERMI-Gleichung (3, 19) über.

Das Thomas-Fermi-Diracsche Atom- und Ionmodell. Wir beschränken uns im folgenden auf Atome und Ionen mit kugelsymmetrischer Elektronen-, bzw. Potentialverteilung, es ist also dann

$$V_k = \frac{Z e}{r}, \quad V_e = - e \int \frac{\varrho (r')}{|\mathfrak{r} - \mathfrak{r}'|} d v \qquad (9, 9)$$

und man kann (9, 8) in folgender Form schreiben

$$\frac{d^2}{dr^2} \left[r (V - V_0 + \tau_0^2) \right] = 4 \pi \sigma_0 e \, \frac{1}{r^{1/2}} \left[r^{1/2} (V - V_0 + \tau_0^2)^{1/2} + r^{1/2} \tau_0 \right]^3 . \quad (9, 10)$$

Unsere folgenden Betrachtungen führen wir in der Weise durch, daß diese sowohl für neutrale Atome als für Ionen Gültigkeit haben.

Grenzradius und Randdichte. Aus der Gl. (9, 5) ist zu sehen, daß ϱ nirgends verschwinden kann. Um also die Normierungsbedingung (3, 7) zu erfüllen muß die Elektronendichte bei einem endlichen Radius r_0 abbrechen. Im THOMAS-FERMI-DIRACschen Modell ist also die Elektronenwolke sowohl für neutrale Atome als für Ionen auf eine Kugel von endlichem Radius begrenzt. Die Randdichte $\varrho(r_0)$, die wir der Kürze halber mit ϱ_0 bezeichnen, ist also endlich.

ϱ_0 können wir im Anschluß an JENSEN[1] auf eine ganz analoge Weise bestimmen wie im Falle des THOMAS-FERMIschen Modells (man vgl. § 3). Wir gehen wieder aus der Gleichung

$$\frac{d E}{d r_0} = 0 \qquad (9, 11)$$

aus, wo jetzt E durch (9, 2) definiert ist und setzen voraus, daß im Ausdruck von E die Dichte ϱ eine Lösung der THOMAS-FERMI-DIRACschen Gleichung ist.

---

[1] H. JENSEN, Zs. f. Phys. **93**, 232, 1935.

Wenn man in Betracht zieht, daß man im Energieausdruck die Integration nur auf eine Kugel vom Radius r_0 auszudehnen hat, daß also die obere Grenze der Integration von r_0 abhängt, dann erhält man

$$\left. \begin{aligned} \frac{dE}{dr_0} &= 4\pi r_0^2 \left\{ \varkappa_k \varrho_0^{\,5/3} - \varkappa_a \varrho_0^{\,4/3} - \left[V_k(r_0) + \frac{1}{2} V_e(r_0) \right] \varrho_0\, e \right\} + \\ &+ 4\pi \int_0^{r_0} r^2 \left\{ \frac{\partial \varrho}{\partial r_0} \left[\frac{5}{3}\varkappa_k \varrho^{\,2/3} - \frac{4}{3}\varkappa_a \varrho^{\,1/3} - \left(V_k + \frac{1}{2} V_e \right) e \right] - \frac{1}{2} e\, \varrho \frac{\partial V_e}{\partial r_0} \right\} dr \,. \end{aligned} \right\} \tag{9,12}$$

Den Ausdruck auf der rechten Seite kann man auf dieselbe Weise wie im Falle des Thomas-Fermischen Modells umformen und erhält jetzt statt (3, 34)

$$\frac{dE}{dr_0} = 4\pi r_0^2 \left\{ \varkappa_k \varrho_0^{\,5/3} - \varkappa_a \varrho_0^{\,4/3} - \left[V(r_0) - V_0 \right] \varrho_0\, e \right\}. \tag{9, 13}$$

Wenn man $V(r_0) - V_0$ mit Hilfe der Gl. (9, 4) eliminiert, so ergibt sich

$$\frac{dE}{dr_0} = -4\pi r_0^2 \left(\frac{2}{3} \varkappa_k \varrho_0^{\,5/3} - \frac{1}{3} \varkappa_a \varrho_0^{\,4/3} \right). \tag{9, 14}$$

Man erhält nun aus (9, 11) für ϱ_0 folgende Bestimmungsgleichung

$$\varrho_0 \left(\frac{2}{3} \varkappa_k \varrho_0^{\,2/3} - \frac{1}{3} \varkappa_a \varrho_0^{\,1/3} \right) = 0\,. \tag{9, 15}$$

Da ϱ_0 nicht Null ist, folgt

$$\varrho_0 = \left(\frac{\varkappa_a}{2\,\varkappa_k} \right)^3 = 0{,}002127\, \frac{1}{a_0^3}\,. \tag{9, 16}$$

Die Randdichte ist also unabhängig von Z und N, sie ist also für alle Atome und Ionen dieselbe. Für $\varkappa_a = 0$, also bei Vernachlässigung der Austauschkorrektur, wird $\varrho_0 = 0$, es ergibt sich dann also das für das Thomas-Fermische Atom in § 3 hergeleitete Resultat.

Wenn man die allgemeine Gleichung $dE = -P\,dv$, in der P den Druck bezeichnet, auf das Atom bezieht und $dv = 4\pi r_0^2\, dr_0$ und dementsprechend $P = P(r_0)$ setzt, so folgt aus einem Vergleich mit (9, 14), daß der Ausdruck $\frac{2}{3} \varkappa_k \varrho_0^{\,5/3} - \frac{1}{3} \varkappa_a \varrho_0^{\,4/3}$ den Druck des Elektronengases am Atomrand darstellt; das Glied mit $\varkappa_a$ gibt die Austauschkorrektur. Die Gl. (9, 15) bedeutet also anschaulich, daß der Druck des Elektronengases am Atomrand verschwindet.

Das Resultat (9, 16) steht im Zusammenhang mit dem Verhalten eines Elektronengases, das allein durch die kinetische Nullpunktsenergie und die Austauschenergie charakterisiert ist, worauf auch von Jensen hingewiesen wurde. Im Falle einer sehr geringen Elektronendichte würde nämlich bei einer weiteren Verminderung der Dichte, also bei einer Expansion des Elektronengases, der Betrag der Änderung der negativen

Austauschenergie den Betrag der kinetischen Energieänderung überwiegen. Es würde also die Expansion des Elektronengases zur Vergrößerung der inneren Energie des Elektronengases führen. Die freiwillige Expansion des Elektronengases muß also bei einer endlichen Dichte — die durch (9, 16) definiert ist — aufhören.

Es sei hier noch kurz bemerkt, daß BRILLOUIN[1] mit der Annahme, daß die Energie eines hervorgehobenen Elektrons des statistischen Atoms möglichst klein sei — das mit dem Verschwinden der Wurzel im Ausdruck (9, 5) gleichbedeutend ist —, für die Randdichte den Wert

$$\varrho_0^B = \sigma_0\,\tau_0{}^3 = \left(\frac{2\,\varkappa_a}{5\,\varkappa_k}\right)^3 = 0{,}001089\,\frac{1}{a_0{}^3} \tag{9, 17}$$

erhält, der zirka um die Hälfte kleiner ist als der JENSENsche Wert (9, 16). Das BRILLOUINsche Resultat kann jedoch nicht aufrechterhalten werden, denn bei einer Elektronendichte von $\varrho = 0{,}001475\,\dfrac{1}{a_0{}^3}$ würden zufolge der Austauschwechselwirkung die zu einander antiparallel stehenden Elektronenspine umklappen[2], was bei BRILLOUIN nicht berücksichtigt wurde. Aber abgesehen hiervon wird man der JENSENschen Bedingung (9, 11), wonach r_0 aus der Minimumsforderung der Energie des *ganzen* Atoms bestimmt wird, bei einer statistischen Behandlung der Elektronen den Vorzug erteilen müssen und wir definieren r_0 und ϱ_0 für das THOMAS-FERMI-DIRACsche Modell durch die Bedingung (9, 11) und behalten für ϱ_0 den Wert (9, 16) bei.

Für Atome, die durch einen äußeren Zwang zusammengedrängt sind, gilt (9, 16) natürlich nicht, es kann dann die Randdichte beliebige größere Werte als ϱ_0 annehmen.

Bestimmung von V_0. Die Bestimmung von V_0 geschieht aus der Gl. (9, 4), wenn wir in dieser $r = r_0$ also $\varrho = \varrho_0$ setzen. Mit Berücksichtigung von (9, 16) folgt

$$V_0 = \frac{(Z-N)\,e}{r_0} + \frac{\varkappa_a{}^2}{4\,\varkappa_k\,e} = \frac{(Z-N)\,e}{r_0} + \frac{15}{16}\,\tau_0{}^2\,. \tag{9, 18}$$

Für $\varkappa_a = 0$ geht V_0 in den Ausdruck (3, 40) für das THOMAS-FERMIsche Modell über. Im Falle des THOMAS-FERMI-DIRACschen Modells verschwindet V_0 für neutrale Atome nicht.

Auf die Bestimmung von V_0 für Atome, die durch äußeren Zwang zusammengedrängt sind und für die (9, 18) ihre Gültigkeit verliert, kommen wir in IX zu sprechen.

Randbedingungen. Die Randbedingung (3, 42) bleibt auch hier bestehen. Mit Rücksicht darauf, daß V_0 und τ_0 Konstanten sind, kann

---

[1] L. BRILLOUIN, Journ. de Phys. et le Radium 5, 185, 1934.
[2] Man vgl. hierzu GEIGER-SCHEELS Handb. d. Phys. XXIV/2, 2. Aufl., Springer, Berlin, 1933, Artikel von A. SOMMERFELD und H. BETHE S. 485. Allerdings gilt dies nur dann, wenn man, wie BRILLOUIN, von der Korrelationskorrektur (man vgl. § 11) absieht.

man diese jetzt auch in der Form

$$\lim_{r=0} [r(V - V_0 + \tau_0{}^2)] = Z\,e \qquad (9,19)$$

schreiben.

Die Randbedingung (3, 44) behält ebenfalls ihre Gültigkeit. Mit dem Ausdruck (9, 18) für V_0 kann man diese auch in der Form ausdrücken

$$[V - V_0 + \tau_0{}^2]_{r=r_0} = \frac{1}{16}\tau_0{}^2 . \qquad (9,20)$$

Hierbei ist zu bemerken, daß wir durch diese Forderung auch die Bedingung (9, 16) befriedigen, denn wir haben den Ausdruck für V_0 mit Hilfe von (9, 16) hergeleitet. In der Tat erhält man mit (9, 20) aus (9, 5) in Übereinstimmung mit (9, 16)

$$\varrho_0 = \sigma_0 [(V - V_0 + \tau_0{}^2)^{1/2} + \tau_0]^3{}_{r=r_0} = \frac{125}{64}\sigma_0\tau_0{}^3 = \left(\frac{\varkappa a}{2\,\varkappa k}\right)^3 . \qquad (9,21)$$

Die Randbedingung (3, 45) bleibt ebenfalls bestehen. Ganz analog zu (3, 48) entspricht dieser Bedingung jetzt die Gleichung

$$\int\limits_0^{r_0} r\,\frac{d^2}{d\,r^2}[r\,(V - V_0 + \tau_0{}^2)]\,dr = N\,e , \qquad (9,22)$$

die mit (3, 7) äquivalent ist.

Für Atome, die durch äußeren Zwang zusammengedrängt sind, verliert (9, 20) ihre Gültigkeit, für diese hat man (9, 20) durch die ursprüngliche Gleichung (3, 44) zu ersetzen.

Transformation der THOMAS-FERMI-DIRACschen *Gleichung in universelle Variable.* Die THOMAS-FERMI-DIRACsche Gleichung kann man auf eine ähnliche Normalform bringen wie die THOMAS-FERMIsche Gleichung. Hierzu führen wir[1]

$$x = \frac{r}{\mu} , \qquad (9,23)$$

$$\psi\,(x) = \frac{r}{Z\,e}\,(V - V_0 + \tau_0{}^2) \qquad (9,24)$$

und die Konstante

$$\beta_0 = \tau_0\left(\frac{\mu}{Z\,e}\right)^{1/2} = \frac{2\,\varkappa a}{3\,(4\pi)^{1/3}e^2 Z^{2/3}} = \frac{0{,}2118}{Z^{2/3}} \qquad (9,25)$$

ein, wo μ durch (3, 50) definiert ist. Mit x, ψ und β_0 kann man die THOMAS-

---

[1] Man vgl. hierzu H. JENSEN, G. MEYER-GOSSLER u. H. ROHDE, Zs. f. Phys. **110**, 277, 1938.

FERMI-DIRACsche Gleichung (9, 10) in folgender Form schreiben

$$\psi'' = x\left[\left(\frac{\psi}{x}\right)^{1/2} + \beta_0\right]^3,\qquad(9, 26)$$

wo ψ'' die zweite Ableitung von ψ nach x bezeichnet. Die zu $\varkappa_a$ proportionale Konstante β_0 ist eine Folge des Elektronenaustausches. Für verschwindende Austauschkorrektion ist also $\beta_0 = 0$ und es wird dann die Gl. (9, 26) mit der THOMAS-FERMIschen Gleichung (3, 52) identisch.

Die Randbedingungen kann man mit ψ und x einfach ausdrücken. Die Randbedingung (9, 19) kann man folgendermaßen schreiben

$$\psi(0) = 1 .\qquad(9, 27)$$

Für die Randbedingung (9, 20) ergibt sich mit Berücksichtigung von (9, 24)

$$\psi(x_0) = \frac{\beta_0^2}{16} x_0 ,\qquad(9, 28)$$

wo $x_0 = r_0/\mu$ ist.

Die Bedingung (9, 22) kann man, wie folgt, schreiben

$$Z \int_0^{x_0} x\, \psi''\, dx = N .\qquad(9, 29)$$

Aus dieser erhalten wir durch partielle Integration mit Berücksichtigung von (9, 27)

$$x_0\, \psi'(x_0) - \psi(x_0) = -q ,\qquad(9, 30)$$

wo q wieder den Ionisationsgrad $(Z - N)/Z$ bezeichnet.

Die Randbedingungen, mit welchen man die THOMAS-FERMI-DIRAC-sche Gleichung (9, 26) zu lösen hat, sind also die Bedingungen (9, 27), (9, 28) und (9, 30) und es ist zu sehen, daß diese für verschwindende Austauschkorrektion, $\beta_0 = 0$, in die THOMAS-FERMIschen Randbedingungen (3, 54) bis (3, 56) übergehen.

Für Atome, die durch äußeren Zwang zusammengedrängt sind, fällt (9, 28) weg, die Randbedingungen (9, 27) und (9, 30) bleiben unverändert bestehen.

Das Gesamtpotential im Atom kann man mit ψ in folgender Form schreiben

$$V = \frac{Ze}{r}\, \psi + V_0 - \tau_0^2 .\qquad(9, 31)$$

Für die Elektronendichte im Atom erhält man mit ψ und x folgenden Ausdruck

$$\varrho = \frac{Z}{4\pi\mu^3}\left[\left(\frac{\psi}{x}\right)^{1/2} + \beta_0\right]^3 = \frac{Z}{4\pi\mu^3}\frac{\psi''}{x},\qquad(9, 32)$$

woraus man sieht, daß ϱ bei $x = 0$, wie $1/x^{3/2}$, bzw. wie $1/r^{3/2}$ unendlich wird.

Das Verhalten von ϱ bei $x = 0$ ist also dasselbe wie beim Thomas-Fermi-Modell.

Die Gl. (9, 10), (9, 24), (9, 26), (9, 31) und (9, 32) gelten für $r \leq r_0$, bzw. $x \leq x_0$. Für $r > r_0$, bzw. $x > x_0$ ist $\varrho = 0$ und $V = (Z - N)e/r$.

Lösung der Thomas-Fermi-Diracschen Gleichung für Atome und Ionen. Die Thomas-Fermi-Diracsche Gleichung (9, 26) kann man nur auf numerischem Wege lösen, das zu sehr ausgedehnten Rechnungen führt. Da β_0 von Z abhängt und in die Randbedingung (9, 30) q eingeht, muß man die Lösung für jedes Element und jedes q eigenst berechnen.

Die Gl. (9, 26) wurde von Jensen, Meyer-Gossler und Rohde[1] für Ar, Kr und X für verschiedene Ionisationsgrade, von Slater und Krutter[2] für Li, Na und Cu und von Umeda[3] für weitere Atome gelöst.

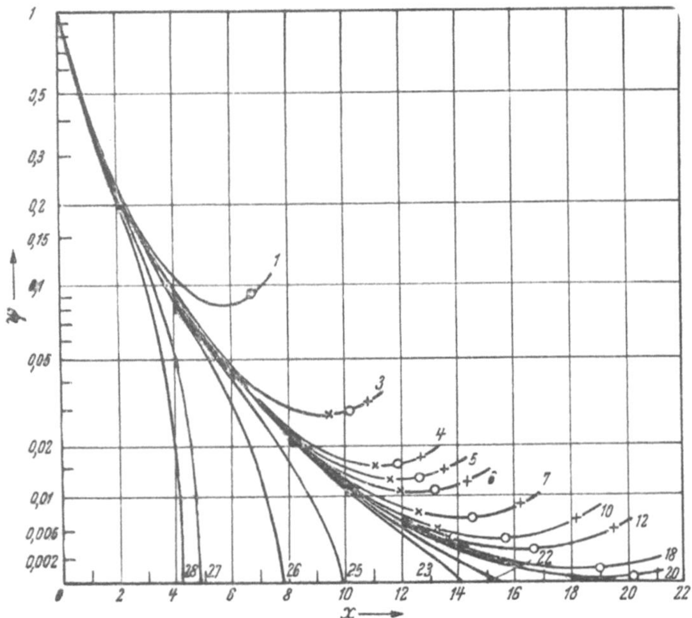

Abb. 10. Lösungen der Thomas-Fermi-Diracschen Gleichung für Xenon ($Z = 54$) als Funktionen von x. Nach Jensen, Meyer-Gossler u. Rohde (Zs. f. Phys. 110, 277, 1938). Ordinate: pseudologarithmische Skala.

Die von Jensen, Meyer-Gossler und Rohde für Ar, Kr und X berechneten Lösungen und ihre Ableitung nach x bringen wir im Anhang II.

[1] H. Jensen, G. Meyer-Gossler u. H. Rohde, Zs. f. Phys. **110**, 277, 1938.

[2] J. C. Slater u. H. M. Krutter, Phys. Rev. (2) **47**, 559, 1935. Die Lösungen von Slater u. Krutter beziehen sich in erster Linie auf Atome, die durch äußeren Zwang zusammengedrängt sind. Man vgl. hierzu IX.

[3] K. Umeda, Phys. Rev. (2) **58**, 92, 1940.

Mit der Randbedingung (9, 27) besitzt die THOMAS-FERMI-DIRACsche Gleichung eine einparametrige Lösungsschar, die wir nach JENSEN, MEYER-GOSSLER und ROHDE für X $(Z = 54)$ in Abb. 10 darstellten. Die Ordinatenskala ist pseudologarithmisch, als Ordinate wurde log $(1 + + 10^2 \psi)$ aufgetragen, für große ψ ist dann der Maßstab logarithmisch, für kleine ψ linear. An der Ordinatenachse sind direkt die Werte von ψ angegeben. Daß die Kurven mit steiler Anfangstangente nach unten gekrümmt sind ist eine Folge der logarithmischen Skala. Die Kreise ○ auf den Kurven geben die Punkte an, für welche $x_0 \psi'(x_0) - \psi(x_0) = 0$ ist, bei welchen also die Randbedingung (9, 30) mit $q = 0$ erfüllt ist[1]. Unter diesen Kurven gibt es eine (Kurve 20), bei der auch die Bedingung (9, 28) erfüllt ist, diese entspricht der Lösung des freien neutralen X-Atoms. Die Kurven 22 bis 28 entsprechen positiven X-Ionen, die Kurven 1 bis 18 X-Atomen, die durch äußeren Zwang zusammengedrängt sind (man vgl. IX).

Näheres bezüglich der Lösungen findet man in den Tab. 8, 9 und 10. Die Tab. 8 und 9 stammen von JENSEN, MEYER-GOSSLER und ROHDE. In Tab. 8 sind für die neutralen Atome Ar, Kr und X die zusammengehörenden Werte von $\psi'(0)$, x_0 und $\psi(x_0)$ angegeben. In Tab. 9 sind für die *freien* Atome Ar, Kr und X und für die *freien* positiven Ionen dieser Atome $\psi'(0)$, $Z - N$ und x_0 angeführt; bei diesen x_0 ist also außer (9, 30) auch (9, 28) erfüllt. Die Unsicherheit von x_0 beträgt in beiden Tabellen weniger als 1 %. Für X haben wir in beiden Tabellen auch die Nummern der entsprechenden Kurven in Abb. 10 angegeben. In Tab. 10 haben wir für das *freie* Ar-, Kr- und X-Atom, bzw. -Ion x_0 und r_0 für mehrere, jeweils für alle drei Atome gleich gewählte, Ionisationsgrade zusammengestellt. Die Daten dieser Tabelle wurden aus denen der Tab. 9 durch Interpolation ermittelt. Mit den Grenzradien der einfach und zweifach ionisierten *freien* Edelgasatome Ar, Kr und X kann man durch Interpolation die Grenzradien der *freien* Ionen K^+, Rb^+ und Cs^+, bzw. Ca^{++}, Sr^{++} und Ba^{++} feststellen, die wir in Tab. 11 angeben. Die Grenzradien dieser Ionen unterscheiden sich relativ sehr wenig von den Grenzradien der entsprechenden Edelgasionen.

Aus Abb. 10 und den Angaben der Tab. 8 und 9 sieht man, daß eine minimale Änderung von $\psi'(0)$ eine wesentliche Änderung von ψ in den äußeren Gebieten des Atoms mit sich bringt. Man hat also die Rechnungen mit sehr großer Genauigkeit durchzuführen.

Aus den exakten Lösungen für Ar, Kr und X kann man nach JENSEN, MEYER-GOSSLER und ROHDE auch die Lösungen für die Ionen K^+, Rb^+, Cs^+ und Cl^-, Br^-, J^- ermitteln; für negative Ionen allerdings

---

[1] Auf die mit Kreuzen $(+, \times)$ markierten Punkte kommen wir weiter unten zu sprechen.

existieren nur dann Lösungen, wenn diese durch äußeren Zwang zusammengedrängt sind (man vgl. S. 88). Diese Alkali- und Halogenionen haben dieselbe Elektronenkonfiguration wie bzw. die Edelgasatome Ar, Kr und X und die Ordnungszahl dieser Ionen unterscheidet sich von der Ordnungszahl der entsprechenden Edelgasatome nur um ± 1. Da die Ordnungszahl in der Thomas-Fermi-Diracschen Gleichung (9, 26) explicite nur in das durch den Austausch bedingte relativ kleine Korrektionsglied β_0 eingeht, macht man nur einen sehr kleinen Fehler, wenn man für die genannten Alkali- und Halogenionen die Lösungen der benachbarten Edelgasatome benutzt. Da das Korrektionsglied β_0 zu $1/Z^{2/3}$ proportional ist, bedeutet diese Näherung lediglich, daß man β_0 um den von 1 wenig verschiedenen Faktor $[(Z \pm 1)/Z]^{2/3}$ abändert. Mit diesem unbedeutenden Fehler kann man dann die Lösungen für Ar, Kr und X auch für die benachbarten Ionen benutzen. Wenn wir uns auf Ionen beschränken, die durch äußeren Zwang zusammengedrängt sind, fällt für ψ die Randbedingung (9, 28) weg, ψ hat also dann nur den Randbedingungen (9, 27) und (9, 30) zu genügen. In (9, 30) geht auf der rechten Seite Z explicite ein, hier muß man natürlich die richtigen Z-Werte einsetzen. Beispielsweise hat man zur Bestimmung von x_0 für Cs^+ und J^- bei den einzelnen Kurven der in Abb. 10 eingezeichneten Lösungsschar für Xenon nur diejenigen Stellen aufzusuchen, für die $\psi(x_0) - x_0\,\psi'(x_0) = +1/55$, bzw. $\psi(x_0) - x_0\,\psi'(x_0) = -1/53$ ist. Diese Stellen sind in der Figur durch liegende Kreuze $\times$, bzw. stehende Kreuze $+$ gekennzeichnet.

Tab. 8. Zur Lösung der Thomas-Fermi-Diracschen Gleichung für das neutrale Ar-, Kr- und X-Atom mit verschiedenen Grenzradien. x_0 und $\psi(x_0)$ für verschiedene Werte von $\psi'(0)$ im Falle $Z = N$.

Die Zahlen in der letzten Spalte für X beziehen sich auf die entsprechenden Kurven in Abb. 10.

Ar, $Z = 18$			Kr, $Z = 36$			X, $Z = 54$			
$-\psi'(0)$	x_0	$\psi(x_0)$	$-\psi'(0)$	x_0	$\psi(x_0)$	$-\psi'(0)$	x_0	$\psi(x_0)$	Nr.
1,635	7,0	0,0516	1,6175	7,4	0,0607	1,610	6,7	0,0923	1
1,6353	8,5	0,0256	1,61775	8,9	0,0362	1,61065	10,2	0,0297	3
1,63532	8,8	0,0214	.,...80	10,1	0,0234	.,...68	11,9	0,0160	4
.,...34	9,1	0,0186	.,...845	11,0	0,0169	.,...707	13,2	0,0109	6
.,...35	9,3	0,0170	.,...849	12,0	0,0113	.,...709	14,5	0,0069	7
.,...36	9,5	0,0151	.,...851	12,7	0,0084	.,...7108	15,7	0,0043	10
.,...37	9,8	0,0125	.,...853	13,2	0,0065	.,...7116	16,7	0,0031	12
.,...40	11,7	0,0030	.,...8547	14,8	0,0031	.,...7130	19,0	0,0008	18
.,...403	12,7	0,0007	.,...8552	16,7	0,0006	.,...7135	20,1	0,0002	20

Tab. 9. Zur Lösung der Thomas-Fermi-Diracschen Gleichung für das freie Ar-, Kr- und X-Atom, bzw. -Ion für verschiedene Ionisationsgrade. Grenzradien[1] der freien Atome und Ionen für verschiedene Werte von $Z - N$.

Die Zahlen in der letzten Spalte für X beziehen sich auf die entsprechenden Kurven in Abb. 10.

Ar, $Z = 18$			Kr, $Z = 36$			X, $Z = 54$			
$-\psi'(0)$	x_0	$Z-N$	$-\psi'(0)$	x_0	$Z-N$	$-\psi'(0)$	x_0	$Z-N$	Nr.
—	12,7	0	—	16,8	0	—	20,1	0	—
1,635403	12,4	0,05	1,6178553	16,4	0,07	1,6107137	19,3	0,12	—
.,...404	11,4	0,25	.,....556	14,0	0,59	.,....138	18,0	0,35	—
....405	10,9	0,37	.,....558	13,2	0,83	.,....140	15,4	0,98	22
.,...410	10,0	0,63	.,....561	12,5	1,07	.,....150	14,0	1,47	23
.,...420	9,35	0,87	.,....570	11,8	1,39	1,6107600	9,9	4,3	25
.,...430	8,95	1,05	.,....650	10,4	2,10	1,611	7,8	7,3	26
.,...445	8,35	1,34	1,6178840	9,8	2,50	1,613	4,9	14,8	27
.,...500	7,65	1,75	1,618	7,7	4,40	1,615	4,2	18,2	28

Tab. 10. Grenzradien der freien Atome Ar, Kr und X und der freien Ionen dieser Atome für verschiedene Ionisationsgrade q aus den Daten der Tab. 9 durch Interpolation bestimmt.

r_0 in a_0-Einheiten.

q	Ar			Kr			X		
	$Z-N$	x_0	r_0	$Z-N$	x_0	r_0	$Z-N$	x_0	r_0
0	0	12,70	4,29	0	16,80	4,50	0	20,10	4,71
0,00556	0,10	12,15	4,10	0,20	15,70	4,21	0,30	18,30	4,29
0,01111	0,20	11,60	3,92	0,40	14,80	3,97	0,60	16,85	3,95
0,01944	0,35	11,00	3,72	0,70	13,60	3,65	1,05	15,20	3,56
0,02778	0,50	10,40	3,51	1,00	12,75	3,42	1,50	13,95	3,27
0,04167	0,75	9,70	3,28	1,50	11,55	3,10	2,25	12,45	2,92
0,05556	1,00	9,05	3,06	2,00	10,60	2,84	3,00	11,40	2,67
0,06944	1,25	8,50	2,87	2,50	9,80	2,63	3,75	10,55	2,47
0,08333	1,50	8,05	2,72	3,00	9,15	2,45	4,50	9,80	2,30
0,09722	1,75	7,65	2,58	3,50	8,55	2,29	5,25	9,15	2,14
0,11111	2,00	7,30	2,47	4,00	8,05	2,16	6,00	8,60	2,01

Tab. 11. Grenzradien der freien Ionen K+, Rb+, Cs+ und Ca++, Sr++, Ba++ durch Interpolation bestimmt.

r_0 in a_0-Einheiten.

	K+	Rb+	Cs+	Ca++	Sr++	Ba++
x_0	9,29	12,94	15,44	7,69	10,94	13,05
r_0	3,08	3,44	3,59	2,51	2,88	3,02

[1] Der Wert $x_0 = 18,0$ für das X-Atom wurde durch eine graphische Interpolation festgestellt. Jensen, Meyer-Gossler u. Rohde geben statt diesen den Wert 17,8 an, der sich jedoch nicht in die übrigen x_0-Werte des X-Atoms einreihen läßt.

Für *freie* negative Ionen erhielt Jensen[1] nur bis zu dem negativen
Ladungsüberschuß von $-0,3\,e$ Lösungen, denen keine physikalische
Bedeutung zukommt. *Freie* negative Ionen mit einem Ladungsüberschuß von mindestens $-e$ sind also in der Thomas-Fermi-Diracschen
Theorie nicht stabil. Dies ist eine Folge des Umstandes, daß die Austauschkorrektion in den Randgebieten des Atoms die elektrostatische Selbstwechselwirkung der Elektronen nur unzureichend kompensiert. Die
Herleitung des Thomas-Fermi-Diracschen Modells beruht nämlich
darauf, daß wir das Elektronengas in Zellen vom Volumen dv einteilten,
in denen das Potential praktisch konstant ist und in denen sich noch viele
Elektronen befinden. In den Randgebieten des Atoms führt diese Einteilung zu Schwierigkeiten, denn dort ist die Elektronendichte so gering,
daß in eine Zelle nur mehr Bruchteile eines Elektrons fallen. Dieser
Umstand fällt bei der Berechnung der kinetischen Energie nicht stark
ins Gewicht, er bewirkt aber, daß die Kompensation der elektrostatischen
Selbstenergie der Elektronen in den äußeren Gebieten des Atoms unzureichend wird. Wie wir im § 2 (S. 25 bis 27) sahen, ist nämlich die Austauschenergie eine Folge der gegenseitigen Abdrängung der Elektronen
mit gleichgerichtetem Spin. Zufolge dieser Abdrängung entsteht in der
Dichteverteilung der Elektronen mit gleichgerichtetem Spin in der
Umgebung jedes Elektrons ein „Loch" von der Größenordnung $1/\varrho_p$,
wo ϱ_p die Dichte der Elektronen mit gleichgerichtetem Spin bezeichnet.
Am Rande des Atoms, wo ϱ_p klein ist, wird das „Loch" größer als der
ganze jeweils herausgegriffene Teilbereich dv von konstanter Elektronendichte, es wird also durch die Integration in (9, 1) über diesen Teilbereich
die elektrostatische Selbstenergie der Elektronen nur teilweise kompensiert[2]. Dieser Mangel des Modells kann jedoch behoben werden
(man vgl. hierzu § 10 und § 11).

**Dichteverteilung des Elektronengases im Thomas-Fermi-Diracschen
Atom- und Ionmodell.** Der wesentliche Unterschied zwischen dem Verlauf der Elektronendichte des Thomas-Fermi-Diracschen Atom- und
Ionmodells im Vergleich zum Thomas-Fermischen besteht darin, daß
im ersteren der Dichteverlauf auch bei neutralen Atomen bei einem
endlichen Radius abbricht, wodurch in den äußeren Gebieten des Atoms
der wellenmechanische Dichteverlauf im Mittel wesentlich besser approximiert wird als durch den Thomas-Fermischen Dichteverlauf. Die Grenzradien der Thomas-Fermi-Diracschen positiven Ionen sind, wie man aus
einem Vergleich der x_0-Werte der Tab. 10 und 4 sieht, bedeutend kleiner
als die Radien der Thomas-Fermischen positiven Ionen, wodurch bei

---

[1] H. Jensen, Zs. f. Phys. **101**, 141, 1936.
[2] Man vgl. hierzu H. Jensen, Zs. f. Phys. **101**, 141, 1936, wo dies ausführlich diskutiert wurde.

diesen in den Randgebieten der wellenmechanische Dichteverlauf ebenfalls besser approximiert wird. Die Austauschkorrektion führt also zu einer Kontraktion der statistischen Atome und Ionen, die in den äußeren Gebieten der Atome und Ionen im Dichteverlauf eine bedeutende Verbesserung bewirkt.

Den Einfluß der Austauschkorrektion auf den Dichteverlauf kann man in den inneren Gebieten des Atoms nach JENSEN[1] mit Hilfe des Variationsverfahrens leicht übersehen. Wir beschränken uns auf neutrale Atome und gehen von denselben Annahmen aus wie im § 8. Wir setzen für ϱ wieder den Ausdruck (8, 4) an, lassen also zunächst den Umstand, daß die Dichte bei einem endlichen Radius abbricht, unberücksichtigt. Wenn man zur kinetischen und potentiellen Energie des Atoms noch die Austauschenergie (9, 1) hinzunimmt, so erhält man statt (8, 7) folgenden Ausdruck für die Gesamtenergie des Atoms

$$E = \left(F_k \lambda^2 - F_p \lambda - \frac{1}{Z^{2/3}} F_a \lambda \right) Z^{7/3} \frac{e^2}{a_0}, \qquad (9, 33)$$

der sich von (8, 7) durch das Glied mit F_a unterscheidet. F_a ist geradeso wie F_k und F_p von Z und λ unabhängig, also eine Funktion der c_i allein (man vgl. hierzu § 8). Auf der rechten Seite entspricht das erste Glied der kinetischen, das zweite der potentiellen und das dritte der Austauschenergie. Man sieht, daß die Austauschenergie im Energieausdruck in der Klammer eine zu $Z^{-2/3}$ proportionale Korrektion bedingt, also am bedeutendsten für leichte Atome wird.

Die Variationsparameter λ und c_1 kann man wieder aus dem Gleichungssystem (8, 8) bestimmen. Im § 8 haben wir gesehen, daß man schon mit nur zwei Variationsparameter, λ und c_1, eine brauchbare Näherungslösung erhält. Zur Abschätzung des Einflusses der Austauschkorrektion kann man nun in der Weise vorgehen, daß man den im § 8 für das neutrale Atom ohne Austauschkorrektion berechneten c_1-Wert beibehält und untersucht, in welchem Maße sich λ durch die Austauschkorrektion ändert. Aus der Gl. (9, 33) folgt für den neuen Wert von λ, den wir mit λ' bezeichnen,

$$\lambda' = \frac{F_p + Z^{-2/3} F_a}{2 F_k} = \lambda \left(1 + \frac{1}{Z^{2/3}} \frac{F_a}{F_p} \right). \qquad (9, 34)$$

Mit $c_1 = 0{,}265$ erhält man $F_p = 0{,}140$ und $F_a = 0{,}021$, also $F_a/F_p = 0{,}15$, woraus zu sehen ist, daß die Austauschkorrektion von λ bei schweren Atomen weniger als $1\,\%$ beträgt und macht sogar für Ne nur zirka $3\,\%$ aus. Hieraus folgt, daß die Austauschkorrektion erst in einer Entfernung von zirka $3\,a_0$ den Dichteverlauf merklich beeinflußt.

---

[1] H. JENSEN, Zs. f. Phys. 89, 713, 1934.

Wir haben hierbei den Umstand, daß die Elektronendichte mit Berücksichtigung des Austausches bei einem endlichen Radius abbricht, vernachlässigt. Man kann die durch das Abbrechen der Elektronendichte verursachte Dichteänderung leicht abschätzen. Es ergibt sich hieraus, daß die Elektronendichte in den inneren Gebieten des Atoms unbedeutend erhöht wird, da man jetzt die Elektronenladung auf kleinerem Raum unterzubringen hat. Man vgl. hierzu Abb. 13, in welcher für das Ar-Atom neben dem THOMAS-FERMI-DIRACschen Dichteverlauf zum Vergleich noch andere Dichteverteilungen (man vgl. die folgenden beiden Paragraphen) dargestellt sind.

Energiebeziehungen. Der Zusammenhang $V_0 e = -\dfrac{\partial E}{\partial N}$, der im § 6 für das THOMAS-FERMIsche Modell hergeleitet wurde, bleibt — wie aus der Herleitung zu sehen ist — auch für das THOMAS-FERMI-DIRACsche Modell bestehen.

Die Austauschenergie E_a des Atoms kann man mit Hilfe des Ausdruckes (9, 1) berechnen. Da die Dichte der Austauschenergie zu $\varrho^{4/3}$ proportional ist, folgt, daß zu E_a die inneren Gebiete des Atoms den wesentlichen Beitrag liefern. Man kann deshalb zur Berechnung von E_a die LENZ-JENSENsche Elektronenverteilung benutzen, die im Inneren des Atoms eine sehr gute Näherung der exakten statistischen Elektronenverteilung gibt. Wir können also E_a aus (9, 33) bestimmen. Wenn man die kleine durch den Austausch bedingte Korrektion in λ vernachlässigt, also $\lambda' = \lambda$ setzt, so folgt für das neutrale Atom mit $\lambda = 10,91$ (man vgl. Tab. 7) und $F_a = 0,021$

$$E_a = -0,23\, Z^{5/3}\, \frac{e^2}{a_0} = -6,2\, Z^{5/3}\, \text{e -Volt}. \tag{9, 35}$$

Im Verhältnis zur Gesamtenergie (6, 11) eines THOMAS-FERMIschen Atoms von mittlerer Ordnungszahl, z. B. Kr ($Z = 36$) beträgt E_a nur rund 2,5%. Der Betrag der Austauschenergie ist also im Verhältnis zum Betrag der Gesamtenergie des Atoms sehr klein. Hieraus darf man aber nicht schließen, daß die Austauschkorrektion auch für die Ionisierungsenergien unbedeutend ist (man vgl. hierzu VI).

Der Virialsatz wird in der THOMAS-FERMI-DIRACschen Theorie modifiziert. Für freie Atome und Ionen kann man diese Modifikation nach JENSEN[1] mit dem FOCKschen Variationsverfahren (man vgl. die Seiten 62 bis 64) sehr einfach angeben. Für die Austauschenergie als Funktion des FOCKschen Variationsparameters λ findet man

$$E_a^\lambda = \lambda\, E_a, \tag{9, 36}$$

---

[1] H. JENSEN, Zs. f. Phys. **89**, 713, 1934.

womit man mit Hilfe ganz analoger Betrachtungen wie in der THOMAS-FERMIschen Theorie statt (6, 37) folgenden Zusammenhang erhält

$$2\,E_k + E_p + E_a = 0. \qquad (9, 37)$$

Die Modifikation des Virialsatzes besteht also darin, daß zur elektrostatischen Energie noch die Austauschenergie hinzukommt. Dies ist eine einfache Folge des Umstandes, daß E_a gerade so wie E_p eine homogene Funktion (-1)-ten Grades der Koordinaten ist, es transformiert sich also E_a gerade so wie E_p; man kann sogar, wie aus den Ausführungen des § 2 folgt, E_a als eine potentielle Energie auffassen. Daß der Ausdruck der kinetischen Energie durch den Austausch nicht modifiziert wird, ist verständlich, da bei einem freien Elektronengas, also im Falle ebener Wellen, bei dem Ansatz der Gesamteigenfunktion als ein Determinantenprodukt [man vgl. (2, 29) bis (2, 31)] die kinetische Energie des Elektronengases dieselbe bleibt wie bei einem einfachen Produktansatz der Eigenfunktion.

Auf eine Erweiterung des Virialsatzes (9, 37) auf Atome, die durch äußeren Zwang zusammengedrängt sind, kommen wir in IX zu sprechen.

Die Austauschkorrektion des Virialsatzes (6, 43), der für den Fall mehrerer Kerne gilt, wurde bis jetzt nicht untersucht.

§ 10. Modifikation des Thomas-Fermi-Diracschen Atom- und Ionmodells.

Im vorangehenden Paragraph wurde ausführlich diskutiert, daß durch die Austauschkorrektion am Rande des Atoms die elektrostatische Selbstwechselwirkung der Elektronen nur unzureichend kompensiert wird und daß demzufolge negative Ionen mit einem negativen Ladungsüberschuß von mindestens $-e$ nicht stabil sind. Eine weniger konsequente aber erfolgreiche Korrektion der elektrostatischen Selbstwechselwirkung der Elektronen wurde von FERMI und AMALDI gegeben, mit der wir uns im § 7 ausführlich befaßten und die in der FERMI-AMALDIschen Gleichung (7, 5) durch das Glied $-V_e\,e/N$ dargestellt wird. In den inneren Gebieten des Atoms kann man die FERMI-AMALDIsche Korrektion nicht begründen, in den äußeren Gebieten des Atoms wird aber durch das FERMI-AMALDIsche Korrektionsglied die elektrostatische Selbstwechselwirkung der Elektronen in sehr befriedigender Weise eliminiert. Dies ist auch offenbar die Ursache, daß die FERMI-AMALDIsche Korrektion negative Ionen liefert, die Austauschkorrektion aber nicht.

JENSEN[1] hat nun das THOMAS-FERMI-DIRACsche Atom- und Ionmodell modifiziert, indem er die beiden Korrektionen kombinierte und zwar in der Weise, daß die Vorzüge beider Korrektionen erhalten bleiben.

---

[1] H. JENSEN, Zs. f. Phys. **101**, 141, 1936.

Die modifizierte Thomas-Fermi-Diracsche Gleichung. Die Modifikation des Thomas-Fermi-Diracschen Atom- und Ionmodells besteht darin, daß Jensen die Dichte der Austauschenergie durch eine zweckmäßig gewählte Funktion der Dichte und des Ortes $-\omega_a(\varrho, r)$ ersetzt, Jensen setzt also für die Energie

$$E = \int \left[\varkappa_k\, \varrho^{5/3} - \left(V_k + \frac{1}{2}\, V_e \right) e\, \varrho - \omega_a \right] dv \,. \tag{10, 1}$$

Die Funktion ω_a soll in der Nähe des Kernes in $\varkappa_a\, \varrho^{4/3}$ übergehen. Über das Verhalten von ω_a am Atomrand bekommt man aus der modifizierten Thomas-Fermi-Diracschen Gleichung Aufschluß.

Diese Gleichung kann man aus dem Variationsprinzip ganz analog wie die Thomas-Fermische und die Thomas-Fermi-Diracsche Gleichung herleiten. Wenn wir den Lagrangeschen Multiplikator wieder mit V_0 bezeichnen, so folgt

$$(V - V_0)\, e - \frac{5}{3}\, \varkappa_k\, \varrho^{2/3} + \frac{\partial \omega_a}{\partial \varrho} = 0 \,. \tag{10, 2}$$

Hieraus sieht man, daß $\dfrac{1}{e} \dfrac{\partial \omega_a}{\partial \varrho}$ den Anteil des Potentials darstellt, den man zum Gesamtpotential V zu addieren hat, um die elektrostatische Selbstwechselwirkung der Elektronen zu eliminieren. In der Nähe des Atomrandes kann man voraussetzen, daß der Beitrag jedes Elektrons zur Elektronendichte kugelsymmetrisch ist, es wird also, wenn man sich dem Atomrand nähert, der Beitrag jedes Elektrons zum Potential zu $-e/r$ konvergieren. Der Potentialanteil, der die elektrostatische Selbstwechselwirkung der Elektronen eliminiert, muß also am Atomrand in $+e/r$ übergehen. Man muß also am Atomrand

$$\frac{\partial \omega_a}{\partial \varrho} \longrightarrow \frac{e^2}{r} \tag{10, 3}$$

setzen. Dies wird gerade von der Fermi-Amaldischen Korrektion $-V_e\, e/N$ geleistet, die am Atomrand ebenfalls in e^2/r übergeht. Für kleine r soll $\dfrac{\partial \omega_a}{\partial \varrho}$ in das Austauschglied der Thomas-Fermi-Diracschen Gleichung übergehen, es soll also für kleine r

$$\frac{\partial \omega_a}{\partial \varrho} \longrightarrow \frac{4}{3}\, \varkappa_a\, \varrho^{1/3} \tag{10, 4}$$

gelten, das mit der weiter oben bezüglich ω_a gestellten Forderung equivalent ist. Durch die Bedingungen (10, 3) und (10, 4) ist $\dfrac{\partial \omega_a}{\partial \varrho}$ praktisch willkürfrei festgelegt und da in die Gl. (10, 2) nur $\dfrac{\partial \omega_a}{\partial \varrho}$ eingeht, ist das ganze Verfahren willkürfrei.

Die Bedingung (9, 16) bezüglich der Randdichte, welche eine Folge der Austauschkorrektion ist, behält JENSEN bei. Somit folgt aus (10, 2)

$$V_0 = \frac{(Z - N + 1)\,e}{r_0} - \frac{5\,\varkappa_a{}^2}{12\,\varkappa_k\,e}. \tag{10, 5}$$

Da in der FERMI-AMALDIschen Gleichung (7, 5) das Korrektionsglied $- V_e\,e/N$ am Atomrand in e^2/r übergeht, ist in der Nähe des Atomrandes die Gl. (10, 2) mit der FERMI-AMALDIschen Gleichung (7, 5) identisch. Die Korrektionen sind aber bei der Berechnung der Elektronendichte nur in diesen äußeren Gebieten von Bedeutung, im Inneren des Atoms, wo das Gesamtpotential V überwiegt, werden die Korrektionen bedeutungslos. Die Gl. (10, 2) und (7, 5) führen also praktisch zum selben Verlauf der Elektronendichte. Dies wurde von JENSEN überdies noch durch einige orientierende Kontrollrechnungen bestätigt. Man kann also den Verlauf der Elektronendichte aus der FERMI-AMALDIschen Gleichung (7, 5) bestimmen, deren Lösungen tabelliert vorliegen, wodurch man allen weiteren mühsamen numerischen Rechnungen enthoben wird.

Es sei aber hierbei betont — worauf auch JENSEN ausdrücklich hinweist —, daß man die FERMI-AMALDIsche Gleichung nur zur Bestimmung des Verlaufes der Elektronendichte heranziehen kann und dieser Gleichung nur insofern Bedeutung beilegen kann, als sie praktisch dieselbe Elektronenverteilung liefert wie die modifizierte Gl. (10, 2). Der Berechnung weiterer Atomeigenschaften, insbesondere der Energie, wird man die Gl. (10, 2) zugrundelegen, da im Inneren des Atoms die FERMI-AMALDIsche Korrektion nicht aufrechterhalten werden kann und dort die Austauschkorrektion die konsequente Weiterentwicklung der Theorie gibt.

Wesentlich bei dieser Modifikation ist, daß JENSEN die Bedingung (9, 16) bezüglich der Randdichte, welche die Austauschkorrektion mit sich bringt, beibehält. Die Wellenmechanik liefert zwar in beliebigen endlichen Entfernungen vom Kern als Folge des wellenmechanischen „Tunneleffektes" von 0 verschiedene Ortswahrscheinlichkeiten für die Elektronen, das man aber in der halbklassischen statistischen Theorie, wo überall mit reellen Impulswerten gerechnet wird, nicht beibehalten kann. Man wird also die Bedingung (9, 16), die aus der konsequenten Austauschkorrektion zwangsläufig folgt und zu einem Abbrechen des Verlaufes der Elektronendichte bei endlichen r_0-Werten führt, unbedingt als eine Verbesserung der statistischen Theorie des Atoms zu betrachten haben. Wie wir sehen werden, führt die JENSENsche Modifikation des Modells tatsächlich zu Dichteverteilungen, die man als einen brauchbaren Mittelwert der wellenmechanischen betrachten kann.

Lösung der modifizierten Thomas-Fermi-Diracschen Gleichung. Aus den Ausführungen des vorangehenden Abschnittes geht hervor, daß die

Lösungen der modifizierten Thomas-Fermi-Diracschen Gleichung praktisch mit den Lösungen der Fermi-Amaldischen Gleichung identisch sind. Die Fermi-Amaldische Gleichung kann man, wie wir im § 7 gesehen haben, mit der Transformation $x = r/\mu^*$ und $\varphi(x) = \dfrac{r}{Z\,e}\,(V^* - V_0)$ auf dieselbe Gestalt bringen wie die ursprüngliche Thomas-Fermische Gleichung.

Die Randbedingung

$$\varphi(0) = 1 , \qquad\qquad (10, 6)$$

die aus dem Verhalten des Potentials bei $r = x = 0$ folgt, bleibt unverändert.

Die Randbedingung $\varphi(x_0) = 0$ ändert sich aber, wodurch auch in der Randbedingung (7, 17) eine Änderung eintritt. Aus der Bedingung (9, 16) für ϱ_0, die auch im modifizierten Modell aufrechterhalten wird, folgt nämlich mit (7, 19) bei $x = x_0 = r_0/\mu^*$ für φ die Bedingungsgleichung

$$\varphi(x_0) = \alpha_0{}^2\, x_0 , \qquad\qquad (10, 7)$$

wo

$$\alpha_0 = \frac{5\,\varkappa_a}{6\,(4\,\pi)^{1/3}\,e^2}\,\frac{N^{1/3}}{Z^{2/3}\,(N-1)^{1/3}} = 0{,}2647\,\frac{N^{1/3}}{Z^{2/3}\,(N-1)^{1/3}} \qquad (10, 8)$$

ist.

Mit Rücksicht darauf, daß $\varphi(x_0)$ nicht verschwindet, erhält man jetzt statt (7, 17) auf ganz analoge Weise die Randbedingung

$$x_0\,\varphi'(x_0) - \varphi(x_0) = -\,\frac{Z-N+1}{Z}\,. \qquad\qquad (10, 9)$$

Man hat also die Gleichung (7, 13) mit den Randbedingungen (10, 6), (10, 7) und (10, 9) zu lösen. Die Lösungen dieser Gleichung kann man nach Fermi durch den Ansatz

$$\varphi = \varphi_0 + k\,\eta_0 \qquad\qquad (10, 10)$$

gewinnen, wo φ_0 die Lösung für das ursprüngliche neutrale Thomas-Fermi-Atom und η_0 die durch (4, 27) und (4, 28) definierte Fermische Funktion bedeutet. φ_0 und η_0 sind in der Tab. 1, bzw. 2 numerisch dargestellt (man vgl. auch Anhang I). Da φ_0 und η_0 tabelliert vorliegen, gestaltet sich die Lösung von (7, 13) sehr einfach, man hat hierzu nur mit den bekannten Funktionen φ_0 und η_0 den Parameter k so zu bestimmen, daß die Randbedingungen (10, 7) und (10, 9) erfüllt seien, wodurch man auch sofort die Grenzradien x_0 erhält.

Da man die Definitionsgleichung von η_0, (4, 27), aus (7, 13) mit dem Ansatz (10, 10) in der Weise erhält, daß man die rechte Seite der Gleichung nach $k\,\eta_0/\varphi_0$ in eine Reihe entwickelt, die man nach dem zweiten Glied abbricht, könnte das einfache Verfahren zur Bestimmung von φ zunächst als unzulässig erscheinen, da am Atomrand $k\,\eta_0$ und φ_0 von gleicher Größenordnung sind. JENSEN hat deswegen für einfach positive und negative Ionen einige Kontrollrechnungen durchgeführt, in denen er den Ansatz (10, 10) nur bis zu solchen x-Werten gebrauchte, bis zu welchen $k\,\eta_0/\varphi_0$ klein (zirka ein Zehntel) ist und hat für größere x-Werte die Gl. (7, 13) direkt numerisch integriert. Die so erhaltenen x_0-Werte stimmten binnen der Rechengenauigkeit von JENSEN — die 1 bis 2% beträgt — mit den auf die weiter oben geschilderte einfache Weise gewonnenen x_0-Werten überein. Man kann also das einfache Verfahren benutzen.

k und x_0 wurden von JENSEN[1] für mehrere Atome und Ionen festgestellt, die Resultate sind in Tab. 12 zusammengestellt. r_0 ist in a_0-Einheiten angegeben. Für solche Atome oder Ionen, die in der Tabelle nicht

Tab. 12. Werte von k, x_0 und r_0 nach JENSEN[2].

r_0 in a_0-Einheiten.

	F$^-$	Cl$^-$	Br$^-$	J$^-$
k	$+\,9{,}00 \cdot 10^{-5}$	$+\,1{,}80 \cdot 10^{-5}$	$+\,3{,}25 \cdot 10^{-6}$	$+\,1{,}15 \cdot 10^{-6}$
x_0	11,20	14,95	20,00	23,80
r_0	5,10	5,35	5,50	5,65

	Ne	Ar	Kr	X
k	$-\,3{,}10 \cdot 10^{-5}$	$-\,2{,}90 \cdot 10^{-6}$	$+\,5{,}63 \cdot 10^{-7}$	$+\,3{,}00 \cdot 10^{-7}$
x_0	8,40	11,50	16,20	19,35
r_0	3,70	4,05	4,40	4,55

	Na$^+$	K$^+$	Rb$^+$	Cs$^+$
k	$-\,4{,}75 \cdot 10^{-4}$	$-\,8{,}50 \cdot 10^{-5}$	$-\,1{,}07 \cdot 10^{-5}$	$-\,3{,}20 \cdot 10^{-6}$
x_0	6,70	9,40	13,50	16,50
r_0	2,85	3,25	3,65	3,85

	Mg^{++}	Ca^{++}	Sr^{++}	Ba^{++}
k	$-\,1{,}34 \cdot 10^{-3}$	$-\,2{,}60 \cdot 10^{-4}$	$-\,3{,}46 \cdot 10^{-5}$	$-\,1{,}10 \cdot 10^{-5}$
x_0	5,60	7,95	11,70	14,35
r_0	2,30	2,70	3,15	3,35

---

[1] H. JENSEN, Zs. f. Phys. **101**, 141, 1936.

[2] H. JENSEN, Zs. f. Phys. **101**, 141, 1936. Die k-Werte für Kr, Cs$^+$, Mg^{++}, Ca^{++}, Sr^{++} und Ba^{++}, die bei JENSEN irrtümlich angegeben sind, wurden hier richtiggestellt. Bei Kr, Mg^{++} und Ca^{++} ergab sich hierbei eine geringfügige Änderung von x_0.

angeführt sind, kann man zunächst x_0 durch Interpolation ermitteln
und dann bei diesem x_0 aus (10, 7) mit (10, 10) k bestimmen.

Der Dichteverlauf, den man auf Grund der modifizierten Gleichung
erhält, ist zum Vergleich mit dem wellenmechanischen und einem anderen
Dichteverlauf, den man mit Berücksichtigung der Korrelationskorrektion erhält (man vgl. hierzu § 11), für Ar, Rb^+ und Cl^- in den Abb. 13,
14 und 15 dargestellt; für Ar ist auch der THOMAS-FERMI-DIRACsche
Dichteverlauf eingezeichnet. Außerdem ist in Abb. 12 zum Vergleich
mit anderen statistischen Dichteverteilungen die auf Grund der modifizierten Gleichung gewonnene Dichteverteilung des Xenon-Atoms angegeben.

§ 11. Korrektion durch die Korrelation.

Im vorangehenden Paragraph haben wir außer der elektrostatischen
Wechselwirkung zwischen den Elektronen auch die Austauschwechselwirkung der Elektronen, also die Beziehungen zwischen den Elektronen
mit parallelem Spin, berücksichtigt. Außer diesen Beziehungen bestehen
aber auch zwischen den Elektronen mit antiparallelem Spin Beziehungen,
mit denen wir uns im § 2 befaßten und die wir kurz als Korrelation bezeichneten. Die Korrelation wurde von GOMBÁS[1] in die statistische Theorie
einbezogen; wir geben im folgenden eine kurze Zusammenfassung seiner
Arbeit. Wir befassen uns zunächst mit der Herleitung des durch die
Korrelation erweiterten Modells und bringen dann für Atome und Ionen
an diesem eine analoge Modifikation an, wie dies JENSEN beim THOMAS-
FERMI-DIRACschen Atom- und Ionmodell getan hat.

Die mit der Korrelation erweiterte statistische Gleichung. Die Herleitung der mit der Korrelation erweiterten Gleichung erfolgt aus dem
Variationsprinzip, wir haben also den THOMAS-FERMI-DIRACschen
Energieausdruck eines atomaren Systems mit der Korrelationsenergie
zu ergänzen. Für die Dichte der Korrelationsenergie eines freien Elektronengases erhält man nach (2, 73) und (2, 69)

$$W_D = -g(\varrho^{1/3})\,\varrho = -\frac{a_1\varrho^{1/3}}{\varrho^{1/3}+a_2}\,\varrho \;. \qquad (11, 1)$$

g als Funktion von $\varrho^{1/3}$ ist in Abb. 11 dargestellt[2].

---

[1] P. GOMBÁS, Zs. f. Phys. **121**, 523, 1943. In der Originalarbeit wurden
statt Korrelation und Korrelationsenergie die Benennungen Polarisation
bzw. Polarisationsenergie gebraucht. — Auf S. 532 befindet sich dort ein
Druckfehler, es steht dort überall V_0 statt V_0'.

[2] Auf die Tangente bei $\varrho_0^{1/3}$ und auf die obere Abszisse kommen wir weiter
unten zu sprechen.

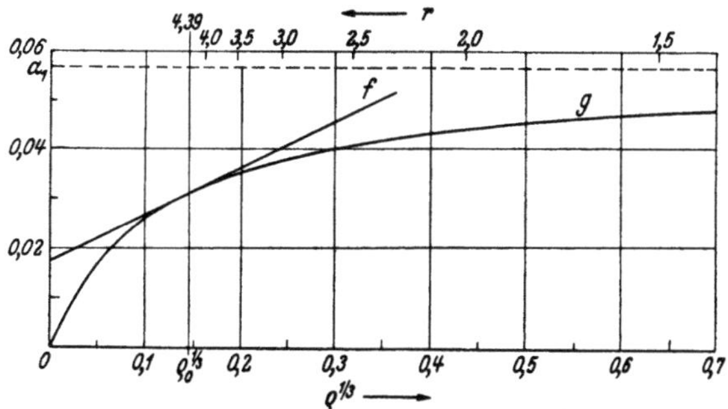

Abb. 11. g als Funktion von $\varrho^{1/3}$, f ist die Tangente von g bei $\varrho^{1/3} = \varrho_0^{1/3}$. Untere Abszisse: $\varrho^{1/3}$ in $1/a_0$-Einheiten. Obere Abszisse: Abstand vom Kern in einem Xenon-Atom in a_0-Einheiten. Ordinate: g in e^2/a_0-Einheiten.

Wir können nun ganz analog vorgehen wie bei der Herleitung der THOMAS-FERMIschen und der THOMAS-FERMI-DIRACschen Gleichung aus dem Variationsprinzip, indem wir das Elektronengas wieder mit einem System von Scheidewänden in Zellen vom Volumen dv einteilen, in denen sich noch viele Elektronen befinden und in denen das Potential praktisch konstant ist. Wenn man von der unmittelbaren Umgebung der Kerne und von den Gebieten sehr geringer Elektronendichte wieder absieht, so kann man die Elektronen in einer Elementarzelle als ein entartetes Elektronengas am absoluten Nullpunkt der Temperatur betrachten und erhält für die gesamte Korrelationsenergie den Ausdruck

$$E_w = \int W_D \, dv = - \int g(\varrho^{1/3}) \varrho \, dv \, . \tag{11, 2}$$

Wenn man g/e als Potential betrachtet, kann man E_w formal als eine potentielle Energie auffassen, die daraus resultiert, daß sich die Elektronen im Potentialfeld g/e befinden.

Für die Gesamtenergie des Elektronengases erhält man jetzt also

$$E = E_k + E_p + E_a + E_w \, , \tag{11, 3}$$

wo E_k, E_p und E_a durch (3, 1), (3, 3), (3, 4), (3, 5) und (9, 1) definiert sind.

Mit diesem Ausdruck folgt aus dem Variationsprinzip (3, 8) die erweiterte Gleichung

$$(V - V_0) e - \frac{5}{3} \varkappa_k \varrho^{2/3} + \frac{4}{3} \varkappa_a \varrho^{1/3} - \frac{d W_D}{d \varrho} = 0 \, . \tag{11, 4}$$

Hier ist V wieder das Gesamtpotential $V_k + V_e$ und V_0 bezeichnet wieder einen LAGRANGEschen Multiplikator. Wie man aus einem Vergleich von (11, 4) mit (9, 4) sieht, unterscheidet sich die erweiterte Gleichung von der THOMAS-FERMI-DIRACschen Gleichung durch das Glied $\dfrac{d W_D}{d \varrho}$.

Mit (11, 1) erhält man

$$\frac{d\,W_D}{d\,\varrho} = -\,g - \varrho\,\frac{d\,g}{d\,\varrho}\,. \tag{11,5}$$

Der folgenden halber ist es zweckmäßig, diesen Ausdruck umzuformen, indem man $\dfrac{d\,g}{d\,\varrho}$ folgendermaßen schreibt

$$\frac{d\,g}{d\,\varrho} = \frac{d\,g}{d\,(\varrho^{1/3})}\,\frac{d\,\varrho^{1/3}}{d\,\varrho} = \frac{1}{3}\,\lambda\,(\varrho^{1/3})\,\frac{1}{\varrho^{2/3}}\,, \tag{11,6}$$

wo

$$\frac{d\,g}{d\,(\varrho^{1/3})} = \frac{a_1\,a_2}{(\varrho^{1/3} + a_2)^2} = \lambda\,(\varrho^{1/3}) \tag{11,7}$$

gesetzt wurde und $\lambda\,(\varrho^{1/3})$ den Anstieg der Tangente der Kurve $g\,(\varrho^{1/3})$ bedeutet. Mit dieser Bezeichnung erhält man

$$\frac{d\,W_D}{d\,\varrho} = -\,g - \frac{1}{3}\,\lambda\cdot\varrho^{1/3}\,. \tag{11,8}$$

Das erweiterte statistische Atom- und Ionmodell. Die erweiterte Gl. (11, 4) hat für beliebige atomare Systeme Gültigkeit. Im folgenden beschränken wir uns auf Atome und Ionen mit kugelsymmetrischer Elektronenverteilung, wir nehmen also an, daß ϱ und V nur von r abhängen.

Grenzradius und Randdichte. Zur Bestimmung der Randdichte setzen wir voraus, daß die Elektronendichte auch im erweiterten Modell bei einem Radius r_0 abbricht und bestimmen diesen Grenzradius, bzw. die Elektronendichte am Atomrand wieder aus der Gleichung

$$\frac{d\,E}{d\,r_0} = 0\,, \tag{11,9}$$

wobei wir annehmen, daß ϱ im Energieausdruck E eine Lösung der erweiterten Gl. (11, 4) ist. Mit Rücksicht darauf, daß W_D nur von ϱ abhängt, folgt auf eine ganz analoge Weise wie (3, 36) und (9, 14)

$$\frac{d\,E}{d\,r_0} = -\,4\,\pi\,r_0{}^2\left[\frac{2}{3}\,\varkappa_k\,\varrho^{5/3} - \frac{1}{3}\,\varkappa_a\,\varrho^{4/3} - W_D + \frac{d\,W_D}{d\,\varrho}\,\varrho\right]_{r\,=\,r_0}\,. \tag{11,10}$$

Wenn wir beachten, daß nach (11, 1) und (11, 5)

$$W_D - \frac{d\,W_D}{d\,\varrho}\,\varrho = \frac{1}{3}\,\lambda\cdot\varrho^{4/3} \tag{11,11}$$

st und wenn wir für $\varrho(r_0)$ wieder die Bezeichnung ϱ_0 einführen und $\lambda\,(\varrho_0{}^{1/3})$ mit λ_0 bezeichnen, so folgt

$$\frac{d\,E}{d\,r_0} = -\,4\,\pi\,r_0{}^2\left(\frac{2}{3}\,\varkappa_k\,\varrho_0{}^{5/3} - \frac{1}{3}\,\varkappa_a\,\varrho_0{}^{4/3} - \frac{1}{3}\,\lambda_0\varrho_0{}^{4/3}\right). \tag{11,12}$$

Der Ausdruck in der Klammer auf der rechten Seite dieser Gleichung bedeutet ganz analog wie in den Gl. (9, 14) und (3, 36) den Druck des Elektronengases am Atomrand; das Glied mit λ_0 gibt die Korrelationskorrektion.

Da r_0 nicht Null ist und hier — wie wir sofort sehen werden — für ϱ_0 der Wert 0 nicht in Frage kommt, erhält man für ϱ_0 mit (11, 12) aus (11, 9) folgenden Ausdruck

$$\varrho_0 = \left(\frac{\varkappa_a}{2\,\varkappa_k} + \frac{\lambda_0}{2\,\varkappa_k} \right)^3 . \tag{11, 13}$$

Mit $\lambda_0 = 0$ folgt aus diesem Ausdruck für ϱ_0 der Wert (9, 16), der dem THOMAS-FERMI-DIRACschen Modell entspricht. Hieraus sieht man, daß der Wert $\varrho_0 = 0$ für das erweiterte Modell nicht in Frage kommt, denn die Randdichte des erweiterten Modells muß für $\lambda_0 \longrightarrow 0$ in die Randdichte des THOMAS-FERMI-DIRACschen Modells übergehen, das bei $\varrho_0 = 0$ nicht der Fall ist und nur dann gewährleistet wird, wenn man ϱ_0 aus (11, 13) bestimmt.

Mit Hilfe von (11, 7) ist zu sehen, daß (11, 13) für die unbekannte Größe $\varrho_0^{1/3}$ eine Gleichung dritten Grades ist. Aus dieser erhält man für ϱ_0 den Wert

$$\varrho_0 = 0{,}003074 \, \frac{1}{a_0{}^3} , \tag{11, 14}$$

der im Verhältnis zur Randdichte des THOMAS-FERMI-DIRACschen Modells um rund 45% erhöht ist.

Der Ausdruck (11, 13) läßt sich folgendermaßen schreiben

$$\varrho_0 = \left(\frac{\varkappa_a + \lambda_0}{2\,\varkappa_k} \right)^3 = \left(\frac{\varkappa_a{}'}{2\,\varkappa_k} \right)^3 , \tag{11, 15}$$

mit $\lambda_0 = 0{,}0963\, e^2$.

Aus einem Vergleich mit (9, 16) sieht man, daß sich im Ausdruck von ϱ_0 die Korrektion durch die Korrelation formal darin äußert, daß an Stelle von $\varkappa_a = 0{,}7386\, e^2$ die Konstante

$$\varkappa_a{}' = \varkappa_a + \lambda_0 = 0{,}8349\, e^2 \tag{11, 16}$$

tritt.

Da ϱ_0 endlich ist, folgt, daß die Elektronendichte nicht ins Unendliche auslaufen kann. Es ist also r_0 sowohl für neutrale Atome als für Ionen endlich.

Vereinfachung der erweiterten Gleichung. Anstatt die Dichteverteilung der Elektronen aus der Gleichung (11, 4) zu bestimmen, können wir einen einfachen Weg einschlagen und zur Bestimmung der Dichteverteilung eine einfachere Gleichung herleiten, aus der man ebenfalls das Resultat (11, 15) erhält. Da die Korrektion des Dichteverlaufes durch die Korrelation nur in den äußeren Gebieten des Atoms von Wichtigkeit ist und am bedeutendsten am Atomrand also für $\varrho = \varrho_0 = \left(\dfrac{\varkappa a'}{2\,\varkappa_k}\right)^3$ wird, kann man $g(\varrho^{1/3})$ bei $\varrho^{1/3} = \varrho_0^{1/3} = \dfrac{\varkappa a'}{2\,\varkappa_k}$ durch die Tangente f ersetzen, die in Abb. 11 eingezeichnet ist. Diese Tangente läßt sich folgendermaßen darstellen

$$f = \lambda_0 \cdot \varrho^{1/3} + f_0\,, \tag{11,17}$$

wo f_0 die folgende von ϱ unabhängige Konstante bezeichnet

$$f_0 = g\,(\varrho_0^{1/3}) - \lambda_0 \cdot \varrho_0^{1/3} = 0{,}01674\,\frac{e^2}{a_0}\,. \tag{11,18}$$

Mit dem Ausdruck für f folgt aus (11, 1)

$$W_D = -\,\lambda_0\,\varrho^{4/3} -\, f_0\,\varrho \tag{11,19}$$

und man erhält für die Energie des Atoms

$$E = \int \left[\varkappa_k\varrho^{5/3} - \left(V_k + \frac{1}{2}\,V_e\right)\varrho\,e - \varkappa a'\,\varrho^{4/3} - f_0\varrho\right] dv\,. \tag{11,20}$$

Mit diesem Ausdruck ergibt sich aus dem Variationsprinzip die Gleichung

$$(V - V_0)\,e - \frac{5}{3}\,\varkappa_k\varrho^{2/3} + \frac{4}{3}\,\varkappa a'\,\varrho^{1/3} + f_0 = 0\,. \tag{11,21}$$

Für den Lagrangeschen Multiplikator V_0 erhält man aus dieser Gleichung für $\varrho = \varrho_0 = \varkappa a'^3/(2\,\varkappa_k)^3$

$$V_0 = \frac{(Z - N)\,e}{r_0} + \frac{\varkappa a'^2}{4\,\varkappa_k\,e} + \frac{1}{e}\,f_0\,. \tag{11,22}$$

Es sei hierbei darauf hingewiesen, daß aus der exakten Gl. (11, 4) für V_0 derselbe Ausdruck folgt, da die vereinfachte Gleichung für $\varrho = \varrho_0$ mit der exakten übereinstimmt.

Die Konstante f_0 ist in der Gl. (11, 21) bei der Bestimmung von ϱ ohne jeder Bedeutung, denn man kann f_0/e als ein im ganzen Raum konstantes Potential betrachten, das auf den Dichteverlauf keinerlei Einfluß hat. Wir können f_0/e in $- V_0$ aufnehmen. Wenn man nämlich statt den Lagrangeschen Multiplikator V_0 die Konstante

$$V_0{}' = \frac{(Z - N)\,e}{r_0} + \frac{\varkappa a'^2}{4\,\varkappa_k\,e} \tag{11,23}$$

einführt, so kann man die Gl. (11, 21) in folgender Form schreiben

$$(V - V_0{}')\,e - \frac{5}{3}\,\varkappa_k\varrho^{2/3} + \frac{4}{3}\,\varkappa a'\,\varrho^{1/3} = 0\,, \tag{11,24}$$

in der f_0 nicht mehr auftritt und die sich von der Thomas-Fermi-Diracschen Gleichung nur darin unterscheidet, daß statt $\varkappa_a$ überall $\varkappa_a'$ steht. Die Ausdrücke, die sich auf das THOMAS-FERMI-DIRACsche Modell beziehen, werden also nur insofern abgeändert, daß man statt $\varkappa_a$ überall $\varkappa_a'$ zu setzen hat; so ergibt sich z. B. für die Randdichte natürlich wieder das Resultat (11, 15).

Der vereinfachten Gl. (11, 24) liegt die Näherung zugrunde, daß wir $g(\varrho^{1/3})$ durch die Tangente bei $\varrho_0^{1/3}$ ersetzt haben. Die Gl. (11, 24) stimmt also für ϱ_0 mit der exakten Gl. (11, 4) überein und gibt in der Umgebung von ϱ_0 eine sehr gute Approximation der exakten Gleichung, da in der Umgebung von ϱ_0 die Funktion g sehr gut durch f angenähert wird. Man vgl. hierzu Abb. 11, aus der zu sehen ist, daß die Approximation bis zu $\varrho^{1/3} \simeq 2\,\varrho_0^{1/3}$, also bis zu rund achtmal größeren Elektronendichten als ϱ_0 gerechtfertigt ist. Dies bedeutet z. B. beim Xenon-Atom (man vgl. die obere Abszisse in Abb. 11), daß die Approximation von $r = r_0 = 4{,}39\,a_0$ bis $r \simeq 2{,}5\,a_0$, also im ganzen äußeren Bereich des Atoms gut ist. Hieraus folgt, daß man zur Bestimmung des Dichteverlaufes die Gl. (11, 24) zugrundelegen kann, denn die Korrektion durch die Korrelation ist nur in den äußeren Gebieten des Atoms von Bedeutung. In den inneren Gebieten des Atoms wird die Korrektion durch die Korrelation unwesentlich, denn wie aus den Arbeiten von JENSEN folgt, ändert im Inneren des Atoms selbst die bedeutend größere Austauschkorrektion den Dichteverlauf nur ganz unbedeutend, dieser bleibt also dort praktisch derselbe wie im ursprünglichen THOMAS-FERMIschen Modell. Wir möchten aber hierbei betonen, daß man die vereinfachte Gleichung nur zur Bestimmung der Dichteverteilung heranziehen kann, der Berechnung weiterer Atomeigenschaften, z. B. der Energie, hat man die exakte Gl. (11, 4) zugrunde zu legen.

Aus der Gl. (11, 24) folgt für ϱ

$$\varrho = \sigma_0\,[(V - V_0' + \tau_0'^2)^{1/2} + \tau_0']^3\,, \qquad (11, 25)$$

wo σ_0 durch (3, 17) definiert ist und τ_0' folgende Konstante bezeichnet

$$\tau_0' = \left(\frac{4\,\varkappa_a'^2}{15\,\varkappa_k\,e}\right)^{1/2} = 0{,}2544 \left(\frac{e}{a_0}\right)^{1/2}\,. \qquad (11, 26)$$

Mit dem Ausdruck (11, 25) erhält man aus der POISSONschen Gleichung für V die Bestimmungsgleichung

$$\Delta\,(V - V_0' + \tau_0'^2) = 4\,\pi\,\sigma_0\,e\,[(V - V_0' + \tau_0'^2)^{1/2} + \tau_0']^3\,, \qquad (11, 27)$$

aus der für den Fall eines Atoms oder Ions mit kugelsymmetrischer Elektronenverteilung mit $x = \dfrac{r}{\mu}$ und $\psi(x) = \dfrac{r}{Z\,e}\,(V - V_0' + \tau_0'^2)$ die Gleichung

$$\psi'' = x \left[\left(\frac{\psi}{x} \right)^{1/2} + \beta_0' \right]^3 \tag{11, 28}$$

folgt, wo β_0' die folgende Konstante bezeichnet

$$\beta_0' = \frac{2\,\varkappa a'}{3\,(4\,\pi)^{1/3}\,e^2\,Z^{2/3}} = \frac{0{,}2394}{Z^{2/3}} \tag{11, 29}$$

und ψ'' die zweite Ableitung von ψ nach x bedeutet.

Die Randbedingungen, denen ψ zu genügen hat, sind die folgenden

$$\psi(0) = 1 , \qquad x_0\,\psi'(x_0) - \psi(x_0) = -q , \qquad \psi(x_0) = \frac{\beta_0'^2}{16}\,x_0 , \tag{11, 30}$$

wo $x_0 = r_0/\mu$ ist.

Die Gl. (11, 28) ist ihrer Form nach mit der THOMAS-FERMI-DIRACschen Gleichung (9, 26) identisch, ein Unterschied besteht nur darin, daß statt der Konstante β_0 die Konstante β_0' steht. Dasselbe gilt in entsprechender Weise für die Randbedingungen.

Lösung der erweiterten und vereinfachten Gleichung. Da die Lösungen der THOMAS-FERMI-DIRACschen Gleichung bei vorgegebenem Ionisationsgrad q nur von β_0 abhängen, und durch die Korrelationskorrektion nur β_0 abgeändert wird, sind die Lösungen der THOMAS-FERMI-DIRACschen Gleichung (9, 26) zugleich Lösungen der erweiterten und vereinfachten Gl. (11, 28), die zum selben q-Wert, aber zu einer anderen Ordnungszahl, und zwar zu $Z = (0{,}2394/\beta_0)^{3/2}$ gehören, wie dies aus der Bedingung $\beta_0' = \beta_0$ folgt. Die von JENSEN, MEYER-GOSSLER und ROHDE für Ar, Kr und X im Anhang II, sowie in den Tab. 8 bis 10 angegebenen Lösungen der Gl. (9, 26) sind also bzw. die Lösungen der Gl. (11, 28) für die Ordnungszahlen $Z = 21{,}6$, $Z = 43{,}3$ und $Z = 64{,}9$, die der Reihe nach zirka den Atomen Ti, Ma und Tb entsprechen; die Ionisationsgrade q, zu denen die verschiedenen Lösungen gehören (nicht aber $Z - N$), bleiben unverändert. Die Atome Ti, Ma und Tb haben keine abgeschlossenen Elektronenschalen, so daß der Verlauf der Elektronendichte in den äußeren Gebieten dieser Atome statistisch nur in grober Näherung dargestellt werden kann.

Wie wir im § 9 gesehen haben, sind negative Ionen in der THOMAS-FERMI-DIRACschen Theorie nicht stabil. Stabile Gebilde ergeben sich nur bis zu einem negativen Ladungsüberschuß von $-0{,}3\,e$. Durch die Korrelation wird die Stabilität negativer Ionen begünstigt. Näheres hierüber kann man aber nur mit Hilfe einer weiteren Untersuchung über die Lösungen der Gl. (11, 28) feststellen, die noch aussteht.

Die Grenzradien des erweiterten Modells kann man für die Atome Ar, Kr und X und für die Ionen dieser Atome ohne die erweiterte Gleichung zu lösen einfach durch Interpolation aus den Daten der Tab. 10 von JENSEN, MEYER-GOSSLER und ROHDE bestimmen. Dies gewährleistet wieder der Umstand, daß die Lösung der Gl. (9, 26) für einen bestimmten

Ionisationsgrad q nur von β_0 abhängt. Man hat bei der Interpolation darauf zu achten, daß die Interpolation für die x_0-Werte und nicht für die r_0-Werte durchzuführen ist, da $r_0 = \mu\, x_0$ ist und in μ die Ordnungszahl Z eingeht. r_0 ergibt sich dann aus den durch Interpolation festgestellten x_0-Werten durch Multiplikation mit μ. Auf diese Weise erhält man die in Tab. 13 angegebenen Werte von x_0 und r_0. Für solche Ionisationsgrade, die in Tab. 13 nicht angeführt sind, kann man x_0, bzw. r_0 aus den Werten dieser Tabelle leicht durch eine weitere Interpolation feststellen. Aus einem Vergleich der in Tab. 13 angegebenen Werte von x_0 und r_0 mit den entsprechenden Werten der Tab. 10 sieht man, daß bei den neutralen Atomen die mit Berücksichtigung der Korrelation bestimmten Grenzradien bis zu 8 % kleiner sind als die Grenzradien des THOMAS-FERMI-DIRACschen Modells. Für positive Ionen wird der relative Unterschied der mit und ohne Korrelation berechneten Grenzradien sukzessive kleiner und beträgt bei dem Ar^{++}-Ion nur mehr weniger als 2 %.

In Tab. 14 geben wir die Grenzradien der Ionen K^+, Rb^+, Cs^+ und Ca^{++}, Sr^{++}, Ba^{++} an, die wir mit Hilfe der Grenzradien der einfach, bzw. zweifach ionisierten Edelgasatome durch eine weitere Interpolation ermittelten.

Aus der Gestalt der Korrelationskorrektion folgt, daß diese den Verlauf der Elektronendichte im THOMAS-FERMI-DIRACschen Atom nur in den äußeren Gebieten des Atoms abändert, und zwar etwas erhöht, im Inneren des Atoms bleibt aber der Dichteverlauf praktisch derselbe wie beim THOMAS-FERMI-DIRACschen Modell, bzw. beim ursprünglichen THOMAS-FERMIschen Modell.

Tab. 13. Grenzradien der freien Atome Ar, Kr und X und der freien Ionen dieser Atome mit Korrelationskorrektion für verschiedene Ionisationsgrade q.

r_0 in a_0-Einheiten.

q	Ar			Kr			X		
	$Z-N$	x_0	r_0	$Z-N$	x_0	r_0	$Z-N$	x_0	r_0
0	0	12,00	4,05	0	15,50	4,16	0	18,50	4,33
0,00556	0,10	11,50	3,88	0,20	14,60	3,91	0,30	17,10	4,00
0,01111	0,20	11,05	3,73	0,40	13,85	3,71	0,60	15,95	3,74
0,01944	0,35	10,45	3,53	0,70	12,85	3,45	1,05	14,50	3,40
0,02778	0,50	9,90	3,34	1,00	12,10	3,24	1,50	13,45	3,15
0,04167	0,75	9,25	3,12	1,50	11,05	2,96	2,25	12,05	2,82
0,05556	1,00	8,70	2,94	2,00	10,20	2,73	3,00	11,05	2,59
0,06944	1,25	8,25	2,79	2,50	9,45	2,53	3,75	10,20	2,39
0,08333	1,50	7,85	2,65	3,00	8,85	2,37	4,50	9,50	2,22
0,09722	1,75	7,50	2,53	3,50	8,30	2,23	5,25	8,90	2,08
0,11111	2,00	7,20	2,43	4,00	7,80	2,09	6,00	8,35	1,96

Tab. 14. Grenzradien der freien Ionen K$^+$, Rb$^+$, Cs$^+$ und Ca^{++}, Sr^{++} Ba^{++} mit Korrelationskorrektion.

r_0 in a_0-Einheiten.

	K$^+$	Rb$^+$	Cs$^+$	Ca^{++}	Sr^{++}	Ba^{++}
x_0	8,91	12,28	14,75	7,56	10,50	12,67
r_0	2,96	3,26	3,43	2,47	2,76	2,93

Energiebeziehungen. Die für einige Anwendungen wichtige Beziehung $V_0 e = -\dfrac{\partial E}{\partial N}$ bleibt auch weiterhin bestehen. Hierbei ist zu bemerken, daß auf der linken Seite dieser Gleichung der LAGRANGEsche Multiplikator (11, 22) steht, der nicht mit der Konstante V_0' zu verwechseln ist.

Die Korrelationsenergie E_w eines Atoms oder Ions kann man aus (11, 2) berechnen. Den größten Beitrag zu E_w liefern die Gebiete, wo ϱ groß ist. Für große ϱ kann man aber im Nenner des Ausdruckes von $g\,(\varrho^{1/3})$ die Konstante α_2 vernachlässigen und man erhält $g\,(\varrho^{1/3}) \simeq \alpha_1$. Es folgt also

$$E_w = -\alpha_1 \int \varrho\, dv = -N\alpha_1 = -0{,}056\,N\,\frac{e^2}{a_0} = -1{,}5\,N\,\text{e-Volt}. \qquad (11,\,31)$$

Die Korrelationsenergie ergibt sich also in dieser Näherung zu N proportional. E_w ist relativ sehr klein und beträgt bei einem Atom vom mittleren Atomgewicht, z. B. Kr, nur rund $\frac{1}{2}\,{}^0/_{00}$ der Gesamtenergie. Es sei noch bemerkt, daß (11, 31) für E_w nur einen Näherungswert gibt, denn bei einer genauen Berechnung von E_w hätte man für g den Ausdruck (2, 69) einzusetzen.

Für den Virialsatz des Atoms, bzw. Ions ergibt sich durch die Korrelation nur eine sehr kleine Korrektion. Diese kann man am einfachsten mit dem FOCKschen Variationsverfahren (man vgl. die S. 62 bis 64) abschätzen. Aus (11, 31) sieht man, daß die Korrelationsenergie in erster Näherung den Virialsatz überhaupt nicht ändert, denn bei der FOCKschen Variation bleibt der Ausdruck (11, 31) unverändert. Um also die Korrektion feststellen zu können, müssen wir aus dem Ausdruck (11, 2) ausgehen. Wenn man mit diesem den Energieausdruck (11, 3) bildet, so erhält man mit dem FOCKschen Verfahren, daß man die linke Seite der Gl. (9, 37) durch

$$-\int g \cdot \varrho\, dv + \frac{1}{\alpha_1} \int g^2 \cdot \varrho\, dv \qquad (11,\,32)$$

zu ergänzen hat. Zur Abschätzung dieser Korrektion entwickeln wir g [man vgl. (2, 69)] nach Potenzen von $\alpha_2/\varrho^{1/3}$, das zulässig ist, da $\varrho^{1/3}$ überall größer ist als α_2 und nur in den Randgebieten des Atoms von praktisch derselben Größe wird wie α_2. Die Reihenentwicklung brechen wir nach dem zweiten Glied ab. Für das erste Glied der Reihe verschwindet die Korrektion, für das zweite Glied erhält man aus (11, 32)

$$-\alpha_1\,\alpha_2 \int \varrho^{2/3}\,dv = -0{,}0069 \int \varrho^{2/3} dv\,. \tag{11, 33}$$

Man kann also in erster Näherung die Korrektion durch diesen Ausdruck darstellen, der zu Werten führt, die mit wachsender Elektronenzahl ansteigen. Für das mittelschwere Atom Kr führt eine Schätzung des Korrektionsgliedes zu $-6{,}0$ e-Volt. Im Verhältnis zu den übrigen Gliedern der rechten Seite der Gl. (9, 37) ist also die Korrektion gänzlich unbedeutend.

Modifikation des erweiterten statistischen Atom- und Ionmodells. Wir können das erweiterte Atom- und Ionmodell ganz analog modifizieren wie dies JENSEN bei dem THOMAS-FERMI-DIRACschen Modell getan hat[1], indem wir auf die exakte Gl. (11, 4) zurückgehen und in dieser die Summe der beiden Korrektionsglieder $\left(\text{Austauschglied } \dfrac{4}{3}\,\varkappa_a\,\varrho^{1/3} \text{ und}\right.$ Korrelationsglied $\left.-\dfrac{d\,W_D}{d\,\varrho}\right)$ nur im Inneren des Atoms beibehalten, weiter außen aber durch das FERMI-AMALDIsche Korrektionsglied $-\,V_e\,e/N$ ersetzen, das am Atomrand in e^2/r übergeht. Man kann dies ganz analog wie die Modifikation des THOMAS-FERMI-DIRACschen Modells begründen, denn einerseits ist die Korrelationsenergie im Verhältnis zur Austauschenergie klein und anderseits hat die Korrelationsenergie ihren Ursprung in einem Abdrängungseffekt, der zum Abdrängungseffekt der Elektronen mit parallelem Spin analog ist, aus welchem die Austauschenergie resultiert.

Wir ersetzen also die Summe der Dichte der Austauschenergie und der Korrelationsenergie durch eine Funktion der Elektronendichte und des Ortes $-\omega_c\,(\varrho, r)$, wir setzen also für die Energie

$$E = \int \left[\varkappa_k\varrho^{5/3} - \left(V_k + \frac{1}{2}\,V_e\right)e\,\varrho - \omega_c\right] dv\,. \tag{11, 34}$$

Mit ω_c erhalten wir als modifizierte Gleichung

$$(V - V_0)\,e - \frac{5}{3}\,\varkappa_k\varrho^{2/3} + \frac{\partial\,\omega_c}{\partial\,\varrho} = 0\,. \tag{11, 35}$$

$\dfrac{\partial\,\omega_c}{\partial\,\varrho}$ ist durch folgende Bedingungen festgelegt. Am Atomrand

$$\frac{\partial\,\omega_c}{\partial\,\varrho} \longrightarrow \frac{e^2}{r} \tag{11, 36}$$

und für kleine r

---

[1] Man vgl. § 10.

$$\frac{\partial \omega_c}{\partial \varrho} \longrightarrow \frac{4}{3} \varkappa_a \varrho^{1/3} - \frac{d W_D}{d \varrho} , \qquad (11,37)$$

wodurch $\dfrac{\partial \omega_c}{\partial \varrho}$ praktisch willkürfrei bestimmt ist.

Wesentlich ist, daß wir das Resultat, nach welchem die Randdichte mit Berücksichtigung der Korrelation $\left(\dfrac{\varkappa_a'}{2 \varkappa_k}\right)^3$ beträgt, beibehalten. Mit Rücksicht hierauf folgt aus (11, 35)

$$V_0 = \frac{(Z - N + 1)\, e}{r_0} - \frac{5 \varkappa_a'^2}{12 \varkappa_k e} . \qquad (11,38)$$

Die Berechnung des Dichteverlaufes im modifizierten Modell erfolgt nun in ganz analoger Weise wie beim modifizierten THOMAS-FERMI-DIRACschen Modell (§ 10), mit dem Unterschied, daß jetzt die Randdichte durch (11, 15) gegeben ist. Wir bestimmen also den Dichteverlauf statt aus der modifizierten Gl. (11, 35) aus der FERMI-AMALDIschen Gleichung, die man auf die Form (7, 13) bringen kann und die mit der Bedingung (11, 15) praktisch denselben Dichteverlauf liefert wie die modifizierte Gleichung. Der Berechnung anderer Atomeigenschaften hat man natürlich auch hier ganz analog wie im Falle des modifizierten THOMAS-FERMI-DIRACschen Modells die modifizierte Gleichung zugrunde zu legen.

Von den Randbedingungen, denen die Lösung φ der Gl. (7, 13) zu genügen hat, bleiben (10, 6) und (10, 9) unverändert, die Randbedingung (10, 7), die aus dem Wert der Randdichte folgt, wird jedoch abgeändert, da sich bei Berücksichtigung der Korrelation der Wert der Randdichte ändert. Und zwar erhält man jetzt statt (10, 7)

$$\varphi (x_0) = \alpha_0'^2 x_0 , \qquad (11,39)$$

wo

$$\alpha_0' = \frac{5 \varkappa_a'}{6 (4 \pi)^{1/3} e^2} \frac{N^{1/3}}{Z^{2/3} (N-1)^{1/3}} = 0{,}2993 \, \frac{N^{1/3}}{Z^{2/3} (N-1)^{1/3}} \qquad (11,40)$$

ist.

Die Konstante k im Ausdruck (10, 10) von φ hat man jetzt aus den Randbedingungen (11, 39) und (10, 9) zu bestimmen. Mit k ist der Dichteverlauf eindeutig festgelegt. k und x_0 wurden für mehrere Atome und Ionen bestimmt, die Resultate sind in Tab. 15 zusammengestellt. Die Unsicherheit von x_0 beträgt zirka 1 %.

Aus einem Vergleich mit den Daten der Tab. 12 sieht man, daß die mit Berücksichtigung der Korrelation berechneten x_0-Werte durchweg kleiner sind, als diejenigen, die man ohne Korrelation erhält. Die Atome und Ionen werden also durch die Korrelation kontrahiert. Die relative Verkleinerung von x_0 ist bei den negativen Halogen-Ionen durchschnittlich 6,5 %, bei den neutralen Edelgasen 4,5 %, bei den einfach ionisierten

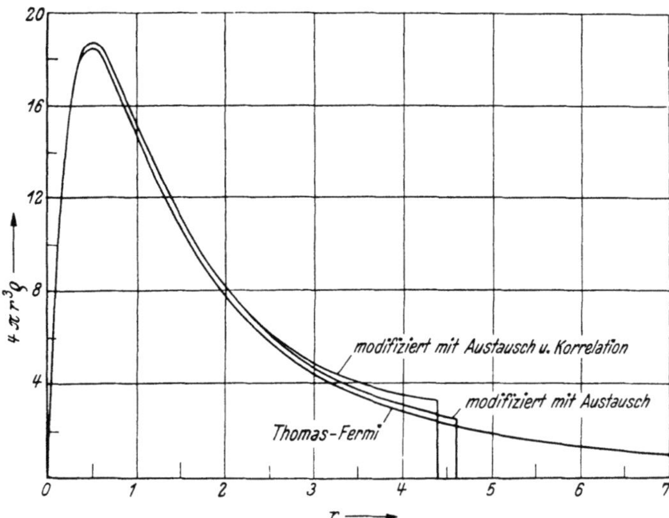

Abb. 12. Vergleich der mit Austausch, bzw. der mit Austausch und Korrelation modifizierten statistischen und der ursprünglichen THOMAS-FERMIschen statistischen Dichteverteilung der Elektronen im X-Atom. r in a_0-Einheiten.

positiven Alkali-Ionen 3 % und bei den zweifach ionisierten positiven Erdalkali-Ionen 2 %. Bei den positiven Ionen sinkt die relative Verkleinerung von x_0 mit wachsendem Ionisationsgrad[1].

Die Elektronenverteilung wird durch die Korrelation in den Randgebieten beeinflußt und ist in diesen Gebieten stets größer als die Elektronendichte, die man ohne Korrelation erhält. Zum Vergleich haben wir in Abb. 12 für das Xenon-Atom das r-fache der radialen Elektronendichte mit und ohne Korrelation zusammen mit der entsprechenden Funktion, die man aus dem ursprünglichen THOMAS-FERMIschen Modell erhält, dargestellt. Es sei hierbei bemerkt, daß der in Abb. 12 dargestellte Dichteverlauf der modifizierten statistischen Modelle den Dichteverlauf der entsprechenden nicht-modifizierten Modelle — also des THOMAS-FERMI-DIRACschen Modells, bzw. des durch die Korrelation erweiterten Modells — ziemlich gut annähert, da sich die entsprechenden Grenzradien nur wenig unterscheiden.

Zum weiteren Vergleich ist in den Abb. 13, 14 und 15 der mit Berücksichtigung der Korrelation berechnete statistische Dichteverlauf zusammen mit dem HARTREEschen[2] für Ar, Rb$^+$ und Cl$^-$ dargestellt, woraus

---

[1] Bezüglich der mit und ohne Korrelation berechneten k-Werte für Mg^{++} sei bemerkt, daß die Übereinstimmung der beiden k-Werte nur eine Folge dessen ist, daß die letzte Ziffer der entsprechenden x_0-Werte abgerundet wurde.

[2] Bezüglich der HARTREEschen Dichteverteilungen vgl. man die Fußnoten [1] auf S. 55, [1] auf S. 57 und [1] auf S. 70.

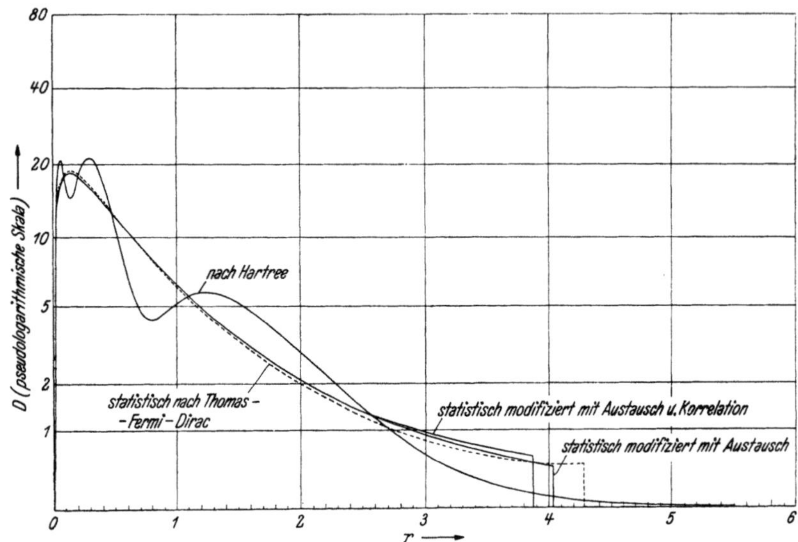

Abb. 13. Vergleich der mit Austausch, bzw. der mit Austausch und Korrelation modifizierten statistischen, der THOMAS-FERMI-DIRACschen statistischen und der HARTREEschen wellenmechanischen radialen Dichteverteilung der Elektronen im Ar-Atom. r in a_0-Einheiten, $D = 4\pi r^2 \varrho$ in $1/a_0$-Einheiten.

man sieht, daß der korrigierte statistische Dichteverlauf nicht nur wie im ursprünglichen THOMAS-FERMIschen Modell, im Inneren des Atoms oder Ions, sondern auch in den äußeren Gebieten durchweg einen guten

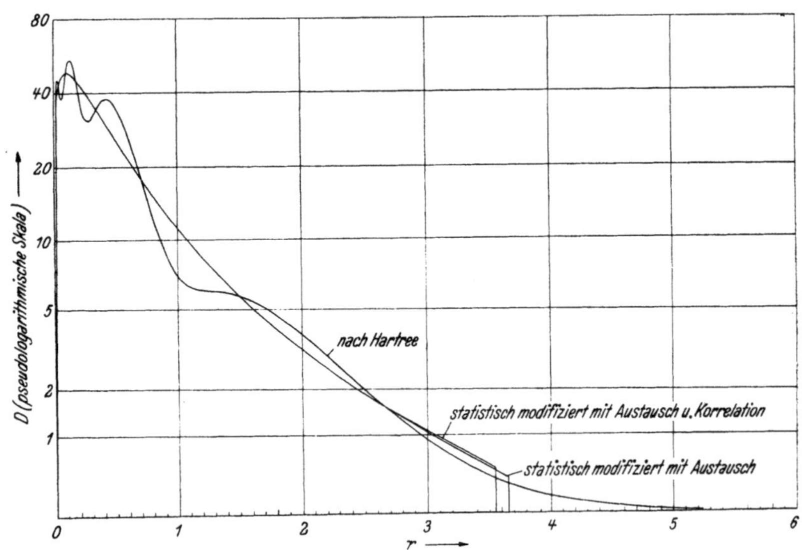

Abb. 14. Vergleich der mit Austausch, bzw. der mit Austausch und Korrelation modifizierten statistischen und der HARTREEschen wellenmechanischen radialen Dichteverteilung der Elektronen im Rb⁺-Ion. r in a_0-Einheiten, $D = 4\pi r^2 \varrho$ in $1/a_0$-Einheiten.

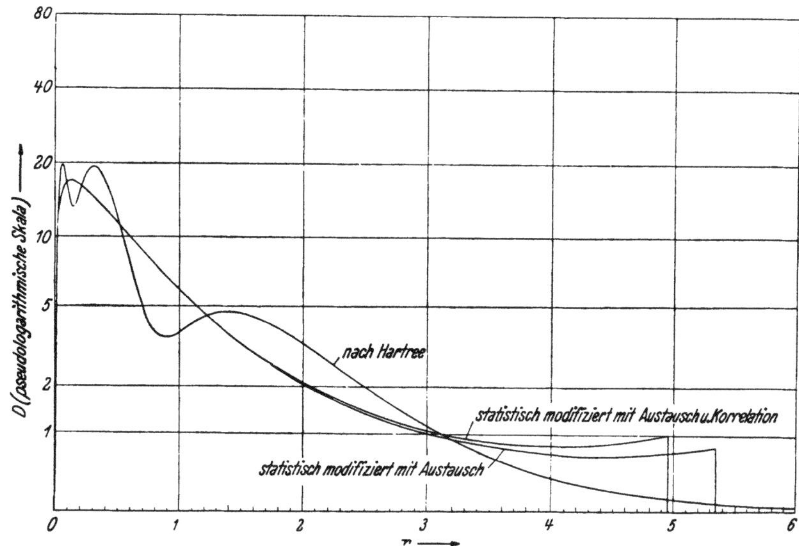

Abb. 15. Vergleich der mit Austausch, bzw. der mit Austausch und Korrelation modifizierten statistischen und der HARTREEschen wellenmechanischen radialen Dichteverteilung der Elektronen im Cl^--Ion. r in a_0-Einheiten, $D = 4\pi r^2 \varrho$ in $1/a_0$-Einheiten.

Tab. 15. Werte von k, x_0 und r_0 mit Korrelationskorrektion berechnet. r_0 in a_0-Einheiten.

	F^-	Cl^-	Br^-	J^-
k	$+1{,}35.10^{-4}$	$+2{,}88.10^{-5}$	$+5{,}01.10^{-6}$	$+1{,}82.10^{-6}$
x_0	10,45	13,85	18,80	22,30
r_0	4,77	4,95	5,19	5,32

	Ne	Ar	Kr	X
k	$-6{,}60.10^{-6}$	$+6{,}06.10^{-6}$	$+1{,}95.10^{-6}$	$+8{,}50.10^{-7}$
x_0	8,00	11,05	15,45	18,50
r_0	3,53	3,88	4,22	4,39

	Na^+	K^+	Rb^+	$Cs^{\div}$
k	$-4{,}43.10^{-4}$	$-7{,}80.10^{-5}$	$-9{,}80.10^{-6}$	$-2{,}81.10^{-6}$
x_0	6,55	9,15	13,10	15,95
r_0	2,80	3,15	3,55	3,76

	Mg^{++}	Ca^{++}	Sr^{++}	Ba^{++}
k	$-1{,}34.10^{-3}$	$-2{,}57.10^{-4}$	$-3{,}33.10^{-5}$	$-1{,}07.10^{-5}$
x_0	5,50	7,80	11,50	14,05
r_0	2,28	2,64	3,09	3,29

Mittelwert des wellenmechanischen darstellt. Zum weiteren Vergleich ist in diesen Abbildungen auch die mit dem in § 10 geschilderten Verfahren ohne Korrelationskorrektion berechnete statistische Verteilung und in Abb. 13 auch die THOMAS-FERMI-DIRACsche Verteilung eingezeichnet.

§ 12. Korrektion der kinetischen Energie.

Die Austauschkorrektion und die Korrelationskorrektion sind Korrektionen der Wechselwirkungsenergie der Elektronen. Außer diesen durch die Wechselwirkung der Elektronen bedingten Korrektionen hat man aber noch eine Korrektion an der kinetischen Energie des Elektronengases zu berücksichtigen, die zuerst von WEIZSÄCKER[1] hergeleitet wurde. Bisher haben wir in einem Teilvolumen dv des Elektronengases im atomaren System das Potential als konstant betrachtet, wir haben also die Elektronen als frei behandelt und dementsprechend für ihre Eigenfunktionen ebene Wellen angesetzt und ihre kinetische Energie durch den Ausdruck (3, 1) dargestellt. Die Voraussetzung eines konstanten Potentials in dv kann aber nur als eine Näherung betrachtet werden, die in unmittelbarer Nähe eines Kernes, wo sich das Potential mit der Entfernung vom Kern sehr stark ändert, nicht gerechtfertigt werden kann. Im folgenden soll nun dem Umstand, daß das Potential in dv nicht konstant ist, Rechnung getragen werden, woraus ein Korrektionsglied im Ausdruck der kinetischen Energie resultiert.

Herleitung der kinetischen Energiekorrektion. Die Korrektion der kinetischen Energie kann man durch folgende sehr einfache Überlegungen feststellen. Die FERMISche kinetische Nullpunktsenergie eines Elektronengases von der Elektronendichte ϱ, die pro Volumeneinheit durch den Ausdruck

$$U_D^0 = \varkappa k\, \varrho^{5/3} \tag{12, 1}$$

dargestellt wird, ist ausschließlich eine Folge des PAULI-Prinzips, nach welchem sich in einer Elementarzelle vom Volumen h^3 des Phasenraumes nur höchstens zwei Elektronen befinden können.

Ohne dem PAULI-Prinzip, also im Falle der BOSE-Statistik, würden die Elektronen im Gleichgewicht alle den möglichst tiefsten Quantenzustand besetzen. Wenn wir die Eigenfunktion dieses Zustandes mit ψ und die Anzahl der Elektronen mit n bezeichnen, so ergibt sich also für die Dichte und die wellenmechanische kinetische Energie der Elektronen

$$\varrho = n\,|\psi|^2, \tag{12, 2}$$

$$U_D^i = n\,\frac{h^2}{8\,\pi^2\,m}\,|\mathrm{grad}\,\psi|^2 = \frac{1}{2}\,e^2\,a_0\,n\,|\mathrm{grad}\,\psi|^2 . \tag{12, 3}$$

---

[1] C. F. v. WEIZSÄCKER, Zs. f. Phys. **96**, 431, 1935.

Durch Elimination von ψ folgt

$$U_D^i = \varkappa_i \frac{(\operatorname{grad}\varrho)^2}{\varrho} \qquad (12,4)$$

mit

$$\varkappa_i = \frac{1}{8}\,e^2\,a_0 . \qquad (12,5)$$

Wenn man nun dem PAULI-Prinzip Rechnung tragen will, also berücksichtigen will, daß die Elektronen nicht alle den energetisch tiefsten Quantenzustand besetzen und voraussetzt, daß $\operatorname{grad}\varrho$ vom Impulsvektor unabhängig ist, so hat man zu U_D^i noch U_D^0 hinzuzunehmen. Man erhält also für die gesamte kinetische Energie der Elektronen pro Volumeneinheit

$$U_D = U_D^0 + U_D^i = \varkappa_k\,\varrho^{5/3} + \varkappa_i \frac{(\operatorname{grad}\varrho)^2}{\varrho} . \qquad (12,6)$$

Das Korrektionsglied ist also U_D^i, das aus der Inhomogenität der Dichteverteilung resultiert und für eine gänzlich konstante Verteilung, also für $\operatorname{grad}\varrho = 0$ verschwindet.

Die Inhomogenitätskorrektion wurde ursprünglich von WEIZSÄCKER auf wellenmechanischem Wege hergeleitet. Eine sehr übersichtliche, ebenfalls wellenmechanische Herleitung dieser Korrektion gab im Anschluß an die Betrachtungen WEIZSÄCKERS HELLMANN[1], der wir hier in einer etwas verallgemeinerten Form folgen wollen.

Wir denken uns einen Teilbereich der Elektronenwolke des Systems, z. B. einen Elementarwürfel vom Volumen v, in dem sich noch viele Elektronen befinden, in dem aber das Potential nicht mehr konstant ist, durch undurchlässige Wände abgegrenzt. In erster Näherung nehmen wir an, daß in v ein schwaches elektrisches Feld herrscht. Für den Fall eines schwachen Feldes eignet sich für die Eigenfunktion folgender Ansatz

$$\psi = A\,(x,y,z;p_x,p_y,p_z)\sin[s_1(x)-\gamma_1]\sin[s_2(y)-\gamma_2]\sin[s_3(z)-\gamma_3] . \qquad (12,7)$$

A ist eine Funktion des Ortes und des Impulses; $\gamma_1,\gamma_2,\gamma_3$ sind Konstanten, die durch die Forderung, daß ψ am Rande des herausgegriffenen Bereiches verschwinden soll, bestimmt sind. Man kann diesen Ansatz als eine Erweiterung der Eigenfunktion eines Elektrons betrachten, das sich in einem kräftefreien würfelförmigen Volumen befindet.

Da ψ am Rande des herausgegriffenen Bereiches verschwindet, erhält man für die kinetische Energie des Elektrons

---

[1] H. HELLMANN, Acta Physicochimica U. R. S. S. **4,** 225, 1936. Eine einfache Herleitung der Inhomogenitätskorrektion gab auch I. FÉNYES, Csillagászati Lapok (Budapest) **7,** 57, 1944 und Muzeumi Füzetek (Kolozsvár) **III,** 3, 1945.

$$u = -\frac{h^2}{8\,\pi^2\,m}\,\frac{\int\psi^*\,\varDelta\,\psi\,dv}{\int\psi^*\,\psi\,dv} = \frac{h^2}{8\,\pi^2\,m}\,\frac{\int|\mathrm{grad}\,\psi|^2\,dv}{\int|\psi|^2\,dv}\,. \tag{12, 8}$$

Für den x-Anteil der kinetischen Energie, d. h. für den Anteil mit der x-Komponente von grad ψ, ergibt sich

$$
u_x = \frac{h^2}{8\,\pi^2 m}\left[
\frac{\iiint\left(\dfrac{\partial A}{\partial x}\right)^2\sin^2(s_1-\gamma_1)\sin^2(s_2-\gamma_2)\sin^2(s_3-\gamma_3)\,dx\,dy\,dz}{\iiint A^2\sin^2(s_1-\gamma_1)\sin^2(s_2-\gamma_2)\sin^2(s_3-\gamma_3)\,dx\,dy\,dz} +
\right.
$$

$$
+ \frac{\iiint A^2\left(\dfrac{\partial s_1}{\partial x}\right)^2\cos^2(s_1-\gamma_1)\sin^2(s_2-\gamma_2)\sin^2(s_3-\gamma_3)\,dx\,dy\,dz}{\iiint A^2\sin^2(s_1-\gamma_1)\sin^2(s_2-\gamma_2)\sin^2(s_3-\gamma_3)\,dx\,dy\,dz} +
$$

$$
\left.
+ \frac{2\iiint A\,\dfrac{\partial A}{\partial x}\,\dfrac{\partial s_1}{\partial x}\sin(s_1-\gamma_1)\cos(s_1-\gamma_1)\sin^2(s_2-\gamma_2)\sin^2(s_3-\gamma_3)\,dx\,dy\,dz}{\iiint A^2\sin^2(s_1-\gamma_1)\sin^2(s_2-\gamma_2)\sin^2(s_3-\gamma_3)\,dx\,dy\,dz}
\right].
\tag{12, 9}
$$

Wenn man den herausgegriffenen Bereich genügend klein wählt, so kann man A, $\dfrac{\partial A}{\partial x}$ und $\dfrac{\partial s_1}{\partial x}$ bei der Integration als konstant betrachten und vor das Integralzeichen ziehen. Da außerdem wegen der Randbedingung für ψ sin $(s_1-\gamma_1)$ und cos $(s_1-\gamma_1)$ zwischen den Integrationsgrenzen mindestens eine halbe Periode durchlaufen, ergibt die Integration über $\sin^2(s_1-\gamma_1)$ und $\cos^2(s_1-\gamma_1)$ annähernd dieselbe Konstante und das Integral über sin $(s_1-\gamma_1)\cdot\cos(s_1-\gamma_1)$ verschwindet. Man erhält also

$$u_x = \frac{h^2}{8\,\pi^2 m}\left[\left(\frac{\partial s_1}{\partial x}\right)^2 + \frac{1}{A^2}\left(\frac{\partial A}{\partial x}\right)^2\right]. \tag{12, 10}$$

Beim Übergang zur klassischen Mechanik, also in der geometrischen Näherung der Wellenmechanik ist $\dfrac{h}{2\,\pi}\,\dfrac{\partial s_1}{\partial x}$ die x-Komponente des klassischen Impulses des Elektrons, es ist also

$$\frac{h}{2\,\pi}\,\frac{\partial s_1}{\partial x} = p_x\,. \tag{12, 11}$$

Damit ergibt sich

$$u_x = \frac{p_x^2}{2\,m} + \frac{h^2}{8\,\pi^2 m}\left[\frac{\partial(\ln A)}{\partial x}\right]^2. \tag{12, 12}$$

Die y- und z-Beiträge zur kinetischen Energie kann man ganz analog berechnen und erhält durch Addition dieser Beiträge für die gesamte kinetische Energie des Elektrons

$$u = \frac{p^2}{2m} + \frac{h^2}{8\pi^2 m}\,[\mathrm{grad}\,(\ln A)]^2\,, \qquad (12,13)$$

wo p den Betrag des Impulses des Elektrons bezeichnet.

Wenn wir annehmen, daß der herausgegriffene Bereich gerade die Volumeneinheit darstellt, so ergibt sich die kinetische Energie aller in diesem Volumen befindlichen Elektronen folgendermaßen

$$U_D = \int\!\!\int\!\!\int \left\{ \frac{p^2}{2m} + \frac{h^2}{8\pi^2 m}\,[\mathrm{grad}\,(\ln A)]^2 \right\} \frac{2}{h^3}\,dp_x\,dp_y\,dp_z\,, \qquad (12,14)$$

wo A noch eine Funktion von p_x, p_y und p_z ist. Hierin besteht zugleich eine Unbestimmtheit, denn die Wahl des Zusammenhanges zwischen A und p_x, p_y, p_z steht uns noch frei. Diese Unbestimmtheit bedeutet anschaulich, daß man dieselbe Dichteverteilung durch die Superposition verschiedener Eigenfunktionen darstellen kann. Zu diesen verschiedenen Scharen von Eigenfunktionen gehören verschiedene kinetische Energien. Es liegt daher nahe, diesen Zusammenhang gemäß allgemeiner Prinzipien so zu wählen, daß U_D bei gegebener Dichteverteilung zum Minimum wird.

Als Nebenbedingung ist zu fordern, daß der Gradient der Elektronendichte, $\mathrm{grad}\,\varrho$, übereinstimmt mit der Summe der über das Volumenelement v gemittelten wellenmechanischen Dichtegradienten der einzelnen Elektronen. Durch diese Bedingung wird zugleich die Stetigkeit des Überganges von der wellenmechanischen Dichteverteilung zu der statistischen Dichteverteilung garantiert. Für ein einzelnes Elektron ist der über das Volumenelement v gemittelte wellenmechanische Dichtegradient

$$\frac{\int \mathrm{grad}\,|\psi|^2\,dv}{\int |\psi|^2\,dv} = \frac{\int\!\!\int\!\!\int \mathrm{grad}\,[A^2 \sin^2(s_1 - \gamma_1)\sin^2(s_2 - \gamma_2)\sin^2(s_3 - \gamma_3)]\,dx\,dy\,dz}{\int\!\!\int\!\!\int A^2 \sin^2(s_1 - \gamma_1)\sin^2(s_2 - \gamma_2)\sin^2(s_3 - \gamma_3)\,dx\,dy\,dz}\,. \qquad (12,15)$$

Wenn wir bei der Berechnung dieses Integrals dieselbe Näherung benutzen wie bei der Berechnung von (12, 9), so erhält man für (12, 15) den Wert: $2\,\mathrm{grad}\,(\ln A)$. Die Nebenbedingung bezüglich des Dichtegradienten lautet also

$$\int\!\!\int\!\!\int 2\,\mathrm{grad}\,(\ln A)\,\frac{2}{h^3}\,dp_x\,dp_y\,dp_z = \mathrm{grad}\,\varrho\,. \qquad (12,16)$$

Die Minimumsforderung von U_D ergibt

$$\mathrm{grad}\,(\ln A) = \mathrm{const}\,. \qquad (12,17)$$

Mit diesem Resultat erhält man aus (12, 16)

$$\mathrm{grad}\,(\ln A) = \frac{1}{2}\,\frac{\mathrm{grad}\,\varrho}{\varrho}\,. \qquad (12,18)$$

Hierbei haben wir den Zusammenhang $\frac{8\pi\,p_\mu^3}{3h^3} = \varrho$ berücksichtigt, wo p_μ

den Betrag des maximalen Impulses der Elektronen im herausgegriffenen Einheitsvolumen bezeichnet.

Mit (12, 18) ergibt sich nach Durchführung der Integration in (12, 14)

$$U_D = \frac{4\,\pi}{5\,m\,h^3}\,p_\mu{}^5 + \frac{1}{12\,\pi\,m\,h}\left(\frac{\operatorname{grad}\varrho}{\varrho}\right)^2 p_\mu{}^3 . \qquad (12, 19)$$

Wenn man hier p_μ mit ϱ ausdrückt, so erhält man den Ausdruck (12, 6).

Bei der Herleitung von (12, 19) ist das Verschwinden der Integrale über die Glieder mit $\sin(s-\gamma) . \cos(s-\gamma)$ in (12, 9) und (12, 15) wesentlich. Hierbei entsteht das Bedenken, daß die Anzahl der Knoten der Wellenfunktion nicht genügend groß ist, um die Vernachlässigung dieser Integrale zu rechtfertigen. Man muß aber bedenken, daß man nachher noch die Anteile der einzelnen Elektronen summieren, also über die Impulskomponenten integrieren muß, wobei eine weitere Kompensation der Glieder mit $\sin(s-\gamma) . \cos(s-\gamma)$ erfolgt, da γ für die einzelnen Elektronen verschiedene Werte hat und auch die Funktionen s für die einzelnen Elektronen verschieden sind. Es sorgt also außer der Integration über die Ortskoordinaten noch die Integration über die Impulskomponenten dafür, daß sich diese Glieder gegenseitig aufheben.

Erweiterung des statistischen Modells durch die kinetische Energiekorrektion. Die Inhomogenitätskorrektion kann man in der statistischen Theorie eines atomaren Systems in analoger Weise berücksichtigen wie die Austauschkorrektion und Korrelationskorrektion, indem man zum Energieausdruck des Systems die aus der Inhomogenitätskorrektion resultierende Energie hinzuaddiert. Mit denselben Voraussetzungen wie bei der Herleitung des Thomas-Fermischen Energieausdruckes erhält man mit (12, 4) für die kinetische Energiekorrektion des statistischen Systems

$$E_k^i = \varkappa_i \int \frac{1}{\varrho}\,(\operatorname{grad}\varrho)^2\,dv . \qquad (12, 20)$$

Für die Gesamtenergie des Systems ergibt sich also

$$E = E_k^0 + E_k^i + E_p + E_a + E_w , \qquad (12, 21)$$

wo E_k^0 hier die kinetische Nullpunktsenergie (3, 1) bezeichnet.

Das Problem besteht wieder in der Bestimmung der Elektronendichte, die den Energieausdruck (12, 21) mit Berücksichtigung der Nebenbedingung (3, 7) zum Minimum macht. Es ist zweckmäßig, statt ϱ die Funktion $\chi = \varrho^{1/2}$ als die zu variierende Funktion zu betrachten[1]. Wenn man in (12, 21) und (3, 7) statt ϱ überall χ^2 setzt, ergibt sich

---

[1] Man vgl. hierzu H. Hellmann, Einführung in die Quantenchemie, Vlg. Deuticke, Leipzig und Wien, 1937.

$$E = \varkappa_k \int \chi^{10/3}\, dv + \varkappa_i \int \left[\frac{\mathrm{grad}\,(\chi^2)}{\chi}\right]^2 dv - \int \left(V_k + \frac{1}{2} V_e\right) e\,\chi^2\, dv - \\ - \varkappa_a \int \chi^{8/3}\, dv + \int W_D\, dv , \qquad (12,22)$$

$$\int \chi^2\, e\, dv = N e , \qquad (12,23)$$

wo V_e und W_D jetzt als Funktionen von χ aufzufassen sind.

Wenn wir nun den Ausdruck für E und N in das Variationsprinzip (3, 8) einsetzen, so können wir aus diesem in der bekannten Weise eine Gleichung für χ herleiten. Die Variation hinsichtlich χ kann man einfach durchführen. Wenn man berücksichtigt, daß für die Variation des Inhomogenitätsgliedes folgender Zusammenhang besteht

$$\delta \int \left[\frac{\mathrm{grad}\,(\chi^2)}{\chi}\right]^2 dv = 8 \int (\mathrm{grad}\,\chi, \mathrm{grad}\,\delta\,\chi)\, dv = -8 \int \varDelta\,\chi\,\delta\,\chi\, dv , \qquad (12,24)$$

so ergibt sich für χ die Gleichung

$$(V - V_0)\, e\, \chi - \frac{5}{3} \varkappa_k\, \chi^{7/3} + 4\,\varkappa_i\,\varDelta\,\chi + \frac{4}{3}\,\varkappa_a\,\chi^{5/3} - \frac{1}{2}\frac{d W_D}{d\chi} = 0 , \qquad (12,25)$$

wo V_0 einen LAGRANGEschen Multiplikator bezeichnet.

Zu dieser Gleichung kommt noch die POISSONsche Gleichung, die wir mit χ folgendermaßen schreiben können

$$\varDelta V = 4\,\pi\, e\, \chi^2 . \qquad (12,26)$$

χ hat man also aus dem Gleichungssystem (12, 25), (12, 26) zu bestimmen. Durch diese beiden Gleichungen und den Randbedingungen, die man auf einfache Weise erhält, ist χ eindeutig festgelegt. Dieses sehr komplizierte Gleichungssystem wurde bisher näher nicht untersucht, man kann sich aber über den Einfluß der Inhomogenitätskorrektion mit Hilfe des RITZschen Verfahrens einfach orientieren, worauf wir weiter unten zu sprechen kommen.

Für den Dichteverlauf ist die Inhomogenitätskorrektion besonders in der unmittelbaren Umgebung der Kerne wesentlich, wo die Voraussetzung eines konstanten Potentials bei weitem nicht erfüllt ist und wo deshalb der auf Grund dieser Voraussetzung bestimmte Dichteverlauf nur eine ganz grobe Näherung geben kann. Wir wollen uns auf Atome und Ionen mit kugelsymmetrischer Elektronenverteilung beschränken. Zur genauen Bestimmung des Dichteverlaufes bei $r = 0$ hätte man aus dem Gleichungssystem (12, 25), (12, 26) auszugehen. Einen allgemeinen Schluß über den Dichteverlauf können wir aber schon aus (12, 20) ziehen. Das Integral (12, 20) muß einen endlichen Energiebeitrag liefern, woraus folgt, daß mit Berücksichtigung der Inhomogenitätskorrektion die Dichte bei $r = 0$ höchstens schwächer als $1/r$ unendlich werden kann, oder endlich bleiben muß. Dies entspricht bedeutend besser dem wellenmechanischen Sachverhalt als das Unendlichwerden wie $1/r^{3/2}$ des nichtkorrigierten Dichteverlaufes. Die Inhomogenitätskorrektion führt also in der Umgebung des Kernes, wo man das Potential nicht mehr als konstant betrachten kann, zu einer Verbesserung des Dichteverlaufes.

Sokolov[1] hat mit dem Ritzschen Verfahren den Dichteverlauf und die Energie des Rb^+-Ions ohne Korrelationskorrektion berechnet. Für die Elektronendichte ergab sich ein sehr befriedigender Verlauf, für die Energie erhielt aber Sokolov einen um rund 20% zu hohen Wert.

Die kinetische Energie ergibt sich also mit der Inhomogenitätskorrektion als zu groß. Dies ist verständlich, denn z. B. für den Grundzustand des He-Atoms, wenn sich also beide Elektronen im energetisch tiefstmöglichen Quantenzustand befinden, sollte die gesamte kinetische Energie mit E_k^i identisch sein, es sollte also E_k^0 verschwinden. Da nämlich die beiden $1s$ Elektronen den tiefsten Quantenzustand besetzen, bewirkt das Pauli-Prinzip keinerlei Erhöhung der kinetischen Energie. Tatsächlich verschwindet aber E_k^0 nicht. Dies liegt im Wesen der statistischen Behandlungsweise, bei welcher im Phasenraum, bzw. im Impulsraum auch von einem einzelnen Elektron ein endliches Volumen beansprucht wird. Der Ausdruck der kinetischen Energie bedarf also noch einer weiteren Korrektion, zu deren Durchführung die Ausführungen des § 18 als Grundlage dienen können. Man könnte eventuell E_k^0 mit einem Faktor multiplizieren[2], der für eine Elektronenzahl ≤ 2 gleich 0 ist, wodurch man wahrscheinlich ein besseres Anpassen an die Wellenmechanik erzielen könnte.

Zum Schluß dieses Paragraphen sei noch die Modifikation erwähnt, die die Inhomogenitätskorrektion am Virialsatz des freien Atoms, bzw. Ions hervorruft. Diese kann man mit dem Fockschen Variationsverfahren (man vgl. die Seiten 62 bis 64) sehr einfach übersehen. Für E_k^i als Funktion des Fockschen Variationsparameters λ erhält man

$$E_k^{i\lambda} = \lambda^2 E_k^i \cdot \tag{12, 27}$$

$E_k^{i\lambda}$ ist also gerade so wie $E_k^{0\lambda}$ (das auf S. 63 mit E_k^{λ} bezeichnet wurde) zu λ^2 proportional. Hieraus folgt mit Hilfe ganz analoger Betrachtungen wie in § 6, daß die Modifikation des Virialsatzes darin besteht, daß man in (6, 37), bzw. (9, 37) E_k durch $E_k^0 + E_k^i$ zu ersetzen hat.

---

[1] N. Sokolov, Journ. exp. theoret. Phys. 8, 365, 1938.

[2] Man vgl. H. Hellmann, Acta Physicochimica U. R. S. S. 4, 225, 1936.

§ 13. Erweiterung des statistischen Atom- und Ionmodells durch Gruppierung der Elektronen nach der Nebenquantenzahl.

Wenn wir uns auf Atome und Ionen mit kugelsymmetrischer Elektronenverteilung beschränken, so liegt es nahe, statt der Unterteilung der Elektronenwolke in elementare Parallelepipeden, eine Einteilung in Kugelschalen vorzunehmen, wobei von selbst die Nebenquantenzahl l auftritt. Dadurch besteht die Möglichkeit der Ganzzahligkeit von l Rechnung zu tragen und die Elektronenwolke in Gruppen von Elektronen mit gleichem l zu unterteilen. Dieser Gedanke wurde von HELLMANN[1] durchgeführt und obwohl die auf diese Weise erweiterten statistischen Ansätze bisher keine praktische Anwendung gefunden haben, enthalten sie einige interessante Züge, die wir hier besprechen möchten.

Die SCHRÖDINGER-Gleichung für den radialen Anteil der Eigenfunktion eines Elektrons mit der Nebenquantenzahl l lautet folgendermaßen

$$-\frac{h^2}{8\,\pi^2\,m}\left[\frac{d^2 f}{d\,r^2} - \frac{l(l+1)}{r^2}f\right] + Ve\,f + \varepsilon\,f = 0\,, \tag{13, 1}$$

wo f das r-fache des radialen Anteils der Wellenfunktion, V das Potential und ε den Energieparameter bezeichnet.

Die folgenden statistischen Betrachtungen knüpfen wir an die Gl. (13, 1) an. Hierzu teilen wir das Elektronengas des Atoms in Kugelschalen von der Dicke s ein und wählen s den Voraussetzungen der statistischen Theorie entsprechend, so klein, daß in der Kugelschale V und $1/r^2$ praktisch als konstant betrachtet werden können. Für ein Elektron in einer dieser Kugelschalen sind die Lösungen der Gl. (13, 1), die den Randbedingungen — nach welchen f an den beiden berandenden Kugelflächen der Kugelschale verschwinden muß — genügen, die folgenden

$$f_\lambda = C\sin\left(\lambda\,\pi\,\frac{r}{s} - \lambda\,\pi\,\frac{r_k}{s}\right), \tag{13, 2}$$

wo C die Normierungskonstante, r_k den Radius der inneren Kugelfläche der Kugelschale und λ eine ganze Zahl bezeichnet. Die entsprechenden Eigenwerte der Energie sind

$$\varepsilon_\lambda = \frac{h^2}{8\,\pi^2\,m}\left[\frac{\lambda^2\,\pi^2}{s^2} + \frac{l(l+1)}{r^2}\right] - Ve\,, \tag{13, 3}$$

wo für $1/r^2$ und V die mittleren Werte in der betreffenden Kugelschale zu setzen sind. — Ve gibt also hier die mittlere potentielle Energie und der restliche Teil auf der rechten Seite die mittlere kinetische Energie des Elektrons in der Kugelschale.

---

[1] H. HELLMANN, Acta Physicochimica U. R. S. S. **4**, 225, 1936. Man vgl. auch I. FÉNYES, Csillagászati Lapok (Budapest) **7**, 57, 1944 und Muzeumi Füzetek (Kolozsvár) **III**, 3, 1945; **III**, 25, 1945.

Wenn wir beachten, daß bei einem bestimmten l jeder der Zustände $\lambda = 1, 2, \ldots, n$ mit Rücksicht auf den Spin $2\,(2\,l + 1)$-fach entartet ist und wenn wir annehmen, daß ein Zustand (λ, l) $2\,(2\,l + 1)$-fach besetzt ist, so erhält man für die gesamte kinetische Energie der Elektronen in einer Kugelschale

$$\left.\begin{aligned}
4\pi r^2 s\, U_D &= \frac{h^2}{8\,\pi^2 m}\sum_l\left[2\,(2\,l+1)\frac{\pi^2}{s^2}\sum_{\lambda=1}^{n}\lambda^2 + 2\,(2\,l+1)\,n\frac{l(l+1)}{r^2}\right] = \\
&= \frac{h^2}{8\,\pi^2 m}\sum_l\left[2\,(2\,l+1)\frac{\pi^2}{s^2}\frac{1}{6}\,n\,(n+1)\,(2\,n+1) + 2\,(2\,l+1)\,n\frac{l(l+1)}{r^2}\right],
\end{aligned}\right\} \quad (13,4)$$

wo U_D die kinetische Energiedichte bezeichnet. Bei der statistischen Betrachtungsweise interessieren uns große n, für die wir aus (13, 4) folgenden Ausdruck erhalten

$$4\pi r^2\, U_D = \frac{h^2}{8\,\pi^2 m}\sum_l\left[\frac{\pi^2}{3}\,2\,(2\,l+1)\left(\frac{n}{s}\right)^3 + 2\,(2\,l+1)\frac{n}{s}\frac{l(l+1)}{r^2}\right]. \quad (13,5)$$

Wenn wir die Dichte der Elektronen, deren Nebenquantenzahl l beträgt, mit ϱ_l bezeichnen, so ist

$$\varrho_l = \frac{2\,(2\,l+1)\,n}{4\,\pi\,r^2\,s}. \quad (13,6)$$

Mit Hilfe dieser Gleichung kann man n/s aus (13, 5) eliminieren und die kinetische Energie der Kugelschale durch ϱ_l ausdrücken. Wenn man zu der kinetischen Energie noch die potentielle Energie der Elektronen der betreffenden Kugelschale hinzunimmt und über alle Kugelschalen integriert, so erhält man für die Gesamtenergie der Elektronen des Atoms

$$E = \sum_l \int\left[\frac{\pi^2 h^2}{6\,m\,(2\,l+1)^2}\varrho_l^3\, r^4 + \frac{h^2}{8\,\pi^2 m}\frac{l(l+1)}{r^2}\varrho_l - \left(V_k + \frac{1}{2}V_e\right)e\,\varrho_l\right]dv. \quad (13,7)$$

Die Austauschenergie, die Korrelationsenergie und die WEIZSÄCKERsche Korrektion haben wir einstweilen vernachlässigt, um einen besseren Überblick zu gewinnen.

Das Problem besteht nun darin, E durch passende Wahl der Dichtefunktionen ϱ_l zum Minimum zu machen, wobei man die folgenden Nebenbedingungen zu berücksichtigen hat

$$\int \varrho_l\, e\, dv = N_l\, e, \quad (13,8)$$

$$(l = 0,\ 1,\ 2,\ \cdots)$$

und

$$\sum_l N_l = N. \quad (13,9)$$

Hier bezeichnet N_l die Zahl der Elektronen des Atoms, deren Nebenquantenzahl l ist und N die Gesamtzahl der Elektronen des Atoms. Die Zahlen N_l kann man aus der Erfahrung entnehmen.

Wenn wir die Nebenbedingungen (13, 8) mit LAGRANGEschen Multiplikatoren V_l zur Gesamtenergie hinzuführen, so lautet das Variationsprinzip

$$\delta \sum_l \int \left[\frac{\pi^2 h^2}{6\,m\,(2\,l+1)^2} \varrho_l^3 r^4 + \frac{h^2}{8\,\pi^2 m} \frac{l(l+1)}{r^2} \varrho_l - \left(V_k + \frac{1}{2} V_e - V_l \right) e\,\varrho_l \right] dv = 0,$$

$$(13, 10)$$

wo die Variation hinsichtlich ϱ_l zu erfolgen hat. In analoger Weise wie in den vorangehenden Fällen erhält man hieraus mit $V = V_k + V_e$ folgende Gleichung

$$\varrho_l = \frac{2\,l+1}{\pi\,h} \frac{1}{r^{5/2}} \left[2\,m\,e\,(V - V_l)\,r - \frac{h^2}{4\,\pi^2} \frac{l(l+1)}{r} \right]^{1/2}. \qquad (13, 11)$$

Wenn man diesen Ausdruck in die POISSONsche Gleichung $\Delta V = = 4\,\pi\,e \sum_l \varrho_l$ einsetzt und die Bezeichnungen $\varphi = 2\,m\,e\,V\,r$ und $\varphi_l = = 2\,m\,e\,V_l\,r$ einführt, so folgt

$$\frac{d^2 \varphi}{d\,r^2} = \frac{8\,e^2 m}{h} \frac{1}{r^{3/2}} \sum_l (2\,l+1) \left[\varphi - \varphi_l - \frac{h^2}{4\,\pi^2} \frac{l(l+1)}{r} \right]^{1/2}. \qquad (13, 12)$$

Aus der Gl. (13, 11) kann man einige allgemeine Züge des Dichteverlaufes überblicken. Da $(V - V_l)\,r$ für $r = 0$ in eine Konstante übergeht, sieht man, daß auf der rechten Seite von (13, 11) in der Wurzel das Glied $\dfrac{h^2}{4\,\pi^2} \dfrac{l(l+1)}{r}$ für sehr kleine r überwiegt. Da ein imaginäres ϱ_l natürlich keine physikalische Bedeutung hat, folgt, daß ϱ_l für $l \neq 0$ von $r = 0$ bis zu $r = r_1$ gleich 0 zu setzen ist, wo r_1 den kleinsten Abstand vom Kern bezeichnet, für den die Wurzel auf der rechten Seite von (13, 11) verschwindet. Wie zu sehen ist, wird mit dem Anwachsen von $l\,r_1$ größer, was dem allgemeinen wellenmechanischen Verhalten der Dichteverteilung entspricht. Die wellenmechanische Dichteverteilung eines Elektrons in einem Quantenzustand mit $l \neq 0$ verschwindet nämlich bei $r = 0$ mit einer um so höheren Potenz von r je größer l ist. Über das Verhalten der Dichtefunktionen ϱ_l in großer Entfernung vom Kern könnte man erst dann definitive Aussagen machen, wenn die Lösung der Gl. (13, 12) bekannt wäre.

Mit Ausnahme der Dichtefunktion für $l = 0$, ϱ_0, beginnen also alle ϱ_l erst bei einem endlichen Radius r. Die Dichte ϱ_0 reicht aber bis in den Nullpunkt hinein. Hier entsteht eine Schwierigkeit. Wie aus (13, 11) zu sehen ist, wird nämlich für $r = 0$ ϱ_0 wie $1/r^{5/2}$ unendlich, demzufolge das Integral für $l = 0$ in (13, 7), bzw. (13, 10) nicht mehr konvergiert. Diese Schwierigkeit entsteht daraus, daß bei der Herleitung des Energieausdruckes angenommen wurde, daß die Aufteilung des Elektronengases in Kugelschalen, in denen V und $1/r^2$ konstant ist, auch in der unmittelbaren Umgebung des Kernes möglich ist. Da dies nicht der Fall ist, muß man den Energieausdruck noch durch das im vorangehenden Paragraphen hergeleitete Inhomogenitätsglied der kinetischen Energie ergänzen, man muß also vom Energieausdruck

$$\sum_l \int \left[\frac{\pi^2 h^2}{6\,m\,(2\,l+1)^2}\,\varrho l^3\,r^4 + \frac{h^2}{8\,\pi^2\,m}\,\frac{l\,(l+1)}{r^2}\,\varrho l + \frac{h^2}{32\,\pi^2 m}\,\frac{(\operatorname{grad}\varrho l)^2}{\varrho l} - \left(V_k + \frac{1}{2}\,Ve\right)e\,\varrho l \right] dv \tag{13, 13}$$

ausgehen. Die Ausführungen des vorangehenden Paragraphen zeigen, daß mit Berücksichtigung der Inhomogenitätskorrektion ϱ_0 bei $r = 0$ endlich bleiben muß, oder höchstens in geringerem Maße als $1/r$ unendlich werden kann, es treten dann also bei der Berechnung der Energie keinerlei Konvergenzschwierigkeiten auf.

Man kann den Energieausdruck (13, 13) auch noch durch die Austauschkorrektion und Korrelationskorrektion erweitern, was allerdings zu einem sehr komplizierten Ausdruck führt. Eine quantitative Anwendung auf konkrete Probleme hat der Energieausdruck (13, 7), bzw. (13, 13) noch nicht gefunden, es wurde auch der Dichteverlauf noch nicht genauer untersucht. Uns lag es hier hauptsächlich daran, zu zeigen, in welchen Richtungen noch eine Möglichkeit einer Erweiterung des statistischen Atommodells besteht.

§ 14. Die relativistische Korrektion.

Eine weitere Korrektion des statistischen Modells besteht darin, daß man das Elektronengas relativistisch behandelt. Die hieraus resultierende Korrektion ist geringfügig, wir behandeln sie deshalb nur kurz.

Zur Herleitung der relativistischen statistischen Gleichung befassen wir uns zunächst mit der kinetischen Energie eines freien relativistischen Elektronengases am absoluten Nullpunkt der Temperatur, das sich in einem Volumen v befindet und aus n Elektronen besteht. Am absoluten Nullpunkt der Temperatur besetzen die Elektronen die energetisch möglichst tiefsten Quantenzustände. Die Anzahl der Quantenzustände, denen ein Impulsbetrag zwischen p und $p + dp$, bzw. eine Energie zwischen u und $u + du$ zukommt, ist in der nichtrelativistischen Theorie durch (1, 13) gegeben, woraus sich der relativistische Ausdruck für die Anzahl der Quantenzustände, deren Energie zwischen u und $u + du$ liegt, einfach herleiten läßt. Wir gehen hierzu vom Ausdruck der relativistischen kinetischen Energie u aus, den man mit p folgendermaßen schreiben kann

$$u = m\,c^2 \left\{ \left[1 + \left(\frac{p}{m\,c} \right)^2 \right]^{1/2} - 1 \right\} \tag{14, 1}$$

und aus dem

$$p = \frac{1}{c}\,(u^2 + 2\,m\,c^2\,u)^{1/2} \tag{14, 2}$$

folgt, wo c die Lichtgeschwindigkeit bedeutet. Mit diesem Ausdruck von p erhält man aus (1, 13) für die Anzahl der Quantenzustände, denen eine Energie zwischen u und $u + du$ zukommt[1]

$$d\,Q = \frac{8\,\pi\,v}{h^3\,c^3}\,(u^2 + 2\,m\,c^2\,u)^{1/2}\,(u + m\,c^2)\,du\,. \tag{14, 3}$$

Da am absoluten Nullpunkt der Temperatur alle energetisch tiefsten Zustände bis zu einer Grenzenergie, die wir auch hier mit u_μ bezeichnen, voll besetzt sind, erhält man zwischen der Elektronendichte und u_μ den Zusammenhang

$$\varrho = \frac{n}{v} = \frac{8\,\pi}{h^3\,c^3} \int_0^{u_\mu} (u^2 + 2\,m\,c^2\,u)^{1/2}\,(u + m\,c^2)\,du = \frac{8\,\pi}{3\,h^3\,c^3}\,(u_\mu{}^2 + 2\,m\,c^2\,u_\mu)^{3/2}, \tag{14, 4}$$

woraus

$$u_\mu = m\,c^2 \left\{ \left[1 + \frac{1}{4} \left(\frac{3}{\pi} \right)^{2/3} \left(\frac{h}{m\,c} \right)^2 \varrho^{2/3} \right]^{1/2} - 1 \right\} \tag{14, 5}$$

folgt.

Für die kinetische Energie ergibt sich pro Volumeneinheit

$$U_D = \frac{1}{v} \int_0^{u_\mu} u\,d\,Q = \frac{8\,\pi}{h^3\,c^3} \int_0^{u_\mu} u\,(u^2 + 2\,m\,c^2\,u)^{1/2}\,(u + m\,c^2)\,du\,. \tag{14, 6}$$

Hiermit ist der Zusammenhang zwischen U_D und u_μ festgelegt. Wenn man in diesem u_μ mit Hilfe von (14, 5) durch ϱ ausdrückt, so erhält man U_D als Funktion von ϱ.

Mit Hilfe des Zusammenhanges (14, 6) kann man die relativistische statistische Gleichung ganz analog wie die nichtrelativistische aus dem Variationsprinzip herleiten. Um die relativistische Korrektion besser übersehen zu können, vernachlässigen wir hier die in den vorangehenden Paragraphen besprochenen Erweiterungen des statistischen Modells und untersuchen die relativistische Korrektion des ursprünglichen THOMAS-FERMISchen Modells. Für dieses bekommt man aus dem Variationsprinzip (3, 8) mit dem Ausdruck (14, 6) folgende Gleichung

---

[1] Man vgl. hierzu D. S. KOTHARI u. B. N. SINGH, Proc. Roy. Soc. London (A) **180**, 414, 1942.

$$\frac{d\,U_D}{d\varrho} - (V - V_0)\,e = 0\,. \tag{14, 7}$$

Mit Hilfe der Beziehung (14, 4) und (14, 5) folgt

$$\frac{d\,U_D}{d\varrho} = \frac{\dfrac{d\,U_D}{d\,u_\mu}}{\dfrac{d\,\varrho}{d\,u_\mu}} = u_\mu = m\,c^2\left\{\left[1 + \frac{1}{4}\left(\frac{3}{\pi}\right)^{2/3}\left(\frac{h}{m\,c}\right)^2\varrho^{2/3}\right]^{1/2} - 1\right\}. \tag{14, 8}$$

Wenn man diesen Ausdruck in (14, 7) einsetzt, so erhält man

$$\varrho = \sigma_0\,(V - V_0)^{3/2}\left[1 + \frac{(V - V_0)\,e}{2\,m\,c^2}\right]^{3/2}, \tag{14, 9}$$

wo σ_0 durch (3, 17) definiert ist. Mit diesem Ausdruck der Dichte folgt aus der POISSONschen Gleichung die relativistische THOMAS-FERMIsche Gleichung

$$\Delta\,(V - V_0) = 4\,\pi\,\sigma_0\,e\,(V - V_0)^{3/2}\left[1 + \frac{(V - V_0)\,e}{2\,m\,c^2}\right]^{3/2}, \tag{14, 10}$$

die auf eine etwas andere Weise wie weiter oben zuerst von VALLARTA und ROSEN[1] und später von JENSEN[2] hergeleitet wurde. Die relativistische Gleichung unterscheidet sich von der nichtrelativistischen Gleichung auf der rechten Seite durch den Faktor $[1 + \cdots]^{3/2}$.

Von JENSEN wurde auf Grund dieser Gleichung die relativistische Korrektion der Dichteverteilung im Falle neutraler Atome, also für $V_0 = 0$, untersucht, wobei er zu folgenden Resultaten gelangte.

Aus der Gl. (14, 9) ist zunächst folgendes zu sehen. Wenn man annimmt, daß das Kernpotential bis $r = 0$ ein COULOMBpotential ist, so stürzt das Atom zusammen. Die Dichte ϱ verhält sich nämlich für sehr kleine r wie V^3, es würde also dann die Dichte bei $r = 0$ wie $1/r^3$ unendlich und das auf den Raum erstreckte Integral über die Dichte würde nicht konvergieren[3]. Dies wird nach JENSEN dadurch verhindert, daß das Kernpotential nicht bis $r = 0$ den COULOMBschen Verlauf zeigt, sondern — wie aus der Theorie der Kerne folgt — bei einem Radius von der Größenordnung $r \sim 10^{-13}$ cm umbiegt[4].

Weiterhin ergibt sich, daß der Dichteverlauf nur in dem Gebiet

$$r < Z\,\frac{e^2}{m\,c^2} = Z\,r_0 \cong 3\,Z.10^{-13}\,\text{cm} \tag{14, 11}$$

[1] M. S. VALLARTA u. N. ROSEN, Phys. Rev. (2) 41, 708, 1932.

[2] H. JENSEN, Zs. f. Phys. 82, 794, 1933.

[3] Dieser Umstand blieb bei VALLARTA u. ROSEN (l. c.) unberücksichtigt.

[4] Tatsächlich sind aber die Konvergenzschwierigkeiten nicht so sehr auf den Potentialverlauf als eher auf die Vernachlässigung der WEIZSÄCKERschen Korrektion der kinetischen Energie (§ 12) zurückzuführen, deren Berücksichtigung aber zu komplizierten Rechnungen führen würde. Bezüglich dieser Fragen vgl. man auch J. SOLOMON, Compt. Rend. 198, 1023, 1934.

wesentlich vom nichtrelativistischen abweicht, der Hauptunterschied zwischen der relativistischen und nichtrelativistischen Verteilung liegt also in diesem Gebiet. Beim nichtrelativistischen Atom befindet sich zwischen $r = 0$ und $r = Z\,r_0$ eine Ladung von zirka $-\frac{1}{4}Z^3\,10^{-6}\,e$, also auch bei den schwersten Atomen nur weniger als $\frac{1}{4}$ Elektronenladung. Mit sinnvollen Annahmen über den Verlauf des Kernpotentials zwischen $r = 0$ und $r \gtrsim 10^{-13}$ cm erhält JENSEN, daß die im relativistischen Modell zwischen $r = 0$ und $r = Z\,r_0$ vorhandene Ladung etwa $-Z^3\,10^{-6}\,e$ beträgt. Die relativistische Korrektion bewirkt also selbst in diesem für die Korrektion am wichtigsten Gebiet eine Änderung der Elektronenladung nur um einen Bruchteil eines Elektrons. Zufolge der Ladungserhöhung im kernnahen Gebiet entsteht natürlich bei größeren Radien eine entsprechende Ladungsverminderung.

§ 15. Korrektion für sehr hohe Temperaturen.

Aus dem in I ausführlich diskutierten Entartungskriterium des Elektronengases ist zu sehen, daß man die Elektronenwolke bis zu Temperaturen von mehreren 1000⁰ C als ein vollkommen entartetes Elektronengas betrachten kann, dessen Energie praktisch temperaturunabhängig ist; man kann also die Betrachtungen, wie wir es bisher durchweg taten, auf den absoluten Nullpunkt der Temperatur beziehen. Bei sehr hohen Temperaturen (z. B. Fixsternen) ist dies aber nicht mehr der Fall und man hat dann eine Temperaturkorrektion zu berücksichtigen. Diese Korrektion wurde von MARSHAK und BETHE[1] in die statistische Theorie eingeführt und hat für astrophysikalische Probleme insbesondere für die Theorie der inneren Struktur der roten Zwerge und der sub-Zwerge Bedeutung.

MARSHAK und BETHE gehen von der verallgemeinerten Gl. (1, 56) aus. In den Ausführungen von I, auf welche sich die Gl. (1, 56) gründet, wurde das elektrostatische Potential überall mit 0 gleichgesetzt. Man überzeugt sich leicht, daß bei Berücksichtigung eines Potentials V, in dem auch das Potential der Elektronenwolke inbegriffen sei, diese Gleichung die folgende Form erhält

$$\varrho = \sigma_0 \left(V + \frac{1}{e}\zeta\right)^{3/2}\left[1 + \frac{\pi^2\,k^2\,T^2}{8\,e^2\left(V + \frac{1}{e}\zeta\right)^2}\right]. \qquad (15, 1)$$

Hier bezeichnet k die BOLTZMANNsche Konstante und ζ das GIBBSsche

---

[1] R. E. MARSHAK u. H. A. BETHE, Astrophys. Journ. **91**, 239, 1940.

thermodynamische Potential, bezogen auf das Elektron als Massen-einheit; man vgl. hierzu § 1, insbesondere die Gl. (1, 41), wobei aber zu berücksichtigen ist, daß das elektrostatistische Potential jetzt, im Gegensatz zu den Ausführungen im § 1, nicht 0 ist. ζ entspricht für $T = 0$ und $P = 0$ unserem bisherigen $- V_0 e$ [man vgl. (6, 4)]; für $T = 0$ geht (15, 1) in den Zusammenhang (3, 16) über.

Die Gl. (15, 1) bildet den Ausgangspunkt der Ausführungen von Marshak und Bethe. Wir beschränken uns hier auf den Fall einer kugelsymmetrischen Elektronenverteilung. Man kann dann die mit der Temperaturkorrektion erweiterte Grundgleichung des statistischen Atoms, die man nach Einsetzen des Ausdruckes von ϱ in die Poissonsche Gleichung erhält, in folgender Form schreiben

$$\varphi_T'' = \frac{\varphi_T^{3/2}}{x^{1/2}}\left[1 + \left(\frac{T}{\Theta}\right)^2\left(\frac{x}{\varphi_T}\right)^2\right], \qquad (15, 2)$$

wo

$$x = \frac{r}{\mu}, \qquad \varphi_T(x) = \frac{r}{Z\,e}\left(V + \frac{1}{e}\zeta\right) \qquad (15, 3)$$

und

$$\frac{1}{\Theta} = \left(\frac{3^4\,\pi^{10}}{2^{23}\,Z^8}\right)^{1/6}\frac{k\,a_0}{e^2} \qquad (15, 4)$$

ist; μ hat dieselbe Bedeutung wie in (3, 50).

Wie aus der Definitionsgleichung folgt, hat φ_T denselben Rand-bedingungen zu genügen wie die entsprechende Funktion φ im Falle des ursprünglichen Thomas-Fermischen Modells.

Die Lösung der Gl. (15, 2) mit diesen Bedingungen kann exakt wieder nur numerisch erfolgen. Da aber die Temperaturkorrektion relativ klein ist, kann man auch in der Weise vorgehen, daß man die Temperatur-korrektion als kleine Störung ansetzt, also

$$\varphi_T = \varphi + \vartheta \qquad (15, 5)$$

setzt, wo φ die Lösung der Gl. (15, 2) für $T = 0$ ist und ϑ die Korrektion bedeutet. Für ϑ gilt, wenn man die rechte Seite nach ϑ/φ in eine Reihe entwickelt und die Reihe nach dem zweiten Glied abbricht, folgende Gleichung

$$\vartheta'' = \frac{3}{2}\left(\frac{\varphi}{x}\right)^{1/2}\vartheta + \frac{x^{3/2}}{\varphi^{1/2}}\left(\frac{T}{\Theta}\right)^2. \qquad (15, 6)$$

Da $\varphi(0) = 1$ ist, folgt, daß $\vartheta(0) = 0$ sein muß.

Für die Elektronendichte erhält man mit x und φ_T den Ausdruck

$$\varrho = \frac{Z}{4\pi\,\mu^3}\left(\frac{\varphi_T}{x}\right)^{3/2}\left[1 + \left(\frac{T}{\Theta}\right)^2\left(\frac{x}{\varphi_T}\right)^2\right]. \qquad (15, 7)$$

Mit Hilfe der Gl. (15, 2) und der aus dieser folgenden Ausdrücke kann man auf Grund des im § 36 entwickelten Modells der Materie unter hohem Druck, z. B. die wichtige Beziehung zwischen der Massendichte und der Temperatur oder den Druck im Sterninneren für die roten Zwerge und sub-Zwerge, berechnen. Ausführlichere Untersuchungen dieser Art wurden aber bis jetzt meines Wissens nicht durchgeführt.

§ 16. Begründung des statistischen Atommodells seitens der wellenmechanischen Methode des „self-consistent field".

In diesem und im vorangehendem Kapitel haben wir uns sehr ausführlich mit dem statistischen Atommodell von THOMAS und FERMI und den verschiedenen Erweiterungen des Modells befaßt. Als Abschluß dieser Betrachtungen möchten wir noch den Zusammenhang der statistischen Methode mit der wellenmechanischen Methode des „self-consistent field" erläutern, der von DIRAC[1] und BRILLOUIN[2] geklärt wurde und auf Grund dessen DIRAC die statistische Grundgleichung mit und ohne Austausch hergeleitet hat. Dieser Zusammenhang gibt einen tieferen Einblick in den Näherungscharakter der statistischen Methode.

Wir folgen hier den Ausführungen von DIRAC[3] und gehen von den HARTREESchen, bzw. FOCKschen Grundgleichungen des „self-consistent field" aus. Aus den FOCKschen Gleichungen kann man für die DIRACsche Matrix der Elektronendichte des Atoms eine quantenmechanische „Bewegungsgleichung" herleiten, aus welcher die Dichtematrix, wenn sie für einen Zeitpunkt t_0 gegeben ist, für jeden späteren Zeitpunkt ebenfalls festgelegt ist. Man kann also den Zustand des Atoms durch diese Dichtematrix beschreiben und das Atom als Vielelektronensystem mit Hilfe dieser einen Dichtematrixfunktion behandeln.

Im Falle eines Systems mit einer großen Anzahl von Elektronen, bei der sich die Elektronendichte im Phasenraum nur in solchen Gebieten merklich ändert, die im Verhältnis zu h^3 groß sind, kann man eine weitere Vereinfachung vornehmen, indem man die Vertauschungsrelationen der Koordinaten mit den entsprechenden kanonisch konjugierten Impulskomponenten vernachlässigt, wodurch sich das Problem auf ein halbklassisches reduziert. Man hat dann nur noch der Bedingung Rechnung zu tragen, daß die Anzahl der Elektronen pro Elementarzelle vom Volumen h^3 nicht größer als 2 sein kann.

Wenn man diese Näherung auf ein Atom im Grundzustand anwendet, so kommt man zu den statistischen Grundgleichungen. Und zwar erhält man auf Grund der FOCKschen Gleichungen die THOMAS-

---

[1] P. A. M. DIRAC, Proc. Cambridge Phil. Soc. **26**, 376, 1930.

[2] L. BRILLOUIN, L'atome de THOMAS-FERMI, Actualités scientifiques et industrielles **160**, Hermann & Cie, Paris, 1934.

[3] P. A. M. DIRAC, l. c.

Fermi-Diracsche statistische Gleichung und auf Grund der Hartreeschen Gleichungen die ursprüngliche Thomas-Fermische Gleichung. Man kann diese von Dirac gegebene Herleitung der statistischen Grundgleichungen als eine weitere Begründung des statistischen Atommodells betrachten.

Die Methode des „self-consistent field". In der Methode des self-consistent field[1] geht man von der Näherung aus, daß sich jedes Elektron in einem ausgeglichenen, zentralsymmetrischen Potentialfeld des Kernes und der übrigen Elektronen bewegt, es wird also der Zustand jedes Elektrons im Atom durch eine Eigenfunktion beschrieben und die Gesamteigenfunktion des Atoms wird dann aus diesen Ein-Elektron-Eigenfunktionen aufgebaut. Wir bezeichnen die Eigenfunktion des k-ten Elektrons mit $\varphi_k(q)$, wo q statt den Koordinaten und der Spinvariable steht[2]. Die Anzahl der Elektronen sei N.

Die Grundlage der Methode bilden die Hartreeschen, bzw. Fockschen Gleichungen, aus denen die φ_k-Eigenfunktionen bestimmt werden. Fock[3] konnte zeigen, daß man diese Gleichungen aus einem Variationsprinzip, und zwar aus dem Verschwinden der ersten Variation der Gesamtenergie des Atoms, herleiten kann.

Wenn man die Eigenfunktion des Atoms als ein einfaches Produkt der Eigenfunktionen φ_k ansetzt, also die Elektronen als voneinander unabhängig betrachtet, so bekommt man aus dem Variationsprinzip die Hartreeschen Gleichungen, die aber nur als eine erste Näherung zu betrachten sind. Wenn man nämlich die Eigenfunktion des Atoms durch ein einfaches Produkt der Ein-Elektron-Eigenfunktionen φ_k darstellt, so vernachlässigt man in bezug auf die Eigenfunktion des Atoms das Pauli-Prinzip, nach welchem diese hinsichtlich der Vertauschung der Elektronen antisymmetrisch sein muß. Die Hartreeschen Gleichungen kann man mit Diracschen Symbolen, deren Einführung sich für die weiteren Ausführungen als zweckmäßig erweist, in folgender Form schreiben

$$\int (q'\,|H_0|\,q'')\,dq''\,\varphi_k(q'') + \sum_{j=1}^{N}{}' \int (q'\,|B_{jj}|\,q'')\,dq''\,\varphi_k(q'') = \varepsilon_k \varphi_k(q'), \quad (16,1)$$

$$(k = 1,\, 2, \ldots,\, N),$$

wo H_0 den Hamilton-Operator eines Elektrons bezeichnet, das unter der alleinigen Wirkung des Kernfeldes steht. Das zweite Glied auf der rechten Seite ist durch die Wirkung der übrigen Elektronen auf das

---

[1] D. R. Hartree, Proc. Cambridge Phil. Soc. **24**, 89, 1928.

[2] Im Gegensatz zum § 2 wird also hier in der Eigenfunktion neben den Koordinaten auch die Spinvariable berücksichtigt.

[3] V. Fock, Zs. f. Phys. **61**, 126, 1930.

k-te Elektron bedingt, und zwar ist B_{jj} die potentielle Energie des Elektrons im Felde des Potentials, das durch die wellenmechanische Dichteverteilung des j-ten Elektrons hervorgerufen wird. Der Strich neben dem Σ-Zeichen in (16, 1) bedeutet, daß die Summation auf $j = k$ nicht auszudehnen ist. Die Integration in (16, 1) über q'' ist in der Weise zu verstehen, daß sie auch eine Summation über die beiden Werte der Spinvariable enthält, die den beiden Einstellungen des Spins entsprechen; dies ist auch im folgenden zu beachten. ε_k ist der Energieparameter.

Die Matrix von B_{jj} kann man mit Hilfe der Diracschen δ-Funktion folgendermaßen darstellen

$$(q' \,|B_{jj}|\, q'') = \delta\,(q' - q'')\, e^2 \int \frac{\varphi_j{}^*\,(q''')\,\varphi_j\,(q''')}{r\,(q', q''')}\, dq''' \,, \qquad (16, 2)$$

wo $r\,(q', q''')$ die Entfernung der Raumpunkte bezeichnet, die q' und q''' entsprechen. $\varphi_j{}^*$ ist die zu φ_j konjugiert komplexe Funktion.

Die Fockschen Gleichungen erhält man aus dem Variationsprinzip, wenn man im Ansatz der Eigenfunktion des Atoms dem Pauli-Prinzip Rechnung trägt, also die Eigenfunktion des Atoms in der bekannten Determinantenform ansetzt. Hierdurch wird auch der Elektronenaustausch berücksichtigt und die Fockschen Gleichungen unterscheiden sich von den Hartreeschen gerade durch die Austauschglieder. Die Fockschen Gleichungen haben folgende Gestalt

$$\int (q' \,|H_0|\, q'')\, dq''\, \varphi_k\,(q'') + \sum_{j=1}^{N} \int (q' \,|B_{jj}|\, q'')\, dq''\, \varphi_k\,(q'') -$$
$$- \sum_{j=1}^{N} \int (q' \,|B_{jk}|\, q'')\, dq''\, \varphi_j\,(q'') = \varepsilon_k\, \varphi_k\,(q') \,, \qquad (16, 3)$$
$$(k = 1, 2, \ldots, N),$$

wo die Matrix von B_{jk} folgendermaßen definiert ist

$$(q' \,|B_{jk}|\, q'') = \delta\,(q' - q'')\, e^2 \int \frac{\varphi_j{}^*\,(q''')\,\varphi_k\,(q''')}{r\,(q', q''')}\, dq''' \,. \qquad (16, 4)$$

Man kann also B_{jk} als eine Verallgemeinerung von B_{jj} auffassen.

Die Fockschen Gleichungen unterscheiden sich von den Hartreeschen durch die Glieder B_{jk} $(j \neq k)$, die aus dem Elektronenaustausch resultieren. Durch das Glied $j = k$ der zweiten Summe auf der linken Seite von (16, 3) wird das entsprechende Glied der ersten Summe gerade aufgehoben. Dies bedeutet anschaulich, daß sich die elektrostatische Selbstwechselwirkung und der Selbstaustausch eines Elektrons gerade kompensieren. [Man vgl. hierzu auch die Gl. (2, 34).] Als Folge dieser Kompensation kann man hier in die Summen auch die Glieder mit $j = k$ aufnehmen.

Die Gleichungen von Fock geben die möglichst beste Näherung,

die man erreichen kann, wenn man die Gesamteigenfunktion des Atoms
aus Ein-Elektron-Eigenfunktionen aufbaut.

Die Methode des self-consistent field zur Bestimmung der φ_k-Eigenfunktionen ist ein sukzessives Näherungsverfahren, das sich folgendermaßen gestaltet. Wir greifen das k-te Elektron heraus, das sich im ausgeglichenen zentralsymmetrischen Potentialfeld des Kernes und der
übrigen Elektronen bewegt. In nullter Näherung kann man das Feld
der übrigen Elektronen, z. B. mit Hilfe von abgeschirmten H-Eigenfunktionen, darstellen. Mit diesem Feld erhält man aus der HARTREEschen
oder FOCKschen Gleichung des k-ten Elektrons, für die Eigenfunktion
des k-ten Elektrons eine erste Näherung. Wenn man dies für jedes
Elektron durchführt, kommt man zu den φ_k-Eigenfunktionen erster
Näherung. Diese Eigenfunktionen, die man kurz als Endeigenfunktionen
bezeichnet, stimmen natürlich im allgemeinen nicht mit den Eigenfunktionen nullter Näherung, den Anfangseigenfunktionen dieses Schrittes,
überein. Man kann nun diese Endeigenfunktionen als Anfangseigenfunktionen betrachten und den ganzen Schritt wiederholen, wodurch man zu
neuen Endeigenfunktionen gelangt. Das Verfahren wird solange wiederholt, bis sich die Eigenfunktionen reproduzieren, bis also die Endeigenfunktionen mit den Anfangseigenfunktionen desselben Schrittes übereinstimmen. Das Feld, das durch diese Verteilung erzeugt wird, hält
sich also selbst aufrecht, man nennt es mit HARTREE self-consistent.

Diese Methode wurde mit großem Erfolg zur Berechnung der Eigenfunktionen, bzw. der Elektronenverteilung von freien Atomen und Ionen
angewendet. Die Methode ist mit sehr ausgedehnten numerischen Rechnungen verbunden, die man besonders im Falle schwerer Atome nur mit
entsprechenden Maschinen in absehbarer Zeit bewältigen kann, wodurch
die Anwendbarkeit der Methode stark eingeschränkt wird.

Dichtematrix. Mit den Eigenfunktionen der einzelnen Elektronen
kann man folgende Matrix bilden

$$(q' \,|\varrho|\, q'') = \sum_k \varphi_k{}^* (q') \, \varphi_k (q''), \qquad (16,5)$$

die wir mit DIRAC Dichtematrix nennen.

Für diese Matrix gilt eine einfache „Bewegungsgleichung", zu deren
Herleitung wir die Definitionsgleichung (16, 5) nach der Zeit differenzieren und mit $-\dfrac{h}{2\pi i}$ multiplizieren; es ergibt sich

$$-\frac{h}{2\pi i}\frac{d}{dt}(q'\,|\varrho|\,q'') = \sum_k \left\{ \left[-\frac{h}{2\pi i}\frac{\partial}{\partial t}\varphi_k{}^*(q') \right]\varphi_k(q'') - \varphi_k{}^*(q')\left[\frac{h}{2\pi i}\frac{\partial}{\partial t}\varphi_k(q'') \right] \right\}. \qquad (16,6)$$

Die rechte Seite dieser Gleichung kann man mit Hilfe der FOCKschen Gleichungen umformen. Zu diesem Zweck führen wir in den FOCKschen Gleichungen statt ε_k den Operator $-\dfrac{h}{2\pi i}\dfrac{\partial}{\partial t}$ ein, wodurch die rechte Seite von (16, 3) in den Ausdruck $-\dfrac{h}{2\pi i}\dfrac{\partial \varphi_k}{\partial t}$ übergeht. Damit kann man auf der rechten Seite von (16, 6) die Ableitungen von $\varphi_k{}^*$ und φ_k nach t eliminieren und erhält mit Rücksicht auf die Definitionsgleichung von $(q'|\varrho|q'')$ folgende Gleichung

$$\left.\begin{aligned}
-\frac{h}{2\pi i}\frac{d}{dt}(q'|\varrho|q'') &= \int (q'|H_0 + B - A|q''')\,dq'''\,(q'''|\varrho|q'') - \\
&\quad - \int (q'|\varrho|q''')\,dq'''\,(q'''|H_0 + B - A|q'') \, .
\end{aligned}\right\} \quad (16, 7)$$

Hier wurde zur Abkürzung $\displaystyle\sum_{j=1}^{N} B_{jj} = B$ gesetzt und es ist

$$(q'|B|q'') = \delta(q' - q'')\,e^2 \int \frac{(q'''|\varrho|q''')}{r(q',q''')}\,dq''' \, . \qquad (16, 8)$$

Die Matrix A kann man folgendermaßen darstellen

$$(q'|A|q'') = e^2 \frac{(q'|\varrho|q'')}{r(q',q'')} \, . \qquad (16, 9)$$

$-\dfrac{1}{e}\,B$ ist das Potential der gesamten Elektronenwolke, A resultiert aus der Austauschwechselwirkung der Elektronen.

Die Gl. (16, 7) kann man folgendermaßen schreiben

$$-\frac{h}{2\pi i}\frac{d\varrho}{dt} = (H_0 + B - A)\,\varrho - \varrho\,(H_0 + B - A) \, . \quad (16, 10)$$

Diese Gleichung, bzw. die Gl. (16, 7) hat die bekannte Form der quantenmechanischen Bewegungsgleichungen mit dem HAMILTON-Operator

$$H = H_0 + B - A \, . \qquad (16, 11)$$

Dieser Operator ist von ungewohnter Form, da er von ϱ nicht unabhängig ist, in B und A geht nämlich ϱ linear ein.

In der Gl. (16, 10), bzw. (16, 7) ist die unbekannte Größe die Dichtematrix ϱ. Die Beschreibung des Atomzustandes kann daher durch die Dichtematrix geschehen, ohne daß man die Eigenfunktionen im einzelnen zu kennen braucht.

Wenn H_0 die Zeit nicht explicite enthält, läßt sich leicht zeigen, daß die Diagonalsumme (bzw. Integral) der Matrix $\varrho \cdot \left(H_0 + \dfrac{1}{2}B - \dfrac{1}{2}A\right)$ eine Konstante der Bewegung darstellt.

Herleitung der statistischen Grundgleichungen. Wir wollen nun annehmen, daß die Anzahl der Elektronen, N, groß ist und setzen voraus, daß die Elektronen die ohne Rücksicht auf den Spin definierten $N/2$ Quantenzustände paarweise besetzen. Wenn N groß ist, wird von den Elektronen im Phasenraum ein großes Volumen besetzt und man kann die Vertauschungsrelationen zwischen den Koordinaten und den kanonisch konjugierten Impulskomponenten vernachlässigen, also das Atom halbklassisch behandeln. Im folgenden vernachlässigen wir auch die Spinvariablen, verstehen also unter q nunmehr die drei Ortskoordinaten.

Unter diesen Voraussetzungen kann man jedes Element $(q'|\alpha|q'')$ einer Matrix, durch die die Variable α repräsentiert wird, durch ein FOURIERsches Integral, wie folgt, darstellen

$$(q'|\alpha|q'') = \frac{1}{h^3} \int \alpha(q,p)\, e^{\frac{2\pi i}{h}(q'-q'')p}\, dp\,, \qquad (16,12)$$

wo zur Abkürzung p die drei Impulskomponenten bezeichnet und man auf der rechten Seite dieser Gleichung für q den Mittelwert von q' und q'' zu setzen hat. Man kann also jedem Matrixelement $(q'|\alpha|q'')$ eine FOURIER-Komponente $\alpha(q,p)$ zuordnen, die eine Funktion der nunmehr als vertauschbar betrachteten q- und p-Variabeln ist und die man als die der Matrix $(q'|\alpha|q'')$ entsprechende klassische Funktion zu betrachten hat. Für $\alpha(q,p)$ erhält man

$$\alpha(q,p) = \int (q'|\alpha|q'')\, e^{-\frac{2\pi i}{h}(q'-q'')p}\, d(q'-q'')\,. \qquad (16,13)$$

Wenn man die Gl. (16, 13) auf die Matrix $(q'|B|q'')$ anwendet und dabei für die Dichtematrix den Zusammenhang (16, 12) berücksichtigt, so ergibt sich

$$B(q,p) = \frac{e^2}{h^3} \int \frac{dq'}{r(q,q')} \int \varrho(q',p')\, dp'\,, \qquad (16,14)$$

wo $\varrho(q,p)$ die Elektronendichte im Phasenraum, also die Anzahl der Elektronen pro Elementarzelle h^3 bezeichnet. Wie man sieht, ist $B(q,p)$ von p unabhängig, wir können also statt $B(q,p)$ einfach $B(q)$ schreiben.

Die der Matrix $(q'|A|q'')$ entsprechende klassische Funktion $A(q,p)$ kann man auf ähnliche Weise berechnen. Mit Rücksicht darauf, daß Austausch nur zwischen Elektronen mit parallelem Spin stattfindet[1] und daß die N Elektronen die (ohne Rücksicht auf den Spin definierten) Quantenzustände voraussetzungsgemäß paarweise besetzen, also die

---

[1] Dieser Umstand blieb bei DIRAC unberücksichtigt, so daß bei DIRAC $A(q,p)$ um den Faktor 2 zu groß ist.

Anzahl der Elektronen mit „Aufwärts-Spin" und „Abwärts-Spin" gleich groß ist, folgt

$$A(q, p) = \frac{e^2}{2\pi h} \int \frac{\varrho(q, p')}{|p - p'|^2} dp' \,. \qquad (16, 15)$$

Dem HAMILTON-Operator H_0 entspricht folgende klassische HAMILTON-Funktion

$$H_0(q, p) = -\frac{Z e^2}{r} + \frac{p^2}{2m}\,, \qquad (16, 16)$$

wo Z die Ordnungszahl des Atoms, m die Masse des Elektrons und r die Entfernung vom Kern bezeichnet.

Wenn man $H_0(q, p)$, $B(q)$ und $A(q, p)$ in (16, 11) einsetzt, so erhält man für den HAMILTON-Operator in der Bewegungsgleichung der Dichtematrix den entsprechenden klassischen Ausdruck. Wenn wir uns auf den tiefsten Quantenzustand des Atoms beschränken, dann können wir diesen klassischen Ausdruck des HAMILTON-Operators weiter umformen. Im tiefsten Quantenzustand besetzen die Elektronen die $N/2$ Phasenraumzellen tiefster Energie. Es ist also dann für einen bestimmten Wert von q der Phasenraum bis zu einem maximalen Impuls, dessen Betrag wir mit p_μ bezeichnen, voll besetzt. In einem Bereich des Phasenraumes, dem ein Impuls entspricht, dessen Betrag $|p|$ kleiner ist als p_μ, befinden sich also pro Volumenelement h^3 die Bildpunkte zweier Elektronen, außerhalb dieses Bereiches ist der Phasenraum leer. Es ist also

$$\varrho(q, p) = \begin{cases} 2 & \text{für } |p| < p_\mu, \\ 0 & \text{für } |p| > p_\mu, \end{cases} \qquad (16, 17)$$

wobei natürlich p_μ von q abhängt.

Mit diesem Ausdruck von ϱ erhält man aus (16, 14) und (16, 15)

$$B(q) = \frac{8\pi e^2}{3 h^3} \int \frac{p_\mu^3(q')}{r(q, q')} dq' \,, \qquad (16, 18)$$

$$A(q, p) = \frac{e^2}{h} \left(\frac{p_\mu^2 - |p|^2}{|p|} \ln \frac{p_\mu + |p|}{p_\mu - |p|} + 2 p_\mu \right). \qquad (16, 19)$$

Für einen stationären Zustand des Atoms muß ϱ konstant sein, es muß also die POISSONsche Klammer von ϱ und H verschwinden. Mit der Dichtefunktion (16, 17) folgt hieraus, daß H im Phasenraum entlang der Grenze zwischen dem vollbesetzten und leeren Gebiet, also

$$H(q, p_\mu) = H_0(q, p_\mu) + B(q) - \frac{2 e^2 p_\mu}{h} \qquad (16, 20)$$

konstant sein muß.

Wenn wir voraussetzen, daß die Elektronenverteilung kugelsymmetrisch ist, daß also p_μ nur von r abhängt, so erhält man

$$H(q, p_\mu) = -\frac{Z e^2}{r} + \frac{p_\mu^2}{2m} - \frac{2 e^2 p_\mu}{h} + \frac{32 \pi^2 e^2}{3 h^3} \left[\frac{1}{r} \int_0^r p_\mu^3 r'^2 \, dr' + \int_r^\infty p_\mu^3 r' \, dr' \right].$$

$$(16, 21)$$

Da dieser Ausdruck von r unabhängig ist, folgt, daß die Ableitung dieses Ausdruckes nach r verschwindet. Es ist also

$$\frac{Z e^2}{r^2} + \frac{d}{dr}\left(\frac{p_\mu^2}{2m} - \frac{2 e^2 p_\mu}{h} \right) - \frac{32 \pi^2 e^2}{3 h^3} \frac{1}{r^2} \int_0^r p_\mu^3 r'^2 \, dr' = 0 \, . \quad (16, 22)$$

Aus dieser Gleichung erhält man durch Multiplikation mit r^2 und einer weiteren Differentiation nach r

$$\frac{d}{dr}\left[r^2 \frac{d}{dr}\left(\frac{p_\mu^2}{2m} - \frac{2 e^2 p_\mu}{h} \right) \right] = \frac{32 \pi^2 e^2}{3 h^3} r^2 p_\mu^3 \, . \quad (16, 23)$$

Diese Gleichung kann man als die Bestimmungsgleichung für p_μ betrachten. Das Glied $2 e^2 p_\mu / h$ auf der linken Seite entspricht dem Austausch.

Das Resultat von DIRAC, nach welchem $H(q, p_\mu)$ konstant ist, ist mit der THOMAS-FERMIschen Gleichung mit Austausch identisch, es ergibt sich nämlich

$$-\frac{Z e^2}{r} + B(\mathfrak{r}) + \frac{p_\mu^2}{2m} - \frac{2 e^2 p_\mu}{h} = -V_0 e \, , \quad (16, 24)$$

wo wir die Konstante — um mit unseren früheren Bezeichnungen in Übereinstimmung zu bleiben — mit $-V_0 e$ bezeichneten. $-\dfrac{1}{e} B(\mathfrak{r})$ ist das Potential der Elektronenwolke am Ort $\mathfrak{r}$, das wir in den vorangehenden Paragraphen mit $V_e(\mathfrak{r})$ bezeichnet haben. Die Summe der beiden ersten Glieder gibt also gerade das $-e$-fache des Gesamtpotentials V. Die Glieder, welche p_μ enthalten, kann man mit Hilfe des Zusammenhanges $(1, 5)$ durch ϱ ausdrücken und erhält aus $(16, 24)$ die THOMAS-FERMI-DIRACsche Gleichung $(9, 4)$.

Wenn man in $(16, 24)$ das Glied $\dfrac{2 e^2 p_\mu}{h}$, also in $(16, 11)$ die Matrix A vernachlässigt, so kommt man zu der ursprünglichen THOMAS-FERMIschen Gleichung zurück. Bei dieser Herleitung der THOMAS-FERMIschen Gleichung ist sehr deutlich zu sehen, daß diese die elektrostatische Selbstwechselwirkung der Elektronen enthält, während in der THOMAS-FERMI-DIRACschen Gleichung die elektrostatische Selbstwechselwirkung der Elektronen durch den Selbstaustausch gerade kompensiert wird.

Aus dem Energieausdruck des self-consistent field ohne und mit Austauschkorrektion hat FÉNYES[1] die THOMAS-FERMIsche, die FERMI-

---

[1] I. FÉNYES, Csillagászati Lapok (Budapest) **6**, 49, 1943 und Muzeumi Füzetek (Kolozsvár) **III**, 3, 1945.

AMALDIsche und die THOMAS-FERMI-DIRACsche Gleichung unmittelbar hergeleitet, indem er im Energieausdruck die wellenmechanischen Ausdrücke durch die entsprechenden statistischen ersetzte.

Durch die Herleitung der statistischen Grundgleichungen aus den Gleichungen des self-consistent field erfährt die statistische Methode von seiten der Wellenmechanik her eine schöne weitere Begründung. Wenn man die statistische Methode der Wellenmechanik gegenüberstellt, so sieht man, daß den HARTREEschen Gleichungen die ursprüngliche THOMAS-FERMIsche Gleichung und den FOCKschen Gleichungen die THOMAS-FERMI-DIRACsche Gleichung entspricht. In diesem Zusammenhang sei erwähnt, daß die Erweiterung der statistischen THOMAS-FERMI-DIRACschen Gleichung durch die Korrelation über die FOCKsche Näherung hinausgeht.

IV. Störungsrechnung.

In den bisherigen Betrachtungen haben wir uns vorwiegend mit freien Atomen und Ionen befaßt, die eine kugelsymmetrische Elektronenverteilung besitzen. Die statistischen Grundgleichungen gelten zwar auch für Atome und Ionen mit nichtkugelsymmetrischer Elektronenverteilung und auch für kompliziertere Systeme, exakte Lösungen konnten aber für diese nicht hergeleitet werden; im folgenden soll gezeigt werden, daß man in diesen Fällen die Lösung meistens durch eine Störungsrechnung ermitteln kann.

Zunächst entwickeln wir im § 17 eine Störungsrechnung für den Fall, daß auf ein System — z. B. auf ein Atom oder Ion —, dessen Elektronenverteilung und Energie wir im ungestörten Zustand kennen, eine relativ kleine Störung wirkt und bestimmen die Dichteänderung in erster und die Energieänderung in zweiter Näherung. Im § 18 behandeln wir dann auf Grund einer weiteren Störungsrechnung in erster Näherung die Wechselwirkung von Atomen und Ionen mit abgeschlossenen Elektronenschalen. Auf die Anwendungen der Störungsrechnung kommen wir in VI, VII und VIII zu sprechen.

§ 17. Störung statistischer Systeme. Bestimmung der Elektronendichte und Energie des gestörten Systems.

Wir gehen vom Grundproblem der statistischen Störungsrechnung aus, wir befassen uns also mit einem statistischen Atom, das sich in einem schwachen äußeren elektrischen Feld befindet und setzen uns zum Ziel, die Elektronendichte und die Energie des gestörten Atoms zu bestimmen. Dieses Problem kann man nach GOMBÁS mit einem Iterationsverfahren oder mit einem Variationsverfahren, das sich besonders einfach gestaltet, lösen[1]. Und zwar kann man mit beiden Verfahren die gestörte Dichte in erster Näherung, also bis auf Glieder erster Ordnung und die Energie des gestörten Systems in zweiter Näherung, also bis auf Glieder zweiter Ordnung, bestimmen. Die Formeln für die Dichteänderung und Energieänderung sind zu den entsprechenden wellenmechanischen Formeln analog.

Die Störungsrechnung entwickeln wir für das mit der Korrelation erweiterte und modifizierte Modell, bei welchem die Elektronendichte aus der FERMI-AMALDIschen Gleichung (7, 3) mit Beibehaltung der Nebenbedingung (11, 15) bestimmt wird (man vgl. hierzu § 11). Im Rahmen dieses Modells sind auch negative Ionen stabil. Die folgenden Ausführungen gelten also nicht nur für neutrale Atome, sondern auch für positive und negative Ionen und man kann sie mit entsprechenden Abänderungen auch auf kompliziertere Systeme übertragen.

Das ungestörte System sei also ein kugelsymmetrisches statistisches Atom mit der Elektronenzahl N, dessen Energie durch (11, 34) definiert ist.

Die Störung bestehe in einem schwachen äußeren elektrischen Feld, dessen Potential v_s sei. Unter der Wirkung des Störungspotentials wird sich die Elektronendichte und demzufolge auch das Potential der Elektronenwolke ändern. Für die Elektronendichte im gestörten Atom setzen wir

$$\varrho' = \varrho + \delta\varrho , \qquad (17, 1)$$

wo ϱ die ungestörte Dichte, also $\delta\varrho$ die aus der Störung resultierende Dichteänderung bezeichnet. Da sich die Zahl der Elektronen durch die Störung nicht ändert, ist

$$\int \varrho' e\, dv = \int \varrho\, e\, dv = N e , \qquad (17, 2)$$

also

$$\int \delta\varrho\, dv = 0 . \qquad (17, 3)$$

Das Potential der Elektronenwolke des gestörten Atoms schreiben wir in der Form

$$V_e' = V_e + \delta V_e . \qquad (17, 4)$$

Hier bezeichnet V_e das Potential der ungestörten Elektronenwolke und δV_e die aus der Dichteänderung resultierende Änderung von V_e. Es ist

$$\delta V_e(\mathfrak{r}) = -e \int \frac{\delta\varrho\,(\mathfrak{r}')}{|\mathfrak{r} - \mathfrak{r}'|}\, dv' . \qquad (17, 5)$$

---

[1] P. GOMBÁS, Zs. f. Phys. **122**, 497, 1944. Bezüglich des Iterationsverfahrens vgl. man auch die Arbeiten P. GOMBÁS, Zs. f. Phys. **97**, 633, 1935 und **98**, 417, 1936. In der Arbeit Zs. f. Phys. **122**, 497, 1944 befindet sich in Formel (19) ein Druckfehler: im Nenner des zweiten Gliedes auf der rechten Seite muß statt 15 die Zahl 12 stehen.

Für die Energie des gestörten Atoms erhält man

$$E' = \int \left[\varkappa_k \varrho'^{5/3} - \left(V_k + \frac{1}{2} V_e' + v_s \right) e \varrho' - \omega_c' \right] dv , \qquad (17, 6)$$

wo wir für $\omega_c (\varrho', r)$ kurz ω_c' setzen. Bezüglich der Definition von ω_c vgl. man § 11, insbesondere (11, 36) und (11, 37). Wir setzen nun im Ausdruck (17, 6) ϱ' aus (17, 1) und V_e' aus (17, 4) ein und betrachten v_s, $\delta \varrho$ und δV_e als kleine Größen von erster Ordnung. Wenn wir dann den Integrand nach $\delta \varrho$ entwickeln und die Glieder, welche von dritter und höherer Ordnung klein sind, vernachlässigen, so bekommen wir mit Berücksichtigung des Zusammenhanges

$$\int \varrho \, \delta V_e \, dv = \int V_e \, \delta \varrho \, dv \qquad (17, 7)$$

folgenden Ausdruck

$$\left. \begin{aligned} E' = E &+ \int \left[\frac{5}{3} \varkappa_k \varrho^{2/3} - (V_k + V_e) e - \frac{\partial \omega_c}{\partial \varrho} \right] \delta \varrho \, dv + \\ &+ \int \left[\frac{5}{9} \varkappa_k \frac{1}{\varrho^{1/3}} (\delta \varrho)^2 - \frac{1}{2} \delta V_e \, e \, \delta \varrho - \frac{1}{2} \frac{\partial^2 \omega_c}{\partial \varrho^2} (\delta \varrho)^2 \right] dv - \\ &- \int v_s \, e \, (\varrho + \delta \varrho) \, dv \, . \end{aligned} \right\} \quad (17, 8)$$

Hier ist das erste Glied auf der rechten Seite, E, die Energie des ungestörten Atoms. Die weiteren Glieder geben die Energieänderung zufolge der Störung bis auf Glieder zweiter Ordnung. Diese Energieänderung setzt sich aus zwei Teilen zusammen. Erstens ändert sich die Energie des Atoms dadurch, daß sich die Elektronenwolke im zusätzlichen äußeren Potential v_s befindet; die hieraus resultierende Energieänderung gibt das letzte Glied auf der rechten Seite. Zweitens entsteht eine Energieänderung daraus, daß sich zufolge der Dichteänderung $\delta \varrho$ auch die innere Energie des Atoms ändert; diese Energieänderung wird bis auf Glieder zweiter Ordnung durch das erste und zweite Integral der rechten Seite dargestellt. Das erste Integral verschwindet; ϱ ist nämlich voraussetzungsgemäß eine Lösung der FERMI-AMALDIschen Gleichung (7, 3) und somit praktisch auch eine Lösung der Gl. (11, 35). Mit Hilfe der letzteren kann man die eckige Klammer im Integranden durch die Konstante $- V_0 e$ ersetzen, womit sich für das Integral der Ausdruck $- V_0 e \int \delta \varrho \, dv$ ergibt, der wegen der Bedingung (17, 3) verschwindet.

Für die Störungsenergie erster Ordnung, η_1, und zweiter Ordnung, η_2, erhält man somit folgende Ausdrücke

$$\eta_1 = - e \int v_s \varrho \, dv , \qquad (17, 9)$$

$$\eta_2 = -U_s + U_p + U_k - U_a\,, \qquad (17,10)$$

wo wir der folgenden halber die Bezeichnungen

$$U_s = e \int v_s\,\delta\varrho\,dv\,,$$
$$U_p = -\frac{1}{2}\,e \int \delta V_e\,\delta\varrho\,dv = \frac{1}{2}e^2 \iint \frac{\delta\varrho(\mathfrak{r})\,\delta\varrho(\mathfrak{r}')}{|\mathfrak{r}-\mathfrak{r}'|}\,dv\,dv'\,,$$
$$U_k = \frac{5}{9}\,\varkappa_k \int \frac{1}{\varrho^{1/3}}\,(\delta\varrho)^2\,dv\,, \qquad U_a = \frac{1}{2}\int \frac{\partial^2\omega_c}{\partial\varrho^2}\,(\delta\varrho)^2\,dv$$

$$\left.\right\} \qquad (17,11)$$

einführten. Die Störungsenergie erster Ordnung ist also der nach der ungestörten Ladungsdichte $-\varrho e$ gemittelte Wert des Störungspotentials. Zur Bestimmung der Störungsenergie zweiter Ordnung muß man $\delta\varrho$ in erster Näherung, also bis auf Glieder erster Ordnung genau kennen, Glieder, die von zweiter und höherer Ordnung klein sind, können aber vernachlässigt werden.

Da man die Funktion ω_c nicht genügend genau kennt [man vgl. § 11, insbesondere (11, 36) und (11, 37)], kann die Berechnung des Korrektionsgliedes U_a nur mit einer gewissen Willkür durchgeführt werden. Dies ist jedoch belanglos, da U_a in den praktisch vorkommenden Fällen immer sehr klein ist und vernachlässigt werden kann. Man vgl. hierzu den zweitnächsten Abschnitt.

Unser weiteres Ziel ist, $\delta\varrho$ in erster Näherung zu bestimmen und mit diesem $\delta\varrho$ die Störungsenergie zweiter Ordnung zu berechnen. Die Bestimmung von $\delta\varrho$ kann mit Hilfe eines Iterationsverfahrens oder eines Variationsverfahrens geschehen.

Das Iterationsverfahren. In dem mit der Korrelation erweiterten und modifizierten statistischen Atommodell, für das wir die Störungsrechnung entwickeln, wird die Elektronendichte aus der Fermi-Amaldischen Gleichung (7, 13) unter Beibehaltung der Nebenbedingung (11, 15) bestimmt. Den Fermi-Amaldischen Zusammenhang (7, 3) zwischen der Elektronendichte und dem Potential kann man für das ungestörte Atom in der Form

$$\varrho = \sigma_0\,(V^* - V_0)^{3/2} \cdot \qquad (17,12)$$

schreiben, wo V^* durch $V^* = V_k + \dfrac{N-1}{N}\,V_e$ und σ_0 durch (3, 17) definiert ist; V_0 bezeichnet einen Lagrangeschen Multiplikator, für den wegen der Nebenbedingung (11, 15) der Ausdruck (11, 38) gilt, in dem man für r_0 die Werte der Tab. 15 einzusetzen hat.

Das Iterationsverfahren gründet sich auf den zu (17, 12) analogen Zusammenhang für das gestörte Atom. Dieser lautet

$$\varrho' = \sigma_0 \left(V^{*\prime} + v_s - V_0'\right)^{3/2} \qquad (17,13)$$

mit

$$V^{*\prime} = V_k + \frac{N-1}{N} V_e' = V_k + \frac{N-1}{N} V_e + \frac{N-1}{N} \delta V_e . \qquad (17,14)$$

Den LAGRANGEschen Multiplikator V_0' setzen wir in der Form

$$V_0' = V_0 + v_0 \qquad (17,15)$$

an, wo v_0 eine durch die Störung bedingte und relativ kleine Änderung von V_0 bedeutet.

Der erste Schritt des Iterationsverfahrens besteht darin, daß man in der Gl. (17,13) die durch die Dichteänderung $\delta \varrho$ hervorgerufene Änderung des Potentials der Elektronenwolke, δV_e, neben v_s vernachlässigt, wodurch man folgende Gleichung erhält

$$\varrho' = \sigma_0 \left(V^* - V_0 + v_s - v_0\right)^{3/2} . \qquad (17,16)$$

Mit der Voraussetzung, daß $v_s - v_0$ im Verhältnis zu $V^* - V_0$ klein ist, können wir eine Reihenentwicklung der rechten Seite vornehmen. Wenn man die Reihe nach dem zweiten Glied abbricht, so ergibt sich

$$\varrho' = \varrho \left(1 + \frac{3}{2} \frac{v_s - v_0}{V^* - V_0}\right), \qquad (17,17)$$

also

$$\delta \varrho = \frac{3}{2} \frac{v_s - v_0}{V^* - V_0} \varrho = \frac{9\,e}{10\,\varkappa_k} (v_s - v_0)\, \varrho^{1/3} . \qquad (17,18)$$

Aus der Bedingung (17,3) folgt

$$v_0 = \frac{\displaystyle\int \frac{v_s\,\varrho}{V^* - V_0}\,dv}{\displaystyle\int \frac{\varrho}{V^* - V_0}\,dv} = \frac{\displaystyle\int v_s\,\varrho^{1/3}\,dv}{\displaystyle\int \varrho^{1/3}\,dv} . \qquad (17,19)$$

v_0 ist also der nach $\varrho/(V^* - V_0)$, bzw. nach $\varrho^{1/3}$ gebildete Mittelwert von v_s. Für $v_s = $ const. wird $v_0 = v_s$, also $\delta \varrho = 0$ in Übereinstimmung damit, daß ein konstantes Potential die Dichteverteilung nicht beeinflußt. Mit dem Ausdruck (17,19) für v_0 erhält man aus (17,18) die Dichteänderung des ersten Schrittes.

Die weiteren Schritte des Iterationsverfahrens gestalten sich folgendermaßen. Zunächst bestimmt man die der Dichteänderung (17,18) entsprechende Änderung des Potentials der Elektronenwolke, δV_e, nach (17,5) und wiederholt mit $v_s + \delta V_e$ als Störungspotential das ganze Verfahren. Aus diesem zweiten Schritt ergibt sich eine neue Dichteänderung; mit dieser kann man dann wieder ein neues δV_e bestimmen usw.

Das Verfahren ist solange zu wiederholen, bis sich $\delta\varrho$ reproduziert. Auf diese Weise kann man ϱ' in erster Näherung berechnen, also bis auf Glieder erster Ordnung approximieren.

Das Variationsverfahren. Zur Bestimmung von ϱ' kann man auch das Variationsverfahren heranziehen, wodurch das ganze Störungsverfahren wesentlich vereinfacht wird. Hierzu macht man für ϱ', bzw. $\delta\varrho$ einen geeigneten Ansatz mit zunächst frei verfügbaren Variationsparametern, die aus der Minimumsforderung der Energie bestimmt werden. Als Ansatz für $\delta\varrho$ bietet sich der Ausdruck (17, 18), wenn man in diesem statt der numerischen Konstante 3/2 einen Variationsparameter λ setzt. Wir setzen also

$$\varrho' = \varrho \left(1 + \lambda \, \frac{v_s - v_0}{V^* - V_0} \right) \tag{17, 20}$$

bzw.

$$\delta\varrho = \lambda \, \frac{v_s - v_0}{V^* - V_0} \, \varrho = \frac{3\,e}{5\varkappa_k} \, \lambda (v_s - v_0) \, \varrho^{1/3}, \tag{17, 21}$$

wo v_0 durch (17, 19) definiert ist.

Mit diesem $\delta\varrho$ erhält man aus (17, 5)

$$\left. \begin{aligned}
\delta V_e(\mathfrak{r}) &= - \lambda\, e \int \frac{1}{|\mathfrak{r} - \mathfrak{r}'|} \, \frac{v_s(\mathfrak{r}') - v_0}{V^*(\mathfrak{r}') - V_0} \, \varrho(\mathfrak{r}') \, dv' = \\
&= - \lambda \, \frac{3\,e^2}{5\,\varkappa_k} \int \frac{[v_s(\mathfrak{r}') - v_0]\,[\varrho(\mathfrak{r}')]^{1/3}}{|\mathfrak{r} - \mathfrak{r}'|} \, dv' \, .
\end{aligned} \right\} \tag{17, 22}$$

Der Variationsparameter λ wird aus der Minimumsforderung der Energie bestimmt. Hierzu berechnen wir mit dem Ausdruck (17, 20), bzw. (17, 21) die Energie in zweiter Näherung. Da $\delta\varrho$ und somit λ nur in η_2 eingeht, können wir λ aus der Gleichung

$$\frac{d\,\eta_2}{d\,\lambda} = 0 \tag{17, 23}$$

bestimmen.

Zur Berechnung von η_2 als Funktion von λ hat man im Ausdruck von η_2 die Energieterme (17, 11) mit (17, 21), bzw. (17, 22) zu berechnen. Wenn man statt U_s, U_p, U_k und U_a die von λ unabhängigen Größen

$$W_s = \frac{1}{\lambda} \, U_s \, , \quad W_p = \frac{1}{\lambda^2} \, U_p \, , \quad W_k = \frac{1}{\lambda^2} \, U_k \, , \quad W_a = \frac{1}{\lambda^2} \, U_a \tag{17, 24}$$

einführt, so erhält man für η_2 als Funktion von λ den einfachen Ausdruck

$$\eta_2 = - W_s \, \lambda + (W_p + W_k - W_a) \, \lambda^2 \, . \tag{17, 25}$$

Mit diesem folgt aus (17, 23) für den Variationsparameter der Wert

$$\lambda_0 = \frac{W_s}{2\,(W_p + W_k - W_a)} \, . \tag{17, 26}$$

Wenn man diesen Wert von λ in (17, 20) und in (17, 25) einsetzt, so ergibt sich für die Elektronendichte des gestörten Atoms in erster Näherung und für die Störungsenergie zweiter Ordnung

$$\varrho' = \varrho \left(1 + \lambda_0 \frac{v_s - v_0}{V^* - V_0}\right) = \varrho \left[1 + \frac{W_s}{2(W_p + W_k - W_a)} \frac{v_s - v_0}{V^* - V_0}\right], \quad (17, 27)$$

$$\eta_2 = -\frac{1}{2} \lambda_0 W_s = -\frac{W_s^2}{4(W_p + W_k - W_a)}. \quad (17, 28)$$

Das Variationsverfahren gestaltet sich also sehr einfach und führt bedeutend rascher zum Ziel als das Iterationsverfahren.

Das Korrektionsglied W_a, das aus U_a resultiert, ist in den praktisch wichtigen Fällen klein und kann neben $W_p + W_k$ vernachlässigt werden. Für den Fall, daß U_p positiv ist, also U_p und U_k gleiches Vorzeichen haben und sich somit gegenseitig nicht kompensieren, ist dies sofort zu sehen. In den äußeren Gebieten des Atoms ist nämlich nach (11, 36) $\frac{\partial \omega_c}{\partial \varrho} = \frac{e^2}{r}$, es ist also dort $\frac{\partial \omega_c}{\partial \varrho}$ mit dem Fermi-Amaldischen Korrektionsglied $-\frac{1}{N} V_e e$ identisch. Wenn wir hiervon ausgehend in den äußeren Gebieten des Atoms im Energieausdruck des Atoms [man vgl. (11, 34)] ω_c durch $-\frac{1}{N} \frac{1}{2} V_e e \varrho$ ersetzen — es ist dann (11, 36) erfüllt —, so kann man in den äußeren Gebieten U_a durch $-\frac{1}{N} \frac{1}{2} e \int \delta V_e \delta \varrho \, dv$ darstellen. Wenn man diesen Ausdruck mit dem Ausdruck (17, 11) für U_p vergleicht, so sieht man, daß die äußeren Gebiete des Atoms für U_a nur den N-ten Teil des Wertes liefern, den diese Gebiete zu U_p beitragen. Ein weniger plausibler, aber immerhin brauchbarer Ansatz für ω_c in den äußeren Gebieten des Atoms, bei welchen (11, 36) erfüllt ist, wäre $\omega_c = \frac{e^2}{r} \varrho$. Mit diesem würde der Integrand in U_a [man vgl. (17, 11)] verschwinden, es würden also dann die äußeren Gebiete des Atoms zu U_a überhaupt nichts beitragen. In den inneren Gebieten des Atoms ist die Sachlage einfacher, denn dort ist ω_c bekannt, und zwar ist dort $\omega_c = \varkappa_a \varrho^{4/3} - W_D$, woraus $\frac{\partial^2 \omega_c}{\partial \varrho^2} = \frac{4}{9} \varkappa_a \frac{1}{\varrho^{2/3}} - \frac{d^2 W_D}{d \varrho^2} \cong \frac{4}{9} \varkappa_a \frac{1}{\varrho^{2/3}}$, also nach (17, 11) $U_a = \frac{2}{9} \varkappa_a \int \frac{1}{\varrho^{2/3}} (\delta \varrho)^2 \, dv$ folgt. Wenn man diesen Ausdruck jetzt mit dem Ausdruck (17, 11) für U_k vergleicht, so ist zu sehen, daß die inneren Gebiete des Atoms zu U_a nur einen kleinen Bruchteil des Wertes beitragen, der sich bei der Integration über diese Gebiete für U_k ergibt, denn erstens ist das Größenverhältnis der Faktoren vor den Integralen in U_a und U_k rund $1:9$ und zweitens ist in den inneren Gebieten des Atoms $\varrho \, a_0^3 \gg 1$. Wenn also U_p, bzw. W_p positiv ist, kann man U_a und somit auch W_a vernachlässigen; dies trifft in den praktisch wichtigen Fällen immer zu.

Auf die Anwendungen des Variationsverfahrens kommen wir in VI zu sprechen, wo wir mit diesem Verfahren die Polarisierbarkeit von Atomen und Ionen bestimmen.

Zum Schluß dieses Abschnittes sei noch darauf hingewiesen, daß ein Ansatz für die gestörte Dichte von der einfachen Form $\varrho' = \varrho\,[1 + \lambda\,(v_s - v_0)]$ mit $v_0 = \frac{1}{N}\int v_s \varrho\,dv$ im allgemeinen nicht brauchbar ist; für die Polarisierbarkeit würde man z. B. mit diesem viel zu kleine Werte erhalten (man vgl. § 28). Dies ist darauf zurückzuführen, daß dieser Ansatz dem Umstand, daß durch die Störung im allgemeinen die äußeren, schwach gebundenen Gebiete des Atoms am stärksten deformiert werden, nicht Rechnung trägt. Im Ansatz (17, 21) wird dieser Umstand dadurch berücksichtigt, daß im Nenner von $\delta\varrho$ der Ausdruck $V^* - V_0$ steht, der mit wachsender Entfernung vom Kern rasch abnimmt.

Vergleich mit der Wellenmechanik. Wir ziehen im folgenden einen Vergleich zwischen den Endformeln der statistischen und wellenmechanischen Störungsrechnung. Für den statistischen Ausdruck der Dichteänderung erster Ordnung und der Störungsenergie zweiter Ordnung legen wir beim Vergleich die Formeln des Variationsverfahrens zugrunde, da nur dieses Verfahren zu geschlossenen Endformeln führt.

Der statistische Ausdruck der Störungsenergie erster Ordnung, η_1, entspricht ganz dem wellenmechanischen, nach welchem die Störungsenergie erster Ordnung der nach der wellenmechanischen Dichteverteilung gemittelte Wert von $-v_s e$ ist.

Zum Vergleich des statistischen Ausdruckes der Dichteänderung erster Ordnung mit dem entsprechenden wellenmechanischen führen wir im statistischen Ausdruck für $\delta\varrho$ [man vgl. (17, 21)] im Nenner für $V^* - V_0$ einen von r unabhängigen Mittelwert $\frac{1}{e}\,E_m$ ein. E_m hat die Dimension einer Energie und ist positiv, da $V^* - V_0$ durchweg positiv ist. Mit der Bezeichnung

$$\frac{1}{N}\int v_s^i\,\varrho\,dv = w_i \qquad (17,\,29)$$

wird dann

$$\delta\varrho = \frac{\lambda_0}{E_m}\,(v_s\,e - w_1\,e)\,\varrho\,, \qquad (17,\,30)$$

wobei zu bemerken ist, daß λ_0 ein dimensionsloser Zahlenfaktor von der Größenordnung 1 ist.

Den wellenmechanischen Ausdruck für die Dichteänderung erster Ordnung erhält man aus der ersten Näherung der gestörten Eigenfunktion. Diese ist

$$\Psi_0' = \Psi_0 + \sum_i{}' \frac{H_{i0}^{(1)}\Psi_i}{E_0 - E_i} \qquad (17,31)$$

mit

$$H_{i0}^{(1)} = -\int \Psi_i{}^* \sum_{k=1}^{N} v_s(\mathfrak{r}_k)\, e\, \Psi_0\, d\tau\,. \qquad (17,32)$$

Hier bezeichnet Ψ_i die Eigenfunktion und E_i den Energieeigenwert des ungestörten Atoms im i-ten Quantenzustand; $d\tau$ ist das Volumenelement des Konfigurationsraumes. Bei der Summation in (17, 31) über i ist das Glied $i = 0$ wegzulassen; für ein kontinuierliches Energieintervall hat man die Summe durch ein Integral zu ersetzen.

Wenn man in (17, 31) im Nenner des zweiten Gliedes auf der rechten Seite einen Energiemittelwert $-|E_M|$ einführt, dann kann man (17, 31) folgendermaßen umformen[1]

$$\Psi_0' = \Psi_0\left\{1 + \frac{1}{|E_M|}\left[\sum_{k=1}^{N} v_s(\mathfrak{r}_k)e + H_{00}^{(1)}\right]\right\} \qquad (17,33)$$

und erhält für die Dichteverteilung im Konfigurationsraum in erster Näherung

$$|\Psi_0'|^2 = |\Psi_0|^2\left\{1 + \frac{2}{|E_M|}\left[\sum_{k=1}^{N} v_s(\mathfrak{r}_k)\, e + H_{00}^{(1)}\right]\right\}. \qquad (17,34)$$

Hieraus kann man die gestörte Dichteverteilung im dreidimensionalen Koordinatenraum sehr einfach herleiten. Wir setzen hierzu Ψ_0, bzw. Ψ_0' als ein einfaches Produkt der Eigenfunktionen der einzelnen Elektronen an. Es ergibt sich dann aus (17, 34)

$$\prod_{l=1}^{N}|\psi_l'|^2 = \prod_{l=1}^{N}|\psi_l|^2\left\{1 + \frac{2}{|E_M|}\left[\sum_{k=1}^{N} v_s(\mathfrak{r}_k)\, e + H_{00}^{(1)}\right]\right\} \qquad (17,35)$$

mit

$$H_{00}^{(1)} = -\sum_{k=1}^{N}\int \psi_k{}^* \, v_s(\mathfrak{r}_k)\, e\, \psi_k\, dv_k\,, \qquad (17,36)$$

wo ψ_k und ψ_k' die auf 1 normierte ungestörte, bzw. gestörte Eigenfunktion des k-ten Elektrons bezeichnen. Wenn man die Gl. (17, 35) über die Koordinaten aller Elektronen mit Ausnahme des k-ten Elektrons auf den ganzen Raum integriert, so folgt mit Rücksicht auf die Normierung

---

[1] Man vgl. z. B. H. HELLMANN, Einführung in die Quantenchemie, S. 70 bis 72, Vlg. Deuticke, Leipzig u. Wien, 1937.

der Eigenfunktionen

$$|\psi_k'|^2 = |\psi_k|^2 \left\{ 1 + \frac{2}{|E_M|} \left[v_s(\mathfrak{r}) \, e - \int \psi_k{}^* \, v_s(\mathfrak{r}) \, e \, \psi_k \, dv \right] \right\}. \qquad (17,37)$$

Durch Summation über alle k erhält man hieraus für die Dichteänderung im dreidimensionalen Koordinatenraum in erster Näherung

$$\delta\varrho = \sum_{k=1}^{N} |\psi_k'|^2 - \sum_{k=1}^{N} |\psi_k|^2 = \frac{2}{|E_M|} \sum_{k=1}^{N} |\psi_k|^2 \left[v_s(\mathfrak{r}) \, e - \int \psi_k{}^* \, v_s(\mathfrak{r}) \, e \, \psi_k \, dv \right]. \qquad (17,38)$$

Wenn man zu einer statistischen Behandlungsweise der Elektronen übergeht, so wird dieser Ausdruck bis auf einen Faktor von der Größenordnung 1 mit (17,30) identisch. Beim Übergang zur statistischen Behandlungsweise werden nämlich die individuellen Eigenschaften der Elektronen verwischt, man hat also die Verteilungsfunktion des k-ten Elektrons, $\psi_k{}^*\psi_k$, durch ϱ/N zu ersetzen. Man erhält dann für das Integral auf der rechten Seite $w_1 e$ und die rechte Seite von (17,38) wird bis auf einen Faktor von der Größenordnung 1 mit dem Ausdruck auf der rechten Seite von (17,30) gleich.

Schließlich wollen wir noch zwischen dem statistischen und wellenmechanischen Ausdruck der Störungsenergie zweiter Ordnung einen Vergleich ziehen und zeigen, daß der letztere beim Übergang zum statistischen Modell bis auf einen Faktor von der Größenordnung 1 in den ersteren übergeht.

Zu diesem Zweck schreiben wir den statistischen Ausdruck für die Störungsenergie zweiter Ordnung in der Form

$$\eta_2 = -\frac{1}{2} \lambda_0 \, W_s = -\frac{1}{2} \lambda_0 \, e \int \frac{v_s \, (v_s - v_0)}{V^* - V_0} \, \varrho \, dv. \qquad (17,39)$$

Wenn wir hier im Nenner des Integranden $V^* - V_0$ wieder durch den Mittelwert $\frac{1}{e} E_m$ ersetzen und außerdem im Zähler v_0 ganz entsprechend vereinfachen, indem wir im Ausdruck von v_0 [man vgl. (17,19)] für $V^* - V_0$ denselben Mittelwert setzen, dann erhält man

$$\eta_2 = -\frac{N \lambda_0}{2 \, E_m} \left(w_2 \, e^2 - w_1{}^2 \, e^2 \right). \qquad (17,40)$$

Der wellenmechanische Ausdruck für die Störungsenergie zweiter Ordnung ist

$$\eta_2 = \sum_i{}' \frac{\left| H_{i0}^{(1)} \right|^2}{E_0 - E_i}. \qquad (17,41)$$

Wenn man hier im Nenner wieder einen Mittelwert $-\left| E_{M}' \right|$ einführt, so kann man diesen Ausdruck wie folgt umformen

$$\eta_2 = -\frac{1}{|E_{M'}|}\left(H_{00}^{(2)} - |H_{00}^{(1)}|^2\right). \tag{17, 42}$$

wo

$$H_{00}^{(2)} = \int \Psi_0{}^* \left(\sum_{k=1}^{N} v_s(\mathfrak{r}_k)\, e\right)^2 \Psi_0\, d\tau \tag{17, 43}$$

ist.

Wenn wir Ψ_0 wieder als ein einfaches Produkt der Eigenfunktionen der einzelnen Elektronen ansetzen, so folgt nach einfacher Rechnung

$$H_{00}^{(2)} - |H_{00}^{(1)}|^2 = \sum_{k=1}^{N} \int \psi_k{}^* [v_s(\mathfrak{r}_k)\, e]^2 \psi_k\, dv_k - \sum_{k=1}^{N} \left|\int \psi_k{}^* v_s(\mathfrak{r}_k)\, e\, \psi_k\, dv_k\right|^2. \tag{17, 44}$$

Beim Übergang zur statistischen Behandlungsweise geht $H_{00}^{(2)} - |H_{00}^{(1)}|^2$ in den Ausdruck $N\,(w_2\,e^2 - w_1{}^2\,e^2)$ über, es wird also dann (17, 42) bis auf einen Faktor von der Größenordnung 1 mit (17, 40) identisch. Die Endformeln der statistischen Störungsrechnung entsprechen also durchaus den wellenmechanischen Formeln.

§ 18. Wechselwirkung von Atomen und Ionen mit abgeschlossenen Elektronenschalen in erster Näherung.

Im folgenden befassen wir uns im Rahmen der Störungsrechnung in erster Näherung mit der Wechselwirkung von Atomen und Ionen, und zwar mit dem Fall, daß man die Elektronendichte des Gesamtsystems als eine einfache Superposition der Elektronendichten der wechselwirkenden Atome oder Ionen betrachten kann. In den Rahmen dieser Betrachtungen gehören also in erster Linie diejenigen Systeme, welche aus Atomen oder Ionen mit edelgasähnlichen abgeschlossenen Elektronenschalen aufgebaut sind und bei denen die Deformation der Elektronenhüllen der Atome oder Ionen, also die Polarisation, klein ist. Man kann also auf Grund der folgenden Ausführungen die Wechselwirkung von Edelgasatomen oder z. B. von Alkali- und Halogenionen in erster Näherung, d. h. ohne Berücksichtigung der Polarisationskräfte, berechnen. Auf die Anwendungen dieses Störungsverfahrens zur Berechnung der Bindung heteropolarer Moleküle und Ionenkristalle kommen wir in VII, bzw. VIII zu sprechen. Zur Berechnung der Wechselwirkung von Atomen mit nicht-abgeschlossenen Elektronenschalen kann man diese Störungsrechnung nicht heranziehen, da in diesem Fall die Wechselwirkung durch die Betätigung der Valenzelektronen zustande kommt, die man mit diesem Verfahren nicht erfassen kann.

Wechselwirkungsenergie. In der folgenden Störungsrechnung, deren Grundlagen von LENZ und JENSEN[1] entwickelt wurden, berechnen wir

---

[1] W. LENZ, Zs. f. Phys. **77**, 713, 1932; H. JENSEN, Zs. f. Phys. **77**, 722, 1932.

die Störungsenergie erster Ordnung. Dies geschieht mit Hilfe des Grundsatzes, daß sich in einem System im Gleichgewichtszustand diejenige Dichteverteilung der Elektronen einstellt, bei der die Energie des Systems ein Minimum aufweist, daß also im Gleichgewichtszustand des Elektronengases die erste Variation der Energie hinsichtlich ϱ verschwindet. Wenn man also die Energie des Systems statt der wahren Dichteverteilung ϱ mit einer Dichteverteilung $\varrho + \delta\varrho$ berechnet, die sich von der ersteren nur um die Größe erster Ordnung, $\delta\varrho$, unterscheidet, dann kann sich die Energie vom tatsächlichen Wert nur um Glieder unterscheiden, die von zweiter und höherer Ordnung klein sind. Man bekommt also schon mit einer Dichte nullter Näherung die Energie in erster Näherung.

Bei der Störungsrechnung von LENZ und JENSEN wird dieser Umstand dadurch nutzbar gemacht, daß man die Dichteverteilung des Gesamtsystems in nullter Näherung als einfache Superposition der Dichten der einzelnen freien Atome und Ionen betrachtet.

Da man in den meisten praktisch wichtigen Fällen die Wechselwirkungsenergie eines atomaren Systems aus der Wechselwirkungsenergie zweier Atome oder Ionen zusammensetzen kann, genügt es, wenn wir uns auf nur zwei Atome oder Ionen beschränken. Wir führen unsere Betrachtungen wieder in der Weise durch, daß sie sowohl für neutrale Atome als für Ionen gelten. Die zwei Atome, bzw. die Größen, welche sich auf diese beziehen, unterscheiden wir durch die Indices 1 und 2. Die Entfernung vom Kern 1

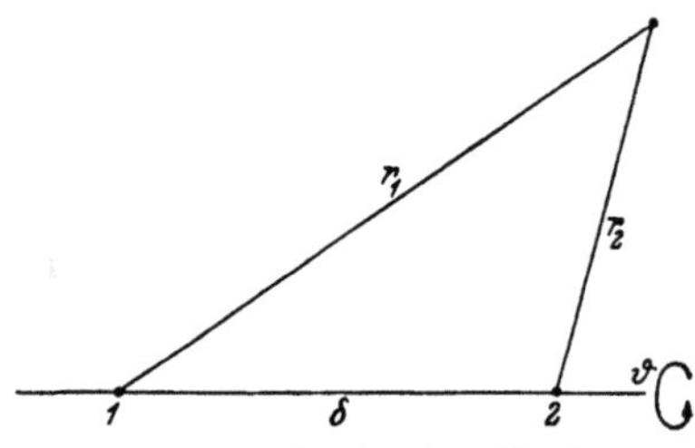

Abb. 16. Zweizentrenkoordinaten.

bezeichnen wir mit r_1, die vom Kern 2 mit r_2, die Entfernung der beiden Kerne sei δ (man vgl. Abb. 16). Mit diesen Bezeichnungen ergibt sich für die Energie des Systems

$$E = \frac{Z_1 Z_2 e^2}{\delta} - \int \left[\frac{Z_1 e^2}{r_1} + \frac{Z_2 e^2}{r_2} + \frac{1}{2} V_e e \right] \varrho \, dv + \varkappa_k \int \varrho^{5/3} \, dv - \\ - \varkappa_a \int \varrho^{4/3} \, dv + \int W_D(\varrho) \, dv . \qquad (18,1)$$

Das letzte Glied auf der rechten Seite ist die Korrelationsenergie, die in der Störungsrechnung von LENZ und JENSEN unberücksichtigt blieb und später in Rechnung gezogen wurde[1].

___

[1] P. GOMBÁS, Zs. f. Phys. **121**, 523, 1943. Diese Energie ist im Verhältnis zu den anderen Energieanteilen von höherer Ordnung klein, man hat sie aber, bei der hier gegebenen Definition der ersten Näherung (Superposition der ungestörten Elektronenwolken der Atome), noch im Rahmen der ersten Näherung zu berücksichtigen.

Die Elektronendichte ϱ des Gesamtsystems setzen wir in nullter Näherung entsprechend der weiter oben gesagten als einfache Superposition der kugelsymmetrischen Verteilungen der beiden freien Atome, ϱ_1 und ϱ_2, an. Wir setzen also

$$\varrho = \varrho_1 + \varrho_2 \,. \tag{18, 2}$$

Man erhält dann für das Potential der Elektronenwolke des Gesamtsystems

$$V_e = V_{e_1} + V_{e_2}, \tag{18, 3}$$

wo V_{e_1} und V_{e_2} die Potentiale der Elektronenwolken der freien Atome, also der Ladungsverteilungen $-\varrho_1 e$, bzw. $-\varrho_2 e$ bedeuten. Der folgenden halber ist es zweckmäßig V_{e_i} in der Form

$$V_{e_i}(r_i) = - \frac{N_i\,e}{r_i} + \gamma_i(r_i) \tag{18, 4}$$

zu schreiben. Es bedeutet dann $\gamma_i(r_i)\,r_i$ die mit der Ionenladung reduzierte, in der Entfernung r_i vom i-ten Kern wirksame Kernladung des i-ten Kernes, γ_i ist also positiv. Für Elektronenverteilungen, die bei einem endlichen Radius $r_{i,0}$ abbrechen, ist für $r_i \geq r_{i,0}$ $\gamma_i = 0$.

Wenn man (18, 2) und (18, 3) in (18, 1) einsetzt und aus dem Energieausdruck des Gesamtsystems, der sich auf diese Weise ergibt, die Energie der beiden getrennten Atome in Abzug bringt, so erhält man für die Wechselwirkungsenergie erster Ordnung der beiden Atome

$$\left.\begin{aligned}
u &= \frac{Z_1 Z_2 e^2}{\delta} - \int \left(\frac{Z_1 e^2}{r_1} \varrho_2 + \frac{Z_2 e^2}{r_2} \varrho_1 \right) dv - \\
&- \frac{1}{2} \int (V_{e_1} e \varrho_2 + V_{e_2} e \varrho_1)\, dv + \varkappa_k \int \left[(\varrho_1 + \varrho_2)^{5/3} - \varrho_1^{5/3} - \varrho_2^{5/3} \right] dv - \\
&- \varkappa_a \int \left[(\varrho_1 + \varrho_2)^{4/3} - \varrho_1^{4/3} - \varrho_2^{4/3} \right] dv + \\
&+ \int \left[W_D(\varrho_1 + \varrho_2) - W_D(\varrho_1) - W_D(\varrho_2) \right] dv \,.
\end{aligned}\right\} \tag{18, 5}$$

Die Integrale vom Typ $\int \frac{1}{r_1} \varrho_2\, dv$ kann man mit Hilfe des GREENschen Satzes einfach auswerten. Es ist z. B.

$$\int \frac{e}{r_1} \varrho_2\, dv = \frac{1}{4\,\pi\,e} \int \frac{e}{r_1} \varDelta V_{e_2}\, dv = - V_{e_2}(\delta) = \frac{N_2\,e}{\delta} - \gamma_2(\delta) \,. \tag{18, 6}$$

Wenn wir dies berücksichtigen, so können wir u in folgende Energieterme zerlegen, die eine sehr anschauliche physikalische Bedeutung haben.

$$u_c = (Z_1 - N_1)(Z_2 - N_2) \frac{e^2}{\delta} \,, \tag{18, 7}$$

$$u_n = [Z_2\,\gamma_1(\delta) + Z_1\,\gamma_2(\delta)]\,e\,, \qquad (18,8)$$

$$u_e = -\frac{1}{2}\,e\,[N_2\,\gamma_1(\delta) + N_1\,\gamma_2(\delta) + \int \gamma_1\,\varrho_2\,dv + \int \gamma_2\,\varrho_1\,dv]\,, \qquad (18,9)$$

$$u_k = \varkappa_k \int [(\varrho_1 + \varrho_2)^{5/3} - \varrho_1^{\,5/3} - \varrho_2^{\,5/3}]\,dv\,, \qquad (18,10)$$

$$u_a = -\varkappa_a \int [(\varrho_1 + \varrho_2)^{4/3} - \varrho_1^{\,4/3} - \varrho_2^{\,4/3}]\,dv\,, \qquad (18,11)$$

$$u_w = \int [W_D(\varrho_1 + \varrho_2) - W_D(\varrho_1) - W_D(\varrho_2)]\,dv \qquad (18,12)$$

und es ist

$$u = u_c + u_n + u_e + u_k + u_a + u_w\,. \qquad (18,13)$$

Die Bedeutung der Energieterme ist die folgende:

u_c ist die elektrostatische COULOMBsche Wechselwirkungsenergie der punktförmigen Ionenladungen. Für neutrale Atome verschwindet u_c.

Alle weiteren Energieterme haben ihren Ursprung in der räumlichen Ausdehnung der Elektronenwolken, die sich bei der Annäherung der Atome überdecken.

Bei der Annäherung der Atome dringt jeder Kern in die Elektronenwolke des anderen Atoms ein und kommt dort unter die Wirkung eines nicht-COULOMBschen Potentials von der effektiven, mit der Ionenladung reduzierten, Kernladung $\gamma_i(r_i)\,r_i$. Hieraus resultiert die Energie u_n.

u_e entsteht dadurch, daß bei dem Überdecken der Elektronenwolken die Abstoßungsenergie der Elektronenwolken nicht mehr $N_1 N_2\,e^2/\delta$ ist, sondern vermindert wird, denn die überlagerten Teile der Elektronenwolke tragen zur Abstoßung nichts bei. u_e ist eben diese elektrostatische Energieverminderung.

Die Energie u_k gibt die kinetische Energieänderung der Elektronenwolken, die aus der Überdeckung der Elektronenwolken resultiert. In dem Gebiet, wo sich die Elektronenwolken überdecken, entsteht eine Dichtevergrößerung. Um also dem PAULI-Prinzip Rechnung zu tragen, muß man Elektronen in Phasenraumzellen von höherer Energie heben, man muß also dem System Energie zuführen. Diese Energie wird durch u_k dargestellt, die bei der Wechselwirkung von Atomen und Ionen eine wesentliche Rolle spielt.

u_a ist die aus der Überdeckung der Elektronenwolken resultierende Änderung der Austauschenergie. Diese ist im allgemeinen relativ klein und wurde in einigen Fällen in erster Näherung vernachlässigt. Konsequent kann man diese Energie nur dann berechnen, wenn man für die Atome oder Ionen die mit dem Austausch oder mit dem Austausch und der Korrelation erweiterte Dichteverteilungen zugrunde legt, die bei einem endlichen Radius, bzw. bei einer endlichen Dichte abbrechen. Die Gebiete, in welchen die Dichte kleiner ist als die Randdichte, würden nämlich zu u_a einen relativ zu großen Beitrag geben, dem keine physikalische Realität zukommt.

Die Korrelationsenergie u_w resultiert aus der Wechselbeziehung der Elektronen mit antiparallelem Spin. u_w ist im Verhältnis zu den übrigen Gliedern klein, kann also in erster Näherung vernachlässigt werden.

Wenn man zur Berechnung dieser Energie aus einem korrigierten Dichteverlauf der Atome und Ionen ausgeht, der bei einem endlichen Radius abbricht, dann kann man, wenn sich die Elektronenwolken nur im geringen Maße überdecken, für W_D den Näherungsausdruck $(11, 19)$ benutzen und man erhält

$$u_w = - \lambda_0 \int [(\varrho_1 + \varrho_2)^{4/3} - \varrho_1^{4/3} - \varrho_2^{4/3}]\, dv \; . \qquad (18, 14)$$

Dieser Ausdruck ist von derselben Gestalt wie u_a, mit dem Unterschied, daß statt $\varkappa_a$ der Faktor λ_0 steht. Man kann also diesen Ausdruck mit u_a zusammenziehen und es steht dann im resultierenden Ausdruck vor dem Integralzeichen der Faktor $\varkappa_a' = \varkappa_a + \lambda_0$. Die Korrelation äußert sich also dann wieder darin, daß man statt $\varkappa_a$ den Faktor $\varkappa_a'$ zu setzen hat.

Wenn man für die Atome oder Ionen die durch den Austausch oder Austausch und Korrelation korrigierte Elektronenverteilungen zugrunde legt, die bei einem endlichen Radius $r_{i,0}$ abbrechen, so ist in dem Gebiet, in welchem die Wechselwirkung von Interesse ist, δ stets größer als $r_{i,0}$ und es wird dann für diese δ

$$\gamma_i(\delta) = 0 \; , \qquad (18, 15)$$

also

$$u_n = 0 \qquad (18, 16)$$

und

$$u_e = - \frac{1}{2}\, e \left(\int \gamma_1 \varrho_2 \, dv + \int \gamma_2 \varrho_1 \, dv \right) . \qquad (18, 17)$$

Bezüglich der Berechnung der Energieterme $(18, 9)$ bis $(18, 12)$ verweisen wir auf den Abschnitt III des Anhanges.

Die Störungsrechnung von LENZ und JENSEN gibt für die Wechselwirkungsenergie eine erste Näherung, da wir die Elektronenverteilung des Gesamtsystems als eine einfache Superposition der Verteilungen der freien Atome, bzw. Ionen dargestellt haben. Zur Berechnung der Energie in zweiter Näherung hätte man die Deformation der Elektronenwolken zu berücksichtigen, es würde also dann zu u die elektrostatische Polarisationsenergie und die VAN DER WAALSsche Energie hinzutreten.

Beziehungen zwischen der elektrostatischen und kinetischen Energie-änderung. Zwischen der Energie $u_n + u_e$ und der kinetischen Energie-änderung u_k wurden für neutrale THOMAS-FERMISCHE und LENZ-JENSEN-sche Atome sowie für einfach geladene positive und negative LENZ-JENSENSche Ionen näherungsweise Zusammenhänge hergeleitet[1], die für $\delta > 4\,a_0$ Gültigkeit haben, und zwar gilt für neutrale THOMAS-FERMISCHE Atome

$$-2\,(u_n + u_e) \cong u_k \tag{18,18}$$

und im Falle der LENZ-JENSENSchen Verteilung (8,11) für neutrale Atome und einfach geladene positive und negative Ionen

$$-2{,}5\,(u_n + u_e) \cong u_k\ . \tag{18,19}$$

Die Herleitung dieser Zusammenhänge gründet sich auf eine Aufteilung des Raumes in zwei Teile, von denen in dem einen $\varrho_1 < \varrho_2$ ist und in dem anderen das Umgekehrte gilt. In diesen beiden Raumteilen kann man den Integranden in u_k nach ϱ_1/ϱ_2, bzw. nach ϱ_2/ϱ_1 in eine Reihe ent-wickeln, die man nach dem zweiten Glied abbricht. Den so gewonnenen Ausdruck kann man dann mit Hilfe der THOMAS-FERMISCHEN Gleichung auf dieselbe Gestalt bringen wie $u_n + u_e$ und erhält für neutrale THOMAS-FERMISCHE Atome den Zusammenhang (18,18) und im Falle der LENZ-JENSENSchen Verteilung mit Berücksichtigung eines Korrektionsfaktors[2] den Zusammenhang (18,19).

Im Falle neutraler Atome ist $u_c = 0$ und es gibt dann $u_n + u_e$ die gesamte elektrostatische Wechselwirkungsenergie der beiden Atome. Es besagt also dann z. B. die Relation (18,18), daß die kinetische Energie-änderung angenähert doppelt so groß ist wie der Betrag der elektro-statischen Energieänderung. Man hat aber hierbei zu beachten, daß dieser Zusammenhang gerade so wie die allgemeineren Zusammenhänge (18,18) und (18,19) nur dann gelten, wenn man die Elektronendichte des Gesamtsystems als einfache Superposition der Elektronendichten der beiden freien Atome oder Ionen betrachtet.

Von HELLMANN[3] wurde mit Hilfe des quantenmechanischen Virial-satzes eine allgemeine Relation zwischen der gesamten potentiellen Energieänderung und der kinetischen Energieänderung hergeleitet, nach welcher in der Gleichgewichtslage eines atomaren Systems die Änderung der potentiellen Energie mit entgegengesetztem Vorzeichen der doppelten

---

[1] P. GOMBÁS, Math. u. Naturwiss. Anz. d. ung. Akad. **LV**, 512, 1937.

[2] Diesen Korrektionsfaktor hat man in Betracht zu ziehen, da die LENZ-JENSENSche Lösung nur eine Näherungslösung der THOMAS-FERMISCHEN Gleichung ist.

[3] H. HELLMANN, Zs. f. Phys. **85**, 180, 1933.

kinetischen Energieänderung gleich ist. Die Energieterme (18, 7) bis (18, 10) genügen jedoch dieser allgemeinen Relation nicht. Dies hat seinen Grund darin, daß den Ausführungen von HELLMANN die „wahre" Elektronenverteilung des Gesamtsystems zugrunde liegt, also jene Elektronenverteilung, die sich im Gesamtsystem bei Berücksichtigung aller Kräfte einstellt. Im Gegensatz hierzu wurde bei uns die Elektronendichte des Gesamtsystems als einfache Superposition der Elektronendichten der freien Atome und Ionen dargestellt. Obwohl man mit dieser Elektronendichte nullter Näherung, die sich von der „wahren" Elektronendichte noch um kleine Größen erster und höherer Ordnung unterscheiden kann, für die Gesamtenergie des Systems, zufolge der Extremaleigenschaften der Gesamtenergie, einen Wert erhält, der sich vom exakten nur um kleine Größen von zweiter und höherer Ordnung unterscheidet, gilt dies natürlich für die potentielle oder kinetische Energie im einzelnen nicht, da diese im einzelnen keinerlei Extremaleigenschaften besitzen. Die Aufteilung der gesamten Wechselwirkungsenergie in eine potentielle und kinetische Energieänderung kann also von der „wahren" Aufteilung beträchtlich verschieden sein, trotzdem die Gesamtenergie den tatsächlichen Wert schon sehr gut approximiert.

Aus (18, 18) und (18, 19) kann man also keinen Schluß auf die „wahre" Aufteilung der Wechselwirkungsenergie ziehen. Man kann aber mit Hilfe dieser Zusammenhänge den Mechanismus der Wechselwirkung besser überblicken. Wir betrachten hierzu den Fall, daß u_a und u_w im Verhältnis zu den übrigen Energieteilen klein sind. Wir können dann die gesamte aus der räumlichen Ausdehnung der Elektronenwolken resultierende Energie u_s durch den Ausdruck $u_n + u_e + u_k$ annähern und erhalten für neutrale THOMAS-FERMISche Atome

$$u_s \cong \frac{1}{2} u_k \qquad (18, 20)$$

und für LENZ-JENSENSche neutrale Atome und einfach geladene Ionen

$$u_s \cong 0{,}6\, u_k \; . \qquad (18, 21)$$

Da u_k positiv ist und bei der Annäherung der Atome oder Ionen rasch anwächst, resultiert also aus u_s eine Abstoßung. Diese Abstoßungsenergie ist, wie wir bei der Anwendung der statistischen Theorie auf die chemische Bindung heteropolarer Moleküle und Ionenkristalle sehen werden (man vgl. VII und VIII), zum Verständnis der chemischen Bindung von ausschlaggebender Wichtigkeit, denn ohne dieser Abstoßung würde man Kerndistanzen erhalten, die wesentlich kleiner sind als der beobachtete Wert. Daß u_s positiv ist, ist eine Folge der Energie u_k. Ohne dieser Energie würde nämlich $u_s = u_n + u_e$ sein und es würde bei der Annäherung zweier Ionen die negative Energie u_e den positiven

Anteil u_n bis zu relativ kleinen Kerndistanzen überwiegen. Da der Betrag von $u_n + u_e$ bis zu relativ kleinen Entfernungen der Atome oder Ionen rasch anwächst, würde aus u_s eine Attraktion resultieren, die zusammen mit der Attraktionsenergie u_c zum Zusammenstürzen des atomaren Systems (Moleküls oder Kristallgitters) auf relativ sehr kleine Dimensionen führen würde. Dieses Zusammenstürzen wird von der Energie u_k verhindert. Näheres hierüber bringen wir in VII und VIII. u_k ist auch zum Verständnis des Verhaltens von neutralen Edelgasatomen von Wichtigkeit. Ohne der Energie u_k würden sich nämlich Edelgasatome in erster Näherung anziehen, während sie sich in Wirklichkeit in dieser Näherung abstoßen, wie sich dies auch aus der Theorie bei Berücksichtigung von u_k ergibt. Die Anziehungskräfte zwischen den Edelgasatomen sind die VAN DER WAALSschen Kräfte, die erst in zweiter Näherung auftreten.

V. Weiterentwicklung der statistischen Theorie.

Die statistische Theorie des Atoms wurde in verschiedenen Richtungen weiterentwickelt, die über den Rahmen des ursprünglichen Anwendungsgebietes der Theorie hinausführen und die wir in diesem Kapitel behandeln wollen. Zunächst befassen wir uns in § 19 mit der statistischen Formulierung des PAULIschen Besetzungsverbotes vollbesetzter Quantenzustände von Atomen. Auf Grund dieser Betrachtungen kann man ein Näherungsverfahren zur Bestimmung der Energieterme und Eigenfunktionen von Valenzelektronen entwickeln, auf dessen Anwendungen wir in VI zu sprechen kommen. Im § 20 bringen wir im Anschluß an BLOCH und JENSEN eine nicht-statische Behandlung des Elektronengases, insbesondere befassen wir uns mit dem Eigenschwingungsproblem eines kugelsymmetrischen Elektronengases im Grundzustand und geben eine Abschätzung der Eigenfrequenzen des statistischen Atoms. Diese Betrachtungen bilden zugleich die Grundlage der Bestimmung des Bremsvermögens eines schweren Atoms, das wir in VI behandeln.

§ 19. Statistische Formulierung des Paulischen Besetzungsverbotes der vollbesetzten Quantenzustände von Atomen.

In elementarer Formulierung lautet das PAULI-Prinzip folgendermaßen: Jeder mit Rücksicht auf den Spin definierter Quantenzustand kann höchstens von einem Elektron besetzt werden. In bezug auf die Valenzelektronen eines Atoms bedeutet dies, daß die Valenzelektronen die von den Rumpfelektronen vollbesetzten Quantenzustände nicht besetzen können, und weiterhin, daß sich in den von den Rumpfelek-

tronen nicht-besetzten Quantenzuständen nur höchstens ein Valenz-
elektron befinden kann. Für die von den Rumpfelektronen vollbesetzten
Quantenzustände besteht also ein Besetzungsverbot. Wenn das PAULI-
Prinzip nicht bestünde, so würden alle Elektronen den energetisch tiefsten
Quantenzustand besetzen, das Atom würde also zusammenstürzen.

Uns interessiert hier im folgenden das Besetzungsverbot der von den
Rumpfelektronen vollbesetzten Quantenzustände, das bewirkt, daß
die Valenzelektronen in höhere Quantenzustände gedrängt werden.
Dieses Besetzungsverbot kann man im Falle eines elektronenreichen
Rumpfes mit abgeschlossenen Elektronenschalen aus statistischen
Betrachtungen ausgehend analytisch formulieren und man kann zeigen,
daß das Besetzungsverbot der von den Rumpfelektronen vollbesetzten
Quantenzustände mit einer nicht-klassischen Abstoßungskraft equivalent ist, die die Rumpfelektronen auf die Valenzelektronen ausüben
und durch die die Valenzelektronen in die höheren Quantenzustände
gedrängt werden. Besonders anschaulich werden die Betrachtungen
dadurch, daß diese Abstoßungskraft ein Potential besitzt, das man, wie
im folgenden gezeigt werden soll, einfach herleiten kann.

Wir folgen hier den Ausführungen einer Arbeit von GOMBÁS[1], in der
das Potential der Abstoßungskraft für verschiedene Quantenzustände
des Valenzelektrons hergeleitet wurde und ziehen hierzu ein Atom in
Betracht, das aus einem elektronenreichen Rumpf mit abgeschlossenen
Elektronenschalen und aus z Valenzelektronen besteht. Den Atomrumpf behandeln wir statistisch, wir teilen also das Elektronengas in
Teilgebiete vom Volumen dv ein, in denen sich noch eine große Anzahl
von Elektronen befindet und in denen das elektrostatische Potential
praktisch konstant ist. Die Gebiete unmittelbarer Kernnähe und die
vom Kern weit entfernten Bereiche, in denen man diese Bedingungen,
wie schon öfters erwähnt wurde, nicht erfüllen kann, spielen hier keine
wesentliche Rolle, so daß man von dieser Schwierigkeit absehen kann.
Unter diesen Voraussetzungen bilden die Elektronen in einem Volumen dv
ein freies Elektronengas am absoluten Nullpunkt der Temperatur, auf
das wir die Betrachtungen des § 1 anwenden können. Von dem innerhalb
der Zelle dv konstanten elektrostatischen Potential können wir einstweilen absehen. Wenn wir uns für die Energieverteilung der Elektronen
in der Zelle dv interessieren, so können wir uns — da die Energie der
Elektronen innerhalb dv vom Ort unabhängig ist — auf die kinetische
Energieverteilung, also auf die Verteilung der Elektronen im Impulsraum beschränken. In diesem besetzen die Elektronen — genauer gesagt
die Bildpunkte des Impulses — eine Kugel vom Radius p_μ, wo p_μ den
Betrag des maximalen Impulses bezeichnet [man vgl. (1, 5)]. Von den

---

[1] P. GOMBÁS, Zs. f. Phys. **118**, 164, 1941.

Elektronen der Zelle dv werden also alle Energiezustände bis zur maximalen Energie $u_\mu = \dfrac{p_\mu{}^2}{2m}$ voll besetzt. All dies ist ausschließlich eine Folge des PAULI-Prinzips, nach welchem sich in einer Elementarzelle des Phasenraumes vom Volumen h^3 nur höchstens zwei Elektronen befinden können, deren Spine zueinander antiparallel gerichtet sind.

Wir gehen nun vom Atomrumpf zum Atom über, ergänzen also die Elektronenwolke des Atomrumpfes mit den z Valenzelektronen. Die polarisierende Wirkung der Valenzelektronen auf den Atomrumpf vernachlässigen wir in erster Näherung, wir nehmen also in erster Näherung an, daß die Elektronenverteilung des Rumpfes durch die Anwesenheit der Valenzelektronen nicht geändert wird. Wir wollen nun untersuchen, unter welcher Bedingung man ein Valenzelektron in der Raumzelle dv unterbringen kann. Von der elektrostatischen potentiellen Energie können wir auch hier absehen. Wenn wir die Elektronendichte des Rumpfes in dv mit ϱ bezeichnen, so befinden sich in dv ϱdv Rumpfelektronen, die alle Energieniveaus bis zur maximalen Energie u_μ voll besetzen. Man kann also ein Valenzelektron nur in solchen Quantenzuständen unterbringen, denen eine größere Energie zukommt als u_μ. Um also ein Valenzelektron in der Raumzelle dv unterbringen zu können, muß dieses eine Energie besitzen, die größer ist als u_μ. Wir denken uns die Valenzelektronen aus dem Unendlichen in den Verband des Atoms gebracht und können also ein Valenzelektron, dessen Energie schon ursprünglich größer ist als u_μ, ohne weiteres in dv unterbringen. Ein solches Valenzelektron aber, dessen Energie kleiner ist als u_μ, kann man nur dann in dv unterbringen, wenn man es in ein Energieniveau hebt, das höher liegt als u_μ; in diesem Falle muß man also am Valenzelektron Arbeit leisten, um es in dv unterzubringen. Diese Energiezufuhr, bzw. Arbeitsleistung kann man sehr anschaulich dadurch interpretieren, daß die Rumpfelektronen in der Zelle dv zufolge des PAULI-Prinzips auf ein Valenzelektron mit einer kleineren Energie als u_μ eine Abstoßungskraft ausüben, die eine direkte Folge des PAULI-Prinzips darstellt, also nicht elektrostatischer Natur ist und dementsprechend auch kein klassisches Analogon hat.

Man kann also das Besetzungsverbot der von den Rumpfelektronen vollbesetzten Quantenzustände durch diese Abstoßungskraft, bzw. durch diejenige Energiezufuhr ersetzen, welche die Valenzelektronen in die freie Impulsraumzelle mit tiefster Energie hebt.

Zur Herleitung des Ausdruckes für diese Energiezufuhr nehmen wir an, daß die Valenzelektronen, die wir aus dem Unendlichen in den Atomverband bringen, schon ursprünglich eine kinetische Anfangsenergie besitzen, die wir für das i-te Valenzelektron mit u_i bezeichnen. Unter diesen Voraussetzungen folgt mit der Formel (1, 7), daß man, um das i-te Valenzelektron in der Zelle dv unterzubringen, diesem mindestens die Energie

$$w_i = \frac{1}{2} \left(3\pi^2\right)^{2/3} e^2 a_0 \left(\varrho^{2/3} - \varrho_i^{2/3}\right) \tag{19, 1}$$

zuführen muß, wo ϱ_i die Dichte derjenigen Rumpfelektronen in dv bezeichnet, deren Energie *kleiner*[1] ist als u_i; ϱ bedeutet auch weiterhin die gesamte Elektronendichte.

Die Valenzelektronen behandeln wir wellenmechanisch. Dementsprechend erhalten wir für die Gesamtenergie E_f, die wir den Valenzelektronen — zufolge des Besetzungsverbotes der von den Rumpfelektronen vollbesetzten Quantenzustände — zuführen müssen, sofern wir sie in einem Zustand mit der Eigenfunktion ψ im Verband des Atoms unterbringen wollen, wenn wir w_i über alle Valenzelektronen summieren und die Summe nach ψ mitteln. Wenn ψ auf 1 normiert ist, wird also

$$\left.\begin{aligned} E_f &= \int \psi^* \sum_{i=1}^{z} w_i(i)\, \psi\, d\tau = \\ &= \frac{1}{2}\left(3\pi^2\right)^{2/3} e^2 a_0 \int \psi^* \sum_{i=1}^{z} \left\{ [\varrho(i)]^{2/3} - [\varrho_i(i)]^{2/3} \right\} \psi\, d\tau, \end{aligned}\right\} \tag{19, 2}$$

wo bei $w_i(i)$ usw. i im Argument zur Abkürzung statt den Koordinaten des i-ten Valenzelektrons steht und $d\tau$ das Volumenelement des Konfigurationsraumes bezeichnet.

Aus dem Ausdruck von E_f ist zu sehen, daß die nicht-klassische Kraft, die von den Rumpfelektronen auf die Valenzelektronen ausgeübt wird, ein Potential besitzt, welches für das i-te Valenzelektron das folgende ist

$$F_i(i) = -\frac{1}{e}\, w_i(i) = -\gamma_0 \left\{ [\varrho(i)]^{2/3} - [\varrho_i(i)]^{2/3} \right\} \tag{19, 3}$$

mit

$$\gamma_0 = \frac{1}{2}\left(3\pi^2\right)^{2/3} e\, a_0 . \tag{19, 4}$$

Man kann also

$$w_i = -F_i\, e$$

als die potentielle Energie des i-ten Valenzelektrons im Felde des Potentials F_i betrachten und man erhält

$$E_f = -\sum_{i=1}^{z} \int \psi^* F_i(i)\, e\, \psi\, d\tau . \tag{19, 5}$$

Wir haben hier überall nur die kinetische Energie der Elektronen in Betracht gezogen und haben die elektrostatische potentielle Energie durchweg vernachlässigt. Die Hinzunahme der innerhalb der einzelnen

---

[1] Bezüglich dieser Definition von ϱ_i vgl. man die Seiten 156 und 157.

Zellen dv konstanten elektrostatischen potentiellen Energie bedeutet nur eine Verschiebung der gesamten Energiestufen um den gleichen Betrag, das bei der Herleitung von F_i unwesentlich ist. Es sei aber darauf hingewiesen, daß man bei der Hinzunahme der elektrostatischen potentiellen Energie diese auch bei der Definition von u_i berücksichtigen muß und es bedeutet dann u_i die Summe der kinetischen Anfangsenergie und der elektrostatischen potentiellen Energie im elektrostatischen Potentialfeld der Zelle dv. In den Raumzellen, in denen gleiche Elektronendichte aber ein verschiedenes elektrostatisches Potential herrscht, erhält man also für u_i verschiedene Werte. Der Definition von u_i entsprechend ist dann ϱ_i die Dichte derjenigen Rumpfelektronen, deren Gesamtenergie (kinetische $+$ elektrostatische potentielle Energie) kleiner ist als u_i.

Durch das Potential F_i, bzw. durch die Energie E_f kann man also dem Besetzungsverbot der von den Rumpfelektronen vollbesetzten Quantenzustände Rechnung tragen. Hierdurch haben wir aber die Besetzungsvorschrift der Quantenzustände in bezug auf die Valenzelektronen noch nicht voll berücksichtigt, denn diese enthält noch die Aussage, daß sich in dem von den Rumpfelektronen nicht besetzten Quantenzuständen nur höchstens zwei Valenzelektronen befinden können. Diesen Teil der Besetzungsvorschrift ziehen wir wellenmechanisch in Betracht, indem wir der Eigenfunktion der Valenzelektronen, ψ, die vom PAULI-Prinzip geforderte Symmetrie erteilen.

Den hier entwickelten Gedanken kann man auf ein Atom übertragen, das wir auf wellenmechanischem Wege behandeln und zur Berechnung der Terme und Eigenfunktionen der Valenzelektronen heranziehen. Den Anschluß an die Wellenmechanik erhält man am einfachsten auf folgendem Wege[1].

Anstatt vorauszusetzen, daß die Valenzelektronen eine Anfangsenergie u_i besitzen, wollen wir jetzt über die Anfangsenergie keinerlei Annahmen machen, sondern setzen uns zum Ziel, die Mindestenergie eines Valenzelektrons zu bestimmen, das wir im Verbande des Atoms in einem Quantenzustand mit vorgegebener Nebenquantenzahl unterbringen wollen. Diese Mindestenergie spielt dieselbe Rolle wie die Anfangsenergie u_i.

Zur Herleitung dieser Mindestenergie untersuchen wir, unter welchen Bedingungen man das i-te Valenzelektron im Volumenelement dv in einem Quantenzustand mit der Nebenquantenzahl l_i unterbringen kann. Wir fordern also, daß der Betrag des Drehimpulses des i-ten Valenzelektrons, M_i, der folgende sei

$$M_i = \frac{h}{2\pi} \sqrt{l_i (l_i + 1)} \,. \tag{19, 6}$$

---

[1] P. GOMBÁS u. A. KÓNYA, Math. u. Naturwiss. Anz. d. ung. Akad. **LXI,** 677, 1942.

Anderseits erhält man

$$M_i = r_i\, p_{ni}\,, \qquad (19,7)$$

wo p_{ni} die zum Ortsvektor $\mathfrak{r}_i$ senkrechte Impulskomponente des Elektrons bezeichnet und $r_i = |\mathfrak{r}_i|$ ist. Aus diesen beiden Gleichungen ergibt sich

$$p_{ni} = \frac{h}{2\,\pi}\,\frac{\sqrt{l_i\,(l_i + 1)}}{r_i}\,. \qquad (19,8)$$

Hieraus folgt, daß sich der Endpunkt des Impulsvektors des i-ten Valenzelektrons, $\mathfrak{p}_i$, auf einer Mantelfläche eines Kreiszylinders vom Radius p_{ni} befinden muß. Man vgl. Abb. 17, wo wir diesen Zylinder nebst der Impulskugel vom Radius p_μ für den Fall, daß $p_{ni} < p_\mu$ ist, dargestellt haben.

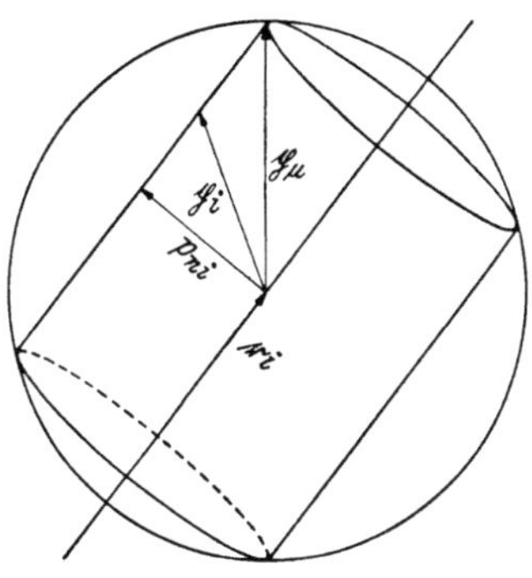
Abb. 17. Zur Berechnung von u_i.

Daraus, daß wir für das i-te Valenzelektron den Drehimpuls vom Betrag (19, 6) vorschreiben, folgt unmittelbar, daß für das i-te Valenzelektron eine kinetische Mindestenergie existiert, die sich ergibt, wenn $\mathfrak{p}_i$ senkrecht zu $\mathfrak{r}_i$ steht, wenn also $|\mathfrak{p}_i| = p_{ni}$ ist. Mit (19, 8) erhält man also für diese Mindestenergie

$$u_i = \frac{p_{ni}{}^2}{2\,m} = \frac{h^2}{8\,\pi^2\,m}\,\frac{l_i\,(l_i+1)}{r_i{}^2} = \frac{1}{2}\,e^2\,a_0\,\frac{l_i\,(l_i+1)}{r_i{}^2}\,. \qquad (19,9)$$

Diese Energie kann man als eine Anfangsenergie betrachten, der dieselbe Bedeutung zukommt wie der weiter oben eingeführten Anfangsenergie.

Bei Hinzunahme der in der Zelle dv konstanten potentiellen Energie ist also u_i die bei einer vorgegebenen Nebenquantenzahl l_i mögliche tiefste Gesamtenergie (kinetische + elektrostatische potentielle Energie) des betreffenden Elektrons. Wenn wir also unsere statistischen Betrachtungen auf ein nach der Wellenmechanik behandeltes Atom übertragen, so hat man u_i mit der Energie des Quantenzustandes zu identifizieren, der bei vorgegebenem l_i die tiefste Energie besitzt. Es ist also für $l_i = = 0, 1, 2, \ldots$ die Energie u_i bzw. mit der Energie des $1\,s$-, $2\,p$-, $3\,d$-, $\ldots$ Quantenzustandes gleichzusetzen. ϱ_i ist die Dichte derjenigen Rumpfelektronen, deren Energie kleiner ist als u_i.

Dies wollen wir am Beispiel des K-Atoms erläutern, wo die Zahl der Valenzelektronen 1 ist. Der Rumpf des K-Atoms, also das K^+-Ion, besitzt folgende Elektronenanordnung $(1\,s)^2\,(2\,s)^2\,(2\,p)^6\,(3\,s)^2\,(3\,p)^6$ und aus den in den HARTREEschen Tabellen[1] für K^+ angegebenen Energie-

---

[1] D. R. HARTREE, Proc. Roy. Soc. London (A) **143**, 506, 1934.

parametern der Rumpfelektronen folgt, daß die angegebene Reihenfolge auch die Größenfolge der Energien der Rumpfelektronen in den angegebenen Quantenzuständen von tieferen zu höheren Energien richtig wiedergibt. Für einen s-Zustand des Valenzelektrons ist $\varrho_i \equiv 0$, im Falle eines p-Zustandes ist ϱ_i die wellenmechanische Dichte der beiden $1\,s$ und der beiden $2\,s$ Rumpfelektronen und schließlich für einen d-, f-, g-, ... Zustand des Valenzelektrons ist ϱ_i die Dichte der gesamten 18 Rumpfelektronen des K^+-Ions. In diesem letzten Falle wird also $\varrho_i = \varrho$ und $F_i \equiv 0$, was anschaulich bedeutet, daß die von den Rumpfelektronen zufolge des PAULI-Prinzips auf das Valenzelektron ausgeübte Abstoßungskraft verschwindet, wenn das Valenzelektron einen d-, f-, g-, ... Zustand besetzt, in Übereinstimmung damit, daß die d-, f-, g-, ... Zustände von Rumpfelektronen nicht besetzt sind, also diese vom Valenzelektron frei besetzt werden können.

Wir möchten bezüglich der Definition von ϱ_i noch auf folgendes hinweisen. ϱ_i wurde als die Dichte derjenigen Rumpfelektronen definiert, deren Energie *kleiner* ist als u_i. Es wäre falsch, im Ausdruck von $w_i = -F_i\,e$ statt $\gamma_0\,\varrho_i^{2/3}$ die Energie u_i aus (19, 9) einzusetzen, also F_i im Falle $u_i \lesssim u_\mu$ durch $-\dfrac{1}{e}\,(u_\mu - u_i)$ zu definieren[1]. Dies würde nämlich bedeuten, daß wir dem i-ten Valenzelektron die Energie $u_\mu - u_i$ zuführen, also das i-te Valenzelektron nur bis an den Rand der Impulskugel heben. Um den Anschluß an die Wellenmechanik konsequent herzustellen, muß man berücksichtigen, daß die ohne Rücksicht auf den Spin definierten Quantenzustände im Phasenraum mit Elementarzellen vom Volumen h^3 äquivalent sind. Diesen Elementarzellen entsprechen im Impulsraum ebenfalls Zellen vom endlichen Volumen $\dfrac{h^3}{dv}$. Wegen der endlichen Ausdehnung der Impulsraumzellen genügt es nicht, das Valenzelektron bis an den Rand der Impulskugel zu heben, sondern man muß das Valenzelektron etwa um die „halbe Breite"[2] einer Impulsraumzelle über den Rand der Impulskugel hinausheben. Dies wird erreicht, wenn man statt u_i den Ausdruck $\gamma_0\,e\,\varrho_i^{2/3}$ setzt, also F_i nach (19, 3) definiert. Bei rein statistischen Betrachtungen und im Falle sehr vieler Elektronen würde es natürlich keinen Unterschied bedeuten, wenn man $\gamma_0\,e\,\varrho_i^{2/3}$ durch u_i ersetzt, bei der Übertragung der statistischen Betrachtungen auf ein nach der Wellenmechanik behandeltes Atom ergibt sich aber ein Unterschied, und zwar erhält man, wie einige Berechnungen zeigen, mit $F_i = -\dfrac{1}{e}\,(u_\mu - u_i)$ für die Energie der Quantenzustände der Valenzelektronen[3], mit Ausnahme der s-Zustände, wo $u_i = 0$ ist, zu tiefe Energiewerte, wie dies auch zu erwarten ist.

Aus ganz demselben Grunde wäre es auch falsch, in ϱ_i auch die Elektronen zu berücksichtigen, deren Energie *gleich* ist mit u_i. Bei rein statistischen Betrachtungen und im Falle sehr vieler Elektronen wäre diese Definition

---

[1] Für $u_i > u_\mu$ hätte man $F_i \equiv 0$ zu setzen.

[2] Dieses Bild soll nur zur Veranschaulichung der Sachlage dienen.

[3] Bezüglich des Verfahrens, das zur Bestimmung der Energie der Quantenzustände dient, vgl. man die Seiten 206 bis 216.

zwar ebenfalls zulässig, beim Übergang zur Wellenmechanik ist dies aber nicht mehr der Fall. Daß man mit dieser Definition von ϱ_i bei der Übertragung der statistischen Ausführungen auf die Wellenmechanik zu falschen Resultaten gelangt, kann man z. B. für den $4\,d$-Zustand des Valenzelektrons im Cu-Atom sehen. In diesem Falle ist u_i die Energie des $3\,d$-Quantenzustandes. Wenn man also hier für ϱ_i die Dichte derjenigen Rumpfelektronen setzen würde, deren Energie $\leq u_i$ ist, so wäre ϱ_i die Dichte aller 28 Rumpfelektronen, es wäre also $F_i \equiv 0$. Dies würde aber bedeuten, daß das Valenzelektron in den $3\,d$-Quantenzustand stürzt. Den richtigen Anschluß an die Wellenmechanik gibt also nur die auf S. 153 gegebene Definition von ϱ_i.

Auf Grund der vorangehenden Betrachtungen, nach welchen das Besetzungsverbot der von den Rumpfelektronen vollbesetzten Quantenzustände mit dem Potential F_i äquivalent ist, kann man ein Näherungsverfahren zur Berechnung der Energieterme und Eigenfunktionen der Valenzelektronen von Atomen entwickeln[1], bei denen der Rumpf abgeschlossene Elektronenschalen besitzt (man vgl. den zweiten Abschnitt des § 24). Auf Grund der vorangehenden Resultate kann man das Besetzungsverbot der von den Rumpfelektronen vollbesetzten Quantenzustände dadurch in Betracht ziehen, daß man neben dem elektrostatischen Potential des Rumpfes, V, noch das Potential F_i berücksichtigt. Den Teil der Besetzungsvorschrift, welcher besagt, daß sich in jedem von den Rumpfelektronen nicht besetzten Quantenzustand höchstens zwei Valenzelektronen befinden können, ziehen wir, der wellenmechanischen Behandlungsweise der Valenzelektronen entsprechend, dadurch in Betracht, daß wir die Eigenfunktion der Valenzelektronen in einer Form ansetzen, welche die vom PAULI-Prinzip geforderten Symmetrieeigenschaften besitzt.

Wir haben also ein z-Elektronenproblem vor uns, bei welchem sich die z Valenzelektronen in einem modifizierten Potentialfeld befinden, das sich aus dem elektrostatischen Potential des Rumpfes und dem Potential F_i additiv zusammensetzt. Auf das i-te Valenzelektron wirkt also das Potential

$$\Phi_i(i) = V(i) + F_i(i)\,. \tag{19, 10}$$

Wenn man dieses modifizierte Potential einführt, so kann man bei der Bestimmung der Energieterme und Eigenfunktionen der Valenzelektronen so verfahren, als ob die Rumpfelektronen gar nicht existierten und man kann die Energie und die Eigenfunktion der Valenzelektronen, die man in erster Näherung aus den Eigenfunktionen der einzelnen Valenzelektronen aufbaut, mit Hilfe eines Variationsverfahrens einfach bestimmen[2].

---

[1] P. GOMBÁS, Zs. f. Phys. **118**, 164, 1941. Man vgl. auch P. GOMBÁS, Zs. f. Phys. **119**, 318, 1942.

[2] Man könnte natürlich die Energie und die Eigenfunktion der Valenzelektronen auch numerisch aus der entsprechenden SCHRÖDINGER-Gleichung berechnen.

Das Zusatzpotential F_i ist zentralsymmetrisch, denn nach unseren Voraussetzungen besitzt der Rumpf abgeschlossene Elektronenschalen, woraus folgt, daß ϱ nur von der Entfernung vom Kern abhängt und außerdem ist aus der Definition von ϱ_i zu sehen, daß dasselbe auch von ϱ_i gilt. Da weiterhin unter diesen Voraussetzungen auch V nur von der Entfernung vom Kern abhängt, ist das gesamte modifizierte Potential Φ_i zentralsymmetrisch.

Ohne dem Potential F_i würde die Bestimmung der Terme und Eigenfunktionen der Valenzelektronen zu Schwierigkeiten führen, denn es müßten dann die Ein-Elektron-Eigenfunktionen der einzelnen Valenzelektronen auf die Ein-Elektron-Eigenfunktionen der einzelnen Rumpfelektronen orthogonal sein, was im Falle eines elektronenreichen Rumpfes zu derart weitläufigen Rechnungen führt, daß das Variationsverfahren praktisch unbrauchbar wird. Diese Schwierigkeit fällt durch die Berücksichtigung des Potentials F_i fort, das jetzt statt der Orthogonalisierung dafür sorgt, daß die Valenzelektronen nicht in die von den Rumpfelektronen vollbesetzten Quantenzustände stürzen. Man hat also in dem Ansatz der Eigenfunktion der Valenzelektronen nur dafür zu sorgen, daß die Eigenfunktionen der angeregten Valenzelektronenzustände auf die Eigenfunktionen der tieferen Valenzelektronenzustände orthogonal seien, was bei den nicht zu hoch angeregten Termen der Valenzelektronen, deren Bestimmung in erster Linie von Interesse ist, einfach zu erreichen ist. Im Felde des modifizierten Potentials sind also die Orthogonalitätsbedingungen auf die eines z-Elektronenproblems reduziert.

Die Anwendungen des Variationsverfahrens zur Bestimmung der Terme und Eigenfunktionen der Valenzelektronen besprechen wir im § 24.

Das Zusatzpotential F_i findet auch bei zusammengesetzten Systemen, z. B. bei der Berechnung der Bindung von homöopolaren Molekülen und Metallgittern (man vgl. die §§ 33 und 35) eine wichtige Anwendung. Hier ist besonders der Umstand wesentlich, daß das Zusatzpotential eines Rumpfes — wie aus der Herleitung zu sehen ist — auf sämtliche Valenzelektronen des Systems wirkt, ganz unabhängig davon, von welchem Atom sie herrühren. Das Besetzungsverbot der von den Rumpfelektronen vollbesetzten Quantenzustände wird also bei zusammengesetzten Systemen durch F_i in einer sehr befriedigenden Weise dargestellt, während eine für praktische Zwecke ausreichende wellenmechanische Formulierung des Besetzungsverbotes bei zusammengesetzten Systemen im allgemeinen nicht möglich ist.

Aus der Herleitung des Zusatzpotentials ergibt sich, daß man F_i, bzw. Φ_i aus Streuversuchen mit raschen Elektronen *nicht* bestimmen kann. Das Zusatzpotential und somit auch das modifizierte Potential hängt nämlich von der Energie der Elektronen ab, auf die es wirkt. In den raschen Elektronenstrahlen haben nun die Elektronen meist so große Energien, daß für sie $F_i \equiv 0$ wird; für rasche Elektronenstrahlen ist also das elektrostatische Potential V maßgebend. Dasselbe gilt für Röntgenstrahlen, bei denen es sich um Photonen handelt, für die F_i schon ab ovo verschwindet.

Den Ausdruck (19, 3) für F_i konnte später FÉNYES[1] auf einem gänzlich anderen, und zwar wellenmechanischem Wege ebenfalls herleiten.

Von HELLMANN wurde das Zusatzpotential für s-Zustände der Valenzelektronen noch vor der weiter oben zitierten Arbeit von GOMBÁS hergeleitet[2], und zwar ebenfalls auf eine andere Weise wie die, der wir weiter oben folgten. HELLMANN geht vom statistischen Energieausdruck des Rumpfes aus und untersucht die Änderung der Energie, welche entsteht, wenn man zu den Rumpfelektronen die Valenzelektronen hinzufügt. Für s-Zustände der Valenzelektronen ergibt sich hierbei für F_i, abgesehen von einem Glied, das von höherer Ordnung klein ist, derselbe Ausdruck, den wir erhielten. Die Anwendung des Zusatzpotentials erfolgt bei HELLMANN in einer ganz anderen Richtung wie bei uns, indem HELLMANN das Potential mit Hilfe empirischer Parameter bestimmt und dann zur Berechnung von Bindungsproblemen heranzieht, HELLMANN schlägt also einen halbempirischen Weg ein. Im Zusammenhang mit der Erweiterung des statistischen Modells durch Gruppierung der Elektronen des Atoms nach verschiedenen Werten der Nebenquantenzahl l (man vgl. § 13) hat HELLMANN[3] einen Versuch unternommen, das Zusatzpotential auch für Valenzelektronen in einem p-, d-, ... Zustand herzuleiten. Hierbei ergab sich ein sehr komplizierter Ausdruck, der von dem hier gewonnenen gänzlich verschieden ist und zu dessen Anwendung auf konkrete Probleme HELLMANN wieder einen halbempirischen Weg vorschlägt.

---

[1] I. FÉNYES, Csillagászati Lapok (Budapest) **6**, 49, 1943 und Muzeumi Füzetek (Kolozsvár) **III**, 14, 1945.

[2] H. HELLMANN, Journ. Chem. Phys. **3**, 61, 1935 u. Acta Physicochimica U. R. S. S. **1**, 913, 1935. Man vgl. hierzu aber auch die Arbeit von P. GOMBÁS, Zs. f. Phys. **94**, 473, 1935 (insbesondere S. 479 bis 481), die gleichzeitig mit der Arbeit von HELLMANN erschien und in der dieses Zusatzpotential im Zusammenhang mit der metallischen Bindung ebenfalls hergeleitet wurde.

[3] H. HELLMANN, Acta Physicochimica U. R. S. S. **4**, 225, 1936.

§ 20. Nicht-statische Behandlung des Elektronengases.

Die Grundlagen der nicht-statischen Theorie eines Elektronengases wurden von BLOCH[1] entwickelt und von JENSEN[2] weiter ausgebaut. Von den hydrodynamischen Grundgleichungen des Elektronengases ausgehend konnte JENSEN die Eigenschwingungen eines kugelsymmetrischen Elektronengases im Grundzustand und eines sehr vereinfachten statistischen Atoms berechnen. Auf die von BLOCH[3] gegebene Anwendung der nicht-statischen Theorie des Elektronengases zur Bestimmung der Bremsung schneller Teilchen durch schwere Atome kommen wir in VI zu sprechen. Im folgenden befassen wir uns zunächst mit den hydrodynamischen Grundgleichungen des Elektronengases und behandeln dann das Eigenschwingungsproblem.

Die hydrodynamischen Bewegungsgleichungen für ein Elektronengas. Nach BLOCH kann man die Strömungsgleichungen eines Elektronengases aus einem Wirkungsprinzip herleiten, das folgendermaßen lautet

$$\delta \int_{t_1}^{t_2} L\, dt = 0 \quad \text{mit} \quad L = m \int \varrho \frac{\partial w}{\partial t}\, dv - H \,. \tag{20, 1}$$

Hier bezeichnet m die Elektronenmasse, ϱ die Elektronendichte, t die Zeit und w das Strömungspotential, das mit der Strömungsgeschwindigkeit $\mathfrak{v}$ durch die Gleichung

$$\mathfrak{v} = -\operatorname{grad} w \tag{20, 2}$$

zusammenhängt. H ist die Energie des strömenden Gases. In der THOMAS-FERMI-DIRACschen Näherung, auf die wir uns hier beschränken wollen, erhält man

$$\left.\begin{aligned} H = \frac{1}{2} m \int \varrho\, (\operatorname{grad} w)^2\, dv - \int \left(V_k + \frac{1}{2}\, V_e + v_s \right) e\, \varrho\, dv + \\ + \varkappa_k \int \varrho^{5/3}\, dv - \varkappa_a \int \varrho^{4/3}\, dv \,, \end{aligned}\right\} \tag{20, 3}$$

wo v_s das äußere von der Zeit abhängige Potential bezeichnet. Die übrigen Bezeichnungen sind dieselben wie in den vorangehenden Paragraphen, es ist also V_k das Potential der Kerne, das das Elektronengas zusammenhält und V_e das Potential der Elektronenwolke.

Aus dem Variationsprinzip erhält man bei einer unabhängigen und für t_1 und t_2 verschwindenden Variation von ϱ und w die Glei-

---

[1] F. BLOCH, Zs. f. Phys. **81**, 363, 1933.

[2] H. JENSEN, Zs. f. Phys. **106**, 620, 1937.

[3] F. BLOCH, l. c.

chungen

$$m \frac{\partial w}{\partial t} = \frac{1}{2} m \,(\mathrm{grad}\, w)^2 - (V_k + V_e + v_s)\, e + \frac{5}{3} \varkappa_k \varrho^{2/3} - \frac{4}{3} \varkappa_a \varrho^{1/3}\,, \qquad (20,4)$$

$$\frac{\partial \varrho}{\partial t} = \mathrm{div}\,(\varrho\, \mathrm{grad}\, w)\,. \qquad (20,5)$$

Die erste dieser Gleichungen ist die Bewegungsgleichung des Gases[1], das man sofort sieht, wenn man den Druck des Elektronengases, P, als Funktion der Dichte einführt. Den Zusammenhang zwischen dem Druck und der Dichte gibt ohne Austauschkorrektion (1, 23). In der THOMAS-FERMI-DIRACschen Näherung erhält man statt diesen auf ganz dieselbe Weise wie dort folgenden Zusammenhang [man vgl. (9, 14)]

$$P = \frac{2}{3} \varkappa_k \varrho^{5/3} - \frac{1}{3} \varkappa_a \varrho^{4/3}\,, \qquad (20,6)$$

wo das Glied mit $\varkappa_a$ die durch den Austausch bedingte Korrektion bedeutet. Mit P kann man (20, 4) folgendermaßen schreiben

$$m \frac{\partial w}{\partial t} = \frac{1}{2} m \,(\mathrm{grad}\, w)^2 - (V_k + V_e + v_s)\, e + \int \frac{1}{\varrho}\, dP\,. \qquad (20,7)$$

Wenn man auf beiden Seiten dieser Gleichung den Gradienten bildet, so erhält man die EULERschen Bewegungsgleichungen des Gases. Die Gl. (20, 5) ist die Kontinuitätsgleichung.

Die Randbedingung, der w genügen muß, ist die folgende. Im allgemeinen Fall muß das auf die begrenzende Oberfläche f erstreckte Integral der normalen Komponente des Geschwindigkeitsvektors gegen 0 konvergieren, wenn man die begrenzende Oberfläche ins Unendliche rücken läßt, es muß also

$$\lim_{f \to \infty} \oint_f \frac{\partial w}{\partial n}\, df = 0 \qquad (20,8)$$

sein, wo die Differentiation nach n Differentiation in Richtung der Flächennormale bedeutet.

Für den Spezialfall, daß sich das Elektronengas in einem Volumen befindet, das durch eine zeitlich konstante Fläche begrenzt ist, lautet die Randbedingung

$$\frac{\partial w}{\partial n} = 0\,. \qquad (20,9)$$

---

[1] Man vgl. hierzu z. B. H. LAMB, Lehrbuch d. Hydrodynamik, S. 22, Teubner, Leipzig, 1907.

Die Gl. (20, 4) und (20, 5) mit der Randbedingung (20, 8), bzw. (20, 9) bilden die Grundlagen der nicht-statischen Behandlung eines Elektronengases.

Eigenschwingungen des Elektronengases. Bei der Behandlung der Eigenschwingungen des Elektronengases ist das Potential der äußeren Kräfte, v_s, gleich 0 zu setzen. Wir behandeln die Schwingungen als kleine Störungen der Dichte ϱ_0. Dementsprechend betrachten wir w als klein und setzen für die Elektronendichte des Systems

$$\varrho = \varrho_0 + \varrho w , \qquad (20, 10)$$

wo ϱw die im Verhältnis zur ungestörten Dichte ϱ_0 kleine Dichtestörung bezeichnet.

Wenn man beachtet, daß die Dichte des ungestörten Systems, ϱ_0, so bestimmt ist, daß die Energie des ungestörten Systems zum Minimum wird, so folgt, daß bei einer Entwicklung von H nach ϱw die in ϱw linearen Glieder nicht auftreten (man vgl. hierzu § 18). Und zwar ergibt sich, wenn man die Reihe nach den Gliedern zweiter Ordnung abbricht,

$$H = H_0 + \frac{1}{2} m \int \varrho_0 \, (\mathrm{grad}\, w)^2 \, dv - \frac{1}{2} e \int v_e \, \varrho w \, dv + \\ + \int \left(\frac{5}{9}\, \varkappa_k \frac{1}{\varrho_0^{1/3}} - \frac{2}{9}\, \varkappa_a \frac{1}{\varrho_0^{2/3}} \right) \varrho w^2 \, dv , \qquad (20, 11)$$

wo H_0 die Energie des ungestörten Systems und v_e das durch die Dichtestörung ϱw erzeugte Potential bezeichnet, es ist also

$$v_e \, (\mathfrak{r}) = - e \int \frac{\varrho w \, (\mathfrak{r}')}{|\mathfrak{r} - \mathfrak{r}'|} \, dv' . \qquad (20, 12)$$

Als Wirkungsprinzip ergibt sich dann

$$\delta \int_{t_1}^{t_2} L' \, dt = 0 \quad \text{mit} \quad L' = m \int \varrho w \, \frac{\partial w}{\partial t} \, dv - (H - H_0) , \qquad (20, 13)$$

woraus man die Bewegungsgleichungen in folgender Form erhält

$$m \, \frac{\partial w}{\partial t} = - v_e \, e + Q(\varrho_0) \, \varrho w , \qquad (20, 14)$$

$$\frac{\partial \varrho w}{\partial t} = \mathrm{div} \, (\varrho_0 \, \mathrm{grad}\, w) \qquad (20, 15)$$

mit

$$Q \, (\varrho_0) = \frac{10}{9}\, \varkappa_k \frac{1}{\varrho_0^{1/3}} - \frac{4}{9}\, \varkappa_a \frac{1}{\varrho_0^{2/3}} . \qquad (20, 16)$$

Als Randbedingungen kommen auch jetzt die Bedingungsgleichungen (20, 8), bzw. (20, 9) hinzu.

Von JENSEN[1] wurde der Spezialfall untersucht, daß die ungestörte Dichteverteilung des Elektronengases konstant ist und das Elektronengas auf eine Kugel vom Radius R beschränkt ist; in diesem Fall kann man die Bewegungsgleichung einfach lösen. Mit $\varrho_0 = $ const. erhält man aus (20, 15) durch eine weitere Differentiation nach t

$$\frac{\partial^2 \varrho w}{\partial t^2} - \varrho_0 \Delta \frac{\partial w}{\partial t} = 0 \ . \qquad (20, 17)$$

Durch Anwendung des LAPLACEschen Operators auf die Gl. (20, 14) kann man $\Delta \frac{\partial w}{\partial t}$ aus (20, 17) eliminieren und bekommt mit Berücksichtigung des Zusammenhanges $\Delta v_e = 4\pi e \varrho w$ die Gleichung

$$\lambda^2 \omega_0{}^2 \Delta \varrho w - \frac{\partial^2 \varrho w}{\partial t^2} = \omega_0{}^2 \varrho w \ , \qquad (20, 18)$$

wo wir zur Abkürzung die Bezeichnungen

$$\omega_0{}^2 = \frac{4\pi e^2 \varrho_0}{m} \ , \qquad \lambda^2 = \frac{Q(\varrho_0)\varrho_0}{m\omega_0{}^2} = \frac{Q(\varrho_0)}{4\pi e^2} \qquad (20, 19)$$

einführten.

Mit dem Ansatz

$$\varrho w = v(\mathfrak{r}) \sin \omega t \qquad (20, 20)$$

folgt aus (20, 18) zur Bestimmung der Eigenfrequenzen die Eigenwertgleichung

$$\lambda^2 \Delta v + \frac{\omega^2 - \omega_0{}^2}{\omega_0{}^2} v = 0 \ , \qquad (20, 21)$$

in welcher $(\omega^2 - \omega_0{}^2)/\omega_0{}^2$ der zu bestimmende Eigenwert ist.

JENSEN behandelt diejenigen Eigenschwingungen des Elektronengases, bei denen sich das Gas in großer Entfernung wie ein oszillierender Dipol verhält. Zur Untersuchung dieser Eigenschwingungen führt man Polarkoordinaten (r, ϑ, φ) ein und macht für v den Ansatz

$$v = s(u) \cos \vartheta \ , \qquad (20, 22)$$

wo $u = r/\lambda$ ist. Nach Abspaltung des Faktors $\cos\vartheta$ ergibt sich dann aus (20, 21) für s folgende Gleichung

$$\frac{d^2 s}{d u^2} + \frac{2}{u}\frac{d s}{d u} - \frac{2}{u^2} s + \frac{\omega^2 - \omega_0{}^2}{\omega_0{}^2} s = 0 \ . \qquad (20, 23)$$

Die Lösungen dieser Gleichung lauten

$$s(u) = \frac{\sin(a u)}{(a u)^2} - \frac{\cos(a u)}{a u} \ \text{mit} \ a = \left(\frac{\omega^2 - \omega_0{}^2}{\omega_0{}^2}\right)^{1/2} \text{für } \omega > \omega_0 \ , \quad (20, 24)$$

---

[1] H. JENSEN, Zs. f. Phys. **106,** 620, 1937.

bzw.

$$s\,(u) = \frac{\mathrm{Cos}\,(a\,u)}{a\,u} - \frac{\mathrm{Sin}\,(a\,u)}{(a\,u)^2} \; \text{mit } a = \left(- \frac{\omega^2 - \omega_0{}^2}{\omega_0{}^2}\right)^{1/2} \text{für } \omega < \omega_0 \; . \quad (20,25)$$

Die Eigenwerte α^2, bzw. $-\alpha^2$ werden aus der Randbedingung bestimmt. Da wir uns mit dem Fall befassen, daß das Elektronengas auf eine Kugel vom Radius R beschränkt ist, lautet die Randbedingung

$$\left(\frac{\partial w}{\partial r}\right)_{r\,=\,R} = 0 \; , \qquad (20,26)$$

die für jeden Wert von t erfüllt sein muß. Mit Rücksicht auf (20, 14) kann man diese Bedingungsgleichung wie folgt schreiben

$$\left[\frac{\partial}{\partial r}\left\{Q\,(\varrho_0)\,\varrho w - v_e\,e\right\}\right]_{r\,=\,R} = 0 \; . \qquad (20,27)$$

Für v_e erhält man mit Rücksicht auf (20, 20) und (20, 22) nach Entwicklung von $1\,/\,|\mathfrak{r} - \mathfrak{r}'|$ nach Kugelfunktionen

$$v_e\,(\mathfrak{r}) = - \frac{4\,\pi\,e}{3}\sin\omega\,t\cos\vartheta\left[\frac{1}{r^2}\int\limits_0^r s\,r^3\,d\,r + r\int\limits_r^R s\,d\,r\right]. \quad (20,28)$$

Wenn man statt r die Variable u einführt, so kann man mit diesem Ausdruck die Gl. (20, 27) folgendermaßen schreiben

$$\frac{2}{3}\,\frac{1}{u_0{}^3}\int\limits_0^{u_0} s\,u^3\,d\,u - \left(\frac{d\,s}{d\,u}\right)_{u\,=\,u_0} = 0 \; , \qquad (20,29)$$

wo $u_0 = R/\lambda$ ist. Mit den Lösungen (20, 24) und (20, 25) läßt sich das Integral in (20, 29) elementar auswerten und man erhält die Randbedingungen in der Form

$$\frac{1}{u_0{}^2} = - \frac{2}{3\,(a\,u_0)^2}\cdot\frac{(a\,u_0)^2\sin\,(a\,u_0) + 3\,a\,u_0\cos\,(a\,u_0) - 3\sin\,(a\,u_0)}{(a\,u_0)^2\sin\,(a\,u_0) + 2\,a\,u_0\cos\,(a\,u_0) - 2\sin\,(a\,u_0)} = f_p\,(a\,u_0) \; ,$$
$$(20,30)$$

bzw.

$$\frac{1}{u_0{}^2} = + \frac{2}{3\,(a\,u_0)^2}\cdot\frac{(a\,u_0)^2\,\mathrm{Sin}\,(a\,u_0) - 3\,a\,u_0\,\mathrm{Cos}\,(a\,u_0) + 3\,\mathrm{Sin}\,(a\,u_0)}{(a\,u_0)^2\,\mathrm{Sin}\,(a\,u_0) - 2\,a\,u_0\,\mathrm{Cos}\,(a\,u_0) + 2\,\mathrm{Sin}\,(a\,u_0)} = f_m\,(a\,u_0) \; .$$
$$(20,31)$$

Diese Gleichungen dienen zur Bestimmung der Eigenwerte α^2, bzw. $-\alpha^2$ als Funktion von $u_0 = R/\lambda$. Die Wurzeln dieser Gleichungen kann man als die x-Koordinaten der Schnittpunkte der horizontalen Gerade $y = \frac{1}{u_0{}^2}$ mit den Kurven $y = f_p(x)$ und $y = f_m(x)$ betrachten. Eine nähere Untersuchung von JENSEN zeigt, daß $f_m(x)$ vom Wert $f_m(0) = \frac{2}{15}$

mit wachsendem x monoton auf 0 abfällt, woraus folgt, daß die Gl. (20, 31) nur dann eine Lösung besitzt, wenn $\frac{1}{u_0{}^2} \leq \frac{2}{15}$ ist. Anderenfalls gibt es also nur Lösungen von (20, 30) und es ist $\omega > \omega_0$.

Aus diesen Grundlagen ausgehend hat JENSEN die Eigenfrequenzen kleiner Metallkugeln und eines sehr vereinfachten statistischen Atoms berechnet. Mit dem letzteren Problem befassen wir uns im folgenden.

Eigenschwingungen eines vereinfachten statistischen Atoms. Die Bestimmung der Eigenfrequenzen eines statistischen Atoms führt zu beträchtlichen mathematischen Schwierigkeiten. Um eine Schätzung für die Eigenfrequenzen zu erhalten, geht JENSEN[1] aus einem sehr vereinfachten statistischen Modell aus.

JENSEN nimmt an, daß die gesamte Elektronenladung innerhalb einer Kugel vom Radius R gleichmäßig verteilt ist. Für ein neutrales Atom ($N = Z$) wird also die Elektronendichte

$$\left. \begin{aligned} \varrho_0 &= \frac{3\,Z}{4\,\pi\,R^3} \quad \text{für } r < R\,, \\[2mm] \varrho_0 &= 0 \qquad \text{für } r > R\,. \end{aligned} \right\} \tag{20, 32}$$

Das Potential dieser Verteilung ist

$$V_e = -2\,\pi\,\varrho_0\,e\left(R^2 - \frac{1}{3}\,r^2\right). \tag{20, 33}$$

Mit (20, 32) und (20, 33) findet man für die Energie des ungestörten Atoms in der THOMAS-FERMI-DIRACschen Näherung

$$H_0 = c_k Z^{5/3}\frac{1}{R^2} - \frac{9}{10}\,e^2 Z^2\frac{1}{R} - c_a Z^{4/3}\frac{1}{R} \tag{20, 34}$$

mit

$$c_k = \varkappa_k\left(\frac{3}{4\,\pi}\right)^{2/3}, \quad c_a = \varkappa_a\left(\frac{3}{4\,\pi}\right)^{1/3}. \tag{20, 35}$$

Das erste Glied auf der rechten Seite ist die kinetische Energie, das zweite die elektrostatische Energie und das dritte die Austauschenergie.

Aus der Gleichung $\frac{dH_0}{dR} = 0$ ergibt sich

$$R = \frac{20\,c_k}{9\,e^2}\frac{1}{Z^{1/3}}\frac{1}{1 + \frac{10\,c_a}{9\,e^2}\frac{1}{Z^{2/3}}} = 2{,}46\,a_0\frac{1}{Z^{1/3}}\frac{1}{1 + 0{,}51\frac{1}{Z^{2/3}}}. \tag{20, 36}$$

---

[1] H. JENSEN, Zs. f. Phys. **106**, 620, 1937.

Die zu $1/Z^{2/3}$ proportionale Korrektion im Nenner ist durch den Austausch bedingt.

Wir gehen nun zur Bestimmung der Eigenschwingungen dieses sehr vereinfachten statistischen Atommodells über. Wenn wir als eine weitere Vereinfachung annehmen, daß die Eigenschwingungen dieses Modells lediglich durch Ladungsoszillationen innerhalb der Kugel vom festgehaltenen Radius R bedingt sind, so können wir die im vorangehenden Abschnitt erhaltenen Resultate übernehmen.

Für ω_0^2 und λ^2 erhält man

$$\omega_0^2 = 3{,}50 \cdot 10^{32} Z^2 \left(1 + 0{,}51 \frac{1}{Z^{2/3}}\right)^3 \sec^{-2}, \qquad (20,37)$$

$$\lambda^2 = 1{,}01 \frac{1}{Z^{2/3}} \left(1 - 0{,}92 \frac{1}{Z^{2/3}}\right) a_0^2, \qquad (20,38)$$

die zu $1/Z^{2/3}$ proportionalen Glieder in den Klammern auf der rechten Seite sind eine Folge des Elektronenaustausches. Mit (20, 36) und (20, 38) ergibt sich weiterhin

$$u_0^2 = \frac{R^2}{\lambda^2} = 6{,}0 \left(1 - 0{,}1 \frac{1}{Z^{2/3}}\right). \qquad (20,39)$$

Die Austauschkorrektion von R und λ hebt sich also bei u_0^2 praktisch auf; das Glied $0{,}1/Z^{2/3}$ kann man auch für die leichtesten Kerne vernachlässigen.

Da $1/u_0^2$ oberhalb des kritischen Wertes $2/15$ liegt, gibt es nur Lösungen von (20, 30), es ist also $\omega > \omega_0$. Die Eigenfrequenzen wurden von JENSEN bestimmt, seine Resultate befinden sich in Tab. 16.

Tab. 16. Eigenfrequenzen des vereinfachten statistischen Atommodells in Einheiten von ω_0 nach JENSEN.

n	1	2	3	4	$n \geq 5$
$\dfrac{\omega_n}{\omega_0}$	1,07	2,61	3,89	5,10	$\dfrac{\pi}{6^{1/2}} n$

Weiteres hierüber bringen wir in § 30, wo wir die hier entwickelten Grundlagen der nicht-statistischen Theorie des Elektronengases zur Bestimmung des Bremsvermögens von Atomen anwenden.

Spezieller Teil.

VI. Atome.

Die statistische Theorie der Atome haben wir im Rahmen des allgemeinen Teiles entwickelt, da die allgemeine Theorie im engsten Zusammenhang mit der Theorie des Atoms steht. In diesem Kapitel wollen wir nun die im vorangehenden entwickelte Theorie des Atoms zur Erklärung der verschiedenen Atomeigenschaften heranziehen. Zunächst bringen wir eine Anwendung der Theorie auf das periodische System der Elemente zur Erklärung der Bildung von Elektronengruppen, bzw. zur Erklärung der Anomalien im Aufbau des Systems. Dann befassen wir uns sehr ausführlich mit Energieberechnungen, und zwar mit der Berechnung von Ionisierungsenergien, mittleren Anregungsenergien und insbesondere mit der Berechnung von Spektraltermen; im Anschluß hieran besprechen wir kurz die Berechnung der Dublettaufspaltung und der Intensitätsverhältnisse einiger Spektrallinien. Danach bringen wir eine kurze Theorie der seltenen Erden. Dem folgt eine Anwendung der statistischen Theorie zur Berechnung von Atom- und Ionenradien, diamagnetischen Suszeptibilitäten und Polarisierbarkeiten. Zum Schluß dieses Kapitels behandeln wir die Streuung von Röntgen- und Elektronenstrahlen an Atomen und Ionen und die Bremsung rascher elektrischer Teilchen an Atomen.

Bei den Anwendungen der Theorie zur Berechnung der verschiedenen Eigenschaften der Atome hat man sich ständig vor Augen zu halten, daß die Theorie gemäß ihres statistischen Charakters den von Element zu Element stark schwankenden Atomeigenschaften, bzw. Größen nicht folgen kann, sondern über diese hinwegmittelt. Eine genaue Darstellung kann die statistische Theorie nur von solchen Atomeigenschaften, bzw. Atomgrößen geben, die regelmäßig von der Ordnungszahl abhängen, es sind dies also in erster Linie die inneren Atomeigenschaften.

§ 21. Theorie der Bildung der Elektronengruppen im periodischen System der Elemente.

Das periodische System der Elemente kann man bekanntlich nach BOHR und STONER gedanklich in der Weise aufbauen, daß man die Kernladung schrittweise um eine Einheit erhöht und das hinzukommende Elektron jeweils in dem stabilsten und im Sinne des

Pauli-Prinzips freien Quantenzustand hinzufügt. Hierbei ergibt sich die auffallende Tatsache, daß die Elektronen die K-, L-, M-, N-, O-, ... Schalen mit den Hauptquantenzahlen $n = 1, 2, 3, 4, 5, \ldots$ nicht durchweg sukzessive besetzen, sondern daß an einigen Stellen das neu hinzukommende Elektron einen s- oder p-Quantenzustand mit höherer Hauptquantenzahl bevorzugt, obwohl in den Schalen mit tieferen Hauptquantenzahlen noch freie d- oder f-Quantenzustände vorhanden sind. Dies geschieht z. B. bei der M-Schale, deren Besetzung mit d-Elektronen statt bei Kalium ($Z = 19$) erst bei Scandium ($Z = 21$) beginnt und bei der N-Schale, in welcher der Einbau der f-Elektronen nicht bei Indium ($Z = 49$), sondern erst bei Cerium ($Z = 58$) beginnt. Diese Unregelmäßigkeiten im Aufbau des periodischen Systems der Elemente kann man veranschaulichen, wenn man als Abszisse die Ordnungszahl der Elemente und als Ordinate die Gesamtzahl der jeweils vorhandenen Elektronen mit einer bestimmten Drehimpulsquantenzahl, also die Gesamtzahl der s-, p-, d-, f-, ... Elektronen aufträgt. Man gelangt dann zu den in der Abb. 19 dargestellten mehrfach geknickten Linienzügen.

Eine sehr befriedigende Erklärung dieser Anomalien im periodischen System konnte Fermi[1] auf Grund des statistischen Atommodells

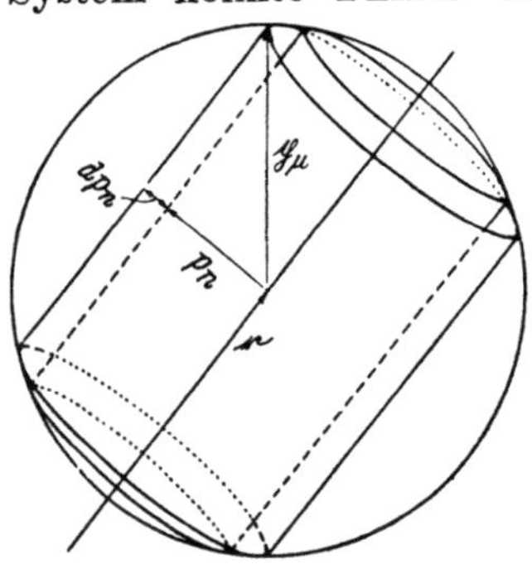

Abb. 18. Zur Berechnung von N_k.

geben. Hierzu berechnen wir mit Fermi die Anzahl der Elektronen im Atom, denen ein Drehimpulsbetrag zwischen M und $M + dM$ zukommt. Wir legen die kugelsymmetrische statistische Elektronverteilung zugrunde und ziehen die Elektronen in der Volumeneinheit in der Entfernung r vom Kern in Betracht. Diese Elektronen besetzen im Impulsraum eine Kugel vom Radius $|\mathfrak{p}_\mu| = p_\mu$, der mit der Elektronendichte durch die Gl. (1, 5) zusammenhängt.

Der Betrag des Drehimpulses ist folgendermaßen definiert

$$M = r\, p_n, \tag{21, 1}$$

wo p_n die zum Ortsvektor $\mathfrak{r}$ senkrechte Impulskomponente bezeichnet (man vgl. hierzu Abb. 18). Es ist also

$$M + dM = r\, p_n + r\, dp_n. \tag{21, 2}$$

Die Anzahl der Elektronen pro Volumeneinheit, deren Drehimpulsbetrag zwischen M und $M + dM$ liegt, erhält man also, wenn

[1] E. Fermi, Nature (London) 121, 502, 1928; Rend. Lincei (6) 7, 342, 1928; Zs. f. Phys. 48, 73, 1928.

man das Volumen des in die Impulskugel geschriebenen Hohlzylinders vom inneren Radius p_n und der Dicke dp_n mit $2/h^3$ multipliziert. Mit Rücksicht auf (1, 5) und (21, 1) ergibt sich

$$\left.\begin{aligned}
d\varrho_M &= \frac{2}{h^3}\, 2\, (p_\mu{}^2 - p_n{}^2)^{1/2}\, 2\,\pi\, p_n\, d p_n = \\
&= \frac{8\,\pi}{h^3}\left[\left(\frac{3\,h^3}{8\,\pi}\,\varrho\right)^{2/3} - \frac{M^2}{r^2}\right]^{1/2}\frac{M}{r^2}\, dM\,.
\end{aligned}\right\} \quad (21,\,3)$$

Wenn man diesen Ausdruck mit dem Volumenelement des Koordinatenraumes $dv = 4\,\pi\,r^2\,dr$ multipliziert und über alle Werte von r integriert, für die der Ausdruck unter der Wurzel positiv ist, so erhält man die Gesamtzahl dN_M der Elektronen des Atoms, deren Drehimpulsbetrag zwischen M und $M + dM$ liegt. Man findet

$$dN_M = \frac{32\,\pi^2}{h^3}\,M\,dM\int\left[\left(\frac{3\,h^3}{8\,\pi}\,\varrho\right)^{2/3} - \frac{M^2}{r^2}\right]^{1/2}d\,r\,. \quad (21,\,4)$$

Hier setzen wir für ϱ den THOMAS-FERMIschen Ausdruck (3, 59) für neutrale Atome ein, außerdem führen wir statt r die Variable x mit Hilfe der Beziehung (3, 49) und statt M die azimutale Quantenzahl k durch den Zusammenhang der alten Quantentheorie $M = k\,\dfrac{h}{2\pi}$ ein, womit sich ergibt

$$dN_k = 2\left(\frac{6\,Z}{\pi^2}\right)^{1/3}k\,dk\int\left[x\,\varphi_0(x) - \alpha\right]^{1/2}\frac{1}{x}\,dx \quad (21,\,5)$$

mit

$$\alpha = \left(\frac{4}{3\,\pi\,Z}\right)^{2/3}k^2\,. \quad (21,\,6)$$

Das Integral in (21, 5) ist auf alle positiven Werte von x zu erstrecken, für die der Ausdruck unter der Wurzel positiv ist.

Die azimutale Quantenzahl k kann nur die diskreten Werte $k = 1, 2, 3, 4, \ldots$ annehmen und es ist bekannt, daß man den besten Anschluß der alten Quantentheorie an die Wirklichkeit erhält, wenn man für k halbzahlige Werte, also für die s-, p-, d-, f-, $\ldots$ Quantenzustände bzw. $k = 1/2, 3/2, 5/2, 7/2, \ldots$ setzt. Dies wollen wir auch in den Formeln (21, 5) und (21, 6) tun, die auf Grund der alten Quantentheorie hergeleitet wurden. Wir setzen also mit FERMI in diesen Formeln für k die halbzahligen Werte und für dk naturgemäß 1. Es ergibt sich dann in einem Atom mit der Ordnungszahl Z für die Gesamtzahl der Elektronen mit der azimutalen Quantenzahl k

$$N_k = 2\left(\frac{6\,Z}{\pi^2}\right)^{1/3}k\,\Phi(\alpha)\,, \quad (21,\,7)$$

wo $\Phi(\alpha)$ die von FERMI eingeführte Funktion

$$\Phi(\alpha) = \int [x\,\varphi_0(x) - \alpha]^{1/2} \frac{d\,x}{x} \qquad (21,\,8)$$

ist.

Die Funktion $\Phi(\alpha)$ wurde von FERMI tabelliert. Für $\alpha > 0,49$ verschwindet Φ, weil in diesem Fall der Ausdruck unter der Wurzel im Integrand negativ ist. Für $\alpha < 0,49$ gibt FERMI die in Tab. 17 zusammengestellten Werte an.

Tab. 17. Die Funktion $\Phi(\alpha)$ nach FERMI.

α	0,0	0,1	0,2	0,3	0,4	0,49
$\Phi(\alpha)$	3,2	2,2	1,48	0,88	0,36	0,00

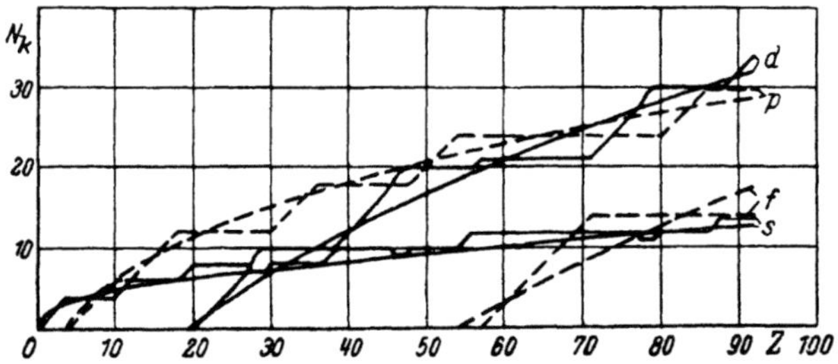

Abb. 19. N_k als Funktion von Z. Nach FERMI (Zs. f. Phys. 48, 73, 1928).

Zum Vergleich mit der Erfahrung hat FERMI N_k als Funktion von Z graphisch dargestellt. Wir bringen seine Resultate in Abb. 19. In dieser Abbildung ist N_k als Funktion von Z für die s-, p-, d- und f-Elektronen, also für $k = 1/2,\ 3/2,\ 5/2,\ 7/2$ eingezeichnet. Der Verlauf der theoretischen Kurven ist sehr befriedigend, diese geben einen sehr guten Mittelwert der mehrfach gebrochenen Linien, die sich erfahrungsgemäß aus den STONERschen Tabellen ergeben. Feinere Einzelheiten in der Bildung der Elektronengruppen kann natürlich die Theorie zufolge ihres statistischen Charakters nicht wiedergeben.

Besonders hervorzuheben ist, daß man aus der Theorie die Ordnungszahlen bestimmen kann, bei welchen mit dem Einbau der s-, p-, d-, f-Elektronengruppen begonnen wird. Diese Zahlen sind diejenigen Abszissenwerte der Abb. 19, für welche die theoretischen Kurven den Wert 1 annehmen[1]. Für diese Abszissenwerte findet man

---

[1] SOMMERFELD hat, aus der Formel (21, 7) ausgehend, mit einer sehr vereinfachten Berechnungsweise einen analytischen Ausdruck für die untere Grenze der Z-Werte hergeleitet, für die die s-, p-, d-, f-Elektronen erstmalig in Erscheinung treten. Man vgl. hierzu A. SOMMERFELD, Atombau u. Spektrallinien II., 2. Aufl., S. 696, Vieweg, Braunschweig, 1939.

bei den s-, p-, d-, f-Elektronen bzw. $Z = 1, 5, 21, 55$. Diese Werte werden durch den empirischen Befund sehr gut bestätigt, denn der Einbau der s-Elektronen beginnt bei H ($Z = 1$), der Einbau der p-Elektronen bei B ($Z = 5$) und der der d-Elektronen bei Sc ($Z = 21$), wo zugleich die Anomalie der ersten großen Periode beginnt. Für die f-Elektronen ergibt sich allerdings eine geringe Abweichung von der Erfahrung, da, wie die Erfahrung zeigt, die f-Elektronen erst bei Cerium ($Z = 58$) in Erscheinung treten, wo die Anomalie der seltenen Erden beginnt. Die Theorie gibt hier einen etwas kleineren Wert, es ist aber zu beachten, daß der theoretische Wert $Z = 55$ bedeutend näher zum empirischen Wert $Z = 58$ liegt als zu $Z = 47$, wo man bei einem vollständig regelmäßigen Aufbau das erstmalige Auftreten der f-Elektronen erwarten sollte.

§ 22. Ionisierungsenergien.

Mit Hilfe der im allgemeinen Teil hergeleiteten Beziehung (6, 4) oder aus dem Energieausdruck des statistischen Atom- und Ionenmodells kann man die Arbeit berechnen, die nötig ist, um ein oder mehrere Elektronen vom Atomverband abzutrennen. Bei der Betrachtungsweise, die den Ausführungen dieses Paragraphen zugrunde liegen, werden *alle* Elektronen des Atoms statistisch behandelt, demzufolge man für die von Element zu Element stark schwankenden Ionisierungsarbeiten nur einen Mittelwert erwarten kann. Mit dem im übernächsten Paragraphen geschilderten, zum Teil statistischen und zum Teil wellenmechanischen Verfahren zur Bestimmung von Atomtermen läßt sich die Ionisierungsenergie (Grundterm) mit bedeutend größerer Genauigkeit als hier berechnen. Wir kommen dort auf die Berechnung von Ionisierungsenergien und Elektronenaffinitäten noch zurück.

In den folgenden Betrachtungen ist es der besseren Übersicht halber zweckmäßig, die Berechnung der Ionisierungsenergien für die verschiedenen statistischen Modelle gesondert durchzuführen.

THOMAS-FERMI*sches Atommodell*. Wir beginnen mit dem ursprünglichen THOMAS-FERMIschen Atommodell, bei dem wir statt (6, 4) direkt aus dem Energieausdruck (6, 10) für beliebige Ionisationsgrade ausgehen können. Wenn wir in diesem statt q die Anzahl der fehlenden Elektronen $n = Z - N$ einführen, also $q = n/Z$ setzen, dann erhält man für die Energie eines n-fachen Ions, die wir hier mit dem Index n kennzeichnen

$$E_n = \frac{12}{7}\left(\frac{2}{9\pi^2}\right)^{1/3} Z^{7/3}\left[\frac{n^2}{Z^2 x_0} + \varphi'(0)\right]\frac{e^2}{a_0}. \qquad (22, 1)$$

Wenn man hiervon die Energie des neutralen Atoms in Abzug bringt, ergibt sich für die stufenweise Ionisierungsenergie, d. h. die Energie, die man aufzuwenden hat, um das neutrale Atom in das n-fache Ion zu überführen

$$Q_n = E_n - E_0 = \frac{12}{7}\left(\frac{2}{9\,\pi^2}\right)^{1/3} Z^{7/3}\left\{\frac{n^2}{Z^2\,x_0} + [\varphi'(0) - \varphi_0'(0)]\right\}\frac{e^2}{a_0} = \\ = 13{,}18\,Z^{7/3}\left\{\frac{n^2}{Z^2\,x_0} + [\varphi'(0) - \varphi_0'(0)]\right\}\text{e-Volt} . \tag{22, 2}$$

Aus dieser Formel läßt sich Q_n leicht berechnen, da alle Größen, die in diese Formel eingehen, bekannt sind. Bezüglich des Wertes von $\varphi_0'(0)$ vgl. man (4, 3), x_0 kann man aus Tab. 4 entnehmen oder aus den dort angegebenen Werten durch Interpolation berechnen und $\varphi'(0)$ kann man mit den Daten der Tab. 3 aus (4, 24) und (4, 26) ermitteln.

Da Q_n die Summe der ersten n Ionisierungsenergien darstellt, erhält man durch Differenzbildung jede beliebige Ionisierungsenergie. So ergibt sich z. B. die n-te Ionisierungsenergie J_n folgendermaßen

$$J_n = Q_n - Q_{n-1} . \tag{22, 3}$$

Q_0 hat den Wert Null, es ist also $J_1 = Q_1$.

Sommerfeld[1] hat mit Hilfe seiner Näherungslösungen (4, 22) und (4, 37) für Q_n für den Fall $n \ll Z$ folgenden Näherungsausdruck hergeleitet

$$Q_n = 0{,}0465\,\frac{n^{7/3}}{1 - 0{,}903\left(\frac{n}{Z}\right)^{1/4}}\frac{e^2}{a_0} = 1{,}27\,\frac{n^{7/3}}{1 - 0{,}903\left(\frac{n}{Z}\right)^{1/4}}\text{e-Volt} . \tag{22, 4}$$

Für $n = 1$ erhält man hieraus die erste Ionisierungsenergie. Der Wert von J_1 für Ne, Ar, Kr und X befindet sich in Tab. 20. Wie man sieht, sind die berechneten Werte viel zu klein, sie bleiben nämlich zirka um die Hälfte unterhalb der Minima der Beobachtungskurve (man vgl. Abb. 20). Daß das Thomas-Fermische Modell für die erste Ionisierungsenergie zu so kleinen Werten führt, rührt daher, daß im Thomas-Fermischen Modell die Elektronenwolke bis ins Unendliche ausläuft, das Atom also stark aufgelockert ist.

Für die höheren Ionisierungsenergien liegen die Verhältnisse günstiger. Die zweite, dritte und vierte Ionisierungsenergie ist ebenfalls für Ne, Ar, Kr und X in Tab. 20 angegeben. Bei der zweiten Ionisierungsenergie liegen die Minima der Beobachtungskurve (Abb. 20) nur mehr wenig über den theoretischen Werten und bei der dritten Ionisierungsenergie schon etwas unter diesen. Man kann also erwarten,

---

[1] A. Sommerfeld, Zs. f. Phys. 80, 415, 1933.

daß sich die aus dem Thomas-Fermischen Modell bestimmten höheren Ionisierungsenergien dem statistischen Mittel mehr und mehr anpassen.

Sommerfeld[1] hat auch die für astrophysikalische Fragen wichtige Energie, die zum Abbau eines Atoms bis zur K-Schale erforderlich ist, also Q_{Z-2} berechnet. Nach den wellenmechanischen Berechnungen von Hylleraas[2] ist die Energie eines Zweielektronensystems, also die Energie der K-Schale, wenn wir uns auf große Werte von Z beschränken

$$E_{Z-2} = -\left(Z^2 - \frac{5}{8}Z\right)\frac{e^2}{a_0}.$$

Zur Berechnung von Q_{Z-2} hat man hieraus die Energie des neutralen Atoms, E_0, abzuziehen. Es ergibt sich

$$Q_{Z-2} = E_{Z-2} - E_0 = \left(0{,}769\,Z^{7/3} - Z^2 + \frac{5}{8}Z\right)\frac{e^2}{a_0}. \tag{22, 5}$$

Die totale Ionisierungsenergie, d. h. die Energie, die notwendig ist, um sämtliche Elektronen des Atoms abzutrennen, ist

$$Q_Z = -E_0 = 0{,}769\,Z^{7/3}\frac{e^2}{a_0} = 20{,}94\,Z^{7/3}\,\text{e-Volt}. \tag{22, 6}$$

In Tab. 18 geben wir einen Vergleich der aus dieser Formel berechneten Werte mit experimentellen und anderen theoretischen Werten. Die in Tab. 18 als experimentell bezeichneten Vergleichswerte wurden mit Ausnahme von Hg von Hellmann[3] zusammengestellt und sind für die Atome mit niederer Ordnungszahl aus den Spektren entnommen. Bei den Atomen mit höherer Ordnungszahl wurden zu den empirischen Daten noch die theoretischen Resultate von Hylleraas[4], von Fock und Petrashen[5], weiterhin von Morse, Young und Haurwitz[6] zugezogen; bei Fe und Hg wurde eine halbempirische Formel von Slater[7] herangezogen.

---

[1] A. Sommerfeld, Zs. f. Phys. **80**, 415, 1933.

[2] E. A. Hylleraas, Zs. f. Phys. **65**, 209, 1930.

[3] H. Hellmann, Einführung in die Quantenchemie, S. 16, Vlg. Deuticke, Leipzig u. Wien, 1937.

[4] E. A. Hylleraas, Zs. f. Phys. **65**, 209, 1930.

[5] V. Fock u. M, J. Petrashen, Phys. Zs. d. Sowjetunion **6**, 368, 1934.

[6] P. M. Morse, L. A. Young u. E. S. Haurwitz, Phys. Rev. (2) **48**, 948, 1935.

[7] J. C. Slater, Phys. Rev. (2) **36**, 57, 1930.

Tab. 18. Totale Ionisierungsenergie für das THOMAS-FERMISche Atommodell in e^2/a_0-Einheiten.

	Z	Q_Z		Prozentualer Fehler $100\,(Q_{Z\,theor} - Q_{Z\,exp})/Q_{Z\,exp}$
		Nach (22, 6)	Experimentelle Werte	
H	1	0,769	0,5	53,8
He	2	3,875	2,904	33,4
Li	3	9,982	7,49	33,2
Be	4	19,53	14,68	33,0
B	5	32,87	24,62	33,5
C	6	50,30	37,86	32,9
N	7	72,08	54,58	32,1
O	8	98,43	75,07	31,1
F	9	129,6	100,4	29,1
Ne	10	165,7	129,5	28,0
Na	11	206,9	162,0	27,7
Mg	12	253,5	200,1	26,7
Fe	26	1540	1249	23,3
Hg	80	21207	18130	17,0

In der letzten Spalte der Tabelle sind die prozentualen Fehler der nach (22, 6) berechneten Werte angegeben. Es ist zu sehen, daß diese mit steigender Ordnungszahl bedeutend langsamer fallen, als man es zunächst erwarten sollte, und es ist interessant, daß die statistische Berechnungsweise der Energie auch für das H-Atom noch zu sinnvollen Resultaten führt. Zum Teil kann dies durch eine Überlegung von HELLMANN[1] erklärt werden, in der gezeigt wird, daß der statistische kinetische Energieausdruck auch noch im Grenzfalle eines einzigen Elektrons sinnvoll bleibt.

Aus Tab. 18 ist zu sehen, daß die theoretischen Werte für Q_Z durchweg zu groß sind. Während also — mit Ausnahme der leichtesten Atome — die Werte von Q mit niedrigem Index, insbesondere Q_1 und Q_2, im Verhältnis zu den experimentellen Werten als zu klein gefunden wurden, ist bei Q_Z das entgegengesetzte der Fall. Die Ursache dessen ist darin zu sehen, daß bei den Q mit niederem Index die vom Kern im allgemeinen zu weit entfernten Randgebiete des Atoms ausschlaggebend sind, während bei Q_Z die unmittelbare Umgebung des Kernes — wo der Dichteverlauf ebenfalls ungenau ist — den wesentlichen Anteil liefert. Am Ort des Kernes wird nämlich die Dichte viel zu rasch, und zwar wie $1/r^{3/2}$, unendlich, es befindet sich also in der unmittelbaren Umgebung des Kernes eine relativ zu große Elek-

---

[1] H. HELLMANN, Acta Physicochimica U. R. S. S. **1**, 913, 1935.

tronenladung, demzufolge die potentielle Energie der Elektronen im Kernfeld zu tief, also Q_Z zu groß wird. Diesen Mangel sollte die WEIZSÄCKERsche Korrektion der kinetischen Energie (man vgl. § 12) beheben, aus den Rechnungen von SOKOLOV[1] folgt aber, daß diese Korrektion zu groß ist und den Fehler überkompensiert.

Austauschkorrektion. Für die ersten Ionisierungsenergien kann man durch die Berücksichtigung der Austauschkorrektion eine bedeutende Verbesserung gegenüber den Werten des THOMAS-FERMIschen Modells erzielen. Die Energie des mit dem Austausch erweiterten Atommodells kann man nicht wie im Falle des THOMAS-FERMIschen Modells explicite als Funktion von Z und N angeben, da in dem zu (6, 9) analogen Ausdruck bei der Integration x_0 nicht nur von N/Z abhängt. Zur Berechnung der stufenweisen Ionisierungsenergie gehen wir deshalb jetzt von dem Ausdruck

$$Q_n = - \int\limits_{N-n}^{N} \frac{\partial E}{\partial N}\, dN \qquad (22, 7)$$

aus, mit dem

$$J_n = Q_n - Q_{n-1} = - \int\limits_{N-n}^{N-n+1} \frac{\partial E}{\partial N}\, dN \qquad (22, 8)$$

folgt.

Wir legen unseren Betrachtungen zunächst das THOMAS-FERMI-DIRACsche Modell zugrunde und können dann nach HULTHÉN[2] mit der Gl. (6, 4), die auch für das THOMAS-FERMI-DIRACsche Modell Gültigkeit hat, (22, 7) und (22, 8) folgendermaßen schreiben

$$Q_n = \int\limits_{N-n}^{N} V_0\, e\, dN\, , \quad J_n = \int\limits_{N-n}^{N-n+1} V_0\, e\, dN\, , \qquad (22, 9)$$

wo man für V_0 den Ausdruck (9, 18) einzusetzen hat. Für die n-te Ionisierungsenergie ergibt sich so der Ausdruck

$$J_n = e^2 \int\limits_{N-n}^{N-n+1} \frac{Z-N}{r_0}\, dN + \frac{\varkappa_a^2}{4\varkappa_k}\, . \qquad (22, 10)$$

Zur Berechnung von J_n muß man also r_0 bei vorgegebenem Z als Funktion der Elektronenzahl kennen. Für Ar, Kr und X kann man den Zusammenhang zwischen r_0 und der Elektronenzahl (bei konstantem Z) aus Tab. 10 entnehmen und mit Hilfe dieser Daten das Integral für einige n-Werte berechnen.

---

[1] N. SOKOLOV, Journ. exp. theoret. Phys. **8**, 365, 1938.

[2] L. HULTHÉN, Zs. f. Phys. **95**, 789, 1935.

Mit der Formel (22, 10) hat Hulthén[1] die erste bis vierte Ionisierungsenergie des Kr- und X-Atoms und Jensen, Meyer-Gossler und Rohde[2] die erste und zweite Ionisierungsenergie des Ar-Atoms bestimmt. Die Resultate sind in Tab. 20 angegeben und in Abb. 20 auch graphisch dargestellt. Wie man sieht, bewirkt die Austauschkorrektion eine wesentliche Verbesserung der theoretischen Resultate, denn die durch die berechneten Punkte gezogene Kurve liegt schon im Falle der ersten Ionisierungsenergien über den Minima der empirischen Zackenkurve. Auffallend ist, daß auch die mit Berücksichtigung des Austausches berechneten ersten Ionisierungsenergien noch immer bedeutend näher zu den empirischen Werten der Alkalien als zu denen der Edelgase liegen. Die Ursache dessen ist darin zu suchen, daß im Thomas-Fermi-Diracschen Atom in den äußeren Gebieten die Austauschkorrektion nicht ausreicht, um die elektrostatische Selbstwechselwirkungsenergie der Elektronen zu kompensieren (man vgl. die S. 88).

Gerade in dieser Richtung konnte Jensen[3] eine Verbesserung der theoretischen Resultate erzielen, indem er das modifizierte Thomas-Fermi-Diracsche Modell (man vgl. § 10) zugrunde legte, in welchem am Atomrand — unter Beibehaltung der Bedingung (9, 16) für die Randdichte — die Austauschkorrektion durch die Fermi-Amaldische Korrektion ersetzt wird. Der Energieausdruck und die Grundgleichung dieses Modells sind durch (10, 1), bzw. (10, 2) gegeben.

Mit (10, 1) erhält man

$$\frac{\partial E}{\partial N} = 4\pi \int_0^{r_0} \left[\frac{5}{3} \varkappa_k \varrho^{2/3} - (V_k + V_e)\, e - \frac{\partial \omega_a}{\partial \varrho} \right] \frac{d\varrho}{dN}\, r^2\, dr + \\ + \frac{dr_0}{dN}\, 4\pi r_0^2 \left[\varkappa_k \varrho^{5/3} - \left(V_k + V_e \right) e\, \varrho - \omega_a \right]_{r=r_0}. \tag{22, 11}$$

Mit Rücksicht auf die Gl. (10, 2) kann man für die eckige Klammer im Integrand $- V_0 e$ setzen. Das Integral, das man so erhält, kann man dann mit Hilfe der Nebenbedingung (3, 7) ermitteln, wenn man (3, 7) nach N differenziert. Es ergibt sich so

$$\frac{\partial E}{\partial N} = - V_0 e + 4\pi r_0^2 \varrho_0 \frac{dr_0}{dN} \left[\varkappa_k \varrho^{2/3} - (V - V_0) e - \frac{\omega_a}{\varrho} \right]_{r=r_0}. \tag{22, 12}$$

Beim nicht-modifizierten Thomas-Fermi-Diracschen Atom, bei welchem $\omega_a = \varkappa_a \varrho^{4/3}$ ist, würde der Ausdruck in der eckigen Klammer

---

[1] L. Hulthén, Zs. f. Phys. **95**, 789, 1935.

[2] H. Jensen, G. Meyer-Gossler u. H. Rohde, Zs. f. Phys. **110**, 277, 1938.

[3] H. Jensen, Zs. f. Phys. **101**, 141, 1936.

in (22, 12) wegen der Randbedingung (9, 16) verschwinden. Im modifizierten Modell verschwindet aber trotz des Bestehens der Bedingung (9, 16) der Ausdruck in der eckigen Klammer nicht, da im modifizierten Modell die Bedingung (9, 16) dem Atom als ein äußerer Zwang auferlegt wurde und sich aus den zugrunde gelegten Annahmen nicht von selbst ergibt, also mit diesen gewissermaßen inkohärent ist.

Wenn man in (22, 12) im ersten Glied auf der rechten Seite für V_0 den Ausdruck (10, 5) einsetzt und in der eckigen Klammer $(V - V_0)e$ mit Hilfe der Gl. (10, 2) eliminiert, so ergibt sich

$$\frac{\partial E}{\partial N} = -\frac{(Z - N + 1)\,e^2}{r_0} + \frac{5\,\varkappa_a{}^2}{12\,\varkappa_k} - \frac{8\,\pi}{3}\,\varkappa_k\,r_0{}^2\,\varrho_0{}^{5/3}\,\frac{d\,r_0}{d\,N} + \\ + 4\,\pi\,r_0{}^2\,\frac{d\,r_0}{d\,N}\left(\varrho\,\frac{\partial\,\omega_a}{\partial\,\varrho} - \omega_a\right)_{r=r_0}, \qquad (22, 13)$$

wo ϱ_0 nach (9, 16) definiert ist. Zur Berechnung von Q_n und J_n hat man diesen Ausdruck in (22, 7), bzw. in (22, 8) einzusetzen.

Den wesentlichen Beitrag zur Ionisierungsenergie liefert das erste Glied auf der rechten Seite von (22, 13), die übrigen Glieder geben nur eine verhältnismäßig kleine Korrektion. r_0 und $\frac{dr_0}{dN}$ kann man bei vorgegebenem Z als Funktion der Elektronenzahl numerisch bestimmen (man vgl. § 10), so daß in (22, 13) bis auf $(\omega_a)_{r=r_0}$ alle Größen bekannt sind. Da nur $\frac{\partial \omega_a}{\partial \varrho}$, nicht aber ω_a bei $r = r_0$ bekannt ist (man vgl. die S. 92), kann die Berechnung des letzten Termes in (22, 13) nur mit einer gewissen Willkür durchgeführt werden. Zur Abschätzung dieses Termes betrachtet JENSEN zwei Grenzfälle. In dem einen Grenzfall setzt JENSEN $\omega_a = \frac{e^2}{r}\,\varrho$, womit die Bedingung (10, 3) erfüllt ist. Mit diesem ω_a verschwindet die Klammer des letzten Termes in (22, 13), es würde also dann dieses Glied zur Ionisierungsenergie überhaupt nichts beitragen. In dem anderen Grenzfall setzt JENSEN für ω_a den Ausdruck der Austausch-energie, also $\omega_a = \varkappa_a\,\varrho^{4/3}$. In diesem Falle würde der letzte Term für die Elektronenaffinitäten (man vgl. weiter unten) einen Beitrag von etwa 0,6 e-Volt liefern, für die Ionisierungsenergien ergibt sich ein noch geringerer Beitrag, so daß die hierdurch bedingte Unsicherheit für die letzteren nicht bedeutend wird.

JENSEN berechnete auf diese Weise die erste, zweite und dritte Ionisierungsenergie mehrerer Atome; die Resultate stellte JENSEN graphisch dar, die wir im Vergleich mit anderen Resultaten in der Abb. 20 bringen. Man sieht, daß die von JENSEN berechneten Kurven ein recht befriedigendes Mittel der Beobachtungswerte geben. Daß JENSEN für die erste Ionisierungsenergie bedeutend höhere Werte erhält als HULTHÉN auf Grund des THOMAS-FERMI-DIRACschen Modells, kommt daher, daß im modifizierten Modell auch am Atomrand die elektrostatische Selbstwechselwirkung der Elektronen befriedigend kompensiert wird.

Im Rahmen des modifizierten Modells sind auch negative Ionen stabil. JENSEN[1] hat die Elektronenaffinität der Halogene berechnet, wobei sich wegen des kleinen Betrages der Elektronenaffinität die Unsicherheit in der Berechnung des letzten Termes von (22, 13) bemerkbar macht. Wir bringen die mit dieser Unsicherheit behafteten Werte von JENSEN nebst den empirischen Werten[2] in e-Volt-Einheiten in Tab. 19.

Tab. 19. Elektronenaffinitäten nach JENSEN in e-Volt-Einheiten.

	F	Cl	Br	J
Theorie	$1,40 \pm 0,30$	$1,15 \pm 0,35$	$1,05 \pm 0,35$	$1,00 \pm 0,30$
Experiment ...	4,1	3,8	3,5	3,1

Die statistische Theorie führt also zu bedeutend kleineren Elektronenaffinitäten als die empirischen Werte. Beim Vergleich mit den experimentellen Daten hat man zunächst zu berücksichtigen, daß bei der Berechnung der Elektronenaffinitäten die Polarisation des Halogenrumpfes unberücksichtigt blieb, die zu einer Erhöhung der Elektronenaffinitäten führt. JENSEN schätzt diese Erhöhung auf zirka 1 e-Volt. Weiterhin hat man beim Vergleich mit dem experimentellen Befund auch den Umstand zu berücksichtigen, daß die experimentellen Werte die Arbeit geben, die nötig ist, um ein Elektron aus den sehr stabilen edelgasähnlichen Elektronenschalen der negativen Halogenionen zu entfernen; dies entspricht bei den Ionisierungsenergien den Maxima der empirischen Zackenkurven. Eine Extrapolation von den Verhältnissen der Ionisierungsenergien zeigt, daß man aus der statistischen Berechnungsweise für die Elektronenaffinität der Halogene nur etwa halb so große Werte erwarten kann wie die experimentellen. Unter diesen Gesichtspunkten kann man die JENSENschen Resultate als ganz befriedigend betrachten.

Austausch- und Korrelationskorrektion. Eine weitere Korrektion der Ionisierungsenergien besteht, wie sich zeigen läßt[3], darin, daß man

---

[1] H. JENSEN, Zs. f. Phys. **101**, 141, 1936.

[2] J. E. MAYER u. L. HELMHOLTZ, Zs. f. Phys. **75**, 19, 1932. J. E. MAYER u. P. P. SUTTON, Journ. Chem. Phys. **3**, 20, 1935.

[3] P. GOMBÁS, Zs. f. Phys. **121**, 523, 1943.

auch die Korrelationskorrektion in Betracht zieht, also der Berechnung von J_n das in § 11 entwickelte, mit der Korrelationskorrektion erweiterte Atommodell zugrunde legt. Wenn man vom erweiterten Modell mit der Grundgleichung (11, 4) ausgeht, so kann man J_n wieder nach (22, 9) berechnen, wobei man aber jetzt für V_0 den Ausdruck (11, 22) zu setzen hat. Es ergibt sich

$$J_n = e^2 \int_{N-n}^{N-n+1} \frac{Z-N}{r_0} \, dN + \frac{\varkappa a'^2}{4\,\varkappa_k} + f_0 \,. \tag{22, 14}$$

Für Ar, Kr und X ist jetzt r_0 als Funktion der Elektronenzahl aus der Tab. 13 zu entnehmen.

Aus einem Vergleich dieses Ausdruckes mit (22, 10) kann man den Einfluß der Korrelation leicht abschätzen. Die ersten Glieder der beiden Ausdrücke sind formal dieselben, man hat aber zu beachten, daß sich r_0 bei Berücksichtigung der Korrelation verkleinert, daß also in (22, 14) dieses Glied im Verhältnis zu dem in (22, 10) etwas vergrößert wird. Eine Schätzung im Falle der ersten Ionisierungsenergie für Ar, Kr und X zeigt, daß die Korrektion dieses Gliedes von der Ordnungszahl nur sehr wenig

Tab. 20. Ionisierungsenergien in e-Volt-Einheiten.
Die Werte in Klammern sind extrapoliert oder geschätzt.

		J_1	J_2	J_3	J_4
Ne	THOMAS-FERMIsches Modell, Formel (22, 3) u. (22, 4)	2,6	13,6	33,5	64,7
Ar	THOMAS-FERMIsches Modell, Formel (22, 3) u. (22, 4)....................	2,3	11,1	25,6	45,9
	Mit Austauschkorrektion, Formel (22,10)	5,35	16,5	—	—
	Mit Austausch- und Korrelationskorrektion, Formel (22, 14)	6,4	—	—	—
Kr	THOMAS-FERMIsches Modell, Formel (22, 3) u. (22, 4)....................	2,0	9,4	20,6	35,4
	Mit Austauschkorrektion, Formel (22, 10)	5,0	14,5	27,4	43,0
	Mit Austausch- und Korrelationskorrektion, Formel (22, 14)	6,0	(16)	(29)	(45)
X	THOMAS-FERMIsches Modell, Formel (22, 3) u. (22, 4)....................	1,9	8,7	18,8	31,6
	Mit Austauschkorrektion, Formel (22, 10)	4,8	13,7	25,1	(39)
	Mit Austausch- und Korrelationskorrektion, Formel (22,14).................	5,8	—	—	—

abhängt und für die genannten drei Atome rund 0,2 e-Volt beträgt. Im zweiten Glied in (22, 14) äußert sich die Korrelation darin, daß dort $\varkappa_a'$ statt $\varkappa_a$ steht; das dritte Glied ist ausschließlich durch die Korrelation bedingt und tritt in (22, 10) überhaupt nicht auf. Den wesentlichen Teil der Korrelationskorrektion liefert das zweite und dritte Glied, und zwar resultiert aus diesen eine von der Ordnungszahl und von n unabhängige Erhöhung von J_n um $0,030\ e^2/a_0 = 0,81$ e-Volt. Die gesamte Korrektion beträgt also bei J_1 für Ar, Kr und X rund 1 e-Volt. Die korrigierten Werte stehen in Tab. 20 und sind in der Abb. 20 auch graphisch dargestellt. Wie zu sehen ist, werden durch die Korrelationskorrektion die HULTHÉN-schen Werte von J_1 bedeutend besser an das empirische Mittel angepaßt. Für die höheren Ionisierungsenergien wird die Korrektion relativ kleiner. Eine rohe Schätzung gibt bei Kr für die Korrektion der zweiten, dritten und vierten Ionisierungsenergie, bzw. die Werte 1,4, 1,8 und 1,9 e-Volt.

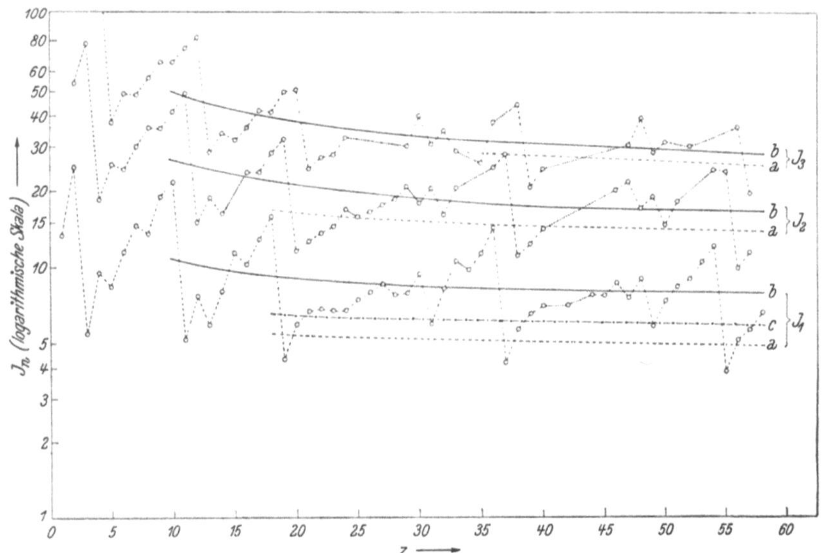

Abb. 20. Vergleich der berechneten Ionisierungsenergien mit den empirischen. Erweiterte Figur von JENSEN (Zs. f. Phys. **101**, 141, 1936).

J_1 erste Ionisierungsenergie
- a mit Austauschkorrektion aus (22, 10),
- b mit Austauschkorrektion und Modifikation nach (22, 13),
- c mit Austausch- und Korrelationskorrektion aus (22, 14).

J_2 und J_3 zweite, bzw. dritte Ionisierungsenergie, a und b entsprechend.

------o-------o------ empirische Werte.

Die Zahlenwerte an der Ordinate geben die Ionisierungsenergien in e-Volt-Einheiten an.

Man kann auch im Falle der Korrelationskorrektion das modifizierte Modell zugrunde legen, in welchem, unter Beibehaltung der Bedingung (11, 15) bezüglich der Randdichte, am Atomrand die Summe der Austausch- und Korrelationskorrektion durch das FERMI-AMALDIsche Korrektionsglied ersetzt wird. Der Energieausdruck und die Grundgleichung dieses Modells sind durch (11, 34), bzw. (11, 35) gegeben. Mit diesem Modell würde man zu einem zu (22, 13) ganz analogen Ausdruck gelangen mit dem Unterschied, daß man statt $\varkappa_a$ überall das größere $\varkappa_a'$, für ϱ_0 den Wert (11, 14) und statt ω_a die Funktion ω_c zu setzen hat; natürlich hätte man auch die Änderung in r_0 zu berücksichtigen. Berechnungen mit diesem Energieausdruck stehen noch aus, die Korrektion dürfte aber hier verhältnismäßig sehr gering sein.

§ 23. Mittlere Anregungsenergien.

Eine weitere charakteristische energetische Größe, die man mit Hilfe des statistischen Modells einfach berechnen kann, ist die mittlere Anregungsenergie. Zur Berechnung dieser Energie gehen wir vom mittleren Anregungspotential V_M aus, das man nach Sommerfeld und Bethe[1] als das geometrische Mittel der Potentiale V_i der einzelnen Atomzustände folgendermaßen definieren kann

$$N \log V_M = \sum_i N_i \log V_i , \tag{23, 1}$$

wo N_i die Besetzungszahl des i-ten Quantenzustandes bedeutet. Für das statistische Atom wird aus dieser Definitionsgleichung

$$N \log V_M = \int \varrho \log V \, dv . \tag{23, 2}$$

Für V_M ist das Potential im Inneren des Atoms ausschlaggebend. In den inneren Gebieten des Atoms ist das Potential für die verschiedenen statistischen Atommodelle praktisch mit dem Potential im ursprünglichen Thomas-Fermischen Modell identisch. Wir berechnen deshalb V_M für das ursprüngliche Thomas-Fermische Modell und beschränken uns auf neutrale Atome, setzen also in (23, 2) $N=Z$. Mit Rücksicht auf (3, 58), (3, 41), (3, 49) und (3, 7) erhält man aus der Definitionsgleichung

$$\log V_M = \frac{1}{Z} \int \varrho \log \frac{Z e}{\mu} \frac{\varphi_0(x)}{x} \, dv = \log \frac{Z e}{\mu} + \frac{1}{Z} \int \varrho \log \frac{\varphi_0(x)}{x} \, dv . \tag{23, 3}$$

Das zweite Glied auf der rechten Seite — das wir mit γ bezeichnen — können wir mit Hilfe von (3, 59) und (3, 49) folgendermaßen schreiben

$$\gamma = \frac{1}{Z} \int \varrho \log \frac{\varphi_0}{x} \, dv = \int_0^\infty \varphi_0^{3/2} x^{1/2} \log \frac{\varphi_0}{x} \, dx . \tag{23, 4}$$

---

[1] A. Sommerfeld, Zs. f. Phys. 78, 283, 1932; H. Bethe, Zs. f. Phys. 76, 293, 1932; man vgl. auch H. Bethe, Ann. d. Phys. (5) 5, 325, 1930. Bethe verfeinert diese Definition, indem er für die Besetzungszahlen N_i die Oszillatorenstärken f_i setzt.

Wenn man unter dem Logarithmus den BRIGGSchen Logarithmus versteht, ergibt sich also mit Rücksicht auf (3, 50)

$$V_M = 10^\gamma \frac{Z\,e}{\mu} = 4 \left(\frac{2}{9\,\pi^2}\right)^{1/3} 10^\gamma\, Z^{4/3} \frac{e}{a_0}\,. \qquad (23, 5)$$

Die Berechnung von V_M reduziert sich also auf die Berechnung von γ, die man mit großer Genauigkeit durchzuführen hat, da in (23, 5) 10^γ eingeht. Mit Hilfe der Tab. 1 kann man γ auf numerischem Wege mit genügender Genauigkeit berechnen. Man findet $\gamma = -0{,}968$, womit man

$$V_M = 0{,}122\, Z^{4/3} \frac{e}{a_0} \qquad (23, 6)$$

erhält.

Zur Bestimmung der mittleren Anregungsenergie des Atoms berechnen wir zunächst die mittlere Energie eines Elektrons im THOMAS-FERMISchen Atom. Die THOMAS-FERMISche Beziehung (3, 15) kann man für neutrale Atome in folgender Form schreiben $\varkappa_k \varrho^{2/3} = \frac{3}{5}\, Ve$. Da die linke Seite dieser Gleichung nach (1, 17), (1, 7) und (1, 19) die mittlere kinetische Energie eines Elektrons darstellt, besagt diese Beziehung, daß im THOMAS-FERMISchen Atom die mittlere kinetische Energie eines Elektrons gleich $^3/_5$ des Betrages der mittleren potentiellen Energie des Elektrons ist. Man bekommt also für die mittlere Energie eines Elektrons im THOMAS-FERMISchen Atom $-Ve + \frac{3}{5}\, Ve = -\frac{2}{5}\, Ve$.

Dementsprechend erhält man die mittlere Anregungsenergie E_M eines Atoms durch Multiplikation von $V_M e$ mit $^2/_5$. Es ergibt sich also

$$E_M = \frac{2}{5}\, V_M\, e = 0{,}0488\, Z^{4/3} \frac{e^2}{a_0} = 1{,}33\, Z^{4/3}\, \text{e-Volt}\,. \qquad (23, 7)$$

Wie aus der Definitionsgleichung von V_M zu sehen ist, sind für V_M die inneren Gebiete des Atoms maßgebend, in denen V_i, bzw. V groß ist. Man kann also erwarten, daß die Formel (23, 7) die empirischen Werte gut annähert, um so mehr da diese — eben weil sie durch die Energie der inneren Elektronen determiniert sind — einen regelmäßigen Gang mit der Ordnungszahl zeigen.

Die mit der Formel (23, 7) berechneten Werte der Anregungsenergien von Fe, Ag und Pb stehen in Tab. 21. Neben diesen sind für diese Elemente auch die experimentellen Werte angegeben, die man als geometrisches Mittel der Anregungsenergien der einzelnen Elektronenschalen aus den Röntgenspektren berechnet[1]. Wie zu sehen ist, werden die experimentellen Werte durch die theoretischen befriedigend angenähert.

---

[1] A. SOMMERFELD, Zs. f. Phys. 78, 283, 1932.

Tab. 21. Mittlere Anregungsenergien in e-Volt-Einheiten.

	Fe	Ag	Pb
Aus Gl. (23, 7)	102	226	474
Experimentelle Werte..........................	104	224	402

Die Berechnung von V_M und E_M führten wir hier im Anschluß an eine Arbeit von SOMMERFELD[1] durch. SOMMERFELD benutzt bei der Berechnung von V_M für φ_0 die Näherungslösung (4, 22) und erhält mit dieser für 10^γ und somit auch für den Proportionalitätsfaktor in (23, 6) und in (23, 7) einen um 34% größeren Wert, wodurch die Übereinstimmung der von SOMMERFELD berechneten E_M-Werte mit den experimentellen bedeutend schlechter wird als hier. Die Ursache hierfür liegt darin, daß die SOMMERFELDsche Näherungslösung (4, 22) in den inneren Gebieten des Atoms, die zum Integral (23, 4) den wesentlichen Beitrag liefern, nicht genügend genau ist.

Mittlere Anregungsenergien wurden weiterhin von ŢIŢEICA[2] auf anderen Grundlagen, und zwar auf Grund der Ausführungen des § 30 berechnet.

§ 24. Berechnung von Atomspektren.

Die quantenmechanische Berechnung von Atomtermen im Falle eines Atoms mit N-Elektronen führt zu einem $3N$-dimensionalen Problem, dessen exakte Lösung für schwere Atome wegen der mathematischen Schwierigkeiten aussichtslos ist und nur mit Näherungsverfahren erfolgreich in Angriff genommen werden kann. Ein solches Verfahren bietet sich durch die statistische Methode, indem man im Atom die in Frage kommenden z-Elektronen, deren Quantenzustände zu bestimmen sind, wellenmechanisch behandelt und für die übrigen Elektronen eine kugelsymmetrische statistische Verteilung annimmt. Das Problem wird so auf ein $3z$-dimensionales reduziert, das für $z = 1$ und 2 verhältnismäßig leicht zu lösen ist. Auf diese Weise kann man erfolgreich Atomterme, und zwar sowohl Röntgen- als optische Terme, Ionisierungsenergien, Elektronenaffinitäten, ferner Dublettintervalle und Intensitätsverhältnisse von Spektrallinien berechnen. Im folgenden befassen wir uns mit den hierzu entwickelten Methoden und geben eine Schilderung der erzielten Resultate.

Die Berechnung der Terme zergliedern wir in zwei Teile und behandeln diese in den nächstfolgenden zwei Abschnitten. Im nachfolgenden Abschnitt befassen wir uns mit der Berechnung von Röntgentermen und optischen Termen im statistischen Potentialfeld des Atoms. Im übernächsten Abschnitt behandeln wir die Berechnung von optischen Termen

---

[1] A. SOMMERFELD, Zs. f. Phys. **78**, 283, 1932.
[2] Ş. ŢIŢEICA, Zs. f. Phys. **101**, 378, 1936.

im modifizierten Potentialfeld des Atoms, das man auf Grund der statistisch formulierten Besetzungsvorschrift herleiten kann (man vgl. § 19).

Termberechnung im statistischen elektrostatischen Potentialfeld des Atoms. Das Problem der Termberechnung ist mit dem SCHRÖDINGERschen Eigenwertproblem identisch. Die Grundlage der Berechnung der Terme bildet also die SCHRÖDINGERsche Gleichung. In erster Näherung kann man jedes einzelne Elektron des Atoms so behandeln als ob es sich unter der Wirkung des Kernpotentials und des zentralsymmetrischen statistischen Potentials der übrigen Elektronen befände. Die SCHRÖDINGERsche Gleichung des hervorgehobenen Atomelektrons lautet also

$$\Delta \psi + \frac{8\pi^2 m}{h^2} (\varepsilon - \chi) \psi = 0 , \qquad (24,1)$$

wo ψ die Eigenfunktion, ε den Energieparameter und χ die potentielle Energie des Elektrons im statistischen Potentialfeld der übrigen Elektronen und im Potentialfeld des Kernes bezeichnet.

Da χ als zentralsymmetrisch angenommen wird, ist der winkelabhängige Teil der Eigenfunktion derselbe wie beim Wasserstoffproblem und man erhält für den radialen Teil R der Eigenfunktion die Gleichung

$$\frac{d^2 R}{d r^2} + \frac{2}{r} \frac{d R}{d r} + \left[\frac{8\pi^2 m}{h^2} (\varepsilon - \chi) - \frac{l(l+1)}{r^2} \right] R = 0 , \qquad (24,2)$$

wo l die Nebenquantenzahl des betreffenden Quantenzustandes bezeichnet. Wenn man $f = rR$ setzt, so folgt aus (24, 2) die Gleichung

$$\frac{d^2 f}{d r^2} + \left[\frac{8\pi^2 m}{h^2} (\varepsilon - \chi) - \frac{l(l+1)}{r^2} \right] f = 0 . \qquad (24,3)$$

Den Faktor $\frac{8\pi^2 m}{h^2}$ kann man in atomaren Einheiten, e und a_0, folgendermaßen ausdrücken $\frac{8\pi^2 m}{h^2} = \frac{2}{e^2 a_0}$.

Für die potentielle Energie χ des Elektrons gelangten verschiedene Ausdrücke zur Anwendung, die wir hier besprechen wollen. Der Allgemeinheit halber ziehen wir statt eines neutralen Atoms ein Ion mit der Ordnungszahl Z und der Elektronenzahl N, also ein $Z - N = n$-fach geladenes Ion in Betracht. Wir haben dann also die potentielle Energie eines Elektrons zu berechnen, das sich im Potentialfeld des $(n+1)$-fach geladenen Rumpfes befindet. Für $N = Z$ ergeben sich dann aus den weiter unten herzuleitenden Ausdrücken die entsprechenden Ausdrücke der potentiellen Energie eines Elektrons in einem neutralen Atom.

In einigen Arbeiten wurde in erster Näherung die Annahme gemacht, daß die Elektronenverteilung in dem $(n+1)$-fach geladenen Rumpf mit der Ordnungszahl Z praktisch dieselbe ist wie in einem n-fachen Ion mit der Ordnungszahl $Z-1$. Es wird also in erster Näherung angenommen, daß sich das hervorgehobene Elektron im Feld eines n-fach geladenen Rumpfes von der Ordnungszahl $Z-1$ und der überschüssigen Kernladung von einer Elementarladung befindet. Wenn man die ursprüngliche THOMAS-FERMIsche Verteilung zugrunde legt, wird also für $r \leq r_0$

$$\chi = -\frac{e^2}{r} - \frac{(Z-1)\,e^2}{r}\,\varphi\left(\frac{r}{\mu}\right) - \frac{(Z-N)\,e^2}{r_0}$$

und für $r \geq r_0$

$$\chi = -\frac{(Z-N+1)\,e^2}{r}\,.$$

(24, 4)

Hier ist φ durch (4, 24) und μ durch (3, 50) definiert, r_0 bezeichnet den Grenzradius des ursprünglichen THOMAS-FERMIschen Ions (man vgl. Tab. 4); φ und r_0 hat man für den Ionisationsgrad $q = (Z-N)/(Z-1)$ zu berechnen; für μ ist der Wert einzusetzen, der der Ordnungszahl $Z-1$ entspricht. Für neutrale Atome stammt dieser Ausdruck aus der Zeit, als die Ionenlösung noch nicht vorlag; im Falle neutraler Atome wird nämlich $\chi = -\dfrac{e^2}{r} - \dfrac{(Z-1)\,e^2}{r}\,\varphi_0\!\left(\dfrac{r}{\mu}\right)$, man kann also in dieser Näherung χ mit Hilfe der Lösung für neutrale Atome, φ_0, berechnen. Der Ausdruck (24, 4) gibt in größerer Entfernung vom Kern besonders für neutrale Atome nur eine grobe Näherung.

Eine bedeutend bessere Approximation ergibt sich für χ, wenn man für den $(n+1)$-fach geladenen Rumpf die Ionenlösung von FERMI heranzieht, also für $r \leq r_0$

$$\chi = -\frac{Z\,e^2}{r}\,\varphi\left(\frac{r}{\mu}\right) - \frac{(Z-N+1)\,e^2}{r_0}$$

und für $r \geq r_0$ wieder

$$\chi = -\frac{(Z-N+1)\,e^2}{r}$$

(24, 5)

setzt. Hier ist φ und r_0 für den Ionisationsgrad $q = (Z-N+1)/Z$ und μ für die Ordnungszahl Z zu berechnen.

Eine noch bessere Näherung für χ dürfte man erhalten, wenn man χ nach FERMI und AMALDI berechnet (man vgl. § 7), indem man im n-fachen Ion die Rückwirkung des Elektrons auf sich selbst kompensiert, also für das Potentialfeld des Kernes und der übrigen $N-1$ Elektronen den Ausdruck (7, 18) setzt. Es ergibt sich dann für $r \leq r_0$

$$\chi = -\frac{Z\,e^2}{r}\,\varphi\left(\frac{r}{\mu^*}\right) - \frac{(Z-N+1)\,e^2}{r_0}$$

und für $r \geq r_0$ wieder

$$\chi = -\frac{(Z-N+1)\,e^2}{r}\,.$$

(24, 6)

φ und r_0 hat man hier nach FERMI und AMALDI für $q = (Z - N + 1)/Z$ zu berechnen (man vgl. § 7); μ^* ist durch (7, 11) definiert.

Die mit dem Austausch und der Korrelation der Elektronen erweiterten statistischen Modelle, mit denen man für χ wahrscheinlich eine weitere, wenn auch nur geringfügige Verbesserung erzielen könnte, gelangten bis zur Zeit bei der Termberechnung nicht zur Anwendung.

Ein Mangel der im statistischen Potentialfeld des Atoms durchgeführten Termberechnung besteht darin, daß die Orthogonalitätsbedingungen zwischen der Eigenfunktion des hervorgehobenen Elektrons und den Eigenfunktionen der übrigen Elektronen zufolge der statistischen Behandlungsweise der letzteren gänzlich vernachlässigt wird. Der Besetzungsvorschrift des hervorgehobenen Elektrons wird also nur dadurch Rechnung getragen, daß man der radialen Eigenfunktion R, bzw. f die richtige Anzahl von Knoten erteilt.

Röntgenterme. Die Röntgenterme entsprechen den Energieniveaus von Quantenbahnen, die im Inneren des Atoms verlaufen. Da in diesen Gebieten die statistische Verteilung die wirkliche Verteilung der Elektronen gut approximiert, wird man für die Röntgenterme eine gute Übereinstimmung mit der Erfahrung erwarten können. Bei den Röntgentermen sind in erster Linie diejenigen von Interesse, bei denen die Elektronenabschirmung groß ist, bei denen also die Elektronenverteilung in den inneren Gebieten des Atoms eine wesentliche Rolle spielt; solche Terme sind z. B. die M-Terme. Röntgenterme mit kleiner Elektronenabschirmung, z. B. K-Terme kann man auch ohne die genaue Kenntnis der Elektronenverteilung gut abschätzen.[1]

Von RASETTI[2] wurden die M_3-Terme, also die Energieniveaus der $3d$-Quantenzustände mehrerer neutraler Atome berechnet. Den Ausgangspunkt der Rechnungen bildet die Gl. (24, 2), bzw. (24, 3) mit $l = 2$. Für χ setzt RASETTI den Ausdruck (24, 4) mit $N = Z$.

Beim Wasserstoffatom hat R für den $3d$-Zustand, abgesehen vom Normierungsfaktor, die Gestalt $r^2 e^{-\frac{r}{3a_0}}$. Diese Funktion verschwindet für $r = 0$, mit wachsendem r steigt sie zu einem Maximum an, von hier an fällt sie und erreicht bei $r = \infty$ wieder den Wert 0. Dieser Verlauf von R bleibt auch im Falle der potentiellen Energie (24, 4) erhalten, und zwar wird das Maximum von R sehr steil, was bedeutet, daß die Aufenthaltswahrscheinlichkeit in einer relativ schmalen sphärischen Schicht überwiegt.

---

[1] Eine genaue Berechnung des K-Termes von Cu wurde mit Hilfe des THOMAS-FERMIschen Potentialverlaufes auf Grund der relativistischen Wellengleichung von R. D. RICHTMYER [Phys. Rev. (2) **40**, 1057, 1932] durchgeführt.

[2] F. RASETTI, Rend. Lincei (6) **7**, 915, 1928; Zs. f. Phys. **49**, 546, 1928.

Hiervon ausgehend, konnte RASETTI die M_3-Terme mit folgender Methode bestimmen. Die potentielle Energie (24, 4) ersetzte RASETTI durch den Näherungsausdruck

$$\chi' = -\frac{Z^* e^2}{r} - \frac{1}{2} e^2 a_0 \frac{\lambda}{r^2} - \chi_0 , \qquad (24, 7)$$

in dem Z^*, λ und χ_0 Konstanten bezeichnen, die auf die weiter unten geschilderte Weise bestimmt werden. Mit diesem einfachen Ausdruck kann man die Gl. (24, 2) oder (24, 3) bekanntlich exakt lösen. Mit dem Ansatz

$$f = A\, r^{n^*} e^{-\gamma r} , \qquad (24, 8)$$

in dem A einen Normierungsfaktor bezeichnet, folgt aus (24, 3) sofort

$$n^* = \frac{1}{2}\left\{[1 - 4\,\lambda + 4\,l(l + 1)]^{1/2} + 1\right\} , \quad \gamma = \frac{Z^*}{n^*}\frac{1}{a_0} , \qquad (24, 9)$$

$$\varepsilon = -\frac{1}{2}\gamma^2 e^2 a_0 - \chi_0 = -\frac{1}{2}\left(\frac{Z^*}{n^*}\right)^2 \frac{e^2}{a_0} - \chi_0 . \qquad (24, 10)$$

Wenn also die Konstanten Z^*, λ und χ_0 im Ausdruck von χ' bekannt sind, so läßt sich aus (24, 10) der Energieeigenwert für den Näherungsausdruck χ' berechnen. Diese Konstanten werden aus der Forderung bestimmt, daß bei dem Wert von r, für welchen die radiale Dichteverteilung $r^2 R^2$ ihr Maximum aufweist, die Funktionen χ und χ' und ihre ersten und zweiten Ableitungen nach r übereinstimmen. Aus dieser Forderung kann man die drei Konstanten auf graphischem oder numerischem Wege ermitteln und erhält aus (24, 10) eine erste Näherung für den gesuchten Termwert.

Eine zweite Näherung ergibt sich durch die Korrektion des Fehlers, der daraus entsteht, daß der Energieeigenwert (24, 10) mit dem Näherungsausdruck χ' anstatt der potentiellen Energie χ bestimmt wurde. Das entsprechende Korrektionsglied von ε erhält man, wenn man $\chi - \chi'$ als Störungsfunktion betrachtet, und mit dieser die wellenmechanische Störungsenergie erster Ordnung berechnet. Diese Korrektion ist jedoch sehr klein.

Zur genauen Bestimmung des Termes hat man noch der relativistischen Korrektion und der Korrektion, die aus dem Spin resultiert, Rechnung zu tragen. Letztere beträgt die Hälfte der Aufspaltung des M_{32}, M_{33} Dubletts.

Weiterhin hätte man noch die Wechselbeziehung des hervorgehobenen $3d$-Elektrons mit den übrigen Elektronen, also die Austauschwechselwirkung des $3d$-Elektrons mit den übrigen und die elektrostatische Polarisation des Rumpfes durch das $3d$-Elektron zu berücksichtigen.

Die hieraus resultierende Energie dürfte jedoch in diesem Falle klein sein und wurde von Rasetti vernachlässigt.

Die Rechnungen wurden von Rasetti für Silber ($Z = 47$), Gadolinium ($Z = 64$) und Uran ($Z = 92$) durchgeführt. Die Resultate veranschaulicht die Abb. 21, in der die Quadratwurzel des Terms als Funktion der Ordnungszahl dargestellt ist. Die berechneten drei Termwerte liegen auf der in der Abbildung eingezeichneten Gerade. Die empirischen Werte sind durch Kreuze markiert. Wie man sieht, ist die Übereinstimmung der theoretischen Werte mit den empirischen ausgezeichnet. Dies ist um so mehr hervorzuheben, da die Elektronenabschirmung der M_3-Terme sehr groß ist. So würde man z. B. bei Uran für den M-Term ohne Abschirmung in Ry-Einheiten $92^2/3^2 = 940$ erhalten, während der empirische M_{33}-Term 261,2 und der theoretische 259 beträgt. Man kann also hieraus folgern,

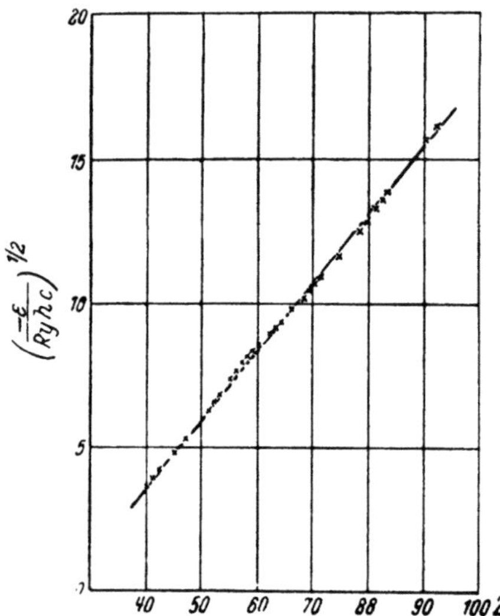

Abb. 21. Vergleich der berechneten Röntgenterme mit den empirischen, nach Rasetti (Zs. f. Phys. 49, 546, 1928). Die berechneten Termwerte liegen auf der Gerade. × × × empirische Termwerte.

daß die statistische Elektronenverteilung in den inneren Gebieten des Atoms die tatsächliche Verteilung sehr gut approximiert.

Gentile und Majorana[1] haben aus der Schrödingerschen Gleichung ebenfalls mit dem Ausdruck (24, 4) der potentiellen Energie den M_{33}-Term für Gadolinium und Uran auf numerischem Wege berechnet; sie erhielten in Ry-Einheiten für Gadolinium 86,3 und für Uran 258 in sehr guter Übereinstimmung mit den empirischen Werten[2] von 87,7, bzw. 261,2 und den Resultaten von Rasetti.

Optische Terme. Die optischen Terme sind die Energieniveaus von Elektronen, deren Bahnen vorwiegend in den äußeren und nur zum Teil in den inneren Gebieten des Atoms verlaufen. Die Termwerte hängen also zum Teil von den Verhältnissen in den äußeren Gebieten und zum Teil von denen in den inneren Gebieten des Atoms ab. Da die Elektronenstruktur in den äußeren Gebieten der Atome von Element zu Element,

---

[1] G. Gentile u. E. Majorana, Rend. Lincei (6) **8**, 229, 1928.

[2] Aus M. Siegbahn, Spektroskopie der Röntgenstrahlen, 2. Aufl., S. 346, Springer, Berlin, 1931.

je nach seinem chemischen Charakter, starke Unterschiede zeigt, ist es verständlich, daß die optischen Terme bei weitem keine so regelmäßige Abhängigkeit von der Ordnungszahl aufweisen wie die Röntgenterme. Wenn man also bei den optischen Termberechnungen für die Elektronenverteilung des Rumpfes die statistische Verteilung zugrunde legt, so können natürlich die theoretischen Termwerte nur ein Mittel der empirischen geben.

Eine Schwierigkeit der optischen Termberechnung besteht darin, daß man, um einen genauen Wert zu erhalten, auch die Wechselbeziehung des Valenzelektrons mit den Rumpfelektronen zu berücksichtigen hat, da die hieraus resultierende Energie im Falle der optischen Terme einen relativ zum Term bedeutend größeren Beitrag gibt als bei den Röntgentermen. Die genaue Berechnung dieser Wechselbeziehung, die aus einer Austauschwechselwirkung[1] der Valenzelektronen mit den Rumpfelektronen und aus der elektrostatischen Polarisation des Rumpfes besteht, führt im allgemeinen zu Schwierigkeiten und kann in den meisten Fällen nur geschätzt werden (man vgl. S. 212 und 213).

Wir befassen uns im folgenden zunächst mit der Berechnung der RYDBERG-Korrektion; danach besprechen wir dann die Berechnung der optischen Energieniveaus als Eigenwerte der SCHRÖDINGERschen Gleichung, womit man zugleich auch Ionisierungsenergien und Elektronenaffinitäten bestimmen kann.

RYDBERG-Korrektionen. Die Terme einer Spektralserie können in erster Näherung durch die RYDBERGsche Termformel

$$W = \frac{Ry}{(n-a)^2} \qquad (24, 11)$$

dargestellt werden, wo Ry die RYDBERGsche Konstante, n die Hauptquantenzahl und a eine Korrektionsgröße — die sogenannte RYDBERG-Korrektion — bezeichnet, die für eine bestimmte Serie einen konstanten Wert hat; a hängt also für ein bestimmtes Atom nur von der Nebenquantenzahl l ab. Die RYDBERGsche Termformel (24, 11), mit der man in erster Linie die Alkaliterme darstellen kann, gilt aber im allgemeinen nur in erster Näherung. Um zu einer genaueren Termdarstellung zu gelangen, hat man neben a noch eine weitere Korrektion, die RITZsche Korrektion, zu berücksichtigen, die auch noch von der Hauptquantenzahl abhängig ist und für $n = \infty$ verschwindet. Die Berechnung der von der Hauptquantenzahl unabhängigen RYDBERG-Korrektion ist also nur in den Fällen mit der Berechnung des Termes

---

[1] Die Austauschwechselwirkung des Leuchtelektrons mit den Rumpfelektronen kann man auf Grund der FOCKschen wellenmechanischen Gleichungen berechnen, das aber zu sehr ausgedehnten und mühsamen Rechnungen führt.

gleichbedeutend, wenn die RITZsche Korrektion vernachlässigt werden kann.

Die Entstehung der RYDBERG-Korrektion, im allgemeinen die Abweichung der Terme von den Wasserstofftermen, ist bekanntlich darauf zurückzuführen, daß die Bahnen des Leuchtelektrons in den Atomrumpf eintauchen und dort das Leuchtelektron unter die Wirkung einer höheren effektiven Kernladung kommt und weiterhin darauf, daß zwischen dem Leuchtelektron und den Rumpfelektronen die eingangs erwähnte Wechselbeziehung besteht. Bei solchen Quantenbahnen des Valenzelektrons, die tief in den Rumpf eindringen, wird die RYDBERGsche Termkorrektion zum größeren Teil durch das Eintauchen des Leuchtelektrons bedingt. Solche in den Rumpf tief eintauchende Bahnen sind in erster Linie die s-Bahnen, das in der wellenmechanischen Betrachtungsweise dadurch zum Ausdruck kommt, daß die Aufenthaltswahrscheinlichkeit des Leuchtelektrons in s-Zuständen auch im Inneren des Rumpfes noch beträchtliche Werte annimmt. Bei der Berechnung der RYDBERG-Korrektion von Termen, denen tief eintauchende Bahnen entsprechen, kann man in erster Näherung die Wechselbeziehungen des Valenzelektrons mit den Rumpfelektronen vernachlässigen.

Von FERMI und im Anschluß an ihn durch SEGRÈ und HELLMIG wurde zur Berechnung der RYDBERG-Korrektion ein Verfahren[1] ausgearbeitet, bei dem die weiter oben erwähnte Wechselbeziehung des Valenzelektrons mit den Rumpfelektronen gänzlich vernachlässigt ist; man wird also mit diesem Verfahren in erster Linie für die RYDBERG-Korrektion der s-Terme einen brauchbaren Näherungswert erhalten.

Wir wollen hier dieses Verfahren nach HELLMIG ganz allgemein für einen beliebigen Ionisationsgrad des Atoms und für beliebige Termserien entwickeln. Wir ziehen hierzu statt eines neutralen Atoms ein Ion mit der Ordnungszahl Z und der Elektronenzahl N in Betracht; die Anzahl der fehlenden Elektronen beträgt also $Z - N$. Das Leuchtelektron befindet sich somit im Potentialfeld eines $(Z - N + 1)$-fach geladenen Rumpfes. Für Quantenzustände des Leuchtelektrons mit der Nebenquantenzahl l hat die Funktion $f = r\,R$ der Gl. (24, 3) zu genügen; für χ ist einer der auf der Seite 185 angegebenen Ausdrücke einzusetzen, wir wollen hier mit HELLMIG den Ausdruck (24, 5) wählen.

Als Eigenfunktionen dieser Gleichung kommen diejenigen Lösungen in Betracht, die für alle r-Werte stetig sind und bei $r = 0$ verschwinden, da $R = f/r$, bei $r = 0$ endlich bleiben muß. Die Energieniveaus werden durch die zugehörigen Eigenwerte ε bestimmt. Die Anzahl der Nullstellen

[1] E. FERMI, Rend. Lincei (6) 7, 726, 1928; Zs. f. Phys. 49, 550, 1928; E. SEGRÈ, Rend. Lincei (6) 11, 670, 1930; E. HELLMIG, Zs. f. Phys. 94, 361, 1935.

von f (abgesehen von den Nullstellen bei $r = 0$ und $r = \infty$) ist mit der radialen Quantenzahl $n_r = n - l - 1$ identisch.

Da die RYDBERG-Korrektion bekanntlich von der Hauptquantenzahl unabhängig ist, kann man sie für eine Termfolge aus einem Term mit beliebiger Hauptquantenzahl bestimmen; es ist zweckmäßig, hierzu den Term $\varepsilon = 0$, das heißt den Term mit $n = \infty$ zu wählen. Die RYDBERG-Korrektion erhält man dann aus einem Vergleich der Nullstellen der radialen Eigenfunktion R (oder f) dieses Zustandes für das fragliche Atom mit den Nullstellen der entsprechenden Wasserstoffeigenfunktion. Die im folgenden genauer zu definierende Differenz dieser Nullstellen ist nämlich nach den weiter oben gesagten mit der Differenz der (unendlich großen) radialen Quantenzahlen oder Hauptquantenzahlen, also mit der RYDBERG-Korrektion identisch.

Mit dem Ausdruck (24, 5) erhält man für die Funktion f des Elektrons im Zustand $\varepsilon = 0$ im $(Z-N)$-fach ionisierten Atom die Gleichung

$$\left.\begin{aligned}
\frac{d^2 f}{d r^2} + \left\{ \frac{8\,\pi^2\,m\,e^2}{h^2} \left[\frac{Z}{r}\,\varphi\left(\frac{r}{\mu}\right) + \frac{Z-N+1}{r_0} \right] - \frac{l(l+1)}{r^2} \right\} f = 0 \,,\, r \leq r_0 \,, \\[2mm]
\frac{d^2 f}{d r^2} + \left\{ \frac{8\,\pi^2\,m\,e^2}{h^2}\,\frac{Z-N+1}{r} - \frac{l(l+1)}{r^2} \right\} f = 0 \,,\; r \geq r_0 \,.
\end{aligned}\right\} \quad (24, 12)$$

Die Lösung dieser Gleichung, die den Randbedingungen genügt, bezeichnen wir mit f_a.

Die entsprechende Gleichung für das Wasserstoffatom mit der Kernladungszahl $Z-N+1$ lautet folgendermaßen

$$\frac{d^2 f}{d r^2} + \left\{ \frac{8\,\pi^2\,m\,e^2}{h^2}\,\frac{Z-N+1}{r} - \frac{l(l+1)}{r^2} \right\} f = 0 \,. \qquad (24, 13)$$

Die den Randbedingungen genügende Lösung dieser Gleichung bezeichnen wir mit f_c.

Da die beiden Lösungen f_a und f_c genügend viele Nullstellen (Knoten) besitzen, hat es Sinn, von einer konstanten Phasendifferenz der beiden Lösungen zu sprechen, wobei die Phase δ so definiert sei, daß sich δ von Knoten zu Knoten um 1 ändern soll. Wenn wir nun einen Wert von r aufsuchen, von dem an die Phasendifferenz der beiden Lösungen konstant bleibt, so ist die RYDBERG-Korrektion die Phasendifferenz bei diesem r-Wert. Da die Gl. (24, 12) für $r \geq r_0$ mit (24, 13) identisch ist, ändert sich von r_0 an die Phasendifferenz der beiden Lösungen nicht mehr, es ist also

$$\alpha = \delta_a(r_0) - \delta_c(r_0) \,, \qquad (24, 14)$$

wo δ_a und δ_c die Phase von f_a, bzw. f_c bezeichnet. Für den Spezialfall, daß von r_0 an die Nullstellen der beiden Lösungen zusammenfallen, ist α die Differenz der Nullstellen der beiden Lösungen, es ist also dann α eine ganze Zahl.

Die Phase δ_a an der Stelle r_0 kann man in den meisten Fällen mit der WENTZEL-KRAMERS-BRILLOUINschen Methode einfach berechnen. Man vgl. hierzu den Abschnitt IV des Anhanges, wo wir eine kurze Zusammenfassung der WENTZEL-KRAMERS-BRILLOUINschen Methode geben. Wenn wir in der für $r \leq r_0$ gültigen Gl. (24, 12) für die Klammer $\{\ \}$ $\frac{4\pi^2}{h^2}\,pa^2$ schreiben, also

$$p_a = \left\{ 2\,m\,e^2 \left[\frac{Z}{r}\,\varphi\left(\frac{r}{\mu}\right) + \frac{Z-N+1}{r_0} \right] - \frac{h^2}{4\,\pi^2}\,\frac{l(l+1)}{r^2} \right\}^{1/2} \quad (24,\,15)$$

setzen und beachten, daß die Phase δ in der Einheit π zu messen ist, so erhält man aus der Formel (IV, 9) des Anhanges

$$\delta_a(r_0) = \frac{2}{h} \int\limits_{r_a}^{r_0} p_a\,d\,r + \frac{1}{4} + [l(l+1)]^{1/2} - (l + \tfrac{1}{2})\,, \qquad (24,\,16)$$

wo r_a die Nullstelle von p_a bezeichnet. Die Differenz $[l(l+1)]^{1/2} - (l+\tfrac{1}{2})$ mußte deswegen hinzugefügt werden, weil wir in (24,15) abweichend von der WENTZEL-KRAMERS-BRILLOUINschen Vorschrift $l(l+1)$ nicht durch $(l+\tfrac{1}{2})^2$ ersetzten; man vergleiche hierzu den Ausdruck von p_a mit dem Ausdruck von p, der im Anhang durch die Formel (IV, 3) definiert ist.

Der Ausdruck (24, 16) hat nur in dem Falle Gültigkeit, wenn p_a nur eine Nullstelle, r_a, besitzt, dann ist p_a^2 zwischen r_a und r_0 überall positiv. Für d- und f-Terme hat p_a mehrere Nullstellen; in diesem Falle muß man in den Bereichen, in denen die WENTZEL-KRAMERS-BRILLOUINsche Näherungseigenfunktion [Anh. (IV, 9)] ungültig wird, die Eigenfunktion und die Phase auf numerischem Wege ermitteln.

Für s-Terme ($l = 0$) hat p_a überhaupt keine Nullstelle. In diesem Falle läßt sich die zum Kern am nächsten liegende Nullstelle von f_a folgendermaßen bestimmen. In der für $r \leq r_0$ gültigen Gl. (24, 12) kann man in dem Bereich $0 \leq r/\mu \leq 0{,}3$ die Funktion φ durch $1 - \frac{r}{\mu}$ ersetzen; dann läßt sich f_a durch eine Reihe darstellen[1], aus der man die erste Nullstelle von f_a entnimmt. Von hier an kann man dann die Phase wieder mit Hilfe der Formel (24, 16) berechnen. Der folgenden halber ist es wichtig zu bemerken, daß im Falle der s-Terme das Phasenintegral in (24, 16) mit $r_a = 0$, trotz der Singularität von p_a bei $r = 0$, existiert und (24, 16) mit $r_a = 0$ die richtige Phase von f bei r_0 gibt.

Die Phase $\delta_c(r_0)$ kann man aus der expliciten, den Randbedingungen genügenden Lösung der Gl. (24, 13) bestimmen, die folgendermaßen

---

[1] Man vgl. E. FERMI, Zs. f. Phys. **49**, 550, 1928.

lautet

$$f_c = \sqrt{r}\, J_{2l+1}\left(\sqrt{\frac{32\,\pi^2\,m\,e^2}{h^2}\,\sigma\,r}\right),\qquad (24,17)$$

wo J_{2l+1} die BESSELsche Funktion erster Art und $(2l+1)$-ter Ordnung bezeichnet und zur Abkürzung $Z-N+1=\sigma$ gesetzt wurde. Der folgenden halber sei erwähnt, daß man $\delta_c(r_0)$ auch ganz analog wie $\delta_a(r_0)$ mit Hilfe der Formel (24, 16) berechnen kann, man hat nur p_a durch

$$p_c = \left[2\,m\,e^2\,\frac{Z-N+1}{r} - \frac{h^2}{4\,\pi^2}\,\frac{l(l+1)}{r^2}\right]^{1/2}\qquad (24,18)$$

zu ersetzen und statt r_a die Nullstelle von p_c einzusetzen, die wir im folgenden mit r_c bezeichnen; für s-Terme kann man wieder $r_c=0$ setzen.

Zur Berechnung der RYDBERG-Korrektion hat man also das Phasenintegral in (24, 16) zu bestimmen; da φ exakt nur numerisch bekannt ist, muß man das Phasenintegral auf numerischem Wege auswerten. Im Falle neutraler Atome ist $N=Z$, es wird also $\sigma=Z-N+1=1$.

Wenn man einmal die RYDBERG-Korrektion für neutrale Atome berechnet hat, so läßt sich mit Hilfe der folgenden Ähnlichkeitsbetrachtungen von HELLMIG die RYDBERG-Korrektion für Ionen sehr einfach ermitteln. Nach dem weiter oben Gesagten kann man nämlich mit Hilfe der WENTZEL-KRAMERS-BRILLOUINschen Näherungsmethode die RYDBERG-Korrektion folgendermaßen darstellen

$$\alpha(Z, l, \sigma) = \frac{2}{h}\int_{r_a}^{r_0} p_a(Z, l, \sigma)\,dr - \frac{2}{h}\int_{r_c}^{r_0} p_c(Z, l, \sigma)\,dr\,.\qquad (24,19)$$

Wenn man dieses Integral mit Hilfe des Zusammenhanges $x=r/\mu$ [wo μ durch (3, 50) definiert ist] auf x transformiert und beachtet, daß $\varphi(x)$ und $x_0=r_0/\mu$ nur vom Ionisationsgrad $q=(Z-N+1)/Z$ abhängen, so erhält man bei Konstanthaltung von q die Beziehung

$$\alpha\,(Z, l, \sigma) = \sigma^{1/3}\alpha\left(\frac{Z}{\sigma}, l', 1\right),\qquad (24,20)$$

wo l' folgendermaßen definiert ist

$$l'(l'+1) = \frac{l(l+1)}{\sigma^{2/3}}\,.\qquad (24,21)$$

Für s-Terme gilt also

$$\alpha(Z, \sigma) = \sigma^{1/3}\alpha\left(\frac{Z}{\sigma}, 1\right).\qquad (24,22)$$

Hieraus ist zu sehen, daß man die RYDBERG-Korrektion der s-Terme von Ionen aus der RYDBERG-Korrektion der s-Terme neutraler Atome durch bloße Maßstabsänderung erhält. Für die übrigen Terme kann man

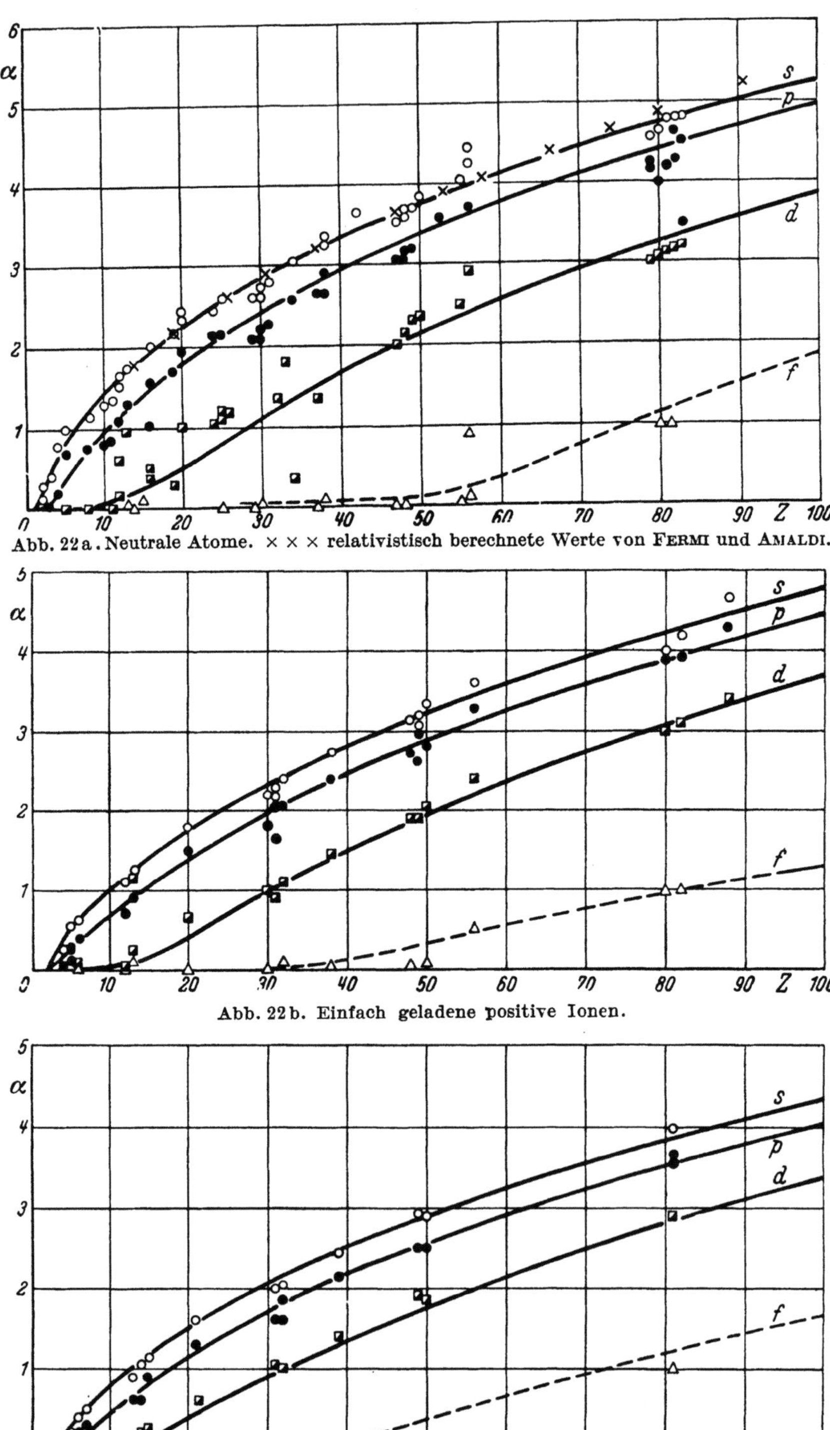

Abb. 22a. Neutrale Atome. × × × relativistisch berechnete Werte von FERMI und AMALDI.

Abb. 22b. Einfach geladene positive Ionen.

Abb. 22c. Zweifach geladene positive Ionen.

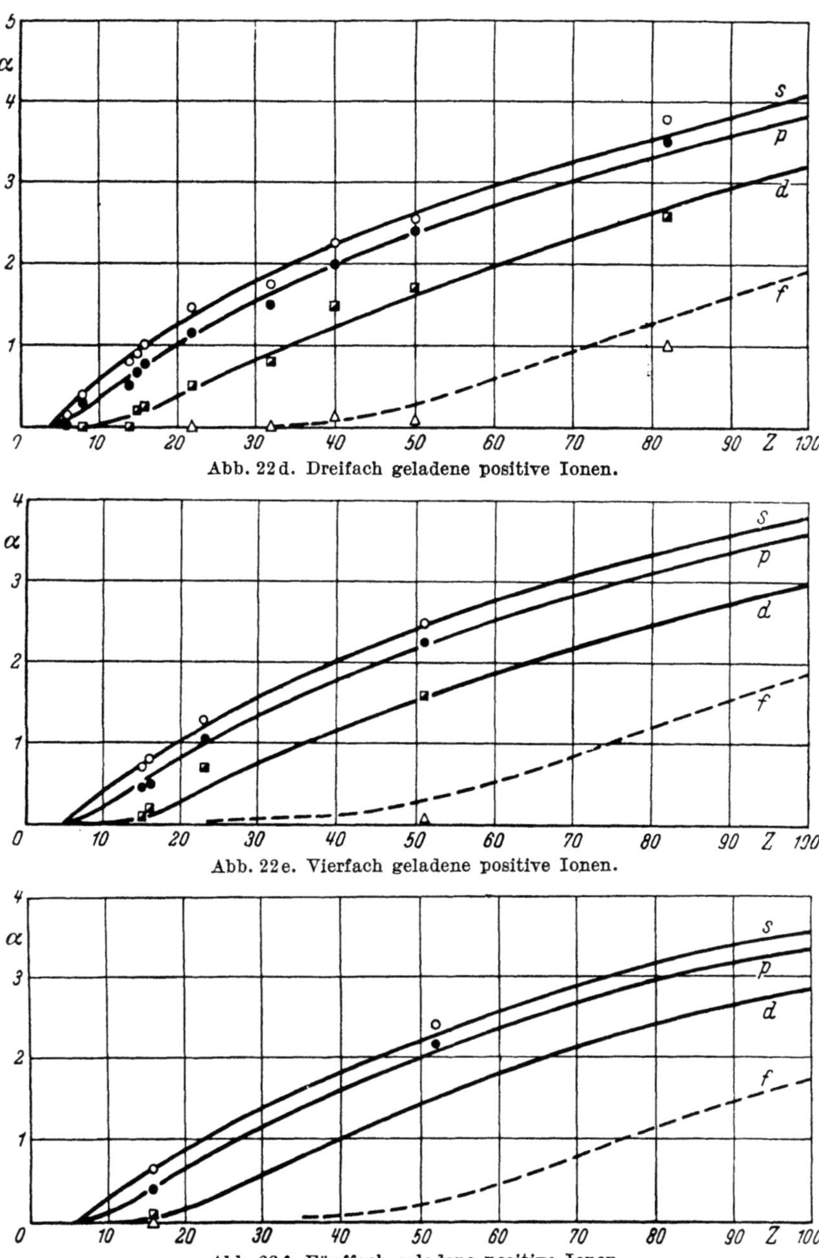

Abb. 22d. Dreifach geladene positive Ionen.

Abb. 22e. Vierfach geladene positive Ionen.

Abb. 22f. Fünffach geladene positive Ionen.

Abb. 22a, 22b, 22c, 22d, 22e, 22f.

Vergleich der berechneten RYDBERG-Korrektionen für neutrale Atome und positive Ionen mit den empirischen nach HELLMIG (Zs. f. Phys. 94, 361, 1935).

Die berechneten Werte liegen auf den Kurven. ○ s-, ● p-, ◨ d-, △ f-Term-RYDBERG-Korrektionen, empirische Werte.

die RYDBERG-Korrektionen aus denen der neutralen Atome durch Interpolation und darauffolgende Maßstabsänderung berechnen. Der Gültigkeitsbereich von (24, 20) und (24, 21) ist durch die Grenzen der Anwendbarkeit des statistischen Modells auf $Z \gtrsim 10$ beschränkt.

Mit diesem Verfahren hat HELLMIG die RYDBERG-Korrektionen der s-, p-, d- und f-Terme von neutralen Atomen und von ein- bis fünffachen positiven Ionen berechnet[1]. Seine Resultate sind zusammen mit den empirischen Werten in Abb. 22a, b, c, d, e, f graphisch dargestellt[2]. Die theoretischen RYDBERG-Korrektionen der f-Terme von neutralen Atomen sind nur bis auf 0,1 genau; bei Ionen ist die theoretische f-RYDBERG-Korrektion mit einer noch größeren Ungenauigkeit behaftet, denn bei den f-Termen ist wegen den mehrfachen Nullstellen von p_a die Anwendung von (24, 20) nicht mehr gerechtfertigt. Die RYDBERG-Korrektion der g-Terme hat HELLMIG geschätzt und sehr klein gefunden; bei $Z = 100$ ist sie von der Größenordnung 0,1 bis 0,2.

Die theoretischen Werte der RYDBERG-Korrektionen als Funktionen von Z liegen auf Kurven, die durch den Punkt $Z = \sigma$ der Abszissenachse gehen und die — gemäß dem statistischen Charakter der Berechnungsweise — glatt verlaufen. Die experimentellen Werte zeigen, besonders bei den neutralen Atomen, starke Schwankungen, die von den Besonderheiten im Bau der Elektronenhülle herrühren und von der statistischen Betrachtungsweise naturgemäß nicht erfaßt werden können. Für höhere Ionen weisen die empirischen Werte der RYDBERG-Korrektion einen bedeutend regelmäßigeren Gang mit der Ordnungszahl auf als bei neutralen Atomen, da die Elektronenverteilung in den Randgebieten hochionisierter Atome regelmäßiger von der Ordnungszahl abhängt als bei neutralen Atomen.

Die Übereinstimmung der theoretischen RYDBERG-Korrektion mit der Erfahrung kann man unter diesen Gesichtspunkten als sehr befriedigend bezeichnen. Eine besonders gute Übereinstimmung mit der Erfahrung ist bei den hochionisierten Atomen zu erwarten, da erstens die bei dem weiter oben entwickelten Verfahren gänzlich vernachlässigte Polarisation des Rumpfes durch das Leuchtelektron im Fall eines hochionisierten Rumpfes sehr klein ist und zweitens die THOMAS-FERMIsche Verteilung hochionisierter Atome die wahre ziemlich gut annähert. Wie man aus Abb. 22 c, d, e und f sieht, wird diese Erwartung — soweit empirische Vergleichsdaten vorliegen — tatsächlich bestätigt.

---

[1] Im Ausdruck (24, 5) von χ benutzt HELLMIG für x_0 die Werte der Tabelle 4; für φ setzt HELLMIG $\varphi = \varphi_0 + k\eta_0$ mit dem Wert von k, für den $\varphi(x_0) = \varphi_0(x_0) + k\eta_0(x_0) = 0$ ist.

[2] Auf die mit Kreuzen ($\times$) markierten Punkte in der Abb. 22a kommen wir weiter unten zu sprechen.

Mit Hilfe des weiter oben hergeleiteten Verfahrens hat als erster FERMI die RYDBERG-Korrektion der s-Terme neutraler Atome[1] und dreifacher Ionen[2] mit dem Näherungsausdruck (24, 4) von χ berechnet. Außerdem hat mit demselben Ausdruck von χ SEGRÈ die s-, p- und d-RYDBERG-Korrektion des vierfachen V-Ions bestimmt[3] und folgende Werte gefunden: $a_s = 1{,}20$, $a_p = 1{,}07$, $a_d = 0{,}72$. Noch vor HELLMIG wurde von FANO[4] die RYDBERG-Korrektion der s-Terme neutraler Atome — mit dem Ausdruck (24, 5) von χ, den auch HELLMIG benutzte — berechnet. Die Resultate dieser Berechnungen von FANO sind mit den HELLMIGschen im Einklang; die mit dem Näherungsausdruck (24, 4) berechneten RYDBERG-Korrektionen liegen aber in einigen Fällen bedeutend höher als die genaueren Werte von HELLMIG.

FERMI und AMALDI[5] haben die weiter oben geschilderte Berechnungsweise der s-RYDBERG-Korrektionen neutraler Atome verbessert, indem sie die nicht-relativistische Behandlungsweise durch eine relativistische ersetzten, also statt der SCHRÖDINGERschen Gleichung die entsprechenden relativistischen Gleichungen zugrunde legten; für χ wurde der Ausdruck (24, 6) benutzt. Die Eigenfunktion des Zustandes $n = \infty$, $l = 0$ wurde für die Atome Ne, Si, K, Fe, Ga, Rb, Mo, Ag, J, Ce, Ho, W, Hg und U explicite berechnet; die Resultate sind durch umfangreiche Tabellen dargestellt. Wie HELLMIG feststellte, sind die von FERMI und AMALDI mit Hilfe dieser Eigenfunktionen berechneten s-RYDBERG-Korrektionen versehentlich um $\sim 0{,}25$ zu hoch angegeben[6]. Die von HELLMIG richtiggestellten Werte sind in Abb. 22a durch Kreuze ($\times$) markiert. Man sieht, daß sich die relativistische Korrektion — wie zu erwarten ist — nur bei den schweren Atomen bemerkbar macht.

Die FERMI-AMALDIschen Eigenfunktionen können als Ausgangspunkt zur Berechnung anderer optischer s-Zustände dienen; im Inneren des Atoms — also gerade in dem Gebiet, wo die numerische Berechnung der Eigenfunktion sehr mühsam ist — unterscheidet sich nämlich der Verlauf der Eigenfunktion des ∞s-Zustandes vom Verlauf der Eigenfunktion anderer optischer s-Zustände nur wenig. Mit Hilfe der FERMI-AMALDIschen Eigenfunktionen kann man die Eigenfunktion des Zustandes ∞s für alle Atome mit Ausnahme der leichtesten durch Interpolation ermitteln, denn

[1] E. FERMI, Rend. Lincei (6) 7, 726, 1928; Zs. f. Phys. 49, 550, 1928.

[2] E. FERMI, Mem. Acc. Italia 1, 1, 1930.

[3] E. SEGRÈ, Rend. Lincei (6) 11, 670, 1930. Die RYDBERG-Korrektion der d-Terme ist bei SEGRÈ offenbar um eine Einheit zu groß angegeben, wir haben sie hier richtiggestellt.

[4] U. FANO, Rend. Lincei (6) 20, 35, 1934.

[5] E. FERMI u. E. AMALDI, Mem. Acc. Italia 6, 117, 1934.

[6] E. HELLMIG, Zs. f. Phys. 94, 361, 1935. Die Phase der von FERMI und AMALDI berechneten Eigenfunktionen ist jedoch richtig.

bei der statistischen Berechnungsweise ändert sich die Eigenfunktion eines Elektrons in einem vorgegebenen Quantenzustand mit Z kontinuierlich.

Das Verfahren zur Berechnung der RYDBERG-Korrektionen, mit dem wir uns hier befaßten, kann man nur als eine erste Näherung betrachten, denn die Polarisation des Rumpfes durch das Leuchtelektron und die Austauschwechselwirkung des Leuchtelektrons mit den Rumpfelektronen wurden gänzlich vernachlässigt, was — wie schon eingangs erwähnt wurde — nicht immer gerechtfertigt ist. Die gute Übereinstimmung der theoretischen Resultate mit der Erfahrung dürfte demnach in einigen Fällen zum Teil auf eine glückliche Kompensation von diesen und durch die Näherung bedingten anderen Vernachlässigungen hervorgerufen sein.

Berechnung von optischen Termen als SCHRÖDINGERsche Energieeigenwerte. Die im vorangehenden Teil dieses Abschnittes entwickelte Berechnung von RYDBERG-Korrektionen ist im allgemeinen — wie schon erwähnt wurde — nicht mit der Berechnung der Terme gleichbedeutend. Sofern die Termfolgen durch die RYDBERGsche Termformel exakt dargestellt werden könnten, käme es natürlich auf dasselbe hinaus, ob man die RYDBERG-Korrektion bestimmt oder ob man den Term direkt berechnet. Da aber die RYDBERG-Formel nicht allgemeingültig ist und häufig größere Abweichungen von der RYDBERGschen Termform vorkommen, hat man im allgemeinen die optischen Terme direkt aus der SCHRÖDINGER-Gleichung (24, 1), bzw. (24, 3) durch Berechnung der Energieeigenwerte zu bestimmen. Damit wollen wir uns im folgenden befassen, indem wir annehmen, daß sich das Leuchtelektron wieder im statistischen Potentialfeld des Rumpfes befindet; wir setzen also in der SCHRÖDINGER-Gleichung für χ wieder einen der auf der Seite 185 angegebenen Ausdrücke ein. Man kann so auch Ionisierungsenergien und Elektronenaffinitäten berechnen, man hat hierzu nur den Energieeigenwert des abzutrennenden Elektrons im Atom, bzw. Ion für den Grundzustand zu bestimmen.

SEGRÈ[1] behandelt den Fall des vierfachen V-Ions ($Z = 23$) und bestimmt aus der Gl. (24, 3) auf numerischem Wege den Energieeigenwert des Leuchtelektrons für den $4s$-, $4p$- und $3d$-Quantenzustand, indem er für χ den Ausdruck (24, 4) einsetzt. Seine Resultate sind in Tab. 22 angegeben.

Tab. 22. Energie einiger Quantenzustände des V^{4+}-Ions nach SEGRÈ in -eVolt-Einheiten.

		$4s$	$4p$	$3d$
ε nach SEGRÈ	direkt als Eigenwert bestimmt ..	—40,6	—36,4	—53,2
	Mit der theoretischen RYDBERG-Korrektion berechnet.........	—43,2	—39,3	—64,9
Experimentelle Werte von ε		—47,3	—39,3	—64,9

[1] E. SEGRÈ, Rend. Lincei (6) **11**, 670, 1930.

Neben den als Eigenwert der Gl. (24, 3) bestimmten Energien und den experimentellen Energiestufen sind in Tab. 22 auch diejenigen Energiewerte angegeben, die man mit der von SEGRÈ berechneten RYDBERG-Korrektion (man vergleiche Seite 197) aus der RYDBERGschen Termformel erhält. Man sieht, daß die als Eigenwerte der SCHRÖDINGER-Gleichung direkt bestimmten Energiestufen mit der Erfahrung bedeutend schlechter übereinstimmen als die, welche man mit den von SEGRÈ berechneten Werten der RYDBERG-Korrektionen aus der RYDBERGschen Termformel erhält, woraus hervorgeht, daß im betrachteten Falle die Terme einer Serie nicht mehr durch die RYDBERGsche Formel dargestellt werden können. Die überaus gute Übereinstimmung der mit den von SEGRÈ berechneten RYDBERG-Korrektionen bestimmten Energien mit der Erfahrung ist also eine zufällige.

Obwohl die Energieeigenwerte des $4s$-, $4p$- und $3d$-Quantenzustandes beim vierfachen Vanadium-Ion um 7 bis 18 % höher liegen als die empirischen, kann man sie dennoch als befriedigend bezeichnen, da bei der Berechnung die Wechselbeziehung des Leuchtelektrons mit den Rumpfelektronen, aus der ein negativer Energiebeitrag resultiert[1], vernachlässigt wurde; man kann also bei Berücksichtigung dieser Wechselbeziehung mit der Erfahrung besser übereinstimmende Energiewerte erwarten. Aus den Resultaten von SEGRÈ geht in Übereinstimmung mit den empirischen hervor, daß der Grundterm des V^{4+}-Ions der $3d$-Term ist. Dies ist bemerkenswert, da der Grundterm des K-Atoms mit derselben Elektronenkonfiguration der $4s$-Term ist, was, wie wir im folgenden Abschnitt sehen werden (man vergleiche die Seiten 213 bis 216), von der Theorie ebenfalls bestätigt wird.

GENTILE und MAJORANA[2] haben mit dem Ausdruck (24, 4) von χ ebenfalls durch numerisches Lösen der Gl. (24, 3) die Energie des $6p$-Quantenzustandes für Cs ($Z = 55$) bestimmt. Sie erhielten $\varepsilon = -3{,}05$ e-Volt gegenüber dem experimentellen Wert von $-2{,}47$ e-Volt. Der theoretische Wert liegt zu tief; durch die Berücksichtigung der Wechselbeziehung des Leuchtelektrons mit den Rumpfelektronen würde sich die Differenz zwischen dem experimentellen und theoretischen Wert noch vergrößern. Diese große Differenz ist darauf zurückzuführen, daß der theoretische Wert mit dem Näherungsausdruck (24, 4) von χ berechnet wurde. Man vergleiche hierzu den von WU mit dem Ausdruck (24, 5) von χ berechneten Energiewert in Tab. 23.

---

[1] Man vgl. J. McDOUGALL, Proc. Roy. Soc. London (A) **138**, 550, 1938, wo die aus der Austauschwechselwirkung des Valenzelektrons mit den Rumpfelektronen resultierende Energie für einige Quantenzustände des Si^{3+}-Ions berechnet wurde.

[2] G. GENTILE u. E. MAJORANA, Rend. Licei (6) **8**, 229, 1928.

Von FANO[1] wurde auf die gleiche Weise, aber mit Benutzung des genaueren Ausdrucks (24, 5) von χ die Energie des $4p$-Quantenzustandes für Ga ($Z = 31$) berechnet; es ergab sich $\varepsilon = -6{,}10$ e-Volt. Diese Energie ist ebenfalls etwas zu tief, da der experimentelle Wert $-5{,}97$ e-Volt beträgt. Dies ist zum größten Teil darauf zurückzuführen, daß der Rumpf des Ga-Atoms keine edelgasähnlichen abgeschlossenen Elektronenschalen hat, sondern in der äußersten Elektronenschale zwei $4s$-Elektronen besitzt und durch das statistische Modell unzureichend approximiert wird. Eine bedeutend bessere Näherung könnte man erhalten, wenn man diese beiden $4s$-Elektronen ebenfalls wellenmechanisch behandeln würde[2].

Außer diesen auf numerischem Wege durchgeführten Eigenwertbestimmungen wurde zur Berechnung von Energieeigenwerten auch die WENTZEL-KRAMERS-BRILLOUINsche Näherungsmethode herangezogen; über diese Methode berichten wir im Anhang IV. Die Berechnung der Eigenwerte erfolgt bei dieser Methode auf Grund der Gl. (IV, 13) oder, wenn zwei voneinander getrennte „klassische Bahnbereiche" vorhanden sind, auf Grund der verallgemeinerten Gl. (IV, 14); letzteres ist insbesondere bei den f-Termen der Fall.

Mit dieser Methode hat WU[3] mit dem Ausdruck (24, 5) von χ die Energie einiger Quantenzustände der Atome Cs ($Z = 55$), Tl ($Z = 81$) und der Ionen Ra^+ ($Z = 88$), Ce^{3+} ($Z = 58$) berechnet; seine Resultate sind in Tab. 23 angegeben.

Tab. 23. Energie einiger Quantenzustände der Atome Cs, Tl und der Ionen Ra^+, Ce^{3+} in e-Volt-Einheiten nach WU.

	Cs		Tl	Ra^+			Ce^{3+}	
	$6s$	$6p$	$7s$	$7s$	$7p$	$6d$	$5d$	$4f$
ε nach WU	$-2{,}93$	$-1{,}97$	$-2{,}56$	$-7{,}35$	$-6{,}40$	$-7{,}49$	$-22{,}5$	$-14{,}7$
ε exp.	$-3{,}89$	$-2{,}47$	$-2{,}85$	$-10{,}82$	$-7{,}62$	$-9{,}05$	$-25{,}9$	—

Aus einem Vergleich der berechneten Energien mit den in der Tabelle ebenfalls angeführten empirischen Werten ist zu sehen, daß die ersteren durchweg höher liegen als die letzteren, wie dies auch sein soll, da bei WU die Wechselbeziehung des Leuchtelektrons mit den Rumpfelektronen ebenfalls vernachlässigt wurde. Für den $6p$-Zustand des Cs-Atoms erhält WU eine bedeutend höhere Energie als GENTILE und MAJORANA (man vergleiche Seite 199), das zum Teil durch die Art der Näherung bedingt sein dürfte und zum Teil darauf zurückzuführen ist, daß WU für χ den Ausdruck

---

[1] U. FANO, Rend. Lincei (6) 20, 35, 1934.

[2] Man vgl. hierzu die weiter unten behandelte Näherung für zwei Valenzelektronen von FANO.

[3] TA-YOU WU, Phys, Rev. (2) 44, 727, 1933.

(24, 5) benutzt, während GENTILE und MAJORANA den Näherungsausdruck (24, 4) gebrauchten. Bezüglich der Energieniveaus des Ce^{3+}-Ions ist bemerkenswert, daß das $5d$-Niveau tiefer liegt als das $4f$-Niveau, während man aus den Daten der magnetischen Suszeptibilitäten der dreiwertigen Ce-Salze zu dem Schluß gelangt, daß die beiden Valenzelektronen des Ce^{3+}-Ions im Grundzustand in $4f$-Zuständen gebunden sind. Bevor man aber aus den theoretischen Resultaten endgültige Schlüsse zieht, müßte man die Energie in den fraglichen Energiezuständen in zweiter Näherung berechnen, indem man beide Valenzelektronen wellenmechanisch behandelt (man vergleiche das weiter unten Gesagte).

Weiterhin hat WU mit der WENTZEL-KRAMERS-BRILLOUINschen Methode die Energie der f-Zustände für die neutralen Atome von Gold ($Z=79$) bis Uran ($Z=92$) berechnet, wobei für die potentielle Energie χ wieder der Ausdruck (24, 5) herangezogen wurde. Hier hat man aus der Formel (IV, 14) des Anhanges auszugehen, aus der sich für die Energie der f-Zustände der genannten Atome die RYDBERGsche Formel mit $\alpha=1$ ergibt. Dieses Resultat ist in guter Übereinstimmung mit den empirischen Werten der f-RYDBERG-Korrektionen; diese sind: für Au und Hg 1,03, für Tl und Rn 1,02 und für Pb 1,04. Als wesentlicher Unterschied gegenüber des im vorangehenden Teil dieses Abschnittes behandelten FERMIschen Verfahrens zur Berechnung der RYDBERG-Korrektion sei hervorgehoben, daß sich das Resultat von WU aus einer direkten Berechnung der Energie ergibt und man kann dieses Resultat als Beweis für die Gültigkeit der RYDBERG-Formel der f-Terme der genannten Atome ansehen, während dieser Beweis beim FERMIschen Verfahren zur Berechnung der RYDBERG-Korrektion nicht erbracht wird.

Von WU und GOUDSMIT[1] wurde ebenfalls mit der WENTZEL-KRAMERS-BRILLOUINschen Methode und dem Ausdruck (24, 5) von χ die Energie mehrerer Quantenzustände des Uranatoms ($Z=92$) und der ein- bis fünffachen Uranionen berechnet. Bei den f-Zuständen hat man hierbei mit Ausnahme des neutralen U-Atoms und des U^+-Ions wieder die Formel [Anh. (IV, 14)] heranzuziehen. Die Resultate sind in Tab. 24 zusammengestellt.

Tab. 24. Energie einiger Quantenzustände des U-Atoms und der ein- bis fünffachen positiven U-Ionen in e-Volt-Einheiten. Nach WU und GOUDSMIT.

	U	U^+	U^{2+}	U^{3+}	U^{4+}	U^{5+}
$5f$	— 0,851	— 3,49	— 10,1	— 19,7	— 32,0	— 43,8
$6d$	— 1,91	— 7,49	— 15,0	— 23,1	— 32,7	— 42,9
$7s$	— 2,72	— 7,35	— 12,3	— 18,8	—	—
$7p$	— 2,25	— 6,40	— 11,6	— 17,7	—	—

[1] TA-YOU WU u. S. GOUDSMIT, Phys. Rev. (2) **43**, 496, 1933.

Obwohl auch die von Wu und Goudsmit berechneten Energiewerte nur eine erste Näherung darstellen, kann man die relative Lage der Energieniveaus doch als einigermaßen gesichert betrachten. Wie aus Tab. 24 zu sehen ist, hängt die Energie der verschiedenen Zustände stark vom Ionisationsgrad ab. Die relative Lage der Energieniveaus ändert sich ebenfalls mit dem Ionisationsgrad; das Energieminimum, das im Falle des neutralen U-Atoms beim $7s$-Zustand liegt, verschiebt sich mit wachsendem Ionisationsgrad zunächst auf den $6d$- und dann auf den $5f$-Zustand. Weitere Rechnungen von Wu und Goudsmit für Atome und Ionen von $Z=92$ bis $Z=89$ zeigen, daß die Energieniveaus der verschiedenen Quantenzustände von Z nur in sehr geringem Maße abhängig sind, so daß die relative Lage der Niveaus für die Atome Ac ($Z=89$), Th ($Z=90$), Pa ($Z=91$) und der positiven Ionen dieser Atome eine ganz ähnliche sein wird wie die der Niveaus in Tab. 24.

Aus diesen Resultaten schließen Wu und Goudsmit, daß man für die Atome Ac, Th, Pa und U außerhalb der Radonkonfiguration folgende Elektronenkonfigurationen erwarten kann

$$\text{Ac}\begin{cases} (6d)^2\, 7s \\ 6d\, (7s)^2 \end{cases} \qquad\qquad \text{Th}\begin{cases} (6d)^3\, 7s \\ (6d)^2\, (7s)^2 \end{cases}$$

$$\text{Pa}\begin{cases} (6d)^4\, 7s \\ (6d)^3\, (7s)^2 \end{cases} \qquad\qquad \text{U}\begin{cases} 5f\, (6d)^4\, 7s \\ 5f\, (6d)^3\, (7s)^2 \\ (6d)^5\, 7s \\ (6d)^4\, (7s)^2 \end{cases}$$

Der $5f$-Zustand tritt zum erstenmal beim U-Atom hervor; die Genauigkeit der Rechnungen erlaubt es aber nicht, zu entscheiden, ob das U-Atom im Grundzustand ein $5f$-Elektron tatsächlich enthält. Beim Element $Z=93$ ist dies aber sicher der Fall, denn beim 6-fach ionisierten Atom 93 ist der $5f$-Zustand bestimmt der tiefste; auf Grund des weiter oben Gesagten muß man nämlich erwarten, daß für das 6-fach ionisierte Atom 93 das Energieminimum beim $5f$-Zustand ausgeprägter ist als beim U^{5+}. Dies läßt den Schluß zu, daß vom Element 93 an eine Reihe von Elementen beginnt (man vgl. hierzu auch § 25), die den seltenen Erden analog sind; diese haben aber wegen der verschiedenen äußeren Elektronenkonfiguration verschiedene chemische Eigenschaften.

Die im Vorangehenden geschilderte Berechnung der optischen Terme wird nur im Falle von Alkaliatomen oder von Ionen mit ähnlicher Elektronenstruktur zu guten Näherungswerten führen; hier ist nämlich eine statistische Behandlung des Rumpfes am meisten gerechtfertigt, da der Rumpf abgeschlossene Elektronenschalen von edelgasähnlicher Struktur besitzt. Bei anderen Atomen oder Ionen, bei denen wegen der größeren Anzahl der Valenzelektronen dies nicht der Fall ist, gelangt man aber mit den geschilderten Verfahren für die tiefer liegenden optischen Terme nur zu groben Werten. FANO hat gezeigt, wie man die Termberechnung in dem nächstfolgenden einfachsten Falle, also im Falle von zwei Valenzelektronen, verfeinern kann.

Wir schildern das von FANO[1] angewandte Verfahren am Beispiel der Berechnung des Grundtermes des Ca-Atoms. Im Grundzustand befindet sich jedes der beiden Valenzelektronen des Ca-Atoms in einem $4s$-Zustand. Eine erste Näherung der Energie und der Eigenfunktion des Leuchtelektrons im Grundzustand erhält FANO aus der Gl. (24, 3) mit dem Ausdruck (24, 5) der potentiellen Energie χ, indem er für die 19 Elektronen des restlichen Ca^+-Ions eine statistische Verteilung annimmt. Der aus dieser ersten Näherung berechnete Eigenwert ε_1 ist in Tab. 25 angegeben und liegt vom empirischen Wert noch ziemlich weit entfernt. Man kann aber auch keine bessere Approximation erwarten, da die Betrachtungsweise der ersten Näherung dem Umstand nicht gerecht wird, daß beide Valenzelektronen die Rolle des Leuchtelektrons spielen können, daß also das zugrunde gelegte Modell in den Raumkoordinaten der beiden Valenzelektronen symmetrisch sein muß. Dies ist in der ersten Näherung bei weitem nicht der Fall, denn z. B. kann sich das eine Valenzelektron als Teil der statistisch behandelten Elektronenwolke der 19 Elektronen nur in einer Kugel vom Radius r_0 aufhalten[2], während die Aufenthaltswahrscheinlichkeit des wellenmechanisch behandelten Leuchtelektrons außerhalb dieser Kugel das über diesen Raumteil ausgedehnte Integral von $|\psi_0|^2$ gibt, das nach FANO 0,17 beträgt, wo wir mit ψ_0 die auf 1 normierte Eigenfunktion des Leuchtelektrons in erster Näherung bezeichnet haben.

Um diese Unsymmetrie in der Behandlungsweise der beiden Valenzelektronen zu eliminieren, nimmt FANO in der zweiten Näherung an, daß sich das Leuchtelektron im Potentialfeld des zweifachen Ca^{2+}-Ions und des anderen Valenzelektrons befindet, für dessen Wahrscheinlichkeitsdichte $|\psi_0|^2$ gesetzt wird. Die potentielle Energie des Leuchtelektrons in diesem Potentialfeld wird also

$$\chi' = -\frac{Z\,e^2}{r}\,\varphi\left(\frac{r}{\mu}\right) - \frac{2\,e^2}{r_0} + e^2 \int \frac{|\psi_0(\mathfrak{r}')|^2}{|\mathfrak{r}-\mathfrak{r}'|}\,dv' \; . \qquad (24, 23)$$

Hier ist für φ der Ionisationsgrad $q = 2/20$ und r_0 der Grenzradius[3] des zweifachen statistischen Ca^{2+}-Ions. Den Energieeigenwert in zweiter Näherung, ε_2, erhält man mit Hilfe der Störungsrechnung folgendermaßen

---

[1] U. FANO, Rend. Lincei (6) **20**, 35, 1934.

[2] r_0 bezeichnet hier den Grenzradius des THOMAS-FERMIschen Ca^+-Ionmodells.

[3] Dieser Grenzradius ist nicht zu verwechseln mit dem Grenzradius des einfachen Ca^+-Ions, für den die gleiche Bezeichnung gebraucht wurde.

$$\varepsilon_2 = \varepsilon_1 + \int (\chi' - \chi) |\psi_0|^2 \, dv . \qquad (24,24)$$

ε_2 ist ebenfalls in Tab. 25 angegeben und kommt dem empirischen Wert bedeutend näher als ε_1.

In dieser Betrachtungsweise spielen die beiden Valenzelektronen noch keine vollkommen symmetrische Rolle. Man kann aber die von FANO entwickelte zweite Näherung als den ersten Schritt eines sukzessiven Näherungsverfahrens betrachten, das zu einer vollkommen symmetrischen Behandlungsweise der beiden Valenzelektronen führt. Dieses Verfahren besteht darin, daß man mit χ' eine zweite Näherung der Eigenfunktion bestimmt, mit dieser ein neues χ' berechnet usw., bis sich die Eigenfunktion reproduziert. Dies durchzurechnen hat aber keinen Zweck, da der Energieeigenwert gegenüber (24, 24) nur unbedeutend verbessert würde.

Dieses Verfahren ist von FANO auch zur Berechnung der Energie des Elektrons im $4s$-Zustand des Zn-Atoms ($Z = 30$) und im $5s$-Zustand des Sb^{3+}-Ions ($Z = 51$) herangezogen worden. Die Energiewerte der ersten und zweiten Näherung befinden sich ebenfalls in Tab. 25.

Tab. 25. Energie des $4s$-Zustandes der Atome Ca und Zn und des $5s$-Zustandes des Ions Sb^{3+} in e-Volt-Einheiten nach FANO.

	Ca $4s$	Zn $4s$	Sb^{3+} $5s$
Erste Näherung	— 3,79	— 11,85	— 39,5
Zweite Näherung..................	— 4,72	— 9,20	— 39,7
Experimentelle Werte	— 6,09	— 9,36	— 44,0

Beim Vergleich der berechneten Energien mit den experimentellen ist zu sehen, daß die Differenz zwischen diesen in zweiter Näherung verringert wird. Die Energiewerte der zweiten Näherung liegen durchweg höher als die experimentellen, wie dies auch sein soll, da die Austauschwechselwirkung des Leuchtelektrons mit den übrigen Elektronen und die Polarisation des Rumpfes, die zur Energie einen negativen Beitrag liefern, vernachlässigt wurden.

Dieses Verfahren von FANO zur Berechnung der Terme kann man auch auf solche Atome und Ionen übertragen, bei denen sich die beiden Valenzelektronen nicht in s- sondern z. B. in p-Zuständen befinden, weiterhin kann man das Verfahren in erweiterter Form auch auf Atome und Ionen mit mehr als 2 Valenzelektronen anwenden.

Mit den im Vorangehenden entwickelten Verfahren erhält man zugleich auch die Ionisierungsenergien mit einer bedeutend größeren Genauigkeit als mit der rein statistischen Betrachtungsweise des § 22. Man hat hierzu nur den Energiebetrag des energetisch am höchsten liegenden und besetzten Quantenzustandes des Atoms oder Ions im Grundzustand zu berechnen. Es ist also z. B. die erste Ionisierungsenergie des Ca- und Zn-Atoms und die vierte Ionisierungsenergie des Sb-Atoms der Betrag der in Tab. 25 angeführten Energien.

Auf ganz analoge Weise wie die Ionisierungsenergien kann man auch die Elektronenaffinität der Halogene berechnen. Allerdings kann wegen der relativ großen Anzahl der Elektronen in der äußersten Elektronenschale der negativen Halogenionen (zwei s- + sechs p-Elektronen) die Berechnung der Elektronenaffinität nur in erster Näherung einfach durchgeführt werden, die sich folgendermaßen gestaltet. Bei den Halogenatomen befinden sich in der äußersten Elektronenschale zwei s- und fünf p-Elektronen, es ist also noch ein p-Zustand frei. Das zum neutralen Halogenatom hinzugefügte, überschüssige Elektron besetzt diesen freien p-Zustand. Da sich dieses hinzugefügte Elektron im Potentialfeld des neutralen Halogenatoms befindet, wird die potentielle Energie dieses Elektrons, wenn man die Elektronenverteilung des Halogenatoms durch die kugelsymmetrische THOMAS-FERMIsche Verteilung approximiert, $\chi =$ $= -\dfrac{Ze^2}{r}\,\varphi_0\left(\dfrac{r}{\mu}\right)$. Mit diesem Ausdruck von χ hat man aus der SCHRÖDIGER-schen Gleichung (24, 2), bzw. (24, 3) den Energieeigenwert des hinzugefügten Elektrons in dem freien p-Zustand der äußersten Elektronenschale zu berechnen, der uns mit entgegengesetztem Vorzeichen die Elektronenaffinität in erster Näherung gibt.

In dieser Näherung kommt also die Bindung des Elektrons zum neutralen Atom dadurch zustande, daß in den inneren Gebieten des Atoms, wo die Kernladung durch die Elektronenladung nicht vollkommen abgeschirmt wird, auf das Elektron eine Anziehungskraft wirkt. Mit dieser ersten Näherung erhält man für die Elektronenaffinität nur einen ziemlich rohen Wert. Einerseits kommt nämlich in dem zugrunde gelegten Modell nicht zum Ausdruck, daß durch das hinzugefügte überschüssige Elektron die äußerste Elektronenschale des Halogenatoms zu einer edelgasähnlichen Achterschale vervollständigt wird, in der die sechs p-Elektronen bezüglich ihrer Raumkoordinaten symmetrisch vorkommen und anderseits wird in dem zugrunde gelegten Modell die Wechselbeziehung des hinzugefügten Elektrons mit den übrigen Elektronen vernachlässigt.

FERMI[1] hat in dieser ersten Näherung die Elektronenaffinität des J-Atoms ($Z = 53$) berechnet. Beim J-Atom ist die äußerste Elektronenschale von zwei $5s$- und fünf $5p$-Elektronen besetzt, das hinzugefügte Elektron besetzt also hier den noch freien $5p$-Zustand. Für die Energie dieses Zustandes erhielt FERMI aus der SCHRÖDINGERschen Gleichung

---

[1] Artikel von E. FERMI in Leipziger Vorträge 1928, S. 95, Vlg. Hirzel, Leipzig, 1928.

einen negativen Wert, was bedeutet, daß das hinzugefügte Elektron
an das Atom gebunden ist. FERMI hat noch die Energien des hinzugefügten
Elektrons im $6s$-, $6p$- und $5d$-Zustand bestimmt und für alle diese Zustände positive Energien erhalten. Der $5p$-Zustand ist also der einzige,
in dem das Elektron gebunden werden kann. Der Betrag der Energie
in diesem Zustand, also die Elektronenaffinität, ergibt sich zu 2,2 e-Volt.
Dieser Wert ist im Vergleich mit dem experimentellen von 3,1 e-Volt
etwas zu klein, wie dies ja auch in dieser Näherung nicht anders zu erwarten ist.

**Berechnung von optischen Termen im modifizierten Potentialfeld des
Atoms.** Wir befassen uns im folgenden mit einem Atom, das außerhalb
eines elektronenreichen Rumpfes mit abgeschlossenen Elektronenschalen
z-Valenzelektronen besitzt. Im § 19 haben wir gesehen, daß man in diesem
Falle das PAULISCHE Besetzungsverbot der von den Rumpfelektronen
vollbesetzten Quantenzustände in bezug auf das i-te Valenzelektron
durch eine Abstoßungskraft ersetzen kann, deren Potential F_i ist [man
vgl. (19, 3)]. Es wurde auch gezeigt, daß man mit Hilfe dieses Potentials
zur Berechnung der Energien und Eigenfunktionen der Quantenzustände
der Valenzelektronen ein Näherungsverfahren, und zwar ein Variationsverfahren[1] entwickeln kann, mit dem und dessen Anwendungen wir uns
hier näher befassen wollen. Das Wesentliche dieses Verfahrens besteht
darin, daß man statt des elektrostatischen Potentials V des Rumpfes
das modifizierte Rumpfpotential $\Phi_i = V + F_i$ einführt, wodurch man dem
PAULISCHEN Besetzungsverbot der von den Rumpfelektronen vollbesetzten
Quantenzustände voll Rechnung trägt. Nach Einführung des modifizierten Potentials kann man bei der Bestimmung der Energien der
Quantenzustände der Valenzelektronen so verfahren, als ob die Rumpfelektronen gar nicht existierten, man hat also z. B. bei der Berechnung
des Grundzustandes der Valenzelektronen den energetisch absolut
tiefsten Zustand der Valenzelektronen im modifizierten Potentialfeld
aufzusuchen.

Trotz dieser vereinfachten Formulierung der Besetzungsvorschrift für
die Valenzelektronen bedeutet die Einführung von Φ_i eine prinzipielle
Verbesserung gegenüber den im vorangehenden Abschnitt durchgeführten
Termberechnungen, bei welchen die nicht-elektrostatischen Rumpfeinflüsse nur unzureichend in Betracht gezogen werden, da dort die Orthogonalitätsbedingungen zwischen der Eigenfunktion eines Valenzelektrons
und den Eigenfunktionen der Rumpfelektronen — zufolge der statistischen
Behandlungsweise des Rumpfes — gänzlich unberücksichtigt bleiben.

Wir befassen uns zunächst mit dem modifizierten Potential Φ_i. Zur
Berechnung von Φ_i werden wir statt der statistischen Verteilung eine

---

[1] P. GOMBÁS, Zs. f. Phys. **118**, 164, 1941.

genauere, auf wellenmechanischem Wege berechnete, z. B. die mit der
HARTREE- oder HARTREE-FOCKschen Methode des self-consistent field
bestimmte Verteilung heranziehen. Dies ist nicht nur zweckmäßig,
sondern wird bei der Berechnung der Teildichten ϱ_i, die in F_i eingehen,
sogar notwendig, da man diese Teildichten aus der statistischen Verteilung
nicht bestimmen kann.

Eine statistische Verteilung für die Rumpfelektronen kann man nur
dann zugrunde legen, wenn sich die Valenzelektronen in Zuständen be-
finden, für die entweder $\varrho_i = 0$ ist (s-Zustände), oder $\varrho_i = \varrho$ also $F_i = 0$ ist.
Mit dem THOMAS-FERMIschen Dichteverlauf läßt sich Φ_i für einen s-Zu-
stand des Valenzelektrons einfach berechnen. Mit Rücksicht auf (19, 3),
(19, 4), (1, 19), (3, 15) und (3, 40) wird nämlich dann für $r \leq r_0$

$$\Phi_i = V - \gamma_0 \varrho^{2/3} = V - \frac{5\,\varkappa_k}{3\,e}\,\varrho^{2/3} = V_0 = \frac{(Z-N)\,e}{r_0} \qquad (24, 25)$$

und für $r > r_0$

$$\Phi_i = \frac{(Z-N)\,e}{r}, \qquad (24, 26)$$

wo r_0 den Grenzradius des THOMAS-FERMIschen Ions bezeichnet[1]. Innerhalb der Kugel vom Radius r_0 ist also Φ_i konstant und außerhalb dieser
Kugel ist Φ_i das COULOMBsche Potential der $(Z-N)$-fachen Ionenladung.
Mit diesem Ausdruck der modifizierten potentiellen Energie würde man
natürlich für die s-Terme des Valenzelektrons nur ziemlich rohe Werte
erhalten, die aber immerhin die richtige Größenordnung hätten. Die
korrigierten statistischen Verteilungen, die dem wellenmechanischen Verlauf besser angepaßt sind als die THOMAS-FERMIsche, führen schon zu
brauchbaren Termwerten. Mit der Erfahrung am besten übereinstimmende Resultate erhält man, wenn man für die Elektronen- und Potentialverteilung des Rumpfes die mit der HARTREE- oder HARTREE-FOCKschen
Methode des self-consistent field bestimmten Verteilungen heranzieht,
das zugleich als eine Stütze der theoretischen Annahmen, auf denen die
statistische Formulierung des PAULI-Verbotes beruht, angesehen werden
kann, da die durch die Methode des self-consistent field gegebenen Verteilungen die zur Zeit genauesten sind.

In Abb. 23a ist für das Kaliumatom die mit der HARTREEschen Verteilung[2] des Rumpfes berechnete modifizierte potentielle Energie $-\Phi_i\,e$
für einen s-Zustand des Valenzelektrons als Funktion von r dargestellt.
Zum Vergleich ist in der Abbildung auch die ebenfalls mit der HARTREE-
schen Verteilung des Rumpfes berechnete gewöhnliche elektrostatische

---

[1] Für K+ erhält man z. B. aus den Werten der Tabelle 4 durch eine
Interpolation $r_0 = 5{,}3\,a_0$.

[2] D. R. HARTREE, Proc. Roy. Soc. London (A) **143,** 506, 1934.

Energie des Valenzelektrons — Ve als Funktion von r eingezeichnet. Um auch für kleine Werte von r, bei denen der Betrag der potentiellen Energien sehr groß wird, einen Vergleich vornehmen zu können, haben wir in Abb. 23b — $\Phi_i\,e\,r^2$ und — $Ve\,r^2$ dargestellt. Wie aus diesen Abbildungen zu sehen ist, zeigt — $\Phi_i\,e$ im Inneren des Atoms einen von — Ve wesentlich verschiedenen Verlauf; in großer Entfernung vom Kern gehen beide Funktionen in — e^2/r über. Die modifizierte potentielle Energie — $\Phi_i\,e = -Ve - F_i\,e$ verläuft im Inneren des Atoms, da — $F_i\,e$ positiv ist, durchweg höher als — Ve. Im Inneren des Atoms ($r \lesssim 1a_0$) zeigt zwar — $\Phi_i e$ sehr starke Schwankungen, bleibt aber im Mittel nur wenig oder überhaupt nicht unter 0, während — Ve bei Annäherung an den Kern sehr steil und monoton — ∞ zustrebt.

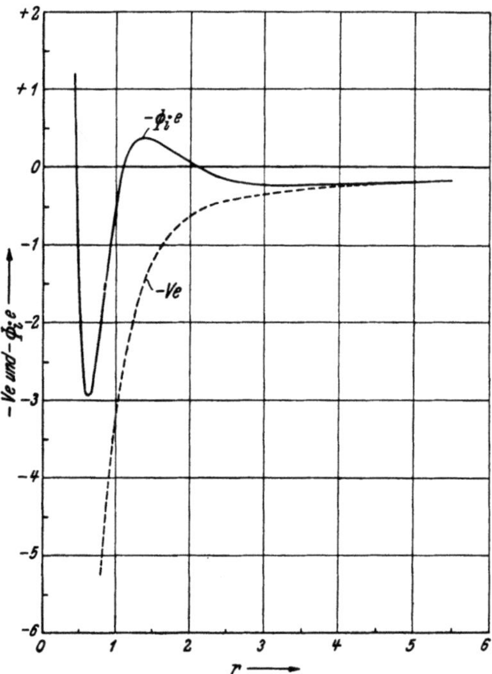

Abb. 23a. Vergleich der potentiellen Energie des Valenzelektrons im K-Atom in einem s-Zustand im elektrostatischen und im modifizierten Potentialfeld. r in a_0-Einheiten, — Ve und — $\Phi_i e$ in e^2/a_0-Einheiten.

Durch das Abstoßungspotential F_i wird das Valenzelektron im modifizierten Potentialfeld Φ_i aus dem Inneren des Atoms in die äußeren Gebiete ($r \gtrsim 2a_0$) gedrängt, in denen — $\Phi_i\,e$ durchweg negativ ist; hierbei erweist sich beim K-Atom — wie die Rechnungen zeigen — besonders der Potentialwall zwischen $r \approxeq 1a_0$ und $2a_0$ als wesentlich.

Wie wir im weiteren sehen werden, führt die Berechnung der Energie der Valenzelektronen im modifizierten Potentialfeld zu recht guten Näherungswerten, und zwar nicht nur im Grundzustand der Valenzelektronen, sondern auch in den angeregten Zuständen. Dies ist um so mehr bemerkenswert, da ohne das Zusatzpotential F_i, also im Potentialfeld V, das Valenzelektron ohne Berücksichtigung des PAULI-Prinzips, sehr tief in den Rumpf stürzen würde und man erhielte für die absolut tiefste Energie des Valenzelektrons im Potentialfeld V im Falle des K-Atoms einen mehr als 100-mal tieferen Wert als der Wert der empirischen Energie des Valenzelektrons im Grundzustand.

Wir wollen uns nun mit dem Näherungsverfahren zur Bestimmung der Energien der Quantenzustände der Valenzelektronen und dessen Anwendungen näher befassen. Die Lösung der SCHRÖDINGER-Gleichung (24, 3) mit $\chi = -\Phi_i\,e$ ist auf analytischem Wege exakt nicht möglich, deshalb wenden wir zur Lösung das RITZsche Approximationsverfahren an. Hierzu bilden wir den SCHRÖDINGERschen Energieausdruck der Valenzelektronen mit einem geeigneten Ansatz der Eigenfunktion der Valenzelektronen, den wir in erster Näherung aus den Eigenfunktionen der einzelnen Valenzelektronen aufbauen, die einige zunächst frei verfügbare Parameter enthalten. Diese Parameter werden dann aus der Minimumsforderung der Energie bestimmt.

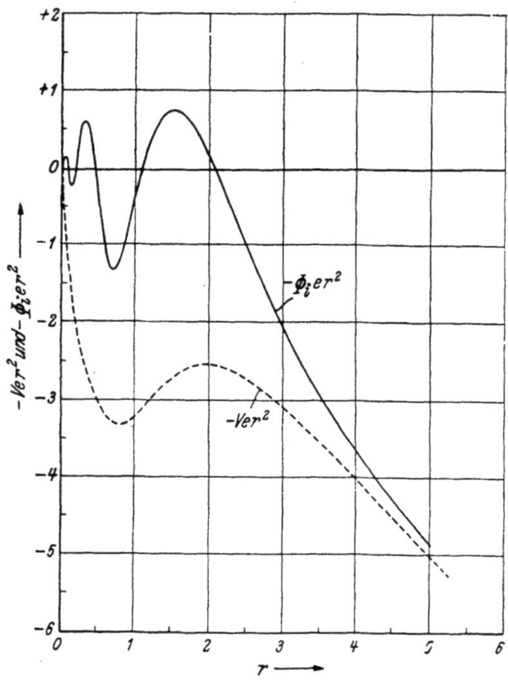

Abb. 23 b. Vergleich der mit r^2 multiplizierten potentiellen Energie des Valenzelektrons im K-Atom in einem s-Zustand im elektrostatischen und im modifizierten Potentialfeld. r in a_0-Einheiten, $-Ver^2$ und $-\Phi_i\,e\,r^2$ in e^2a_0-Einheiten.

Der zu minimisierende SCHRÖDINGERsche Energieausdruck der Valenzelektronen lautet

$$\varepsilon = -\frac{h^2}{8\,\pi^2\,m}\int \psi^* \sum_{i=1}^{z} \Delta_i\,\psi\,d\tau - \int \psi^* \sum_{i=1}^{z} \Phi_i\,e\,\psi\,d\tau + \left. + \int \psi^* \sum_{i>j=1}^{z} \frac{e^2}{r_{ij}}\,\psi\,d\tau \,, \right\} \quad (24,\,27)$$

wo ψ die auf 1 normierte Eigenfunktion der Valenzelektronen, Δ_i den in den Koordinaten des i-ten Valenzelektrons ausgedrückten LAPLACEschen Operator, r_{ij} die gegenseitige Entfernung des i-ten und j-ten Valenzelektrons und $d\tau$ das Volumenelement des $3z$-dimensionalen Konfigurationsraumes bezeichnet. Die Bedeutung der Glieder auf der rechten Seite von (24, 27) ist die folgende: das erste Glied ist die SCHRÖDINGERsche kinetische Energie der Valenzelektronen; das zweite gibt die potentielle

Energie der Valenzelektronen im modifizierten Potentialfeld $\Phi_i = V + F_i$ des Rumpfes; diese Energie zerfällt also in zwei Teile, in die elektrostatische potentielle Energie der Valenzelektronen im elektrostatischen Potentialfeld V des Rumpfes und in die potentielle Energie im Felde des Zusatzpotentials F_i; das letzte Glied auf der rechten Seite in (24, 27) bedeutet die gegenseitige elektrostatische Wechselwirkungsenergie der Valenzelektronen.

Bei dem Ansatz für die Eigenfunktion der Valenzelektronen hat man folgendes zu berücksichtigen. Wie wir im § 19 gesehen haben, fallen im modifizierten Potentialfeld die Bedingungen, nach welchen die für die einzelnen Valenzelektronen angesetzten Eigenfunktionen auf die Eigenfunktionen der einzelnen Rumpfelektronen orthogonal sein müssen, fort. Die Eigenfunktionen der höheren Valenzelektronenzustände haben aber auf die der tieferen Valenzelektronenzustände orthogonal zu sein, das man bei der Wahl des Ansatzes für die Eigenfunktion der Valenzelektronen berücksichtigen muß.

In erster Näherung bauen wir die Eigenfunktion der Valenzelektronen mit Rücksicht auf die vom PAULI-Prinzip geforderte Symmetrie aus den Eigenfunktionen der einzelnen Valenzelektronen auf. Für die Eigenfunktion des i-ten Valenzelektrons, das sich in einem Quantenzustand mit der Hauptquantenzahl n und der Nebenquantenzahl l befindet, setzen wir

$$\psi_{nl} = R_{nl}\, Y_l \,, \qquad (24,\,28)$$

wo R_{nl} den radialen Teil und Y_l den von der Richtung abhängigen Teil der Eigenfunktion, also die Kugelflächenfunktion l-ter Ordnung bezeichnet. Für die gesuchte Funktion R_{nl} macht man im allgemeinen folgenden Ansatz

$$R_{nl} = A\, r^{\varkappa}\, e^{-\gamma r}\Big(1 + \sum_{i=1}^{s} c_i\, r^i\Big), \qquad (24,\,29)$$

wo A die Normierungskonstante ist und $\varkappa$, γ, c_1, c_2, $\ldots$, c_s im folgenden zu bestimmende Parameter bezeichnen. Zwischen diesen Parametern bestehen zufolge der Orthogonalitätsrelationen, denen die Eigenfunktionen der höheren Valenzelektronenzustände genügen müssen, Beziehungen; diese Parameter sind also im allgemeinen nicht unabhängig voneinander. Die unabhängigen Parameter betrachtet man als Variationsparameter, diese werden aus der Minimumsforderung der Energie bestimmt.

Bezüglich $\varkappa$ sei darauf hingewiesen, daß man $\varkappa$ durch geeignete Annahmen auch im vorhinein festlegen, also als eine vorgegebene Konstante betrachten kann, wobei aber zu beachten ist, daß R_{nl} in der Nähe des Kernes im allgemeinen von der entsprechenden Wasserstoffeigenfunktion einen wesentlich verschiedenen Verlauf zeigt. Es liegt also nahe, auch $\varkappa$

zu variieren, wodurch, wie die Durchrechnung konkreter Probleme zeigt, die Konvergenz des Verfahrens beschleunigt wird.

Im Falle eines Valenzelektrons, also z. B. bei Alkaliatomen, kann man mit dem Ansatz (24, 29) die Terme schon gut annähern. Für zwei oder mehr Valenzelektronen muß man aber die aus den Ein-Elektron-Eigenfunktionen aufgebaute Eigenfunktion der Valenzelektronen noch erweitern, wie dies z. B. in den Ansätzen von HYLLERAAS, BREIT und ECKART bei der Berechnung der Terme des He-Atoms und des Li^+-Ions geschieht[1]. Man hat demnach in den Ansatz der Eigenfunktion der Valenzelektronen auch solche Glieder — z. B. den gegenseitigen Abstand der Elektronen — aufzunehmen, durch welche man dem Umstand Rechnung trägt, daß sich die Valenzelektronen nicht unabhängig voneinander bewegen. Allerdings ist dann das Verfahren für $z > 2$ mit bedeutenden rechnerischen Schwierigkeiten verbunden.

Nachdem man für den Ansatz der Eigenfunktion der Valenzelektronen die richtige Wahl getroffen hat, erhält man durch Auswertung der Integrale in (24, 27) ε als Funktion der unabhängigen Variationsparameter. Diese werden aus der Minimumsforderung von ε bestimmt, wodurch zugleich die Eigenfunktion in erster Näherung festgelegt ist. Das Minimum von ε gibt die Energie des betreffenden Quantenzustandes in erster Näherung, in der die aus der Wechselbeziehung der Valenzelektronen mit den Rumpfelektronen resultierende Energie, auf die wir weiter unten zu sprechen kommen, nicht enthalten ist.

Bezüglich der Durchführung der hier besprochenen Näherung erwähnen wir noch folgendes. Das elektrostatische Potential und die Elektronendichte des Rumpfes sind von HARTREE, bzw. von FOCK und ihren Mitarbeitern, mit der Methode des self-consistent field für mehrere Ionen mit abgeschlossenen, edelgasähnlichen Elektronenschalen bestimmt worden; die Methode des self-consistent field liefert aber für die Potential- und Dichteverteilung nur numerische Werte, so daß man das nicht-COULOMBsche elektrostatische Potential des Rumpfes, $V - \dfrac{z\,e}{r}$, und das Zusatzpotential F_i nicht durch analytische Funktionen, sondern nur tabelliert angeben kann. Man wird also bei der Berechnung der Energie als Funktion der Variationsparameter folgendermaßen verfahren. Man spaltet in (24, 27) von Φ_i das COULOMBsche elektrostatische Potential ze/r ab und approximiert den Rest, also die Summe des nicht-COULOMBschen elektrostatischen Potentials $V - \dfrac{z\,e}{r}$ und des Zusatzpotentials F_i, die mit wachsendem r exponentiell abfallen und nur tabelliert bekannt sind, durch eine möglichst einfache analytische Funktion, für welche die Inte-

---

[1] Man vgl. hierzu z. B. Handb. d. Phys. Bd. XXIV/1, 2. Aufl., Artikel von H. BETHE S. 357 bis 359 und 364 bis 368, Springer, Berlin, 1933.

gration in (24, 27) durchgeführt werden kann. Das Minimum von ε, das man auf diese Weise erhält und das wir mit ε_0 bezeichnen, hat man noch zu korrigieren, da dieses statt des exakten Potentials mit der analytischen Näherungsfunktion berechnet ist. Wenn man den Näherungsausdruck für Φ_i mit Φ_i' bezeichnet und $\Phi_i - \Phi_i'$ als Störungsfunktion betrachtet, so ergibt sich für die Korrektion von ε_0

$$\Delta\varepsilon_0 = -e \int \psi^* \sum_{=1}^{z} (\Phi_i - \Phi_i') \, \psi \, d\tau. \qquad (24, 30)$$

Bei einer hinreichend genauen Approximation von Φ_i erhält man also für das Minimum von ε

$$\varepsilon_m = \varepsilon_0 + \Delta\varepsilon_0. \qquad (24, 31)$$

Der Energiewert ε_m wird im Verhältnis zur empirischen Energie des betreffenden Quantenzustandes etwas zu hoch liegen, da bei der Berechnung von ε_m die Wechselbeziehung der Valenzelektronen mit den Rumpfelektronen, aus der ein negativer Energiebeitrag resultiert, vernachlässigt wurde. Wie wir schon erwähnt haben, besteht diese Wechselbeziehung einerseits aus der Polarisation des Rumpfes durch die Valenzelektronen und anderseits aus der Austauschwechselwirkung der Valenzelektronen mit den Rumpfelektronen. Wie aus den Arbeiten von McDougall[1] sowie von Fock und Petrashen[2] hervorgeht, ist der wesentliche Teil der aus dieser Wechselbeziehung resultierenden Energie derjenige, der sich aus der Austauschwechselwirkung der Valenzelektronen mit den Rumpfelektronen ergibt und den wir mit ε_a bezeichnen. Die exakte wellenmechanische Berechnung von ε_a führt zu äußerst weitläufigen Rechnungen. Eine rohe Schätzung von ε_a erhält man[3], wenn man von einer statistischen Betrachtungsweise ausgehend ε_a aus der zu (18, 11) analogen Formel berechnet und

$$\varepsilon_a = -\varkappa_a \int [(\varrho + \varrho_e)^{4/3} - \varrho^{4/3} - \varrho_e^{4/3}] \, dv \qquad (24, 32)$$

setzt. Hier bezeichnet ϱ die Dichte der Rumpfelektronen und ϱ_e die über die räumlichen Polarkoordinaten ϑ und φ hinweggemittelte wellenmechanische Dichte der Valenzelektronen. Es ist also $\varrho_e = \frac{1}{4\pi} \sum R_{nl}^2$, wo die Summation über alle Valenzelektronen zu erstrecken ist und die R_{nl} folgendermaßen normiert sind: $\int_0^\infty R_{nl}^2 \, r^2 \, dr = 1$. Durch eine Reihenentwicklung

---

[1] J. McDougall, Proc. Roy. Soc. London (A) **138**, 550, 1932.

[2] V. Fock u. M. J. Petrashen, Phys. Zs. d. Sowjetunion **6**, 368, 1934.

[3] P. Gombás, Zs. f. Phys. **119**, 318, 1942.

und Vernachlässigung von Gliedern, die von höherer Ordnung klein sind, ergibt sich für ε_a folgender einfacher Ausdruck

$$\varepsilon_a = -4\pi\varkappa_a \int\limits_0^{r_g} \left(\frac{4}{3}\varrho^{1/3} - \varrho_e^{1/3}\right)\varrho_e\, r^2\, dr, \qquad (24,33)$$

wo r_g denjenigen Wert von r bezeichnet, für den $\varrho = \varrho_e$ ist[1].

Da ε_a in den Energieausdruck der Valenzelektronen nur korrektiv eingeht, können wir uns bei der hier angestrebten Genauigkeit mit dieser Schätzung von ε_a begnügen und erhalten für die Energie der Valenzelektronen in einem Quantenzustand Q

$$\varepsilon_Q = \varepsilon_m + \varepsilon_a . \qquad (24,34)$$

Bezüglich der Eigenfunktion der Valenzelektronen, die man mit dem Variationsverfahren erhält, möchten wir folgendes bemerken. Diese Eigenfunktionen werden mit dem modifizierten Potential Φ_i, anstatt mit dem elektrostatischen Potential V, berechnet und ihr radialer Anteil hat im allgemeinen — und zwar immer wenn das Zusatzpotential F_i nicht verschwindet — gemäß der reduzierten Orthogonalitätsbedingungen eine reduzierte Anzahl von Knoten. Man kann also folgendes feststellen. In den äußeren Gebieten des Atoms, wo $\Phi_i = V + F_i$ wegen des exponentiellen Abfalls von F_i in V übergeht, wird die mit dem Variationsverfahren bestimmte Wahrscheinlichkeitsdichte $|\psi|^2$ der Valenzelektronen die exakte gut annähern. In den inneren Gebieten des Atoms, wo F_i groß ist, ist aber dies nicht der Fall, in diesen Gebieten kann der Verlauf von $|\psi|^2$ nur ein Mittel des Verlaufes der exakten Wahrscheinlichkeitsdichte geben.

Das Variationsverfahren wurde von GOMBÁS, KÓNYA, KOZMA und PÉTER zur Berechnung der Energie und der Eigenfunktion der Valenzelektronen in verschiedenen Quantenzuständen auf die Atome und Ionen: Na $(Z = 11)$, K $(Z = 19)$, Rb $(Z = 37)$, Ca$^+$ $(Z = 20)$, Al^{++} $(Z = 13)$ mit einem Valenzelektron und auf Ca und Al$^+$ mit zwei Valenzelektronen angewendet[2].

---

[1] r_g ist für die tieferen Terme (und nur für diese ist ε_a wichtig) angenähert von derselben Größe wie der Grenzradius r_0 des entsprechenden statistischen Rumpfes. Dies ist von Wichtigkeit, da das Gebiet $r > r_0$ für ε_a keine Realität hat (man vgl. die Seiten 146 u. 147).

[2] P. GOMBÁS, Zs. f. Phys. **119**, 318, 1942; B. KOZMA u. A. KÓNYA, Zs. f. Phys. **118**, 153, 1941; A. KÓNYA, Math. u. Naturwiss. Anz. d. ung. Akad. **LX**, 390, 1941; GY. PÉTER, Zs. f. Phys. **119**, 713, 1942. Man vgl. weiterhin die Arbeiten P. GOMBÁS, Ann. d. Phys. (5) **35**, 65, 1939; (5) **36**, 680, 1939 (Berichtigung); Zs. f. Phys. **116**, 184, 1940; B. KOZMA, Mat. és Fiz. Lapok (Budapest) **48**, 351, 1941, die als Vorläufer der weiter oben zitierten Arbeiten zu betrachten sind; diesbezüglich sei auf die Arbeit P. GOMBÁS, Zs. f. Phys. **118**, 164, 1941, insbesondere auf den letzten Absatz von S. 179 und auf S. 180 hingewiesen.

Für den Fall eines Valenzelektrons, also bei Alkaliatomen oder Ionen mit ähnlicher Elektronenstruktur werden die Rechnungen besonders einfach. Zur Berechnung der tiefsten s-, p-, d-, ... Zustände des Valenzelektrons genügt es, im Ansatz von R_{nl} nur die zwei Variationsparameter $\varkappa$ und γ zu behalten, die in diesem Falle voneinander unabhängig sind. Bei der Berechnung der nächsthöher liegenden angeregten Zustände des Valenzelektrons, z. B. des $4s$- oder $4p$-Zustandes des Na-Atoms, wurde neben diesen noch das Glied mit c_1 beibehalten. c_1 bedeutet aber keinen neuen Variationsparameter, da in diesen Fällen R_{nl} je einer Orthogonalitätsbedingung zu genügen hat[1], woraus man zwischen $c_1, \varkappa$ und γ einen Zusammenhang erhält. Aus diesem Zusammenhang folgt $c_1 = -\dfrac{\gamma_0 + \gamma}{\varkappa_0 + \varkappa + 3}$, wo sich $\varkappa_0$ und γ_0 auf den tiefer liegenden Zustand beziehen, auf den man zu orthogonalisieren hat. Die Eigenfunktionen von Zuständen mit verschiedener Nebenquantenzahl l braucht man nicht eigenst zu orthogonalisieren, da bei diesen durch den winkelabhängigen Teil der Eigenfunktion, Y_l, die Orthogonalitätsrelationen automatisch erfüllt sind.

Im Falle zweier Valenzelektronen sind die Rechnungen bedeutend komplizierter. Bei der Berechnung des Grundzustandes des Ca-Atoms und des Al^+-Ions, bei denen sich im Grundzustand beide Valenzelektronen in s-Zuständen mit derselben Hauptquantenzahl befinden, wurde die Eigenfunktion der Valenzelektronen in folgender Form angesetzt

$$\psi = A\, r_1{}^{\varkappa} r_2{}^{\varkappa}\, e^{-\gamma(r_1 + r_2)} (1 + k\, r_{12})\,. \qquad (24,35)$$

Hier bezeichnet A den Normierungsfaktor, r_1 und r_2 die Entfernung der beiden Elektronen vom Kern, r_{12} die Entfernung der beiden Elektronen voneinander und k neben $\varkappa$ und γ einen weiteren Variationsparameter. Für $\varkappa$ wurden hier nur ganzzahlige Werte zugelassen, da man die Rechnungen nur für ganzzahlige $\varkappa$-Werte einfach durchführen kann.

Zur Berechnung des angeregten $(4s, 5s)$ triplett S-Zustandes des Ca-Atoms wurde für die Eigenfunktion der Valenzelektronen folgender Ansatz gemacht

$$\psi = A\,[\psi_1(r_1)\,\psi_2(r_2) - \psi_1(r_2)\,\psi_2(r_1)]\,(1 + k\, r_{12})\,, \qquad (24,36)$$

wo

$$\psi_i(r) = r^{\varkappa}\, e^{-\gamma r} \qquad (24,37)$$

ist und für $\varkappa$ wieder nur ganzzahlige Werte in Betracht gezogen wurden. Diese in den Ortskoordinaten der beiden Elektronen antisymmetrische Eigenfunktion erfüllt zugleich auch die Bedingung, daß sie auf die symmetrische Eigenfunktion des Grundzustandes (24,35) orthogonal ist.

---

[1] Z. B. beim $4s$-Zustand des Na-Atoms muß R_{nl} auf die radiale Eigenfunktion des $3s$-Zustandes orthogonal sein.

Tab. 26. Die Energie der Valenzelektronen und die Parameterwerte $\varkappa$, γ und k für einige Quantenzustände der Atome Na, K, Ca und der Ionen Al$^+$, Al^{++} und Ca$^+$.

Alle Energien in e-Volt-Einheiten, γ und k in $1/a_0$-Einheiten.

| | | | Theorie | | | | | Empirische ε_Q-Werte | $^0/_0$ |
		$\varkappa$	γ	k	ε_m	ε_a	ε_Q		
Na	3 s	2,0	0,792	—	— 4,594	—0,324	— 4,918	— 5,140	4,3
	4 s	1,6	0,445	—	— 1,819	—0,106	— 1,925	— 1,948	1,2
	3 p	1,6	0,534	—	— 3,023	—	—	— 3,036	0,4
	4 p	1,7	0,349	—	— 1,332	—	—	— 1,386	3,9
	3 d	2,0	0,334	—	— 1,505	—	—	— 1,522	1,1
K	4 s	1,7	0,577	—	— 3,561	—0,650	— 4,211	— 4,341	3,0
	4 p	2,2	0,521	—	— 2,534	—0,223	— 2,757	— 2,727	1,1
	3 d	1,7	0,309	—	— 1,518	—0,075	— 1,593	— 1,670	4,6
	4 f	3,0	0,250	—	— 0,846	—	—	— 0,853	0,8
Ca$^+$	4 s	2,0	0,945	—	—11,09	—1,32	—12,41	—11,82	5,0
Al^{++}	3 s	2,0	1,530	—	—27,24	—1,59	—28,83	—28,31	1,8
Ca	4 s, 4 s	2,0	0,958	2,16	—16,83	—1,52	—18,35	—17,91	2,5
	{ 4 s, 5 s triplett }	2,0	{ γ_1=0,95 γ_2=0,45 }	0,395	—13,31	—1,24	—14,55	—14,00	3,9
Al$^+$	3 s, 3 s	2,0	1,560	0,699	—45,21	—2,09	—47,30	—47,04	0,6

Durch den Faktor $1 + k\,r_{12}$ wird dem Umstand Rechnung getragen, daß sich die beiden Elektronen voneinander nicht unabhängig bewegen. Im Grundzustand des Ca-Atoms und des Al$^+$-Ions wird hierdurch eine Vertiefung der Energie um den Betrag von 0,83, bzw. um 1,01 e-Volt erreicht; beim (4 s, 5 s) triplett S-Zustand des Ca-Atoms ist diese Vertiefung — wie auch zu erwarten ist — bedeutend kleiner und beträgt nur 0,13 e-Volt.

Die Resultate[1] der Berechnungen befinden sich zusammen mit den empirischen ε_Q-Werten in Tab. 26. $\varDelta\,\varepsilon_0$ erwies sich im allgemeinen als sehr klein und wurde in einigen Fällen ganz vernachlässigt, für den triplett (4 s, 5 s)-Zustand des Ca-Atoms wurde $\varDelta\,\varepsilon_0$ nur geschätzt. ε_m liegt durchweg höher als die empirische Energie ε_Q, was durchaus unseren

---

[1] Die Resultate für Rb sind nicht angegeben, da bei Rb nur ein Variationsparameter benutzt wurde, demzufolge die Resultate nur als grobe Näherungswerte betrachtet werden können.

Erwartungen entspricht, nach welchen ε_m eine obere Grenze der Energie darstellen soll. ε_a wurde für die höheren Zustände, für die diese Energie

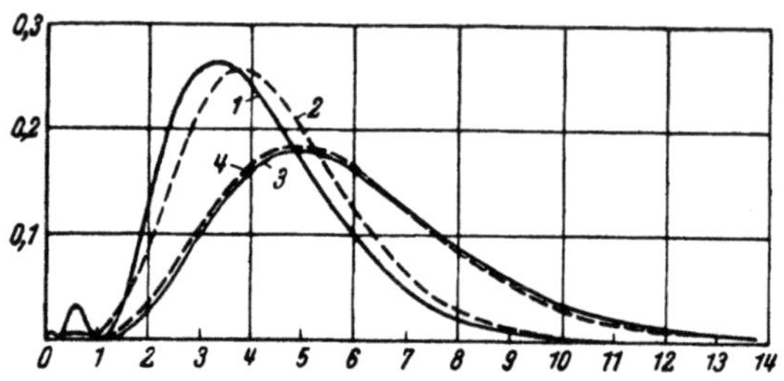

einen relativ kleinen Beitrag liefert, nicht berechnet; bei diesen kann man ε_m mit den empirischen ε_Q-Werten vergleichen. Wie zu sehen ist, erweist sich die Übereinstimmung der berechneten Energien der Valenzelektronen mit den empirischen[1] als sehr befriedigend, die prozentualen Abweichungen der ersteren von der letzteren sind in der letzten Spalte der Tabelle angegeben. Aus den berechneten ε_a-, bzw. ε_m-Werten für Na und K folgt in Über-

Abb. 24. $r^2 R^2_{nl}$ für das Valenzelektron des Na-Atoms. Nach KOZMA und KÓNYA (Zs. f. Phys. 118, 153, 1941). 1: Für den Fs-Quantenzustand nach FOCK und PETRASHEN, 2: für den $3s$-Quantenzustand im modifizierten Potentialfeld, 3: für den $3p$-Quantenzustand nach FOCK und PETRASHEN, 4: für den $3p$-Quantenzustand im modifizierten Potentialfeld. Abszisse: r in a_0-Einheiten. Ordinate: $r^2 R^2_{nl}$ in $1/a_0$-Einheiten.

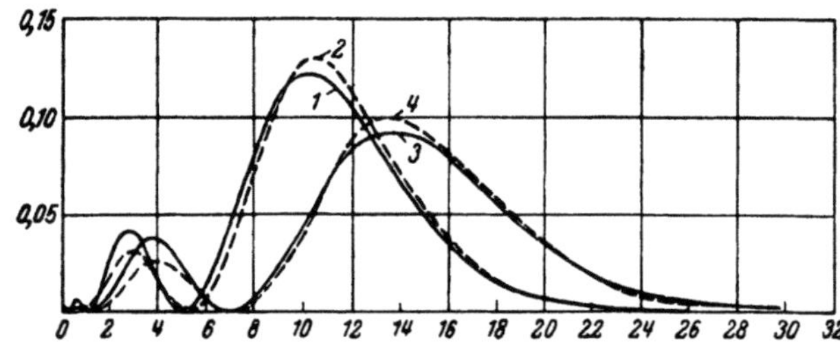

Abb. 25. $r^2 R^2_{nl}$ für das Valenzelektron des Na-Atoms. Nach KOZMA und KÓNYA (Zs. f. Phys. 118, 153, 1941). 1: Für den $4s$-Quantenzustand nach FOCK und PETRASHEN, 2: für den $4s$-Quantenzustand im modifizierten Potentialfeld, 3: für den $4p$-Quantenzustand nach FOCK und PETRASHEN, 4: für den $4p$-Quantenzustand im modifizierten Potentialfeld. Abszisse: r in a_0-Einheiten. Ordinate: $r^2 R^2_{nl}$ in $1/a_0$-Einheiten.

einstimmung mit der Erfahrung, daß der Grundterm des Na-Atoms der $3s$-Term und der Grundterm des K-Atoms der $4s$-Term ist.

Die radiale Wahrscheinlichkeitsdichte $r^2 R^2_{nl}$ für den $3s$-, $3p$-, $4s$- und $4p$-Zustand des Valenzelektrons im Na-Atom kann man mit derjenigen radialen Wahrscheinlichkeitsdichte vergleichen, die man mit den von FOCK und PETRASHEN[2] bestimmten sehr genauen Eigenfunktionen erhält. Wie man aus Abb. 24 und 25 sieht, ist die Approximation auch hier gut.

---

[1] Für die Multipletts wurde der Mittelwert der Energien der Komponenten angegeben.

[2] V. FOCK u. M. J. PETRASHEN, Phys. Zs. d. Sowjetunion 6, 368, 1934.

Dublettintervalle. Mit der statistischen Methode kann man auch die feineren Züge der Spektren, so insbesondere die Intervalle von Dubletts berechnen. Eine konsequente Theorie der Dublettaufspaltung hat DIRAC[1] in seiner relativistischen Theorie des Elektrons gegeben. Sobald man den Term und die Eigenfunktion berechnet hat, kann man das Energieintervall zwischen den beiden Dublettkomponenten in erster Näherung mit der bekannten DIRACschen Formel

$$\Delta \varepsilon = \frac{h^2}{8\,\pi^2\,m^2\,c^2} \left(l + \frac{1}{2}\right) \int \psi^* \, \frac{1}{r} \, \frac{\partial \chi}{\partial r} \, \psi \, dv \qquad (24,38)$$

berechnen, wo χ die elektrostatische potentielle Energie und ψ die auf 1 normierte Eigenfunktion des Elektrons im betreffenden Quantenzustand mit der Nebenquantenzahl l bezeichnet.

Wie GENTILE und MAJORANA[2] zeigten, erhält man für das Intervall der M_{32}-M_{33}-Röntgen-Dubletts mit der Erfahrung sehr gut übereinstimmende Werte. Die Berechnungen wurden für Gadolinium ($Z = 64$) und Uran ($Z = 92$) mit dem Ausdruck (24, 4) der potentiellen Energie χ durchgeführt. Die radiale Eigenfunktion bestimmten GENTILE und MAJORANA auf numerischem Wege aus der Gl. (24, 3) ebenfalls mit dem Ausdruck (24, 4) von χ. Für $\Delta \varepsilon$ ergab sich in Ry-Einheiten bei Gadolinium 2,2 und bei Uran 11,7, während die experimentellen Werte[3] 2,6, bzw. 13,0 betragen.

GENTILE und MAJORANA haben auf dieselbe Weise, und zwar ebenfalls mit dem Ausdruck (24, 4) von χ auch das Intervall der beiden Komponenten des optischen $6p$-Dublett-Termes des Cs-Atoms ($Z = 55$) berechnet[4]. Es ergab sich 0,1266 e-Volt gegenüber dem experimentellen Wert von 0,0687 e-Volt. Die Übereinstimmung mit der Erfahrung ist also hier bedeutend schlechter als bei den M_3-Dubletts. Die Ursache dieser Diskrepanz ist darin zu suchen, daß bei den optischen Termen $\Delta \varepsilon$ sehr stark vom Verlauf von χ in den äußeren Gebieten des Rumpfes abhängt, wo der Ausdruck (24, 4) ungenau ist, da dieser Ausdruck mit wachsendem r zu langsam auf 0 abfällt. Wenn man den Ausdruck (24, 4) von χ in den äußeren Gebieten des Cs-Atoms unter Zuziehung des empirischen Termwertes in dieser Richtung hin korrigiert, so wird die Übereinstimmung bedeutend besser.

WU[5] hat $\Delta \varepsilon$ für den $6p$-Term des Cs-Atoms ebenfalls berechnet, wobei

[1] P. A. M. DIRAC, Proc. Roy. Soc. London (A) **117**, 610, 1928; **118**, 351, 1928.

[2] G. GENTILE u. E. MAJORANA, Rend. Lincei (6) **8**, 229, 1928.

[3] Aus M. SIEGBAHN, Spektroskopie der Röntgenstrahlen, 2. Aufl., S. 346, Springer, Berlin, 1931.

[4] Bezüglich des $6p$-Termes vgl. man S. 199.

[5] TA-YOU WU, Phys. Rev. (2) **44**, 727, 1933.

aber sowohl in (24, 38) als bei der Berechnung der Eigenfunktion der genauere Ausdruck (24, 5) von χ benutzt wurde; die Eigenfunktion hat Wu mit der Wentzel-Kramers-Brillouinschen Methode bestimmt. Für $\Delta\varepsilon$ ergab sich 0,0496 e-Volt. Die Übereinstimmung mit dem empirischen Wert wird also mit dem genaueren Ausdruck von χ bedeutend verbessert.

Weiterhin haben Gentile und Majorana mit dem Ausdruck (24, 4) von χ das Intervall der beiden Komponenten des $7p$-Dubletts des Cs-Atoms berechnet. Sie fanden 0,0273 e-Volt, während der experimentelle Wert 0,0225 e-Volt beträgt. Hierbei ist aber zu bemerken, daß die Eigenfunktion des $7p$-Zustandes aus der Schrödinger-Gleichung mit dem in den äußeren Gebieten des Atoms auf die weiter oben angedeutete Weise korrigierten Potentialverlauf bestimmt wurde.

Bei hochionisierten Atomen liegen die Verhältnisse günstiger, da bei diesen der Potentialverlauf in den äußeren Gebieten des Thomas-Fermischen Modells den tatsächlichen besser approximiert als bei neutralen Atomen. Segrè[1] hat — wie schon erwähnt wurde — die Energie und die Eigenfunktion des $4p$-Zustandes des V^{4+}-Ions mit dem Ausdruck (24, 4) von χ auf numerischem Wege berechnet. Mit diesem Ausdruck von χ und dieser Eigenfunktion erhält Segrè[2] aus (24, 38) für die Energiedifferenz der beiden Komponenten des $4p$-Termes den Wert 0,1756 e-Volt, der mit dem empirischen Wert von 0,1576 e-Volt gut übereinstimmt. Bemerkenswert ist, daß diese gute Approximation des empirischen Wertes ohne jede Korrektion des Potentialverlaufes erzielt wurde.

Es sei noch kurz bemerkt, daß das statistische Potentialfeld auch bei der Berechnung der Multiplettniveaus des $(3s, 3d\text{-})$ Zustandes des Mg-Atoms Verwendung gefunden hat[3]. Weiterhin wurde das statistische Potentialfeld auch bei der Berechnung der Hyperfeinstruktur der Spektren einiger Elemente mit Erfolg herangezogen[4].

Intensitätsverhältnisse von Spektrallinien. Für die Intensität der Spektrallinien sind die Matrizenelemente von der Form maßgebend

$$\mathfrak{r}_{ik} = \int \psi_i{}^* \, \mathfrak{r} \, \psi_k \, dv , \qquad (24, 39)$$

wo $\mathfrak{r}$ den Ortsvektor des Elektrons und ψ_i und ψ_k die auf 1 normierten Eigenfunktionen der beiden Zustände bezeichnen, zwischen denen der Übergang stattfindet.

---

[1] Man vgl. die Seiten 198 u. 199.

[2] E. Segrè, Rend. Lincei (6) **11**, 670, 1930.

[3] L. Pincherle, Phys. Rev. (2) **58**, 251, 1940.

[4] E. Fermi u. E. Segrè, Mem. Acc. Italia **4**, 131, 1933; Zs. f. Phys. **82**, 729, 1933.

GENTILE und MAJORANA[1] haben das Intensitätsverhältnis der beiden ersten Linien der Hauptserie des Cäsiums, die den Übergängen $6s - 6p$ und $6s - 7p$ entsprechen, berechnet. Die Berechnung dieses Intensitätsverhältnisses ist deshalb von Interesse, weil dieses Verhältnis experimentell sehr groß, und zwar von der Größenordnung 100 gefunden wurde und man hierfür bisher keine befriedigende theoretische Erklärung geben konnte.

Wenn man die auf 1 normierte Eigenfunktion des Leuchtelektrons des Cs-Atoms im $6s$-, $6p$- und $7p$-Zustand, bzw. mit ψ_1, ψ_2 und ψ_3 bezeichnet, so ergibt sich für das Intensitätsverhältnis der Ausdruck

$$\frac{i_1}{i_2} = \left[\frac{\int \psi_1{}^* \psi_2\, r^3\, dr}{\int \psi_1{}^* \psi_3\, r^3\, dr}\right]^2. \qquad (24, 40)$$

Die Eigenfunktionen ψ_2 und ψ_3 wurden von GENTILE und MAJORANA mit einem in den äußeren Gebieten des Atoms korrigierten Potentialverlauf (man vgl. den vorangehenden Abschnitt) und die Eigenfunktion ψ_1 mit Hilfe des empirisch bekannten Eigenwertes aus der SCHRÖDINGER-Gleichung auf numerischem Wege bestimmt. Mit diesen Eigenfunktionen erhielten GENTILE und MAJORANA aus (24, 40) durch numerische Auswertung der Integrale für das Intensitätsverhältnis 125 in guter Übereinstimmung mit dem experimentellen Befund.

Als zusammenfassendes Ergebnis dieses Paragraphen kann man feststellen, daß mit Hilfe der statistischen Theorie des Atoms die Terme schwerer Atome und Ionen weiterhin die Termaufspaltung und die Intensitätsverhältnisse der Spektrallinien in guter Übereinstimmung mit der Erfahrung berechnet werden können. Besonders hervorzuheben ist, daß bei der Berechnung der Energieniveaus, ferner bei der Berechnung der Dublettintervalle (mit Ausnahme der Intervalle einiger optischen Dubletts) keinerlei empirische oder halbempirische Parameter zu Hilfe genommen wurden.

§ 25. Theorie der Gruppe der seltenen Erden.

Die Gruppe der seltenen Erden umfaßt die 14 Elemente von Cerium ($Z = 58$) bis Cassiopeium ($Z = 71$). Diese Gruppe entsteht bekanntlich durch eine sukzessive Besetzung der 14 $4f$-Quantenzustände und ist durch eine große chemische Ähnlichkeit der Elemente charakterisiert. Da für die chemischen Eigenschaften eines Elementes die Elektronenstruktur in den äußeren Gebieten des Atoms maßgebend ist, muß man

---

[1] G. GENTILE u. E. MAJORANA, Rend. Lincei (6) 8, 229, 1928.

annehmen, daß die 4f-Bahnen der seltenen Erden im Inneren des Atoms verlaufen.

Diese Annahme bedarf aber einer weiteren Begründung. Bei den Elementen nämlich, die im periodischen System vor den seltenen Erden stehen, also bei Cs ($Z = 55$), Ba ($Z = 56$) und La ($Z = 57$), sind die 4f-Bahnen optische Bahnen, die außerhalb des Atoms verlaufen und in denen das Elektron eine relativ kleine Bindungsenergie besitzt. Man sollte also zunächst erwarten, daß sich diese Verhältnisse beim Übergang von La ($Z = 57$) zu Ce ($Z = 58$) und bei einem weiteren Anwachsen der Ordnungszahl nur allmählich ändern, daß also die 4f-Bahnen der seltenen Erden im Verhältnis zu denen der Elemente Cs, Ba und La nur relativ wenig zusammengezogen sind, also noch in den äußeren Gebieten des Atoms verlaufen. Dies stünde aber im Widerspruch mit dem sehr ähnlichen chemischen Verhalten der seltenen Erden.

Zur Erklärung dieser Schwierigkeit hat FERMI[1] die 4f-Eigenfunktion der Elemente zwischen Cs ($Z = 55$) und Nd ($Z = 60$) untersucht, das zu einem sehr befriedigenden Resultat führte. Es hat sich nämlich gezeigt, daß sich die 4f-Eigenfunktion zwischen den Werten 55 und 60 von Z mit Z sehr rasch ändert, und zwar hat die Eigenfunktion ihre von Null beträchtlich verschiedenen Werte im ersten Falle in den äußeren Gebieten des Atoms und im zweiten Falle im Inneren des Atoms, bei zirka $r = 0{,}6\, a_0$, also sehr nahe beim Kern. Genauer sind die Verhältnisse die folgenden. In beiden Fällen hat das Eigenfunktionsquadrat, also die Aufenthaltswahrscheinlichkeit des Elektrons als Funktion von r zwei Maxima, eines in der Nähe des Kernes und eines in den äußeren Gebieten des Atoms; für $Z = 55$ überwiegt das äußere und für $Z = 60$ das innere Maximum. Dies bedeutet anschaulich, daß zwischen $Z = 55$ und $Z = 60$ eine Verlagerung der 4f-Bahnen von den äußeren in die inneren Gebiete des Atoms erfolgt. Für die Bindungsenergie der 4f-Elektronen hat FERMI eine relativ langsame Zunahme mit der Ordnungszahl gefunden.

Man kann also zusammenfassend feststellen, daß bei den seltenen Erden die 4f-Elektronen durch mittlere Energien gebunden sind; die 4f-Bahnen verlaufen aber sehr tief im Inneren des Atoms, so daß ihre Besetzung mit einer verschiedenen Anzahl von Elektronen auf die chemischen Eigenschaften nur einen sehr geringen Einfluß hat.

Die Resultate von FERMI wurden durch eine neuere Arbeit von GOEPPERT MAYER[2] unterstützt und ergänzt. In dieser wird gezeigt, daß die effektive potentielle Energie des Elektrons

$$\chi_{eff} = \chi + \frac{h^2}{8\,\pi^2\,m}\,\frac{l(l+1)}{r^2},$$

---

[1] Artikel von E. FERMI in Leipziger Vorträge 1928, S. 95, Hirzel, Leipzig, 1928.

[2] M. GOEPPERT MAYER, Phys. Rev. (2) **60**, 184, 1941.

die in der SCHRÖDINGER-Gleichung (24, 2) die Eigenfunktion und den Energieeigenwert determiniert, für f-Zustände ($l = 3$) zwei negative Minima, d. h. zwei im Negativen liegende Mulden, und zwar eine innere tiefe und schmale und eine äußere flache Mulde besitzt, die durch einen positiven Bereich von χ_{eff} voneinander getrennt sind. Diesen beiden Mulden entsprechen die von FERMI gefundenen beiden Maxima der Aufenthaltswahrscheinlichkeit des Elektrons im 4 f-Zustand. Zur Orientierung sei bemerkt, daß bei Zugrundelegung des Ausdruckes (24, 4) für χ die Lage (Entfernung vom Kern) und die Tiefe des Minimums der inneren Mulde von χ_{eff} die folgenden sind für $Z = 60$: $0{,}32\, a_0$, -147 e-Volt und für $Z = 93$: $0{,}17\, a_0$, -1335 e-Volt; die entsprechenden Daten für die äußere Mulde sind für $Z = 60$: $10{,}6\ a_0$, $-1{,}21$ e-Volt und für $Z = 93$: $10{,}4\, a_0$, $-1{,}23$ e-Volt.

Qualitativ läßt sich das Problem in der Weise behandeln, daß man annimmt, daß der positive Trennungsbereich von χ_{eff} unendlich hoch ist. Die Energieniveaus der beiden Mulden des effektiven Potentials sind dann voneinander unabhängig. Die äußere Mulde ist von der Ordnungszahl Z weitgehend unabhängig; das tiefste Energieniveau in dieser Mulde hat also für alle Z angenähert denselben Wert wie für Wasserstoff, nämlich $-0{,}85$ e-Volt. Die innere Mulde zeigt eine starke Abhängigkeit von Z, und zwar weist sie mit wachsendem Z eine starke Vertiefung auf. Für kleine Z ist das tiefste Energieniveau (Grundniveau) der inneren Mulde positiv, der Grundzustand des Elektrons ist also dann der Zustand des tiefsten Niveaus der äußeren Mulde; die 4 f-Bahn verläuft dann im äußeren des Atoms. Mit wachsendem Z wird die innere Mulde tiefer, das ein Herabsinken der Energieniveaus der inneren Mulde nach sich zieht. Bei einem bestimmten Wert von Z sinkt das Grundniveau der inneren Mulde unter das Grundniveau der äußeren, demzufolge sich bei diesem Z-Wert die 4 f-Bahnen von den äußeren Gebieten des Atoms ins Atominnere verlagern. Aus genaueren quantitativen Untersuchungen von GOEPPERT MAYER geht hervor, daß dieser Z-Wert 60 oder 61 beträgt. Die Energie eines 4 f-Elektrons ergibt sich für $Z = 1$, 57, 60, 86, bzw. zu $-0{,}85$, $-0{,}95$, -5, -250 e-Volt.

Nach GOEPPERT MAYER zeigen die 5 f-Bahnen ein ganz ähnliches Verhalten, d. h. es existiert auch für diese ein bestimmter Z-Wert, bei dem sich diese Bahnen von den äußeren Bereichen des Atoms in die inneren verlagern. Dies geschieht bei $Z = 91$ oder 92. Die Energie eines 5 f-Elektrons ist für $Z = 1$, 86, 91, 93, bzw. $-0{,}54$, $-1{,}35$, $-8{,}5$, -14 e-Volt. Man kann also im Einklang mit den Resultaten von WU und GOUDSMIT (man vgl. S. 202) bei den Transuranen eine weitere Gruppe von seltenen Erden erwarten; bei Uran ($Z = 92$) sind erfahrungsgemäß die 5 f-Zustände noch nicht besetzt.

Es sei noch bemerkt, daß GOEPPERT MAYER zeigen konnte, daß die bei den f-Bahnen gefundene plötzliche Umlagerung der Bahnen ins Atominnere bei den p- und d-Bahnen nicht auftritt, da dort χ_{eff} nur *ein* Minimum besitzt.

§ 26. Atom- und Ionenradien.

Nachdem die Röntgenanalyse eine experimentelle Bestimmung der Atom- und Ionenabstände in Kristallen ermöglichte, haben mehrere Forscher — unter der Annahme, daß die Kristalle aus starren, sich berührenden Atom-, bzw. Ionenkugeln aufgebaut sind — für die Atome und Ionen Radien abgeleitet. Die Verhältnisse wurden besonders eingehend von GOLDSCHMIDT[1] untersucht. GOLDSCHMIDT hat unter Benutzung einiger Resultate von WASASTJERNA[2] aus einem großen empirischen Material Atom- und Ionenradien abgeleitet, mit denen man unabhängig vom Bindungspartner die Gitterkonstanten additiv darstellen kann. Eine teilweise Zusammenstellung dieser Radien bringen wir in Tab. 27. Diese Additivität, bzw. Konstanz der Atom- und Ionenradien gilt allerdings nur mit gewissen Einschränkungen[3], da die Radien von der Deformierbarkeit der Elektronenhüllen der Ionen, von der Verbindungsklasse und vom Gittertyp, also von der Koordinationszahl abhängig sind.

Der empirische Befund, nach welchem sich die Gitterkonstanten aus den weitgehend konstanten Radien der Bindungspartner additiv zusammensetzen, ist vom Standpunkt der modernen Atomtheorie ziemlich überraschend, da in den Kristallen die Wechselwirkungskräfte zwischen den Bausteinen zum großen Teil gerade durch die Überdeckung der Elektronenwolken der Bindungspartner bedingt sind und es demzufolge zunächst nicht klar ist, wie man den einzelnen Bausteinen einen vom Bindungspartner unabhängigen Radius zuschreiben kann. Es wurden deshalb mehrere Versuche[4] unternommen, die empirischen Atom- und Ionenradien mit irgendwelchen charakteristischen Daten der wellenmechanischen Elektronenverteilung der freien Atome, bzw. Ionen in Zusammenhang zu bringen. Diese Versuche sind jedoch ziemlich unbefriedigend, da sie aus den Elektronenverteilungen der freien Atome und Ionen ausgehen, was in den Fällen, in welchen sich die Elektronenwolken der Atome oder Ionen zufolge starker Anziehungskräfte im Kristallverband in größerem Maße überdecken, nicht gerechtfertigt ist. Man

---

[1] V. M. GOLDSCHMIDT, Skr. Norske Videnskaps Akademie Mat.-Nat. Kl., Oslo, 1926; Ber. d. D. Chem. Ges. **60**, 1263, 1927.

[2] J. A. WASASTJERNA, Comm. Fenn. **38**, 1, 1923.

[3] L. PAULING, Zs. f. Kristall. (A) **67**, 377, 1928.

[4] Man vgl. z. B. die entsprechenden Stellen der Artikel von K. F. HERZFELD und von H. GRIMM u. H. WOLFF in Handb. d. Phys. XXIV/2, 2. Aufl., Springer, Berlin, 1933.

kann also in diesen Fällen die so erzielten Resultate nicht als zwangsläufig betrachten, weiterhin geben diese Verfahren keine Erklärung über den wesentlichsten Umstand, nämlich über die Unabhängigkeit der Radien vom Bindungspartner.

Auf Grund der statistischen Theorie der Atome und Ionen kann man eine sehr befriedigende Erklärung des empirischen Sachverhaltes geben; dies soll im folgenden gezeigt werden.

Wir befassen uns zunächst mit neutralen Atomen, und zwar mit Edelgasatomen. In den kondensierten Edelgasen überdecken sich die Elektronenwolken der Atome nur in geringem Maße, weil hier die Kohäsion durch die relativ kleinen VAN DER WAALSschen Kräfte zustande kommt. Da weiterhin, wie wir schon des öfteren bemerkten, durch das statistische Modell der neutralen Atome am besten die Edelgasatome approximiert werden, kann man erwarten, daß die Grenzradien der korrigierten statistischen Modelle für die Edelgase annähernd mit den Atomradien übereinstimmen, die GOLDSCHMIDT aus den kondensierten Edelgasen empirisch bestimmte. Wie ein Vergleich der in Tab. 27 zusammengestellten GOLDSCHMIDTschen Radienwerte für Edelgasatome mit den entsprechenden Grenzradien des mit der Korrelation korrigierten statistischen Modells (die sich in Tab. 13 und 15 befinden) zeigt, ist dies tatsächlich der Fall. Die Übereinstimmung ist besonders für X gut, bei den übrigen Edelgasen mit kleinerer Ordnungszahl sind die Grenzradien etwas größer als die GOLDSCHMIDTschen Radien, und zwar wächst die relative Differenz in der Richtung nach kleineren Ordnungszahlen, das darauf zurückzuführen ist, daß die Elektronenverteilung der leichteren Atome durch das statistische Modell weniger gut approximiert wird.

Tab. 27. GOLDSCHMIDTsche Atom- und Ionenradien in a_0-Einheiten. Die Atomradien der Edelgase sind aus den Atomgittern der kondensierten Edelgase, die Ionenradien sind aus den Ionengittern berechnet.

F⁻	Cl⁻	Br⁻	J⁻
2,51	3,42	3,71	4,16
Ne	Ar	Kr	X
2,88	3,64	3,98	4,35
Na+	K+	Rb+	Cs+
1,85	2,51	2,82	3,12
Mg++	Ca++	Sr++	Ba++
1,47	2,00	2,40	2,70

Bei Ionen liegen die Verhältnisse nicht so einfach, bei diesen kann man nämlich die aus den Ionengittern bestimmten GOLDSCHMIDTschen Ionenradien nicht aus der Elektronenverteilung der freien Ionen berechnen, da sich die Elektronenwolken der Ionen im Gitter wegen den zwischen den Ionen wirkenden starken Anziehungskräften relativ stark durchdringen. Man kann deshalb auch nicht erwarten, daß die Grenzradien der statistischen Ionenmodelle mit den Ionenradien von GOLDSCHMIDT annähernd übereinstimmen; tatsächlich erweisen sich die ersteren durchweg größer, wie dies auch sein soll. Man vgl. hierzu die entsprechenden Werte der Tab. 13, bzw. 15 mit denen der Tab. 27.

JENSEN, MEYER-GOSSLER und ROHDE[1] haben nun ein Näherungsverfahren entwickelt, das nicht von den freien Ionen, sondern von den Ionen im Gitter ausgeht und innerhalb der eingeschlagenen Näherung gestattet, den Ionen definierte Radien zuzuschreiben. Dieses Verfahren, das auf Alkali- und Halogenionen angewendet wurde, führt zu einer sehr befriedigenden Übereinstimmung mit der Erfahrung, denn einerseits ergibt sich eine weitgehende Unabhängigkeit der Ionenradien vom Bindungspartner und anderseits erhält man für die Ionenradien Werte, die sehr gut mit den GOLDSCHMIDTschen übereinstimmen.

Das Verfahren — dem das THOMAS-FERMI-DIRACsche statistische Ionenmodell (man vgl. § 9) zugrunde liegt — gestaltet sich im einzelnen folgendermaßen. Die THOMAS-FERMI-DIRACsche Gleichung (9, 26) besitzt — wie im allgemeinen Teil erwähnt wurde — auch für Radien, die kleiner sind als die Grenzradien der freien Ionen, Lösungen. Einem solchen Radius a entspricht also nach (9, 32) eine Dichteverteilung $\varrho_a(r)$ und nach (9, 2) eine Energie $E(a)$ des Ions. Es wird nun angenommen, daß im Ionengitter die positiven Ionen (Index 1) und die negativen Ionen (Index 2) mit zunächst unbestimmten Radien a_1 und a_2 in diesem Sinne als Kugeln gepackt sind. Man erhält dann für die Energie der Ionen pro Ionenpaar ohne die Wechselwirkungsenergie der COULOMBschen Ionenladungen

$$E = E_1(a_1) + E_2(a_2) \, . \qquad (26, 1)$$

Hier haben a_1 und a_2 der Bedingung

$$a_1 + a_2 = d \qquad (26, 2)$$

zu genügen, wo d im Falle von Alkalihalogenidkristallen die gegenseitige Entfernung benachbarter Alkali- und Halogenionen bezeichnet. Da die Energie der COULOMBschen Ionenladungen nur von d abhängt, ist bei festgehaltenem d der von den Ionenradien abhängige Teil der Energie der Ionen E. Es werden sich also bei festgehaltenem d diejenigen Radienwerte einstellen, die bei Erfüllung der Nebenbedingung (26, 2) E zum

---

[1] H. JENSEN, G. MEYER-GOSSLER u. H. ROHDE, Zs. f. Phys. **110**, 277, 1938.

Minimum machen. Zur Bestimmung der Ionenradien erhält man also die Gleichung

$$\delta E = \frac{dE_1}{da_1}\delta a_1 + \frac{dE_2}{da_2}\delta a_2 = 0 , \qquad (26,3)$$

neben der man noch die Bedingung (26, 2) zu berücksichtigen hat. Da aus dieser Nebenbedingung $\delta a_1 + \delta a_2 = 0$ folgt, ergibt sich aus (26, 3)

$$\frac{dE_1}{da_1} = \frac{dE_2}{da_2} . \qquad (26,4)$$

Wenn man also $\frac{dE_i}{da_i}$ kennt, so kann man mit Hilfe von (26, 2), indem man für d die empirischen Werte einsetzt, die Ionenradien aus (26, 4) berechnen. Die Durchführung der Rechnungen gestaltet sich — wenn einmal die Ionenlösungen der THOMAS-FERMI-DIRACschen Gleichung vorliegen — relativ einfach, denn nach (9, 14) gilt für das THOMAS-FERMI-DIRACsche Modell

$$\frac{dE_i}{da_i} = - 4\pi a_i^2 \left\{ \frac{2}{3}\varkappa_k[\varrho_{a_i}(a_i)]^{5/3} - \frac{1}{3}\varkappa_a[\varrho_{a_i}(a_i)]^{4/3} \right\} . \qquad (26,5)$$

Die Randdichte $\varrho_{a_i}(a_i)$ hat man aus den Lösungen der THOMAS-FERMI-DIRACschen Gleichung zu berechnen.

In dem Näherungsverfahren von JENSEN, MEYER-GOSSLER und ROHDE ist die Elektronendichte in den Randgebieten der Ionen wegen der dichten Packung der Ionen im Gitter bedeutend größer als in den freien Ionen, es treten also hier die Unzulänglichkeiten des freien THOMAS-FERMI-DIRACschen Atoms oder Ions, die ihren Ursprung in den Gebieten zu kleiner Elektronendichten haben, überhaupt nicht auf, insbesondere werden hier im Rahmen

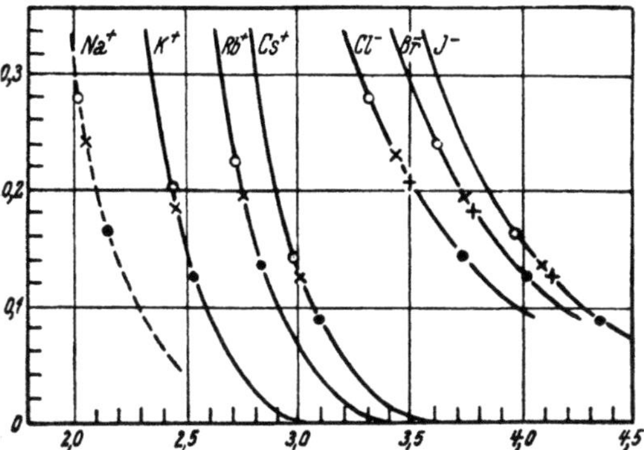

Abb. 26. Ableitung der Energie des Ions nach dem Ionenradius, $\frac{dE_i}{da_i}$, als Funktion von a_i für Alkali- und Halogenionen. Nach JENSEN, MEYER-GOSSLER u. ROHDE (Zs. f. Phys. 110, 277, 1938). Abszisse: Ionenradius a_i in a_0-Einheiten. Ordinate: $-\frac{dE_i}{da_i}$ in e^2/a_0^2-Einheiten.

Markiert sind die Stellen, wo $\frac{dE_1}{da_1} = \frac{dE_2}{da_2}$ ist.

Auf den Alkalikurven:	Auf den Halogenkurven:
○ : gegen Chlor,	○ : gegen Natrium,
× : gegen Brom,	+ : gegen Kalium,
	× : gegen Rubidium,
● : gegen Jod,	● : gegen Cäsium.

des THOMAS-FERMI-DIRACschen Modells auch negative Ionen stabil. Die Rechnungen wurden von JENSEN, MEYER-GOSSLER und ROHDE

Gombás, Statistische Theorie des Atoms. 15

für die Alkaliionen Na^+, K^+, Rb^+, Cs^+ und die Halogenionen Cl^-, Br^-, J^- durchgeführt. Für Na^+ wurde der Ausdruck (26,5) mit Hilfe der numerischen Lösungen von SLATER und KRUTTER (man vgl. S. 84 und IX) berechnet; für die anderen Ionen wurden die von JENSEN, MEYER-GOSSLER und ROHDE aus den exakten Lösungen für Ar, Kr und X bestimmten sehr genauen Näherungslösungen (man vgl. S. 85 u. 86) benutzt. Die Resultate der Berechnungen enthält Abb. 26, in welcher $\frac{d E_i}{d a_i}$ als Funktion von a_i für die Ionen Na^+, K^+, Rb^+, Cs^+, Cl^-, Br^- und J^- graphisch dargestellt ist. Nach JENSEN, MEYER-GOSSLER und ROHDE dürfte die rechnerische Ungenauigkeit der Kurven mit Ausnahme der Kurve für Na^+ ein Prozent nicht übersteigen. Die Ungenauigkeit für Na^+ ist etwas größer und beträgt wahrscheinlich einige Prozente.

An Hand dieser Kurven kann man nun die Ionenradien a_i sofort bestimmen. Man hat hierzu nur bei einem empirisch vorgegebenen Wert

Tab. 28. Ionenradien in Å-Einheiten nach JENSEN, MEYER-GOSSLER und ROHDE.

Alkalien.

	Na^+	K^+	Rb^+	Cs^+
Als Chlorid	1,06	1,29	1,44	1,58
Als Bromid	1,07	1,29	1,46	1,59
Als Jodid	1,12	1,33	1,50	1,63
GOLDSCHMIDTs Werte .	0,98	1,33	1,49	1,65

Halogene.

A. Flächenzentriertes Gitter.

	Cl^-	δ_G	Br^-	δ_G	J^-	δ_G
Gegen Natrium........	1,75	—0,02	1,91	—0,04	2,10	—0,04
Gegen Kalium.........	1,85	0,00	2,00	0,00	2,19	+0,01
Gegen Rubidium.......	1,82	+0,02	1,98	+0,02	2,16	+0,03
Schwankung	0,10	0,04	0,09	0,06	0,09	0,07
GOLDSCHMIDTs Werte ..	1,81	—	1,96	—	2,20	—

B. Raumzentriertes Gitter.

	Cl^-	δ_G	Br^-	δ_G	J^-	δ_G
Gegen Cäsium	1,97	—0,10	2,12	—0,10	2,31	—0,10

der Radiensumme $a_1 + a_2 = d$ diejenigen Abszissenwertepaare (a_1, a_2) zu bestimmen, für welche die Ordinaten des zugehörigen Kurvenpaares gleich werden, für welche also (26, 4) erfüllt ist. Die von JENSEN, MEYER-GOSSLER und ROHDE auf diese Weise berechneten Radienwerte sind in Tab. 28 zusammengestellt.

Wie aus Tab. 28 zu sehen ist, sind die theoretischen Ionenradien innerhalb desselben Gittertyps bis auf wenige Prozent konstant, also unabhängig vom Partner. In Tab. 28 sind zum Vergleich auch die GOLDSCHMIDTschen Radien angegeben. Die Konstanz, also die Additivität ist auch für diese Radien nicht streng erfüllt; die Abweichungen der GOLDSCHMIDTschen Radienwerte von der Additivität haben wir mit δ_G bezeichnet, es ist also $\delta_G = a_1 + a_2 - d$ (z. B. für RbJ: 1,49 + + 2,20 — 3,66 = + 0,03). Man sieht, daß für flächenzentrierte Gitter die Schwankung der theoretischen Radien die Schwankung der GOLD-SCHMIDTschen nicht wesentlich übersteigt.

Die Radien der Halogenionen, die gegen Cäsium bestimmt wurden, sind in der Tabelle von den übrigen getrennt angegeben, weil das CsCl, CsBr und CsJ im raumzentrierten Gittertyp kristallisiert, während die übrigen Alkalihalogenide im flächenzentrierten Typ kristallisieren und die Ionenradien — wie eingangs erwähnt wurde — vom Gittertyp abhängen. Der Übergang vom flächenzentrierten zum raumzentrierten Gittertyp hat einen Sprung der theoretischen Radienwerte um rund 0,15 Å zur Folge. Die empirischen Radien weisen einen zirka ebenso großen Sprung auf, wie dies aus den δ_G-Werten zu sehen ist. Die Abhängigkeit der Ionenradien vom Gittertyp tritt also hier deutlich in Erscheinung. Innerhalb der Gruppe der Halogenverbindungen, die im flächenzentrierten Typ kristallisieren, tritt ein relativ großer Sprung der Radien der negativen Halogenionen beim Übergang von den Na-Salzen zu den K-Salzen auf. Dies dürfte darauf zurückzuführen sein, daß die Genauigkeit der Kurve für Na^+ in Abb. 26 — wie schon erwähnt wurde — nicht die der anderen Kurven erreicht, weiterhin darauf, daß das Na^+-Ion durch das statistische Modell, wegen der kleinen Zahl der Elektronen, nicht mehr genügend genau approximiert wird.

Bemerkenswert ist, daß die theoretischen Radienwerte mit den GOLDSCHMIDTschen sehr gut übereinstimmen[1]. Diese gute Übereinstimmung ist sehr überraschend, da der *empirischen* Bestimmung der Ionenradien noch eine Willkür anhaftet; alle Gitterkonstanten bleiben nämlich unverändert, wenn man z. B. die Radien aller Kationen um

---

[1] Der Radius des Na^+-Ions ergibt sich etwas zu groß und dementsprechend der aus den Natriumhalogeniden berechnete Radius der Halogene zu klein. Dies ist ebenfalls als eine Folge der statistischen Behandlung des elektronenarmen Na^+-Ions zu betrachten.

irgendeinen Betrag verkleinert und die Radien aller Halogenionen um denselben Betrag vergrößert. Die empirischen Ionenradien werden also erst durch die willkürliche Wahl *eines* Ionenradius festgelegt. Die Resultate von JENSEN, MEYER-GOSSLER und ROHDE zeigen, daß die von GOLDSCHMIDT getroffene Wahl des Anfangsradius sehr glücklich war.

Die von JENSEN, MEYER-GOSSLER und ROHDE entwickelte Methode gibt also eine sehr befriedigende Erklärung des empirischen Befundes. Allerdings muß man sich hierbei vor Augen halten, daß das zugrunde gelegte Gittermodell, in dem die Ionen als Kugeln gepackt sind, sehr roh ist; zur Behandlung von Gittern sind bedeutend genauere Methoden bekannt (man vgl. VIII). Diese genaueren Methoden, mit denen man z. B. auch die Gitterkonstanten rein theoretisch bestimmen kann, sind aber zur Berechnung der Ionenradien nicht so geeignet wie die Näherungsmethode von JENSEN, MEYER-GOSSLER und ROHDE. Der Begriff des empirischen Ionenradius trägt nämlich ebenfalls den Charakter einer groben Schematisierung und bei der Näherungsmethode von JENSEN, MEYER-GOSSLER und ROHDE handelt es sich eben darum, eine diesem Begriff adäquate theoretische Näherung zu entwickeln. Ein Vorzug dieser Näherungsmethode liegt gerade darin, daß sie einen direkten Anschluß an die empirischen Gitterkonstanten gibt und somit einen direkten Vergleich der theoretischen Ionenradien mit den empirischen gestattet. Weiterhin fällt hier der Umstand, daß die leichteren Atome und Ionen durch das statistische Modell unbefriedigend approximiert werden, nicht stark ins Gewicht, da dieser Fehler bei beiden Ionenarten eingeht und sich bei Zugrundelegung der empirischen Gitterkonstanten weitgehend kompensiert.

Zum Schluß dieses Paragraphen sei noch erwähnt, daß Atom- und Ionenradien mit der statistischen Methode auch von BRAUNBECK[1] auf halbempirischem Wege berechnet wurden. BRAUNBECK definiert die Atom- und Ionenradien als die Radien von Kugeln, außerhalb welcher sich eine konstante, von der Ordnungszahl unabhängige Ladung Δe befindet. Wenn man diese Ladung für eine Vertikalreihe des periodischen Systems in der Weise bestimmt, daß der Radius eines Elements dieser Reihe mit dem empirischen übereinstimmt, so erhält man für die Radien der übrigen Elemente der Reihe eine gute Übereinstimmung mit der Erfahrung. Bei Benutzung der ursprünglichen THOMAS-FERMIschen Dichteverteilung ergibt sich Δe von der Größenordnung eines Elektrons. Die Resultate von BRAUNBECK kann man aber nicht als zwangsläufig betrachten, da ihnen die Elektronenverteilung der freien Atome und Ionen zugrunde liegt, weiterhin bleibt auch der physikalische Sinn der Definition der Radien unklar.

---

[1] W. BRAUNBECK, Zs. f. Phys. **79**, 701, 1932.

§ 27. Diamagnetische Suszeptibilitäten.

Für die diamagnetische Suszeptibilität von Atomen und Ionen pro Grammatom gilt bekanntlich folgender Ausdruck

$$\chi = -L\,\frac{e^2}{6\,m\,c^2}\,\overline{r^2}\,, \qquad (27,1)$$

wo L die LOSCHMIDTsche Zahl, c die Lichtgeschwindigkeit und $\overline{r^2}$ das atomare Mittel von r^2 bezeichnet, das wir im Fall einer kugelsymmetrischen Elektronenverteilung folgendermaßen definieren

$$\overline{r^2} = \int \varrho\,r^2\,dv = 4\,\pi \int \varrho\,r^4\,dr\,. \qquad (27,2)$$

Die Berechnung von $\overline{r^2}$ und somit von χ kann man mit Hilfe des statistischen Atom- und Ionmodells einfach durchführen, womit man zu einer weiteren Anwendung und Prüfung der statistischen Theorie des Atoms gelangt. $\overline{r^2}$ hängt vom Dichteverlauf in den äußeren Gebieten des Atoms ab, da zum Integral in (27, 2) die äußeren Gebiete den wesentlichen Beitrag liefern. Durch einen Vergleich der statistisch berechneten Werte von χ mit den experimentellen erhält man also Aufschluß über die Approximation des wahren Dichteverlaufes durch den statistischen in den äußeren Gebieten der Atome und Ionen.

Die Berechnung von χ für freie Atome und Ionen, mit denen wir uns im folgenden zunächst befassen, wurde mit verschiedenen statistischen Modellen ausgeführt. Die Resultate dieser Berechnungen sind zum Vergleich mit empirischen, halbempirischen und anderen Resultaten in Tab. 29 zusammengestellt. Ein unmittelbarer Vergleich mit den experimentellen Werten ist nur für Edelgase möglich. In Tab. 29 sind für die Edelgase die experimentellen Werte von MANN[1] angegeben. Zu einem weiteren Vergleich sind für die Edelgase auch die Werte angeführt, die BRINDLEY, weiterhin D. R. HARTREE und W. HARTREE mit der Verteilung des self-consistent field berechnet haben[2]. Die berechneten Suszeptibilitäten freier Ionen lassen sich nicht unmittelbar mit experimentellen Werten vergleichen, da sich die Messungen immer auf Kristalle oder Lösungen beziehen und in diesen der Betrag der Ionensuszeptibilitäten vermindert wird. Zum Vergleich haben wir hier einige von ANGUS[3] mit Hilfe halbempirischer Eigenfunktionen berechnete Werte angegeben, an denen EUCKEN[4] noch eine kleine Korrektion angebracht hat. Die so

---

[1] K. E. MANN, Zs. f. Phys. **98**, 548, 1936.

[2] G. W. BRINDLEY, Phil. Mag. **11**, 786, 1931 (Ne); D. R. HARTREE u. W. HARTREE, Proc. Roy. Soc. London (A) **166**, 450, 1938 (Ar).

[3] W. R. ANGUS, Proc. Roy. Soc. London (A) **136**, 569, 1932.

[4] A. EUCKEN, Lehrb. d. chem. Phys. Bd. I, 2. Aufl., S. 336, Akad. Verlagsgesellschaft, Leipzig, 1938.

korrigierten Werte dürften bis auf einige Prozente genau sein. Weiterhin sind in der Tabelle auch einige von D. R. HARTREE und W. HARTREE und von STONER mit dem self-consistent field berechnete Ionensuszeptibilitäten[1] angeführt.

Die Berechnung von $\overline{r^2}$, bzw. χ kann mit den statistischen Elektronenverteilungen einfach durchgeführt werden. SOMMERFELD[2] hat χ mit der Dichteverteilung des ursprünglichen THOMAS-FERMIschen Modells berechnet. Mit der Näherungslösung (4, 22), die in den für $\overline{r^2}$ wichtigen äußeren Gebieten des Atoms eine gute Approximation der exakten Lösung darstellt, erhält SOMMERFELD für neutrale Atome

$$\chi = - 31 Z^{1/3} 10^{-6} \, \text{cm}^3 \, . \tag{27, 3}$$

Wie man aus einem Vergleich der Daten der Tab. 29 sieht, führt diese Formel zu einem viel zu großen Betrag von χ. Dies ist auch nicht anders zu erwarten, da die Elektronendichte im nicht-korrigierten THOMAS-FERMIschen Modell in den äußeren Gebieten des Atoms viel zu groß ist. Die Abhängigkeit von Z ist, wie wir im nächsten Paragraphen sehen werden, ebenfalls nicht befriedigend; der Anstieg von $|\chi|$ mit Z sollte nämlich stärker sein.

Von SOMMERFELD wurden ebenfalls mit der Dichteverteilung des nicht-korrigierten statistischen Modells — und zwar mit der Näherungslösung (4, 37) — auch Berechnungen für die Suszeptibilität von Ionen durchgeführt. Die für Ionen hergeleitete Formel von SOMMERFELD ist aber nicht korrekt und bedarf einer Korrektion[3]. Wir sehen hier von der Durchführung dieser Korrektion ab, da man mit der ursprünglichen THOMAS-FERMIschen Dichteverteilung — wie aus einem Vergleich des THOMAS-FERMIschen Dichteverlaufes mit dem HARTREEschen für Rb[+] in Abb. 8 zu sehen ist — auch für die Ionensuszeptibilitäten zu große Werte erwarten muß. Die Diskrepanz zwischen den berechneten und empirischen Werten dürfte aber besonders für höhere Ionen bedeutend geringer sein als bei den neutralen Atomen.

Mit der LENZ-JENSENschen Dichteverteilung [man vgl. Gl. (8, 11)]

---

[1] D. R. HARTREE u. W. HARTREE, Proc. Roy. Soc. London (A) **156**, 45, 1936 (Cl[-]); **166**, 450, 1938 (K[+]); E. C. STONER, Proc. Leeds Phil. Soc. **1**, 484, 1929 (Na[+], Rb[+]).

[2] A. SOMMERFELD, Zs. f. Phys. **78**, 283, 1932.

[3] Erstens wurde in der zitierten Arbeit von SOMMERFELD in der Formel (48) bei der partiellen Integration versehentlich ein Glied weggelassen und zweitens muß man in der Formel (56) von SOMMERFELD bei der Reihenentwicklung auch höhere Glieder berücksichtigen. (Man vgl. hierzu H. JENSEN, Zs. f. Phys. **101**, S. 156 u. 157, 1936.) Herrn Geheimrat SOMMERFELD möchte ich auch an dieser Stelle für eine diesbezügliche briefliche Mitteilung danken.

wurde die diamagnetische Suszeptibilität ebenfalls berechnet[1]. Für $\overline{r^2}$ erhält man nach einfacher Rechnung

$$\overline{r^2} = F(c_1, \lambda)\, \frac{N}{Z^{2/3}}, \qquad (27,4)$$

wo F nur von den Variationsparametern c_1 und λ abhängt, deren Werte in Tab. 7 für verschiedene Ionisationsgrade $q = (Z-N)/Z$ angegeben sind. Da c_1 und λ nur vom Ionisationsgrad abhängen, kann man F nach q entwickeln und erhält, wenn man die Glieder mit der dritten und höheren Potenz von q vernachlässigt,

$$F = 11{,}95\,(1 - 3{,}01\,q + 3{,}92\,q^2)\,a_0^2 . \qquad (27,5)$$

Die Werte, die man mit diesem Ausdruck für F erhält, stimmen mit den exakten Werten von F für $|q| < 0{,}1$ praktisch überein. Mit diesem Ausdruck ergibt sich

$$\chi = -9{,}43\,(1 - 3{,}01\,q + 3{,}92\,q^2)\,\frac{N}{Z^{2/3}}\,10^{-6}\,\mathrm{cm}^3 . \qquad (27,6)$$

Diese Formel hat sowohl für neutrale Atome als für positive und negative Ionen Gültigkeit. Für neutrale Atome erhält man aus (27, 6)

$$\chi = -9{,}43\,Z^{1/3}\,10^{-6}\,\mathrm{cm}^3 . \qquad (27,7)$$

Die Abhängigkeit von Z ist also dieselbe wie beim SOMMERFELDschen Ausdruck (27, 3), der Betrag von χ ist aber gegenüber (27, 3) um rund 70 Prozent kleiner. Die aus (27, 7), bzw. (27, 6) berechneten Suszeptibilitäten sind in Tab. 29 angeführt; obzwar der Anstieg von $|\chi|$ mit Z zu gering ist, nähern diese die empirischen Suszeptibilitäten der Edelgase, bzw. die halbempirischen Ionensuszeptibilitäten von ANGUS ziemlich gut an. Bei der Beurteilung der Approximation muß man aber beachten, daß der den Formeln (27, 6) und (27, 7) zugrunde liegende LENZ-JEN-SENsche Dichteverlauf in den für die Suszeptibilität wichtigen äußeren Gebieten des Atoms und Ions nicht zwangsläufig aus der Minimums-forderung der Energie folgt, also in diesen Gebieten nicht gänzlich will-kürfrei ist. Aus der befriedigenden Übereinstimmung der Formeln (27, 6) und (27, 7) mit der Erfahrung kann man aber umgekehrt gerade den Schluß ziehen, daß der LENZ-JENSENsche Dichteverlauf zufolge eines glücklichen Ansatzes für ϱ auch in den äußeren Gebieten der Atome und Ionen eine gute Annäherung an den wahren gibt, was auch durch weitere Resultate (man vgl. VIII) unterstützt wird. Man wird also den Formeln (27, 6) und (27, 7) nur einen halbempirischen Wert beilegen.

---

[1] P. GOMBÁS, Zs. f. Phys. **87**, 57, 1933.

Zu sehr befriedigenden und im Rahmen der statistischen Theorie gut begründeten Werten der diamagnetischen Suszeptibilität gelangt man, wenn man der Berechnung von $\overline{r^2}$ die mit dem Austausch und mit der Korrelation der Elektronen erweiterten statistischen Modelle zugrunde legt, bei denen die Elektronendichte bei einem endlichen Radius abbricht. Um die Berechnungen auch auf negative Ionen ausdehnen zu können, ist es zweckmäßig, die entsprechenden modifizierten Modelle (man vgl. § 10 und § 11 S. 105 bis 110) zugrunde zu legen, bei denen in den äußeren Gebieten des Atoms die Austauschkorrektion, bzw. die Austauschkorrektion und Korrelationskorrektion durch die FERMI-AMALDISche Korrektion ersetzt wird. In diesen modifizierten Modellen wird der Dichteverlauf aus der FERMI-AMALDISchen Gleichung (7, 13) mit den Randbedingungen (10, 6), (10, 9) und (10, 7), bzw. (11, 39) bestimmt. Nach (7, 19) hat man also

$$\varrho = \frac{Z}{4\,\pi\,\mu^{*3}}\,\frac{N}{N-1}\,\frac{\varphi''}{x}$$

mit

$$\varphi = \varphi_0 + k\,\eta_0\,,$$

wo φ_0 und η_0 die in Tab. 1, bzw. 2 tabellierten Funktionen bezeichnen und die Konstante k für einige Edelgasatome und edelgasförmige Ionen in Tab. 12, bzw. 15 angegeben ist.

Mit der Abkürzung $Z\,\mu^{*2}\,\dfrac{N}{N-1} = A$ und mit $r = \mu^* x$ erhält man durch partielle Integration

$$\overline{r^2} = A \int_0^{x_0} \varphi''\, x^3\, dx = A \left\{ [\varphi'\, x^3]_0^{x_0} - [3\,\varphi\, x^2]_0^{x_0} + 6 \int_0^{x_0} \varphi\, x\, dx \right\}. \qquad (27,\,8)$$

Mit Rücksicht auf (10, 6), (10, 7) und (10, 9) folgt hieraus für das modifizierte THOMAS-FERMI-DIRACsche Modell

$$\overline{r^2} = A \left\{ 6 \int_0^{x_0} \varphi_0\, x\, dx + 6\,k \int_0^{x_0} \eta_0\, x\, dx - 2\,\alpha_0^2\, x_0^3 - \frac{Z-N+1}{Z}\, x_0^2 \right\}, \qquad (27,\,9)$$

wo man für k und x_0 die Werte der Tab. 12 einzusetzen hat und α_0 die durch (10, 8) definierte Konstante bezeichnet. Die beiden Integrale hat man numerisch zu berechnen.

Dieser Ausdruck, der sowohl für neutrale Atome als für positive und negative Ionen gültig ist, wurde von JENSEN[1] hergeleitet. JENSEN hat

---

[1] H. JENSEN, Zs. f. Phys. **101**, 141, 1936.

Tab. 29. Diamagnetische Suszeptibilitäten.
A. Betrag der Suszeptibilität von freien Edelgasatomen pro Grammatom in 10^{-6} cm³-Einheiten.

	Ne	Ar	Kr	X
THOMAS-FERMIsche Verteilung, Formel (27, 3).	67,0	81,0	102,0	117,0
LENZ-JENSENsche Verteilung, Formel (27, 7)..	20,3	24,7	31,1	35,6
Modifizierte Verteilung, Austauschkorrektion ..	13,7	22,0	36,4	48,5
Modifizierte Verteilung, Austausch- und Korrelationskorrektion..........................	12,9	21,1	35,8	47,3
Self-consistent field.........................	8,8	20,6	—	—
Experimentelle Werte	6,8	19,5	28,0	42,4

B. Betrag der Suszeptibilität von freien Ionen pro Grammatom in 10^{-6} cm³-Einheiten.

	F⁻	Cl⁻	Br⁻	J⁻
LENZ-JENSENsche Verteilung, Formel (27, 6) ..	30,1	30,6	34,6	38,2
Modifizierte Verteilung, Austauschkorrektion ..	26,5	36,5	54,0	66,5
Modifizierte Verteilung, Austausch- und Korrelationskorrektion..........................	24,4	34,6	51,2	63,7
Self-consistent field..........................	—	30,4	—	—
Nach ANGUS halbempirisch (korrigiert)	—	25,4	36,7	54,3

	Na⁺	K⁺	Rb⁺	Cs⁺
LENZ-JENSENsche Verteilung, Formel (27, 6) ..	14,5	20,3	28,2	33,3
Modifizierte Verteilung, Austauschkorrektion ..	7,9	14,5	27,5	37,5
Modifizierte Verteilung, Austausch- und Korrelationskorrektion..........................	7,3	14,4	26,8	37,2
Self-consistent field..........................	5,7	15,3	30,0	—
Nach ANGUS halbempirisch (korrigiert)	5,7	15,6	27,0	36,1

	Mg⁺⁺	Ca⁺⁺	Sr⁺⁺	Ba⁺⁺
LENZ-JENSENsche Verteilung, Formel (27, 6)..	10,9	17,0	25,6	31,2
Modifizierte Verteilung, Austauschkorrektion ..	5,2	10,6	21,5	30,8
Modifizierte Verteilung, Austausch- und Korrelationskorrektion..........................	5,2	10,6	21,5	30,8

mit Hilfe dieses Ausdruckes die Suszeptibilitäten von mehreren Edelgasatomen und Ionen mit edelgasähnlicher Elektronenstruktur berechnet; seine Resultate sind in Tab. 29 zusammengestellt[1]. Der Betrag von χ ist

---

[1] Für Kr und die zweifachen Erdalkaliionen haben wir hier χ neu berechnet.

im Vergleich mit den empirischen Werten der Edelgase, bzw. mit den halbempirischen Werten der Ionen — besonders der für negative Ionen — noch immer etwas zu groß; eine Ausnahme bildet nur K^+, wo der theoretische Wert von $|\chi|$ etwas kleiner ist als der empirische.

Für die mit der Korrelationskorrektion erweiterte modifizierte Verteilung gilt formal ebenfalls der Ausdruck (27, 9), nur hat man in diesem für k und x_0 die Werte der Tab. 15 und statt a_0 die durch (11, 40) definierte Konstante a_0' einzusetzen. Die so berechneten Suszeptibilitäten sind für Edelgase und Ionen mit edelgasähnlicher Elektronenverteilung ebenfalls in Tab. 29 zusammengestellt. Die Werte von $|\chi|$, die man mit Berücksichtigung der Korrelationskorrektion für die Edelgasatome, Alkali- und Halogenionen erhält, sind etwas kleiner als die JENSENschen, die ohne die Korrelationskorrektion berechnet wurden; für die zweifachen Erdalkaliionen ist die Korrelationskorrektion verschwindend klein und kann vernachlässigt werden. Die Übereinstimmung mit den empirischen und halbempirischen Werten wird also durch die Korrelationskorrektion bei den Edelgasatomen, Alkali- und Halogenionen mit Ausnahme von K^+ etwas verbessert. Bei K^+ wird der Unterschied zwischen dem theoretischen und empirischen Wert von χ durch die Korrelationskorrektion ein wenig vergrößert. Dies ist darauf zurückzuführen, daß der halbempirische Wert von $|\chi|$ für K^+ relativ hoch liegt, und aus der Reihe der übrigen Alkaliionen etwas hervorspringt (man vgl. hierzu das weiter unten Gesagte und insbesondere Abb. 29); diese Besonderheit kann natürlich die statistische Berechnungsweise nicht wiedergeben.

Mit Hilfe der Formel (27, 9) kann man die Suszeptibilität auch für das nicht-korrigierte FERMI-AMALDIsche Modell (man vgl. § 7), bei dem die Dichte am Atom-, bzw. am Ionenrand verschwindet, sehr einfach berechnen. Man hat dann nur $a_0 = 0$ und für k und x_0 die im § 7 angegebenen Größen zu setzen. Für Atome und positive Ionen, die einen endlichen Grenzradius besitzen, ergeben sich so ganz brauchbare Werte, man erhält z. B. für $-\chi$ in 10^{-6} cm³-Einheiten für die Atome Ne und X die Werte 14,1, bzw. 50,1 und für die Ionen Rb^+ und Sr^{++} 27,9, bzw. 22,1, die nur wenig größer sind als die mit den korrigierten Dichteverteilungen berechneten Werte. Für negative Ionen aber, bei denen der FERMI-AMALDIsche Dichteverlauf ins Unendliche reicht, ergibt sich der Betrag von χ als viel zu groß. Für negative Ionen erhält man nämlich wieder die SOMMERFELDsche Formel (27, 3) mit dem Unterschied, daß diese jetzt noch den Faktor $[N/(N-1)]^{7/3}$ enthält. Aus dieser Formel ergibt sich z. B. im Falle von J^- für $-\chi$ in 10^{-6} cm³-Einheiten 122, also ein mehr als zweimal größerer Wert als der gemessene. Man gelangt also zu dem Schluß, daß der Verlauf der Elektronendichte im nicht-korrigierten FERMI-AMALDIschen Modell bei neutralen Atomen und positiven Ionen den wahren Verlauf gut annähert, daß aber bei negativen Ionen in den äußeren Gebieten dies nicht der Fall ist. Um auch für negative Ionen zu brauchbaren Suszeptibilitäten zu gelangen, muß man also die korrigierten Dichteverteilungen zugrunde legen.

Aus einem Vergleich der mit den verschiedenen statistischen Verteilungen berechneten Suszeptibilitäten mit der Erfahrung kann man den Schluß ziehen, daß die Elektronenverteilung in den äußeren Gebieten der Atome und Ionen unter den statistischen Verteilungen durch die mit der Austausch- und Korrelationskorrektion erweiterte und modifizierte statistische Verteilung am besten approximiert wird.

Der Gang der experimentellen Werte und der aus der modifizierten statistischen Verteilung mit Austauschkorrektion, bzw. mit Austausch- und Korrelationskorrektion berechneten theoretischen Werte der Suszeptibilität von Atomen mit Z ist in Abb. 27 dargestellt; die experimentellen Werte sind durch Geradenstücke verbunden. Der Knick der durch die experimentellen Werte gelegten Zackenkurve bei Ar scheint reell zu sein[1]. Wenn man nämlich die Suszeptibilitäten der Alkalihalogenidkristalle einmal bei festgehaltenem Alkaliion als Funktion der Ordnungszahl der Halogenionen und dann bei festgehaltenem Halogenion als

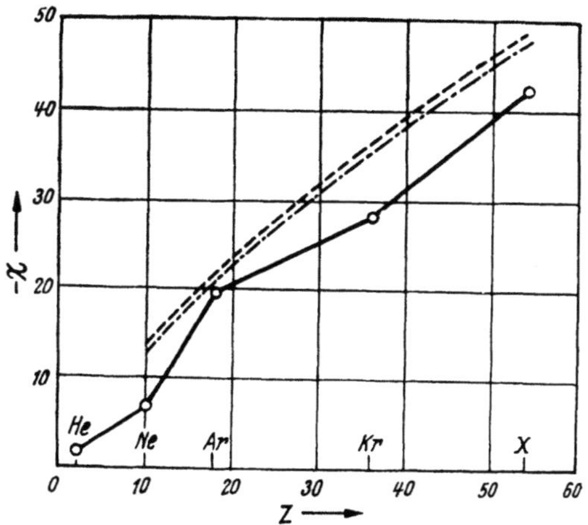

Abb. 27. Gang der diamagnetischen Suszeptibilität der Edelgasatome mit der Ordnungszahl. — χ in 10^{-6} cm³-Einheiten. $-----$ berechnet mit Austauschkorrektion, $-\cdot-\cdot-$ berechnet mit Austausch- und Korrelationskorrektion, $-\bigcirc\!\!-\!\!\bigcirc-$ empirisch.

Funktion der Ordnungszahl der Alkaliionen aufträgt, ergibt sich an den entsprechenden Stellen ein ganz analoger Knick (man vgl. hierzu Abb. 29). Das statistische Modell kann solche Besonderheiten nicht wiedergeben und liefert naturgemäß einen glatten Verlauf, der — wie zu sehen ist — im Falle der korrigierten Modelle den allgemeinen Verlauf der experimentellen Zackenkurve sehr befriedigend wiedergibt. Beim Ne-Atom ergibt sich für $|\chi|$ aus den statistischen Modellen ein viel zu hoher Wert, was darauf zurückzuführen ist, daß die Elektronenverteilung des Ne-Atoms, mit nur zehn Elektronen, durch die statistische Verteilung nur grob angenähert werden kann.

All dies bezieht sich auf freie Atome und Ionen. Im weiteren befassen wir uns mit der Suszeptibilität von Ionen, die in den Kristallverband eingebaut sind. Wie wir schon bemerkt haben, wird der Betrag der diamagnetischen Suszeptibilität von Ionen im Kristallverband vermindert. Diese Verminderung entsteht dadurch, daß im Gitter die Ionen durch die

---

[1] Man vgl. H. JENSEN, Zs. f. Phys. **101**, 158, 1936.

dichte Packung zusammengedrängt sind, wodurch gerade die äußeren, für die Suszeptibilität wichtigen Gebiete der Ionen deformiert werden.

JENSEN, MEYER-GOSSLER und ROHDE[1] haben die Suszeptibilität der Ionen Na^+, K^+, Rb^+, Cs^+, Cl^-, Br^- und J^- im Kristallverband näherungsweise berechnet. Sie benutzten hierzu das im vorangehenden Paragraphen diskutierte vereinfachte Gittermodell, in dem die Ionen als Kugeln gepackt sind. Die Elektronenverteilung der Ionen in diesem Gittermodell läßt sich durch Heranziehung des empirisch bekannten Gitterabstandes auf die im vorangehenden Paragraphen geschilderte Weise bestimmen. Die Suszeptibilitäten der genannten Ionen werden dann mit dieser Verteilung — die mit Austausch- und ohne Korrelationskorrektion bestimmt ist — aus Formel (27, 1) numerisch berechnet. Die Resultate von JENSEN, MEYER-GOSSLER und ROHDE sind durch glatte Kurven verbunden zum Vergleich mit den experimentellen Werten in Abb. 28 dargestellt. Wie man sieht, ist die Übereinstimmung sehr gut, da aber das zugrunde gelegte Gittermodell sehr vereinfacht ist, kann man dieser guten Übereinstimmung keinen allzu großen Wert beilegen.

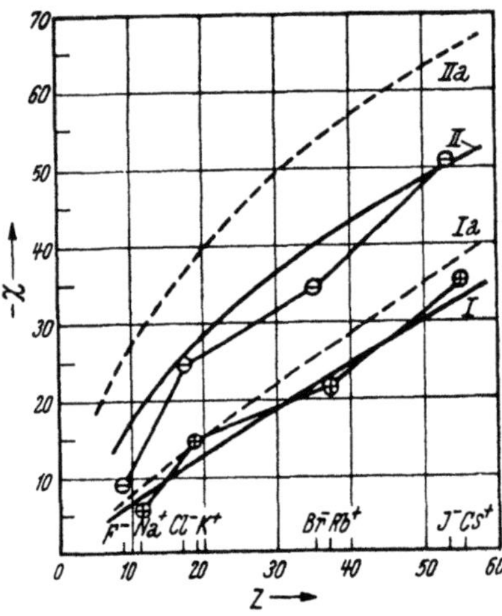

Abb. 28. Gang der diamagnetischen Suszeptibilität von Ionen im Gitter und im freien Zustand mit der Ordnungszahl. Nach JENSEN, MEYER-GOSSLER u. ROHDE (Zs. f. Phys. 110, 277, 1938). — χ in $10^{-6}\,cm^3$-Einheiten. Kurve I: Alkaliionen im Gitter, theoretisch; $-\oplus$——$\oplus-$: Alkaliionen im Gitter, empirisch. Kurve I a: Freie Alkaliionen, theoretisch. Kurve II, $-\ominus$—$\ominus$- und Kurve II a entsprechend für Halogenionen.

Die in Abb. 28 eingezeichneten (durch gerade Linien verbundenen) experimentellen Werte der Suszeptibilitäten der Ionen im Kristall stammen von BRINDLEY und HOARE[2] und wurden von ihnen aus den experimentellen Werten der Kristallsuszeptibilitäten folgendermaßen bestimmt. Der Gang der von BRINDLEY und HOARE gemessenen Werte der Suszeptibilitäten der Alkalihalogenidkristalle mit der Ordnungszahl der Halogenionen bei festgehaltenem Alkaliion und mit der Ordnungszahl des Alkaliions bei festgehaltenem Halogenion ist in Abb. 29 dargestellt. Das Parallellaufen der Kurven läßt den Schluß zu, daß sich Kristallsuszeptibili-

---

[1] H. JENSEN, G. MEYER-GOSSLER u. H. ROHDE, Zs. f. Phys. 110, 277, 1938.

[2] G. W. BRINDLEY u. F. E. HOARE, Proc. Roy. Soc. London (A) 152, 342, 1935; 159, 395, 1937.

täten aus den Beiträgen der einzelnen Ionen additiv zusammensetzen. Mit dieser Annahme kann man aus den Suszeptibilitäten der Li-Halogenide durch Abziehen der wellenmechanisch berechneten Suszeptibilität des Li$^+$-Ions[1] die Suszeptibilität der Halogenionen berechnen; diese Daten gestatten dann weiter die Berechnung der Suszeptibilitäten der Alkaliionen.

Zum weiteren Vergleich sind in Abb. 28 auch die Werte der Suszeptibilitäten freier Ionen — die von JENSEN[2] mit der modifizierten

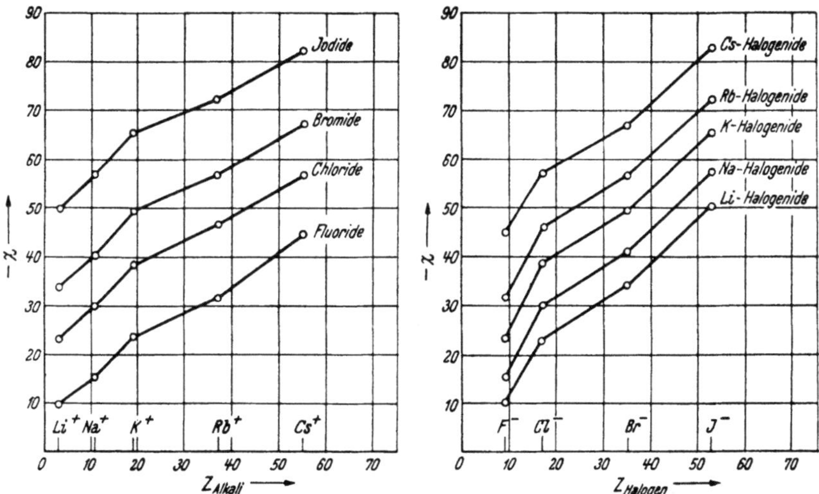

Abb. 29. Gang der von BRINDLEY und HOARE gemessenen diamagnetischen Suszeptibilitäten der Alkalihalogenidkristalle pro Mol mit der Ordnungszahl der Ionen. Nach JENSEN (Zs. f. Phys. 101, 141, 1936). — χ in 10^{-6}cm^3-Einheiten.

THOMAS-FERMI-DIRACschen Verteilung, also ebenfalls ohne Korrelationskorrektion berechnet wurden — durch glatte Kurven verbunden eingezeichnet. Die Differenz zwischen den Kurven Ia und I, bzw. IIa und II gibt die Verminderung von $|\chi|$, die durch den Einbau der Ionen in den Kristall entsteht; wie man sieht, ist diese für negative Ionen bedeutend größer als für positive Ionen. Durch die Korrelationskorrektion — die außer bei Ia und IIa auch bei I und II zu berücksichtigen wäre — würde sich die Differenz zwischen den Kurven Ia und I, bzw. IIa und II voraussichtlich etwas vermindern.

---

[1] Wegen des sehr kleinen Wertes der Suszeptibilität des Li$^+$-Ions bedeutet es für die Suszeptibilität der Ionen nur eine sehr kleine Unsicherheit, wenn man für die Suszeptibilität des Li$^+$-Ions statt des unbekannten Wertes im Kristall den Wert für das freie Ion zugrunde legt.

[2] H. JENSEN, Zs. f. Phys. 101, 141, 1936.

Jensen[1] hat außerdem mit Hilfe etwas spezieller Annahmen die Verminderung des Betrages der Suszeptibilität des Rb^+- und Br^--Ions beim Einbau dieser Ionen ins RbBr-Gitter auch von den Elektronenverteilungen der freien Ionen und ihrer gegenseitigen Durchdringung im Gitter ausgehend abgeschätzt. Es ergibt sich hierbei eine Verminderung von $|\chi|$ beim Rb^+ um $1{,}5 \cdot 10^{-6}\ cm^3$ und beim Br^- um $17 \cdot 10^{-6}\ cm^3$. Diese Werte erreichen aber nicht die Genauigkeit der Resultate der weiter oben geschilderten Berechnung.

§ 28. Polarisierbarkeiten.

Eine weitere wichtige atomare Konstante ist die Polarisierbarkeit, für die man im Rahmen der statistischen Theorie mit Hilfe der statistischen Störungsrechnung (man vgl. § 17) — also ohne Zuhilfenahme wellenmechanischer Formeln — einen Ausdruck herleiten kann, der eine rein statistische Berechnung der Polarisierbarkeit ermöglicht[2]. Dieser Ausdruck und die aus diesem berechneten Werte der Polarisierbarkeit statistischer Atome und Ionen geben eine Prüfungsmöglichkeit der Ansätze der statistischen Störungsrechnung.

Die Polarisierbarkeit kann man im Zusammenhang mit dem Stark-Effekt zweiter Ordnung definieren. Wenn man ein Atom oder Ion in ein homogenes elektrisches Feld von der Feldstärke $\mathfrak{E}$ bringt, so gibt die dem Stark-Effekt zweiter Ordnung entsprechende Energieänderung der bekannte Ausdruck

$$\Delta E = -\frac{1}{2}\,\alpha\,|\mathfrak{E}|^2\,, \tag{28, 1}$$

wo die von $\mathfrak{E}$ unabhängige Konstante α die Polarisierbarkeit bezeichnet.

Zur statistischen Berechnung von α hat man also die statistische Störungsenergie zweiter Ordnung für ein Atom oder Ion in einem homogenen elektrischen Feld zu bestimmen. Wir legen das mit der Korrelation erweiterte und modifizierte kugelsymmetrische Atom- und Ionenmodell zugrunde, in welchem in den äußeren Gebieten die Austausch- und Korrelationskorrektion durch die Fermi-Amaldische Korrektion ersetzt wird (man vgl. § 11, S. 105) und gehen vom Ausdruck (17, 28) aus, in dem wir für das Störungspotential v_s das Potential des homogenen elektrischen Feldes zu setzen haben. Wenn wir die z-Achse des Koordi-

---

[1] H. Jensen, Zs. f. Phys. **101**, 141, 1936.

[2] P. Gombás, Zs. f. Phys. **122**, 497, 1944. Außerdem wurden noch vor dieser Arbeit auf Grund einer vereinfachten Form der Störungsrechnung (und zwar mit Hilfe des ersten Schrittes des Iterationsverfahrens) einige orientierende Berechnungen von Polarisierbarkeiten durchgeführt, man vgl. P. Gombás, Math. u. Naturwiss. Anz. d. ung. Akad. **LVII**, 155, 1938.

natensystems in die Richtung von $\mathfrak{E}$ legen und den Winkel zwischen der z-Achse und dem Ortsvektor mit ϑ bezeichnen, so ist

$$v_s = - |\mathfrak{E}|\, z = - |\mathfrak{E}|\, r \cos \vartheta \ . \qquad (28, 2)$$

Mit diesem Ausdruck des Störungspotentials entstehen folgende Vereinfachungen: zunächst ist zu sehen, daß U_p positiv ist, es haben also U_p und U_k [man vgl. (17, 11)] gleiches Vorzeichen, so daß W_a in (17, 28), bzw. in (17, 26) neben $W_p + W_k$ vernachlässigt werden kann; weiterhin erhält man mit (28, 2) $v_0 = 0$.

Die weiteren Rechnungen kann man einfach durchführen, für W_s und W_k findet man

$$W_s = \frac{4\,\pi\,e^2}{5\,\varkappa_k} |\mathfrak{E}|^2 \int_0^{r_0} \varrho^{1/3} r^4\, dr \ , \quad W_k = \frac{4\,\pi\,e^2}{15\,\varkappa_k} |\mathfrak{E}|^2 \int_0^{r_0} \varrho^{1/3} r^4\, dr \ , \qquad (28, 3)$$

wo r_0 den in Tab. 15 angegebenen Grenzradius des Atoms oder Ions bezeichnet. Zur Berechnung von W_p entwickeln wir im Integranden $1/|\mathfrak{r}-\mathfrak{r}'|$ [man vgl. (17, 24) und (17, 11)] nach Kugelfunktionen; nach einfacher Umformung ergibt sich

$$W_p = \left(\frac{4\,\pi\,e^2}{5\,\varkappa_k}\right)^2 |\mathfrak{E}|^2 \int_0^{r_0} dr\, r\, [\varrho(r)]^{1/3} \int_0^{r} dr'\, r'^4\, [\varrho(r')]^{1/3} \ . \qquad (28, 4)$$

Wenn man zur Abkürzung die Bezeichnung

$$K(r) = \int_0^{r} [\varrho(r')]^{1/3} r'^4\, dr' \qquad (28, 5)$$

einführt, so folgt mit den Ausdrücken (28, 3) und (28, 4) aus (17, 26) und (17, 28) für den Variationsparameter λ und die Polarisierbarkeit α

$$\lambda_0 = \frac{K(r_0)}{\dfrac{8\,\pi\,e^2}{5\,\varkappa_k} \displaystyle\int_0^{r_0} K(r)\, [\varrho(r)]^{1/3} r\, dr + \dfrac{2}{3}\, K(r_0)} \ , \qquad (28, 6)$$

$$\alpha = \frac{K^2(r_0)}{2 \displaystyle\int_0^{r_0} K(r)\, [\varrho(r)]^{1/3} r\, dr + \dfrac{5\,\varkappa_k}{6\,\pi\,e^2}\, K(r_0)} \ . \qquad (28, 7)$$

Die numerischen Resultate, die man aus dieser Formel für einige Edelgasatome und Ionen mit edelgasähnlicher Elektronenstruktur erhält, sind in Tab. 30 zusammengestellt. Die Berechnungen wurden mit der Korrelationskorrektion erweiterten und modifizierten Verteilung (man vergleiche die Daten der Tab. 15) durchgeführt. Zum Vergleich sind die

Tab. 30. Polarisierbarkeiten.

A. Polarisierbarkeit freier Edelgasatome in 10^{-24} cm³-Einheiten.

	Ne	Ar	Kr	X
Formel (28, 7)	2,01	2,88	4,00	4,61
Nach KIRKWOOD-VINTI, Formel (28, 9)	1,76	2,62	3,77	4,39
Exp. nach FAJANS und JOOS	0,392	1,65	2,50	4,10
λ_0	0,711	0,639	0,582	0,546

B. Polarisierbarkeit freier Ionen in 10^{-24} cm³-Einheiten.

	F⁻	Cl⁻	Br⁻	J⁻
Formel (28, 7)	6,20	7,10	8,41	9,21
Nach KIRKWOOD-VINTI, Formel (28, 9)	6,31	7,05	7,72	7,97
Exp. nach FAJANS und JOOS	0,98	3,53	4,97	7,55
λ_0	0,591	0,547	0,512	0,488

	Na⁺	K⁺	Rb⁺	Cs⁺
Formel (28, 7)	0,850	1,36	2,14	2,66
Nach KIRKWOOD-VINTI, Formel (28, 9)	0,565	1,22	2,11	2,72
Exp. nach FAJANS und JOOS	0,196	0,88	1,56	2,56
λ_0	0,798	0,715	0,636	0,593

	Mg⁺⁺	Ca⁺⁺	Sr⁺⁺	Ba⁺⁺
Formel (28, 7)	0,400	0,721	1,30	1,70
Nach KIRKWOOD-VINTI, Formel (28, 9)	0,287	0,674	1,34	1,86
Exp. nach FAJANS und JOOS	0,12	0,51	0,86	1,68
λ_0	0,876	0,780	0,679	0,633

empirischen α-Werte von FAJANS und JOOS[1] angegeben, die sich auf den Gaszustand beziehen; die α-Werte für gasförmige Ionen wurden von FAJANS und JOOS mit Hilfe besonderer Annahmen und mit Hilfe der empirischen Werte der Molrefraktion der Edelgase aus den empirischen Werten der Molrefraktion fester und gelöster Salze festgestellt. Wie aus

---

[1] K. FAJANS u. G. JOOS, Zs. f. Phys. **23**, 1, 1924; man vgl. auch Handb. d. Phys. XXIV/2, 2. Aufl., S. 942, Springer, Berlin, 1933.

Tab. 30 zu ersehen ist, stimmen die aus (28, 7) berechneten Polarisierbarkeiten für schwere Atome und Ionen mit den empirischen Werten befriedigend überein. Bei den leichten Atomen und Ionen ergeben sich aber große Abweichungen von den experimentellen Werten, und zwar sind die theoretischen Werte zu groß. Bemerkenswert ist aber, daß auch bei den leichten Elementen das Größenverhältnis der theoretischen Werte in einer Vertikalreihe der Tab. 30 ziemlich gut mit dem Größenverhältnis der experimentellen übereinstimmt. Der Grund für die große Abweichung der theoretischen Polarisierbarkeiten der leichten Atome und Ionen von den experimentellen Werten ist darin zu suchen, daß in dem Ausdruck (28, 7) von α die Randgebiete des Atoms oder Ions — in welchen die statistische Elektronenverteilung besonders bei leichten Atomen und Ionen nur eine grobe Näherung der exakten darstellt — äußerst stark (viel stärker als bei der diamagnetischen Suszeptibilität) betont werden. In (28, 7) geht nämlich das Integral $K(r_0)$ am Quadrat ein, zu dem wegen der vierten Potenz von r^4 und besonders auch wegen der dritten Wurzel von ϱ im Integrand den wesentlichen Beitrag die äußeren Gebiete des Atoms oder Ions liefern. Deswegen kann man für die leichten Atome oder Ionen auch keine bessere Übereinstimmung mit der Erfahrung erwarten.

Zur Prüfung des in der Störungsrechnung gemachten Ansatzes (17, 21) für $\delta\varrho$ haben wir versuchsweise die Polarisierbarkeit auch noch mit anderen Ansätzen berechnet, die sich von (17, 21) darin unterscheiden, daß im Nenner statt $V^* - V_0$ die mittlere potentielle Energie, bzw. die mittlere Gesamtenergie eines herausgegriffenen Elektrons gesetzt wurde. Diese Ansätze führten für die Polarisierbarkeit zu Werten, die sich von denen, die man aus der [mit dem Ansatz (17, 21) hergeleiteten] Formel (28, 7) erhält, nur wenig unterscheiden. Dies kann man als eine weitere Stütze der statistischen Störungsrechnung betrachten. Weiterhin sei noch kurz darauf hingewiesen, daß der einfache Ansatz $\delta\varrho = \lambda(v_s - v_0)\varrho$ mit $v_0 = \int \varrho \, v_s \, dv$ für die Polarisierbarkeit zu viel zu kleinen Werten (bei X zu einem um rund zehnmal kleineren Wert als der experimentelle) führt, da dieser Ansatz — der aus (17, 21) dadurch hervorgeht, daß man $V^* - V_0 = $ const. setzt — dem für die Behandlung des gestörten Atoms wesentlichen Umstand, daß die äußeren Gebiete der Elektronenwolke bedeutend schwächer gebunden sind als die inneren, nicht Rechnung trägt.

Wie aus den Untersuchungen von FAJANS und JOOS und anderen[1] hervorgeht, erfährt die Polarisierbarkeit durch die Bindung der Ionen im Molekül- oder Kristallverband eine von der Bindung abhängige Änderung, die davon herrührt, daß bei der Bindung die Elektronenverteilung besonders in den äußeren Gebieten der Ionen beeinflußt wird. Die Berechnungen der Polarisierbarkeit von Ionen, die im Kristallverband gebunden

---

[1] Man vgl. z. B. Handb. d. Phys. XXIV/2, 2. Aufl., S. 943 bis 946, Springer, Berlin, 1933.

sind, könnte man mit Hilfe des im § 26 diskutierten Gittermodells durchführen, in welchem die Ionen als Kugeln gepackt sind. Da in diesem Modell bei Zugrundelegung des empirischen Gitterabstandes die leichteren Ionen relativ stark zusammengedrängt sind, d. h. der Dichteverlauf in den Randgebieten der Ionen verbessert wird und die Polarisierbarkeit nach (28, 7) in sehr hohem Maße von der Elektronenverteilung in den äußeren Gebieten der Ionen abhängt, so kann man für die Polarisierbarkeit von leichten Ionen, die im Kristallverband gebunden sind, mit der Erfahrung besser übereinstimmende Werte erwarten als für freie Ionen.

Zum Vergleich mit der für freie Atome und Ionen gültigen statistischen Formel (28, 7) geben wir eine von KIRKWOOD[1] auf Grund der Wellenmechanik hergeleitete, ebenfalls für freie Atome und Ionen gültige Näherungsformel für α an, die folgendermaßen lautet

$$\alpha = \frac{4}{9\,N a_0}\,(\overline{r^2})^2\,, \tag{28, 8}$$

wo N die Zahl der Elektronen des Atoms oder Ions und $\overline{r^2}$ das durch (27, 1) definierte atomare Mittel von r^2 bezeichnet.

Da $\overline{r^2}$ auch in den Ausdruck (27, 1) der diamagnetischen Suszeptibilität χ eingeht, kann man $\overline{r^2}$ mit χ ausdrücken und erhält durch Einsetzen in (28, 8) zwischen α und χ den bekannten KIRKWOOD-VINTIschen Zusammenhang[2]

$$\alpha = \frac{16\,m^2\,c^4}{L^2\,e^4\,a_0}\,\frac{\chi^2}{N}\,. \tag{28, 9}$$

Zum Vergleich mit den aus Formel (28, 7) berechneten α-Werten haben wir in Tab. 30 auch diejenigen α-Werte angegeben, die man aus diesem Zusammenhang erhält; für χ wurden die Werte der Tab. 29 eingesetzt, die sich mit der durch die Austausch- und Korrelationskorrektion erweiterten und modifizierten Verteilung ergeben. Die so berechneten α-Werte stimmen mit den statistischen im allgemeinen gut überein, das man ebenfalls als eine Bestätigung des Ansatzes (17, 21) betrachten kann.

Weiterhin zeigt der Vergleich der aus (28, 9) berechneten α-Werte mit den statistischen, daß der KIRKWOOD-VINTIsche Zusammenhang auch im Rahmen der statistischen Theorie näherungsweise erfüllt ist; der allgemeine Beweis dieses Zusammenhanges in der statistischen Theorie wurde aber noch nicht erbracht.

Schließlich möchten wir noch auf folgendes hinweisen. Wenn man in die Formel (28, 9) im Falle neutraler Atome ($N = Z$) für χ den zu $Z^{1/3}$ propor-

---

[1] J. G. KIRKWOOD, Phys. Zs. **33**, 57, 1932.

[2] J. G. KIRKWOOD, Phys. Zs. **33**, 57, 1932; J. P. VINTI, Phys. Rev. (2) **41**, 813, 1932.

tionalen Ausdruck (27, 3) oder (27, 7) einsetzt, so ergibt sich für a eine gänzlich fehlgehende Abhängigkeit von Z, a wird nämlich zu $1/Z^{1/3}$ proportional. Hieraus folgt, daß der Anstieg von $|\chi|$ mit Z in den Ausdrücken (27, 3) und (27, 7), die mit der ursprünglichen THOMAS-FERMISCHEN, bzw. mit der LENZ-JENSEN-schen Verteilung hergeleitet wurden, zu gering ist. Wenn man für χ in (28, 9) die mit der Austausch- und Korrelationskorrektion erweiterten und modifizierten Verteilung berechneten Werte einsetzt, so erhält man, wie aus Tab. 30 zu sehen ist, mit wachsendem Z wachsende a-Werte, wie dies auch sein soll. Dies zeigt wieder, daß der korrigierte Dichteverlauf den tatsächlichen bedeutend besser approximiert als der ursprüngliche THOMAS-FERMIsche oder LENZ-JENSENsche Dichteverlauf.

§ 29. Streuvermögen von Atomen und Ionen für Röntgen- und Elektronenstrahlen.

In der Theorie der Streuerscheinungen von Röntgen- und Elektronenstrahlen, die eine der wichtigsten Grundlagen zur Erforschung des Molekül- und Kristallbaues bilden, kommt es im wesentlichen auf die Bestimmung des Streuvermögens des einzelnen Atoms oder Ions an, mit der wir uns im folgenden befassen wollen. Bei der Streuung von Röntgen- und Elektronenstrahlen hat man zwischen kohärenter (elastischer) und inkohärenter (unelastischer) Streuung zu unterscheiden. Die Streuung hängt in beiden Fällen von der Elektronenverteilung des Atoms ab und man kann — wie im folgenden gezeigt werden soll — das Streuvermögen elektronenreicher Atome und Ionen mit Hilfe des statistischen Modells sehr einfach berechnen. Wir befassen uns zunächst mit der kohärenten und inkohärenten Streuung von Röntgenstrahlen und raschen[1] Elektronenstrahlen, deren Theorie große Ähnlichkeit aufweist; danach behandeln wir dann die elastische Streuung langsamer Elektronenstrahlen. Abschließend besprechen wir die Berechnung der Intensitätsverteilung in einer COMPTON-Streulinie.

Streuung von Röntgenstrahlen und raschen Elektronenstrahlen. Die quantenmechanische Theorie der Streuung von Röntgen- und raschen Elektronenstrahlen an Atomen wurde für Röntgenstrahlen auf sehr allgemeinen Grundlagen von WALLER[2] und für Elektronenstrahlen hauptsächlich von BORN[3], von BETHE[4] und von MOTT[5] entwickelt. Auf

---

[1] Unter rasch versteht man hier rasch im Verhältnis zu den schnellsten Elektronen innerhalb des streuenden Atoms. Es läßt sich zeigen, daß diese Bedingung hinreichend erfüllt ist, wenn die Voltgeschwindigkeit der Elektronen größer ist als etwa $50\,Z^2$.

[2] I. WALLER, Zs. f. Phys. **51**, 213, 1928; **58**, 75, 1929.

[3] M. BORN, Zs. f. Phys. **38**, 803, 1926.

[4] H. BETHE, Ann. d. Phys. (4) **87**, 55, 1928; (5) **5**, 325, 1930.

[5] N. F. MOTT, Proc. Roy. Soc. London (A) **124**, 425, 1929; **127**, 658, 1930.

die allgemeine Theorie der Streuung können wir hier nicht eingehen und verweisen diesbezüglich auf die zahlreichen zusammenfassenden Darstellungen[1] und Originalarbeiten.

Kohärente Streuung. Die Streuintensität der kohärent gestreuten Röntgenstrahlen und raschen Elektronenstrahlen kann man sowohl aus der allgemeinen quantenmechanischen Theorie der Streuung als auch aus einfacheren halbklassischen Betrachtungen[2] herleiten, bei denen sich die Streustrahlung aus der Interferenz von Teilstreuwellen ergibt, die von den einzelnen Ladungselementen $-e\varrho\,dv$ des Atoms ausgehen und bei Röntgenstrahlen der klassischen J. J. Thomsonschen Formel und bei Elektronenstrahlen der Rutherfordschen Streuformel entsprechen. Hierbei hat man zu berücksichtigen, daß im Falle der Streuung von Röntgenstrahlen die Streuung am Kern zur Streuamplitude praktisch nichts beiträgt, aber im Falle von Elektronenstrahlen der Kern an der Streuung beteiligt ist und von diesem eine Streuwelle mit einer zu Z proportionalen Amplitude ausgeht, deren Phase zur Phase der von den Atomelektronen gestreuten Welle entgegengesetzt ist.

Bei der kohärenten Streuung an einem einzelnen Atom ergeben sich — innerhalb der weiter unten angegebenen Grenzen — für die Intensität des im Winkelabstand ϑ zum Primärstrahl gestreuten Strahles in der Entfernung R vom Atomzentrum die bekannten Formeln

a) für Röntgenstrahlen

$$J_\vartheta = J_0 \,\frac{e^4}{m^2\,c^4}\,\frac{1}{R^2}\,\frac{1-\cos^2\vartheta}{2}\,F^2\,, \qquad (29,1)$$

b) für Elektronenstrahlen

$$J_\vartheta = J_0 \,\frac{64\,\pi^4\,m^2\,e^4}{h^4}\,\frac{1}{R^2}\,\frac{1}{\varkappa^4}\,(Z-F)^2\,. \qquad (29,2)$$

Hier bezeichnet J_0 die Intensität des Primärstrahles, Z die Ordnungszahl des Atoms und F den Atomformfaktor, der für Atome mit kugelsymmetrischer Elektronenverteilung folgende Gestalt hat

$$F = \int \varrho\,\frac{\sin\varkappa r}{\varkappa r}\,dv = 4\pi\int_0^\infty \varrho\,\frac{\sin\varkappa r}{\varkappa r}\,r^2\,dr\,, \qquad (29,3)$$

---

[1] Man vgl. z. B. Handb. d. Phys. XXIII/2, 2. Aufl., Springer, Berlin, 1933; H. G. Trieschmann, Hand- u. Jahrb. d. chem. Phys. Bd. 8, Abschn. II, S. 105, Akad. Verlagsges., Leipzig, 1936; E. Fues, Handb. d. Experimentalphys., Ergänzungswerk Bd. 2, Akad. Verlagsges., Leipzig, 1935; W. Ehrenberg u. K. Schäfer, Phys. Zs. **33**, 97 u. 575, 1932.

[2] Man vgl. z. B. den Artikel von N. F. Mott in Leipziger Vorträge 1930, Hirzel, Leipzig, 1930, oder A. Eucken, Lehrb. d. chem. Phys. Bd. I, 2. Aufl., S. 295 bis 319, Akad. Verlagsges., Leipzig, 1938.

wo ϱ die Elektronendichte des Atoms und

$$\varkappa = \frac{4\,\pi}{\lambda}\sin\frac{\vartheta}{2} \qquad (29,4)$$

ist. λ bedeutet die Wellenlänge des Röntgenstrahles, bzw. die Länge der Materiewelle der Elektronenstrahlen. Für Elektronenstrahlen kann man also $\lambda = \dfrac{h}{m\,v}$ setzen, wo v den Betrag der Elektronengeschwindigkeit bezeichnet.

Die Gültigkeitsgrenzen der Streuformeln (29, 1) und (29, 2) sind die folgenden. Die Formel (29, 1) gilt für Röntgenstrahlen, bei denen die Energie der Quanten im Verhältnis zur Abtrennungsenergie eines Elektrons der K-Schale groß ist, Formel (29, 2) gilt für rasche[1] Elektronen. Die Streuformeln und die Definitionsgleichung (29, 3) von F haben auch für Ionen Gültigkeit.

In die Streuintensitäten geht der Atomformfaktor F ein, der für ein bestimmtes Atom (vorgegebenes ϱ) eine Funktion von $\varkappa$, also eine Funktion von λ und ϑ ist, mit deren Bestimmung wir uns im folgenden zunächst befassen. Nur für sehr kleine Werte von $\varkappa$ (da dann $\sin\varkappa r \cong \varkappa r$ ist) wird F von $\varkappa$ unabhängig, es geht dann F in die Anzahl der Elektronen des Atoms, N, über.

Zur Berechnung des Atomformfaktors als Funktion von $\varkappa$ ist das statistische Atommodell besonders geeignet. Da für F die äußeren Gebiete des Atoms nicht stark ins Gewicht fallen, können wir zur Berechnung von F das ursprüngliche Thomas-Fermische Modell heranziehen. Wir beschränken uns zunächst auf neutrale Atome. Mit dem Ausdruck (3, 59) für ϱ ergibt sich für diese mit Rücksicht auf (3, 49) und (3, 50)

$$F = Z\int\limits_0^\infty \varphi_0^{3/2}\, x^{1/2}\,\frac{\sin u\,x}{u\,x}\,dx\,, \qquad (29,5)$$

wo φ_0 die in Tab. 1 angegebene Funktion ist und u folgende Bedeutung hat

$$u = \mu\,\varkappa = \frac{0{,}8853\,a_0}{Z^{1/3}}\,\varkappa = \frac{0{,}468.10^{-8}\,\text{cm}}{Z^{1/3}}\,\frac{4\,\pi}{\lambda}\sin\frac{\vartheta}{2}\,. \qquad (29,6)$$

Für neutrale Atome kann man also den Atomformfaktor folgendermaßen darstellen

$$F = Z f_0(u)\,, \qquad (29,7)$$

wo $f_0(u)$ das nur von u abhängige Integral in (29, 5) bezeichnet. Der Zusammenhang zwischen f_0 und u ist also von der Ordnungszahl unab-

---

[1] Man vgl. die Fußnote [1] auf S. 243.

hängig, die Ordnungszahl ist nur im Argument u enthalten. Wenn man also $f_0(u)$ ermittelt hat, so läßt sich F für ein beliebiges Atom sehr einfach bestimmen. $f_0(u)$ kann man nur auf numerischem Wege berechnen; die Werte von f_0 und der Funktion f_0^2, die für die Intensität des gestreuten Röntgenstrahles maßgebend ist, sind in Tab. 31 zusammengestellt[1]. Außerdem haben wir in dieser Tabelle auch die nach (29, 2) für die Intensität des gestreuten Elektronenstrahles maßgebende Funktion

$$g_0^2 = (0{,}468)^4 \frac{[1 - f_0(u)]^2}{u^4} \tag{29, 8}$$

angegeben, mit der man J_ϑ für Elektronenstrahlen folgendermaßen darstellen kann

$$J_\vartheta = J_0 \frac{64\,\pi^4\,m^2\,e^4}{h^4} \frac{1}{R^2} Z^{2/3} g_0^2\, 10^{-32}\ \mathrm{cm}^4\,. \tag{29, 9}$$

Mit dieser Tabelle läßt sich die Streuintensität sowohl für Röntgen- als für Elektronenstrahlen für beliebige Atome leicht berechnen. Aus der Tabelle ist zu sehen, daß mit wachsendem u die Streuintensität für Elektronenstrahlen bedeutend rascher abnimmt als für Röntgenstrahlen.

Tab. 31. Die Funktionen $f_0(u)$, $f_0^2(u)$ und $g_0^2(u)$.

u	0	0,15	0,31	0,46	0,62	0,77	0,93
f_0	1,000	0,922	0,796	0,684	0,589	0,522	0,469
f_0^2	1,000	0,850	0,634	0,468	0,347	0,272	0,220
g_0^2	1,02	0,577	0,216	0,107	0,0548	0,0312	0,0181

u	1,08	1,24	1,39	1,55	1,70	1,86	2,01
f_0	0,422	0,378	0,342	0,309	0,284	0,264	0,240
f_0^2	0,178	0,143	0,117	0,095	0,081	0,070	0,058
g_0^2	0,0118	0,00785	0,00556	0,00397	0,00294	0,00217	0,00170

u	2,17	2,32	2,48	2,63	2,79	2,94	3,10
f_0	0,224	0,205	0,189	0,175	0,167	0,156	0,147
f_0^2	0,050	0,042	0,036	0,031	0,028	0,024	0,022
g_0^2	0,00130	0,00105	0,00083	0,00068	0,00055	0,00046	0,00038

---

[1] Aus A. EUCKEN, Lehrb. d. chem. Phys. Bd. I, 2. Aufl., S. 302, Akad. Verlagsges., Leipzig, 1938. Man vgl. auch P. DEBYE, Streuung von Röntgen- u. Kathodenstrahlen in „Ergebnisse der technischen Röntgenkunde III", Akad. Verlagsges., Leipzig, 1933. Erstmalig bei L. BEWILOGUA, Phys. Zs. **32,** 740, 1931.

In Abb. 30 geben wir für Ar einen Vergleich der THOMAS-FERMIschen Funktion $f_0{}^2$ mit der von WALLER und HARTREE[1] aus der allgemeinen wellenmechanischen Dispersionsformel von WALLER berechneten entsprechenden Funktion. Wie man sieht, ist die Übereinstimmung sehr gut.

Die Berechnung von F für neutrale Atome kann man auch auf positive THOMAS-FERMIsche Ionen übertragen, man hat dann im Integral in (29, 5) nur φ_0 durch φ [man vgl. (4, 24) und (4, 26)] und die obere Grenze des Integrals durch x_0 mit den Werten aus Tab. 4 zu ersetzen; sonst bleibt alles unverändert. Da φ und x_0 nur vom Ionisationsgrad $q = (Z-N)/Z$ abhängen, kann man F für einen bestimmten Ionisationsgrad wieder in der Form $F = Zf(u)$ darstellen, $f(u)$ ist für jeden Ionisationsgrad eigenst zu berechnen. Auf diese Weise hat DERENZINI[2] den Atomformfaktor für Na^+, K^+, Rb^+ und Sr^{++} bestimmt.

Von Sz. NAGY[3] wurde die LENZ-JENSENsche statistische Verteilung zur Berechnung der Atomformfaktoren einer großen Anzahl von neutralen Atomen sowie positiven und negativen Ionen herangezogen. Die Rechnungen lassen sich ebenfalls in bequemer Weise durchführen. Hier fallen die Einwände, die sich auf den LENZ-JENSENschen Dichteverlauf in großer Entfernung vom Kern beziehen, nicht stark ins Gewicht, da bei der Berechnung von F die inneren Gebiete des Atoms die wesentliche Rolle spielen.

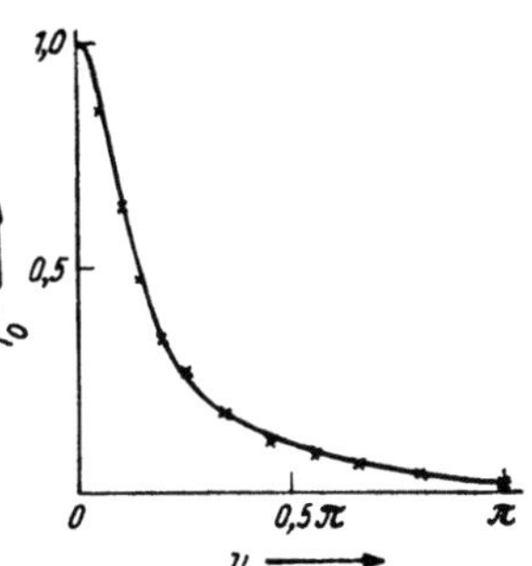

Abb. 30. Vergleich der zur kohärenten Streuintensität von Röntgenstrahlen proportionalen Funktion $f_0{}^2$ ($\times \times \times$) mit der von WALLER und HARTREE auf wellenmechanischem Wege berechneten entsprechenden Funktion (——) für Argon. Nach BEWILOGUA (Phys. Zs. 32, 740, 1931).

Die mit der Austauschkorrektion und Korrelationskorrektion erweiterten statistischen Modelle gelangten bisher bei der Berechnung von Atomformfaktoren nicht zur Anwendung.

Atomformfaktoren wurden außer der THOMAS-FERMIschen und LENZ-JENSENschen statistischen Verteilung auch mit der Verteilung des self-consistent field[4] und mit einem Näherungsverfahren von PAULING und SHERMAN[5] berechnet, bei welchem für die einzelnen Atomelektronen Wasserstoffeigenfunktionen mit geeignet gewählten Abschirmungszahlen zur Anwendung gelangten. Wie ein Vergleich der mit den verschiedenen

[1] I. WALLER u. D. R. HARTREE, Proc. Roy. Soc. London (A) **124**, 119, 1929. Zahlenwerte sind bei G. HERZOG, Zs. f. Phys. **69**, 207, 1931 angegeben.

[2] T. DERENZINI, Nuovo Cimento (N. S.) **13**, 341, 1936.

[3] B. v. Sz. NAGY, Zs. f. Phys. **91**, 105, 1934; **94**, 229, 1935 (Berichtigung).

[4] R. W. JAMES u. G. W. BRINDLEY, Phil. Mag. **12**, 81, 1931; Zs. f. Kristall. (A) **78**, 470, 1931.

[5] L. PAULING u. J. SHERMAN, Zs. f. Kristall. (A) **81**, 1, 1932.

Verteilungen berechneten Atomformfaktoren zeigt, unterscheiden sich diese nur wenig voneinander[1], woraus sich ergibt, daß der Atomformfaktor gegenüber dem zugrunde gelegten Modell der Elektronenverteilung relativ unempfindlich ist.

Inkohärente Streuung. Die allgemeine Theorie der inkohärenten Streuung von Röntgenstrahlen an Atomen wurde von WALLER[2] entwickelt. Aus der WALLERschen Streuformel ausgehend, konnte HEISENBERG[3] zeigen, daß man durch eine Ausdehnung der statistischen Methode die Intensität der inkohärenten Streustrahlung mit Hilfe der Elektronenverteilung des statistischen Modells berechnen kann.

Während für die kohärente Streuintensität die Elektronendichte, also bei Vernachlässigung der Wechselbeziehung der Elektronen und bei einer doppelten Besetzung der Zustände der Bahnbewegung bis auf den Faktor 2 der Ausdruck[4] $\sum\limits_i \psi_i{}^* (\mathfrak{r})\, \psi_i (\mathfrak{r})$ maßgebend ist, wo ψ_i die Eigenfunktion eines einzelnen Elektrons im i-ten Zustand der Bahnbewegung bezeichnet, konnte HEISENBERG durch eine Umformung der WALLERschen Streuformel zeigen, daß für die inkohärente Streuintensität der Ausdruck $\sum\limits_i \psi_i{}^* (\mathfrak{r})\, \psi_i (\mathfrak{r}')$ maßgebend ist, wo $\mathfrak{r}$ und $\mathfrak{r}'$ zwei verschiedene Ortsvektoren bezeichnen. Dieser Ausdruck wird bei großer Elektronenzahl nur für kleine Werte von $|\mathfrak{r}-\mathfrak{r}'|$ merklich von 0 verschieden und geht für $\mathfrak{r}' = \mathfrak{r}$ in $\sum\limits_i \psi_i{}^* (\mathfrak{r})\, \psi_i (\mathfrak{r})$ über. In Verallgemeinerung des statistischen Ansatzes

$$\sum_i \psi_i{}^*(\mathfrak{r})\, \psi_i(\mathfrak{r}) \approx \int\int\int \frac{dp_x\, dp_y\, dp_z}{h^3}\,, \tag{29, 10}$$

wo im Falle neutraler Atome die Integration auf die Impulskugel vom Radius $p_\mu = [2\, m\, e\, V(\mathfrak{r})]^{1/2}$ auszudehnen ist, setzt HEISENBERG

$$\sum_i \psi_i{}^*(\mathfrak{r})\, \psi_i(\mathfrak{r}') \approx \int\int\int \frac{dp_x\, dp_y\, dp_z}{h^3}\, e^{\frac{2\pi i}{h}(\mathfrak{p},\, \mathfrak{r}-\mathfrak{r}')} \tag{29, 11}$$

und dehnt die Integration auf die Impulskugel vom Radius $\left[2\, m\, e\, V\!\left(\frac{\mathfrak{r}+\mathfrak{r}'}{2}\right)\right]^{1/2}$ aus. Wie zu sehen ist, geht die verallgemeinerte Formel für $\mathfrak{r}' = \mathfrak{r}$ in die

---

[1] Man vgl. Handb. d. Phys. XXIII/2, 2. Aufl., S. 324, Springer, Berlin, 1933.

[2] I. WALLER, Zs. f. Phys. **51**, 213, 1928.

[3] W. HEISENBERG, Phys. Zs. **32**, 737, 1931.

[4] Bei einer großen Anzahl von Elektronen kann man das Zweifache dieses Ausdruckes auch in dem Falle mit der Elektronendichte gleichsetzen, wenn ein Zustand der Bahnbewegung nur einfach besetzt ist, da im Falle einer großen Anzahl von Elektronen der hierdurch entstehende Fehler gering ist.

Formel (29, 10) über. Auf Grund der verallgemeinerten Formel (29, 11) kann man zeigen, daß für die Streustrahlung der Impulssatz gerade in der Form erfüllt ist, wie es der Annahme freier Elektronen entspricht.

Mit der Näherungsformel (29, 11) erhält HEISENBERG im Falle der inkohärenten Streuung von Röntgenstrahlen an einem einzelnen neutralen THOMAS-FERMISchen Atom für die Intensität des im Winkel ϑ zum Primärstrahl gestreuten Röntgenstrahles in der Entfernung R vom Atomzentrum

$$J_\vartheta = J_0 \, \frac{e^4}{m^2 c^4} \, \frac{1}{R^2} \, \frac{1 - \cos^2 \vartheta}{2} Z \, s_0{}^2 \qquad (29, 12)$$

mit

$$s_0{}^2 = 1 - \int\limits_0^{\xi_0} \left\{ \left[\frac{\varphi_0(\xi)}{\xi} \right]^{1/2} - w \right\}^2 \left\{ \left[\frac{\varphi_0(\xi)}{\xi} \right]^{1/2} + \frac{1}{2} \, w \right\} \xi^2 \, d\xi \, . \qquad (29, 13)$$

Hier bezeichnet φ_0 die in Tab. 1 angegebene Funktion, w ist durch die Gleichung

$$w = \frac{u}{(6 \pi Z)^{1/3}} = \frac{0{,}176 \cdot 10^{-8} \, \mathrm{cm}}{Z^{2/3}} \, \frac{4 \pi}{\lambda} \, \sin \frac{\vartheta}{2} \qquad (29, 14)$$

definiert und ξ_0 bedeutet die Wurzel der Gleichung

$$\left[\frac{\varphi_0(\xi)}{\xi} \right]^{1/2} = w \, . \qquad (29, 15)$$

Die Formel (29, 12) gilt für den Fall, daß die Energie der Lichtquanten des einfallenden Röntgenstrahles im Verhältnis zur Ionisierungsenergie eines Elektrons in der K-Schale des streuenden Atoms groß und im Verhältnis zu mc^2 klein ist. Außerdem soll die Anzahl der Elektronen des streuenden Atoms wegen der statistischen Betrachtungsweise groß sein; wie sich aber zeigt, kann man die Formel bis zu $Z = 6$ benutzen[1].

Da der Zusammenhang zwischen $s_0{}^2$ und w von der Ordnungszahl des streuenden Atoms unabhängig ist, läßt sich die Intensität des gestreuten Röntgenstrahles auch im Falle der inkohärenten Streuung für beliebige Atome sehr einfach berechnen. Bemerkenswert ist, daß w zu $1/Z^{2/3}$, während u zu $1/Z^{1/3}$ proportional ist. Die von BEWILOGUA[2] für verschiedene Werte von w tabellierte Funktion $s_0{}^2(w)$ bringen wir in Tab. 32. Wie zu sehen ist, nimmt die Intensität bei der inkohärenten Streuung mit wachsendem w, also mit wachsendem $\left(\sin \frac{\vartheta}{2} \right)/\lambda$ zu, während bei der Intensität der kohärenten Streuung das Entgegengesetzte der Fall ist.

---

[1] Man vgl. L. BEWILOGUA, Phys. Zs. **32**, 740, 1931.

[2] L. BEWILOGUA, Phys. Zs. **32**, 740, 1931.

Tab. 32. Die Funktion[1] $s_0^2(w)$.

w	0	0,025	0,05	0,1	0,2	0,3	0,4
s_0^2	0	(0,199)	0,319	0,486	0,674	0,776	0,839

w	0,5	0,6	0,7	0,8	0,9	1,0	∞
s_0^2	0,880	0,909	0,929	0,944	0,954	0,963	1

Die Streuintensität für Elektronenstrahlen bei inkohärenter (unelastischer) Streuung steht mit der inkohärenten Streuintensität für Röntgenstrahlen in einem ganz ähnlichen Zusammenhang[2] wie bei der kohärenten Streuung mit dem Unterschied, daß jetzt der Kernanteil, der in (29, 2) in dem Glied mit Z zum Ausdruck kommt, gleich Null zu setzen ist. Man erhält also für die inkohärente Streuintensität von Elektronenstrahlen

$$J_\vartheta = J_0 \frac{64\,\pi^4\,m^2\,e^4}{h^4} \frac{1}{R^2} \frac{1}{\varkappa^4} Z\,s_0^2 . \tag{29, 16}$$

Dieser Ausdruck gilt nur dann, wenn der Beitrag der Sekundärelektronen vernachlässigt werden kann, was für Streuwinkel unterhalb $\infty 45^0$ der Fall ist. Außerdem ist vorausgesetzt, daß der Primärstrahl aus raschen[3] Elektronen besteht, deren Geschwindigkeit aber im Verhältnis zu c klein ist.

Um die Brauchbarkeit des erweiterten statistischen Ansatzes von HEISENBERG zu zeigen, bringen wir in Abb. 31 für Ar einen Vergleich der für die inkohärente Streuintensität von Röntgenstrahlen maßgebenden Funktion s_0^2 mit der von WALLER und HARTREE[4] aus der wellenmechanischen Dispersionsformel von WALLER berechneten entsprechenden Funktion. Die Übereinstimmung ist sehr gut.

Weiterhin ist in Abb. 32 für Ar die zur totalen (kohärenten + inkohärenten) Streuintensität von Röntgenstrahlen proportionale Funktion $Z^2 f_0^2 + Z s_0^2$ mit der von WALLER und HARTREE[5] aus der WALLER-

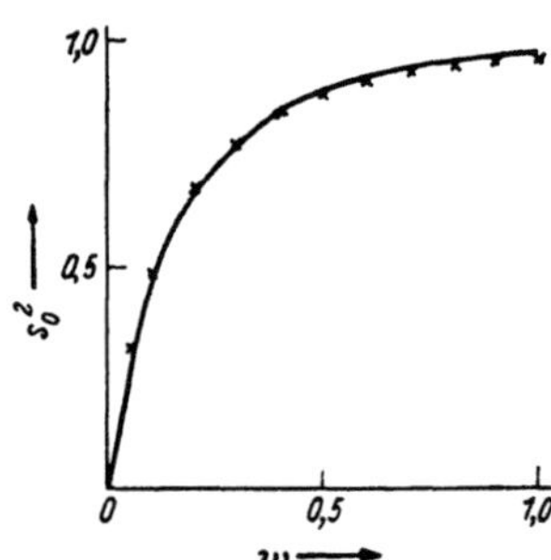

Abb. 31. Vergleich der zur inkohärenten Streuintensität von Röntgenstrahlen proportionalen Funktion s_0^2 ($\times \times \times$) mit der von WALLER und HARTREE auf wellenmechanischem Wege berechneten entsprechenden Funktion (————) für Argon. Nach BEWILOGUA (Phys. Zs. **32**, 740, 1931).

---

[1] Der Wert in Klammern wurde durch Interpolation ermittelt.

[2] E. FUES, Handb. d. Experimentalphys., Ergänzungswerk Bd. 2, S. 26 bis 28, Akad. Verlagsges., Leipzig, 1935.

[3] Man vgl. die Fußnote [1] auf Seite 243.

[4] I. WALLER u. D. R. HARTREE, Proc. Roy. Soc. London (A) **124**, 119, 1929. Zahlenwerte sind bei G. HERZOG, Zs. f. Phys. **69**, 207, 1931 angegeben.

[5] I. WALLER u. D. R. HARTREE, l. c., weiterhin G. HERZOG, l. c.

schen Dispersionsformel berechneten entsprechenden Funktion und mit der zur inkohärenten Streuintensität von Röntgenstrahlen proportionalen Funktion $Z s_0^2$ verglichen. Wie man sieht, ist für kleine Werte von $\left(\sin\frac{\vartheta}{2}\right)/\lambda$ die inkohärente Streuintensität für Röntgenstrahlen im Verhältnis zur totalen sehr klein, für größere Abszissenwerte kommt aber die inkohärente Streuintensität relativ stark zur Geltung.

Vergleich mit der Erfahrung. Bei einem Vergleich der theoretischen Resultate mit der Erfahrung hat man zu beachten, daß sich die theoretischen Resultate auf die Streuung an freien Atomen und Ionen beziehen, man kann deshalb die theoretischen Formeln nur mit solchen Meßergebnissen direkt vergleichen, die sich auf Streuerscheinungen beziehen, bei welchen die Voraussetzungen der Theorie erfüllt sind. Dies ist z. B. bei der Streuung von Röntgenstrahlen an einatomigen Gasen unter Normalbedingungen bei den gebräuchlichen Röntgenwellenlängen von der Größenordnung 10^{-8} cm der Fall, da hier die Interferenz der von den einzelnen Atomen ausgehenden Streuwellen unbedeutend ist und vernachlässigt werden kann. Bei Gasen, die aus mehratomigen Molekülen bestehen und bei Kristallen ist die Intensitätsverteilung der Streustrahlung komplizierter, da hier Interferenzerscheinungen auftreten und bei Kristallen die Streuung auch durch die Temperatur- und Nullpunktsbewegung der Atome oder Ionen beeinflußt wird.

Absolutmessungen der totalen Streuintensität von Röntgenstrahlen wurden von WOLLAN[1] u. a. am gasförmigen Ne und Ar durchgeführt. Da hier alle Voraussetzungen

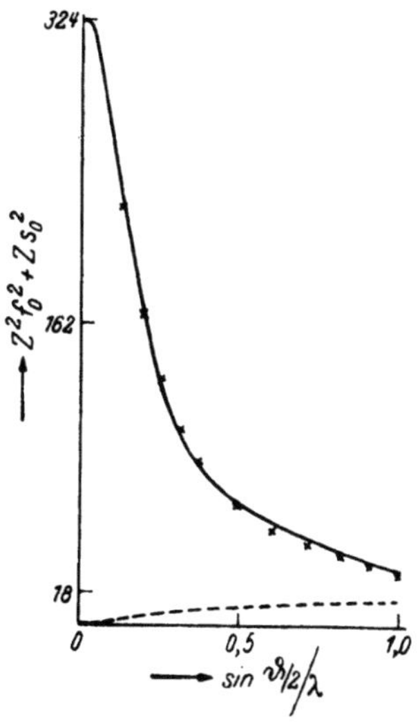

Abb. 32. Vergleich der zur totalen Streuintensität von Röntgenstrahlen proportionalen Funktion $Z^2 f_0^2 + Z s_0^2$ (× × ×) mit der von WALLER und HARTREE auf wellenmechanischem Wege berechneten entsprechenden Funktion (———) für Argon. Zum weiteren Vergleich ist auch die zur inkohärenten Streuintensität von Röntgenstrahlen proportionale Funktion $Z s_0^2$ (– – – –) ebenfalls für Argon eingezeichnet. Nach BEWILOGUA (Phys. Zs. 32, 740, 1931).

der Theorie erfüllt sind, können wir hier einen unmittelbaren Vergleich mit der Theorie vornehmen; den Vergleich kann man an Hand der Abb. 33 und 34 durchführen, in denen für Ne und Ar die Funktion

---

[1] E. O. WOLLAN, Phys. Rev. (2) **37**, 862, 1931. Diese Messungen kann man insofern als absolut bezeichnen, als sie WOLLAN auf das Streuvermögen von H_2 bezieht, dessen Absolutwerte auf Grund wellenmechanischer Berechnungen bekannt sind.

$Z^2 f_0^2 + Z s_0^2$ und die entsprechenden Meßwerte dargestellt sind. Die Übereinstimmung der Theorie mit der Erfahrung kann als befriedigend bezeichnet werden; die größeren Abweichungen für Ne sind darauf zurückzuführen, daß das Ne-Atom nur zehn Elektronen besitzt und die statistische Berechnungsweise im Falle weniger Elektronen nur eine grobe Näherung geben kann.

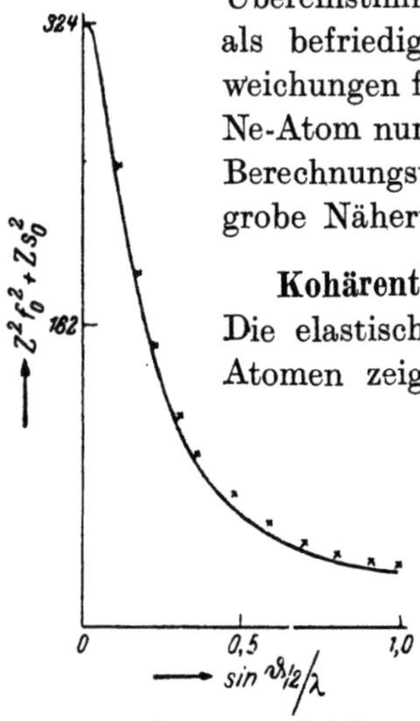

Kohärente Streuung langsamer Elektronenstrahlen. Die elastische Streuung von langsamen[1] Elektronen an Atomen zeigt ein gänzlich anderes Bild als die von raschen Elektronen. Aus den Versuchsergebnissen geht nämlich hervor, daß die Winkelverteilung der Intensität der an Atomen gestreuten langsamen Elektronenstrahlen Maxima und Minima aufweist, während die Streuintensität rascher Elektronen einen mit wachsendem ϑ monotonen Abfall gegen 0 zeigt. Diese Maxima und Minima sind im Gegensatz zur Elektronenbeugung an Kristallen nicht durch die periodische Struktur der Materie hervorgerufen, sondern werden in der Umgebung des Atoms durch die Veränderung des „Brechungsindex" als Folge des ortsabhängigen Potentials V des streuenden Atoms verursacht.

Eine sehr befriedigende theoretische Erklärung dieser Erscheinung konnte mit Hilfe eines von FAXÉN und HOLTSMARK[2] entwickelten Verfahrens HENNEBERG[3] geben, indem er das streuende Atom statistisch behandelte und für V das kugelsymmetrische ursprüngliche THOMAS-FERMIsche Atompotential benutzte. Das Problem läßt sich auf ein Einelektronenproblem reduzieren, da es genügt, nur ein einfallendes Elektron in Betracht zu ziehen, das man als eine ebene Welle darstellen kann; das streuende Atom geht nur durch sein Potential in die SCHRÖDINGERsche Gleichung

Abb. 33. Vergleich der zur totalen Streuintensität von Röntgenstrahlen proportionalen Funktion $Z^2 f_0^2 + Z s_0^2$ (———) mit den Meßergebnissen von WOLLAN (× × ×) für Argon. Nach BEWILOGUA (Phys. Zs. **32**, 740, 1931).

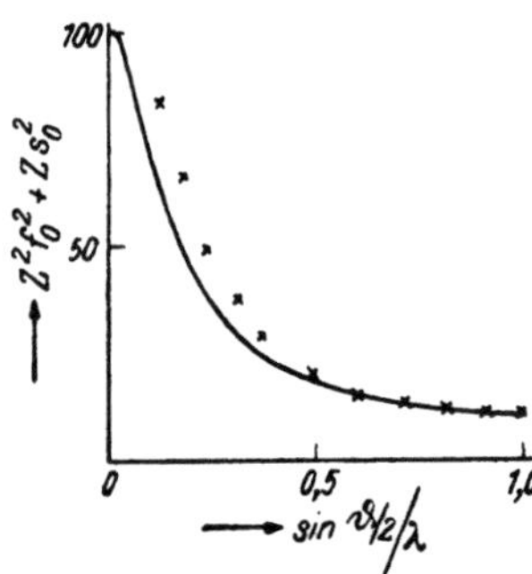

Abb. 34. Vergleich der zur totalen Streuintensität von Röntgenstrahlen proportionalen Funktion $Z^2 f_0^2 + Z s_0^2$ (———) mit den Meßergebnissen von WOLLAN (× × ×) für Neon. Nach BEWILOGUA (Phys. Zs. **32**, 740, 1931).

---

[1] Unter langsam verstehen wir hier eine Voltgeschwindigkeit von zirka 10^2 bis 10^3.

[2] H. FAXÉN u. J. HOLTSMARK, Zs. f. Phys. **45**, 307, 1928.

[3] W. HENNEBERG, Zs. f. Phys. **83**, 555, 1933; Naturwiss. **20**, 561, 1932.

ein. Der Austausch zwischen den einfallenden Elektronen und den Atomelektronen wird also vernachlässigt, ferner bleibt auch die Polarisation und die Anregung des Atoms durch die einfallenden Elektronen unberücksichtigt.

Im Gegensatz zur Streuung rascher Elektronen kann man hier kein Störungsverfahren anwenden, sondern man muß die SCHRÖDINGERsche Gleichung direkt lösen. Diese ist

$$\Delta \psi + \frac{8\,\pi^2\,m}{h^2}\,(\varepsilon + Ve)\,\psi = 0\,, \tag{29,17}$$

wo ε die Energie des einfallenden Elektrons in großer Entfernung vom Kern bezeichnet. Das Problem besteht darin, eine Lösung ψ dieser Gleichung zu finden, die sich in großer Entfernung vom Kern aus der Primärwelle ψ_0 und einer winkelabhängigen Streukugelwelle ψ_k zusammensetzt. Die gesuchte Lösung erhält man nach FAXÉN und HOLTSMARK durch eine Entwicklung von ψ nach zonalen Kugelfunktionen P_l von der Form

$$\psi = \sum_l c_l\,\frac{v_l(r)}{r}\,P_l\,(\cos\vartheta)\,, \tag{29,18}$$

wo die Funktion v_l aus der Differentialgleichung

$$\frac{d^2\,v_l}{d\,r^2} + \left[\frac{8\,\pi^2\,m}{h^2}\,(\varepsilon + Ve) - \frac{l(l+1)}{r^2}\right]v_l = 0 \tag{29,19}$$

so zu bestimmen ist, daß v_l bei $r = 0$ wie r^l verschwindet, ϑ bezeichnet den gegen die Einfallsrichtung gemessenen Ablenkungswinkel. Nach HENNEBERG kann man v_l mit genügender Genauigkeit mit Hilfe der WENTZEL-KRAMERS-BRILLOUINschen Methode berechnen, derbezüglich wir auf Anhang IV verweisen. Die Entwicklungskoeffizienten c_l lassen sich aus den Daten der Primärwelle ψ_0 ermitteln.

Wenn man aus dem so bestimmten ψ die Primärwelle in Abzug bringt, so erhält man die Streukugelwelle, deren Amplitude für die Streuintensität maßgebend ist. Auf diese Weise ergibt sich für die Intensität des im Winkelabstand ϑ zum Primärstrahl an einem einzelnen Atom kohärent gestreuten Elektronenstrahles in der Entfernung R vom Atomzentrum

$$J_\vartheta = J_0\,\frac{h^2}{32\,\pi^2\,m}\,\frac{1}{R^2\,\varepsilon}\left|\sum_{l=0}^{\infty}(2\,l+1)\,P_l(\cos\vartheta)\,(e^{2\,i\,\delta_l}-1)\right|^2\,, \tag{29,20}$$

wo δ_l die Phasendifferenz der Funktion v_l und der entsprechenden ungestörten Funktion in großer Entfernung vom Kern bezeichnet; letztere ergibt sich aus (29,19) für $V = 0$.

δ_l kann man nach HENNEBERG mit Hilfe des WENTZEL-KRAMERS-

BRILLOUINschen Verfahrens folgendermaßen berechnen

$$\delta_l = \int\limits_{r_1}^{\infty}\left[\frac{8\,\pi^2\,m}{h^2}\,(\varepsilon + Ve) - \frac{\left(l+\frac{1}{2}\right)^2}{r^2}\right]^{1/2} dr - $$
$$- \int\limits_{r_2}^{\infty}\left[\frac{8\,\pi^2\,m}{h^2}\,\varepsilon - \frac{\left(l+\frac{1}{2}\right)^2}{r^2}\right]^{1/2} dr\,, \qquad\qquad (29,21)$$

wo r_1 die kernnahe Nullstelle des ersten und r_2 die des zweiten Integranden bezeichnet.

HENNEBERG hat für das Hg-Atom δ_l als Funktion von $\sqrt{\varepsilon}$ berechnet, wobei auch die SOMMERFELDsche Näherungslösung (4, 22) der THOMAS-FERMISchen Gleichung zur Anwendung gelangte; seine Resultate sind in Abb. 35 enthalten. Aus dieser Abbildung kann man δ_l für ein beliebiges anderes Atom entnehmen, denn — wie man sich durch Einsetzen des THOMAS-FERMISchen Potentials in (29, 21) leicht überzeugt — gilt für ein beliebiges p

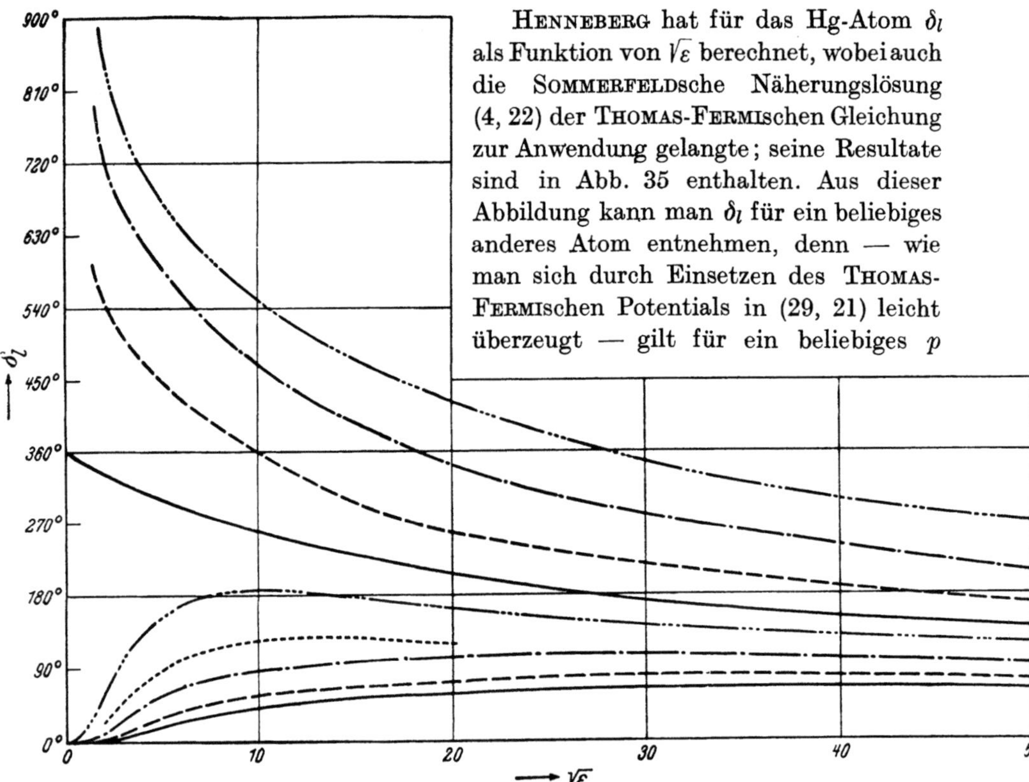

Abb. 35. δ_l als Funktion von $\sqrt{\varepsilon}$ für Hg. ε in $\frac{e^2}{2\,a_0}$-Einheiten. Nach HENNEBERG (Zs. f. Phys. 83, 555, 1933). $-\!\cdot\!\cdot\!-$ $l = 0$ und $l = 4$, $-\!\cdot\!-$ $l = 1$ und $l = 6$, $-\!-\!-$ $l = 2$ und $l = 8$, $-\!-\!-$ $l = 3$ und $l = 10$, $\cdots\cdots$ $l = 5$. In Richtung von den höher liegenden Kurven zu den tiefer liegenden steigt l an.

$$\delta_{(\lambda)}\,(\varepsilon, Z) = \frac{1}{p}\,\delta_{(p\,\lambda)}(p^4\,\varepsilon,\,p^3\,Z)\,; \quad \delta_{(\lambda)} = \delta_{\lambda-\frac{1}{2}} = \delta_l\,. \qquad (29, 22)$$

In den Abb. 36a und 36b ist die relative Streuintensität J_ϑ/J_0 nach

HENNEBERG in atomaren Einheiten[1] für $R = 1$ bei der Streuung am Hg-, Kr- und Ar-Atom im Vergleich mit den experimentellen Resultaten von ARNOT, von JORDAN und BRODE und von MOHR und NICOLL[2] dar-

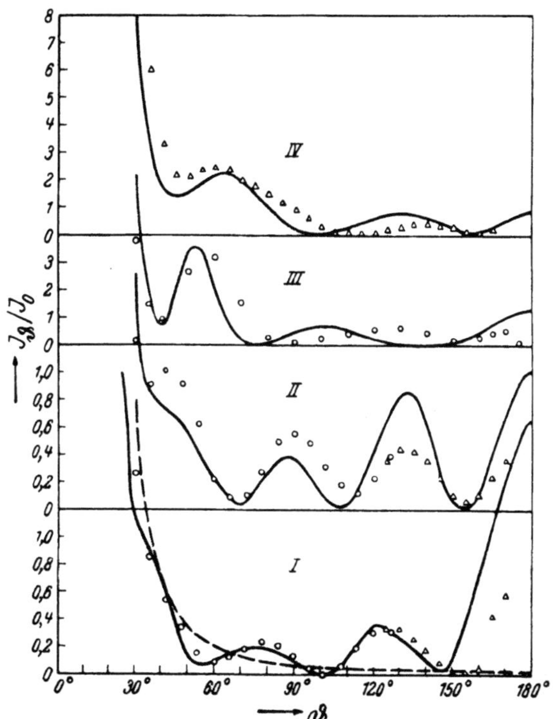

Abb. 36a. Winkelverteilung der Streuung von Elektronen verschiedener Geschwindigkeiten; relative Streuintensität J_ϑ/J_0 für $R = 1$ als Funktion von ϑ für Hg verglichen mit den Meßergebnissen. Nach HENNEBERG (Zs. f. Phys. 83, 555, 1933). ———— theoretisch nach HENNEBERG.

I: Hg, $\varepsilon = 60$ (810 V), $\begin{cases} \bigcirc\bigcirc\bigcirc & \text{800 V empirisch nach ARNOT,} \\ \triangle\triangle\triangle & \text{800 V empirisch nach JORDAN und BRODE.} \end{cases}$

II: Hg, $\varepsilon = 35{,}5$ (480 V), $\begin{cases} \bigcirc\bigcirc\bigcirc & \text{480 V empirisch nach ARNOT,} \\ \triangle\triangle\triangle & \text{480 V empirisch nach JORDAN und BRODE.} \end{cases}$

III: Hg, $\varepsilon = 15$ (200 V), $\bigcirc\bigcirc\bigcirc$ 200 V empirisch nach ARNOT.

IV: Hg, $\varepsilon = 10$ (135 V), $\triangle\triangle\triangle$ 135 V empirisch nach JORDAN und BRODE.

Zum weiteren Vergleich ist auch die relative Streuintensität für rasche Elektronen mit einem auf ein Viertel verkleinerten Ordinatenmaßstab für $R = 1$ gestrichelt (————) eingezeichnet.

---

[1] Diese sind bei HENNEBERG für die elektrische Ladung e, für die Länge a_0 und für die Energie $\dfrac{e^2}{2a_0}$.

[2] F. L. ARNOT, Proc. Roy. Soc. London (A) **130**, 655, 1931; **133**, 615, 1931; Nature (London) **130**, 438, 1932; E. B. JORDAN u. R. B. BRODE, Phys. Rev. (2) **43**, 112, 1933; C. B. O. MOHR u. F. H. NICOLL, Proc. Roy. Soc. London (A) **138**, 469, 1932. Der Ordinatenmaßstab der Meßpunkte wurde von HENNEBERG möglichst günstig gewählt; die Absolutwerte der Messungen sind nämlich überhaupt nicht oder nur mit einer ziemlich großen Unsicherheit angegeben.

gestellt. Wie man sieht, ist die Übereinstimmung, insbesondere die Lage der Extrema betreffend, sehr befriedigend; hierbei ist besonders hervorzuheben, daß in die Rechnungen keinerlei empirische oder halbempirische

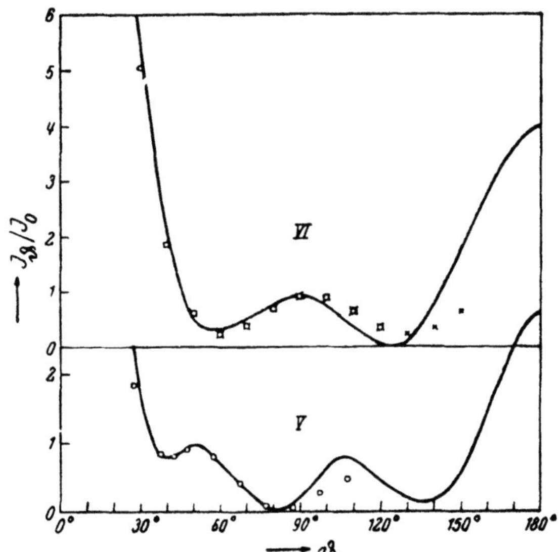

Abb. 36 b. Winkelverteilung der Streuung von Elektronen verschiedener Geschwindigkeiten; relative Streuintensität J_ϑ/J_0 für $R = 1$ als Funktion von ϑ für Kr und Ar verglichen mit den Meßergebnissen. Nach HENNEBERG (Zs. f. Phys. 83, 555, 1933).
——— theoretisch nach HENNEBERG.

V: Kr ε = 15 (200 V),   ○ ○ ○ 200 V empirisch nach ARNOT.
VI: Ar ε = 6 (81 V),   ○ ○ ○ 83 V empirisch nach ARNOT.
   △ △ △ 84 V empirisch nach MOHR und NICOLL.

Parameter einbezogen wurden. Auffallend ist, daß sich aus der Theorie auch eine starke Rückwärtsstreuung ergibt.

Für Hg ist im untersten Teil der Abbildung 36 a auch die relative Streuintensität für rasche Elektronen (mit einem auf $^1/_4$ verkleinerten Ordinatenmaßstab) ebenfalls in atomaren Einheiten[1] und ebenfalls für $R = 1$ eingezeichnet, die mit wachsendem ϑ monoton gegen 0 geht und keinerlei Maxima oder Minima aufweist.

Abschließend sei noch bemerkt, daß die von HENNEBERG entwickelte Methode — wie aus ihren Grundannahmen folgt — nicht nur auf die Streuung von langsamen Elektronen beschränkt ist, sondern auch auf rasche Elektronen angewendet werden kann; der Übergang in die für rasche Elektronen gültige Näherung wurde von HENNEBERG ebenfalls untersucht. Für sehr langsame Elektronen ist die Methode wegen der näherungsweisen Lösung der Gl. (29, 19) nicht zu gebrauchen.

---

[1] Man vgl. die Fußnote [1] auf Seite 255.

Intensitätsverteilung der Compton-Linie. Wenn die inkohärente Streuung der Röntgenstrahlen, d. h. der COMPTON-Effekt an einem gänzlich freien Elektron stattfindet, so erweist sich — im Falle einer homogenen einfallenden Strahlung von der Wellenlänge λ — die in einem Winkelabstand ϑ gestreute COMPTON-Strahlung als eine scharfe Linie von der Wellenlänge

$$\lambda_c = \lambda + 2 \frac{h}{m\,c} \sin^2 \frac{\vartheta}{2} \,.$$

Durch die Bindung des streuenden Elektrons, z. B. dadurch, daß es in den Verband eines Atoms gelangt, wird die COMPTON-Linie zu einem über ein sehr kleines Wellenlängenbereich ausgedehnten COMPTON-Bande erweitert, dessen Intensitätsmaximum nahezu bei λ_c liegt. Die Intensitätsverteilung des COMPTON-Bandes kann man im Falle der COMPTON-Streuung an Atomen mit Hilfe einer von DU MOND[1] ausgearbeiteten einfachen Theorie bestimmen. In dieser wird das Atompotential vernachlässigt und die Bindung der Elektronen im Atomverband nur insofern berücksichtigt, als sie den Bewegungszustand der Elektronen determiniert. Die Verbreiterung der COMPTON-Linie ergibt sich dann aus einem DOPPLER-Effekt, der bei der Streuung der Strahlung an den sich bewegenden Elektronen des Atoms entsteht. Für die Verbreiterung der COMPTON-Linie wird daher die Impulsverteilung der Atomelektronen maßgebend sein. Auf Grund der DU MONDschen Theorie erhält man für die Intensitätsverteilung der COMPTON-Linie

$$J(p_l) = C \int\limits_{p_l}^{\infty} \frac{\Phi(p)}{p}\, dp \,, \qquad\qquad (29,23)$$

mit

$$p_l = \frac{1}{2}\, m\,c\, \frac{l}{\lambda'}, \qquad \lambda' = \frac{1}{2} \sqrt{\lambda_c^2 + \lambda^2 - 2\,\lambda_c\,\lambda \cos\vartheta} \,,$$

wo C einen Proportionalitätsfaktor, $\Phi(p)$ die Impulsverteilung der Elektronen und l auf der Wellenlängenskala den Abstand von λ_c bezeichnet.

Mit dieser Formel reduziert sich die Berechnung der Intensitätsverteilung auf die Berechnung der Impulsverteilung der Elektronen, die auf Grund des THOMAS-FERMIschen statistischen Atommodells zuerst von BURKHARDT[2] und später auf Grund der erweiterten Modelle von KÓNYA[3]

---

[1] J. W. M. DU MOND, Rev. Mod. Phys. **5**, 1, 1933.
[2] G. BURKHARDT, Ann. d. Phys. (5) **26**, 567, 1936.
[3] A. KÓNYA, im Erscheinen.

durchgeführt wurde. Dies gestaltet sich folgendermaßen. Da ϱ eine mit wachsendem r monoton fallende Funktion ist, gilt nach $(1,5)$ dasselbe auch für p_μ. Elektronen mit einem vorgegebenen Impulsbetrag p können sich daher nur innerhalb einer Kugel vom Radius $r(p)$ aufhalten, der durch die zu $(1,5)$ analoge Gleichung $p = \dfrac{1}{2}\left(\dfrac{3}{\pi}\right)^{1/3} h\,\varrho^{1/3}$ festgelegt wird. Man erhält somit für die Anzahl der Elektronen, deren Impulsbetrag zwischen p und $p+dp$ liegt,

$$\Phi(p)\,dp = \frac{2}{h^3}\frac{4\,\pi}{3}\,[r(p)]^3\,4\,\pi\,p^2\,dp = \frac{32\,\pi^2}{3\,h^3}\,[r(p)]^3\,p^2\,dp\,, \qquad (29,24)$$

womit sich $J(p_l)$, bzw. J als Funktion von l nach $(29,23)$ berechnen läßt.

Auf diese Weise hat BURKHARDT auf Grund der ursprünglichen THOMAS-FERMISCHEN Dichteverteilung für Ne die Halbwertsbreite Δl des COMPTON-Bandes, d. h. den gegenseitigen Abstand der halben Intensitätsmaxima, berechnet. Es ergibt sich im Falle der $K\,\alpha_1$-Strahlung des Mo ($\lambda = 0{,}7076\,\overset{\circ}{A}$) bei $\vartheta = 180^0$ der Wert $\Delta l = 0{,}003\,\overset{\circ}{A}$, während der experimentelle Wert $0{,}032\,\overset{\circ}{A}$ beträgt. Das THOMAS-FERMISCHE Modell führt also zu einer viel zu kleinen Halbwertsbreite, das darauf zurückzuführen ist, daß die bis ins Unendliche auslaufenden äußeren Teile der THOMAS-FERMISCHEN Elektronenwolke viel zu locker gebunden sind, demzufolge sich das COMPTON-Band stark verschmälert und das Intensitätsmaximum sehr steil wird.

Ein wesentlich besseres Resultat erhält KÓNYA für das mit dem Austausch und der Korrelation erweiterte und modifizierte Modell (§ 11). Es ergibt sich für Ne bei denselben Parameterwerten wie bei BURKHARDT $\Delta l = 0{,}017\,\overset{\circ}{A}$. Dieser Wert ist zwar immer noch um fast die Hälfte zu klein, man kann aber dieses Resultat trotzdem als ganz befriedigend betrachten, wenn man sich vor Augen hält, daß die statistische Berechnungsweise nur einen Mittelwert der mit der Ordnungszahl stark schwankenden Halbwertsbreiten liefern kann und die empirischen Werte bei den Edelgasen Maxima aufweisen.

Ein mit der Erfahrung sehr gut übereinstimmendes Resultat ergibt sich, wenn man den auf Grund der statistischen Theorie hergeleiteten Ausdruck $(29,24)$ mit Hilfe wellenmechanischer Dichteverteilungen auswertet. Mit einer von DUNCANSON und COULSON[1] bestimmten wellenmechanischen Dichteverteilung erhält auf diese Weise KÓNYA für Ne $\Delta l = 0{,}0306\,\overset{\circ}{A}$.

---

[1] W. E. DUNCANSON u. C. A. COULSON, Proc. Roy. Soc. Edinb. **62 A**, 37, 1944.

§ 30. Bremsvermögen von Atomen.

Die quantenmechanische Theorie der Bremsung von raschen elektrischen Teilchen beim Durchdringen von Materie, d. h. die Beantwortung der Frage, wieviel Energie sie an die Atome der bremsenden Substanz übertragen, wurde von BETHE, MØLLER und von BLOCH entwickelt[1] und im Prinzip gelöst. BLOCH gab außerdem — indem er für die bremsenden Atome die statistische Elektronenverteilung zugrunde legte — auch eine statistische Behandlung[2] des Problems, mit der wir uns hier befassen wollen. Bei der Bremsung rascher elektrischer Teilchen durch statistische Atome kommt es auf das dynamische Verhalten des statistischen Atoms, und zwar auf die Schwingungen des Elektronengases unter der Wirkung äußerer Kräfte an. Die theoretischen Grundlagen zur Behandlung dieser Frage haben wir im § 20 entwickelt.

Die Annahmen, die den folgenden Ausführungen zugrunde liegen, sind die folgenden: die Geschwindigkeit des stoßenden Teilchens soll im Verhältnis zur mittleren Geschwindigkeit der schnellsten Atomelektronen groß sein, weiterhin soll die durch den Stoß bedingte Impulsänderung des Teilchens im Verhältnis zu seinem ursprünglichen Impuls klein sein. Letzteres trifft z. B. für den Stoß von α-Teilchen mit Atomelektronen immer zu, für den Stoß von Elektronen aber nur dann, wenn diese durch den Stoß keine große Winkelablenkung erfahren. Ferner wird der Austausch des stoßenden Teilchens mit den Atomelektronen und der Spin des stoßenden Teilchens vernachlässigt; beides ist für α-Teilchen gestattet, für Elektronen nur dann, wenn man von großen Winkelablenkungen absieht. Die Relativitätskorrektion — die für Teilchengeschwindigkeiten, die mit der Lichtgeschwindigkeit vergleichbar sind, eine Rolle spielt — wird berücksichtigt.

Mit diesen Annahmen konnte BLOCH zeigen, daß man die Berechnung der Bremsung — ganz ähnlich wie bei der klassischen Berechnungsweise — je nach dem Abstand b der Bahn des stoßenden Teilchens vom Atomkern in zwei ihrer Behandlung nach gänzlich verschiedene Teile zerlegen kann. Unter Einführung eines passend gewählten Stoßabstandes b_0 vom Kern läßt sich erreichen, daß für $b < b_0$ das Bremsvermögen des Atoms so berechnet werden kann, als ob sich seine Elektronen während der „Stoßzeit" (b/Teilchengeschwindigkeit) kräftefrei bewegen würden und daß für $b > b_0$ das vom Teilchen herrührende elektrische Feld am Ort des Atoms praktisch homogen und so klein ist, daß es sich in diesem Falle um ein reines Dispersionsproblem handelt.

---

[1] H. BETHE, Ann. d. Phys. (5) **5**, 325, 1930; CHR. MØLLER, Ann. d. Phys. (5) **14**, 531, 1932; F. BLOCH, Ann. d. Phys. (5) **16**, 285, 1933.

[2] F. BLOCH, Zs. f. Phys. **81**, 363, 1933.

Dieser Aufteilung entsprechend, zerlegen wir die längs der Wegstrecke Δs auf die bremsenden Atome übertragene mittlere Energie $\Delta \varepsilon$ in zwei Teile, und zwar in $\Delta \varepsilon_i$, die dem Fall $b < b_0$ und in $\Delta \varepsilon_a$, die dem Fall $b > b_0$ entspricht. Man erhält dann die pro Zentimeter Wegstrecke an die Atome übertragene gesamte mittlere Energie $\Delta \varepsilon/\Delta s$ als Summe vom $\Delta \varepsilon_i/\Delta s$ und $\Delta \varepsilon_a/\Delta s$.

Für den Fall $b < b_0$, bei dem die charakteristischen Eigenschaften im Atombau keine Rolle spielen und der uns hier deshalb wenig interessiert, läßt sich das Bremsvermögen streng berechnen. Durch Mittelung über b von 0 bis b_0 erhält man nach BLOCH für ein neutrales Atom mit der Ordnungszahl Z

$$\frac{\Delta \varepsilon i}{\Delta s} = n_0 \frac{4 \pi e^2 Q^2}{m u^2} Z \left\{ \ln \left(2 \frac{2 \pi m u b_0}{\zeta h} \right) - \frac{u^2}{2 c^2} + \Psi(1) - \\ - \Re \left[\Psi \left(1 + i \frac{2 \pi e Q}{h u} \right) \right] \right\} . \tag{30, 1}$$

Hier bezeichnet n_0 die Anzahl der bremsenden Atome pro Volumeneinheit, Q und u die Ladung, bzw. die Geschwindigkeit des stoßenden Teilchens, c die Lichtgeschwindigkeit, Ψ die logarithmische Derivierte der Gammafunktion, $\Re [\,]$ den Realteil der eckigen Klammer und ζ die Konstante $\zeta = 2 e^{-\gamma} = 1{,}123$ (γ ist die EULER-MASCHERONIsche Konstante). Der Faktor 2 unter dem Logarithmus hat nur für den Fall zu stehen, wenn die Ablenkung des stoßenden Teilchens während des Zusammenstoßes mit dem Atom vernachlässigt werden kann, dies ist für α-Teilchen bestimmt der Fall; für Elektronen hätte statt des Faktors 2 ein die Dichte der durchlaufenen Schicht enthaltender Faktor zu stehen.

Die Einzelheiten im Atombau, die uns hier interessieren, machen sich nur im Falle $b > b_0$ bemerkbar, mit dem wir uns im folgenden befassen wollen. BLOCH legt für das bremsende Atom das ursprüngliche THOMAS-FERMIsche Atommodell zugrunde und geht aus den im § 20 entwickelten Grundlagen zur Behandlung des dynamischen Verhaltens des Elektronengases aus. Die Berechnung des Bremsvermögens gestaltet sich in diesem Fall folgendermaßen.

Das Atom befindet sich in dem durch die Anwesenheit des Teilchens bedingten zeitabhängigen äußeren Potentialfeld v_s. Da man im Falle $b > b_0$ das elektrische Feld des Teilchens am Ort des Atoms als praktisch konstant betrachten kann, läßt sich v_s mit dem Ortsvektor $\mathfrak{r}$ und der vom Teilchen herrührenden elektrischen Feldstärke $\mathfrak{E}$ folgendermaßen ausdrücken $v_s = -(\mathfrak{r}, \mathfrak{E})$. Dieses Potential kann man als ein Störungspotential betrachten und die Aufgabe besteht nun darin, die Störungsenergie bis auf Glieder von zweiter Ordnung zu berechnen.

Hierzu entwickelt man die Dichte ϱ im gestörten Atom und das Strömungspotential w [man vgl. (20, 2)] nach Potenzen von v_s, man setzt also

$$\left.\begin{aligned} \varrho &= \varrho_0 + \varrho_1 + \varrho_2 + \cdots, \\ w &= w_1 + w_2 + \cdots, \end{aligned}\right\} \quad (30, 2)$$

wo ϱ_0 die ungestörte Dichte, ϱ_1 und w_1 die in v_s linearen, ϱ_2 und w_2 die in v_s quadratischen Glieder usw. sein sollen.

Die Energie H des gestörten Atoms kann man in analoger Weise darstellen. Da in der BLOCHschen Näherung der Elektronenaustausch vernachlässigt wird, ergibt sich H aus (20, 3) indem man $\varkappa_a = 0$ setzt. Wenn man die Entwicklung der Energie mit den quadratischen Gliedern abbricht, so erhält man

$$H = H_0 + H_1 + H_2 , \quad (30, 3)$$

wo H_0 die Energie des ungestörten Atoms, H_1 das in v_s lineare und H_2 das in v_s quadratische Glied bezeichnet. Mit Rücksicht darauf, daß ϱ_0 so bestimmt ist, daß H für $v_s = 0$ zum Minimum wird, ergibt sich

$$H_1 = - e \int v_s \, \varrho_0 \, dv \quad (30, 4)$$

und

$$\left.\begin{aligned} H_2 &= \frac{1}{2}\, m \int \varrho_0 (\operatorname{grad} w_1)^2 \, dv - e \int v_s \, \varrho_1 \, dv + \\ &+ \frac{1}{2}\, e^2 \int \int \frac{\varrho_1(\mathfrak{r})\, \varrho_1(\mathfrak{r}')}{|\mathfrak{r} - \mathfrak{r}'|} \, dv \, dv' + \frac{5}{9}\, \varkappa_k \int \frac{1}{\varrho_0^{1/3}}\, \varrho_1{}^2 \, dv . \end{aligned}\right\} \quad (30, 5)$$

Zur Berechnung der Energie bis auf Glieder von zweiter Ordnung muß man also ϱ_1 und w_1 bestimmen.

Die Bestimmung dieser Funktionen hat aus dem Wirkungsprinzip (20, 1) zu geschehen, das man hier, da H_0 und H_1 die gesuchten Funktionen ϱ_1 und w_1 nicht enthalten, in folgender Form schreiben kann

$$\delta \int_{t_1}^{t_2} L_2 \, dt = 0 \quad \text{mit} \quad L_2 = m \int \varrho_1 \frac{\partial w_1}{\partial t} \, dv - H_2 . \quad (30, 6)$$

Hieraus erhält man aber derart komplizierte Gleichungen, die eine exakte Lösung unmöglich machen. BLOCH begnügt sich deshalb mit der Bestimmung der Abhängigkeit des Bremsvermögens von der Ordnungszahl.

Hierzu führt BLOCH die Rechnungen nur in Allgemeinheit durch und berechnet die an das Atom übertragene Energie $\Delta H = H - H_0$ in einem Zeitpunkt t_0 in dem sich das Teilchen vom Atom bereits wieder so weit entfernt hat, daß v_s und $\mathfrak{E}$ verschwindend klein geworden sind. Wenn man den Origo des Koordinatensystems in den Kern des bremsenden Atoms mit kugelsymmetrischer Elektronenverteilung legt und annimmt, daß sich das Teilchen in der xy-Koordinatenebene bewegt, so kann man die z-Komponente der vom Teilchen herrührenden elektrischen Feldstärke mit 0 gleichsetzen und erhält

$$\Delta H(t_0) =$$

$$= \frac{e^2}{2\,m} \sum_n q_n Z \int_0^{t_0} d\,t' \int_0^{t_0} d\,t''\, e^{i\,\tau_n\,\nu_0\,Z\,(t''-t')} \left[E_x(t')\,E_x(t'') + E_y(t')\,E_y(t'') \right],$$

$$(30, 7)$$

wo q_n und τ_n von Z unabhängige Konstanten sind, E_x und E_y die x-, bzw. die y-Komponente von $\mathfrak{E}$ und $\nu_0 = Ryc = 3{,}29 \cdot 10^{15}\ \mathrm{sec^{-1}}$ die RYDBERG-Frequenz bezeichnet.

Wenn man in diesem Ausdruck $\tau_n\,\nu_0\,Z$ mit der Eigenfrequenz[1] ω_n des Atoms, die dem Übergang des Atoms vom Grundzustand in den n-ten angeregten Zustand entspricht und $q_n Z$ mit der entsprechenden „Oszillatorenstärke" f_n identifiziert, so wird der Ausdruck (30, 7) für $\Delta H(t_0)$ mit dem Ausdruck identisch, den man für $\Delta H(t_0)$ auf Grund der Wellenmechanik erhält[2]. Aus diesem Vergleich folgt also für die Eigenfrequenzen und die „Oszillatorenstärken"

$$\omega_n = \tau_n\,\nu_0\,Z \quad \text{und} \quad f_n = q_n Z\,, \qquad (30, 8)$$

ω_n und f_n ergeben sich also zu Z proportional.

Weiterhin sei noch bemerkt, daß f_n/ω_n zum Quadrat des geeignet normierten Dipolmoments der n-ten Eigenschwingung proportional ist, und daß für die q_n der Summensatz

$$\sum_n q_n = 1 \qquad (30, 9)$$

gilt.

Mit dem Resultat (30, 8), nach welchem ω_n und f_n zu Z proportional sind, kann man die Abhängigkeit des Bremsvermögens von Z ermitteln. Aus (30, 7) folgt nämlich mit Rücksicht auf (30, 8), daß das Atom für den Fall $b > b_0$ so bremst wie eine Anzahl klassischer Oszillatoren mit der Kreisfrequenz ω_n und den relativen Anzahlen f_n. Man kann daher die Resultate der klassischen Bremstheorie von BOHR[3] übernehmen und erhält für die mittlere Energie, die im Falle $b > b_0$ pro Zentimeter Wegstrecke an die Atome der bremsenden Substanz abgegeben wird

$$\frac{\Delta\,\varepsilon_a}{\Delta\,s} = n_0\,\frac{4\,\pi\,e^2\,Q^2}{m\,u^2} \sum_n f_n \left[\ln\frac{\zeta\,u}{\omega_n\,b_0} - \frac{1}{2}\ln\left(1 - \frac{u^2}{c^2}\right) \right]. \qquad (30, 10)$$

---

[1] Unter diesen Eigenfrequenzen sind Kreisfrequenzen zu verstehen.

[2] Man vgl. die Formel (20), weiterhin (64) und (18a) der Arbeit von F. BLOCH, Ann. d. Phys. (5) **16**, 285, 1933.

[3] N. BOHR, Phil. Mag. **25**, 10, 1913; **30**, 581, 1915.

Für die pro Zentimeter Wegstrecke an die Atome der bremsenden Substanz übertragene gesamte mittlere Energie erhält man also mit Rücksicht darauf, daß $\sum_n f_n = Z$ ist, folgenden Ausdruck

$$\frac{\Delta \varepsilon}{\Delta s} = \frac{\Delta \varepsilon_i + \Delta \varepsilon_a}{\Delta s} = n_0 \frac{4 \pi e^2 Q^2}{m u^2} \sum_n f_n \left\{ \ln\left(2\, \frac{2 \pi m u^2}{h \omega_n} \right) - \right.$$
$$\left. - \frac{1}{2} \ln\left(1 - \frac{u^2}{c^2} \right) - \frac{u^2}{2 c^2} + \Psi(1) - \Re\left[\Psi\left(1 + i\, \frac{2 \pi e Q}{h u} \right) \right] \right\} . \qquad (30, 11)$$

Wenn man hier für ω_n und f_n die Ausdrücke (30, 8) einsetzt und

$$\prod_n \tau_n^{q_n} = \tau \qquad (30, 12)$$

setzt, wo τ eine von Z unabhängige Konstante bezeichnet, so ergibt sich

$$\frac{\Delta \varepsilon}{\Delta s} = n_0 \frac{4 \pi e^2 Q^2}{m u^2} Z \left\{ \ln\left(2\, \frac{2 \pi m u^2}{\tau v_0 h Z} \right) - \frac{1}{2} \ln\left(1 - \frac{u^2}{c^2} \right) - \frac{u^2}{2 c^2} + \right.$$
$$\left. + \Psi(1) - \Re\left[\Psi\left(1 + i\, \frac{2 \pi e Q}{h u} \right) \right] \right\} . \qquad (30, 13)$$

Zum Vergleich mit der Erfahrung wendet BLOCH diese Formel auf die Bremsung der α-Teilchen von RaC' mit einer Geschwindigkeit $u = 1{,}922 \cdot 10^9$ cm sec^{-1} an. Bei diesem Wert von u kann (30, 13) in guter Näherung durch

$$\frac{\Delta \varepsilon}{\Delta s} = n_0 \frac{4 \pi e^2 Q^2}{m u^2} Z \ln \frac{4 \pi m u^2}{\tau v_0 h Z} \qquad (30, 14)$$

ersetzt werden. Wir vergleichen nun den theoretischen Wert von[1]

$$B = Z \log \frac{4 \pi m u^2}{\tau v_0 h Z} \qquad (30, 15)$$

mit dem aus dem Experiment entnommenen Wert

$$B_{\exp} = \frac{m u^2}{4 \pi n_0 e^2 Q^2 \ln 10} \left(\frac{\Delta \varepsilon}{\Delta s} \right)_{\exp} \qquad (30, 16)$$

Nach Einsetzen der Zahlenwerte für m, u, v_0 und h erhält man aus (30, 15)

$$B = Z(3{,}292 - \log Z - \log \tau) . \qquad (30, 17)$$

Den Wert von τ, dessen Berechnung aus der Theorie zu Schwierigkeiten führt, bestimmt BLOCH durch die Forderung, daß für Gold ($Z = 79$) der Wert von B mit dem gemessenen Wert[2] $B_{\exp} = 48{,}4$ übereinstimmen soll.

---

[1] Wir bezeichnen den BRIGGSchen Logarithmus mit log im Gegensatz zum natürlichen Logarithmus ln.

[2] Man vgl. die Tabelle 33.

Hieraus ergibt sich

$$\log \tau = 0{,}781, \quad \tau = 6{,}04 , \qquad (30, 18)$$

womit man aus (30, 17)

$$B = Z(2{,}511 - \log Z) \qquad (30, 19)$$

erhält.

Einen Vergleich der auf diese Weise festgelegten Größe B mit B_{exp} kann man an der Hand der Tab. 33 vornehmen[1], aus der zu sehen ist, daß die Übereinstimmung von B mit der Erfahrung sehr gut ist.

Tab. 33. Vergleich der Werte von B mit B_{exp}.

Substanz	Z	B aus Formel (30,19)	B_{exp}
$\frac{1}{2}$ H$_2$	1	2,51	2,67
He	2	4,42	5,03
$\frac{1}{2}$ Luft	7,2	11,9	12,0
$\frac{1}{2}$ O$_2$	8	12,9	13,3
Al	13	18,3	18,7
Ar	18	22,6	24
Cu	29	30,4	31,7
Ag	47	39,8	36,7
Au	79	48,4	48,4

Es ist nun von Interesse, einen Anhaltspunkt darüber zu gewinnen, wie weit ein aus der Theorie geschätzter Wert von τ den aus B_{exp} für Gold bestimmten Wert von τ annähert. Da die exakte Berechnung der Eigenschwingungen des statistischen Atoms auf große rechnerische Schwierigkeiten stößt, gehen wir zur Schätzung von τ von dem im § 20 entwickelten, sehr vereinfachten statistischen Atommodell mit Austauschkorrektion aus, in welchem die Elektronenladung innerhalb einer Kugel gleichmäßig verteilt ist. Die Eigenfrequenzen dieses Atommodells wurden von JENSEN bestimmt und sind in Tab. 16 angegeben. JENSEN[2] hat für dieses Modell auch die q_n-Werte berechnet, die wir in Tab. 34 zusammengestellt haben.

Tab. 34. Werte von q_n.

n	1	2	3	4	$n \geq 5$
q_n	0,865	0,055	0,023	0,012	$0{,}21\dfrac{1}{n^2}$

---

[1] Die Werte von B_{exp} sind der Arbeit R. H. FOWLER, Proc. Cambridge Phil. Soc. **20**, 521, 1921 entnommen.

[2] H. JENSEN, Zs. f. Phys. **106**, 620, 1937.

Die Proportionalitätsfaktoren τ_n erhält man aus den von JENSEN berechneten Eigenfrequenzen durch Division mit $\nu_0 Z$. Durch Einsetzen dieser Faktoren und der q_n-Werte der Tab. 34 in (30, 12) ergibt sich

$$\tau = 7{,}6\left(1 + 0{,}51\,\frac{1}{Z^{2/3}}\right)^{3/2} \cong 7{,}6\left(1 + 0{,}77\,\frac{1}{Z^{2/3}}\right), \qquad (30,\,20)$$

wo das zu $1/Z^{2/3}$ proportionale Glied aus der Austauschkorrektion resultiert, die bei BLOCH vernachlässigt wurde.

Wenn man zunächst von der Austauschkorrektion absieht, ist die Übereinstimmung mit dem von BLOCH bestimmten τ-Wert (30, 18) überraschend gut. Daß sich τ und somit die Proportionalitätsfaktoren τ_n, bzw. die Eigenfrequenzen für das vereinfachte Atommodell etwas zu groß ergeben, ist bei der zugrunde gelegten Näherung zu erwarten. Allerdings ist aus dieser Schätzung von τ nicht zu sehen, ob sich bei einer genaueren Näherung die Übereinstimmung des theoretischen τ-Wertes mit dem experimentellen verbessern oder verschlechtern würde, jedenfalls kann man aber folgern, daß das statistische Atommodell für die Bremsung rascher elektrischer Teilchen nicht nur die richtige Abhängigkeit von der Ordnungszahl gibt, sondern auch die Absolutwerte in der richtigen Größenordnung liefert.

Mit Hilfe von (30, 20) läßt sich zugleich der Einfluß der Austauschkorrektion auf B abschätzen[1]. In (30, 20) wird die Austauschkorrektion durch den Faktor $1 + 0{,}77\,\dfrac{1}{Z^{2/3}}$ dargestellt, der natürlich streng nur für das weiter oben erwähnte, sehr vereinfachte statistische Atommodell gilt. Man kann aber erwarten, daß die Abhängigkeit der Austauschkorrektion von Z bei einer genaueren Rechnung dieselbe bleibt, nur würde dann wahrscheinlich statt des Faktors 0,77 ein kleinerer Faktor stehen. Um den Einfluß der Austauschkorrektion auf B abzuschätzen, behalten wir im Ausdruck von τ den Faktor $1 + 0{,}77\,\dfrac{1}{Z^{2/3}}$ bei. Wir haben dann in (30, 17) statt τ den Ausdruck $\tau'\left(1 + 0{,}77\,\dfrac{1}{Z^{2/3}}\right)$ zu setzen, wo wir die Konstante τ' wieder so bestimmen, daß B mit dem experimentellen Wert für Gold übereinstimmt. Hieraus ergibt sich $\tau' = 5{,}80$ und man erhält jetzt für B folgenden Ausdruck

$$\left.\begin{aligned} B &= Z\left[2{,}529 - \log Z - \log\left(1 + 0{,}77\,\frac{1}{Z^{2/3}}\right)\right] \cong \\[2mm] &\cong Z\left(2{,}529 - \log Z - 0{,}33\,\frac{1}{Z^{2/3}}\right). \end{aligned}\right\} \quad (30,\,21)$$

---

[1] H. JENSEN, Zs. f. Phys. **106**, 620, 1937.

Für Sauerstoff ($Z = 8$) ergibt sich hieraus $B = 12,3$, während man ohne Austauschkorrektion 12,9 erhält und der experimentelle Wert (man vergleiche Tab. 33) 13,3 beträgt. Durch die Austauschkorrektion wird also bei den leichten Atomen die Übereinstimmung der berechneten B-Werte mit der Erfahrung etwas schlechter. Der Unterschied ist jedoch unbedeutend und außerdem dürften wir hier durch den Koeffizienten 0,77 von $1/Z^{2/3}$ den Einfluß des Austausches überschätzt haben.

VII. Moleküle.

Die statistische Theorie der Moleküle ist bei weitem nicht in dem Maße entwickelt, wie die der Atome oder Kristalle. Dies ist darauf zurückzuführen, daß bei den Molekülen die Kugelsymmetrie verlorengeht und im günstigsten Falle nur mehr eine axiale Symmetrie vorhanden ist, wodurch die mathematische Behandlung des Problems außerordentlich erschwert wird und nur in Spezialfällen mit Erfolg in Angriff genommen werden kann. Mit der Bestimmung der Elektronenverteilung in zweiatomigen Molekülen mit gleichen Kernen und einigen allgemeinen Fragen befassen wir uns im nachstehenden § 31. In den §§ 32 und 33 behandeln wir dann die chemische Bindung von Molekülen.

Die Moleküle kann man bekanntlich nach ihrer Bindungsart in folgende drei Hauptgruppen einteilen: heteropolare Moleküle (Ionenmoleküle), bei denen die Bindung durch die zwischen den Ionen wirkenden elektrostatischen Kräfte zustande kommt, weiterhin homöopolare Moleküle (Atommoleküle), in denen die Atome durch quantenmechanische Austauschkräfte gebunden sind und schließlich VAN DER WAALSsche Moleküle, bei denen die Bindung der Atome, bzw. der Atomgruppen durch VAN DER WAALSsche Kräfte besorgt wird. Es gibt jedoch auch Übergangsfälle zwischen je zwei Gruppen, die sich sowohl nach der einen wie nach der anderen Art beschreiben lassen.

Zur statistischen Behandlung der Bindung von heteropolaren Molekülen wurden Ansätze ausgearbeitet, die schon zu einigen brauchbaren Resultaten führten und mit denen wir uns im § 32 befassen wollen. Prinzipiell hat es keine Schwierigkeiten, auch die VAN DER WAALSschen Moleküle auf ähnlichen Grundlagen zu behandeln; Untersuchungen in dieser Richtung stehen aber noch aus, hauptsächlich deswegen, weil die VAN DER WAALSschen Kräfte für kleine Atomabstände nicht genügend genau bekannt sind. Im § 33 wird gezeigt, daß man mit Hilfe statistischer Ansätze auch die Bindung von elektronenreichen homöopolaren Molekülen quantitativen Berechnungen zugänglich machen kann, indem man die Atomrümpfe statistisch und die Valenzelektronen wellenmechanisch behandelt.

§ 31. Allgemeine Übersicht.
Berechnung der Potential- und Elektronenverteilung in einfachen Molekülen.

Das Grundproblem bei den Molekülen besteht, gerade so wie bei den Atomen, in der Bestimmung der Potential- und Elektronenverteilung, also in der Lösung der statistischen Grundgleichung. Wegen der Kompliziertheit des Problems begnügen wir uns mit der THOMAS-FERMIschen Näherung und legen im folgenden die ursprüngliche THOMAS-FERMIsche Gleichung zugrunde. Diese Gleichung für ein Molekül mit beliebig vielen Kernen zu lösen, würde zu unüberwindlichen mathematischen Schwierigkeiten führen. HUND[1] hat im einfachsten Fall, für ein Molekül mit zwei gleichen Kernen, gezeigt, wie man die Lösung der THOMAS-FERMIschen Gleichung näherungsweise bestimmen kann. Mit diesem Verfahren von HUND, das als Grundlage ähnlicher Berechnungen für kompliziertere Moleküle dienen kann, wollen wir uns zunächst hier befassen.

Bei Atomen kann man die Gl. (3, 19) auf die vom besonderen Fall unabhängige Gl. (3, 52) zurückführen. Dies ist bei Molekülen nicht möglich. Wir befassen uns im folgenden mit einem Molekül mit zwei gleichen Kernen von der Ordnungszahl Z und der Kerndistanz $\delta_0 = 2a$; in diesem Spezialfall braucht man nur einen einzigen vom besonderen Fall abhängigen Parameter einzuführen.

Zur Lösung der Grundgleichung (3, 19) setzt HUND

$$V - V_0 = \frac{Z\,e}{a}\,\Theta \qquad\qquad (31, 1)$$

und führt statt der Koordinaten x, y, z und der Entfernung vom Kern 1, r_1 und vom Kern 2, r_2, die durch a dividierten entsprechenden Größen x', y', z', r_1' und r_2' ein. Wenn wir den LAPLACEschen Operator in diesen Koordinaten mit Δ' bezeichnen, so folgt mit (31, 1) aus (3, 19) für Θ die Gleichung

$$\Delta'\,\Theta = \varkappa\,\Theta^{3/2}, \qquad\qquad (31, 2)$$

wo

$$\varkappa = 4\,\pi\,\sigma_0\,(Z e^3 a^3)^{1/2} = \frac{8 \cdot 2^{1/2}}{3\,\pi}\left(\frac{a}{a_0}\right)^{3/2} Z^{1/2} \qquad (31, 3)$$

ist; bezüglich σ_0 vgl. man (3, 17).

Da am Ort der Kerne V wie Ze/r_1, bzw. wie Ze/r_2 unendlich wird, muß Θ am Ort der Kerne wie $1/r_1'$, bzw. wie $1/r_2'$ unendlich werden. Unter den Lösungen von (31, 2) gibt es eine, die bis ins Unendliche reicht und dort in genügend hohem Grade verschwindet, diese entspricht dem

---

[1] F. HUND, Zs. f. Phys. **77**, 12, 1932.

neutralen Molekül. Diese Lösung wird uns im folgenden interessieren. Für neutrale Moleküle ist $V_0 = 0$.

Zur Lösung der Gleichung (31, 2) mit diesen Randbedingungen kann man nach HUND in der Weise vorgehen, daß man zum Teil durch Probieren eine Funktion $\vartheta(r_1') + \vartheta(r_2')$ sucht, die die Differenzialgleichung möglichst gut erfüllt, so daß man

$$\Theta = \vartheta(r_1') + \vartheta(r_2') + \zeta \tag{31, 4}$$

setzen kann, wo ζ eine kleine Korrektionsgröße darstellt. Für diese gilt dann die Gleichung

$$\Delta' \zeta - A \zeta - B = 0 \tag{31, 5}$$

mit

$$\left. \begin{aligned} A &= \frac{3}{2} \varkappa \left[\vartheta(r_1') + \vartheta(r_2') \right]^{1/2}, \\ B &= \varkappa \left[\vartheta(r_1') + \vartheta(r_2') \right]^{3/2} - \Delta' \vartheta(r_1') - \Delta' \vartheta(r_2') \, . \end{aligned} \right\} \tag{31, 6}$$

Die erste Näherung $\vartheta(r_1') + \vartheta(r_2')$, die möglichst im ganzen Raum die Lösung der Gleichung (31, 2) gut darstellen soll und den Randbedingungen genügt, findet HUND folgendermaßen. In der Umgebung jedes Kernes ist die Dichte- und Potentialverteilung kugelsymmetrisch und unterscheidet sich nur in geringem Maße von der Verteilung im freien Atom. In der Nähe eines Kernes kann man also für ϑ die Lösung für das freie Atom ansetzen, die sich mit den hier gebrauchten Bezeichnungen in der Form $\varphi_0(\varkappa^{2/3} r_1')/r_1'$, bzw. $\varphi_0(\varkappa^{2/3} r_2')/r_2'$ schreiben läßt, wo φ_0 die in der Tab. 1 angegebene FERMISCHE Funktion für das neutrale Atom bezeichnet. In der Nähe eines der Kerne gibt auch die Summe $\varphi_0(\varkappa^{2/3} r_1')/r_1' + {}+ \varphi_0(\varkappa^{2/3} r_2')/r_2'$ eine brauchbare Näherung. In sehr großer Entfernung von den beiden Kernen muß sich die Elektronenverteilung verhalten wie die eines Atoms mit doppelter Kernladung, man kann also dort für $\vartheta(r_1') + \vartheta(r_2')$

$$\frac{2}{r'} \varphi_0 (2^{1/3} \varkappa^{2/3} r'), \text{ oder } \frac{1}{r_1'} \varphi_0 (2^{1/3} \varkappa^{2/3} r_1') + \frac{1}{r_2'} \varphi_0 (2^{1/3} \varkappa^{2/3} r_2')$$

setzen. Für den ganzen Raum setzt nun HUND die erste Näherung in folgender Form an

$$\vartheta(r_1') + \vartheta(r_2') = \frac{1}{r_1'} \varphi_0 [\varkappa^{2/3} r_1' f(r_1')] + \frac{1}{r_2'} \varphi_0 [\varkappa^{2/3} r_2' f(r_2')] \, , \tag{31, 7}$$

wo $f(r_i')$ eine Interpolationsfunktion bezeichnet, die für $r_i' = 0$ den Wert 1 und die Ableitung 0, für $r_i' = \infty$ den Wert $2^{1/3}$ hat und dazwischen möglichst glatt verläuft. Für f eignet sich der Ausdruck

$$f\,(r_i{}') = \frac{\lambda^2 + 2^{1/3}\,r_i{}'^2}{\lambda^2 + r_i{}'^2}\,, \tag{31, 8}$$

in welchem λ so zu bestimmen ist, daß durch den Ausdruck (31, 7) die Gleichung (31, 2) in möglichst guter Näherung gelöst wird, also der Ausdruck B im ganzen Raum möglichst klein wird.

Wenn man auf diese Weise eine brauchbare Näherungslösung gefunden hat, so kann man die höheren Näherungen durch die Berechnung von ζ aus der Differentialgleichung (31, 5) bestimmen, die man mit den Rand-

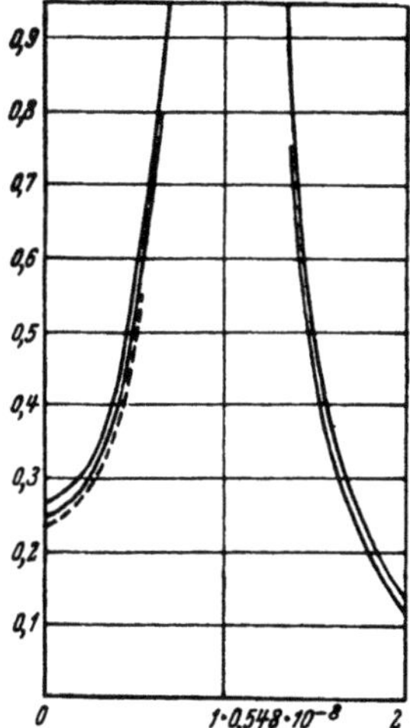

Abb. 37. Potentialverlauf auf der Kernverbindungslinie im N_2-Molekül. Nach Hund (Zs. f. Phys. 77, 12, 1932). Abszisse: Entfernung vom Halbierungspunkt des Kernabstandes entlang der Kernverbindungslinie in Einheiten des halben Kernabstandes. Ordinate: Potential in el. stat. c. g. s.-Einheiten.

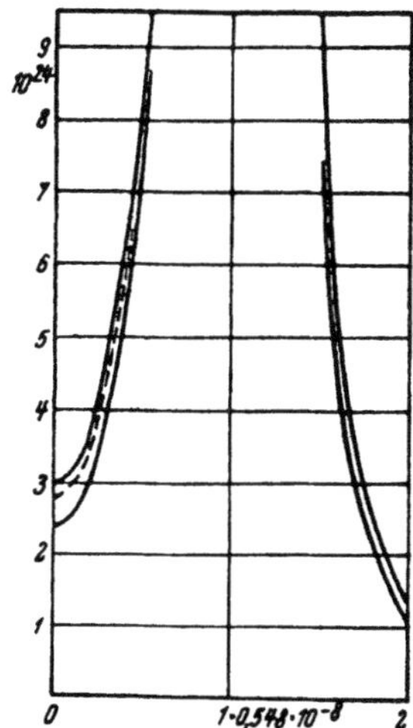

Abb. 38. Elektronendichte auf der Kernverbindungslinie im N_2-Molekül. Nach Hund (Zs. f. Phys. 77, 12, 1932). Abszisse: Entfernung vom Halbierungspunkt des Kernabstandes entlang der Kernverbindungslinie in Einheiten des halben Kernabstandes. Ordinate: Elektronendichte in $10^{24}/cm^3$-Einheiten.

bedingungen zu lösen hat, daß ζ am Ort der Kerne endlich bleibt oder schwächer als $1/r_i{}'$ unendlich wird, und daß ζ im Unendlichen verschwindet. Methoden zur Berechnung von ζ sind bei Hund ausführlich besprochen; wir befassen uns mit diesen nicht, da, wie sich aus den Resultaten zeigt, schon die erste Näherung eine sehr gute Näherungslösung darstellt.

Die Berechnung von ϑ, bzw. λ und die Berechnung der Korrektionsgröße ζ hat Hund für die Werte $\varkappa = 3,36$ und $\varkappa = 5,60$ durchgeführt. Der erste Wert von $\varkappa$ entspricht dem N_2-Molekül ($Z = 7$, $2a = 1,096\,\text{Å}$) und der zweite Wert ungefähr dem F_2-Molekül ($Z = 9$, $2a = 1,45\,\text{Å}$). Aus der Forderung, daß B im ganzen Raum möglichst klein sein soll, ergibt sich in beiden Fällen $\lambda^2 = 3$ und es zeigt sich, daß schon die erste

Näherung (31, 7) eine gute Näherungslösung darstellt; ζ erweist sich nämlich in beiden Fällen im Verhältnis zur ersten Näherung als sehr klein und kann vernachlässigt werden. Die Resultate für N_2 veranschaulichen die Abb. 37 und 38. In Abb. 37 ist entlang der Kernverbindungslinie das Potential $V = Ze\Theta/a$ in erster Näherung (untere ausgezogene Kurve) und in höherer Näherung also mit Berücksichtigung von ζ (gestrichelte Kurve) eingezeichnet. Außerhalb der Kerne unterscheidet sich die erste Näherung von der höheren so wenig, daß die beiden Kurven in der Abbildung nicht getrennt werden können. Die Summe der Potentiale von zwei freien N-Atomen, deren Kerndistanz $2a$ beträgt, ist ebenfalls eingezeichnet (obere ausgezogene Kurve). In Abb. 38 ist die Elektronendichte des Moleküls $\varrho = \sigma_0 (Ze\Theta/a)^{3/2}$ entlang der Kernverbindungslinie dargestellt, und zwar ebenfalls in erster Näherung (links obere, rechts untere ausgezogene Kurve), weiterhin in höherer Näherung (gestrichelte Kurve) und schließlich als Superposition der Elektronendichten zweier freier N-Atome für den Fall einer Kerndistanz von $2a$ (links untere, rechts obere ausgezogene Kurve).

Für $\varkappa = 5{,}60$ ist die Abweichung der ersten Näherung von der höheren wesentlich geringer. Da kleinere $\varkappa$-Werte als bei N_2 wohl nicht vorkommen, stellen die Abb. 37 und 38 in dieser Hinsicht den ungünstigsten Fall dar.

Aus den Resultaten von HUND folgt, daß man allgemein das Potential in einem zweiatomigen Molekül mit gleichen Kernen mit großer Annäherung additiv aus zwei um die einzelnen Kerne kugelsymmetrisch angeordneten Potentialen — die nicht genau die Potentiale der freien Atome sind — zusammensetzen kann.

Nachdem man die Elektronenverteilung im Molekül bestimmt hat, kann man diese zur Berechnung verschiedener Moleküleigenschaften und Molekülkonstanten heranziehen. Man kann z. B. Elektronenterme in ganz analoger Weise wie bei den Atomen berechnen, indem man annimmt, daß sich die Elektronen, deren Energie zu bestimmen ist, im statistischen Potentialfeld des Molekülrestes befinden. Dies wurde für das N_2-Molekül mit der im vorangehenden hergeleiteten Elektronenverteilung von RECKNAGEL[1] durchgeführt; seine Resultate befinden sich in guter Übereinstimmung mit der Erfahrung. Wenn sich der Molekülrest aus Atomrümpfen mit abgeschlossenen Elektronenschalen zusammensetzt, wie dies z. B. beim K_2-Molekül der Fall ist, so kann man zur Termberechnung auch hier das im § 19 definierte modifizierte Potentialfeld heranziehen (man vgl. hierzu auch § 33). Allerdings sind diese Berechnungen ganz bedeutend komplizierter als bei Atomen.

Im Rahmen dieser allgemeinen Übersicht sei erwähnt, daß OCHIAI

---

[1] A. RECKNAGEL, Zs. f. Phys. 87, 375, 1934.

und Mizuno[1] Untersuchungen über die kinetische und potentielle Energie eines zweiatomigen Moleküls auf Grund vereinfachter Annahmen durchgeführt haben.

Weiterhin hat Hulthén[2] das Trägheitsmoment des AgH-Moleküls berechnet und mit Hilfe der statistischen Elektronenverteilung gezeigt, daß die Annahme, nach welcher das Elektronensystem an der Rotation und Schwingung des Moleküls teilnimmt, gerechtfertigt ist. Die Elektronenverteilung des AgH-Moleküls wurde hierbei durch die Lenz-Jensensche Verteilung (§ 8) des Ag$^-$-Ions approximiert, was natürlich eine sehr grobe Näherung bedeutet, aber für diese Untersuchung zur ersten Orientierung ausreicht.

Mit Hilfe der statistischen Störungsrechnung kann man die Elektronenverteilung der einfacheren Moleküle, z. B. der HCl-, HBr- und HJ-Moleküle, weiterhin die elektrischen Momente dieser Moleküle berechnen. Bisher wurde die Elektronenverteilung des HCl-Moleküls unter vereinfachten Annahmen berechnet[3]; Berechnungen über die elektrischen Momente stehen noch aus.

Auf die Anwendungen der statistischen Methode auf Bindungsprobleme kommen wir in den folgenden zwei Paragraphen ausführlich zu sprechen.

§ 32. Heteropolare Moleküle.

Bei den typischen heteropolaren Molekülen, also in erster Linie bei den Alkalihalogenid-Molekülen, kann man von der Annahme ausgehen, daß diese aus Ionen mit edelgasähnlichen abgeschlossenen Elektronenschalen aufgebaut sind; hierher gehört also z. B. das NaCl-Molekül, bestehend aus einem Na$^+$- und einem Cl$^-$-Ion. Die Anziehungskräfte in diesen Molekülen sind also elektrostatischen Ursprungs, bei den Abstoßungskräften ist dies aber — wie wir sehen werden — nicht der Fall, diese sind nicht von elektrostatischer Natur und dies ist eben eines der wichtigsten Ergebnisse der folgenden Ausführungen.

Einen brauchbaren theoretischen Ansatz zur Behandlung der Bindung von heteropolaren Molekülen erhält man nach Jensen[4], wenn man die Elektronendichte des Moleküls in erster Näherung als eine einfache Superposition der Elektronendichten der freien Ionen betrachtet, also die Deformation der Elektronenwolken in erster Näherung vernachlässigt. Wir befassen uns im folgenden mit zweiatomigen Molekülen; die zur

[1] K. Ochiai u. Y. Mizuno, Proc. Phys.-Math. Soc. Japan (3) **16,** 167, 1934.

[2] L. Hulthén, Nature (London) **135,** 543, 1935.

[3] Man vgl. P. Gombás, Math. u. Naturwiss. Anz. d. ung. Akad. **LVII,** 166, 1938. Diese Berechnungen wurden auf Grund einer vereinfachten Form der statistischen Störungsrechnung durchgeführt.

[4] H. Jensen, Zs. f. Phys. **77,** 722, 1932.

Behandlung dieser Moleküle zu entwickelnde Methode kann auch auf kompliziertere heteropolare Moleküle erweitert werden.

Zur Behandlung der Bindung eines zweiatomigen heteropolaren Moleküls, bestehend aus einem positiven und einem negativen Ion, hat man in erster Näherung die Energieänderung zu berechnen, die bei dem Überschieben der ungestörten Elektronenwolken der freien Ionen entsteht. Mit der Berechnung dieser Energie als Funktion des Kernabstandes δ haben wir uns im Rahmen der Störungsrechnung (§ 18) sehr ausführlich befaßt, es ergab sich

$$u = u_c + u_n + u_e + u_k + u_a + u_w , \qquad (32, 1)$$

wo die einzelnen Energieterme auf der rechten Seite, deren physikalische Bedeutung ausführlich besprochen wurde (man vgl. die Seiten 145 u. 146), durch die Formeln (18, 7) bis (18, 12) definiert sind, in denen sich der Index 1 und 2 auf die beiden Ionen bezieht. Bezüglich der Berechnung der Integrale im Ausdruck von u_e, u_k, u_a und u_w verweisen wir auf den Anhang III.

u gibt die Wechselwirkungsenergie der beiden Ionen als Funktion von δ in erster Näherung. Aus dem Minimumsprinzip der Energie folgt, daß in der Gleichgewichtslage der beiden Ionen die Energie ein Minimum aufweist; man hat also zur Bestimmung der Gleichgewichtslage das Minimum von u als Funktion von δ aufzusuchen. Wir führen für δ und u in der Gleichgewichtslage die Bezeichnung δ_0 und u_0 ein; es gibt dann $|u_0|$ die Bindungsenergie des Moleküls, also die Energie, die aufzuwenden ist, um das Molekül in freie Ionen zu zerlegen.

In zweiter Näherung hat man den Ausdruck (32, 1) noch mit der elektrostatischen Polarisationsenergie und mit der VAN DER WAALSschen Wechselwirkungsenergie zu ergänzen. Die erstere resultiert daraus, daß die Elektronenwolke jedes Ions unter der Wirkung des elektrostatischen Potentials des anderen Ions deformiert wird. Diese Energie resultiert also aus einem Effekt zweiter Ordnung, d. h. aus einem quadratischen STARK-Effekt und man kann sie mit Hilfe der statistischen Störungstheorie (§ 17) als Störungsenergie zweiter Ordnung berechnen[1]. Die VAN DER WAALSsche Energie, deren quantenmechanische Theorie von LONDON und EISENSCHITZ entwickelt wurde[2], resultiert ebenfalls aus einem Effekt zweiter Ordnung, und zwar zum wesentlichen Teil daraus, daß in

---

[1] Auf den Grundlagen dieser Störungsrechnung kann man z. B. die Bindung der Wasserstoffhalogenid-Moleküle berechnen, bei denen die Polarisationsenergie einen wesentlichen Beitrag zur Bindungsenergie gibt. Vorläufige Berechnungen für das HJ-Molekül führten zu befriedigenden Resultaten.

[2] R. EISENSCHITZ u. F. LONDON, Zs. f. Phys. **60**, 491, 1930; F. LONDON, Zs. f. Phys. **63**, 245, 1930; Zs. f. phys. Chem. (B) **11**, 222, 1930.

den wechselwirkenden Atomen die Elektronenbewegung, die mit schnell
rotierenden elektrischen Dipolen gleichbedeutend ist, wechselseitig
Dipole induziert. Eine genaue Berechnung dieser Energie ist wegen der
Kompliziertheit des Energieausdruckes nicht möglich; zur näherungs-
weisen Berechnung kann man die von BORN und MAYER[1], von SLATER und
KIRKWOOD[2] von KIRKWOOD[3], von HELLMANN[4], oder von NEUGEBAUER
und GOMBÁS[5] hergeleiteten Ausdrücke heranziehen; man könnte für die
VAN DER WAALSsche Energie auch mit Hilfe der statistischen Störungs-
rechnung (§ 17) einen Ausdruck herleiten. Sowohl die elektrostatische
Polarisationsenergie als die VAN DER WAALSsche Energie sind negativ

und führen zu einer zusätzlichen Attrak-
tion zwischen den Ionen, also zu einer
Vergrößerung der Bindungsenergie des
Moleküls.

Auf diesen Grundlagen hat JENSEN[6]
das RbBr-Molekül mit größeren Vereinfachungen behandelt. Erstens wurde
nämlich die Austauschenergie u_a, die
Korrelationsenergie u_w, die elektrostatische Polarisationsenergie und die
VAN DER WAALSsche Energie gänzlich vernachlässigt; zur Berechnung
der Wechselwirkungsenergie diente also

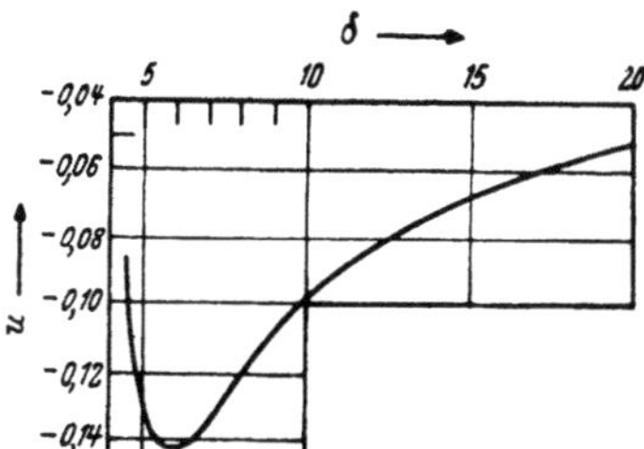

Abb. 39. Energie des RbBr-Mole-
küls als Funktion des Kernabstandes.
Nach JENSEN (Zs. f. Phys. 77, 722,
1932). Abszisse: Kernabstand δ in
a_0-Einheiten. Ordinate: Energie u
in e^2/a_0-Einheiten.

der vereinfachte Ausdruck

$$u = u_c + u_n + u_e + u_k . \tag{32, 2}$$

Zweitens wurde für das Rb^+- und Br^--Ion die LENZ-JENSENsche Dichteverteilung (§ 8) zugrunde gelegt, die in großer Entfernung vom Kern
nicht ganz willkürfrei ist. Trotz dieser Vereinfachungen führten die
JENSENschen Rechnungen für das RbBr-Molekül zu wichtigen Resultaten,
da sie einen tieferen Einblick in den Mechanismus der Wechselwirkung
gewährten und die Natur der Abstoßungskräfte aufklärten. Die Energie
(32, 2) hat JENSEN für mehrere Kernabstände berechnet; die Berechnung
von u_e und u_k erfolgte auf numerischem Wege. Die Resultate sind in
Tab. 35 und in Abb. 39 dargestellt.

---

[1] M. BORN u. J. E. MAYER, Zs. f. Phys. **75,** 1, 1932.

[2] J. C. SLATER u. J. G. KIRKWOOD, Phys. Rev. (2) **37,** 682, 1931.

[3] J. G. KIRKWOOD, Phys. Zs. **33,** 57, 1932.

[4] H. HELLMANN, Acta Physicochimica U. R. S. S. **2,** 274, 1935.

[5] TH. NEUGEBAUER u. P. GOMBÁS, Zs. f. Phys. **89,** 480, 1934.

[6] H. JENSEN, Zs. f. Phys. **77,** 722, 1932.

Tab. 35. Wechselwirkungsenergie eines Rb+- und Br⁻-Ions. δ in a_0-Einheiten, die Energien in e^2/a_0-Einheiten.

δ	4	5	7	9
u_c	— 0,2500	— 0,2000	— 0,1429	— 0,1111
u_n	+ 0,8575	+ 0,2320	+ 0,0239	+ 0,0014
u_e	— 1,0500	— 0,2840	— 0,0286	— 0,0020
u_k	+ 0,4925	+ 0,1240	+ 0,0127	+ 0,0017
$u_c + u_n + u_e$	— 0,4425	— 0,2520	— 0,1476	— 0,1117
$u = u_c + u_n + u_e + u_k$	+ 0,0500	— 0,1280	— 0,1349	— 0,1100

Das Minimum von u liegt bei

$$\delta_0 = 5,9\,a_0 = 3,1\,\overset{\circ}{\text{A}}\,. \tag{32, 3}$$

Für das Minimum von u ergibt sich $u_0 = -0,142\,e^2/a_0 = -3,87\,\text{e-Volt}$, womit man für die Bindungsenergie pro Mol

$$|u_0| = 89,1\,\text{kcal/Mol} \tag{32, 4}$$

erhält. Die entsprechenden empirischen Werte[1] sind $\delta_0 = 3,06\,\overset{\circ}{\text{A}}$ und $|u_0| = 104,5\,\text{kcal/Mol}$. Die Übereinstimmung des berechneten Kernabstandes mit dem empirischen ist auffallend gut, die berechnete Bindungsenergie ergibt sich aber als zu klein, wie dies ja in dieser Näherung auch nicht anders zu erwarten ist.

Wegen der Einwände gegen die zugrunde gelegte Lenz-Jensensche Dichteverteilung in großer Entfernung vom Kern verdienen die berechneten Werte von δ_0 und u_0 kein allzu großes Vertrauen. Die Bedeutung dieser Berechnung ist nicht so sehr in den numerischen Resultaten als vielmehr darin zu sehen, daß sie einen Aufschluß über den Mechanismus der Wechselwirkung gibt. Die einzelnen Terme der Wechselwirkungsenergie befinden sich in Tab. 35. Die Anteile der elektrostatischen Wechselwirkungsenergie sind u_c, u_n und u_e, die gesamte elektrostatische Wechselwirkungsenergie in erster Näherung gibt also die Summe dieser Terme, die in der vorletzten Zeile der Tabelle steht. Die positive Energie u_k ist eine Folge der Fermi-Statistik, bzw. des Pauli-Prinzips, diese Energie ist also nicht elektrostatischen Ursprungs. Wenn man nur die elektrostatische Wechselwirkungsenergie $u_c + u_n + u_e$ in Betracht ziehen würde,

---

[1] δ_0 nach L. R. Maxwell, S. B. Hendricks und V. M. Mosley, Phys. Rev. (2) **51**, 1000, 1937. Als empirischer Wert für $|u_0|$ ist die Differenz der Gitterenergie des festen RbBr-Salzes und der Sublimationsenergie des RbBr-Salzes beim absoluten Nullpunkt der Temperatur angegeben; für die Gitterenergie und Sublimationsenergie sind hierbei die von J. E. Mayer und L. Helmholz auf halbempirischem Wege berechneten Werte angeführt. Man vgl. Zs. f. Phys. **75**, 19, 1931.

so würde man — wie aus der vorletzten Zeile der Tabelle zu sehen ist — für δ_0 einen viel zu kleinen und für $|u_0|$ einen viel zu großen Wert erhalten, wobei zu beachten ist, daß die Berücksichtigung der vernachlässigten Energien u_a, u_w, der elektrostatischen Polarisationsenergie und der VAN DER WAALSschen Energie eine weitere Verkleinerung von δ_0 und eine weitere Vergrößerung von $|u_0|$ zur Folge hätte; das Molekül würde also zusammenstürzen. Dieser Zusammensturz des Moleküls auf einen viel zu kleinen Kernabstand wird durch die Energie u_k verhindert, die den elektrostatischen (und anderen) Anziehungsenergien das Gleichgewicht hält. Es ergibt sich also, daß bei Ionen mit abgeschlossenen Elektronenschalen die Abstoßungskräfte *nicht elektrostatischen Ursprungs* sind.

Dasselbe gilt auch für neutrale Atome mit abgeschlossenen Elektronenschalen.

Diese Abstoßungsenergie ist auf denselben Ursprung zurückzuführen wie das Zusatzpotential F_i in § 19. Aus der physikalischen Bedeutung von u_k (man vgl. S. 146) ist das sofort zu sehen, man kann aber F_i auch aus dem Ausdruck von u_k herleiten. Z. B. im Inneren des Ions 1, wo ϱ_1 im Verhältnis zu ϱ_2 groß ist, kann man den

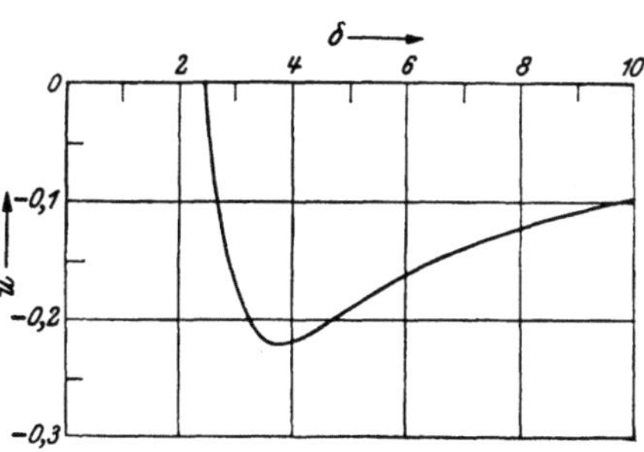

Abb. 40. Energie des LiBr-Moleküls als Funktion des Kernabstandes. Abszisse: Kernabstand δ in a_0-Einheiten. Ordinate: Energie u in e^2/a_0-Einheiten.

Integrand in u_k in eine Reihe entwickeln und erhält in dem Gebiet $\varrho_1 \gg \varrho_2$ für u_k, bei Vernachlässigung von Gliedern, die von höherer Ordnung klein sind,

$$\frac{5}{3}\,\varkappa_{\overline{k}} \int \varrho_1^{2/3}\,\varrho_2\,dv = -\int F\varrho_2\,e\,dv \,, \tag{32, 5}$$

wo wir jetzt neben F den Index i weggelassen haben. In dem Gebiet allerdings, wo ϱ_1 und ϱ_2 von gleicher Größenordnung sind, hat man statt (32, 5) den allgemeinen Ausdruck (18, 10) heranzuziehen.

Ebenfalls mit dem Ausdruck (32, 2) ist auch der Kernabstand und die Bindungsenergie des LiBr-Moleküls berechnet worden[1]. Für das Br^--Ion wurde wieder die LENZ-JENSENsche Elektronenverteilung zugrunde gelegt, die Elektronendichte des Li^+-Ions wurde mit Hilfe der HYLLERAASschen Eigenfunktionen erster Näherung[2] berechnet, mit denen man

$$\varrho = \frac{2}{\pi\,a_0^3}\left(\frac{43}{16}\right)^3 e^{-\frac{43}{8}\frac{r}{a_0}}$$ erhält. u als Funktion von δ ist in Abb. 40 dar-

---

[1] P. GOMBÁS, Mat. és Fiz. Lapok (Budapest) **41**, 55, 1934.

[2] E. A. HYLLERAAS, Zs. f. Phys. **63**, 771, 1930.

gestellt. Für δ_0 und $|u_0|$ ergibt sich

$$\delta_0 = 3{,}74\,a_0 = 1{,}98\,\overset{\circ}{A}, \qquad |u_0| = 137\,\text{kcal/Moll}\,, \qquad (32,\,6)$$

während die empirischen Werte[1] die folgenden sind: $\delta_0 = 1{,}88\,\overset{\circ}{A}$ und $|u_0| = 144{,}9$ kcal/Mol. Bezüglich der Werte (32, 6) gilt dasselbe wie das bei dem RbBr-Molekül Gesagte. Wegen der geringen Elektronenzahl des Li^+-Ions spielt beim LiBr-Molekül die Abstoßungsenergie u_k eine bedeutend geringere Rolle als beim RbBr-Molekül.

Zum weiteren Ausbau der quantitativen Berechnungen hätte man in erster Linie die Berechnungen mit den korrigierten Verteilungen für die Ionen durchzuführen, wie dies z. B. bei den Ionenkristallen in VIII geschieht, außerdem wären auch die vernachlässigten Energieterme zu berücksichtigen.

Es sei noch erwähnt, daß man die Bindung der VAN DER WAALSschen zweiatomigen Moleküle mit einer zu (32, 1) ähnlichen Formel berechnen könnte, man hätte nur statt der Energie u_c, die für neutrale Atome 0 ist, die VAN DER WAALSsche Wechselwirkungsenergie zu setzen.

§ 33. Homöopolare Moleküle.

Bei den homöopolaren Molekülen, z. B. beim N_2- oder Na_2-Molekül, entsteht die Bindung durch die quantenmechanische Austauschwechselwirkung der Valenzelektronen, also auf eine ganz andere Weise wie bei den heteropolaren Molekülen. Das im vorangehenden Paragraphen entwickelte Verfahren zur Berechnung der Bindung, bei welchem alle Elektronen statistisch behandelt werden, wird also hier unbrauchbar. Die statistische Methode findet aber auch hier eine wichtige Anwendung; durch eine Kombination des statistischen Verfahrens mit der wellenmechanischen Methode wird es nämlich ermöglicht, auch die Bindung elektronenreicher homöopolarer Moleküle quantitativ zu behandeln. Dies geschieht in der Weise, daß man für den Molekülrumpf eine statistische Elektronenverteilung annimmt und die Valenzelektronen in diesem statistischen Potentialfeld wellenmechanisch behandelt. Wenn die Anzahl der Valenzelektronen im Molekül z beträgt, so wird hierdurch die Berechnung der Bindung auf ein z-Körper-Problem reduziert. Lösungen konnten bis jetzt wegen mathematischer Schwierigkeiten nur für zweiatomige Moleküle und nur für $z = 2$ erzielt werden. Diesem Fall entspricht z. B. das Na_2-Molekül. Bei der Berechnung der Bindung dieses Moleküls kann man den Molekülrumpf in erster Näherung durch zwei freie statistische Na^+-Ionen mit kugelsymmetrischer Elektronenverteilung approximieren. Man hat es also dann mit einem erweiterten H_2-Problem zu tun, bei welchem das

---

[1] δ_0 aus dem Trägheitsmoment und $|u_0|$ auf dieselbe Weise berechnet wie beim RbBr-Molekül (man vgl. S. 274, Fußnote [1]).

Coulombsche Potential jedes Kernes mit einem nicht-Coulombschen Anteil zu ergänzen ist. In erster Näherung gestalten sich dann die Rechnungen ganz analog zu denen von Heitler und London[1] für das H_2-Molekül; für die höheren Näherungen können die Arbeiten von James und Coolidge[2] über das H_2-Molekül als Vorbild dienen. Das Prinzip der Bestimmung des Kernabstandes und der Bindungsenergie des Moleküls im Gleichgewichtszustand besteht wieder darin, daß man das Minimum der Wechselwirkungsenergie der beiden Atome als Funktion des Kernabstandes ermittelt. Die Bindungsenergie ist in diesem Falle die Energie, die man bei der Zerlegung des Moleküls in neutrale Atome aufzuwenden hat.

Berechnungen dieser Art wurden von Veselov[3] für das Na_2-Molekül und hauptsächlich für das Li_2-Molekül durchgeführt, für das sich allerdings die statistische Methode wegen der geringen Elektronenzahl sehr wenig eignet. Für das Li_2-Molekül erhielt Veselov mit der Heitler-Londonschen Näherung einen Kernabstand von $3{,}08\,\overset{\circ}{A}$ und eine Bindungsenergie von $9{,}9\,kcal/Mol$, während die experimentellen Werte[4] $2{,}672\,\overset{\circ}{A}$, bzw. $26{,}25\,kcal/Mol$ betragen. Der viel zu kleine Wert für die Bindungsenergie ist darauf zurückzuführen, daß in der Heitler-Londonschen Näherung die Korrelation der beiden Valenzelektronen unberücksichtigt bleibt.

Ein Mangel des geschilderten Verfahrens besteht darin, daß diejenigen Rumpfeinflüsse, zufolge denen die Eigenfunktion der Valenzelektronen auf die Eigenfunktionen der Rumpfelektronen orthogonal sein müssen, nicht genügend gut erfaßt werden, da ja die Rumpfelektronen nicht individuell, sondern statistisch in Betracht gezogen werden. Bei einer gänzlich wellenmechanischen Betrachtungsweise des Molekülproblems würde aber im Falle einer größeren Anzahl von Elektronen die Berücksichtigung des Besetzungsverbotes der vollbesetzten Rumpfelektronenzustände des einen Atoms für die Valenzelektronen desselben Atoms und besonders für die Valenzelektronen des anderen Atoms zu sehr großen mathematischen Schwierigkeiten führen, da dies mit der Orthogonalitätsforderung der Eigenfunktionen der einzelnen Valenzelektronen auf die Eigenfunktionen der Rumpfelektronen gleichbedeutend ist.

Dieser Mangel, bzw. diese Schwierigkeit läßt sich dadurch beheben, daß man statt des statistischen Rumpfpotentials das modifizierte Potential des Rumpfes (man vgl. § 19) einführt, wodurch man jeder Ortho-

---

[1] W. Heitler u. F. London, Zs. f. Phys. **44,** 455, 1927.

[2] H. M. James u. A. S. Coolidge, Journ. Chem. Phys. **1,** 825, 1933; **3,** 129, 1935.

[3] M. Veselov, Journ. exp. theoret. Phys. **7,** 829, 1937; **8,** 139, 1938.

[4] Aus G. Herzberg, Molekülspektren u. Molekülstruktur, S. 338, Vlg. Steinkopff, Dresden u. Leipzig, 1939.

gonalisation der Eigenfunktionen der Valenzelektronen auf die der Rumpfelektronen enthoben wird; das Zusatzpotential des einen Atoms [man vgl. (19, 3)] wirkt nämlich — wie auf S. 158 erwähnt wurde — nicht nur auf die Valenzelektronen desselben Atoms, sondern auch auf die des anderen Atoms. Auf diese Weise hat HELLMANN[1] die Bindung des K_2- und KH-Moleküls behandelt. Der Molekülrumpf, in dessen Feld sich die beiden Valenzelektronen bewegen, wird beim K_2-Molekül durch zwei freie K^+-Ionen und beim KH-Molekül durch ein freies K^+- und ein H^+-Ion approximiert. HELLMANN schlägt einen halbempirischen Weg ein, indem er das Zusatzpotential nicht aus der Verteilung des self-consistent field, sondern mit Hilfe empirischer Konstanten bestimmt. HELLMANN setzt für das Zusatzpotential des K^+-Rumpfes $F_i = -A\, e\, \dfrac{e^{-2\lambda r_i}}{r_i}$ und bestimmt A und λ mit Hilfe des empirisch bekannten Wertes des Grundtermes des K-Atoms; er findet als rohe Schätzung[2] $A = 2{,}743$, $\lambda = 0{,}58\,\dfrac{1}{a_0}$. Für die Eigenfunktion des Valenzelektrons im $4s$-Grundzustand des freien K-Atoms macht HELLMANN den Ansatz $\psi_0 = \left(\dfrac{\varkappa^3}{\pi}\right)^{1/2} e^{-\varkappa r}$ und findet für den Variationsparameter $\varkappa$ aus der Minimumsforderung der Energie $\varkappa = 0{,}29\,\dfrac{1}{a_0}$.

Für das K_2-Molekül im Grundzustand führt HELLMANN die Rechnungen in der HEITLER-LONDONschen Näherung durch und baut die bekannte symmetrische Eigenfunktion der Valenzelektronen aus der Eigenfunktion ψ_0 des Valenzelektrons im $4s$-Grundzustand des freien K-Atoms auf. In der Gleichgewichtslage erhält HELLMANN für den Kernabstand $4{,}0\overset{\circ}{\mathrm{A}}$ und für die Bindungsenergie 4,38 kcal/Mol gegenüber den experimentellen Werten[3] von $3{,}923\,\overset{\circ}{\mathrm{A}}$, bzw. 11,84 kcal/Mol. Während also der Kernabstand auch hier gut approximiert wird, ergibt sich die Bindungsenergie als viel zu klein, was wieder auf die Vernachlässigung der Korrelation zwischen den Valenzelektronen zurückzuführen ist. Die Wechselwirkung der beiden K^+-Rümpfe wurde in dieser Näherung ebenfalls vernachlässigt; diese könnte man — da es sich um Rümpfe mit abgeschlossenen Elektronenschalen handelt — auf Grund der im § 18 entwickelten Störungsrechnung berechnen.

Beim KH-Molekül ist es notwendig, neben den homöopolaren Zuständen auch Ionenzustände zu berücksichtigen, man hat also die Eigenfunktion in einer Form anzusetzen, die beiden Zuständen Rechnung trägt. Dies geschieht in der Weise, daß man zur HEITLER-LONDONschen Eigenfunktion

---

[1] H. HELLMANN, Acta Physicochimica U. R. S. S. **1,** 913, 1935.

[2] In VIII, S. 304 bringen wir genauere Werte für A und λ von HELLMANN.

[3] G. HERZBERG l. c.

des homöopolaren Zustandes die Eigenfunktion des Ionenzustandes, mit einem Variationsparameter multipliziert, hinzuaddiert. Diesen Variationsparameter bestimmt man dann aus der Minimumsforderung der Energie. HELLMANN baut die Eigenfunktion aus ψ_0 und der Eigenfunktion des H-Grundzustandes auf und findet in der Gleichgewichtslage für den Kernabstand $2,1\,\mathring{A}$ und für die Bindungsenergie 18,4 kcal/Mol, und zwar sind hierbei die Ionenzustände zu 80 %, also überwiegend, beteiligt, wie dies auch zu erwarten ist. Der Ionenzustand allein würde für die Bindungsenergie zu 16 kcal/Mol und der homöopolare Zustand allein zu 6,9 kcal/Mol führen. Die experimentellen Werte[1] betragen für den Kernabstand $2,244\,\mathring{A}$ und für die Bindungsenergie 43,8 kcal/Mol. Ganz ähnlich wie in den voranstehenden Fällen erhält man also auch hier eine zu kleine Bindungsenergie, das im wesentlichen ebenfalls auf die Vernachlässigung der Korrelation zwischen den beiden Valenzelektronen zurückzuführen ist. Dies zeigt HELLMANN, indem er das KH-Molekül als reine Ionenbindung behandelt und die aus der Korrelation der beiden Valenzelektronen resultierende Energie aus der strengen wellenmechanischen Theorie des H^--Ions[2] entnimmt. Es ergibt sich so für die Bindungsenergie 44,9 kcal/Mol in guter Übereinstimmung mit dem experimentellen Wert; der Kernabstand beträgt in diesem Falle $1,9\,\mathring{A}$.

Diese Rechnungen von HELLMANN haben mehr einen orientierenden Charakter, sie zeigen aber ganz deutlich die Brauchbarkeit der geschilderten statistischen Ansätze zur Behandlung dieser Bindungsprobleme.

VIII. Kristalle.

Die festen Körper kann man bekanntlich nach ihren elastischen, thermischen und chemischen Eigenschaften und nach ihrem dielektrischen Verhalten in die folgenden fünf Hauptgruppen einteilen: 1. Ionenkristalle, 2. Metalle, 3. Valenzkristalle, 4. Halbleiter, 5. VAN DER WAALSsche Kristalle. Die Ionenkristalle, z. B. die Alkalihalogenidkristalle, sind bei hohen Temperaturen gute Ionenleiter, besitzen ein starkes infrarotes Absorptionsspektrum und sind leicht zu spalten. Sie sind aus den Ionen der stark elektropositiven und elektronegativen Elemente aufgebaut. Die Metalle, z. B. Na, Ba und Fe, kennzeichnet eine gute elektrische und thermische Leitfähigkeit; sie entstehen aus der Kombination von Atomen der elektropositiven Elemente. Die Valenzkristalle charakterisiert eine sehr geringe elektrische Leitfähigkeit und große Härte, sie spalten schwer und entstehen aus einer Kombination der leichteren Elemente der mittleren

---

[1] G. HERZBERG l. c.

[2] H. BETHE, Zs. f. Phys. **57**, 815, 1929. E. HYLLERAAS, Zs. f. Phys. **60**, 624, 1930; **63**, 291, 1930.

Kolonnen des periodischen Systems. Als Beispiel sei der Diamant erwähnt. Die Halbleiter, zu denen z. B. CuO, CuO_2 und ZnO gehören, besitzen eine mit steigender Temperatur wachsende elektronische Leitfähigkeit. In Hinsicht auf Härte und Spaltung verhalten sie sich im allgemeinen ähnlich wie die Valenzkristalle; ihrer Bindung betreffend gehorchen sie aber nicht immer den Valenzregeln. Bei den VAN DER WAALSschen Kristallen, z. B. bei den Edelgasen oder dem Hydrogen im festen Zustand, werden die Gitterbausteine, Edelgasatome oder Moleküle mit abgesättigten Valenzen, durch VAN DER WAALSsche Kräfte gebunden. Charakteristisch für diese Stoffe ist der tiefe Schmelzpunkt und die Eigenschaft, daß sie — mit Ausnahme der festen Edelgase — in stabile Moleküle verdampfen. Kurz gesagt, verhalten sich die VAN DER WAALSschen Kristalle wie ein geordnetes Aggregat von aneinander schwach gebundener Moleküle, bzw. Atome. Zwischen diesen fünf Gruppen kommen auch Übergangsfälle vor.

Im folgenden soll nun gezeigt werden, wie man die im ersten Teil entwickelte statistische Theorie auf Kristalle — im wesentlichen auf Ionenkristalle und Metalle — übertragen kann. Für die Ionenkristalle und Metalle, die theoretisch am einfachsten zu erfassen sind und mit denen wir uns im folgenden ausführlich befassen werden, führte die statistische Theorie zu wichtigen Resultaten. Auf Grund der statistischen Theorie kann man die Bindung dieser Kristalle erklären und ihre wichtigsten Konstanten in guter Übereinstimmung mit der Erfahrung bestimmen, wobei besonders hervorzuheben ist, daß in die Theorie keinerlei empirische oder halbempirische Konstanten einbezogen werden. Relativ einfach könnte man die statistische Theorie auf die VAN DER WAALSschen Kristalle anwenden, sofern man für die VAN DER WAALSschen Kräfte für kleine Atomabstände brauchbare Ansätze hätte. Solange aber dies nicht der Fall ist, kann man den diesbezüglichen Rechnungen nur einen qualitativen Wert beilegen. Auf Valenzkristalle und Halbleiter konnten die im ersten Teil entwickelten statistischen Ansätze wegen mathematischer Schwierigkeiten bis jetzt noch nicht übertragen werden; die Berechnung der Bindung und der Konstanten dieser Kristalle könnte natürlich — wenn überhaupt — nur in der Weise geschehen, daß man (ganz analog wie bei den homöopolaren Molekülen) nur die Atomrümpfe statistisch behandelt, die Valenzelektronen aber wellenmechanisch in Betracht zieht.

§ 34. Ionenkristalle.

Die Ionenkristalle sind aus Ionen mit abgeschlossenen Elektronenschalen aufgebaut; man kann also zur Berechnung der Bindung und der wichtigsten Konstanten dieser Kristalle die im § 18 entwickelte Störungsrechnung heranziehen, die auch bei heteropolaren Molekülen zur Anwendung gelangte. Bis jetzt wurden Berechnungen für die Alkalihalogenidgitter durchgeführt.

Als die korrigierten statistischen Verteilungen noch nicht vorlagen, wurden diese Gitter in der Weise berechnet, daß man die Elektronenverteilung der Ionen im Gitter durch die LENZ-JENSENsche Elektronenverteilung (8, 11) der freien Ionen approximierte. Auf diese Weise hat JENSEN[1] Berechnungen für das RbBr-Gitter in erster Näherung, d.h. ohne Berücksichtigung der aus dem Elektronenaustausch und der Korrelation resultierenden Kräfte, weiterhin ohne der elektrostatischen Polarisationskräfte und der VAN DER WAALSschen Kräfte durchgeführt. Diese Berechnungen wurden dann von NEUGEBAUER und GOMBÁS[2] für das KCl-Gitter und von GOMBÁS[3] für das LiBr-Gitter durch eine Schätzung der elektrostatischen Polarisationsenergie und der VAN DER WAALSschen Energie erweitert. Wegen der Einwände gegen die LENZ-JENSENsche Dichteverteilung (man vergleiche die Seite 76) wird man aber den Resultaten dieser Berechnungen nur einen qualitativen Wert beilegen.

Zur Erzielung von quantitativen Resultaten, die von den erwähnten Einwänden frei sind, hat man die Elektronenverteilung der Ionen im Gitter durch die gut begründeten korrigierten statistischen Verteilungen (man vgl. III) zu approximieren; dies wurde von JENSEN für die Alkalihalogenidgitter (mit Ausnahme der Li-Halogeniden) in einer späteren Arbeit[4] durchgeführt, mit der wir uns im folgenden ausführlich befassen wollen. Zunächst besprechen wir die Berechnung der Gitterkonstante und der Gitterenergie und im Zusammenhang damit die Stabilität der Ionengitter, danach folgt die Berechnung der Kompressibilität und der ultraroten Eigenschwingung.

Gitterkonstante und Gitterenergie. Die Berechnung der Gitterkonstante und der Gitterenergie in der stabilen Gleichgewichtslage erfolgt aus dem Minimumsprinzip, nach welchem die Gitterenergie am absoluten Nullpunkt der Temperatur in der stabilen Gleichgewichtslage ein Minimum aufweist. Zur Berechnung der Gitterkonstante und der Gitterenergie in der stabilen Gleichgewichtslage hat man also zunächst die Gitterenergie als Funktion der Gitterkonstante zu ermitteln. Dies kann in erster Näherung einfach geschehen. In erster Näherung kann man nämlich die Elektronendichte im Kristall als eine einfache Superposition der Elektronendichten der freien Ionen betrachten, man kann also die Gitterenergie als die Wechselwirkungsenergie der Ionen mit undeformierten Elektronenwolken berechnen. Da die Ionen in den Alkalihalogenidgittern abgeschlossene Elektronenschalen besitzen, lassen sich die Rechnungen auf den

---

[1] H. JENSEN, Zs. f. Phys. **77**, 722, 1932.

[2] TH. NEUGEBAUER u. P. GOMBÁS, Zs. f. Phys. **89**, 480, 1934.

[3] P. GOMBÁS, Zs. f. Phys. **92**, 796, 1934; Mat. és Fiz. Lapok (Budapest) **41**, 55, 1934.

[4] H. JENSEN, Zs. f. Phys. **101**, 164, 1936.

Grundlagen der im § 18 hergeleiteten Störungsrechnung durchführen; man kann sogar die dort hergeleiteten Formeln für die Wechselwirkungsenergie eines Ionenpaares [man vgl. (18, 7) bis (18, 12)] direkt anwenden, da sich die Gitterenergie — wie sofort gezeigt werden soll — mit ausreichender Genauigkeit in der Weise darstellen läßt, als ob die Ionen unabhängig voneinander paarweise in Wechselwirkung treten würden. Für die Ionen hat JENSEN das modifizierte THOMAS-FERMI-DIRACsche Modell (man vgl. § 10, insbesondere Tab. 12) zugrunde gelegt, bei dem die Elektronenverteilung bei einem endlichen Radius r_0 abbricht und im Rahmen dessen auch negative Ionen stabil sind.

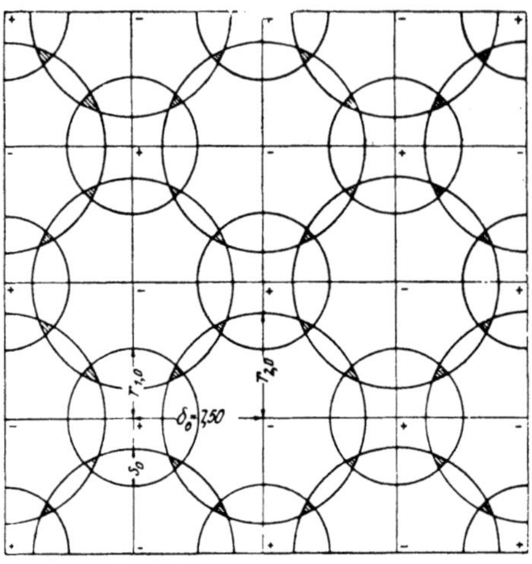

Abb. 41a. (1, 0, 0)-Ebene im flächenzentrierten RbJ-Gitter. $r_{1,0}$ Grenzradius des Rb+-Ions, $r_{2,0}$ Grenzradius des J⁻-Ions. Nach JENSEN (Zs. f. Phys. **101**, 164, 1936). δ_0 in a_0-Einheiten.

Die Alkalihalogenide kristallisieren mit Ausnahme von CsCl, CsBr und CsJ im Steinsalztyp, die Ionen bilden also ein flächenzentriertes Gitter; die genannten drei Cs-Halogenide kristallisieren im raumzentrierten Cäsiumchloridtyp. In den Abb. 41a und b ist die wechselseitige Durchdringung der Elektronenwolken für beide Typen und zwar für das RbJ- und CsJ-Gitter in der theoretischen Gleichgewichtslage veranschaulicht. Als Gitterebenen wurden die Ebenen gewählt, in welchen die Durchdringung der Elektronenwolken am stärksten ist. Eine solche Ebene ist beim Steinsalztyp die (1, 0, 0)-Ebene, in der auf den mit den Kanten des Elementarwürfels parallelen Geraden abwechselnd positive und negative Ionen liegen und beim Cäsiumchloridtyp die (1, 1, 0)-

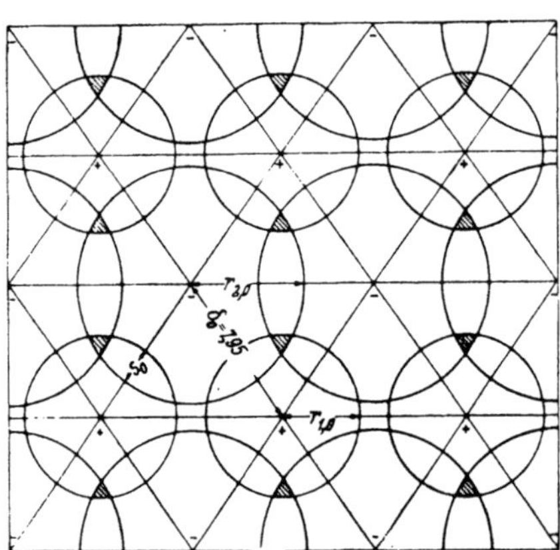

Abb. 41b. (1, 1, 0)-Ebene im raumzentrierten CsJ-Gitter. $r_{1,0}$ Grenzradius des Cs+-Ions, $r_{2,0}$ Grenzradius des J⁻-Ions. Nach JENSEN (Zs. f. Phys. **101**, 164, 1936). δ_0 in a_0-Einheiten.

Ebene (Diagonalebene des Würfels aus gleichartigen Ionen), in der auf den mit den Kanten des Elementarwürfels parallelen abwechselnden Geraden gleichartige Ionen angeordnet sind. Die Radien der Kreise stimmen mit den Grenzradien der betreffenden Ionen überein, bis zu welchen die Elektronendichte ausläuft[1]. Wie aus den Abbildungen zu sehen ist, überdecken sich — mit Ausnahme der kleinen schraffierten Gebiete — immer nur je zwei Ionen. Für das dreifache Überdeckungsgebiet erhält man also für die kinetische Energieänderung statt (18, 10) den Ausdruck

$$\varkappa_k \int [(\varrho_1 + \varrho_2 + \varrho_3)^{5/3} - \varrho_1^{5/3} - \varrho_2^{5/3} - \varrho_3^{5/3}]\, dv\,.$$

Diesen Ausdruck kann man folgendermaßen abschätzen. In den dreifachen Überdeckungsgebieten überdecken sich nur die Randgebiete der drei Ionen, man kann also in diesen Gebieten für die Elektronendichten der drei Ionen die Randdichte ϱ_0 [man vgl. (9, 16)] setzen und erhält für die kinetische Energieänderung in einem dreifachen Überdeckungsgebiet

$$\varkappa_k\, [(3\,\varrho_0)^{5/3} - 3\,\varrho_0^{5/3}]\, v = \varkappa_k\, 3{,}24\, \varrho_0^{5/3}\, v\,,$$

wo v das Volumen eines dreifachen Überdeckungsgebietes bezeichnet. Hieraus ergibt sich für diese Energie in der Umgebung des Gleichgewichtszustandes der Alkalihalogenide ein sehr kleiner Beitrag, der noch weitgehend durch die Änderung der negativen Austauschenergie und der ebenfalls negativen Korrelationsenergie kompensiert wird und gegenüber den Energiebeiträgen der zweifachen Überdeckungsgebiete vollkommen vernachlässigt werden kann. Die Gitterenergie läßt sich also in der Umgebung der Gleichgewichtslage aus der paarweisen Wechselwirkungsenergie je zweier Ionen berechnen.

Wenn wir nun mit JENSEN die relativ kleine Korrelationsenergie vernachlässigen, so können wir die Wechselwirkungsenergie eines Ionenpaares als Summe der Glieder (18, 7) bis (18, 11) folgendermaßen darstellen

$$u = u_c + u_n + u_e + u_k + u_a\,. \tag{34, 1}$$

Hier ist u_c die COULOMBsche Wechselwirkungsenergie der punktförmigen Ionenladungen der einfach geladenen Ionen. Die übrigen Glieder, deren physikalische Bedeutung in § 18 ausführlich diskutiert ist, resultieren aus der räumlichen Ausdehnung der Ionen, wir bezeichnen ihre Summe der Kürze halber mit u_s. Wie die Rechnungen zeigen, kommen im Gitter nur solche Kernabstände vor, die größer sind als die Grenzradien der Ionen, es wird daher in (18, 8) und (18, 9) $\gamma_1(\delta)$ und $\gamma_2(\delta)$ gleich 0, u_n verschwindet also und man erhält

$$u_s = u_e + u_k + u_a\,. \tag{34, 2}$$

---

[1] Für den Radius des J^--Ions benutzt hier JENSEN überall statt des Wertes 5,65 a_0 (man vgl. Tab. 12) den Wert 5,75 a_0.

Wie man aus (18, 9) sieht, ist die aus dem Durchdringen der Elektronenwolken resultierende elektrostatische Energie u_e, gerade so wie die Austauschenergie u_a, negativ. Aus diesen beiden Energien resultiert eine Anziehung. Dieser und der aus u_c resultierenden Anziehung wird durch die Abstoßungsenergie u_k das Gleichgewicht gehalten.

Die Gitterenergie erhält man, wenn man die Wechselwirkungsenergie eines Ionenpaares über alle Ionenpaare im Gitter summiert. Wir führen folgende Bezeichnungen ein: den kürzesten Abstand zweier ungleichartiger Ionen im Gitter bezeichnen wir mit δ, weiterhin charakterisieren wir bei den Wechselwirkungsenergien die positiven Ionen mit dem Index 1 und die negativen mit dem Index 2. Bei den Alkalihalogeniden überdecken sich in der Umgebung der Gleichgewichtslage nur die unmittelbar benachbarten ungleichartigen Ionen, weiterhin von den zweitnächsten gleichartigen Nachbarn nur die negativen Ionen; die zweitnächst benachbarten positiven Ionen überdecken sich nicht (man vgl. die Abb. 41a und b). Man kann also die Gitterenergie auf das Ionenpaar bezogen, als Funktion von δ, in folgender Form darstellen

$$U(\delta) = U_C(\delta) + U_S^{(1,\,2)}(\delta) + U_S^{(2,\,2)}(\delta) \,, \qquad (34,\,3)$$

wo U_C die Summe der COULOMBschen Wechselwirkungsenergie der punktförmigen Ionenladungen, $U_S^{(1,\,2)}$ die aus der Überdeckung der Elektronenwolken unmittelbar benachbarter ungleichartiger Ionen resultierende Energie und $U_S^{(2,\,2)}$ die analoge Energie für die zweitnächst benachbarten negativen Ionen bezeichnet; alle Energien beziehen sich auf das Ionenpaar.

Für U_C erhält man nach MADELUNG und EWALD[1]

$$U_C(\delta) = -\frac{\alpha\,e^2}{\delta} \,, \qquad (34,\,4)$$

wo α eine Konstante bezeichnet, die für das flächenzentrierte Gitter den Wert $\alpha = 1,7476$ und für das raumzentrierte Gitter den Wert $\alpha = 1,7627$ hat.

Im flächenzentrierten Gitter hat jedes Ion 6, im raumzentrierten 8 ungleichartige Nachbarn; man erhält also für das flächenzentrierte Gitter

$$U_S^{(1,\,2)}(\delta) = 6\,u_s^{(1,\,2)}(\delta) \qquad (34,\,5)$$

und für das raumzentrierte Gitter

$$U_S^{(1,\,2)}(\delta) = 8\,u_s^{(1,\,2)}(\delta) \,. \qquad (34,\,6)$$

Die Anzahl der zweitnächsten gleichartigen Nachbarn beträgt im

---

[1] Man vgl. z. B. GEIGER-SCHEELS Handb. d. Phys. XXIV/2, 2. Aufl., S. 708 bis 713, Springer, Berlin, 1933.

flächenzentrierten Gitter 12 im Abstand $\sqrt{2}\,\delta$ und im raumzentrierten Gitter 6 im Abstand $2\,\delta/\sqrt{3}$. Es ergibt sich also für das flächenzentrierte Gitter

$$U_S^{(2,\,2)}(\delta) = \frac{1}{2}\,12\,u_s^{(2,\,2)}(\sqrt{2}\,\delta) \tag{34, 7}$$

und für das raumzentrierte Gitter

$$U_S^{(2,\,2)}(\delta) = \frac{1}{2}\,6\,u_s^{(2,\,2)}(2\,\delta/\sqrt{3})\;. \tag{34, 8}$$

Den Faktor 1/2 auf der rechten Seite hat man zu berücksichtigen, um bei der Summierung jedes Ionenpaar nur einmal zu zählen.

In der stabilen Gleichgewichtslage beim absoluten Nullpunkt der Temperatur besitzt die Gitterenergie ein Minimum, es ist also

$$\frac{d\,U}{d\,\delta} = 0\;. \tag{34, 9}$$

Diese Gleichung, die man mit Rücksicht auf (34, 3) in folgender Form

$$\frac{a\,e^2}{\delta^2} + \frac{d}{d\,\delta}[U_S^{(1,\,2)}(\delta) + U_S^{(2,\,2)}(\delta)] = 0 \tag{34, 10}$$

schreiben kann, dient zur Bestimmung der Gitterkonstante in dem Gleichgewichtszustand, die wir mit δ_0 bezeichnen.

Die Berechnung des zweiten Gliedes auf der linken Seite kann auf die im Anhang III angegebene Weise erfolgen. Für die Rechnungen ist es praktisch, statt δ die Eintauchtiefe $s = r_{1,0} + r_{2,0} - \delta$ als Variable zu benutzen, die angibt, wie weit sich die ungleichartigen, unmittelbar benachbarten Ionen durchdringen; $r_{1,0}$ und $r_{2,0}$ bezeichnen den Ionenradius des freien Alkali-, bzw. Halogenions. Es zeigt sich nämlich, daß der Wert von s in der Gleichgewichtslage — den wir mit s_0 bezeichnen — für die verschiedenen Alkalihalogeniden nur relativ wenig verschieden ist, so daß der Unterschied in den Gitterkonstanten im wesentlichen durch den Unterschied der Ionenradien bedingt ist. Die Berechnung von s_0, die auf numerischem Wege erfolgt, kann man nach JENSEN mit verhältnismäßig geringer Mühe auf $0{,}03\,a_0$ genau durchführen, so daß die Unsicherheit in den δ_0-Werten im wesentlichen durch die Unsicherheit der Ionenradien — die 1 bis 2% beträgt — bedingt ist.

Die Gitterkonstanten wurden von JENSEN auf diese Weise berechnet und zwar für die Cäsiumhalogenide sowohl für das flächenzentrierte, als für das raumzentrierte Gitter. Die Resultate sind zum Vergleich mit den experimentellen Werten[1] in Tab. 36 zusammengestellt. Jeweils in der letzten Zeile ist die prozentuale Abweichung der theoretischen Werte von den experimentellen angegeben.

---

[1] Diese beziehen sich auf 0^0 C und sind einer Zusammenstellung von M. BORN u. J. E. MAYER entnommen (man vgl. Zs. f. Phys. **75,** 1, 1932).

Tab. 36. Berechnete Gitterkonstanten in erster Näherung im Vergleich mit den experimentellen in a_0-Einheiten.

	Gittertyp		Fluorid	Chlorid	Bromid	Jodid
Natrium	Flächenzentriert	ber.	6,15	6,50	6,75	7,05
		beob.	4,37	5,32	5,63	6,10
	Prozentuale Differenz		41 %	22 %	20 %	15,5 %
Kalium	Flächenzentriert	ber.	6,30	6,70	6,95	7,20
		beob.	5,05	5,93	6,22	6,66
	Prozentuale Differenz		25 %	13 %	12 %	8 %
Rubidium	Flächenzentriert	ber.	6,60	6,95	7,20	7,50
		beob.	5,32	6,17	6,50	6,93
	Prozentuale Differenz		24 %	12,5 %	11 %	8 %
Cäsium	Flächenzentriert	ber.	6,75	7,10	7,35	7,65
		beob.	5,68	—	—	—
	Raumzentriert	ber.	7,05	7,45	7,70	7,95
		beob.	—	6,73	7,02	7,46
	Prozentuale Differenz		19 %	11 %	9,5 %	6,5 %

Ein Vergleich der in Tab. 36 angeführten berechneten Gitterkonstanten mit den empirischen zeigt, daß die berechneten Gitterkonstanten der Salze des Na und F stark von den empirischen abweichen. Dies ist darauf zurückzuführen, daß die leichteren Ionen durch das statistische Modell nicht genügend genau dargestellt werden, ein Umstand, dem wir im bisherigen schon des öfteren begegneten (z. B. im § 27 und im § 28). Wesentlich ist, daß sich in dieser Näherung alle Gitterkonstanten als zu groß ergeben. In der nächsten Näherung hat man nämlich noch die durch die Deformierbarkeit der Ionen bedingte Energie, also die aus der elektrostatischen Polarisation der Ionen (d. h. aus einem quadratischen STARK-Effekt) resultierende Energie und die VAN DER WAALSsche Energie zu berücksichtigen, aus denen eine Anziehung resultiert. Die in der ersten Näherung zu großen Gitterkonstanten werden also in der nächsten Näherung verkleinert, man kann also erwarten, daß in der nächsten Näherung die Übereinstimmung mit der Erfahrung verbessert wird.

Zur Veranschaulichung der Verhältnisse bei der Wechselwirkung der Ionen im Gitter sind in Abb. 42 für das flächenzentrierte RbJ-Gitter die „Wechselwirkungskräfte", d. h. die Ableitung der verschiedenen Anteile der Gitterenergie nach δ, zusammen mit deren Summe $\frac{dU}{d\delta}$, als Funktion von s, bzw. δ dargestellt. Aus der Abbildung ist das starke Anwachsen der kinetischen Energieänderung bei der Annäherung der Ionen ersichtlich, woraus eine starke Abstoßung resultiert. Dies ist der

einzige Anteil, der eine Abstoßung gibt, alle übrigen Energieanteile führen
zu einer Anziehung. Hieraus ist also deutlich ersichtlich, daß ohne Berücksichtigung der kinetischen Energieänderung — die einen quantentheo-
retischen Ursprung besitzt — das Gitter auf sehr kleine Dimensionen
zusammenstürzen würde[1]. *Die Abstoßungskräfte im Gitter sind also nicht
elektrostatischen Ursprungs.* Weiterhin ist aus der Abbildung zu sehen,
daß der Beitrag des Austauschgliedes beträchtlich ist.

Mit Hilfe dieser Abbildung läßt sich die aus der Korrelationskorrektion
resultierende Korrektion der Wechselwirkungsenergie roh abschätzen[2].

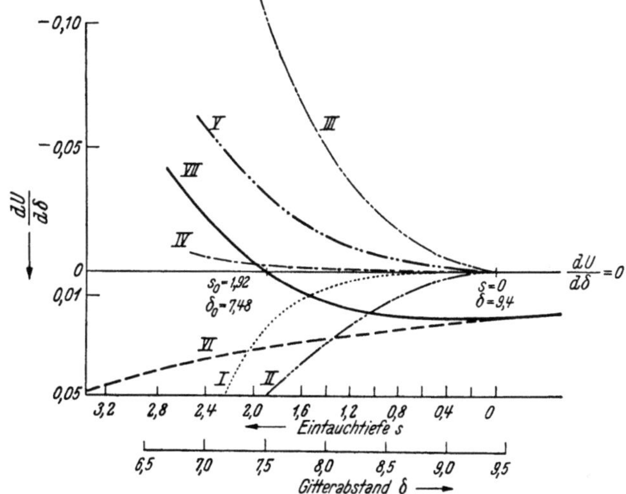

Abb. 42. Wechselwirkungskräfte, d. h. die Ableitung der Gitterenergie und ihrer Anteile
nach dem Gitterabstand im RbJ-Gitter, bezogen aufs Ionenpaar in Abhängigkeit vom
Gitterabstand δ, bzw. von der Eintauchtiefe s. Nach JENSEN (Zs. f. Phys. **101**, 164, 1936).
Die Abszissen δ und s in a_0-Einheiten; die Ordinaten in e^2/a_0^2-Einheiten.

   I: Ableitung der elektrostatischen Wechselwirkungsenergie ⎫ beim Durchdringen der
  II: Ableitung der Austauschenergie ⎬ Elektronenwolken der
 III: Ableitung der kinetischen Energie ⎭ nächsten Nachbarn.
 IV: Ableitung der nicht-COULOMBschen Wechselwirkungsenergie $U_s^{(2,2)}$, der zweitnächsten
     Nachbarn.
  V: Ableitung der gesamten nicht-COULOMBschen Wechselwirkungsenergie (I + II + III +
     + IV).
 VI: Ableitung der COULOMBschen Wechselwirkungsenergie U_C.
VII: Ableitung der gesamten Gitterenergie U.

Da sich nur die äußeren Gebiete der Ionen überdecken, kann man die
Korrelationskorrektion in der Weise in Betracht ziehen, daß man das
Austauschglied der Wechselwirkung im Verhältnis $\varkappa_a'/\varkappa_a$ vergrößert

---

[1] Daß man bei Vernachlässigung der kinetischen Energieänderung des
Elektronengases überhaupt eine stabile Gleichgewichtslage erhält, kommt
daher, daß bei δ-Werten, die kleiner sind als die Summe der Ionenradien,
auch die elektrostatische Abstoßungsenergie u_n [man vgl. (18,8)] in Erscheinung tritt.

[2] P. GOMBÁS, Zs. f. Phys. **121**, 523, 1943.

[man vgl. (18, 14)]. Man erhält so als rohe Schätzung für die Gitterkonstante des RbJ den Wert $\delta_0 = 7{,}3\,a_0$, der noch um 5% größer ist als der empirische.

Dieses Resultat ist sehr befriedigend, da in der nächsten Näherung aus der elektrostatischen Polarisationsenergie der Ionen und aus der VAN DER WAALSschen Wechselwirkungsenergie, wie schon erwähnt wurde, eine zusätzliche Attraktion resultiert, die δ_0 verkleinert.

Die genaue Berechnung der elektrostatischen Polarisationsenergie der Ionen — die aus einem quadratischen STARK-Effekt resultiert — und der VAN DER WAALSschen Energie ist ein schwieriges Problem, worauf schon bei den heteropolaren Molekülen hingewiesen wurde. Eine Schätzung dieser Energien wurde für das KCl-Gitter[1] und für das LiBr-Gitter[2] durchgeführt, wobei sich ergab, daß die elektrostatische Polarisationsenergie trotz der großen Symmetrie der Anordnung der Ionen im Gitter neben der VAN DER WAALSschen Energie nicht zu vernachlässigen ist. Auf Grund der statistischen Störungsrechnung würde man für die elektrostatische Polarisationsenergie voraussichtlich ein genaueres Resultat erhalten; sie gelangte jedoch bis jetzt in dieser Richtung noch nicht zur Anwendung. Bei der Berechnung der VAN DER WAALSschen Energie besteht die größte Schwierigkeit darin, daß die verschiedenen Ansätze für diese Energie nur für große Werte von δ gelten. Zu orientierenden Betrachtungen vernachlässigt JENSEN die elektrostatische Polarisationsenergie der Ionen und setzt nur die VAN DER WAALSsche Energie in Rechnung. Und zwar wählt er für diese den Ausdruck

$$U_W = -\frac{C}{\delta^6}, \qquad (34,\,11)$$

den BORN und MAYER in ihrer Arbeit[3] über die Gittertheorie der Alkalihalogenide zugrunde gelegt haben; C bezeichnet hier eine Konstante, der bezüglich wir auf die Originalarbeit verweisen.

JENSEN ergänzt nun den Ausdruck (34, 3) der Gitterenergie mit U_W und bestimmt δ_0 für die Rb- und Cs-Halogenide wieder aus dem Minimumsprinzip. Es ergeben sich so die in Tab. 37 zusammengestellten δ_0-Werte, die mit den in Tab. 36 angeführten empirischen Gitterkonstanten — wie zu erwarten ist — besser übereinstimmen als die Gitterkonstanten der ersten Näherung; die Abweichungen werden also im Falle des Ansatzes

---

[1] TH. NEUGEBAUER u. P. GOMBÁS, Zs. f. Phys. **89**, 480, 1934; TH. NEUGEBAUER, Zs. f. Phys. **90**, 693, 1934.

[2] P. GOMBÁS, Zs. f. Phys. **92**, 796, 1934.

[3] M. BORN u. J. E. MAYER, Zs. f. Phys. **75**, 1, 1932, weiterhin J. E. MAYER u. L. HELMHOLZ, Zs. f. Phys. **75**, 19, 1932, und J. E. MAYER, Journ. Chem. Phys. **1**, 270, 1933.

(34, 11) für U_W nicht überkompensiert. Die prozentualen Abweichungen von den empirischen Gitterkonstanten sind in Tab. 37 ebenfalls angegeben.

Tab. 37. Theoretische Gitterkonstanten in a_0-Einheiten bei Berücksichtigung der VAN DER WAALSschen Kräfte und ihre prozentualen Abweichungen von den experimentellen Werten.

	Gittertyp	Fluorid		Chlorid		Bromid		Jodid	
		δ_0	Proz. Differ.	δ_0	Proz. Differ.	δ_0	Proz. Differ.	δ_0	Proz. Differ.
Rb	Flächenzentriert	6,50	22 %	6,75	10 %	7,00	8 %	7,25	4,6 %
Cs	Flächenzentriert	6,60	16 %	6,90	—	7,10	—	7,30	—
	Raumzentriert...	6,90	—	7,15	6,5 %	7,40	4 %	7,65	2,5 %

Wichtig ist, daß die berechneten Gitterkonstanten noch immer zu groß sind, da ja die elektrostatische Polarisationsenergie und die Korrelationskorrektur, aus denen ebenfalls eine Anziehung resultiert, noch unberücksichtigt sind. Die Korrelationskorrektur kann man für RbJ aus Abb. 42 auf die erwähnte Weise roh abschätzen. Mit Berücksichtigung dieser würde man für die Gitterkonstante des RbJ-Gitters jetzt einen nur um zirka 1 % größeren Wert erhalten als der empirische. Diesen Wert würde die elektrostatische Polarisationsenergie der Ionen wahrscheinlich überkompensieren, der theoretische Wert von δ_0 dürfte aber in unmittelbarer Nähe des empirischen bleiben. All diese Betrachtungen über die höheren Näherungen haben aber nur einen orientierenden Charakter und man kann ihnen keine quantitative Bedeutung beimessen.

Bei einer genaueren Berechnung der höheren Näherungen hätte man statt der von JENSEN benutzten Elektronendichten der freien Ionen die genaueren mit Berücksichtigung der Korrelationskorrektur bestimmten Elektronendichten (man vgl. § 11) zugrunde zu legen. Weiterhin hätte man auch die durch die Nullpunktschwingung bedingte Korrektion zu berücksichtigen, die zu einer kleinen Vergrößerung des theoretischen Wertes von δ_0 führt. Da sich die Berechnungen auf den absoluten Nullpunkt der Temperatur beziehen, müßte man dann auch die in Tab. 36 angeführten empirischen Vergleichsdaten auf den absoluten Nullpunkt der Temperatur extrapolieren.

Die Gitterenergie in erster Näherung erhält man aus der Formel (34, 3); man hat also zur Berechnung von U die linke Seite von (34, 10) nach δ zu integrieren, das bei dem zweiten Glied nur auf numerischem Wege durchgeführt werden kann. In höherer Näherung hätte man den Ausdruck (34, 3) noch mit der Korrelationsenergie, der elektrostatischen Polarisationsenergie der Ionen und der VAN DER WAALSschen Energie zu ergänzen.

Direkte empirische Vergleichsdaten liegen für die Gitterenergie nicht vor, man kann zum Vergleich nur die halbempirischen Daten von MAYER und HELMHOLZ[1] heranziehen. Da den Hauptbeitrag (zirka 90%) der Gitterenergie der zu $1/\delta$ proportionale COULOMBsche Anteil gibt, läßt sich ohne weitere Rechnungen voraussagen, daß die prozentuale Abweichung der theoretischen Gitterenergien von den empirischen etwa ebenso groß ist wie die prozentuale Abweichung der theoretischen Gitterkonstanten von den empirischen.

Eine ausführliche und genaue Berechnung der Gitterenergie führt JENSEN nur für die Cs-Halogenide durch; hier ist es nämlich von Interesse festzustellen, ob das zugrunde gelegte Gittermodell den Wechsel des Gittertypes beim CsCl zu erklären imstande ist. Diese Berechnungen von JENSEN führten zu einem negativen Resultat, indem sich für alle Cs-Halogenide sowohl in erster Näherung als auch bei Berücksichtigung der VAN DER WAALSschen Energie nach (34, 11) der flächenzentrierte Gittertyp als der stabilere erwies im Gegensatz zum empirischen Befund. Dieses Resultat ist für die erste Näherung zu erwarten, da ja der Wechsel des Gittertypes durch die höheren Näherungen bedingt ist. Daß sich auch bei Berücksichtigung von (34, 11) der flächenzentrierte Gittertyp als der stabilere erweist, ist ebenfalls verständlich. In höherer Näherung muß man nämlich außer der VAN DER WAALSschen Energie noch die Korrelationsenergie und die elektrostatische Polarisationenergie der Ionen berücksichtigen, die vernachlässigt wurden; weiterhin gibt der Ausdruck (34, 11) für die VAN DER WAALSsche Energie nur eine grobe Näherung. Es ist also nicht zu erwarten, daß schon der Näherungsausdruck (34, 11) den Wechsel des Gittertypes erklären kann. Wie JENSEN erwähnt, ist es jedoch auch möglich, daß die Ursache des Umstandes, daß die erwähnten Berechnungen den Wechsel des Gittertypes beim CsCl nicht erklären können, im zugrunde gelegten statistischen Gittermodell, bzw. Ionenmodell selbst zu suchen ist. Bei der Berechnung der Kompressibilitäten (man vgl. den folgenden Abschnitt) zeigt sich nämlich, daß die Krümmung der aus der Überdeckung der Elektronenwolken der Ionen resultierenden Energiekurve $U_S^{(1,\,2)}(\delta) + U_S^{(2,\,2)}(\delta)$ zu gering ist, das mit dem zugrunde gelegten Verlauf der Elektronendichten der freien Ionen in den äußeren Gebieten der Ionen eng zusammenhängt. Diese zu kleine Krümmung ist eine Folge des zu langsamen Abfalls der aus der Energie $U_S^{(1,\,2)}(\delta) + U_S^{(2,\,2)}(\delta)$ resultierenden Abstoßungskraft und dies hat weiterhin zur Folge, daß die Gitterkonstanten beim Übergang vom flächenzentrierten Gittertyp (6 Nachbarn) zum raumzentrierten Gittertyp (8 Nachbarn) zu stark anwachsen, wodurch schließlich die beim Übergang vom flächenzentrierten Gittertyp zum raumzentrierten entstehende Änderung des COULOMBschen Anteils der

---

[1] J. E. MAYER u. L. HELMHOLZ, Zs. f. Phys. **75**, 19, 1932.

Gitterenergie so groß wird, daß sie durch die Änderung der aus der Überdeckung der Elektronenwolken resultierenden Energie und der VAN DER WAALSschen Energie nicht mehr wettgemacht werden kann. Es ist also möglich, daß man zur Erklärung des Wechsels des Gittertypes beim CsCl neben den höheren Näherungen der Gitterenergie auch noch einen genaueren Verlauf der Elektronendichte im statistischen Ionmodell zugrunde legen muß.

Statt des Vergleiches der in der JENSENschen Näherung berechneten Gitterenergien mit den halbempirischen Werten von MAYER und HELMHOLZ — der aus den weiter oben erwähnten Gründen wenig aufschlußreich wäre — bringen wir in Tab. 38 eine Zusammenstellung von JENSEN über das Verhältnis der Energie $U_S^{(1,\,2)}(\delta_0) + U_S^{(2,\,2)}(\delta_0)$, die den aus der Überdeckung der Elektronenwolken resultierenden, also nicht COULOMBschen und zum größten Teil auch nicht klassischen Anteil der Gitterenergie darstellt, zur Energie $U_C(\delta_0)$, also zum COULOMBschen Anteil der Gitterenergie in Prozenten ausgedrückt. Hierbei ist zu bemerken, daß diese Energien bei dem Wert von δ_0 berechnet sind, den man mit Berücksichtigung von U_W erhält. Zum Vergleich ist in der Tabelle auch das Verhältnis der entsprechenden Anteile der halbempirischen Gitterenergien angegeben, die MAYER und HELMHOLZ[1] auf Grund der klassischen halbempirischen BORN-MAYERschen Gittertheorie[2] berechneten. Wie aus der Tabelle zu sehen ist, stimmen die entsprechenden Verhältnisse ziemlich gut überein und es zeigen beide Reihen, mit Ausnahme von CsF, das wegen der geringen Elektronenzahl herausfällt, denselben Gang.

Tab. 38. Vergleich des Verhältnisses des aus dem Überdecken der Elektronenwolken resultierenden Anteils $U_S^{(1,\,2)}(\delta) + U_S^{(2,\,2)}(\delta)$ der Gitterenergie zum COULOMBschen Anteil mit dem entsprechenden Verhältnis des klassischen Abstoßungsanteiles der Gitterenergie von BORN und MAYER zum COULOMBschen Anteil.

	CsF	CsCl	CsBr	CsJ
Nach JENSEN	11,3 %	12,5 %	11,8 %	11,6 %
Nach BORN und MAYER	12,5 %	10,9 %	10,6 %	9,9 %

Die bisherigen Erörterungen zeigen, daß man mit dem zugrunde gelegten Gittermodell für die Gitterkonstante und Gitterenergie der aus elektronenreichen Ionen aufgebauten Alkalihalogenidgittern ohne Zuhilfenahme empirischer Parameter brauchbare Resultate erhält; zur Erklärung des Gittertypes des CsCl-, CsBr- und CsJ-Gitters reicht aber das Näherungs-

---

[1] J. E. MAYER u. L. HELMHOLZ, l. c.

[2] M. BORN u. J. E. MAYER, l. c.

verfahren in der bisherigen Form nicht aus. Bei der Berechnung weiterer Gittereigenschaften, z. B. der Kompressibilität und der ultraroten Eigenfrequenz, auf die wir im folgenden zu sprechen kommen, hat man also als einziges empirisches Element nur den Gittertyp aus der Erfahrung zu entnehmen.

Kompressibilität. Die Kompressibilität in der stabilen Gleichgewichtslage ist durch die Gleichung

$$\frac{1}{\varkappa} = - v_0 \left(\frac{dP}{dv} \right)_{v = v_0} \tag{34, 12}$$

definiert, wo P den Druck, v das auf ein Ionenpaar entfallende Gittervolumen und v_0 dieses Volumen in der stabilen Gleichgewichtslage bezeichnet. Am absoluten Nullpunkt der Temperatur, auf den sich die Berechnungen beziehen, gilt der Zusammenhang $dU = -Pdv$, mit dem aus (34, 12)

$$\frac{1}{\varkappa} = v_0 \left(\frac{d^2 U}{dv^2} \right)_{v = v_0} \tag{34, 13}$$

folgt. Für U ist in erster Näherung der Ausdruck (34, 3) einzusetzen; eine Schätzung für die zweite Näherung erhält man, wenn man den Ausdruck (34, 3) mit U_W ergänzt. Das Volumen v läßt sich mit δ in Beziehung setzen, und zwar gilt

$$v = \beta \delta^3 , \tag{34, 14}$$

wo β folgende Konstante bezeichnet:

$$\left. \begin{array}{ll} \text{für das flächenzentrierte Gitter} & \beta = 2, \\[2mm] \text{für das raumzentrierte Gitter} & \beta = \left(\dfrac{2}{\sqrt{3}} \right)^3 = 1{,}54 . \end{array} \right\} \tag{34, 15}$$

Mit der Beziehung (34, 14) läßt sich (34, 13) in folgender Gestalt schreiben

$$\frac{1}{\varkappa} = \frac{1}{9 \beta \delta_0} U''(\delta_0) , \tag{34, 16}$$

wo U'' die zweite Ableitung von U nach δ bezeichnet. $U''(\delta_0)$ ist der Anstieg der Tangente zur Kurve des Gradienten der Gitterenergie in der Gleichgewichtslage, also im Falle von RbJ ist z. B. $U''(\delta_0)$ der Anstieg der Tangente zur Kurve VII in Abb. 42 bei $\delta_0 = 7{,}48 a_0$. Mit Hilfe der numerischen Daten kann man diese Größe auf graphischem Wege auf mindestens 5% genau bestimmen.

Auf diese Weise hat JENSEN die Kompressibilität einiger Rb- und Cs-Halogenide berechnet, und zwar einmal ohne Berücksichtigung von U_W bei den theoretischen δ_0-Werten aus Tab. 36, und dann mit Berücksichtigung von U_W bei den δ_0-Werten aus Tab. 37; die berechneten Kompressibilitäten beziehen sich also auf $P = 0$. Seine Resultate sind zusammen mit den empirischen Werten für $P = 0$ und den aus diesen extrapolierten Daten in Tab. 39 angegeben[1].

Einen Vergleich zwischen den theoretischen und experimentellen Kompressibilitäten kann man nicht unmittelbar vornehmen, da sich die theoretischen Werte auf den absoluten Nullpunkt der Temperatur und die Meßwerte auf Zimmertemperatur oder höhere Temperaturen beziehen. Man muß deshalb die experimentellen Daten auf den absoluten Nullpunkt der Temperatur extrapolieren. Diese Extrapolation kann aber — wie auch JENSEN betont — nur zu groben Werten führen, einerseits liegen nämlich für tiefere Temperaturen als $T = 300^0$ für den Temperaturgradienten der Kompressibilität keine Anhaltspunkte vor und anderseits kann man den Temperaturgradienten aus den empirischen Daten auch bei $T = 300^0$ nicht sehr genau bestimmen. Um für die theoretischen Werte überhaupt eine Vergleichsmöglichkeit zu schaffen, kann man so verfahren, daß man auf den absoluten Nullpunkt der Temperatur *linear* extrapoliert. Diese linear extrapolierten Kompressibilitäten können aber nur eine untere Grenze für die Kompressibilitäten am absoluten Nullpunkt der Temperatur geben, da die Kompressibilitäten nur etwa so weit temperaturabhängig sein werden, wie der thermische Ausdehnungskoeffizient des Gitters von 0 verschieden ist. Für so tiefe Temperaturen also, bei welchen nur mehr die Nullpunktschwingung angeregt ist, wird sich die Kompressibilität mit der Temperatur nicht mehr ändern. Da die DEBYEschen charakteristischen Temperaturen der Alkalihalogeniden zwischen $T = 100^0$ und $T = 200^0$ liegen, werden die Werte der Kompressibilitäten für $T = 0^0$ etwa in der Mitte zwischen den für $T = 0^0$ und $T = 273^0$ linear extrapolierten Werten liegen, die in den beiden letzten Zeilen der Tab. 39 angeführt sind.

Tab. 39. Theoretische und experimentelle Kompressibilitäten einiger Rb- und Cs-Halogenidgitter in 10^{-12} cm²/dyn-Einheiten.

	RbCl	RbBr	RbJ	CsCl	CsBr	CsJ
Theoretische Werte						
Erste Näherung, mit (34, 3) ber.	12,0	14,5	15,5	11,0	11,5	12,5
Mit Berücksichtigung von U_W ber.	11,0	12,0	13,0	9,0	9,5	10,5
Empirische Werte						
Gemessen bei $T = 348^0$	6,88	—	—	6,18	7,34	8,83
Gemessen bei $T = 303^0$	6,65	—	—	5,94	7,05	8,57
Linear extrapoliert auf $T = 273^0$	6,5	7,8	9,4	5,8	6,9	8,4
Linear extrapoliert auf $T = 0^0$ ..	5,1	6,5	7,6	4,4	5,1	6,8

[1] Mit Ausnahme von RbBr und RbJ sind die empirischen Werte den Physikalisch-Chemischen Tabellen von LANDOLT-BÖRNSTEIN entnommen. Die empirischen Werte für RbBr und RbJ sind aus Meßwerten der linearen Kompressibilität berechnet und von SLATER extrapoliert. Man vgl. J. C. SLATER, Phys. Rev. (2) **23**, 488, 1924.

Aus einem unter diesen Gesichtspunkten vorgenommenen Vergleich der theoretischen Werte mit den empirischen ist ersichtlich, daß die theoretischen Werte auf alle Fälle zu groß sind. Aus den theoretischen Werten ist zu sehen, daß die Kompressibilität auf kleine Änderungen in der Gitterenergie sehr empfindlich ist, da ja schon die relativ kleine Korrektion von U durch U_W eine Verkleinerung der Kompressibilitäten um zirka 20% bewirkt. Es ist also zu erwarten, daß sich die Differenz zwischen den theoretischen und empirischen Kompressibilitäten bei einer genaueren Berücksichtigung der Effekte höherer Ordnung noch weiter verbessert, eine sehr gute Übereinstimmung wird sich aber wahrscheinlich auch dann nicht ergeben, da die Differenz zwischen den theoretischen und empirischen Werten zu groß ist. Nach JENSEN dürften die zu hohe Werte für die Kompressibilitäten, außer der ungenügenden Berücksichtigung der höheren Näherungen der Gitterenergie in einer Unzulänglichkeit des Verlaufes der Elektronendichte in den äußeren Gebieten des zugrunde gelegten statistischen Ionmodells zu suchen sein, auf die wir schon im Zusammenhang mit den Stabilitätsfragen der Gittertypen hingewiesen haben. Dies hat zur Folge, daß der Abfall der aus der Überdeckung der Elektronenwolken resultierenden Abstoßungskraft zu gering, also die zur Kompressibilität umgekehrt proportionale Größe $U''(\delta_0)$ (d. h. der Anstieg der Tangente zum Gradienten der Gitterenergie) zu klein wird.

Die Abhängigkeit der Kompressibilität von der Ordnungszahl, also der Anstieg der Kompressibilitäten vom Chlorid zum Jodid, wird — wie aus Tab. 39 zu sehen ist — von der Theorie richtig wiedergegeben. Außerdem erhält man aus der Theorie — ebenfalls in Übereinstimmung mit der Erfahrung — für die Rb-Halogenide größere Kompressibilitäten als für die Cs-Halogenide, ein Umstand, der durch die Verschiedenheit der Gittertypen bedingt ist.

Ultrarote Eigenfrequenz. Die allgemeine Theorie der ultraroten Eigenschwingungen von Ionengittern wurde von BORN und seinen Mitarbeitern entwickelt[1]. Auf Grund dieser allgemeinen Theorie hat JENSEN die ultraroten Eigenfrequenzen des zugrunde gelegten statistischen Gittermodells berechnet.

Für die Eigenfrequenz ν der Schwingung des Einzelgitters der einen Ionenart gegen das der anderen Ionenart gilt nach der allgemeinen Theorie die Beziehung

$$\nu = \frac{1}{2\pi}\left[D\left(\frac{1}{m_1} + \frac{1}{m_2}\right)\right]^{1/2}, \qquad (34,\,17)$$

wo m_1 und m_2 die Massen der beiden Ionen bezeichnen und D der Koeffi-

---

[1] Man vgl. z. B. in GEIGER-SCHEELS Handb. d. Phys., 2. Aufl., Bd. XXIV/2, den Artikel von M. BORN und M. GÖPPERT-MAYER, wo sich auch ausführliche Literaturangaben befinden.

zient des quadratischen Gliedes in der Entwicklung der aufs Ionenpaar bezogenen Verrückungsenergie nach Potenzen der Verrückung der beiden Einzelgitter gegeneinander ist. Wenn wir diese Verrückung mit a, die Gitterenergie in der Gleichgewichtslage mit U_0 und nach der Verrückung mit U bezeichnen, so ist D folgendermaßen definiert

$$U = U_0 + \frac{1}{2} D a^2 + \cdots . \qquad (34, 18)$$

Es ist zweckmäßig, D in zwei Anteile, und zwar in den COULOMBschen Anteil D_c und in den nicht-COULOMBschen Anteil D_n zu zerlegen, der in erster Näherung aus der Überdeckung der Elektronenwolken der Ionen resultiert und in zweiter Näherung außerdem auch die aus der Deformation der Elektronenwolken resultierenden Effekte enthält. Wir setzen also

$$D = D_c + D_n . \qquad (34, 19)$$

Die Berechnung von D_c, die wegen des langsamen Abfalls der COULOMBschen Kräfte mit besonderer Sorgfalt zu geschehen hat, wurde von BORN und seinen Mitarbeitern durchgeführt und ist in der zitierten Arbeit ausführlich besprochen[1]. Es ergibt sich

$$D_c = - \frac{4 \pi e^2}{3} \frac{1}{v_0} , \qquad (34, 20)$$

wo v_0 wieder das auf ein Ionenpaar entfallende Gittervolumen in der Gleichgewichtslage des Gitters bezeichnet; v_0 ist also durch (34, 14) für $\delta = \delta_0$ definiert.

Die Berechnung von D_n kann einfach erfolgen. Man hat hierzu nur die bei einer Verrückung des Ions entstehende Änderung der nicht-COULOMBschen Wechselwirkungs-energie des Ions mit seinen unmittelbaren Nachbarn festzustellen; die zweitnächsten Nachbarn gleichen Vorzeichens ändern näm-lich ihre relative Lage zum herausgegriffenen Ion bei der betrachteten Schwingung nicht und noch weiter entfernt gelegene Ionen durchdringen sich in dem zugrunde geleg-ten Gittermodell nicht mehr. Wegen der

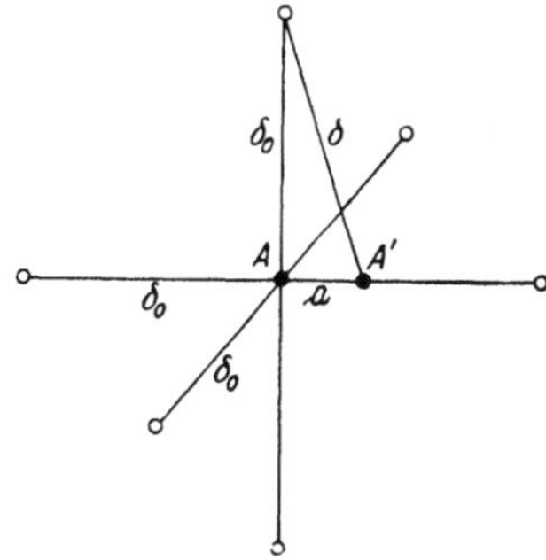

Abb. 43. Zur Berechnung der Ent-wicklung der Verrückungsenergie für das flächenzentrierte Gitter.

Isotropie der Alkalihalogenidgitter kann man die Verrückung a in belie-biger Richtung vornehmen.

Wir befassen uns zunächst mit dem flächenzentrierten Gitter und

---

[1] Bezüglich der Bezeichnungen und zweier Druckfehler in der zitierten Arbeit von BORN und GÖPPERT-MAYER vgl. man H. JENSEN, Zs. f. Phys. **101**, Fußnote [1] und [2] auf S. 181.

legen die Verrückung parallel zur Kante des Elementarwürfels; man
vgl. hierzu Abb. 43, in der die Ionen der besseren Übersicht halber ohne
Rücksicht auf ihre wahre Größe durch kleine Kreise dargestellt sind.
Zur Berechnung der Verrückungsenergie, die einer Verrückung des Ions
vom Ort A an den Ort A' entspricht, hat man zunächst den Ionenabstand
δ in Abhängigkeit von a anzugeben, da die Wechselwirkungsenergie
durch δ bestimmt wird. Für die links- und rechtsliegenden Ionennachbarn ist

$$\delta = \delta_0 + a, \quad \text{bzw.} \quad \delta = \delta_0 - a. \qquad (34, 21)$$

Für die weiteren vier Ionennachbarn ergibt sich

$$\delta = (\delta_0{}^2 + a^2)^{1/2} = \delta_0 + \frac{1}{2} \frac{a^2}{\delta_0} + \cdots. \qquad (34, 22)$$

In der JENSENschen ersten Näherung ist die nicht-COULOMBsche
Wechselwirkungsenergie zwischen zwei Ionen u_s [man vgl. (34, 2)]. Für
die Entwicklung der nicht-COULOMBschen Wechselwirkungsenergie mit
dem links- und rechtsliegenden Ion erhält man[1]

$$u_s(\delta) = u_s(\delta_0) \pm u_s{}'(\delta_0)\, a + \frac{1}{2}\, u_s{}''(\delta_0)\, a^2 + \cdots, \qquad (34, 23)$$

wo $u_s{}'$ und $u_s{}''$ die erste, bzw. zweite Ableitung von u_s nach δ bezeichnen.
Für die Entwicklung der nicht-COULOMBschen Wechselwirkungsenergie
mit jedem der anderen vier Ionennachbarn ergibt sich

$$u_s(\delta) = u_s(\delta_0) + \frac{1}{2}\, u_s{}'(\delta_0)\, \frac{a^2}{\delta_0} + \cdots. \qquad (34, 24)$$

Durch Summation über die sechs nächsten Nachbarn folgt also für den
nicht-COULOMBschen Anteil der Verrückungsenergie

$$6\,[u_s(\delta) - u_s(\delta_0)] = \frac{1}{2}\,[2\, u_s{}''(\delta_0) + \frac{4}{\delta_0}\, u_s{}'(\delta_0)]\, a^2 + \cdots, \qquad (34, 25)$$

woraus man aus einem Vergleich mit (34, 18)

$$D_n = 2\left[u_s{}''(\delta_0) + \frac{2}{\delta_0}\, u_s{}'(\delta_0)\right] \qquad (34, 26)$$

erhält.

Für das raumzentrierte Gitter ergibt sich in ganz ähnlicher Weise

$$D_n = \frac{8}{3}\left[u_s{}''(\delta_0) + \frac{2}{\delta_0}\, u_s{}'(\delta_0)\right]. \qquad (34, 27)$$

Mit Hilfe dieser Ausdrücke hat JENSEN nach (34, 17) die ultrarote
Eigenfrequenz, bzw. die ultrarote Vakuumwellenlänge $\lambda = c/\nu$ in erster
Näherung berechnet. $u_s{}''(\delta_0)$ wurde aus der numerisch berechneten

---

[1] Den oberen Index $(1, 2)$ von u_s unterdrücken wir hier.

Kurve $u_8'(\delta)$ auf graphischem Wege bestimmt. Seine Resultate sind in Tab. 40 angegeben.

Zur Schätzung der Deformationseffekte hat JENSEN die Rechnungen auch mit Berücksichtigung der VAN DER WAALSschen Wechselwirkung durchgeführt. Bei der Berechnung des VAN DER WAALSschen Anteiles von D kann man sich ohne großen Fehler, wegen des raschen Abfalls dieser Kräfte, ganz analog wie bei der Berechnung von D_n, auf die Wirkung der unmittelbaren Nachbarn eines Ions beschränken. Bezüglich der Aufteilung der VAN DER WAALSschen Energie (34, 11) in die Beiträge der einzelnen Ionenpaare verweisen wir auf die Arbeit von BORN und MAYER[1] und auf eine Arbeit von MAYER[2]; letztere wurde bei den diesbezüglichen Rechnungen von JENSEN zugrunde gelegt. Die Resultate für die Vakuumwellenlängen dieser Berechnungen sind ebenfalls in Tab. 40 angegeben.

Tab. 40. Theoretische und empirische Vakuumwellenlängen der ultraroten Eigenschwingungen einiger Rb- und Cs-Halogenidgitter in 10^4 Å-Einheiten.

	RbCl	RbBr	RbJ	CsCl	CsBr	CsJ
Theoretische Werte:						
Erste Näherung, ohne Deformationseffekte berechnet.......	175	195	215	150	220	265
Mit VAN DER WAALSscher Wechselwirkung berechnet........	160	175	195	145	210	250
Empirische Werte	85	114	129	102	134	155

Neben den theoretisch bestimmten Vakuumwellenlängen sind in Tab. 40 zum Vergleich auch die empirischen Werte von BARNES[3] angeführt. Es ergeben sich auch hier geradeso wie bei den Kompressibilitäten größere Abweichungen von den experimentellen Werten, die auf die gleichen Ursachen zurückzuführen sind wie dort. Daß sich die Fehler der Gitterkonstanten bei den Kompressibilitäten und Eigenwellenlängen so stark bemerkbar machen, ist durchaus verständlich, da diese Größen durch die Ableitungen der Energie sehr stark von δ abhängen.

Die BORNsche halbempirische Gittertheorie, bei der in die Rechnungen empirische Konstanten einbezogen werden, ist natürlich — was die Genauigkeit der Resultate anbelangt — der rein theoretischen JENSENschen Berechnungen überlegen, sie hat aber gegenüber diesen den großen

---

[1] M. BORN und J. E. MAYER, Zs. f. Phys. **75**, 1, 1932.

[2] J. E. MAYER, Journ. Chem. Phys. **1**, 270, 1933.

[3] R. B. BARNES, Zs. f. Phys. **75**, 723, 1932.

Nachteil, daß sie keinerlei Einsicht in den Mechanismus der quantenmechanischen Wechselwirkung gewährt.

Während der Drucklegung des Buches hat HOFFMANN[1] die wichtigsten
Konstanten des RbJ-Kristalls berechnet, indem er für die Ionen das
mit dem Austausch und Korrelation erweiterte und modifizierte Modell
(§ 11) zugrunde legte und die Korrelationskorrektion nach (18, 14) auch
in der Gitterenergie berücksichtigte. Hierbei ergaben sich für die Gitterkonstante, Kompressibilität und die Vakuumwellenlänge der ultraroten
Eigenschwingung ohne Berücksichtigung der elektrostatischen Polarisationsenergie und der VAN DER WAALSschen Energie die folgenden Werte:
$\delta_0 = 7{,}17\,a_0$, $\varkappa = 9{,}56 \cdot 10^{-12}$ cm²/dyn, $\lambda = 82 \cdot 10^{-4}$ cm und mit
Berücksichtigung des Ausdruckes (34, 11) der VAN DER WAALSschen
Energie die Werte: $\delta_0 = 6{,}97\,a_0$, $\varkappa = 8{,}45 \cdot 10^{-12}$ cm²/dyn, $\lambda =$
$= 124 \cdot 10^{-4}$ cm. Beide Wertfolgen, aber besonders die letzteren drei
Werte, stimmen mit den in den Tabellen 36, 39 und 40 angegebenen
empirischen ganz wesentlich besser überein als die entsprechenden weiter
oben erhaltenen ohne Korrelationskorrektion berechneten Werte von
JENSEN. Die Korrelationskorrektion verschiebt also die Resultate von
JENSEN in der richtigen Richtung und im richtigen Maße und erweist
sich z. B. bei λ als sehr bedeutend. Bei der Beurteilung der ganz aus-
gezeichneten Übereinstimmung der mit dem Ausdruck (34, 11) von
U_W berechneten Werte mit den experimentellen muß man aber berücksichtigen, daß (34, 11) nur einen Näherungsausdruck für U_W darstellt
und die Energie der elektrostatischen Polarisation vernachlässigt wurde.
Diese dürfte allerdings bei Zugrundelegung der Ionenmodelle mit endlichen
Radien eine bedeutend geringere Rolle spielen als bei den weiter oben
erwähnten Berechnungen für KCl mit den bis ins Unendliche auslaufenden
Elektronenverteilungen der Ionen. Mit Rücksicht auf all dem lassen die
Resultate von HOFFMANN den Schluß zu, daß man bei einer genaueren
Berechnung der VAN DER WAALSschen Energie und bei Berücksichtigung
der Polarisationsenergie Resultate erwarten kann, die in unmittelbarer
Nähe der empirischen liegen.

Im Zusammenhang mit der für Ionenkristalle entwickelten statistischen Methode sei bemerkt, daß man VAN DER WAALSsche Gitter auf
ganz analoge Weise berechnen kann; man hat nur die COULOMBsche
Wechselwirkungsenergie der punktförmigen Ionenladungen durch die
VAN DER WAALSsche Wechselwirkungsenergie der neutralen Gitterbausteine zu ersetzen. Berechnungen dieser Art liegen für das Gitter[2]
des festen Kryptons vor, wobei für die Elektronenverteilung der

---

[1] T. A. HOFFMANN, Phys. Rev. (2) **70**, 981, 1946; Hung. Acta Phys.
I, No. 2, 1947.

[2] P. GOMBÁS, Math. u. Naturwiss. Anz. d. ung. Akad. **LV**, 498, 1937.

Atome die LENZ-JENSENsche Verteilung (8, 11) zugrunde gelegt wurde und für die VAN DER WAALSsche Wechselwirkungsenergie ein Näherungsausdruck zur Anwendung gelangte, der auch den höheren Näherungen dieser Wechselwirkung Rechnung trägt. Für die Gitterkonstante und Gitterenergie ergab sich eine befriedigende Übereinstimmung mit den experimentellen Werten. Den Resultaten kann man aber wegen der Einwände gegen den LENZ-JENSENschen Dichteverlauf in großer Entfernung vom Kern (man vgl. die Seite 76) und wegen des Näherungsausdruckes für die VAN DER WAALSsche Wechselwirkungsenergie nur einen qualitativen Wert beilegen; die Resultate zeigen aber immerhin, daß man bei einer genaueren Berechnung dieser Gitter eine gute Übereinstimmung mit der Erfahrung erwarten kann.

§ 35. Metalle.

Mit Hilfe der im ersten Teil dieses Buches ausgearbeiteten statistischen Ansätze und Methoden läßt sich nach GOMBÁS[1] in einer sehr anschaulichen Weise ein Metallmodell entwickeln, nach welchem die einfacheren Metalle aus dem Gitter der statistischen positiven Metallionen und dem gleichmäßig verteilten Elektronengas der Valenzelektronen — der sogenannten Metallelektronen — aufgebaut sind. Die gleichmäßige Verteilung des Metallelektronengases gilt in erster Linie für die Alkalimetalle, kann aber in erster Näherung auch noch für die Erdalkalimetalle als gültig betrachtet werden. Das Wesentliche bei diesem Modell ist, daß man die Metallelektronen von den Rumpfelektronen gesondert in Betracht zieht und ihr Verhalten im modifizierten Potentialfeld der Metallionen (man vgl. § 19) auf wellenmechanischem Wege bestimmt. Auf diesen Grundlagen läßt sich eine geschlossene und konsequente Metalltheorie aufbauen, die imstande ist, die wichtigsten Eigenschaften der einfacheren Metalle in anschaulicher Weise nicht nur qualitativ, sondern auch quantitativ zu erklären.

Nach Erörterung einiger mehr allgemeiner Fragen im Zusammenhang mit der Begründung des Modells behandeln wir im folgenden im Rahmen dieses Modells: die metallische Bindung, die Berechnung der wichtigsten strukturunempfindlichen Metallkonstanten, die Druck-Dichte-Beziehung, die Berechnung der Austrittsarbeit und schließlich — unabhängig von diesem Modell — einige Fragen, die den Metallrand betreffen. Die Berech-

---

[1] P. GOMBÁS, Zs. f. Phys. **94**, 473, 1935; **95**, 687, 1935; **99**, 729, 1936; **100**, 599, 1936; **104**, 81, 1936; **104**, 592, 1937; **108**, 509, 1938; **117**, 322, 1941; Nature (London) **137**, 950, 1936; **157**, 668, 1946; Hung. Acta Phys. I, No. 2, 1947; Phys. Rev. (2) **72**, 1123, 1947. Weiterhin vgl. man Math. u. Naturwiss. Anz. d. ung. Akad. LVI, 417, 1937; LIX, 125, 1940, und P. GOMBÁS u. GY. PÉTER, Zs. f. Phys. **107**, 656, 1937.

nungen führen wir im allgemeinen für die Alkali- und Erdalkalimetalle durch; die Metalle Li und Be schließen wir aus, da für diese das auf statistischen Grundlagen hergeleitete modifizierte Potentialfeld — wegen der geringen Elektronenzahl des Li^+- und Be^{++}-Ions — seine Gültigkeit verliert. Eine Ausnahme hiervon bildet nur der letzte Abschnitt dieses Paragraphen, in dem wir den Metallrand auf sehr vereinfachten Grundlagen behandeln, die vom modifizierten Potentialfeld unabhängig sind.

Außer diesem Metallmodell wurde für den dreidimensionalen Fall von SLATER und KRUTTER[1] und für den zweidimensionalen von LENNARD-JONES und WOODS[2] ein anderes Modell entwickelt, in dem die Metallelektronen *nicht gesondert* in Betracht gezogen sind, sondern *alle* Elektronen — wie in einem statistischen Atom — auf die *gleiche Weise* statistisch behandelt werden. Dieses Modell kann natürlich nur eine grobe Näherung geben und kann nur auf einige spezielle Fragen angewendet werden. Auf mehrere Metallprobleme läßt sich aber dieses Modell überhaupt nicht anwenden, so kann z. B. dieses Modell — im Gegensatz zu den Erwartungen von SLATER und KRUTTER — eine der wesentlichsten Metalleigenschaften, die metallische Bindung nicht erklären. Dieses negative Resultat ist jedoch nicht verwunderlich, sondern ist geradezu zu erwarten. Da nämlich das statistische Atommodell am besten die Edelgasatome beschreibt und es absurd wäre, die durch das Valenzelektron bedingten chemischen Eigenschaften eines Alkaliatoms aus dem *rein* statistischen Atommodell gewinnen zu wollen, besagt dieses Resultat nur, daß ein Gitter aus Edelgasatomen, ohne Berücksichtigung der VAN DER WAALSschen Kräfte — die bei den Metallen keine Rolle spielen und vernachlässigt sind — instabil wäre, wie dies ja auch zu erwarten ist. Näheres hierüber findet man im nächsten Kapitel. Das eigentliche Anwendungsgebiet dieses Modells ist nicht das Gebiet der Metalle, sondern das der Materie unter hohem Druck, wo der Unterschied zwischen den Rumpfelektronen und Valenzelektronen — zufolge der Zusammendrängung der Atome auf sehr kleinen Raum — verwischt wird und eine globale Behandlung aller Elektronen gerechtfertigt ist. Deswegen befassen wir uns mit diesem Modell nicht hier, sondern im nächsten Kapitel, wo wir die statistische Theorie der unter hohem Druck stehenden Materie entwickeln.

Begründung des Modells. Beim Zusammenfügen der Atome zum Metall ändert sich bei den einfacheren Metallen (Alkali- und Erdalkalimetallen) im wesentlichen nur die Eigenfunktion und die Energie der Valenzelektronen, die Verteilung und die Energie der Rumpfelektronen bleibt praktisch ungeändert, also dieselbe wie im freien Atom. Das Grundproblem besteht demnach in der Bestimmung der Energie und der Verteilung, d. h. der Eigenfunktion der Metallelektronen.

Allgemeine Grundlagen. Beim Zusammentritt der Atome zu einem Gitter entsteht bekanntlich eine Verbreiterung der diskreten Energieniveaus der freien Atome und es entwickelt sich aus dem diskreten Energie-

---

[1] J. C. SLATER u. H. M. KRUTTER, Phys. Rev. (2) **47**, 559, 1935.

[2] J. E. LENNARD-JONES u. H. J. WOODS, Proc. Roy. Soc. London (A) **120**, 727, 1928.

spektrum der freien Atome das Energiebandspektrum des Festkörpers, der die elektrischen und magnetischen Eigenschaften des festen Körpers determiniert. Die Berechnung des Energiebandspektrums ist also eines der wichtigsten Probleme der Elektronentheorie der Metalle, bzw. im allgemeinen der Festkörper, da dies aber ein vornehmlich wellenmechanisches Problem darstellt, geht es über den Rahmen dieses Buches hinaus und wird im folgenden nicht behandelt.

Im Grundzustand, für den wir uns im folgenden ausschließlich interessieren, besetzen die Valenzelektronen die energetisch möglichst tiefsten Zustände im tiefsten Energieband der Valenzelektronen. Zur Berechnung der Dichteverteilung der Valenzelektronen im Grundzustand eines Metalls hat man also die Eigenfunktionen dieser Zustände zu bestimmen. Es läßt sich leicht zeigen[1], daß man die Eigenfunktion eines Valenzelektrons in einem beliebigen Zustand immer in der allgemeinen Form $\psi = \omega e^{i(\mathfrak{k}, \mathfrak{r})}$ darstellen kann, wo ω eine im Raum periodische Funktion mit der Gitterperiode ist und $\mathfrak{k}$ den sogenannten Ausbreitungsvektor bezeichnet. Im Grundzustand des Metalls, wenn sich also die Metallelektronen in den tiefstmöglichen Energiezuständen befinden, kann man — jedenfalls für Alkalimetalle — die Eigenfunktion eines Metallelektrons in der Form $\psi = \omega_0 e^{i(\mathfrak{k}, \mathfrak{r})}$ ansetzen, wo ω_0 die Funktion ω für den tiefsten Energiezustand, also den unteren Rand des tiefstliegenden Energiebandes der Metallelektronen bezeichnet. Diesem Zustand entspricht $\mathfrak{k} = 0$ also $\psi = \omega_0$. Zur Bestimmung der Verteilung der Metallelektronen im Grundzustand kommt es also auf die Bestimmung von ω_0 an.

Die Berechnung der Eigenfunktion eines Metallelektrons kann sehr vereinfacht und für s-Terme auf ein Problem mit Kugelsymmetrie reduziert werden. Hierzu ziehen wir nach dem Vorbild von WIGNER und SEITZ[2] zwischen einem Metallatom und allen seinen Nachbarn die Symmetrieebenen, die ein Polyeder von hoher Symmetrie einschließen, dessen Volumen das auf ein Metallelektron entfallende Gittervolumen darstellt. Wir werden im folgenden dieses Polyeder die ein Metallatom oder Metallion enthaltende Elementarzelle nennen. Für das raumzentrierte und flächenzentrierte kubische Gitter und für das Gitter der hexagonal dichtesten Kugelpackung veranschaulichen diese Elementarzellen die Abb. 44a, b und c. Wie zu sehen ist, kann man diese Polyeder in guter Näherung durch die Kugel vom gleichen Volumen ersetzen, die wir kurz Elementarkugel nennen wollen und deren Radius wir mit R und deren Volumen wir mit Ω bezeichnen.

---

[1] Man vgl. z. B. H. FRÖHLICH, Elektronentheorie der Metalle, Struktur u. Eigenschaften der Materie, Bd. XVIII, Springer, Berlin, 1936.

[2] E. WIGNER u. F. SEITZ, Phys. Rev. (2) **43**, 804, 1933.

Den Zusammenhang zwischen R und der Gitterkonstante kann man einfach angeben. Wenn wir den kürzesten Abstand zweier Atome im Gitter mit δ bezeichnen, so ist für das raumzentriert kubische Gitter

$$R = \left(\frac{1}{\sqrt{3}\,\pi}\right)^{1/3}\delta\;, \tag{35, 1}$$

für das flächenzentriert kubische Gitter

$$R = \frac{1}{\sqrt{2}}\left(\frac{3}{2\,\pi}\right)^{1/3}\delta\;, \tag{35, 2}$$

und für das Gitter der hexagonal dichtesten Packung

$$R = \frac{1}{2}\left(\frac{3\,\sqrt{3}}{2\,\pi}\,\frac{\delta'}{\delta}\right)^{1/3}\delta\;, \tag{35, 3}$$

wo δ' im Idealfall durch die Relation $\delta' = 2\,(^2/_3)^{1/2}\,\delta$ definiert ist.

Abb. 44a, 44b, 44c. Elementarzellen für einige Gittertypen.

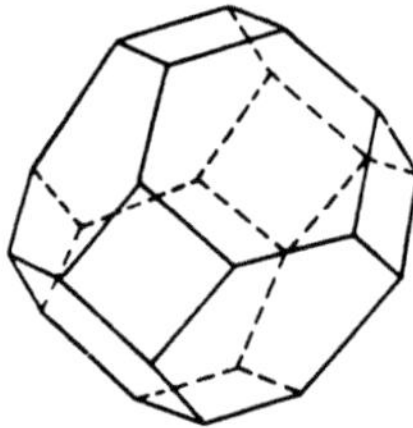 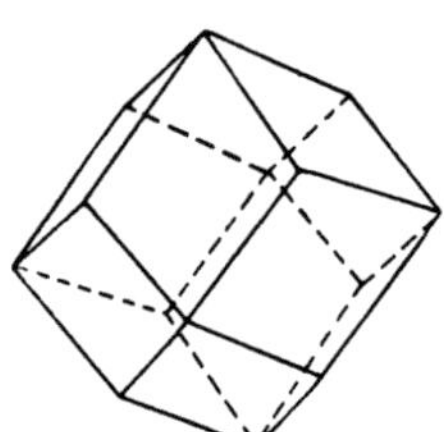 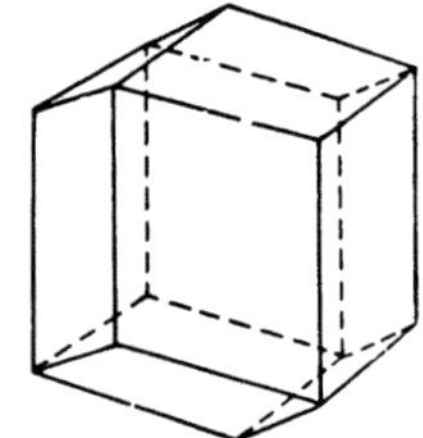

Abb. 44a. Raum-zentriertes Gitter.

Abb. 44b. Flächen-zentriertes Gitter.

Abb. 44c. Gitter der hexagonal dichtesten Kugelpackung.

Da eine Elementarkugel gerade ein Atom also — falls die Anzahl der Valenzelektronen pro Atom z beträgt — die Ladung eines z-fachen Ions $+\,z$ Metallelektronen enthält und das Zentrum der Elementarkugeln mit den Atomkernen zusammenfällt, sind die einzelnen Elementarkugeln nach außen hin neutral, man kann sich also bei der Berechnung der Verteilung und der Energie der Valenzelektronen auf eine Elementarkugel beschränken, wodurch das komplizierte Vielelektronenproblem auf ein z-Elektronenproblem reduziert wird, das im Falle von s-Termen — auf die wir uns im folgenden ausschließlich beschränken — kugelsymmetrisch ist.

Die Randbedingung dieses Problems an der Kugeloberfläche gestaltet sich folgendermaßen. Das Gesamtpotential und die Eigenfunktion ψ der Valenzelektronen hat in jeder der Elementarkugeln dieselbe Gestalt, es muß daher die Eigenfunktion zusammen mit der ersten Ableitung von einer Elementarkugel in die andere stetig übergehen. Hieraus folgt aus Symmetriegründen für den unteren Bandrand des tiefsten Energiebandes die Bedingung

$$\psi'(R) = 0\;, \tag{35, 4}$$

wo ψ' die Ableitung von ψ nach der Entfernung vom Kern, r, bezeichnet. Die Randbedingung für $r = 0$ bleibt dieselbe wie beim freien Atom, es muß also ψ bei $r = 0$ endlich bleiben.

Die Dichteverteilung v der Metallelektronen im Grundzustand kann auch in der Weise bestimmt werden, daß man mit v den statistischen Energieausdruck des Gitters bildet (man vgl. die S. 310 bis 315) und v mit Hilfe des Ritzschen Approximationsverfahrens aus der Minimumsforderung der Energie berechnet. Für v gilt dann aus den erwähnten Symmetriegründen die zu (35, 4) analoge Randbedingung $v'(R) = 0$.

Unser nächstliegendes Ziel ist auf den hier entwickelten Grundlagen die Verteilung, bzw. die Eigenfunktion der Valenzelektronen der Alkalimetalle im modifizierten Potentialfeld der Metallionen [man vgl. (19, 10)] zu bestimmen.

Das Potential. Die Berechnung der Eigenfunktion und Energie der Valenzelektronen im Metall wird besonders einfach, wenn man statt des elektrostatischen Potentials V das modifizierte Potential Φ der Metallionen [man vgl. (19, 10)] zugrunde legt, wodurch man jeder Orthogonalisierung der Eigenfunktion des Valenzelektrons auf die Eigenfunktionen der Rumpfelektronen enthoben wird. Zur Bestimmung des energetisch tiefsten Zustandes — des unteren Bandrandes im tiefsten Energieband der Valenzelektronen — hat man also mit der Randbedingung (35, 4) den energetisch *absolut* tiefsten Zustand im modifizierten Potentialfeld zu berechnen. Das Problem ist also sehr ähnlich zu dem des freien Atoms, mit dem Unterschied, daß beim freien Atom $R = \infty$ ist.

Das modifizierte Potential der einfach geladenen Alkaliionen schreibt man zweckmäßigerweise in der Form

$$\Phi = \frac{e}{r} + \left(V - \frac{e}{r} \right) + F \,, \tag{35, 5}$$

wo V das gesamte elektrostatische Potential des Ions und F das Zusatzpotential (19, 3) ist[1]; letzteres kann man — da es sich um einen s-Zustand handelt — mit der Elektronendichte ϱ des betreffenden Alkaliions in der Form

$$F = -\gamma_0 \varrho^{2/3} \tag{35, 6}$$

schreiben. Das mit wachsendem r exponentiell abfallende nicht-Coulombsche Potential $V - \dfrac{e}{r} - \gamma_0 \varrho^{2/3}$ läßt sich aus der Hartreeschen Verteilung des self-consistent field berechnen und man kann zur Durchführung der folgenden Rechnungen dieses Potential durch einen analytischen Ausdruck approximieren (man vgl. hierzu § 19). Man kann aber nach Hellmann[2] auch so verfahren, daß man dieses nicht-Coulombsche Potential

---

[1] Den Index neben Φ und F haben wir hier weggelassen.

[2] H. Hellmann, Acta Physicochimica U. R. S. S. **1**, 913, 1935; H. Hellmann u. W. Kassatotschkin, Acta Physicochimica U. R. S. S. **5**, 23, 1936.

in der einfachen Form $-A e \dfrac{e^{-2\lambda r}}{r}$ ansetzt und die Konstanten A und λ so bestimmt, daß der s-Grundterm des freien Atoms mit dem empirischen übereinstimmt und weiterhin der erste angeregte s-Term und der tiefste p-Term die empirischen möglichst gut annähern. Die auf diese Weise von Hellmann berechneten Konstanten für Na, K, Rb und Cs sind in Tab. 41 zusammengestellt. Für Rb ist die potentielle Energie des Valenzelektrons als Funktion von r in dem aus der Hartreeschen Verteilung[1] berechneten modifizierten Potential und in dem nach Hellmann berechneten modifizierten Potential mit Ausnahme der kernnahen Gebiete — die hier nicht von Interesse sind — in Abb. 45 dargestellt. Da das

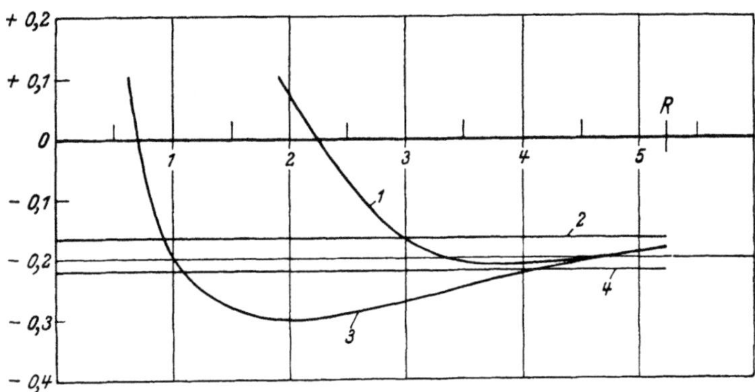

Abb. 45. Potentielle Energie des Valenzelektrons im modifizierten Potentialfeld Φ und im mittleren modifizierten Potentialfeld Φ_0 im Rb-Atom als Funktion des Kernabstandes r.

$$\left.\begin{array}{l} 1: -\Phi e \\ 2: -\Phi_0 e \end{array}\right\} \text{ mit der Hartreeschen Verteilung berechnet.}$$

$$\left.\begin{array}{l} 3: -\Phi e \\ 4: -\Phi_0 e \end{array}\right\} \text{ nach Hellmann berechnet.}$$

Abszisse: r in a_0-Einheiten. Ordinate: $-\Phi e$ und $-\Phi_0 e$ in e^2/a_0-Einheiten.

Hellmannsche modifizierte Potential aus der Erfahrung bestimmt ist, trägt es auch der Polarisation des Rumpfes durch das Valenzelektron und der Austauschwechselwirkung des Valenzelektrons mit den Rumpfelektronen Rechnung; die potentielle Energie des Valenzelektrons verläuft in diesem Potential dementsprechend etwas tiefer als im Hartreeschen modifizierten Potentialfeld, in dem diese Effekte nicht inbegriffen sind

Tab. 41. Die Konstanten A und λ.

	Na	K	Rb	Cs
λ in $\dfrac{1}{a_0}$ -Einheiten...	0,536	0,449	0,358	0,333
A	1,826	1,989	1,640	1,672

---

[1] D. R. Hartree, Proc. Roy. Soc. London (A) **151**, 96, 1935.

In Abb. 45 ist auch noch die potentielle Energie des Valenzelektrons in dem konstanten mittleren modifizierten Potential

$$\Phi_0 = \frac{1}{\Omega_0} \int\limits_{\Omega_0} \Phi \, dv = \frac{3}{R_0^3} \int\limits_0^{R_0} \Phi r^2 dr \qquad (35,7)$$

eingezeichnet, wo Ω_0 das Volumen der Elementarkugel und R_0 den Wert von R in der empirischen Gleichgewichtslage bezeichnet. Bei der Berechnung dieses Integrals kann man das Integral über das mit wachsendem r exponentiell abfallende nicht-COULOMBsche Potential bis ins Unendliche ausdehnen, da für dieses Potential der Integrand für $r > R_0$ praktisch 0 ist und somit diese Gebiete zum Integral praktisch nichts beitragen.

Für Na, K und Cs zeigt Φ einen ganz ähnlichen Verlauf wie bei Rb, die Lage von Φ_0 zu Φ ist ebenfalls analog. Aus der Abb. 45 ist zu sehen, daß man das konstante mittlere Potential Φ_0 zum Ausgangspunkt einer Störungsrechnung machen kann. Es ist nämlich z. B. beim Rb von $r \gtrsim 2{,}5 a_0$ bis zum Rand der Elementarkugel, $R_0 = 5{,}24 a_0$, was rund einem Raumteil von 90 % der Elementarkugel entspricht, die Abweichung $\varphi_s = \Phi - \Phi_0$ vom mittleren Potential Φ_0 relativ klein, so daß man in diesem Raumteil, also praktisch im ganzen Gebiet außerhalb des Atomrumpfes, φ_s als Störungspotential betrachten kann. Für die anderen drei Alkalimetalle liegen ganz ähnliche Verhältnisse vor.

Aus dem Verlauf von Φ geht hervor, daß es sehr aussichtsvoll ist, die Theorie der Metalle von der Annäherung gänzlich freier Elektronen her zu entwickeln, indem man φ_s als Störungspotential betrachtet. Es besteht hierdurch die Möglichkeit eine Reihe von Metalleigenschaften nicht nur qualitativ, sondern auch quantitativ in sehr einfacher Weise zu erfassen[1]. Dieses Programm würde natürlich weit über den Rahmen dieses Buches hinaus führen, so daß wir hier diesem Programm nicht folgen können. Uns interessiert hier in erster Linie die Verteilung der Valenzelektronen im Grundzustand, worauf sich das im folgenden benutzte statistische Metallmodell gründet.

Es sei hier noch darauf hingewiesen, daß sich das modifizierte Potential — das für das Verhalten der Metallelektronen und somit für die mechanischen, elektrischen und thermischen Eigenschaften der Metalle maßgebend ist — mit Versuchen von raschen Elektronenstrahlen oder Röntgenstrahlen nicht bestimmen läßt; man vgl. hierzu das auf S. 159 Gesagte. Man erhält also z. B. aus Röntgenstreuversuchen für die mittlere potentielle Energie des Elektrons nicht $-\Phi_0 e$, sondern den Mittelwert von

---

[1] Bezüglich einer Schätzung der Lage und Breite des tiefsten Energiebandes der Metallelektronen in Alkalimetallen vgl. man P. GOMBÁS, Zs. f. Phys. **113**, 150, 1939, weiterhin **111**, 195, 1938; außerdem GY. PÉTER, Mat. és Fiz. Lapok (Budapest) **46**, 84, 1939.

$-Ve$, für den sich z. B. bei Rb aus der HARTREESchen Verteilung der Wert $-11{,}24$ e-Volt ergibt, der naturgemäß bedeutend tiefer liegt als der mit der gleichen Verteilung berechnete Wert $-\Phi_0 e = -4{,}51$ e-Volt.

Verteilung der Valenzelektronen in Alkalimetallen im Grundzustand. Die Verteilung, bzw. die Eigenfunktion der Valenzelektronen im Grundzustand außerhalb der Atomrümpfe wurde für Alkalimetalle ($z = 1$) in der empirischen Gleichgewichtslage auf den im vorangehenden ausgearbeiteten Grundlagen wie folgt berechnet[1]. Aus Abb. 45 ist zu sehen, daß sowohl das aus dem HARTREESchen Feld berechnete als das halbempirische modifizierte Potential für die Eigenfunktion im Gebiet außerhalb der Atomrümpfe, auf das wir uns hier beschränken, im wesentlichen zum selben Resultat führen muß. Wir wählen in *diesem* Abschnitt das fertig vorliegende halbempirische HELLMANNSche Potential[2]

$$\Phi = \frac{e}{r} - A\,e\,\frac{e^{-2\lambda r}}{r}, \tag{35, 8}$$

das den Vorteil hat, daß dieses — da es an den empirischen Befund angepaßt ist — auch dem Austauscheffekt des Valenzelektrons mit den Rumpfelektronen und der Polarisation des Rumpfes durch das Valenzelektron Rechnung trägt. Mit diesem Potentialausdruck ergibt sich für das mittlere Potential

$$\Phi_0 = \frac{3\,e}{2}\,\frac{1}{R_0} - \frac{3\,A\,e}{4\,\lambda^2}\,\frac{1}{R_0{}^3}. \tag{35, 9}$$

Mit den empirischen Werten für R_0 aus Tab. 43 findet man für Φ_0 die in Tab. 42 angegebenen Werte.

In nullter Näherung hat man $\Phi = \Phi_0$ zu setzen und man sieht ohne jede Rechnung, daß in diesem konstanten Potentialfeld dem tiefsten Energiezustand, für den die Randbedingung (35, 4) gilt, die Eigenfunktion und die Energie

$$\psi_0 = \frac{1}{\Omega_0{}^{1/2}} = \text{const.} \quad \text{und} \quad \varepsilon_0 = -\Phi_0 e \tag{35, 10}$$

entsprechen.

Die Eigenfunktion in erster Näherung außerhalb des Atomrumpfes berechnen wir, indem wir

$$\varphi s = \frac{e}{r} - A\,e\,\frac{e^{-2\lambda r}}{r} - \Phi_0 \tag{35, 11}$$

als Störungspotential betrachten. Wir machen hierzu für die Eigenfunktion

---

[1] P. GOMBÁS, Math. u. Naturwiss. Anz. d. ung. Akad. **LIX**, 125, 1940.

[2] Vom nächsten Abschnitt an machen wir die Berechnungen von diesem halbempirischen Potential frei; die Berechnungen verlaufen von dort an auf rein theoretischen Grundlagen.

ψ und die Energie ε des Valenzelektrons in erster Näherung den Ansatz

$$\psi = \psi_0(1 + \chi) \, , \qquad (35, 12)$$

$$\varepsilon = \varepsilon_0 + \eta \, , \qquad (35, 13)$$

wo $\psi_0\chi$ die Störung der Eigenfunktion und η die Störungsenergie bezeichnet. Von der Funktion χ können wir voraussetzen, daß sie gegen 1 klein ist.

Da wir uns mit den von erster Ordnung kleinen Gliedern begnügen können, ergibt sich für η mit Rücksicht auf (35, 7)

$$\eta = -\int \psi_0{}^* \varphi_s e \, \psi_0 \, dv = -\frac{1}{\Omega_0} \int (\Phi - \Phi_0) e \, dv = 0 \, . \qquad (35, 14)$$

Die Störungsenergie erster Ordnung verschwindet also.

Unser Ziel ist die Bestimmung von ψ, bzw. von χ. Wenn man die Bezeichnung $f = r\psi = \psi_0(r + \zeta)$ mit $\zeta = r\chi$ einführt, so kann man die SCHRÖDINGERsche Gleichung mit Rücksicht darauf, daß ψ_0 konstant ist, in der Form

$$\frac{d^2\zeta}{dr^2} + \frac{8\pi^2 m}{h^2} (\varepsilon + \Phi e) (r+\zeta) = 0 \qquad (35, 15)$$

schreiben. Mit Berücksichtigung des Zusammenhanges $\Phi = \Phi_0 + \varphi_s$ und der Gleichungen (35, 10), (35, 13) und (35, 14) folgt aus dieser Gleichung

$$\frac{d^2\zeta}{dr^2} + \frac{8\pi^2 m e}{h^2} \varphi_s (r+\zeta) = 0 \, . \qquad (35, 16)$$

Da χ gegenüber 1 als klein zu betrachten ist, hat man $\zeta = r\chi$ im Verhältnis zu r als klein anzusehen. Wenn man dementsprechend im zweiten Glied auf der linken Seite das Glied mit dem von zweiter Ordnung kleinen Produkt $\varphi_s \zeta$ vernachlässigt, so folgt aus (35, 16) die Gleichung

$$\frac{d^2\zeta}{dr^2} + \frac{2}{e \, a_0} \varphi_s \, r = 0 \, , \qquad (35, 17)$$

wo wir den Faktor $8\pi^2 m e / h^2$ in atomaren Einheiten e und a_0 ausdrückten. Nach Einsetzen von φ_s erhält man χ aus (35, 17) durch zweimalige Integration und durch nachherige Division mit r. Es ergibt sich so für das Gebiet außerhalb des Atomrumpfes

$$\chi = \left(\frac{1}{3} \Phi_0 r^2 - e\, r + \frac{A\, e}{2\lambda^2} \frac{e^{-2\lambda r}}{r} + c_1 + \frac{c_2}{r} \right) \frac{1}{e\, a_0} \, , \qquad (35, 18)$$

wo c_1 und c_2 Integrationskonstanten bezeichnen.

Die Konstante c_2 wird durch die Randbedingung (35, 4) festgelegt, aus der

$$c_2 = \frac{2}{3} \Phi_0 R_0{}^3 - e\, R_0{}^2 - \frac{A\, e}{2\lambda^2} e^{-2\lambda R_0}(2\lambda R_0 + 1) \qquad (35, 19)$$

folgt. Die additive Konstante c_1 ist gänzlich belanglos und kann z. B.

folgendermaßen bestimmt werden. Wie aus Abb. 45 zu sehen ist, hat für Rb das mittlere Potential Φ_0 mit Φ zwei Schnittpunkte, für die das Störungspotential φ_s definitionsgemäß verschwindet. Dies ist nicht nur für Rb der Fall, sondern auch für Na, K und Cs. Der kleinere r-Wert für den $\varphi_s = 0$ ist, liegt im Inneren des Atomrumpfes und ist für das Weitere nicht von Interesse, der größere r-Wert, bei welchem φ_s verschwindet und den wir mit r_φ bezeichnen, liegt in dem Gebiet, für das die Störungsrechnung gültig ist. Zu einer zweckmäßigen Bestimmung von c_1 gelangt man nun durch die Forderung, daß χ für $r = r_\varphi$ verschwinden soll. Hieraus ergibt sich

$$c_1 = -\frac{1}{3}\,\Phi_0\,r_\varphi{}^2 + e\,r_\varphi - \frac{A\,e\,e^{-2\lambda r_\varphi}}{2\,\lambda^2}\,\frac{1}{r_\varphi} - \frac{c_2}{r_\varphi}, \qquad (35,\,20)$$

wo man für c_2 den Ausdruck (35, 19) einzusetzen hat.

Tab. 42. Die Konstanten $\varepsilon_0 = -\Phi_0 e$, r_φ, c_1 und c_2.

	Na	K	Rb	Cs
$\varepsilon_0 = -\Phi_0 e$ { in e^2/a_0-Einheiten	— 0,302	— 0,244	— 0,220	— 0,203
in e-Volt-Einheiten ..	— 8,23	— 6,64	— 5,98	— 5,53
r_φ in a_0-Einheiten	3,04	3,80	3,89	4,47
c_1 in $e\,a_0$-Einheiten	3,19	3,97	4,51	4,91
c_2 in $e\,a_0{}^2$-Einheiten	— 3,42	— 5,26	— 7,11	— 8,38

Nachdem die Konstanten c_1 und c_2 festgelegt sind, ist χ, bzw. ψ außerhalb des Atomrumpfes bis auf Glieder erster Ordnung bestimmt. Die Werte der Konstanten sind in Tab. 42 dargestellt.

In den Abbildungen 46a und b ist für Rb $\psi/\psi_0 = 1 + \chi$, bzw. $(\psi/\psi_0)^2 = (1 + \chi)^2$ als Funktion von r eingezeichnet; da ψ_0 eine Konstante ist, entsprechen diese Funktionen dem Verlauf der nicht-normierten Eigenfunktion, bzw. der nicht-normierten Wahrscheinlichkeitsdichte. Für die anderen drei Alkalimetalle zeigen diese Funktionen einen ganz analogen Verlauf. Mit dem aus den HARTREEschen Tabellen berechneten Potential würde man praktisch zum selben Resultat gelangen. Aus den Abbildungen 46a und b sieht man, daß ψ zwischen $r \approx 1{,}5 a_0$ und $r = R_0$ angenähert konstant ist. Für den Verlauf von ψ ist für die vier Alkalimetalle charakteristisch, daß ψ/ψ_0 in der Nähe von $r = 1{,}5 a_0$ bis dicht über 1 ansteigt, im Intervall zwischen $r = 1{,}5 a_0$ und $r = 3{,}5 a_0$ ein flaches Maximum erreicht und dann langsam auf einen etwas kleineren Wert als 1 abfällt. Einen ganz analogen Verlauf zeigt in diesem Gebiet die von WIGNER und SEITZ[1] auf rein wellenmechanischem Wege berechnete Eigenfunktion des metallischen Natriums.

---

[1] E. WIGNER u. F. SEITZ, Phys. Rev. (2) **43**, 804, 1933.

In den inneren Gebieten des Atomrumpfes verliert (35, 18) ihre Gültigkeit, dort wird nämlich die Störungsrechnung unbrauchbar, da man in diesen Gebieten φ_s nicht mehr als kleine Störung betrachten kann. Dort ist der hypothetische Verlauf von ψ/ψ_0 und $(\psi/\psi_0)^2$ in Abb. 46a und b gestrichelt eingezeichnet. Den genaueren Verlauf dieser Funktionen in diesem Gebiet hat man durch numerische Integration der entsprechenden SCHRÖDINGERschen Gleichung zu berechnen. Das Fehlen der Knoten der Eigenfunktionen ist dadurch bedingt, daß wir den Berechnungen nicht das elektrostatische Potentialfeld V, sondern das modifizierte Potentialfeld Φ zugrunde legten (man vgl. S. 213).

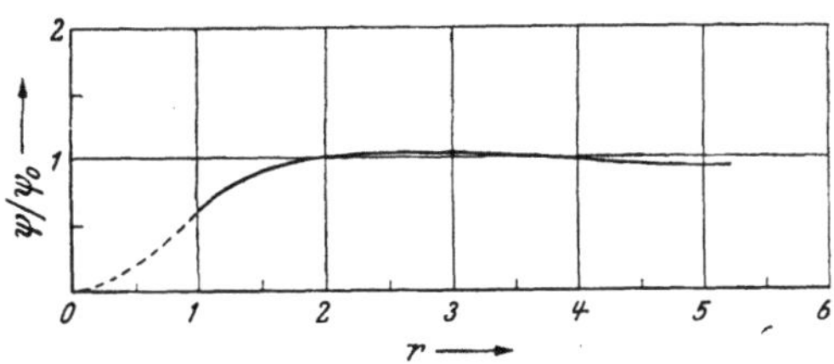

Abb. 46a. ψ/ψ_0 als Funktion von r für Rb. r in a_0-Einheiten.

Die Dichteverteilung der Valenzelektronen im Metall läßt sich auch aus dem statistischen Energieausdruck des Metalles (man vgl. den nächsten Abschnitt) mit Hilfe des RITZschen Approximationsverfahrens bestimmen[1]. Es ergibt sich so für die Elektronendichte außerhalb des Atomrumpfes ebenfalls ein angenähert konstanter Verlauf. Für K wurde mit dieser Verteilung die Energie des Valenzelektrons im Metall berechnet[2], wobei sich gegenüber der Energie bei einer gänzlich konstanten Verteilung der Valenzelektronen eine Vertiefung von nur 1,7 Prozent ergab.

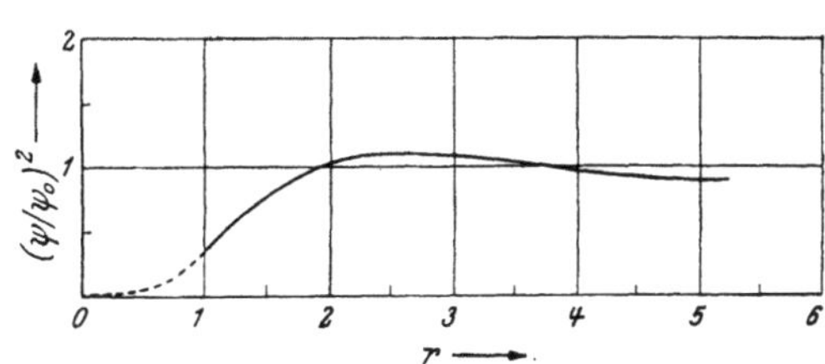

Abb. 46b. $(\psi/\psi_0)^2$ als Funktion von r für Rb. r in a_0-Einheiten.

Bei den Erdalkalimetallen ($z = 2$) ist die Berechnung der Dichteverteilung der Valenzelektronen bedeutend komplizierter, kann aber ebenfalls auf denselben Grundlagen wie bei den Alkalimetallen durchgeführt werden. Diesbezügliche Untersuchungen mit statistischen Ansätzen für die Metallionen stehen noch aus. Es ist zu erwarten, daß bei den Erdalkalimetallen die Dichteverteilung der Valenzelektronen weniger konstant verläuft als bei den Alkalimetallen, aber in erster Näherung immer noch durch eine Konstante approximiert werden kann.

---

[1] P. GOMBÁS, Zs. f. Phys. **108**, 509, 1938; Math. u. Naturwiss. Anz. d. ung. Akad. **LVI**, 417, 1937.

[2] P. GOMBÁS, Zs. f. Phys. **108**, 509, 1938.

Das statistische Metallmodell. Auf Grund der im vorangehenden gefundenen Resultate über die Dichteverteilung der Metallelektronen (Valenzelektronen) kann man[1] mit Hilfe statistischer Ansätze ein statistisches Metallmodell entwickeln, nach welchem die Alkali- und Erdalkalimetalle aus dem Gitter der positiven Metallionen und dem gleichmäßig verteilten Elektronengas der negativen Metallelektronen aufgebaut sind, das von den statistisch behandelten Ionen gesondert in Betracht gezogen wird. Wie sich zeigen läßt, gibt dieses Modell, *das keinerlei empirische oder halbempirische Parameter enthält,* nicht nur eine sehr befriedigende Erklärung der metallischen Bindung, sondern ermöglicht auch eine sehr einfache Berechnung der wichtigsten strukturunempfindlichen Metallkonstanten und gestattet weiterhin eine einfache Herleitung von wichtigen Beziehungen, wie z. B. der Druck-Dichte-Beziehung. Die Resultate sind besonders für Alkalimetalle in sehr guter Übereinstimmung mit der Erfahrung.

Wir nehmen auch weiterhin an, daß das Gitter aus z-fach geladenen Metallionen besteht und daß das Metallelektronengas dementsprechend pro Elementarkugel z Metallelektronen enthält. Wesentlich ist, daß die Metallelektronen von den Rumpfelektronen gesondert in Betracht gezogen werden. Für die Elektronendichte ϱ der Metallionen können wir die des freien Ions ansetzen; die Dichte ν des Metallelektronengases setzen wir, auf Grund der vorangehenden Resultate, als konstant an, wir setzen also

$$\nu = \frac{z}{\Omega} = \frac{3\,z}{4\,\pi\,R^3}\,. \qquad (35,\ 21)$$

Die gesamte Elektronendichte im Metall ist dann eine einfache Superposition von ϱ und ν. Der Ansatz für ν gibt bei den Alkalimetallen, wie wir gesehen haben, eine sehr gute Näherung, für die Erdalkalimetalle dürfte er aber nicht mehr so gut zutreffen. Dementsprechend kann man für die Erdalkalimetalle auch weniger gute Resultate erwarten.

Die metallische Bindung. Berechnung der wichtigsten Konstanten der Alkali- und Erdalkalimetalle. Ähnlich wie bei den heteropolaren Kristallen wird zunächst die Gitterenergie U des Metalls am absoluten Nullpunkt der Temperatur als Funktion des Gitterabstandes, bzw. als Funktion von R ermittelt. Aus der Funktion $U(R)$ folgt dann alles Weitere sehr einfach[2]; so entspricht z. B. die stabile Gleichgewichtslage dem Minimum von U. Der Betrag des Minimums von U gibt die Energie, die man aufzuwenden hat, um das Metall in freie Ionen und freie Metallelektronen zu zerlegen.

---

[1] Bezüglich Literaturangaben vgl. man die Fußnote [1] auf Seite 299.

[2] Bezüglich der folgenden Ausführungen verweisen wir auf die Arbeiten von GOMBÁS, die in der Fußnote [1] auf S. 299 zitiert sind.

Da die Elementarkugeln nach außen hin neutral sind, können wir uns bei der Berechnung der Gitterenergie als Funktion von R auf die Berechnung der Energie einer Elementarkugel beschränken, die mit der pro Metallatom, bzw. pro Elementarkugel berechneten Gitterenergie identisch ist. Die Gitterenergie pro Elementarkugel setzt sich einerseits aus der Selbstenergie des Metallelektronengases in der Elementarkugel und anderseits aus jener Energie zusammen, welche aus der Wechselwirkung des Metallelektronengases mit dem Ion in der Elementarkugel resultiert

Wir beginnen mit der Berechnung der Selbstenergie des Metallelektronengases. Diese setzt sich aus der gegenseitigen elektrostatischen COULOMBschen Wechselwirkungsenergie der Metallelektronen, E_C, der kinetischen Nullpunktsenergie der Metallelektronen, E_K, der gegenseitigen Austauschenergie der Metallelektronen, E_A und der Korrelationsenergie der Metallelektronen, E_W, zusammen.

Die Energie E_C ist die elektrostatische Energie einer Kugel vom Radius R, die homogen mit Raumladung der Dichte $-\nu e$ gefüllt ist[1]. Das elektrostatische Potential in dieser Kugel beträgt $-2\,\pi\nu\,e\left(R^2 - \dfrac{r^2}{3}\right)$. Mit Rücksicht auf (35, 21) ergibt sich also

$$E_C = \frac{1}{2}\int_\Omega 2\,\pi\,\nu\,e\left(R^2 - \frac{r^2}{3}\right)\nu\,e\,dv = 4\,\pi^2\,\nu^2\,e^2\int_0^R\left(R^2 - \frac{r^2}{3}\right)r^2\,d\,r = \frac{3\,z^2\,e^2}{5}\frac{1}{R}\,.$$

$$(35, 22)$$

Für E_K und E_A erhält man nach (1, 18), bzw. (2, 58)

$$E_K = \varkappa_k\,\nu^{5/3}\frac{4\,\pi\,R^3}{3} = \left(\frac{3}{4\,\pi}\right)^{2/3}\varkappa_k\,z^{5/3}\cdot\frac{1}{R^2} = 1{,}105\,z^{5/3}\,e^2\,a_0\,\frac{1}{R^2}\,, \qquad (35, 23)$$

$$E_A = -\varkappa_a\,\nu^{4/3}\frac{4\,\pi\,R^3}{3} = -\left(\frac{3}{4\,\pi}\right)^{1/3}\varkappa_a\,z^{4/3}\,\frac{1}{R} = -\,0{,}4582\,z^{4/3}\,e^2\,\frac{1}{R}\,. \qquad (35, 24)$$

Die Korrelationsenergie E_W läßt sich aus (2, 73) mit (2, 69) berechnen; es ergibt sich $E_W = -zg(\nu^{1/3})$, wo g in Abb. 11 auf S. 97 dargestellt ist. Da E_W einen relativ kleinen Beitrag zur Gitterenergie gibt, kann man den Ausdruck für E_W vereinfachen, indem man g durch die Tangente bei $\nu^{1/3} = 0{,}15\,\dfrac{1}{a_0}$ ersetzt. Man erhält so in dem bei Alkali- und Erdalkalimetallen

---

[1] Die Energie, die sich aus der elektrostatischen Selbstwechselwirkung der Metallelektronen ergibt, kann nach den im § 2 Gesagten vernachlässigt werden, da die Anzahl der Metallelektronen im gesamten Metall voraussetzungsgemäß sehr groß, im Idealfall ∞ ist. Ausserdem wird diese Energie durch die im Ausdruck (35, 24) von E_A inbegriffene Energie des Selbstaustausches der Metallelektronen gerade kompensiert.

in Frage kommenden Dichtegebiet für E_W den vollkommen ausreichenden Näherungsausdruck

$$E_W = -\,0{,}0172\,z\,\frac{e^2}{a_0} - 0{,}0577\,z^{4/3}e^2\,\frac{1}{R}\,. \qquad (35,\,25)$$

Außer diesen Energieanteilen hat man noch die Wechselwirkungsenergie des gleichmäßig verteilten Elektronengases der Metallelektronen mit dem Ion in der Elementarkugel zu berechnen, die zur Gitterenergie den weitaus größeren Beitrag liefert. Zur Berechnung der Wechselwirkung der Metallelektronen mit dem Metallion legen wir wieder das modifizierte Potential $\Phi = V + F$ zugrunde (man vgl. § 19 und § 24), das Zusatzpotential F kann man für den Grundzustand der Valenzelektronen in Alkali- und Erdalkalimetallen — da dieser ein s-Zustand ist — mit der Elektronendichte ϱ des Ions nach (19, 3) in der Form $F = -\gamma_0\varrho^{2/3}$ darstellen. Es ist zweckmäßig, V in zwei Teile, und zwar in das COULOMBsche elektrostatische Potential ze/r der punktförmigen Ionenladung und in das nicht-COULOMBsche elektrostatische Potential $V - \dfrac{ze}{r}$ zu zerlegen und Φ in folgender Form zu schreiben

$$\Phi = \frac{z\,e}{r} + \left(V - \frac{z\,e}{r}\right) - \gamma_0\,\varrho^{2/3}; \qquad (35,\,26)$$

das nicht-COULOMBsche elektrostatische Potential und F fallen mit wachsendem r exponentiell ab. Die Teile der Wechselwirkungsenergie der Ionen mit dem Elektronengas der Metallelektronen sind also dieser Potentialaufteilung entsprechend pro Elementarkugel die folgenden: die COULOMBsche Wechselwirkungsenergie W_C der punktförmigen Ionenladung ze mit den Metallelektronen, die aus dem Eintauchen der Metallelektronen in die Elektronenwolke der Ionen resultierende nicht-COULOMBsche elektrostatische Energie W_E und die aus dem Zusatzpotential F resultierende kinetische Energieerhöhung W_K.

Für diese Energien ergibt sich[1]

$$W_C = -\int\limits_\Omega \frac{z\,e}{r}\,v\,e\,dv = -\,4\,\pi\,z\,v\,e^2 \int\limits_0^R r\,dr = -\,\frac{3\,z^2\,e^2}{2}\,\frac{1}{R}\,, \qquad (35,\,27)$$

---

[1] Die Energiesumme $E_C + W_C$ wurde mit der MADELUNGschen Methode für den raumzentrierten und flächenzentrierten kubischen Gittertyp auch exakt berechnet [man vgl. K. FUCHS, Proc. Roy. Soc. London (A) **151**, 585, 1935]. Es ergibt sich für das raumzentrierte Gitter $-\,0{,}89593\,z^2\,e^2/R$ und für das flächenzentrierte Gitter $-\,0{,}89586\,z^2\,e^2/R$, während wir in unserer Näherung für beide den Wert $-\,0{,}9\,z^2e^2/R$ erhalten, der sich vom exakten um weniger als $0{,}5\,\%$ unterscheidet.

$$W_E = -\int\left(V - \frac{z\,e}{r}\right)\nu\,e\,dv = -4\,\pi\,\nu\,e\int_0^\infty\left(V - \frac{z\,e}{r}\right)r^2\,dr = \left.\vphantom{\int_0^\infty}\right\}$$

$$= -3\,z\,e^2\,J_E\,\frac{1}{R^3}\,, \tag{35, 28}$$

$$W_K = -\int F\,\nu\,e\,dv = 4\,\pi\,\gamma_0\,\nu\,e\int_0^\infty \varrho^{2/3}\,r^2\,dr = 3\,z\,e^2\,J_K\,\frac{1}{R^3} \tag{35, 29}$$

mit

$$J_E = \frac{1}{e}\int_0^\infty\left(V - \frac{z\,e}{r}\right)r^2\,dr \quad\text{und}\quad J_K = \frac{\gamma_0}{e}\int_0^\infty \varrho^{2/3}\,r^2\,dr\,. \tag{35, 30}$$

Die Integrale in W_E und W_K kann man in der Umgebung der Gleichgewichtslage statt auf Ω auf den ganzen Raum ausdehnen, da die Integranden mit wachsendem r exponentiell abfallen und schon am Rand der Elementarkugel praktisch 0 sind; J_E und J_K sind also von R unabhängige Konstanten.

Außer diesen Energien hat man noch die aus der Austauschwechselwirkung der Metallelektronen mit den Rumpfelektronen resultierende Austauschenergie W_A zu berücksichtigen, die ebenfalls durch das Eintauchen der Metallelektronen in die Elektronenwolke des Metallions entsteht, aber von relativ geringerer Bedeutung ist als die Energieanteile W_C, W_E und W_K. Man erhält W_A als die Änderung der Austauschenergie, die zufolge der Überdeckung der Elektronenwolke des Metallions und dem Elektronengas der Metallelektronen entsteht. Diese Änderung der Austauschenergie kann man aus dem Ausdruck (18, 11) berechnen, wenn man in diesem statt ϱ_1 und ϱ_2 die Elektronendichte des Metallions ϱ und die Dichte der Metallelektronen ν einsetzt. Mit diesem Ausdruck läßt sich aber die Änderung der Austauschenergie konsequent nur dann berechnen, wenn man für die Elektronenverteilung des Metallions eine der korrigierten statistischen Dichteverteilungen zugrunde legt, die bei einer Randdichte ϱ_0 abbrechen. Wenn man also W_A mit einer bis ins Unendliche auslaufenden Elektronendichte ϱ berechnen will, so darf man das Integral in (18, 11) nur bis zu dem Wert von r ausdehnen, für den $\varrho = \varrho_0$ ist. Diesen Grenzradius bezeichnen wir mit r_g. Wir wollen im folgenden für ϱ_0 die Randdichte (9, 16) des Thomas-Fermi-Diracschen Modells wählen[1], womit r_g für jeden beliebigen Dichteverlauf festgelegt ist; für das Thomas-Fermi-Diracsche Modell selbst — das wir im größten Teil der folgenden Berechnungen benutzen werden — ist r_g mit dem Grenz-

---

[1] Die Korrelationskorrektion der Dichteverteilung des Ions spielt hier keine wesentliche Rolle und kann vernachlässigt werden.

radius r_0 der THOMAS-FERMI-DIRACschen Ionen identisch. Da nun bei den Alkalimetallen in der Umgebung der Gleichgewichtslage $v \approx \varrho_0$ ist und ϱ für $r < r_g$ rapid ansteigt, kann man den Integrand in (18, 11) nach v/ϱ in eine Reihe entwickeln und erhält bei Vernachlässigung der von höherer Ordnung kleinen Glieder

$$W_A = -\frac{4}{3}\varkappa a \int\limits_{r<r_g} \varrho^{1/3} v \, dv + \varkappa a \int\limits_{r<r_g} v^{4/3} \, dv = -3z e^2 J_A \frac{1}{R^3} + \alpha z^{4/3} e^2 \frac{1}{R^4}$$

$$(35, 31)$$

mit den von R unabhängigen Konstanten

$$J_A = \frac{4\,\varkappa a}{3\,e^2} \int\limits_0^{r_g} \varrho^{1/3} r^2 \, dr \quad \text{und} \quad \alpha = \left(\frac{3}{4\,\pi}\right)^{1/3} \frac{\varkappa a}{e^2} r_g{}^3 \, . \qquad (35, 32)$$

Bei den Erdalkalimetallen ist v in der Gleichgewichtslage in den Randgebieten des Ions größer als ϱ, die Reihenentwicklung des Integranden verliert also in den Randgebieten ihre Gültigkeit, man kann aber den Ausdruck (35, 31) in erster Näherung auch für diese Metalle anwenden; der hierdurch begangene Fehler ist nämlich im Verhältnis zur Gitterenergie klein, da es sich bei W_A um eine Energie von relativ geringer Bedeutung handelt.

Die Energieterme W_E, W_K und W_A sind eine Folge der räumlichen Ausdehnung der Ionen; für punktförmige Ionen verschwinden sie.

Die aus der Korrelationskorrektion resultierende Korrektion der Wechselwirkungsenergie des Metallelektronengases mit dem Metallion [der der Ausdruck (18, 12) entspricht], weiterhin die aus der Polarisation des Rumpfes durch die Metallelektronen resultierende Deformationsenergie und schließlich die VAN DER WAALSsche Wechselwirkungsenergie der Rümpfe sind klein und können vernachlässigt werden. Es sei noch erwähnt, daß sich die Elektronenwolken benachbarter Metallionen in der Umgebung der Gleichgewichtslage nicht überdecken, für die korrigierten statistischen Ionenmodelle ist nämlich der Grenzradius r_0 des Ions immer kleiner als der Radius R_0 der Elementarkugel in der Gleichgewichtslage und die wellenmechanische z. B. HARTREEsche Elektronendichte ist bei $r = R_0$ praktisch 0.

Die Gitterenergie U des Metalls erhält man also als folgende Summe

$$U = E_C + E_K + E_A + E_W + W_C + W_E + W_K + W_A \, . \qquad (35, 33)$$

Nach Einsetzen der für die einzelnen Energieanteile weiter oben hergeleiteten Ausdrücke ergibt sich U als folgendes Polynom vierten Grades in $1/R$

$$U = A_0 + \frac{A_1}{R} + \frac{A_2}{R^2} + \frac{A_3}{R^3} + \frac{A_4}{R^4} \qquad (35, 34)$$

mit

$$A_0 = -\,0{,}0172\,z\frac{e^2}{a_0}\,, \qquad A_1 = -\left(\frac{9}{10}z^2 + 0{,}5159\,z^{4/3}\right)e^2\,,$$

$$A_2 = 1{,}105\,z^{5/3}\,e^2\,a_0\,, \qquad A_3 = 3\,z\,e^2(J_K - J_E - J_A)\,, \qquad (35,\,35)$$

$$A_4 = \alpha\,z^{4/3}\,e^2\,.$$

Die A_i sind also von R unabhängige Konstanten, die alle noch von z abhängen, A_3 und A_4 ist außerdem noch von der Elektronenverteilung des Ions abhängig. J_E, J_K, J_A und α kann man entweder auf Grund eines der korrigierten statistischen Modelle oder auf Grund der wellenmechanischen Dichteverteilung des Ions berechnen. $J_K - J_E - J_A$ ergibt sich hierbei immer als positiv.

Eine bereits sehr gute Näherung erhält man, wenn man die Metallionen durch das THOMAS-FERMI-DIRACsche Ionmodell (man vgl. § 9) approximiert, dessen Grundgleichung (9, 4) ist. Mit Rücksicht darauf, daß in diesem Falle, wie schon erwähnt wurde, r_g mit dem Grenzradius r_0 des THOMAS-FERMI-DIRACschen Ions gleichgesetzt werden kann und daß nach (19, 4) und (1, 19) $\gamma_0 = \dfrac{5}{3e}\varkappa_k$ ist, findet man mit dem Zusammenhang (9, 4) sofort.

$$J_K - J_E - J_A = \frac{1}{e}\int\limits_0^{r_0}\left(\frac{z\,e}{r} - V_0\right)r^2\,dr\,, \qquad (35,\,36)$$

wo die Konstante V_0 durch die Gl. (9, 18) definiert ist, in der $Z - N = z$ zu setzen ist. Nach Ausführen der elementaren Integration ergibt sich

$$J_K - J_E - J_A = \frac{z\,r_0^{\,2}}{6} - \frac{5\,r_0^{\,3}}{32\,\pi^2\,a_0}\,. \qquad (35,\,37)$$

Im Ausdruck (35, 32) von α ist einfach $r_g = r_0$ zu setzen. Die Werte von r_0 für die Alkaliionen K^+, Rb^+, Cs^+ und die Erdalkaliionen Ca^{++}, Sr^{++}, Ba^{++} befinden sich in Tab. 11. Aus diesen läßt sich r_0 für Na^+ und Mg^{++} extrapolieren. Man findet für Na^+ $r_0 = 2{,}72\,a_0$ und für Mg^{++} $r_0 = 2{,}17\,a_0$. Mit diesen Daten kann man nun nach Einsetzen des Ausdruckes (35, 37) in (35, 35) die Gitterenergie für die Alkali- und Erdalkalimetalle sehr einfach berechnen.

In der Gleichgewichtslage besitzt U ein Minimum, es ist also dort

$$\frac{d\,U}{d\,R} = 0\,. \qquad (35,\,38)$$

Aus dieser Gleichung, die in R vom dritten Grad ist, kann man R_0 mit Hilfe der CARDANIschen Formeln berechnen. Nach Einsetzen von R_0 in den Ausdruck von U erhält man die Gitterenergie in der Gleichgewichtslage, die wir mit U_0 bezeichnen. Der Betrag von U_0 setzt sich aus der

Sublimationsenergie S und der Abtrennungsarbeit der z Valenzelektronen von den freien Atomen zusammen. Hieraus läßt sich S einfach berechnen, man erhält für Alkalimetalle

$$S = |U_0| - J_1 \qquad (35, 39)$$

und für Erdalkalimetalle

$$S = |U_0| - J_1 - J_2 , \qquad (35, 40)$$

wo in (35,39) J_1 die erste Ionisierungsenergie der Alkaliatome und in (35,40) J_1 und J_2 die erste, bzw. zweite Ionisierungsenergie der Erdalkaliatome bezeichnet. Für die Ionisierungsenergien kann man die empirischen Werte einsetzen, man kann aber die Ionisierungsenergien auch theoretisch berechnen (wie im § 24) und diese Werte zur Berechnung von S heranziehen, womit man zu einer rein theoretischen Bestimmung von S gelangt.

Die Berechnungen wurden für die Alkalimetalle ($z = 1$) und die Erdalkalimetalle ($z = 2$) durchgeführt. Die berechneten Werte von R_0, U_0, S und, soweit sie vorliegen, von J_1 und J_2 sind zusammen mit den experimentellen in den Tabellen 43 und 44 angegeben. Die durch die Nullpunktsschwingung bedingte kleine Korrektion der theoretischen R_0-Werte wurde vernachlässigt; die empirischen R_0-Werte[1] beziehen sich für die Alkalimetalle auf die Temperatur der flüssigen Luft. Die berechneten Werte von J_1 und J_2 sind der Tab. 26 entnommen, sie sind also ebenfalls auf Grund des modifizierten Potentials, also auf die gleiche Weise wie U_0, berechnet. S wurde sowohl mit den empirischen[2] als mit den theoretischen Werten der Ionisierungsenergien berechnet, soweit letztere vorliegen. Als empirische Sublimationsenergie sind die von RABINOWITSCH und THILO[3] auf den absoluten Nullpunkt der Temperatur umgerechneten empirischen Werte angeführt. Die empirischen Werte für U_0 sind mit diesen empirischen S-Werten und den empirischen Ionisierungsenergien nach (35, 39), bzw. (35, 40) berechnet.

Bei den Alkalimetallen, für die die Voraussetzungen der Theorie am besten erfüllt sind, stimmen die berechneten Konstanten sehr gut mit den beobachteten überein; die größere Abweichung bei Na ist auf die geringe Elektronenzahl des Na^+-Ions zurückzuführen. Daß die Übereinstimmung zwischen den berechneten und beobachteten Werten bei S schlechter ist als bei U_0, kommt daher, daß sich S nach (35, 39) als Differenz zweier zirka fünfmal so großer Zahlen $|U_0|$ und J_1 ergibt; es macht sich also ein relativ kleiner Fehler in U_0 bei S sehr stark bemerkbar.

---

[1] Aus LANDOLT-BÖRNSTEIN, Physikalisch-Chemische Tabellen.

[2] Aus GEIGER-SCHEELS Handb. d. Phys. XXIV/2, 2. Aufl., S. 927, Springer, Berlin, 1933.

[3] E. RABINOWITSCH u. E. THILO, Zs. f. phys. Chem. (B) **6**, 298, 1930.

Hierauf ist auch zurückzuführen, daß sich bei den berechneten S-Werten kein Gang mit der Ordnungszahl ausprägt, obwohl dieser bei den berechneten U_0-Werten richtig herauskommt. Bei den Erdalkalimetallen ist die Übereinstimmung der berechneten Konstanten mit den beobachteten erwartungsgemäß schlechter als bei den Alkalimetallen, aber immer noch ganz befriedigend; die große Abweichung der berechneten S-Werte von den empirischen beruht auf denselben Ursachen wie bei den Alkalimetallen; S ergibt sich hier als Differenz zweier zirka zehnmal größerer Zahlen $|U_0|$ und $J_1 + J_2$.

Tab. 43. Berechnete und beobachtete Werte von R_0, U_0, S und J_1 für Alkalimetalle.

R_0 in Å-Einheiten, die Energien U_0, S, J_1 in kcal/Grammatom-Einheiten.

		Na	K	Rb	Cs
R_0	berechnet	2,28	2,51	2,73	2,83
	beobachtet	2,09	2,58	2,77	2,98
U_0	berechnet	—141,2	—130,9	—122,1	—119,0
	beobachtet	—148,1	—125,9	—120,7	—113,4
S	berechnet mit $J_{1\mathrm{ber.}}$	27,9	33,9	—	—
	berechnet mit $J_{1\mathrm{beob.}}$	23,3	31,4	26,3	29,6
	beobachtet	30,2	26,4	24,9	24,0
J_1	berechnet	113,3	97,0	—	—
	beobachtet	117,9	99,5	95,8	89,4

Tab. 44. Berechnete und beobachtete Werte von R_0, U_0, S, J_1 und J_2 für Erdalkalimetalle.

R_0 in Å-Einheiten, die Energien U_0, S, J_1, J_2 in kcal/Grammatom-Einheiten.

		Mg	Ca	Sr	Ba
R_0	berechnet	1,91	2,13	2,38	2,47
	beobachtet	1,77	2,17	2,37	2,47
U_0	berechnet	—547,8	—498,9	—455,0	—440,6
	beobachtet	—560,9	—451,7	—422,7	—387,8
S	berechnet mit $J_{1\mathrm{ber.}}$ und $J_{2\mathrm{ber.}}$.	—	76,3	—	—
	berechnet mit $J_{1\mathrm{beob.}}$ und $J_{2\mathrm{beob.}}$.	27,7	86,4	71,5	92,0
	beobachtet	40,8	39,2	39,2	39,2
J_1	berechnet	—	136,8	—	—
	beobachtet	175,3	140,3	130,6	119,5
J_2	berechnet	—	285,8	—	—
	beobachtet	344,8	272,2	252,9	229,1

Eine weitere wichtige Metallkonstante ist die Kompressibilität $\varkappa$. Wenn man in der Definitionsgleichung (34, 13) von $\varkappa$ für v, bzw. v_0 das Volumen der Elementarkugel setzt, so folgt

$$\frac{1}{\varkappa} = \frac{1}{12\,\pi\,R_0} \left(\frac{d^2 U}{dR^2}\right)_{R\,=\,R_0}. \tag{35, 41}$$

Durch Einsetzen des Ausdruckes (35, 34) für U kann man die Kompressibilität einfach berechnen. Mit den theoretisch bestimmten Werten von R_0, d. h. für $P = 0$, ergeben sich die in den Tabellen 45 und 46 zusammengestellten Werte.

Ein unmittelbarer Vergleich dieser Werte mit den empirischen ist nicht möglich, da sich die berechneten Werte auf den absoluten Nullpunkt der Temperatur und die gemessenen Werte auf Temperaturen in der Nähe der Zimmertemperatur beziehen. Ein Vergleich der berechneten Kompressibilitäten mit den empirischen ist also mit ganz ähnlichen Schwierigkeiten verbunden wie bei den Alkalihalogenidgittern, besonders im Falle der Alkalimetalle, deren Kompressibilität eine sehr starke Temperaturabhängigkeit aufweist; bei den Erdalkalimetallen liegen die Verhältnisse günstiger, da diese viel weniger temperaturabhängig sind. Um einen Vergleich vornehmen zu können, hat man ganz analog vorzugehen wie bei den Alkalihalogenidgittern. Man extrapoliert also *linear* aus den gemessenen Werten die Kompressibilität auf $T = 273^0$ und

Tab. 45. Berechnete und beobachtete Kompressibilitäten der Alkalimetalle in 10^{-12} cm²/dyn-Einheiten.

	Na	K	Rb	Cs
Berechnet	15,9	22,6	31,0	35,1
Gemessen bei $T = 325^0$	17,82	—	—	—
„ „ $T = 324^0$	—	45,6	—	—
„ „ $T = 323^0$	—	—	53	71
„ „ $T = 293^0$	—	—	41	61
„ „ $T = 274^0$	16,23	41,75	—	—
Linear extrapoliert auf $T = 273^0$	16,2	41,7	33	54
Linear extrapoliert auf $T = 0^0$ ..	7,69	20,65	—	—

Tab. 46. Berechnete und beobachtete Kompressibilitäten der Erdalkalimetalle in 10^{-12} cm²/dyn-Einheiten.

	Mg	Ca	Sr	Ba
Berechnet	2,44	3,69	5,53	6,38
Gemessen bei $T = 348^0$	3,055	6,083	8,428	10,84
Gemessen bei $T = 303^0$	3,017	6,061	8,346	10,39
Linear extrapoliert auf $T = 273^0$	2,992	6,047	8,291	10,09
Linear extrapoliert auf $T = 0^0$ ..	2,763	5,917	7,790	7,37

$T = 0^0$; die wirklichen Werte bei $T = 0^0$ werden zwischen diesen liegen. Die gemessenen Kompressibilitäten[1] sind zusammen mit den extrapolierten ebenfalls in den Tabellen 45 und 46 angegeben. Bei Rb und Cs sind die gemessenen Werte nicht genügend genau, um die Extrapolation auf $T = 0^0$ durchzuführen. Die empirischen Kompressibilitäten der Erdalkalimetalle beziehen sich auf $P = 0$, die der Alkalimetalle zum Teil auf $P = 0$ und zum Teil auf relativ kleine Drucke, so daß eine Umrechnung auf $P = 0$ nicht erforderlich ist.

Die berechneten $\varkappa$-Werte für die Alkalimetalle sind sehr befriedigend, sie liegen alle zwischen denen der beiden letzten Zeilen der Tab. 45, also im Intervall, in dem auch die empirischen liegen. Der etwas zu große theoretische $\varkappa$-Wert für Na ist darauf zurückzuführen, daß der theoretische R_0-Wert für Na, bei dem $\varkappa$ berechnet wurde, etwas zu groß ist. Letzten Endes hängt dies damit zusammen, daß das Na^+-Ion nicht genügend Elektronen besitzt, um eine statistische Behandlungsweise des Ions zu rechtfertigen. Die berechneten Kompressibilitäten für die Erdalkalimetalle sind um etwa 20 bis 40% zu klein; für diese Metalle kann man auch keine bessere Übereinstimmung mit der Erfahrung erwarten, da die

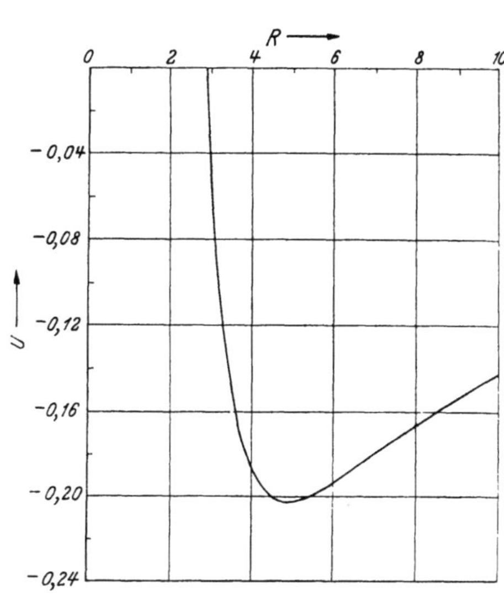

Abb. 47a. Die Gitterenergie U als Funktion von R für K. R in a_0-Einheiten, U in e^2/a_0-Einheiten.

Voraussetzungen, auf denen das Modell beruht, für die Erdalkalimetalle weniger gut erfüllt sind, als für die Alkalimetalle.

Außer diesen Berechnungen, bei denen wir die Metallionen durch das THOMAS-FERMI-DIRACsche Ionmodell approximiert haben, wurden für K und Ca mit der genaueren HARTREE-FOCKschen wellenmechanischen Elektronenverteilung[2] der Metallionen analoge Berechnungen durchgeführt. Den Wert von r_g und die Integrale J_E, J_K und J_A hat man auf numerischem oder graphischem Wege zu bestimmen. Diese Größen sind, zusammen mit den berechneten Metallkonstanten, in Tab. 47 angegeben, wobei zu bemerken ist, daß die Werte von S aus (35, 39),

---

[1] Aus LANDOLT-BÖRNSTEIN, Physikalisch-Chemische Tabellen.

[2] D. R. HARTREE u. W. HARTREE, Proc. Roy. Soc. London (A) **166**, 450, 1938 (K+); **164**, 167, 1938 (Ca++).

bzw. (35, 40) mit den theoretischen Ionisierungsenergien aus Tab. 26 berechnet sind, die mit demselben[1] modifizierten Potentialfeld bestimmt wurden wie U_0. Die Gitterenergie als Funktion von R ist für K und Ca in den Abbildungen 47a und b dargestellt.

Tab. 47. Die berechneten Konstanten R_0, U_0, S und $\varkappa$ mit r_g und den Integralen J_E, J_K und J_A für K und Ca bei Zugrundelegung der HARTREE-FOCKschen Elektronenverteilung für die Metallionen. R_0 in Å-, U_0, S in kcal/Grammatom-, $\varkappa$ in 10^{-12} cm²/dyn-, r_g in a_0-, J_E, J_K und J_A in a_0^2-Einheiten.

	R_0 (Å)	U_0	S	$\varkappa$	r_g (a_0)	J_E	J_K	J_A
K	2,59	—127,0	30,0	26,1	3,08	3,242	7,621	3,019
Ca	2,21	—486,8	64,2	4,12	2,77	2,571	6,756	2,367

Die in Tab. 47 angeführten Resultate können wir mit den in den Tabellen 43 bis 46 angegebenen empirischen und berechneten Metallkonstanten des Kaliums und Calciums vergleichen. Wie zu sehen ist, stimmen die neuen Resultate für K mit den empirischen ausgezeichnet überein und sind gegenüber den Resultaten der vorangehenden Berechnungen verbessert. Die Ergebnisse für Ca sind ebenfalls sehr befriedigend und werden gegenüber den Resultaten der vorangehenden Berechnungen ebenfalls verbessert.

Von Interesse ist außerdem, wie sich die Gitterenergie aus den einzelnen Anteilen [man vgl. (35, 33)] zusammensetzt. Für K und Ca sind diese Energieanteile — bei Zugrundelegung der HARTREE-FOCKschen Elektronenverteilung für die Ionen — bei dem in Tab. 47 angegebenen theoretischen Wert von R_0 berechnet worden und in Tab. 48 zusammengestellt.

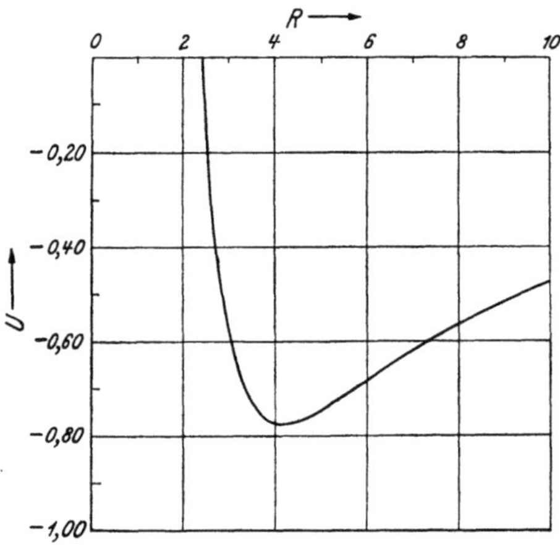

Abb. 47b. Die Gitterenergie U als Funktion von R für Ca. R in a_0-Einheiten, U in e^2/a_0-Einheiten.

---

[1] Bei der Berechnung der Ionisierungsenergie des Kaliums wurde statt der HARTREE-FOCKschen Elektronenverteilung des Ions die HARTREEsche Verteilung [D. R. HARTREE, Proc. Roy. Soc. London (A) **143**, 506, 1934] zugrunde gelegt; der Unterschied zwischen den beiden Verteilungen ist jedoch nicht groß.

Tab. 48. Anteile der Gitterenergie für K und Ca in kcal/Gramm-atom-Einheiten.

	K	Ca
E_C	$+ 76{,}8$	$+ 360{,}2$
E_K	$+ 28{,}8$	$+ 126{,}0$
E_A	$- 58{,}6$	$- 173{,}3$
E_W	$- 18{,}2$	$- 43{,}4$
W_C	$- 192{,}0$	$- 900{,}6$
W_E	$- 51{,}9$	$- 132{,}6$
W_K	$+ 121{,}8$	$+ 348{,}5$
W_A	$- 33{,}7$	$- 71{,}6$
$E_C + E_A + E_W$	$0{,}0$	$+ 143{,}5$
$E_C + E_A + E_W + E_K$	$+ 28{,}8$	$+ 269{,}5$
$W_E + W_K + W_A$	$+ 36{,}2$	$+ 144{,}3$
$W_C + W_E + W_K + W_A$	$- 155{,}8$	$- 756{,}3$
U_0	$- 127{,}0$	$- 486{,}8$

Aus Tab. 48 sieht man, daß der wichtigste Teil der Anziehung W_C, also die COULOMBsche Wechselwirkungsenergie zwischen der punktförmigen Ionenladung $z\,e$ und dem Metallelektronengas, ist. *Die klassischen elektrostatischen Anziehungsenergien W_C und W_E reichen aber zum Verständnis der metallischen Bindung nicht aus, für die Bindung erhält man nur dann eine Erklärung, wenn man auch die Austauschenergien berücksichtigt,* von denen besonders E_A, also die Austauschenergie des Metallelektronengases, einen großen Beitrag gibt. *Einen relativ kleinen, aber nicht zu vernachlässigenden Beitrag zur Bindung liefert die Korrelationsenergie E_W.* Eine der wichtigsten Abstoßungsenergien ist W_K, die aus dem nichtklassischen Zusatzpotential F [man vgl. (19, 3)] resultiert, durch das verhindert wird, daß die Metallelektronen in die Rümpfe stürzen. Ohne diese Energie würde das Metallgitter auf sehr kleine Dimensionen zusammenstürzen. *Die Abstoßungskräfte im Metall sind also nicht klassischen Ursprungs.* Neben W_K spielt auch die gegenseitige klassische elektrostatische COULOMBsche Abstoßungsenergie der Metallelektronen E_C und die nicht klassische kinetische Nullpunktsenergie der Metallelektronen E_K eine wichtige Rolle. Außer den einzelnen Energietermen sind in Tab. 48 noch folgende Energieanteile angegeben: die gegenseitige *Wechselwirkungs*energie der Metallelektronen $E_C + E_A + E_W$; die gesamte Selbstenergie des Metallelektronengases (also die gegenseitige Wechselwirkungsenergie + kinetische Nullpunktsenergie der Metallelektronen) $E_C + E_A + E_W + E_K$; die aus dem Eintauchen der Metallelektronen in den Rumpf (also von der räumlichen Ausgedehntheit der Ionen) herrührende Energie $W_E + W_K + W_A$, die immer positiv ist, da die positive Energie W_K überwiegt und schließlich die gesamte Wechselwirkungsenergie der Metallelektronen mit dem Ion $W_C + W_E + W_K + W_A$. Die gegenseitige *Wechselwirkungs-* energie der Metallelektronen, $E_C + E_A + E_W$, ist bei K kleiner als 0,03 kcal/Grammatom und wurde in Tab. 48 mit 0,0 angegeben. Aus den Ausdrücken (35, 22), (35, 24) und (35, 25) ist sofort zu sehen, daß der Betrag von $E_C + E_A + E_W$ auch für die anderen Alkalimetalle sehr klein ist und man rechnet leicht nach, daß er für alle Alkalimetalle weniger als 2,6 kcal/Grammatom beträgt. Dies ist darauf zurückzuführen, daß bei relativ kleinen Dichten des Metallelektronengases — wie sie bei den Alkalimetallen vorkommen — die Abmessungen des „Loches", das zufolge der Abdrängung der Elektronen mit parallelem und antiparallelem Spin in der Elektronenverteilung der Metallelektronen entsteht, von der gleichen Größenordnung sind wie die der Elementarkugel (man vgl. hierzu § 2).

Der Umstand, daß bei den Alkalimetallen die gegenseitige Wechsel- wirkungsenergie der Metallelektronen sehr klein ist und in erster Näherung vernachlässigt werden kann, gibt uns die Möglichkeit, für die Alkalime- talle einige Vereinfachungen durchzuführen und für diese Metalle einige all- gemeine Zusammenhänge herzuleiten. Aus Tab. 48 ist nämlich zu sehen, daß für K die Energien E_K und W_A für die Gitterenergie von viel kleinerer Bedeutung sind als W_K, bzw. $W_C + W_E$. Dies ist verständlich, da die im Verhältnis zu ϱ kleine Dichte v in E_K auf der $5/3$-ten Potenz, in W_K aber linear eingeht und W_A ihrem Charakter nach eine Korrektions- größe ist[1]. Weiterhin sieht man aus den numerischen Werten von E_K und W_A für K, daß sich diese Energien weitgehend kompensieren, und zwar trifft dies nicht nur für $R = R_0$ zu, sondern gilt in einer genügend großen Umgebung von R_0. All dies ist ebenfalls nicht nur für K, sondern auch für Na, Rb und Cs der Fall. Man gelangt also zu dem Resultat, daß für diese Alkalimetalle die Summe $E_C + E_A + E_W + E_K + W_A$ sehr klein ist und im Ausdruck (35, 33) der Gitterenergie in erster Näherung vernachlässigt werden kann. Die Gitterenergie der Alkalimetalle läßt sich also in erster Näherung in der einfachen Form

$$U = W_C + W_E + W_K = -\frac{C}{R} + \frac{B}{R^3} \qquad (35, 42)$$

darstellen, wo C und B die Konstanten $C = \frac{3}{2}\,e^2$ und $B = 3\,e^2(J_K - J_E)$ bezeichnen.

Mit diesem Ausdruck von U ergibt sich aus der Gl. (35, 38)

$$R_0 = \left(\frac{3\,B}{C}\right)^{1/2}. \qquad (35, 43)$$

---

[1] Man vgl. hierzu das bei der Berechnung der Terme im § 24 in diesem Zusammenhang Gesagte.

Wenn man nun in (35, 42) $R = R_0$ setzt und aus dem so gewonnenen Ausdruck B mit Hilfe von (35, 43) eliminiert, so folgt nach Einsetzen des Wertes von C

$$U_0 = -\frac{e^2}{R_0}.$$

(35, 44)

Für die Kompressibilität erhält man aus (35, 41) mit (35, 42) und (35, 43)

$$\varkappa = \frac{4\pi}{e^2} R_0^4.$$

(35, 45)

Hiernach ergibt sich also in der stabilen Gleichgewichtslage die Gitterenergie zu $1/R_0$ und $\varkappa$ zu R_0^4 proportional[1]. Daß diese sehr einfachen Zusammenhänge für die in Betracht kommenden Alkalimetalle in guter Näherung erfüllt sind, zeigt Tab. 49, in der die mit den empirischen Werten von R_0 nach (35, 44) und (35, 45) berechneten Gitterenergien und Kompressibilitäten angegeben sind, die mit den in den Tab. 43 und 45 angeführten entsprechenden empirischen Größen gut übereinstimmen. Die einfache Form (35, 42) der Gitterenergie, nach welcher der Anziehungsanteil zu $1/R$ und der Abstoßungsanteil zu $1/R^3$ proportional ist, wird also gut bestätigt.

Tab. 49. Alkalimetalle.

U_0 und $\varkappa$ aus den Formeln (35, 44) und (35, 45) mit den empirischen Werten von R_0 berechnet. U_0 in kcal/Grammatom- und $\varkappa$ in 10^{-12} cm²/dyn-Einheiten.

	Na	K	Rb	Cs
U_0	— 158,8	— 128,5	— 119,7	— 111,4
$\varkappa$	10,4	24,2	32,2	42,9

Tab. 50. Erdalkalimetalle.

U_0 und $\varkappa$ aus den Formeln (35, 46) mit den empirischen Werten von R_0 berechnet. U_0 in kcal/Grammatom- und $\varkappa$ in 10^{-12} cm²/dyn-Einheiten.

	Mg	Ca	Sr	Ba
U_0	— 593,4	— 484,9	— 443,7	— 425,7
$\varkappa$	1,69	3,80	5,42	6,39

Für die Erdalkalimetalle kann man ähnliche Zusammenhänge herleiten. Hier liegen wegen der im Verhältnis zu den Alkalimetallen

---

[1] P. GOMBÁS, Zs. f. Phys. **104**, 81, 1936.

bedeutend größeren Dichte der Metallelektronen andere Verhältnisse vor wie bei den Alkalimetallen. Eine so weitgehende Kompensation von Energieanteilen wie bei den Alkalimetallen findet hier nicht statt, hier kompensieren sich, wie aus Tab. 48 für Ca zu sehen ist, E_K und $E_W + W_A$, und zwar gilt dies, wie man leicht nachrechnet, ebenfalls nicht nur für $R = R_0$, sondern in einer genügend großen Umgebung von R_0. Es kann also bei Ca im Ausdruck (35, 33) der Gitterenergie $E_K + E_W + W_A$ in erster Näherung vernachlässigt werden. Man kann sich überzeugen, daß dies auch für Mg, Sr und Ba zutrifft. Die Gitterenergie der in Frage kommenden Erdalkalimetalle läßt sich demnach in erster Näherung auch in der Form $U = -\dfrac{C}{R} + \dfrac{B}{R^3}$ darstellen, es ist aber jetzt $C = \dfrac{9}{10} 2^2 e^2 + 0,4582 \cdot 2^{4/3} e^2 = 4,755\, e^2$ und $B = 6\, e^2 (J_K - J_E)$ und man findet[1]

$$U_0 = -\frac{3,17\, e^2}{R_0} \quad \text{und} \quad \varkappa = \frac{3,96}{e^2} R_0{}^4 . \tag{35, 46}$$

Die aus diesen Zusammenhängen mit den empirischen R_0-Werten berechneten Gitterenergien und die Kompressibilitäten der Erdalkalimetalle befinden sich in Tab. 50. Aus einem Vergleich der so berechneten U_0- und $\varkappa$-Werte mit den in den Tabellen 44 und 46 angeführten empirischen zeigt sich, daß diese Zusammenhänge befriedigend erfüllt sind.

Wie die in diesem Abschnitt entwickelte Theorie der metallischen Bindung auf die Metalle Cu, Ag, Au und Zn, Cd, Hg zu übertragen ist, wurde ausführlicher noch nicht untersucht. Diese Metalle unterscheiden sich von den Alkalimetallen darin, daß die äußerste Elektronenschale ihrer Ionen eine abgeschlossene d-Schale und nicht wie bei den Alkaliionen eine edelgasähnliche abgeschlossene (s, p)-Schale ist. Dies führt wahrscheinlich bei der Berechnung der aus der Austauschwechselwirkung der Metallelektronen mit den Rumpfelektronen resultierenden Austauschenergie W_A zu Schwierigkeiten, da die einfache Formel (35, 31) in diesem Falle dem spezifisch wellenmechanischen Austauscheffekt voraussichtlich nicht mehr genügend Rechnung tragen kann. Weiterhin hat man bei diesen Metallen wegen der relativ zu den Alkaliatomen größeren Ausdehnung der Rümpfe und der relativ kleineren Gitterkonstanten auch die aus der Überdeckung der Elektronenwolken benachbarter Metallionen resultierende Energie zu berücksichtigen[2], die sich ganz ähnlich wie bei den Ionengittern berechnen läßt.

Es sei noch erwähnt, daß das in diesem Abschnitt entwickelte Metallmodell für den Fall, daß die Metallionen auf punktförmige Ionenladungen

---

[1] P. Gombás, Zs. f. Phys. **104**, 592, 1937.
[2] K. Fuchs, Proc. Roy. Soc. London (A) **151**, 585, 1935.

von der Größe $z\,e$ zusammenschrumpfen, instabil wird[1], das im besten Einklang mit dem empirischen Befund steht. Der Fall $z = 1$ würde nämlich einem metallischen Hydrogen und $z = 2$ einem metallischen Helium entsprechen, die nicht existieren. Die Rechnungen kann man sehr einfach durchführen. Die aus der räumlichen Ausdehnung der Rümpfe resultierenden Anteile der Gitterenergie verschwinden, es ergibt sich also für U

$$U = E_C + E_K + E_A + E_W + W_C . \qquad (35,47)$$

Mit diesem Ausdruck erhält man für $z = 1$ auf ganz dieselbe Weise wie weiter oben

$$R_0 = 1{,}56\,a_0 = 0{,}826 \,\overset{\circ}{\mathrm{A}} \quad \text{und} \quad U_0 = -12{,}82\,\text{e-Volt} . \qquad (35,48)$$

Da die Ionisierungsenergie des freien H-Atoms $J_1 = 13{,}54$ e-Volt beträgt, ergibt sich für die Sublimationsenergie

$$S = -0{,}72\,\text{e-Volt} . \qquad (35,49)$$

Für den Fall $z = 2$ führen die Rechnungen zu folgendem Resultat

$$R_0 = 1{,}43\,a_0 = 0{,}757 \,\overset{\circ}{\mathrm{A}} \quad \text{und} \quad U_0 = -47{,}52\,\text{e-Volt} . \qquad (35,50)$$

Die Abtrennungsarbeit der beiden Elektronen im freien He-Atom beträgt $J_1 + J_2 = 78{,}63$ e-Volt, womit für die Sublimationsenergie

$$S = -31{,}1\,\text{e-Volt} \qquad (35,51)$$

folgt.

In beiden Fällen ist also die Sublimationsenergie negativ, was bedeutet, daß das Modell instabil wird und in freie Atome zerfällt. Im Rahmen des zugrunde gelegten Modells ist also ein metallischer Zustand des Hydrogens und Heliums im besten Einklang mit dem empirischen Befund nicht existenzfähig, das zu zeigen unser Ziel war. Allerdings haben wir hierdurch nicht den Beweis erbracht, daß ein metallischer Zustand des Hydrogens und Heliums überhaupt, also auch außerhalb des Rahmens unseres Modells, nicht existiert; hierzu hätte man nämlich zunächst diejenige Dichteverteilung der Elektronen im Gitter zu bestimmen, die U zum Minimum macht und die Rechnungen mit dieser durchzuführen[2]. Die Elektronenverteilung kann sich nämlich im Falle dieser Gitter von der konstanten Verteilung der Metallelektronen, die wir für das modifizierte Potentialfeld der Alkaliionen im ersten Abschnitt dieses Paragraphen gefunden haben, unterscheiden, da hier das flach verlaufende

---

[1] P. GOMBÁS, Zs. f. Phys. **99**, 729, 1936; Math. u. Naturwiss. Anz. d. ung. Akad. **LVI**, 910, 1937.

[2] Bezüglich H vgl. man in diesem Zusammenhang E. WIGNER u. H. B. HUNTINGTON, Journ. Chem. Phys. **3**, 764, 1935.

modifizierte Potential der Metallionen durch das mit $r \to 0$ monoton ansteigende COULOMBsche Potential $z\,e/r$ zu ersetzen ist. Für He würden sich allerdings Rechnungen dieser Art erübrigen, da bei He ein metallischer Zustand von vornherein äußerst unwahrscheinlich ist.

Schließlich sei noch bemerkt, daß HELLMANN und KASSATOTSCHKIN[1] mit demselben Modell die wichtigsten Konstanten der Alkali- und einiger Erdalkalimetalle berechnet haben; der einzige Unterschied gegenüber den obigen Ausführungen besteht darin, daß HELLMANN und KASSATOTSCHKIN für Φ das mit Hilfe empirischer Parameter bestimmte HELLMANNsche Potential (35, 8) zugrunde legen, wodurch aber die rein theoretische Basis verloren geht, die gerade bei einer willkürfreien Erklärung der Bindung wesentlich ist.

Druck-Dichte-Beziehung am absoluten Nullpunkt der Temperatur. Mit dem Ausdruck (35, 34) der Gitterenergie kann man sehr einfach die Beziehung zwischen dem Metallvolumen oder der Massendichte und dem Druck P für den absoluten Nullpunkt der Temperatur herleiten[2]. Wenn wir das Volumen der Elementarkugel auch weiterhin mit Ω bezeichnen, so ist $\Omega = 4\pi R^3/3$, also $d\Omega = 4\pi R^2\,dR$ und es gilt am absoluten Nullpunkt der Temperatur die Beziehung

$$P = -\frac{dU}{d\Omega} = -\frac{1}{4\pi R^2}\frac{dU}{dR}, \qquad (35,\,52)$$

aus der sich mit dem Ausdruck (35, 34) für U der folgende Zusammenhang zwischen P und R ergibt

$$P = \frac{1}{4\pi R^7}\left(A_1 R^3 + 2 A_2 R^2 + 3 A_3 R + 4 A_4\right). \qquad (35,\,53)$$

Aus diesem können wir die Druck-Dichte-Beziehung einfach ermitteln. Hierzu führen wir statt R das relative Volumen $q = \Omega/\Omega_0 = (R/R_0)^3$ als unabhängige Variable ein, wo $\Omega_0 = 4\pi R_0^3/3$ das Volumen der Elementarkugel im Gleichgewichtszustand bezeichnet. Es ergibt sich so zwischen P und q der Zusammenhang

$$P = \frac{1}{4\pi R_0^7\,q^{7/3}}\left(A_1 R_0^3\, q + 2 A_2 R_0^2\, q^{2/3} + 3 A_3 R_0\, q^{1/3} + 4 A_4\right). \qquad (35,\,54)$$

Dieser Zusammenhang gibt zugleich die gesuchte Druck-Dichte-Beziehung, da $q = \Omega/\Omega_0$ mit der reziproken relativen Massendichte n_0/n identisch ist,

<hr>

[1] H. HELLMANN u. W. KASSATOTSCHKIN, Acta Physicochimica U. R. S. S. **5**, 23, 1936; man vgl. auch H. HELLMANN, Einführung in die Quantenchemie, S. 40, Verlag Deuticke, Leipzig u. Wien, 1937.

[2] P. GOMBÁS, Nature (London) **157**, 668, 1946; Hung. Acta Phys. I, No. 2, 1947.

wo n_0 und n die Massendichten bezeichnen, die dem Volumen Ω_0, bzw. Ω entsprechen.

Die Formel (35, 53) gilt nur für R-Werte, bei denen sich die benachbarten Metallionen noch nicht merklich überdecken. Bei R-Werten, die wesentlich kleiner sind als R_0, also bei sehr starker Kompression verliert nämlich der Ausdruck für U seine Gültigkeit, da sich dann auch die Elektronenwolken der benachbarten Metallionen merklich zu überdecken beginnen, woraus eine zusätzliche Abstoßung resultiert, weiterhin kann dann auch die Dichteverteilung des Metallelektronengases von der konstanten Verteilung größere Abweichungen zeigen. Wir kommen hierauf im Zusammenhang mit dem Fall sehr hoher Drucke im nächsten Kapitel zu sprechen.

Bei einem Vergleich der Formel (35, 54) mit der Erfahrung hat man zu beachten, daß sich diese auf den absoluten Nullpunkt der Temperatur bezieht, man hat also diese Formel mit den auf den absoluten Nullpunkt der Temperatur umgerechneten Meßergebnissen zu vergleichen. In Abb. 48 bringen wir einen Vergleich für Alkalimetalle, für die alle Voraussetzungen, auf denen (35, 54) beruht, am besten erfüllt sind. Für die Koeffizienten A_3 und A_4 in (35, 54), die von der Elektronenverteilung des Metallions abhängen [man vgl. (35, 35)], wurden die Werte eingesetzt, die man mit dem THOMAS-FERMI-DIRACschen Ionmodell erhält (man vgl. die Seite 315), für R_0 wurden dementsprechend die theoretischen R_0-Werte aus Tab. 43 benutzt. Die empirischen Vergleichskurven $q(P)$ beziehen sich auf den absoluten Nullpunkt der Temperatur, sie wurden von BARDEEN[1] aus den Meßergebnissen von BRIDGMAN[2] ermittelt. Die Unstetigkeit der empirischen Kurve für Cs in der Nähe von $2 \cdot 10^{10}$ dyn/cm² entspricht einem Umwandlungspunkt.

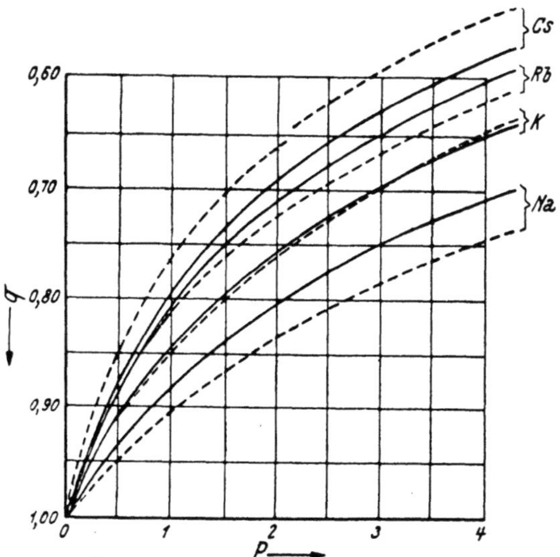

Abb. 48. Zusammenhang zwischen dem relativen Volumen $q = \Omega/\Omega_0$ und dem Druck P für die Metalle Na, K, Rb und Cs, ———— theoretisch, ------ empirisch. P in 10^{10} dyn/cm²-Einheiten.

---

[1] J. BARDEEN, Journ. Chem. Phys. **6**, 372, 1938.

[2] P. W. BRIDGMAN, Proc. Amer. Acad. **72**, 207, 1938.

Aus einem Vergleich der theoretischen und empirischen Kurven sieht man, daß die Übereinstimmung der Beziehung (35, 54) mit der Erfahrung sehr befriedigend ist. Dies ist besonders bemerkenswert, da in (35, 54) die für kleine Fehler sehr empfindliche Ableitung von U nach R eingeht. Für Na und Cs sind die Abweichungen der theoretischen Kurven von den experimentellen größer als bei K und bei Rb, was darauf zurückzuführen ist, daß die Abweichung der theoretischen R_0-Werte von den experimentellen bei den erstgenannten beiden Metallen bedeutend größer ist als bei den letzteren. Daß die Abweichungen der theoretischen $q\,(P)$-Kurven von den experimentellen für Na und Cs in entgegengesetzter Richtung liegen, hat seine Ursache darin, daß sich die Abweichungen der theoretischen R_0-Werte von den experimentellen für Na und Cs ganz entsprechend verhalten.

Neuerdings konnte die weiter oben hergeleitete Druck-Dichte-Beziehung bis zu Drucken von 10^{11} dyn/cm^2 ausgedehnt werden[1], und zwar wurden auch weiterhin keinerlei empirische oder halbempirische Parameter zu Hilfe genommen. Ein Vergleich dieser theoretischen Beziehung mit den Resultaten der neueren — bis zu diesen hohen Drucken ausgeführten — Messungen von Bridgman[2] führt ebenfalls zu einer guten Übereinstimmung.

In diesem Zusammenhang sei erwähnt, daß wir Stabilitätsfragen der Gittertypen und somit auch Fragen über die Änderung des Gittertyps bei den Umwandlungspunkten auf Grund unseres Metallmodells nicht behandeln können, da in dieses Modell der Gittertyp explicite gar nicht eingeht, weil wir das ein Metallelektron enthaltende Metallvolumen durch die Elementarkugel approximiert haben. Zur Behandlung dieser Fragen bedarf es also einer weiteren Verfeinerung des Modells und einer äußerst genauen Berechnung der Gitterenergie; Fuchs[3] konnte nämlich zeigen, daß sich z. B. für Na die für das raumzentrierte und flächenzentrierte kubische Gitter berechneten Energien der Valenzelektronen nur um rund 0,02 kcal/Grammatom unterscheiden.

Mit Hilfe des Zusammenhanges (35, 53) kann man auch die Druckabhängigkeit der Kompressibilität am absoluten Nullpunkt der Temperatur bestimmen. Man hat hierzu zunächst die Kompressibilität aus der Definitionsgleichung $\dfrac{1}{\varkappa} = -\Omega\,\dfrac{dP}{d\Omega}$ als Funktion von R festzustellen und dann $\varkappa$ mit Hilfe von (35, 53) als Funktion von P zu berechnen[4].

---

[1] P. Gombás, Phys. Rev. (2) **72**, 1123, 1947.

[2] P. W. Bridgman, Phys. Rev. (2) **60**, 351, 1941.

[3] K. Fuchs, Proc. Roy. Soc. London (A) **151**, 585, 1935.

[4] P. Gombás, Phys. Rev. (2) **72**, 1123, 1947. In dieser Arbeit ist die Formel für $1/\varkappa$ durch die hier angegebene Formel zu ersetzen; dementsprechend sind die Ordinaten in den Druck-Kompressibilität-Diagrammen durch $1 + \dfrac{2}{3}\,\varkappa P$ zu dividieren.

Wir gehen hierauf nicht näher ein, da sich ein Vergleich mit der Erfahrung — wegen der Unsicherheit der Extrapolation der gemessenen Kompressibilitäten auf den absoluten Nullpunkt der Temperatur — nicht genügend genau vornehmen läßt.

Austrittsarbeit. Das Entstehen der Austrittsarbeit der Elektronen aus einem Metall ist auf zweierlei Ursachen zurückzuführen. Erstens auf die Wechselwirkung des abzutrennenden Elektrons mit den Metallionen und den übrigen Metallelektronen im Metall und zweitens auf eine elektrische Doppelschicht auf der Metalloberfläche, deren Wirkung natürlich nur in der Nähe der Metalloberfläche zutage tritt (man vgl. den folgenden Abschnitt). TAMM und BLOCHINZEV[1] haben auf Grund eines sehr vereinfachten Metallmodells, bei dem alle Elektronen wie in einem THOMAS-FERMIschen Atom global statistisch behandelt werden, die Abtrennungsarbeit bei Vernachlässigung der Doppelschicht, also in der Weise berechnet, als ob die alleinige Ursache der Austrittsarbeit darin zu suchen wäre, daß das abzutrennende Elektron mit den Metallionen und den übrigen Metallelektronen in Wechselwirkung steht. Sie erhielten für Alkalimetalle gute Übereinstimmung mit der Erfahrung, woraus man schließen kann, daß die Doppelschicht bei diesen nur eine geringe Rolle spielt. Die von TAMM und BLOCHINZEV berücksichtigte Kraftwirkung auf das abzutrennende Elektron entspricht etwa der klassischen Bildkraft; die gegen diese Kraft geleistete Arbeit wird aber in einer ganz anderen Weise berechnet wie in der Elektrostatik. TAMM und BLOCHINZEV verfahren nämlich in der Weise, daß sie die Energie des Gitters berechnen, von dem ein Elektron abgetrennt ist und von dieser Energie die Energie des neutralen Gitters in Abzug bringen. Der Betrag dieser Differenz gibt die Austrittsarbeit. Dieses Verfahren wurde von WIGNER und BARDEEN[2] für das wellenmechanische Metallmodell verfeinert und kann in dieser Form auf das hier zugrunde gelegte statistisch-wellenmechanische Modell übertragen werden.

Wir ziehen hierzu ein neutrales Metall in Betracht, das aus n Metallionen und aus dem Elektronengas der Valenzelektronen aufgebaut ist; n sei als sehr groß vorausgesetzt. Wir nehmen weiterhin an, daß die Anzahl der Metallelektronen pro Atom wieder z und dementsprechend die Ladung eines Metallions $z\,e = (Z - N)\,e$ ist, wo Z wieder die Ordnungszahl und N die Anzahl der Elektronen eines Metallions bedeuten. Entfernt man von den Metallelektronen — deren Gesamtzahl im Metall nz beträgt — ein Elektron, so ändert sich die Anzahl der Metallelektronen pro

[1] IG. TAMM u. D. BLOCHINZEV, Zs. f. Phys. **77**, 774, 1932; Phys. Zs. d. Sowjetunion **3**, 170, 1933.

[2] E. WIGNER u. J. BARDEEN, Phys. Rev. (2) **48**, 84, 1935; J. BARDEEN, Phys. Rev. (2) **49**, 653, 1936.

Atom um $-1/n$ und die Energie des Metalls pro Atom um $-\dfrac{1}{n}\left(\dfrac{\partial U}{\partial z}\right)_{R\,=\,R_0}$, wo U auch weiterhin die Gitterenergie pro Elementarkugel (also pro Metallatom) bezeichnet. Die gesamte Energieänderung des Metalls beim Entfernen eines Elektrons erhält man durch Multiplikation mit n; für die Austrittsarbeit w ergibt sich also beim Fehlen einer Doppelschicht

$$w = -\left(\frac{\partial U}{\partial z}\right)_{R\,=\,R_0}. \tag{35, 55}$$

Hierbei wurde vernachlässigt, daß im ionisierten Metall die Elementarkugeln nicht mehr neutral sind, sondern einen positiven Ladungsüberschuß von der Größe e/n besitzen. Die Wirkung dieses Ladungsüberschusses auf die Ladungen einer hervorgehobenen Elementarkugel kann man aber, wenn n groß ist — was vorausgesetzt wurde — vernachlässigen.

Bei der Differentiation des Ausdruckes (35, 33), bzw. (35, 34) nach z ist zu beachten, daß im Glied W_C nicht nur die Anzahl der Valenzelektronen pro Atom, sondern auch die Anzahl der Elementarladungen der überschüssigen Ionenladung, $Z - N$, die bei der Differentiation konstant zu halten ist, mit z bezeichnet wurde. Zur Berechnung von w aus (35, 55) hat man also in U den Energieausdruck W_C in der Form

$$W_C = -\frac{3}{2}(Z - N)\,z\,e^2\,\frac{1}{R} \tag{35, 56}$$

einzusetzen und Z und N bei der Differentiation nach z konstant zu halten. Das im Ausdruck von J_E, bzw. von $J_K - J_E - J_A$ stehende z [man vgl. (35, 30), (35, 36) und (35, 37)] ist ebenfalls mit $Z - N$ identisch und bei der Differentiation in (35, 55) als eine Konstante zu betrachten.

Mit Rücksicht hierauf erhält man[1] aus (35, 55) nach zweckmäßiger Gruppierung der Glieder

$$\left.\begin{aligned}
w = {}&- \frac{1}{z}\,U_0 - \frac{3}{5}\,z\,e^2\,\frac{1}{R_0} + \frac{1}{3}\,0{,}4582\,z^{1/3}\,e^2\,\frac{1}{R_0} + \\
&+ \frac{1}{3}\,0{,}0577\,z^{1/3}\,e^2\,\frac{1}{R_0} - \frac{2}{3}\,1{,}105\,z^{2/3}\,e^2\,a_0\,\frac{1}{R_0^2} - \frac{1}{3}\,\alpha\,z^{1/3}\,e^2\,\frac{1}{R_0^4},
\end{aligned}\right\} \tag{35, 57}$$

wo für die Alkalimetalle wieder $z = 1$ und für die Erdalkalimetalle $z = 2$ zu setzen ist. Die aus dieser Formel für die Alkalimetalle mit den theoretischen Werten von R_0 und U_0 aus den Tab. 43 und 44 berechneten Werte für w befinden sich zum Vergleich mit anderen theoretischen

---

[1] P. Gombás, Hung. Acta Phys. I, No. 2, 1947. Die in den vorläufigen Mitteilungen P. Gombás, Nature (London) **157**, 668, 1946 und Mitteilungen der Technischen Hochschule (Budapest) **1**, 25, 1947 angeführten theoretischen Werte für w sind unrichtig; sie wurden irrtümmlich um etwa 0,24 e-Volt zu groß angegeben.

Werten (man vgl. weiter unten) und den empirischen Resultaten in Tab. 51. Als empirische Werte sind Mittelwerte der stark schwankenden Meßergebnisse angegeben.

Tab. 51. Theoretische und empirische Austrittsarbeiten der Alkalimetalle in e-Volt-Einheiten.

	Na	K	Rb	Cs
Berechnet nach (35, 57)	2,11	2,09	2,06	2,05
Berechnet nach (35, 58)	2,18	1,92	1,80	1,73
Empirisch	2,3	2,2	2,1	1,9

Abgesehen von dem zu wenig ausgeprägten Gang der theoretischen Austrittsarbeiten mit der Ordnungszahl stimmen die berechneten Austrittsarbeiten mit den empirischen ziemlich gut überein, was darauf hinweist, daß bei diesen Metallen die Doppelschicht an der Metalloberfläche keine bedeutende Rolle spielt. Für die Erdalkalimetalle ergibt sich die theoretische Austrittsarbeit als bedeutend zu klein, woraus man auf einen starken Einfluß der Doppelschicht schließen muß.

HELLMANN hat die Austrittsarbeit in analoger Weise berechnet[1], wobei aber im Ausdruck von U empirische Parameter einbezogen wurden. Bei den Alkalimetallen ergab sich gute Übereinstimmung mit der Erfahrung, bei den Erdalkalimetallen sind aber die berechneten Werte ebenfalls viel zu klein[2].

Die Berechnungen von TAMM und BLOCHINZEV, die auf Grund eines vereinfachten Metallmodells durchgeführt wurden, ergeben, daß die Austrittsarbeit der Alkalimetalle mit der Grenzenergie u_μ [man vgl. (1, 7) und (1, 58)] eines gänzlich freien Elektronengases gleich ist, das pro Metallatom ein Elektron enthält. Dies kann man mit einem Resultat von FRENKEL[3] über die Sublimationsenergie in Beziehung setzen. Zu diesem gelangt man aus dem Virialsatz, nach welchem beim Zusammenfügen der Atome zum Metall die Gesamtenergie um ebensoviel abnimmt, wie die kinetische Energie der Elektronen zunimmt. Letztere bleibt bei der Bildung des Metalls bei den Rumpfelektronen der Metallatome und bei den Valenzelektronen auf den im Rumpf verlaufenden Teil ihrer Quantenbahn praktisch unverändert. Die kinetische Energie ändert sich also nur auf den außerhalb der Rümpfe verlaufenden Teile der Quantenbahnen der Valenzelektronen. Dort ist sie im freien Atom praktisch

---

[1] H. HELLMANN u. W. KASSATOTSCHKIN, Acta Physicochimica U. R. S. S. 5, 23, 1936.

[2] Dies ist auch bei der rein wellenmechanischen Berechnungsweise der Fall.

[3] J. FRENKEL, Zs. f. Phys. 49, 31, 1928.

Null, im Metall kann man sie mit der mittleren Energie $u_m = \frac{3}{5} u_\mu$ eines freien Elektronengases gleichsetzen [man vgl. (1, 17)]. Für den Betrag der Energieverminderung bei der Bildung des Metalls aus Atomen, d. h. für die Sublimationsenergie, ergibt sich somit $S = \frac{3}{5} u_\mu$. Mit dem von TAMM und BLOCHINZEV für w gewonnenen Resultat folgt also

$$w = \frac{5}{3} S \, . \tag{35, 58}$$

Dieser Zusammenhang gilt in erster Linie für Alkalimetalle; die für diese Metalle mit den empirischen Daten von S berechneten Werte von w sind in Tab. 51 angegeben und werden von dem empirischen Befund gut bestätigt.

Über die Austrittsarbeit wurden weiterhin ebenfalls auf Grund sehr vereinfachter statistischer Metallmodelle Untersuchungen von BRILLOUIN[1] und von MROWKA und RECKNAGEL[2] durchgeführt. In der THOMAS-FERMI-DIRACschen Näherung findet BRILLOUIN für die Austrittsarbeit die richtige Größenordnung. In der interessanten Behandlungsweise des Problems von MROWKA und RECKNAGEL — die zugleich eine Verbesserung einer analogen Untersuchung von BARTELINK[3] gibt — wird das Elektron im Metall in unendlich kleinen Stücken allmählich abgebaut, diese werden ins Vakuum gebracht und dort wieder zu einem Elektron aufgebaut; die berechneten Austrittsarbeiten für die Alkalimetalle ergeben sich aber im Mittel um zirka 70% als zu groß.

Verlauf des Potentials und der Elektronendichte am Metallrand. Bisher haben wir uns mit Metallen von unendlicher Ausdehnung befaßt, bei denen wegen der hohen Symmetrie große Vereinfachungen entstehen. An der Metalloberfläche ist dies aber nicht mehr der Fall, hier würde eine Berechnung der Potential- und Elektronenverteilung mit ähnlicher Genauigkeit wie im Metallinneren wegen der an der Metalloberfläche herrschenden Unsymmetrie zu sehr großen Schwierigkeiten führen, man muß sich deshalb bei der Behandlung der Randprobleme mit einer starken Schematisierung begnügen.

An der Metalloberfläche ist eine elektrische Doppelschicht vorhanden, deren negative Belegung nach außen gekehrt ist. Das Entstehen dieser Doppelschicht ist unmittelbar verständlich. Die potentielle Energie eines Elektrons ist im Inneren des Metalls negativ, steigt außerhalb des Metalls allmählich an und erreicht in unendlicher Entfernung vom Metall den

---

[1] L. BRILLOUIN, Journ. de Phys. et le Radium **5**, 185, 1934; L'Atome de THOMAS-FERMI, Actualités Scientifiques et Industrielles **160**, Vlg. Hermann & Cie., Paris, 1934.

[2] B. MROWKA u. A. RECKNAGEL, Phys. Zs. **38**, 758, 1937.

[3] E. H. B. BARTELINK, Physica **3**, 193, 1936.

Wert 0. Die Metallelektronen laufen vermöge ihrer großen kinetischen Energie über die Metalloberfläche — also über die letzte Ionenschicht — hinaus, bis sie durch das allmähliche Anwachsen der potentiellen Energie zur Umkehr gezwungen werden.

Die Berechnung der Potential- und Dichteverteilung am Metallrand hat FRENKEL[1] auf Grund eines sehr vereinfachten Metallmodells durchgeführt. In diesem wurde von der atomistischen Struktur des Metalls gänzlich abgesehen, und die sehr grobe Annahme gemacht, daß *im Metall die positive Ladung der Metallionen gleichmäßig verteilt ist*. Die Dichte dieser gleichmäßigen „kontinuierlichen Verteilung der Metallionen" sei $\nu_+ = \nu_0$. Im Inneren des Metalls in genügender Entfernung von der Metalloberfläche werden dann natürlich die Metallelektronen ebenfalls gleichmäßig verteilt sein. Man kann also dann im Inneren des Metalls, in großer Entfernung von der Oberfläche für die Dichte der Metallelektronen $\nu_- = \nu_0$ setzen und den Betrag der in diesem Gebiet konstanten potentiellen Energie — $V_i\,e$ eines Metallelektrons — gemäß dem Grundgedanken der THOMAS-FERMIschen Theorie — mit der maximalen kinetischen Elektronenenergie u_μ gleichsetzen. Mit Rücksicht auf (1, 7), (1, 19) und (3, 17) erhält man also

$$V_i\,e = u_\mu = \frac{5}{3}\,\varkappa_k \nu_0^{2/3} = \frac{e}{\sigma_0^{2/3}}\,\nu_0^{2/3} . \qquad (35, 59)$$

Für Alkalimetalle, auf die wir uns im folgenden beschränken[2], ist der Wert von V_i in Tab. 52 angegeben.

In der Nähe der Metalloberfläche sind das Potential V und die Dichte der Metallelektronen ν_- nicht mehr konstant, sondern ortsabhängige Funktionen, die zu bestimmen unser Ziel ist. Wir befassen uns mit einer ebenen Oberfläche, die mit der yz-Ebene des Koordinatensystems zusammenfallen soll. Die auf die Oberfläche senkrechte x-Achse sei von der Oberfläche nach außen hin gerichtet. Der Oberfläche entspricht $x = 0$, dem Raum außerhalb des Metalls $x > 0$, dem Innenraum $x < 0$ und es werden V und ν_- Funktionen von x allein.

Mit der Beziehung (3, 16), in der wir die Konstante V_0 jetzt gleich 0 setzen können, erhält man in der THOMAS-FERMIschen Näherung zur Bestimmung von V folgende statistische Gleichungen: im Außenraum, $x > 0$,

$$\Delta V = \frac{d^2 V}{d x^2} = 4\,\pi\,e\,\nu_- = 4\,\pi\,\sigma_0\,e\,V^{3/2} \qquad (35, 60)$$

---

[1] J. FRENKEL, Zs. f. Phys. **51**, 232, 1928.

[2] In die folgenden Betrachtungen, da diese nicht auf dem modifizierten Potential der Metallionen beruhen, kann man auch das leichteste Alkalimetall Li aufnehmen.

und im Innenraum, $x < 0$, mit Rücksicht auf (35, 59) und (3, 16)

$$\Delta V = \frac{d^2 V}{d x^2} = 4\pi e\,(\nu_- - \nu_+) = 4\pi\sigma_0 e\,(V^{3/2} - V_i^{3/2})\,. \quad (35, 61)$$

Die Randbedingungen lauten: bei $x = +\infty$

$$V = 0\,, \quad \frac{d V}{d x} = 0 \quad\quad\quad (35, 62)$$

und bei $x = -\infty$

$$V = V_i\,, \quad \frac{d V}{d x} = 0\,. \quad\quad\quad (35, 63)$$

An der Oberfläche, also bei $x = 0$, ist die Stetigkeit von V und $\dfrac{d V}{d x}$ zu fordern. Die Bedingung, daß $\dfrac{d V}{d x}$ für $x = +\infty$ und $x = -\infty$ verschwinden soll, entspricht der Neutralitätsforderung.

Wenn man nach MROWKA und RECKNAGEL[1] die dimensionslose Variable

$$\xi = \frac{x}{a} \quad \text{mit}^2 \quad a = \frac{1}{(4\pi\sigma_0 e)^{1/2}\,V_i^{1/4}} = \left(\frac{3\pi}{2^{7/2}}\right)^{1/2}\left(\frac{e}{V_i\,a_0}\right)^{1/4} a_0 \quad (35, 64)$$

und die dimensionslose Funktion

$$\chi(\xi) = \frac{V}{V_i} \quad\quad\quad (35, 65)$$

einführt, so kann man das Problem in eine vom speziellen Fall unabhängige Form bringen. Für die Gleichungen (35, 60) und (35, 61) ergibt sich für $\xi > 0$

$$\chi'' = \chi^{3/2} \quad\quad\quad (35, 66)$$

und für $\xi < 0$

$$\chi'' = \chi^{3/2} - 1\,; \quad\quad\quad (35, 67)$$

die Randbedingungen (35, 62) und (35, 63) gestalten sich mit χ und ξ folgendermaßen: bei $\xi = +\infty$

$$\chi = 0\,, \quad \chi' = 0 \quad\quad\quad (35, 68)$$

und bei $\xi = -\infty$

$$\chi = 1\,, \quad \chi' = 0\,. \quad\quad\quad (35, 69)$$

Hier bezeichnet χ' und χ'' die erste und zweite Ableitung von χ nach ξ.

Die Integration der Gleichungen (35, 66) und (35, 67) kann sehr leicht durchgeführt werden. Wenn man beide Seiten der Gleichungen mit χ' multipliziert und integriert, so erhält man mit Rücksicht auf die Rand-

---

[1] B. MROWKA u. A. RECKNAGEL, Phys. Zs. **38**, 758, 1937.

[2] Bezüglich σ_0 vgl. man (3, 17).

bedingungen bezüglich χ' als erstes Integral der Gleichung für $\xi > 0$

$$\frac{1}{2}\,\chi'^2 = \frac{2}{5}\,\chi^{5/2} \tag{35, 70}$$

und der Gleichung für $\xi < 0$

$$\frac{1}{2}\,\chi'^2 = \frac{2}{5}\,\chi^{5/2} - \chi + \frac{3}{5}\,. \tag{35, 71}$$

Durch nochmalige Integration ergibt sich mit Berücksichtigung der Randbedingung bezüglich χ im Gebiet $\xi > 0$

$$\chi = \frac{400}{(b+\xi)^4} \tag{35, 72}$$

und im Gebiet $\xi < 0$

$$\xi = -\int\limits_{\chi(0)}^{\chi} \frac{d\chi}{\left(\frac{4}{5}\,\chi^{5/2} - 2\,\chi + \frac{6}{5}\right)^{1/2}}\,, \tag{35, 73}$$

wo b eine Integrationskonstante und $\chi(0)$ den Wert von χ bei $\xi = 0$ bezeichnet. Die Bestimmung von b und $\chi(0)$ geschieht aus der Stetigkeitsforderung für χ und χ' bei $\xi = 0$. Aus dem gleichzeitigen Bestehen der Gleichungen (35, 70) und (35, 71) bei $\xi = 0$ folgt sofort $\chi(0) = 3/5$ und mit diesem Wert aus (35, 72) $b = 2(125/3)^{1/4}$, womit die Lösung vollkommen festgelegt ist.

Das Potential V ist nach (35, 65) zu χ proportional. Für die Elektronendichte erhält man nach (3, 16) mit Rücksicht auf (35, 65) und (35, 59)

$$\nu_- = \sigma_0\,V^{3/2} = \sigma_0\,V_i^{3/2}\chi^{3/2} = \nu_0\,\chi^{3/2}\,. \tag{35, 74}$$

ν_- ist also zu $\chi^{3/2}$ proportional. Die Funktionen χ und $\chi^{3/2}$ wurden von MROWKA und RECKNAGEL tabelliert; ihr Verlauf als Funktion von ξ ist in Abb. 49 dargestellt, die Werte von a sind zusammen mit V_i für die Alkalimetalle in Tab. 52 angegeben.

Tab. 52. Die Werte von a in Å-Einheiten und V_i in Volt-Einheiten für Alkalimetalle.

	Li	Na	K	Rb	Cs
a	0,743	0,824	0,916	0,949	0,983
V_i	4,87	3,21	2,11	1,83	1,58

Wie man aus Abb. 49 sieht, erfolgt der Potentialabfall und der Dichte-
abfall der Metallelektronen am Rande des Metalls sehr rapid. Bei $\xi \gtrsim 6$,
also z. B. bei Kalium in einer Entfernung von $x \gtrsim 5{,}4\,\overset{\circ}{\mathrm{A}}$ sind χ und $\chi^{3/2}$
praktisch bereits vollkommen abgeklungen. Aus (35, 72) sieht man,
daß sich das Potential im Außenraum in sehr großer Entfernung von der
Metalloberfläche wie $1/x^4$ und die Dichte wie $1/x^6$ verhält, was durchaus
analog zum neutralen THOMAS-FERMISchen Atom ist. Da die Elektronendichte über die Metalloberfläche in den Außenraum ausläuft, entsteht an
der inneren Seite des Metalls ein Defizit an Elektronenladung. Sowohl das
Potential wie die Elektronendichte erreichen aber schon bei $\xi \gtrsim -3$
also z. B. für K bei $x \gtrsim -2{,}7\,\overset{\circ}{\mathrm{A}}$ praktisch ihren Normalwert. Für den

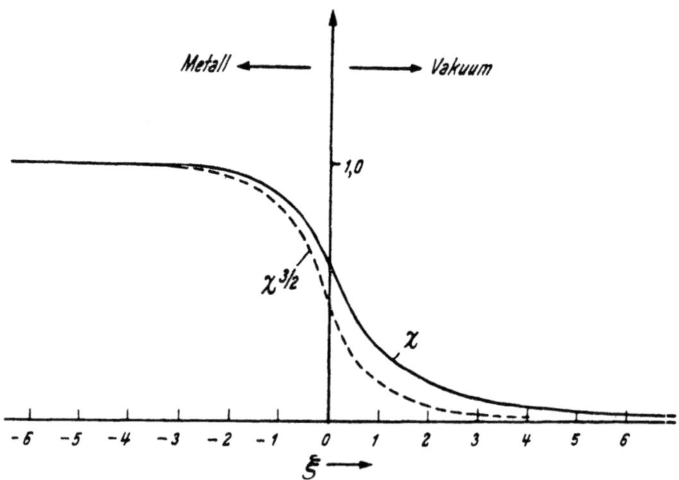

Abb. 49. Die zum Potential am Metallrand proportionale Funktion χ und die zur Elektronendichte am Metallrand proportionale Funktion $\chi^{3/2}$ als Funktion von ξ. Nach MROWKA und
RECKNAGEL (Phys. Zs. **38**, 758, 1937).

Potentialsprung V_i zwischen dem Metallinneren und dem Vakuum
ergeben sich für die Alkalimetalle die in Tab. 52 angeführten Werte;
diese haben die richtige Größenordnung.

Bei der Beurteilung dieser für den Metallrand gewonnenen Resultate
hat man sich vor Augen zu halten, daß diese wegen des zugrunde gelegten
sehr stark schematisierten FRENKELschen Modells nur eine grobe Näherung
darstellen. Ähnliche, aber mehr qualitative, Überlegungen für den Metallrand hat BRILLOUIN[1] mit Berücksichtigung des Austausches des Elektronengases durchgeführt.

---

[1] L. BRILLOUIN, Actualités Scientifiques et Industrielles **160**, Vlg. Hermann
& Cie., Paris, 1934.

Zusammenfassend kann man also feststellen, daß das statistische Metallmodell die wichtigsten Metalleigenschaften — mit Ausnahme der Eigenschaften, die den Metallrand betreffen — nicht nur qualitativ, sondern auch quantitativ sehr befriedigend zu erklären imstande ist. Es ist zu erwarten, daß man dieses Modell auch noch zur Behandlung weiterer Metallprobleme wird heranziehen können.

IX. Materie unter hohem Druck.

In einer Materie, die sich unter hohem Druck befindet, werden der Schalenaufbau in der Elektronenstruktur und insbesondere die Unterschiede zwischen den Valenzelektronen und den Rumpfelektronen der Atome verwischt, da die Atome auf relativ sehr kleinen Raum zusammengedrängt sind. Mit zunehmendem Druck beteiligen sich also auch die inneren Elektronen der Atome in zunehmendem Maße an der Wechselwirkung, demgemäß mit wachsendem Druck das Verhalten der Elemente immer ähnlicher wird[1]. Als Hinweis hierauf sei der Umstand erwähnt, daß die Elemente von kleiner Dichte eine größere Kompressibilität besitzen als die von großer Dichte und deshalb schon im experimentell zugänglichen Druckgebiet die Dichteunterschiede benachbarter Elemente bei zunehmendem Druck immer geringer werden (man vgl. hierzu Abb. 54).

Bei der theoretischen Behandlung des Zustandes der Materie unter hohem Druck braucht man daher die Valenzelektronen nicht mehr wie bei den Metallen gesondert in Betracht zu ziehen, sondern es ist gerechtfertigt die Valenzelektronen mit den Rumpfelektronen gemeinsam, also auf dieselbe Weise wie die Rumpfelektronen statistisch zu behandeln. Da in diesem Zustand der Materie die Feinheiten des Schalenbaues der Atome am wenigsten zutage treten und die Elektronendichte zufolge der starken Kompression überall verhältnismäßig groß ist, muß man gerade dieses Gebiet als das sinnvollste Anwendungsgebiet des statistischen Modells betrachten. Hier treten z. B. die Schwierigkeiten, die wegen der geringen Elektronendichte in den Randgebieten der freien statistischen Atome entstehen, nicht auf.

Es wurde mehrfach versucht auf diesen Grundlagen auch die Metalle unter Normaldruck zu behandeln, dies ist aber, wie aus den Ausführungen und Resultaten des § 35 hervorgeht, nicht gerechtfertigt, da es bei den Metallen ja gerade auf das Verhalten der Valenzelektronen (Metallelektronen) ankommt, die sich bei den Verhältnissen unter Normaldruck wesentlich anders betätigen als die Rumpfelektronen. Die im folgenden

---

[1] Bezüglich der Eigenschaften der Materie unter hohem Druck verweisen wir auf den zusammenfassenden Bericht von F. HUND, Ergebnisse d. exakten Naturwissenschaften **15,** 189, 1936.

für die Materie unter hohem Druck herzuleitenden Resultate z. B. über die Potential- und Dichteverteilung können für Metalle unter Normaldruck nur eine sehr grobe erste Näherung geben; die metallische Bindung läßt sich auf diesen Grundlagen — wie wir sehen werden — überhaupt nicht erklären.

§ 36. Das statistische Modell der Materie unter hohem Druck.

Bei hohen Drucken können wir uns die Atome der Materie in einem Gitter angeordnet denken, so daß jedes Atom sehr symmetrisch von seinen Nachbarn umgeben ist. Dies gilt bei genügend hohen Drucken nicht nur für den festen, sondern auch für den flüssigen Zustand. Wenn man nun ganz analog wie bei den Metallen (man vgl. § 35) zwischen einem Atom und allen seinen Nachbarn die Symmetrieebenen zieht, so erhält man für die ein Atom enthaltende Elementarzelle wieder ein Polyeder von hoher Symmetrie, das man wieder durch die Kugel vom gleichen Volumen — die Elementarkugel — ersetzen kann. Das Volumen dieser Kugel — also das auf ein Atom entfallende Volumen — bezeichnen wir wieder mit Ω, ihren Radius wieder mit R. Aus denselben Gründen wie bei den Metallen unter Normaldruck können wir uns auch hier bei der Behandlung des Problems auf eine einzelne Elementarkugel beschränken.

Wir befassen uns im folgenden mit neutralen Gebilden, wir nehmen also an, daß sich in einer Elementarkugel $N = Z$ Elektronen befinden, wo Z die Ordnungszahl des Atoms bezeichnet. Das Problem besteht nun ganz analog wie beim freien Atom darin, für den Grundzustand des Elektronengases die Potential- und Elektronenverteilung in der Elementarkugel aus den statistischen Grundgleichungen [z. B. (3, 26), bzw. (3, 52)] zu bestimmen. Die Randbedingungen dieses Problems lauten erstens, daß das Gesamtpotential V am Ort des Kernes in das Kernpotential Ze/r übergeht und zweitens, daß sich das Potential und die Elektronendichte mit ihren Ableitungen beim Übergang von einer Elementarkugel (genauer Elementarzelle) in die andere stetig verhalten. Aus der zweiten Bedingung folgt wegen der Symmetrie, daß bei $r = R$ die Ableitungen selbst verschwinden müssen. Da weiterhin zwischen der statistischen Elektronendichte ϱ und dem statistischen Potential V die allgemeine Beziehung (3, 16) [oder (9, 5), oder (11, 25)] gilt, so reduzieren sich diese Bedingungen auf das Verschwinden der Ableitung des Potentials bei $r = R$. Die Randbedingungen lauten also

$$\lim_{r=0} r\,V = Z e \quad \text{und} \quad \left(\frac{dV}{dr}\right)_{r=R} = 0 \,. \tag{36, 1}$$

Die zweite Bedingung ist mit der Forderung identisch, daß die Elementarkugel nach außen hin elektrisch neutral sei, d. h. daß sie Z Elektronen enthalte.

Das Problem ist also weitgehend analog zum freien Atom mit dem Unterschied, daß jetzt der Grenzradius r_0 des Atoms, dem hier der Radius R der Elementarkugel entspricht, vorgegeben ist und nicht, wie bei den freien Atomen, aus der Minimumsforderung der Energie bestimmt wird. Dementsprechend fehlt hier die Randbedingung, die den Wert von V, bzw. ϱ am Rand des freien Atoms festlegt [man vgl. z. B. (3, 55), (3, 37) oder (9, 20), (9, 16)]. Es kann also jetzt das Potential oder die Elektronendichte am Rand ($r = R$) beliebige höhere Werte annehmen als beim freien Atom. Wir haben es demnach mit einem Atom zu tun, das unter Wahrung der Kugelsymmetrie komprimiert ist und gelangen somit zu dem „durch äußeren Zwang zusammengedrängten statistischen Atommodell", das wir im allgemeinen Teil im Zusammenhang mit den freien Atomen und Ionen schon kurz behandelten. Dieses Modell, mit dem wir uns hier näher befassen wollen, wurde von SLATER und KRUTTER[1] weiterhin von JENSEN, MEYER-GOSSLER und ROHDE[2] entwickelt, und zwar sowohl in der ursprünglichen THOMAS-FERMIschen Näherung als auch in der THOMAS-FERMI-DIRACschen Näherung.

Wir behandeln das Modell zunächst in der ursprünglichen THOMAS-FERMIschen Näherung also auf den in II entwickelten Grundlagen, d. h. wir sehen von den Korrektionen (Austauschkorrektion usw.) ab. Die Lösungen der THOMAS-FERMIschen Gleichung (3, 52) für diesen Fall sind auf den Seiten 41, 42 u. 53 besprochen, die Lösungen selbst in Tab. 53 im Anhang I und graphisch in Abb. 4 dargestellt. Die zusammengehörenden Werte des Anstieges $\varphi'(0)$ der Anfangstangente und $x_0 = r_0/\mu$ sind in Tab. 5 angegeben, wobei zu bemerken ist, daß wir den Grenzradius r_0 des Atoms durch den Radius R der Elementarkugel zu ersetzen haben, es ist also im folgenden $R \equiv r_0$ und $x_0 = R/\mu$ [bezüglich μ vgl. man (3, 49) und (3, 50)]. Mit diesen Lösungen, die von SLATER und KRUTTER berechnet wurden, konnten SLATER und KRUTTER die Dichteverteilung ϱ der Elektronen in der Elementarkugel aus (3, 59) berechnen. Zur näherungsweisen Berechnung von ϱ kann man auch die Näherungslösung (4, 45) von SAUVENIER heranziehen.

Bei der Berechnung des Potentials V in der Elementarkugel aus Gl. (3, 58) hat man zunächst die additive Konstante V_0 zu bestimmen. Beim freien THOMAS-FERMIschen Atom ist diese dadurch festgelegt,

---

[1] J. C. SLATER u. H. M. KRUTTER, Phys. Rev. (2) **47**, 559, 1935; man vgl. auch J. C. SLATER, Rev. Mod. Phys. **6**, 209, 1934.

[2] H. JENSEN, G. MEYER-GOSSLER u. H. ROHDE, Zs. f. Phys. **110**, 277, 1938; H. JENSEN, Zs. f. Phys. **111**, 373, 1939. Man vgl. außerdem noch E. L. FEINBERG, Phys. Zs. d. Sowjetunion, **8**, 416, 1935.

daß ϱ am Atomrand verschwindet. Diese Bedingung für ϱ fällt aber hier weg, so daß man jetzt bei der Bestimmung von V_0 anders verfahren muß. SLATER und KRUTTER bestimmten V_0 aus der Forderung, daß das Potential V in unmittelbarer Kernnähe von x_0, bzw. R unabhängig wird. Diese Wahl von V_0 ist physikalisch sehr plausibel, denn sie ist damit gleichbedeutend, daß die Röntgen-Energieniveaus von x_0, bzw. R unabhängig werden, wie dies auch sein soll. Mathematisch gestaltet sich die Bestimmung von V_0 folgendermaßen. In unmittelbarer Kernnähe, also für sehr kleine Werte von $x = r/\mu$ kann man φ in eine Reihe entwickeln und V nach (3, 58) in der Form

$$V = \frac{K}{x} + V_0 + \varphi'(0)\,K + \cdots \qquad (36, 2)$$

schreiben, wo $K = Ze/\mu$ ist und $\varphi'(0)$ die Ableitung der Funktion φ nach x bei $x = 0$ bezeichnet. Für $R = \infty$, also für freie Atome, verschwindet V_0 und man erhält für das Potential in der unmittelbaren Umgebung des Kernes

$$V = \frac{K}{x} + \varphi_0{}'(0)\,K + \cdots, \qquad (36, 3)$$

hier bezeichnet φ_0 die in Tab. 1 dargestellte Funktion, der Anstieg $\varphi_0{}'(0)$ der Anfangstangente ist durch (4, 3) gegeben. Wenn wir nun fordern, daß die Potentiale (36, 2) und (36, 3) bis auf das von x unabhängige konstante Glied übereinstimmen sollen, also die beiden Ausdrücke gleichsetzen, so folgt für V_0

$$V_0 = [\varphi_0{}'(0) - \varphi'(0)]\,K = [\varphi_0{}'(0) - \varphi'(0)]\frac{Z\,e}{\mu}. \qquad (36, 4)$$

Wie SLATER und KRUTTER erwähnen, könnte man V_0 auch für jeden Wert von R mit 0 gleichsetzen, oder aber V_0 so bestimmen, daß V bei $x = x_0$, bzw. bei $r = R$ verschwindet. Keine dieser beiden Methoden ist aber physikalisch genügend begründet. Für den Fall eines begrenzten neutralen Kristalls besteht noch die Möglichkeit, daß man V_0 so wählt, daß das Potential in unendlicher Entfernung von der Oberfläche des Kristalls verschwindet. Diese Wahl von V_0 könnte z. B. bei der Untersuchung der Potential- und Elektronenverteilung an der Oberfläche Verwendung finden.

Mit dem Ausdruck (36, 4) für V_0 haben SLATER und KRUTTER den Verlauf des Potentials V in der Elementarkugel für verschiedene Werte von R berechnet. Ihre Resultate sind in Abb. 50 dargestellt. Es ist zu sehen, daß $-V$ mit Ausnahme der unmittelbaren Umgebung des Kernes umso tiefer verläuft, je kleiner R, bzw. x_0 ist; bei $x \gtrsim 0$ fallen die Kurven gemäß der Wahl von V_0 zusammen. Das Maximum erreicht $-V$ jeweils am Rand der Elementarkugel also bei $x = x_0$. Diese Maximalwerte als Funktion von x_0 zeigt die gestrichelte Kurve. Weiterhin ist in der Abbildung auch der über die Elementarkugel genommene Potentialmittelwert (mit negativem Vorzeichen) und die Größe $-V_0$ als Funktion von x_0 eingezeichnet. Da in Abb. 50 auf die Ordinate alle diese Größen in der Einheit von K aufgetragen sind und die Ordnungszahl nur in K eingeht, sind die Kurven von Z unabhängig. Der Größe $-V_0 e$ kommt nach (3, 20) wieder die Bedeutung der maximalen Energie eines Elektrons bei. Die Elektronen, deren Energie größer ist als der Betrag der maximalen potentiellen Energie, können die Potentialschwelle zwischen den benachbarten Atomen überwinden[1] und sich von Atom zu Atom frei bewegen.

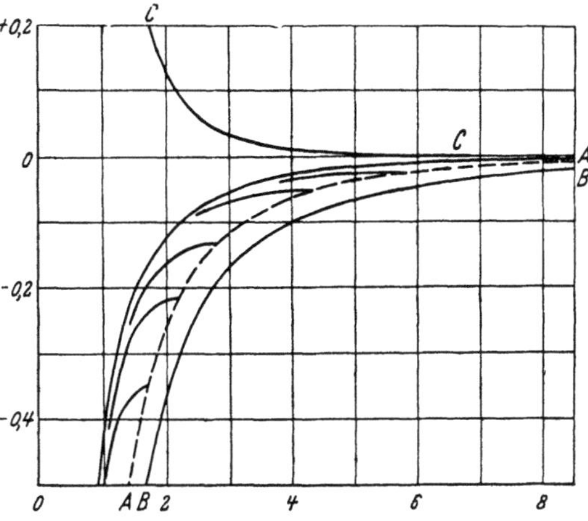

Abb. 50. Die Kurven, die in der gestrichelten Kurve AA enden, zeigen den Verlauf von $-V$ in einer Elementarkugel als Funktion von x. Durch die gestrichelte Kurve AA wird das Maximum von $-V$ in der Elementarkugel, durch die Kurve BB der über die Elementarkugel genommene Mittelwert von $-V$ und durch die Kurve CC die Größe $-V_0$ als Funktion von x_0 dargestellt. An der Abszisse ist x, bzw. x_0 aufgetragen, an der Ordinate sind die genannten Potentiale in der Einheit $K = Ze/\mu$ angegeben. Nach SLATER und KRUTTER [Phys. Rev. (2) 47, 559, 1935].

Weiterhin haben SLATER und KRUTTER die kinetische, die potentielle und die gesamte Energie des Elektronengases in der Elementarkugel berechnet. Ausgehend aus den Formeln (6, 5), bzw. (6, 24) finden sie mit partiellen Integrationen[2]

$$E_k = -\frac{3}{7}\frac{Z^2 e^2}{\mu}\left\{\varphi'(0) - \frac{4}{5}x_0^{1/2}[\varphi(x_0)]^{5/2}\right\} \qquad (36, 5)$$

und

$$E_p = E_p^k + E_p^e = \frac{6}{7}\frac{Z^2 e^2}{\mu}\left\{\varphi'(0) - \frac{1}{3}x_0^{1/2}[\varphi(x_0)]^{5/2}\right\}, \qquad (36, 6)$$

also

$$E = E_k + E_p = \frac{3}{7}\frac{Z^2 e^2}{\mu}\left\{\varphi'(0) + \frac{2}{15}x_0^{1/2}[\varphi(x_0)]^{5/2}\right\}. \qquad (36, 7)$$

Für freie Atome ist $\varphi(x_0) = 0$, es verschwinden also dann in der Klammer $\{\ \}$ die zweiten Glieder und an die Stelle des ersten Gliedes tritt $\varphi_0'(0)$. Man erhält dann aus (36, 7) nach Einsetzen des Wertes für μ aus

---

[1] Ein Tunneleffekt kommt bei dieser halbklassischen Betrachtungsweise nicht in Frage.

[2] Diese verlaufen analog zu denen von E. A. MILNE, Proc. Cambridge Phil. Soc. 23, 794, 1927.

(3, 50) den Ausdruck (6, 11). Die Energien E_k, E_p und E sind nach Abzug der entsprechenden Energien für das freie Atom in Einheiten von $\dfrac{3}{7}\dfrac{Z^2 e^2}{\mu}$ als Funktionen von x_0 in Abb. 51 dargestellt. Wie man sieht ist die Gesamtenergie der Elementarkugel nach Abzug der Gesamtenergie des freien Atoms positiv und fällt mit wachsendem x_0, bzw. R ohne ein Minimum aufzuweisen monoton auf 0 ab. Die bei der Kompression entstehende kinetische Energieerhöhung überwiegt also durchweg den Betrag der potentiellen Energieverminderung.

Aus dem Fehlen eines negativen Energieminimums folgt, daß dieses Modell *keine Bindung* gibt und — sofern man es auf Metalle anwendet, wie es SLATER und KRUTTER taten — die metallische Bindung nicht zu erklären vermag. Man kann dies sehr einfach auch auf eine andere Weise einsehen. Nach (3, 36) ist nämlich die Ableitung der Gesamtenergie nach dem Grenzradius $r_0 \equiv R$ zur $^5/_3$-ten Potenz der Elektronendichte am Rand der Elementarkugel proportional, die nur bei $R = \infty$ verschwindet. Der stabilen Gleichgewichtslage entspricht somit $R = \infty$ also der Zustand, in welchem sich die Atome von einander unendlich weit entfernt befinden, d. h. der freie Zustand der Atome.

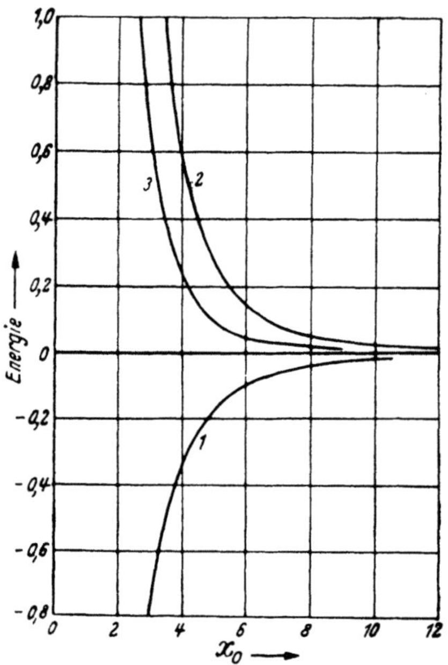

Abb. 51. Die potentielle (1), die kinetische (2) und die totale (3) Energie der Elementarkugel nach Abzug der entsprechenden Energien für das freie Atom als Funktionen von x_0. Alle Energien in $\dfrac{3}{7}\dfrac{Z^2 e^2}{\mu}$-Einheiten. Nach SLATER u. KRUTTER [Phys. Rev. (2) 47, 559, 1935].

Die Hinzunahme der Austauschkorrektion und Korrelationskorrektion führt ebenfalls zu keiner Bindung, dies kann man auf Grund der Gleichungen (9, 14) und (11, 12) auf dieselbe Weise zeigen.

Der Virialsatz gilt in der THOMAS-FERMIschen Näherung in der Form

$$2 E_k + E_p = 3 \Omega P , \qquad (36, 8)$$

wo P den Druck bezeichnet. Dementsprechend, daß sich die Energien auf der linken Seite auf die Elementarkugel beziehen, hat man auf der rechten Seite für das Volumen das Volumen Ω der Elementarkugel zu setzen. Mit der Herleitung der Beziehung (36, 8) befassen wir uns weiter unten.

Das im vorangehenden begründete statistische Modell der unter hohem Druck stehenden Materie kann man mit Berücksichtigung der Austauschkorrektion und Korrelationskorrektion in ganz entsprechender Weise erweitern wie das Modell des freien Atoms. Wir befassen uns hier nur mit der Austauschkorrektion, also mit der THOMAS-FERMI-DIRACschen Näherung. Die dem Problem entsprechenden Lösungen der THOMAS-FERMI-DIRACschen Gleichung (9, 26) haben wir im § 9 besprochen; für Ar, Kr und X sind mehrere Lösungen im Anhang II tabelliert.

Mit diesen Lösungen kann man ganz ähnliche Berechnungen durchführen wie die, welche wir weiter oben für die THOMAS-FERMIsche Näherung beschrieben haben. Bei der Berechnung des Potentials nach (9, 31) hat man wieder die Konstante V_0 zu bestimmen, das mit Hilfe des Ausdruckes (9, 31) durch eine Reihenentwicklung von ψ in ganz analoger Weise geschehen kann wie weiter oben in der THOMAS-FERMIschen Näherung. Wenn wir die Lösung der THOMAS-FERMI-DIRACschen Gleichung für einen vorgegebenen Wert von R mit ψ und für das freie Atom mit ψ_0 bezeichnen, so ergibt sich[1] mit Rücksicht auf (9, 18)

$$V_0 = \left[\psi_0{}'(0) - \psi'(0)\right] K + \frac{15}{16}\tau_0{}^2 = \left[\psi_0{}'(0) - \psi'(0)\right] \frac{Ze}{\mu} + \frac{15}{16}\tau_0{}^2 , \quad (36, 9)$$

wo $\psi_0{}'$ und ψ' die Ableitung von ψ_0, bzw. ψ nach x bezeichnen und die Konstante τ_0 durch (9, 7) definiert ist.

Mit der Verteilung der Elektronendichte und des Potentials kann man die Energie der Elementarkugel berechnen, die, wie schon erwähnt wurde, als Funktion von x_0, bzw. R kein Minimum aufweist.

Im Zusammenhang mit der Energie, bzw. mit der Energieaufteilung ist noch der Virialsatz von Interesse, den man nach JENSEN[2] mit der FOCKschen Methode der Variation der Elektronendichte ϱ (man vgl. die S. 62 bis 64) für die THOMAS-FERMI-DIRACsche Näherung folgendermaßen herleiten kann. Die Energie pro Elementarkugel ist durch den Ausdruck

$$E = E_k + E_p + E_a \qquad (36, 10)$$

gegeben, wo die einzelnen Glieder auf der rechten Seite durch (3, 1), (3, 5), (3, 3), (3, 4) und (9, 1) definiert sind, in denen die Integration jetzt auf die Elementarkugel vom Radius R auszudehnen ist. Wir führen nun in (36, 10) statt ϱ die FOCKsche variierte Dichte $\varrho_\lambda(\mathfrak{r}) = \lambda^3 \varrho(\lambda\mathfrak{r})$ [man vgl. (6, 31)] und die Hilfsintegrale E_k^λ, E_p^λ und E_a^λ ein, die aus E_k, E_p und E_a in der Weise hervorgehen, daß man statt ϱ überall ϱ_λ und

---

[1] Bei SLATER u. KRUTTER ist ψ_0 auf eine andere Weise definiert und dementsprechend ist auch der Ausdruck für V_0 ein anderer. Der SLATER-KRUTTERschen Definition von ψ_0 können wir aber nicht beistimmen.

[2] H. JENSEN, Zs. f. Phys. **111**, 373, 1939.

statt dem Integrationsrand R durchweg R/λ setzt; es ist also z. B. ganz ähnlich zu (6, 34)

$$E_k^\lambda = \varkappa_k \int_0^{R/\lambda} \varrho_\lambda^{\,5/3}\, 4\,\pi\, r^2\, dr = \lambda^2\, E_k\;.$$ (36, 11)

Man erhält dann einerseits mit $E_\lambda = E^\lambda + E_p^\lambda + E_a^\lambda$

$$\left(\frac{d\,E_\lambda}{d\,\lambda}\right)_{\lambda=1} = 2\,E_k + E_p + E_a\;.$$ (36, 12)

Anderseits kann man die Ableitung von E_λ nach λ auch folgendermaßen berechnen

$$\frac{d\,E_\lambda}{d\,\lambda} =$$

$$= 4\,\pi \left(\frac{R}{\lambda}\right)^2 \frac{d\,(R/\lambda)}{d\,\lambda}\left[\varkappa_k\,\varrho_\lambda^{\,5/3} - \varkappa_a\,\varrho_\lambda^{\,4/3} - V_k\,\varrho_\lambda\,e + e^2\,\varrho_\lambda \int_0^{R/\lambda} \frac{\varrho_\lambda(r')}{|\mathfrak{r} - \mathfrak{r}'|}\, dv'\right]_{r\,=\,R} +$$

$$+ \int_0^{R/\lambda} \frac{d\,\varrho_\lambda}{d\,\lambda}\left[\frac{5}{3}\,\varkappa_k\,\varrho_\lambda^{\,2/3} - \frac{4}{3}\,\varkappa_a\,\varrho_\lambda^{\,1/3} - V_k\,e + e^2 \int_0^{R/\lambda} \frac{\varrho_\lambda(r')}{|\mathfrak{r} - \mathfrak{r}'|}\, dv'\right] dv\;.$$ (36, 13)

Für $\lambda = 1$ läßt sich das zweite Integral auf der rechten Seite einfach berechnen. Mit der Beziehung (9, 4) ergibt sich nämlich für dieses Integral der Ausdruck

$$- 4\,\pi\, V_0\, e \int_0^{R} \left(\frac{d\,\varrho_\lambda}{d\,\lambda}\right)_{\lambda\,=\,1} r^2\, dr\;,$$ (36, 14)

den man weiter umformen kann. Nach (6, 32) ist $\int_0^{R/\lambda} \varrho_\lambda 4\pi r^2\, dr = N$ also unabhängig von λ, woraus man die Gleichung

$$\left[\frac{d}{d\,\lambda} \int_0^{R/\lambda} \varrho_\lambda\, 4\,\pi\, r^2\, dr\right]_{\lambda\,=\,1} = 4\,\pi \int_0^{R} \left(\frac{d\,\varrho_\lambda}{d\,\lambda}\right)_{\lambda\,=\,1} r^2\, dr - 4\,\pi\, R^3\, \varrho(R) = 0$$ (36, 15)

erhält. Es ergibt sich also für (36, 14), d. h. für das zweite Integral in (36, 13) bei $\lambda = 1$ der Ausdruck $-4\pi e V_0\, \varrho(R)\, R^3$. Setzt man diesen in (36, 13) für $\lambda = 1$ ein, so folgt unter nochmaliger Verwendung der Gleichung (9, 4)

$$\left(\frac{d\,E_\lambda}{d\,\lambda}\right)_{\lambda\,=\,1} = 4\,\pi\, R^3 \left\{\frac{2}{3}\,\varkappa_k\,[\varrho(R)]^{5/3} - \frac{1}{3}\,\varkappa_a\,[\varrho(R)]^{4/3}\right\}\;.$$ (36, 16)

Der auf der rechten Seite in der Klammer $\left\{\ \right\}$ stehende Ausdruck ist der

Druck P des Elektronengases am Atomrand (man vgl. S. 80). Man kann also mit $\Omega = 4\pi R^3/3$ die rechte Seite von (36, 16) in der Form $3\,\Omega\,P(R)$ schreiben und erhält aus einem Vergleich von (36, 16) mit (36, 12) den Virialsatz

$$2\,E_k + E_p + E_a = 3\,\Omega\,P. \tag{36, 17}$$

In der THOMAS-FERMIschen Näherung ist $E_a = 0$, es folgt also dann aus (36, 17) die Beziehung (36, 8). Für $P = 0$ ergeben sich die Beziehungen (9, 37), bzw. (6, 23).

Zum Schluß dieses Paragraphen sei noch erwähnt, daß LENNARD-JONES und WOODS[1] noch vor dem Entstehen des weiter oben entwickelten dreidimensionalen statistischen Modells der unter hohem Druck stehenden Materie ein zweidimensionales statistisches Modell entwickelten, in welchem wieder *alle* Elektronen auf die gleiche Weise statistisch behandelt werden. LENNARD-JONES und WOODS betrachteten dieses Modell als ein zweidimensionales Metallmodell, für dessen Anwendung auf Metalle aber im wesentlichen dasselbe zutrifft, wie für das im Vorangehenden entwickelte dreidimensionale.

Das zweidimensionale Modell von LENNARD-JONES und WOODS mußte etwas gekünstelt gewählt werden. Es besteht aus einer flachen Platte mit vollkommen spiegelnden Wänden im Abstand b voneinander. Die z-Achse des Koordinatensystems stehe senkrecht auf die Oberfläche. Die positiven Ladungen sind auf Linien parallel zu z gleichmäßig verteilt; die Punkte auf der xy-Ebene, bei welchen diese Linien die xy-Ebene durchstoßen, bilden ein quadratisches Gitter mit der Gitterkonstante a. Es wird angenommen, daß die Geschwindigkeit aller Elektronen in der Richtung z dieselbe, und zwar die möglichst kleinste ist, die mit einer stehenden DE BROGLIE-Welle zwischen den spiegelnden Wänden verträglich ist. Da die Länge der entsprechenden DE BROGLIE-Welle $2\,b$ beträgt, erhält man für die z-Komponente des Elektronenimpulses $p_z = \pm\dfrac{h}{2\,b}$. Aus der Bedingung, daß die kinetische Energie des Elektrons überall kleiner sein muß als der Betrag der potentiellen Energie $-\,Ve$, folgt für die anderen beiden Impulskomponenten in der THOMAS-FERMIschen Näherung die Bedingung[2] $p_x^2 + p_y^2 \leq 2\,m\,e\,V$. Hierdurch wird ein Impulsraumvolumen von der Größe $2\,m\,e\,V\,\pi\,2\,\dfrac{h}{2\,b}$ definiert, aus dem man durch Division mit $h^3/2$ für die Elektronendichte den Ausdruck

$$\varrho = \frac{4\,\pi\,m\,e\,V}{b\,h^2} \tag{36, 18}$$

erhält. In diesem zweidimensionalen Modell wird also ϱ zum Potential V proportional, während beim dreidimensionalen THOMAS-FERMIschen Modell ϱ nach (3, 16) zur $^3/_2$-ten Potenz des Potentials proportional ist.

---

[1] J. E. LENNARD-JONES u. H. J. WOODS, Proc. Roy. Soc. London (A) **120**, 727, 1928.

[2] V kann natürlich eine additive Konstante enthalten.

Nach Einsetzen von (36, 18) in die POISSONsche Gleichung ergibt sich zur Bestimmung von V die Gleichung

$$\Delta V = \frac{16\,\pi^2\,m\,e^2}{b\,h^2}\,V = \frac{4}{b\,a_0}\,V\,. \tag{36, 19}$$

LENNARD-JONES und WOODS betrachten das Potential von z als unabhängig[1], setzen also für Δ den nur von x und y abhängigen zweidimensionalen LAPLACE-Operator. Die Gl. (36, 19) ist mit der Bedingung zu lösen, daß V überall endlich bleiben soll und daß sich V in der unmittelbaren Umgebung einer positiven „Ladungslinie" wie $\ln r$ verhalten soll, wo r die Entfernung von der Linie bezeichnet. Die Lösung, die mit HANKELschen und BESSELschen Funktionen dargestellt werden kann, hängt wesentlich von der Größe $k = a/\sqrt{b\,a_0}$ ab.

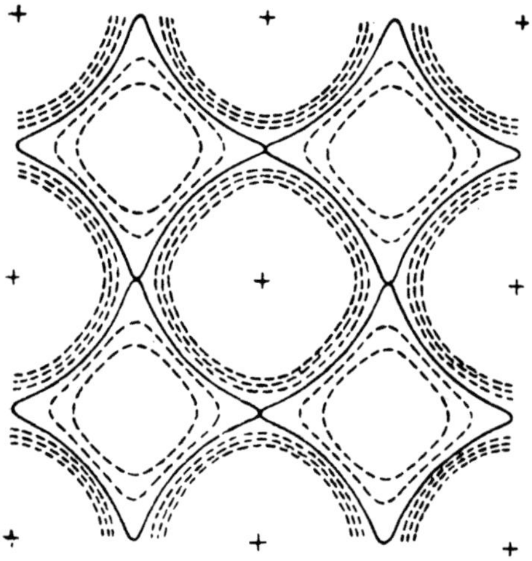

Von LENNARD-JONES u. WOODS wurde der Fall $a = b = 6,25\,a_0 = 3,306$ Å also $k = 2,5$ durchgerechnet[2]. Die Äquipotentiallinien sind in Abb. 52 dargestellt; ihr Verlauf entspricht durchaus der Erwartung. In der Nähe der positiven Ladungslinien sind die Kurven kreisähnlich, mit wachsender Entfernung werden sie mehr und mehr deformiert, bis eine kritische Kurve (in der Figur ausgezogen) erreicht wird, die sich auf das ganze zweidimensionale System erstreckt. Diese kritische Kurve umschließt noch ein anderes System von Kurven, die sich auf Punkte zusammenziehen, die das von den Kernlinien gebildete Gitter zentrieren. Der von LENNARD-JONES und WOODS aus der Struktur dieses Kurvensystems gezogene Schluß, daß die Elektronen ein starres Gitter bilden, das das von den Kernlinien gebildete Gitter zentriert, kann nicht aufrechterhalten werden[3], da ja gerade in diesen Gebieten, die von den Kernlinien am entferntesten liegen, das Potential und somit nach (36, 18) die Elektronendichte am kleinsten ist.

Abb. 52. Äquipotentiallinien im zweidimensionalen Gittermodell von LENNARD-JONES und WOODS. Die durch Kreuze markierten Punkte sind die Schnittpunkte der positiven Ladungslinien mit der Zeichenebene. Nach SOMMERFELD und BETHE (Handb. d. Phys. XXIV/2, 2. Aufl., S. 421, Springer, Berlin, 1933).

---

[1] Ob dies tatsächlich zutrifft, ist allerdings fraglich, da die Elektronendichte an der Oberfläche der Platte kleiner ist als in der Mitte. Hierauf wurde von H. BETHE hingewiesen, GEIGER-SCHEELS Handb. d. Phys. XXIV/2, 2. Aufl., S. 420, Springer, Berlin, 1933.

[2] Für den Fall des Silbers vgl. man H. SAUVENIER, Bull. Soc. Roy. Sci. Liège 8, 313, 1939.

[3] Man vgl. H. BETHE, GEIGER-SCHEELS Handb. d. Phys. XXIV/2, 2. Aufl., Springer, Berlin, 1933.

§ 37. Die Druck-Dichte-Beziehung der Elemente bei hohen Drucken am absoluten Nullpunkt der Temperatur.

Das im vorangehenden Paragraphen behandelte Modell wurde von Jensen[1] zur Herleitung der Druck-Dichte-Beziehung der Elemente bei hohen Drucken am absoluten Nullpunkt der Temperatur herangezogen[2]. Die Rechnungen führte Jensen sowohl in der Thomas-Fermi-Diracschen Näherung (man vgl. § 9), also mit Berücksichtigung der Austauschkorrektion, als in der Thomas-Fermischen Näherung (man vgl. II), d. h. ohne Austauschkorrektion durch. Wir legen hier die Thomas-Fermi-Diracsche Näherung zugrunde und erhalten aus dieser durch Nullsetzen der Austauschkorrektion sofort die Thomas-Fermische Näherung.

Wie wir im vorangehenden Paragraphen gesehen haben, können wir uns bei der Behandlung der Materie unter hohem Druck auf die Elementarkugel des statistischen Modells beschränken; der Druck bestimmt sich also aus der Gleichung

$$P = -\frac{dE}{d\Omega} = -\frac{1}{4\pi R^2}\frac{dE}{dR}, \qquad (37,1)$$

wo E auch weiterhin die Energie des Systems pro Elementarkugel und Ω das Volumen der Elementarkugel bezeichnet. Mit Rücksicht darauf, daß in (9, 14) dem Grenzradius r_0 des Atoms der Radius R der Elementarkugel entspricht, können wir in (37, 1) die Ableitung von E nach R aus (9, 14) einsetzen und erhalten.

$$P = \frac{2}{3}\varkappa_k \varrho_R^{5/3}\left(1 - \frac{\varkappa_a}{2\varkappa_k}\frac{1}{\varrho_R^{1/3}}\right) = \frac{2}{3}\varkappa_k \varrho_R^{5/3}\left(1 - \frac{0{,}129}{a_0 \varrho_R^{1/3}}\right), \qquad (37,2)$$

wo ϱ_R statt $\varrho(R)$ steht und im zweiten Ausdruck die numerischen Werte (1, 19) und (2, 57) für $\varkappa_k$ und $\varkappa_a$ eingesetzt wurden. Das Glied mit $\varkappa_a$ gibt die Austauschkorrektion, die, wie man sieht, nur für kleine Werte von ϱ_R von Bedeutung ist. Für $\varkappa_a = 0$ erhält man die Thomas-Fermische Näherung. Für diese ergibt sich der Druck ebenso groß wie in einem homogenen Elektronengas von der Dichte ϱ_R also von einer Dichte wie sie am Rand der Elementarkugel, d. h. in der Mitte zwischen zwei benachbarten Atomen herrscht.

Zur Berechnung des Druckes hat man also in (37, 2) nur ϱ_R einzusetzen. ϱ_R konnte Jensen für verschiedene Werte von R aus den Lösungen der Thomas-Fermi-Diracschen, bzw. Thomas-Fermischen Gleichung, die im § 9, bzw. § 4 besprochen und im Anhang II, bzw. I tabelliert sind, berechnen und P als Funktion von R bestimmen.

---

[1] H. Jensen, Zs. f. Phys. **111**, 373, 1939.

[2] Die Druck-Dichte-Beziehung für Alkali- und Erdalkalimetalle bei niedrigen Drucken wurde im § 35 hergeleitet.

An Stelle von R ist es zweckmäßig, die mittlere Elektronendichte ϱ_m einzuführen, die durch die Gleichung

$$\varrho_m \, \Omega = \varrho_m \frac{4 \, \pi \, R^3}{3} = Z \qquad (37, 3)$$

definiert ist. Wie man unmittelbar einsieht, hängt sie mit der Massendichte n durch die Beziehung

$$n = \frac{A}{L \, Z} \varrho_m \qquad (37, 4)$$

zusammen, wo A das Atomgewicht und L die LOSCHMIDTsche Zahl bezeichnet. Da A/Z für alle Elemente — mit Ausnahme von Wasserstoff, auf das die Überlegungen sowieso nicht zutreffen — ziemlich denselben Wert hat, ist n praktisch proportional zu ϱ_m.

Durch die Einführung von ϱ_m bekommen wir sogleich den Anschluß an das in der Astrophysik häufig verwendete FOWLERsche Modell des völlig zerquetschten Atoms, in dem für die Elektronendichte eine homogene Verteilung angenommen wird[1]. Für dieses Modell ist der Druck in der THOMAS-FERMIschen Näherung

$$P_m = \frac{2}{3} \varkappa_k \, \varrho_m^{\,5/3} \, . \qquad (37, 5)$$

Ein Vergleich dieses Ausdruckes mit dem Ausdruck (37, 2) zeigt, daß sich der letztere in der Form

$$P = f^{5/3} \, P_m \qquad (37, 6)$$

schreiben läßt, wo f die folgende Funktion bedeutet

$$f = \frac{\varrho_R}{\varrho_m} \left(1 - \frac{\varkappa_a}{2 \, \varkappa_k} \frac{1}{\varrho_R^{\,1/3}} \right)^{3/5} \, . \qquad (37, 7)$$

f gibt also direkt ein Maß dafür, wie weit P von P_m abweicht. Diese Abweichung wird in erster Linie dadurch bedingt, daß — wegen der Anhäufung der Elektronen in der Umgebung der Kerne — die Randdichte ϱ_R immer kleiner ist als ϱ_m; die Austauschkorrektion fällt bei den für astrophysikalischen Fragen in Betracht kommenden sehr hohen Dichten nur in zweiter Linie ins Gewicht. Bei Vernachlässigung der Austauschkorrektion gibt f das Verhältnis von ϱ_R zu ϱ_m.

Die Austauschkorrektion macht sich in f in doppelter Weise bemerkbar. Einerseits wird f durch den Ausdruck in der Klammer in (37, 7) verkleinert, andererseits fällt ϱ im zusammengedrängten statistischen Atom

---

[1] Man vgl. hierzu z. B. F. HUND, Ergebnisse d. exakten Naturwissenschaften **15**, 189, 1936.

mit Berücksichtigung der Austauschkorrektion rascher ab als ohne dieser Korrektion, so daß sich bei vorgegebenem R die Randdichte ϱ_R mit den Lösungen der THOMAS-FERMI-DIRACschen Gleichung kleiner ergibt als mit der THOMAS-FERMISchen.

In Abb. 53 ist f als Funktion von

$$\xi = \frac{\varrho_m^{1/3} a_0}{Z^{2/3}} = \left(\frac{3}{4\pi Z}\right)^{1/3} \frac{a_0}{R} = \frac{4}{6^{1/3}\pi} \frac{\mu}{R} = \frac{4}{6^{1/3}\pi} \frac{1}{x_0} \qquad (37,8)$$

dargestellt, wo μ durch (3, 50) definiert ist und $R/\mu = x_0$ gesetzt wurde. Diese Form von ξ ist deshalb zweckmäßig, weil bei Vernachlässigung der Austauschkorrektion f eine universelle Funktion von ξ ist, also von Z

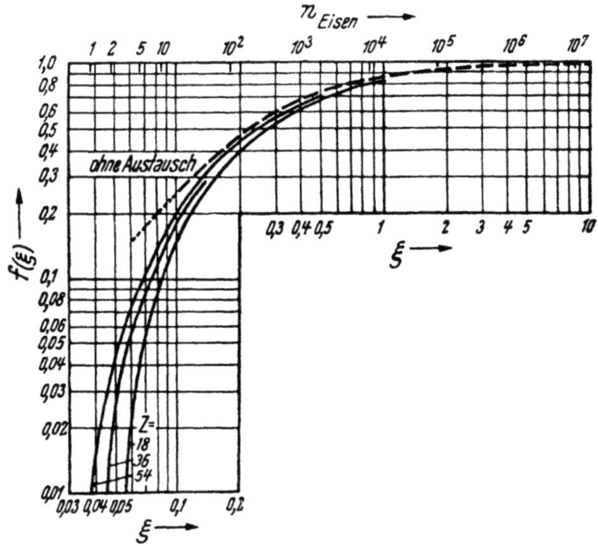

Abb. 53. Der Verlauf der Funktion $f(\xi)$. Nach JENSEN (Zs. f. Phys. **111**, 373, 1939). Untere Abszisse: ξ, logarithmische Skala. Obere Abszisse: Massendichte des Eisens ($Z = 26$) in g/cm³-Einheiten, logarithmische Skala. Ordinate: $f(\xi)$, logarithmische Skala. Gestrichelte Kurve: ohne Austauschkorrektion. Ausgezogene Kurve: mit Austauschkorrektion für $Z = 18$, 36 und 54.

explicite nicht abhängt. Die gestrichelte Kurve[1] bezieht sich auf das Modell ohne Austauschkorrektion. Die ausgezogenen Kurven[2] gelten für das Modell mit Austauschkorrektion und beziehen sich auf $Z = 18$, 36 und 54. Am oberen Rand der Abbildung sind die den ξ-Werten entsprechenden Massendichten für ein mittleres Atom (Eisen, $Z = 26$)

---

[1] Berechnet von JENSEN mit den Lösungen von SLATER und KRUTTER [Phys. Rev. (2) **47**, 559, 1935] und E. BAKER [Phys. Rev. (2) **36**, 630, 1930].

[2] Berechnet von JENSEN mit den im § 9 abgegebenen Lösungen.

angegeben. Wie aus dem Verlauf der f-Kurven zu sehen ist, nähern sich diese für große Werte von ξ, also für sehr große Dichten, dem Wert $f = 1$, verlaufen aber für kleinere Dichten weit unter dem Wert 1. Dementsprechend folgt aus (37, 6), daß, abgesehen von sehr hohen Dichten, P bedeutend kleiner ist als P_m.

Für extrem hohe Dichten von zirka $\varrho^{1/3} \infty \dfrac{137}{\pi\, a_0}$ an (für Eisen von $\xi \infty 4$ an) gilt in der THOMAS-FERMIschen Näherung zwischen Druck und Dichte statt der unrelativistischen Beziehung (1, 23) die relativistische Beziehung[1]

$$P = \frac{1}{8}\left(\frac{3}{\pi}\right)^{1/3} h\, c\, \varrho^{4/3}\,, \qquad\qquad (37, 9)$$

wo h die PLANCKsche Konstante und c die Lichtgeschwindigkeit bezeichnet. In diesem Dichtegebiet hat man also ϱ_R aus der relativistischen statistischen Gleichung (man vgl. § 14) zu bestimmen. Es läßt sich dann ganz analog wie weiter oben zeigen, daß — bei Vernachlässigung der in diesem Gebiet belanglosen Austauschkorrektion — statt (37, 2) der Zusammenhang

$$P = \frac{1}{8}\left(\frac{3}{\pi}\right)^{1/3} h\, c\, \varrho_m^{4/3}\left(\frac{\varrho_R}{\varrho_m}\right)^{4/3} \qquad\qquad (37, 10)$$

gilt. JENSEN hat aus der relativistischen THOMAS-FERMIschen Gl. (14,10) mit der zusätzlichen Annahme, daß ϱ innerhalb des Kernradius 0 sei, den Verlauf von ϱ bestimmt und ϱ_R berechnet. Für Eisen ergab sich bei $\xi = 5$: $\varrho_R/\varrho_m = 0{,}96 \pm 0{,}02$ und bei $\xi = 10$: $\varrho_R/\varrho_m = 0{,}98 \pm 0{,}02$. Der Einfluß der Kerne ist also auch bei der relativistischen Behandlungsweise praktisch zu vernachlässigen. Die gestrichelte Kurve in Abb. 53 ist bei $\xi = 5$ und 10 durch die Punkte gelegt, die den relativistischen ϱ_R/ϱ_m-Werten entsprechen.

Mit Hilfe der Funktion f, des Ausdruckes (37, 5) und der Beziehungen (37, 4) sowie (37, 8) kann man aus (37, 6) den Zusammenhang zwischen der Massendichte n und dem Druck P ermitteln. Dies hat JENSEN für $Z = 18$ und 54 durchgeführt. Seine Resultate sind zusammen mit einigen empirischen Daten in Abb. 54 dargestellt. Man sieht, daß der Austausch bis zu ziemlich hohen Drucken hinauf einen Einfluß hat. Die Druck-Dichte-Beziehung, die sich aus dem FOWLERschen Modell des homogenen Elektronengases ergibt, zeigt das (ausgezogene) Geradenpaar[2], und zwar bezieht sich die linke Gerade auf $Z = 54$ und die rechte auf $Z = 18$. Wie man sieht, ist die Abweichung von diesem Modell bis zu sehr hohen Dichten beträchtlich, sogar bei einer Dichte von $\infty\, 5000\, \mathrm{g/cm^3}$ ist der Druck noch um einen Faktor von 2 bis 3 kleiner als beim Modell des homogenen Elektronengases.

---

[1] Man vgl. z. B. S. CHANDRASEKHAR, An Introduction to the Study of Stellar Structure, Astrophysical Monographs Vol. 2., S. 362, University Press, Chicago, 1939.

[2] Die geringfügige Abhängigkeit von der Ordnungszahl rührt hier lediglich vom Faktor A/Z im Zusammenhang (37, 4) her.

Die empirischen Druck-Dichte-Kurven[1], die man aus den empirischen Daten von BRIDGMAN[2] erhält, sind in Abb. 54 für die zu $Z = 54$ benachbarten Elemente Cs ($Z = 55$), Ba ($Z = 56$) und La ($Z = 57$) durch strichpunktierte Linien dargestellt. Der Druck erreicht bei diesen einen Maximalwert von einigen 10^{10} dyn/cm². Bei diesen relativ geringen Drucken kann man natürlich mit den JENSENschen theoretischen Kurven keine gute Übereinstimmung erwarten, da ja die JENSENschen Rechnungen auf Grund eines Modells durchgeführt wurden, in dem der Schalenaufbau der Atome vollkommen verwischt ist und das dementsprechend nur für hohe Drucke Gültigkeit hat. Bei geringem Druck ändert sich die Druck-Dichte-Beziehung von Element zu Element sehr stark, da für die interatomaren Wechselwirkungskräfte in erster Linie die Elektronenstruktur in den äußeren Gebieten der Atome maßgebend ist, die sich in einer Horizontalreihe des periodischen Systems von Element zu Element sehr stark ändert. Bei zunehmendem Druck werden die für die einzelnen Elemente charakteristischen Eigenschaften der Elektronenstruktur mehr und mehr verwischt, demgemäß sich bei wachsendem Druck das Verhalten der

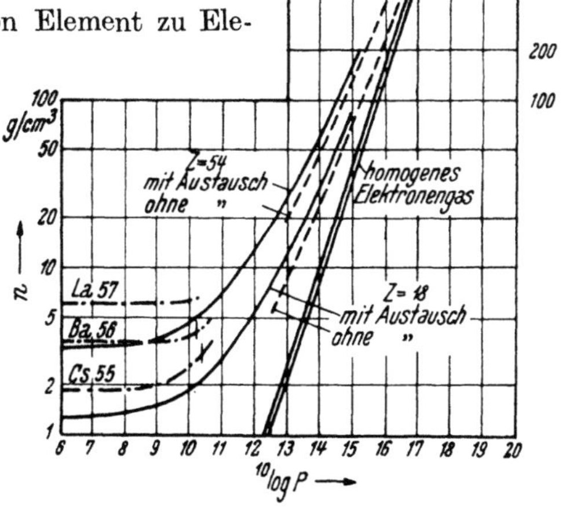

Abb. 54. Druck-Dichte-Diagramm. Nach JENSEN (Zs. f. Phys. **111**, 373, 1939). Abszisse: ^{10}log P (P in dyn/cm²-Einheiten). Ordinate: Massendichte n in g/cm³-Einheiten, logarithmische Skala. Von den beiden Geraden für das homogene Elektronengas bezieht sich die linke Gerade auf $Z = 54$, die rechte auf $Z = 18$. Die empirischen Druck-Dichte-Kurven für Cs, Ba und La sind strichpunktiert eingezeichnet.

Elemente immer ähnlicher gestaltet. Die empirischen Druck-Dichte-Beziehungen der Elemente sollten also für hohe Drucke asymptotisch in die von JENSEN berechneten Druck-Dichte-Beziehungen übergehen, die in Abb. 54 eingezeichneten empirischen Kurven für $Z = 55$, 56 und 57 sollten sich also bei hohen Drucken an die theoretische Kurve für $Z = 54$ anschmiegen[3].

---

[1] Bei Cs und Ba ist bei cca $P = 2.10^{10}$ dyn/cm² je ein Umwandlungspunkt markiert.

[2] P. W. BRIDGMAN, High Pressure Physics, London, 1931; High Pressure Phenomena, Rev. Mod. Phys. **7**, 1, 1935; Proc. Amer. Acad. of Art and Sci. **72**, 205, 1938.

[3] Die theoretischen Kurven für $Z = 55$ bis 57 fallen innerhalb der Zeichengenauigkeit mit der Kurve für $Z = 54$ zusammen.

Wie man aus Abb. 54 sieht, ist diese Tendenz tatsächlich vorhanden.

Für niedrige Drucke, bei welchen der Schalenaufbau in der Elektronenstruktur der Atome noch voll ausgeprägt ist, konnte man für die einfacheren Metalle — in erster Linie für die Alkalimetalle — eine mit dem empirischen Befund gut übereinstimmende Druck-Dichte-Beziehung herleiten (man vgl. § 35), die auf den speziell für diese Metalle gültigen Eigenschaften des Elektronenbaues beruht.

Theoretisch kann man also das Gebiet hoher Drucke und für einfache Metalle das Gebiet niedriger Drucke einfach erfassen. Exakte theoretische Aussagen für das Übergangsgebiet, in welchem die von Element zu Element stark schwankenden Unterschiede im Bau der Randgebiete der Elektronenhülle sukzessive verwischt werden, würden zu sehr komplizierten Rechnungen führen.

Neben der Druckabhängigkeit der Dichte ist noch der Zusammenhang zwischen der Kompressibilität $\varkappa$ und dem Druck von Interesse, der auch bei dem weiter unten durchzuführenden Anschluß an das experimentell erreichbare Gebiet der Druck-Dichte-Beziehung für Eisen noch Verwendung findet. Mit Rücksicht darauf, daß Ω zu $1/n$ und daß nach (37, 4) und (37, 8) n zu ξ^3 proportional ist, folgt aus der Definitionsgleichung der Kompressibilität

$$\frac{1}{\varkappa} = -\Omega \frac{dP}{d\Omega} = n \frac{dP}{dn} = \frac{1}{3}\xi \frac{dP}{d\xi} \, . \tag{37, 11}$$

Da weiterhin nach (37, 6), (37, 5) und (37, 8) $P = \text{const.} \ \xi^5 f(\xi)^{5/3}$ ist, erhält man für $1/\varkappa$ den Ausdruck

$$\frac{1}{\varkappa} = \frac{5}{3} P\left(1 + \frac{1}{3}\frac{\xi}{f}\frac{df}{d\xi}\right) . \tag{37, 12}$$

Im Grenzfall des homogenen Elektronengases — für den wir $\varkappa$ mit $\varkappa_0$ bezeichnen — ist, bei Vernachlässigung des Elektronenaustausches, $f = 1$ und es ergibt sich aus (37, 12)

$$\frac{1}{\varkappa_0} = \frac{5}{3} P \, . \tag{37, 13}$$

Ein Maß der Abweichung von diesem Grenzfall gibt der Ausdruck

$$\frac{\varkappa_0}{\varkappa} = 1 + \frac{1}{3}\frac{\xi}{f}\frac{df}{d\xi} \, . \tag{37, 14}$$

Die Größe $\dfrac{df}{d\xi}$ bestimmte JENSEN auf graphischem Wege, das mit einer Genauigkeit von einigen Prozenten möglich ist.

JENSEN hat $1/\varkappa$ aus (37, 12) und $\varkappa_0/\varkappa$ aus (37, 14) als Funktion von P für $Z = 18$ und 54 mit Berücksichtigung der Austauschkorrektion berechnet. Seine Resultate sind zusammen mit einigen empirischen Daten in Abb. 55 dargestellt. Für die ausgezogenen Kurven I und II, die der Beziehung (37, 12) entsprechen, gilt die linke Ordinatenskala, auf der $^{10}\log\dfrac{1}{\varkappa}$ aufgetragen ist. Wie man sieht, ist die Abhängigkeit der Druck-Kompressibilität-Beziehung von der Ordnungszahl gering. Die Kurve III, für die ebenfalls die linke Ordinatenskala gilt, zeigt den Zusammen-

hang $\dfrac{1}{\varkappa_0}=\dfrac{5}{3}\,P$, der dem Grenzfall des homogenen Elektronengases entspricht. Durch die punktierten Kurven wird der Zusammenhang (37, 14) dargestellt; für diese Kurve gilt die rechte Ordinate, auf der $\varkappa_0/\varkappa$ aufgetragen ist. Wie man sieht, ist die Abweichung der Werte $\varkappa_0/\varkappa$ von 1, also die Abweichung vom Grenzfall des homogenen Elektronengases, mit Ausnahme sehr hoher Drucke, beträchtlich.

Den Verlauf der experimentellen Daten[1] von $1/\varkappa$ zeigen die strichpunktierten Linien. Bei Drucken von $P\cong 10^9$ dyn/cm² sind die experimentellen Daten auf ein Intervall von fast drei

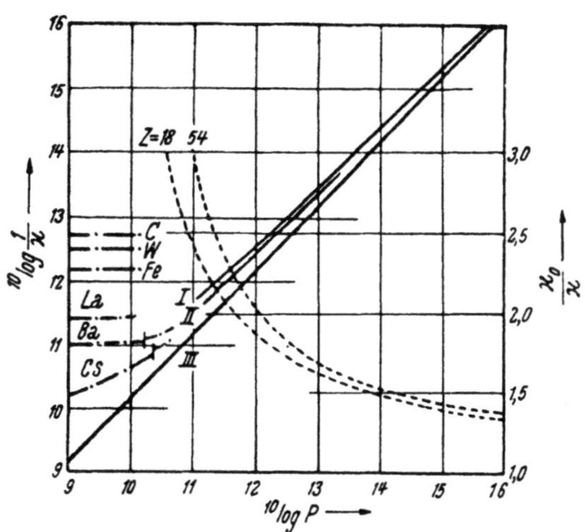

Abb. 55. Druckabhängigkeit der Kompressibilität. Nach JENSEN (Zs. f. Phys. 111, 373, 1939). Abszisse: $^{10}\log P$ (P in dyn/cm²-Einheiten). Linke Ordinatenachse: $^{10}\log\dfrac{1}{\varkappa}$ ($\varkappa$ in c. g. s.-Einheiten). Ausgezogene Kurven: I $^{10}\log\dfrac{1}{\varkappa}$ theoretisch für $Z = 54$ mit Austauschkorrektion, II $^{10}\log\dfrac{1}{\varkappa}$ theoretisch für $Z = 18$ mit Austauschkorrektion, III $^{10}\log\dfrac{1}{\varkappa}$ theoretisch für das homogene Elektronengas. Strichpunktierte Kurven: empirisch für C, Fe, Cs, Ba, La und W. Rechte Ordinatenachse: $\varkappa_0/\varkappa$. Punktierte Kurven: $\varkappa_0/\varkappa$ für $Z = 18$ und 54.

Zehnerpotenzen verstreut, dementsprechend werden die empirischen Kurven zum Teil erst bei sehr hohen Drucken asymptotisch in den theoretischen Verlauf übergehen. Für die leichteren und mittelschweren Elemente ist aber diese Tendenz in Übereinstimmung mit Abb. 54 schon deutlicher wahrzunehmen.

---

[1] Der Diskontinuität der Kurven für Cs und Ba bei cca $P\cong 2.10^{10}$ dyn/cm² entspricht je ein Umwandlungspunkt. Der jenseits dieser Punkte liegende Verlauf der Kurven wurde von JENSEN aus den Daten von BRIDGMAN (l. c.) roh geschätzt.

Die Druck-Dichte-Beziehung hat JENSEN auf geophysikalische Fragen angewendet. Nach übereinstimmender Ansicht der Geophysiker[1] besteht der Erdkern von einer Tiefe von etwa 3000 km an aus metallischem Eisen. Die Temperatur beträgt nach allen geophysikalischen Schätzungen[2] weniger als 10000°. Wenn man den thermischen Ausdehnungskoeffizienten nach BRIDGMANs Messungen[3] bis zu den Drucken im Erdinneren extrapoliert, überzeugt man sich leicht, daß man bei den in Frage kommenden Drucken die Temperatur als Null betrachten kann. Die Resultate der vorangehenden Berechnungen können also unmittelbar verwendet werden. Da die theoretische JENSENsche Druck-Dichte-Kurve bei den relativ geringen Drucken, bis zu welchen Messungen vorliegen, nur ein mittleres Verhalten der Elemente wiedergeben kann, schließt sich die theoretische Druck-Dichte-Kurve des Eisens an die empirische nicht an. JENSEN hat nun diese Lücke überbrückt, indem er mit Hilfe empirischer Daten eine Druck-Dichte-Kurve des Eisens konstruierte, die sich an die empirische anschließt und für hohe Drucke in die theoretische übergeht.

Außer den empirischen Daten von $\varkappa$ und $\dfrac{d\,n}{d\,P}$ an der Anschlußstelle hat JENSEN die Geschwindigkeit w der Longitudinalwellen im Erdinneren herangezogen, die mit der Druck-Dichte-Kurve durch die Beziehung $w^2 = \dfrac{d\,P}{d\,n} = \dfrac{1}{\varkappa\,n}$ verbunden ist und deren Werte aus den Laufzeitkurven der Erdbebenwellen berechnet worden sind[4]. Aus diesen seismischen Daten ist w als Funktion der Tiefe bekannt, so beträgt z. B. w an der Grenze des Erdkerns 8 bis 9 km/sec. Bei der Verwendung von w zur Konstruktion der halbempirischen Druck-Dichte-Kurve muß man nun w statt als Funktion der Tiefe als Funktion des Druckes kennen. Den letzteren Zusammenhang kann man aber ebenfalls als bekannt ansehen. Der Druckverlauf mit der Tiefe hängt nämlich von der Massenverteilung in der Erde ab. Da nun alle Ansätze für die Massenverteilung, die mit den übrigen geophysikalischen Daten im Einklang sind und insbesondere auch für das Trägheitsmoment der Erde den richtigen Wert liefern, praktisch zum selben Druckverlauf führen[5], kann man den Druck als

---

[1] E. WIECHERT, Göttinger Nachrichten 280, 1924; weiterhin Handb. d. Geophysik II, Kap. 3 u. 14, Vlg. Bornträger, Berlin, 1935.

[2] E. TAMS, Grundzüge d. phys. Verhältnisse d. festen Erde, I. Teil, Vlg. Bornträger, Berlin, 1932.

[3] P. W. BRIDGMAN, Proc. Amer. Acad. of Art and Sci. **70**, 69, 1935.

[4] B. GUTENBERG u. C. RICHTER, Gerlands Beitr. zur Geophysik **45**, 280, 1935.

[5] Handb. d. Geophys. II. insbesondere Abb. 157, Vlg. Bornträger, Berlin, 1935; weiterhin K. E. BULLEN, Monthly Notices, Geophys. Supplement, **3**, 395, 1936; Transact. Roy. Soc. New Zeeland **67**, 122, 1937.

Funktion der Tiefe und somit also schließlich auch w als Funktion des Druckes mit genügender Genauigkeit als bekannt betrachten.

JENSEN konstruierte nun für die Druck-Dichte-Beziehung des Eisens eine Interpolationsformel, die folgenden Bedingungen genügt:

1. An der Anschlußstelle an das experimentelle Gebiet ($P = 1,2 . 10^{10}$ dyn/cm²) sollen sich die empirischen Werte von $\varkappa$ und $\dfrac{dn}{dP}$ ergeben.

2. Für sehr hohe Drucke soll ein asymptotisches Übergehen in die theoretische Druck-Dichte-Kurve stattfinden.

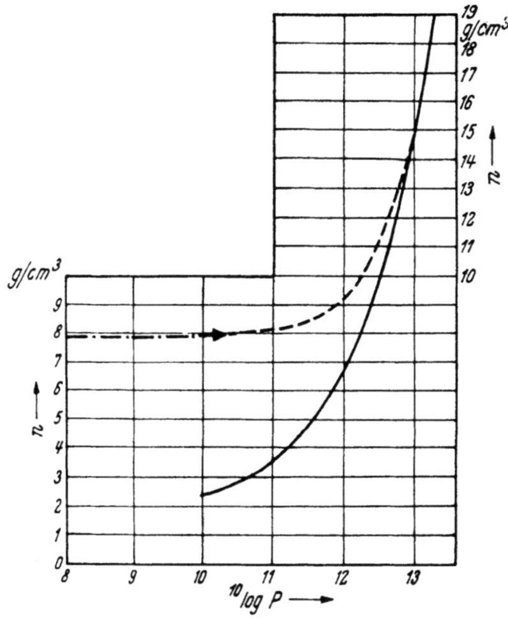

Abb. 56. Theoretische, empirische und interpolierte Druck-Dichte-Kurven für Eisen. Nach JENSEN (Zs. f. Phys. 111, 373, 1939). Abszisse: ^{10}log P (P in dyn/cm²-Einheiten). Ordinate: n in g/cm³-Einheiten. Ausgezogen: theoretisch. Strichpunktiert: empirisch. Gestrichelt: interpoliert.

3. Bei $P = 2,8 . 10^{12}$ dyn/cm² (4500 km Tiefe[1]) soll $w = 10$ km/sec sein.

Eine möglichst einfache Interpolationsformel, die diesen Bedingungen genügt, ist

$$n = n_0 + B (1 + bn_0) e^{-\beta n_0} , \qquad (37, 15)$$

wo die Konstanten B, b und β folgende Werte haben

$$B = 7{,}25 \text{ g/cm}^3 , \quad b = 0{,}235 \text{ cm}^3\text{/g} , \quad \beta = 0{,}30 \text{ cm}^3\text{/g} \qquad (37, 16)$$

---

[1] Diese Tiefe wurde gewählt, weil hier die Unsicherheit von P und w verhältnismäßig am geringsten ist, man vgl. Handb. d. Geophys. II., Abb. 157, Vlg. Bornträger, Berlin, 1935.

und $n_0\,(P)$ den theoretischen Dichteverlauf bezeichnet. Die Unsicherheit der Interpolationsformel beträgt nach JENSEN etwa 10%.

Der Verlauf der empirischen Druck-Dichte-Kurve nach den experimentellen Daten von BRIDGMAN[1], weiterhin der Verlauf der rein theoretischen mit Berücksichtigung der Austauschkorrektion berechneten Kurve und der Interpolationskurve ist in Abb. 56 dargestellt.

Aus der halbempirischen interpolierten Druck-Dichte-Kurve läßt sich nun z. B. die Dichte im Erdmittelpunkt ($P = 3{,}5 \cdot 10^{12}$ dyn/cm^2) ablesen. Es ergibt sich $n = 11{,}5$ g/cm^3, also ein relativ hoher Wert, der aber mit neueren geophysikalischen Ansätzen über die Massenverteilung der Erde[2] in gutem Einklang steht. Man kann diesen Wert als physikalische Begründung für die in der Geophysik zum Teil noch willkürlichen Annahmen über die Massenverteilung der Erde betrachten.

---

[1] P. W. BRIDGMAN, l. c.

[2] K. E. BULLEN, l. c.

Anhang

I.

Lösungen der Thomas-Fermischen Gleichung (3, 52) und die Ableitung einiger Lösungen nach x für verschiedene Anstiege $\varphi'(0)$ der Anfangstangente, weiterhin die Funktion $\eta_0(x)$ und ihre Ableitung nach x.

Tab. 53. $\varphi(x)$ für verschiedene Werte des Anstieges $\varphi'(0)$ der Anfangstangente nach Slater und Krutter[1]. Bezüglich weiterer Daten, die sich auf die Lösungen beziehen, vgl. man die Tab. 5.

$-\varphi'(0)$	1,00	1,38	1,50	1,55	1,58	1,586	1,588
x	φ	φ	φ	φ	φ	φ	φ
0,00	1,00000	1,00000	1,00000	1,00000	1,00000	1,00000	1,00000
0,20	0,91556	0,83611	0,81128	0,80094	0,79473	0,79350	0,79309
0,22	0,91262	0,82508	0,79762	0,78620	0,77933	0,77797	0,77752
0,24	0,91044	0,81469	0,78457	0,77205	0,76451	0,76302	0,76253
0,26	0,90895	0,80490	0,77208	0,75845	0,75024	0,74862	0,74810
0,28	0,90815	0,79568	0,76013	0,74538	0,73648	0,73473	0,73416
0,30	0,90801	0,78699	0,74868	0,73279	0,72320	0,72132	0,72071
0,34	0,90959	0,77111	0,72717	0,70895	0,69795	0,69581	0,69511
0,38	0,91356	0,75710	0,70736	0,68678	0,67431	0,67189	0,67111
0,42	0,91980	0,74479	0,68909	0,66607	0,65211	0,64940	0,64853
0,46	0,92822	0,73408	0,67224	0,64670	0,63120	0,62821	0,62726
0,50	0,93875	0,72485	0,65669	0,62857	0,61148	0,60820	0,60715
0,54	0,95134	0,71702	0,64234	0,61156	0,59285	0,58926	0,58812
0,58	0,96595	0,71050	0,62912	0,59559	0,57521	0,57131	0,57007
0,66	1,0011	0,7012	0,6058	0,5665	0,5426	0,5581	0,53661
0,74	1,0442	0,6965	0,5861	0,5408	0,5131	0,5079	0,5063
0,82	1,0952	0,6962	0,5698	0,5180	0,4864	0,4805	0,4786
0,90	1,1544	0,7000	0,5566	0,4979	0,4621	0,4554	0,4532
0,98	1,2219	0,7077	0,5461	0,4801	0,4399	0,4324	0,4300
1,06	1,2981	0,7193	0,5383	0,4645	0,4196	0,4112	0,4085
1,14	1,3836	0,7346	0,5329	0,4508	0,4010	0,3917	0,3887
1,22	1,4788	0,7538	0,5298	0,4390	0,3840	0,3736	0,3704
1,30	—	0,7767	0,5290	0,4289	0,3683	0,3569	0,3533
1,46	—	0,8342	0,5338	0,4132	0,3405	0,3304	0,3226
1,62	—	0,9079	0,5469	0,4044	0,3170	0,3039	0,2958
1,78	—	—	0,5682	0,3984	0,2971	0,2808	0,2723
1,94	—	—	0,5976	0,3984	0,2803	0,2606	0,2515
2,10	—	—	0,6356	0,4031	0,2662	0,2428	0,2330

[1] Diese Tabelle wurde mir von Prof. Slater freundlichst zugesendet, wofür ich ihm meinen Dank ausspreche.

$-\varphi'(0)$	1,00	1,38	1,50	1,55	1,58	1,586	1,588
x	φ	φ	φ	φ	φ	φ	φ
2,26	—	—	0,6825	0,4122	0,2545	0,2271	0,2165
2,42	—	—	—	0,4259	0,2451	0,2133	0,2018
2,58	—	—	—	0,4442	0,2376	0,2011	0,1885
2,74	—	—	—	0,4672	0,2320	0,1903	0,1765
3,06	—	—	—	—	0,2259	0,1725	0,1559
3,38	—	—	—	—	0,2259	0,1589	0,1389
3,70	—	—	—	—	0,2318	0,1488	0,1247
4,02	—	—	—	—	0,2437	0,1418	0,1130
4,34	—	—	—	—	0,2618	0,1376	0,1032
4,66	—	—	—	—	—	0,1358	0,0950
4,98	—	—	—	—	—	0,1365	0,0882
5,30	—	—	—	—	—	0,1394	0,0827
5,94	—	—	—	—	—	0,1523	0,075
6,58	—	—	—	—	—	—	0,070
7,22	—	—	—	—	—	—	0,068
7,86	—	—	—	—	—	—	0,069
8,50	—	—	—	—	—	—	0,073

Tab. 54. Die Funktionen $\varphi_0(x)$, $\varphi_0'(x)$, $\eta_0(x)$ und $\eta_0'(x)$ für gemeinsame Abszissenwerte.

Die Funktionenwerte φ_0 und η_0, mit Ausnahme der η_0-Werte von $x = 0$ bis $x = 4$, wurden aus den Werten der Tab. 1, bzw. 2 zum Teil durch Interpolation und Ausgleich der Daten ermittelt; die η_0-Werte von $x = 0$ bis $x = 4$ stammen aus einer Arbeit von Miranda[1]; die tabellierten Werte von φ_0' und η_0' wurden zum Teil der zitierten Arbeit von Miranda entnommen und zum Teil aus φ_0, bzw. η_0 hier neu berechnet.

x	φ_0	$-\varphi_0'$	η_0	η_0'
0,0	1,000	1,5880464	0,00000	1,00000
0,1	0,882	0,99535	0,10123	1,03064
0,2	0,793	0,79423	0,20686	1,08472
0,3	0,721	0,66179	0,31864	1,15297
0,4	0,660	0,56463	0,43782	1,23238
0,5	0,607	0,48940	0,56544	1,32144
0,6	0,561	0,42916	0,70240	1,41925
0,7	0,521	0,37978	0,84956	1,52528
0,8	0,485	0,33859	1,00772	1,63920
0,9	0,453	0,30376	1,17765	1,76081
1,0	0,425	0,27397	1,36013	1,89000
1,2	0,375	0,22588	1,76575	2,172
1,4	0,333	0,18901	2,23062	2,483
1,6	0,298	0,16008	2,76087	2,825

---

[1] C. Miranda, Mem. Acc. Italia 5, 283, 1934. Am η_0-Wert von Miranda für $x = 2,2$ wurde eine kleine Korrektion angebracht.

x	φ_0	$-\varphi_0'$	η_0	η_0'
1,8	0,268	0,13696	3,36274	3,199
2,0	0,242	0,11820	4,04265	3,606
2,2	0,220	0,10278	4,80703	4,046
2,4	0,201	0,08997	5,66280	4,521
2,6	0,185	0,07922	6,61720	5,033
2,8	0,171	0,07013	7,67771	5,582
3,0	0,158	0,06238	8,85199	6,169
3,2	0,146	0,05573	10,14793	6,797
3,4	0,135	0,04998	11,57373	7,467
3,6	0,125	0,04499	13,13788	8,181
3,8	0,116	0,04064	14,84920	8,939
4,0	0,1080	0,03682	16,717	9,743
4,5	0,0918	0,02912	22,1	11,9
5,0	0,0787	0,02338	28,6	14,4
5,5	0,0679	0,01902	36,5	17,3
6,0	0,0592	0,01563	45,9	20,6
6,5	0,0521	0,01295	56,9	24,3
7,0	0,0461	0,01084	70,0	28,4
7,5	0,0409	0,00918	85,3	32,9
8,0	0,0365	0,00784	103,0	37,8
8,5	0,0327	0,00676	123,1	43,1
9,0	0,0295	0,00590	145,8	48,8
9,5	0,0268	0,00521	171,7	55,1
10,0	0,0244	0,00461	201,0	62,1
10,5	0,0223	0,00409	233,8	69,8
11,0	0,0204	0,00362	271,0	78,2
11,5	0,0187	0,00320	312,6	87,3
12,0	0,0172	0,00283	359,0	97,1
12,5	0,0159	0,00251	410,4	107,6
13,0	0,0147	0,00224	467,0	118,8
13,5	0,0136	0,00202	529,4	130,8
14,0	0,0126	0,00183	598,0	143,6
14,5	0,0117	0,00167	673,0	157,2
15,0	0,0109	0,00153	755,0	171,6
15,5	0,01017	0,00140	844,5	186,8
16,0	0,00950	0,00128	942,0	202,8
16,5	0,00888	0,00117	1047,5	219,6
17,0	0,00831	0,001070	1162,0	237,4
17,5	0,00779	0,000980	1286,0	256,0
18,0	0,00731	0,000899	1420,0	276,9
18,5	0,00687	0,000825	1566,5	298,9
19,0	0,00647	0,000758	1725,5	322,9
19,5	0,00611	0,000696	1897,5	348,9
20,0	0,00579	0,000638	2084,0	376,9
21,0	0,00522	0,000551	2479,0	430,0
22,0	0,00472	0,000481	2937,0	489,0
23,0	0,00427	0,000422	3460,0	554,0
24,0	0,00386	0,000370	4051,0	626,0
25,0	0,00349	0,000325	4714,0	706,0

Tab. 55. $\varphi(x)$ und $\varphi'(x)$ für verschiedene Werte des Anstieges $\varphi'(0)$ der Anfangstangente nach MIRANDA[1].

$-\varphi'(0)$	1,5882		1,589		1,60	
x	φ	$-\varphi'$	φ	$-\varphi'$	φ	$-\varphi'$
0,00	1,00000	1,58820	1,00000	1,58900	1,00000	1,60000
0,10	0,88169	0,99551	0,88160	0,99638	0,88031	1,01513
0,20	0,79304	0,79439	0,79286	0,79531	0,78925	0,82023
0,30	0,72060	0,66197	0,72032	0,66294	0,71416	0,68912
0,40	0,65949	0,56482	0,65911	0,56586	0,65024	0,59382
0,50	0,60691	0,48960	0,60643	0,49072	0,59467	0,52049
0,60	0,56107	0,42938	0,56047	0,43057	0,54563	0,46239
0,70	0,52068	0,38001	0,51995	0,38129	0,50182	0,41539
0,80	0,48480	0,33884	0,48394	0,34024	0,46228	0,37664
0,90	0,45270	0,30403	0,45169	0,30553	0,42627	0,34451
1,00	0,42382	0,27426	0,42266	0,27587	0,39321	0,31759
1,10	0,39771	0,24857	0,39638	0,25029	0,36261	0,29492
1,20	0,37400	0,22622	0,37249	0,22807	0,33410	0,27598
1,30	0,35238	0,20664	0,35068	0,20862	0,30734	0,25973
1,40	0,33259	0,18939	0,33069	0,19151	0,28207	0,24597
1,50	0,31443	0,17411	0,31231	0,17637	0,25808	0,23431
1,60	0,29771	0,16051	0,29536	0,16292	0,23515	0,22447
1,70	0,28228	0,14836	0,27968	0,15092	0,21313	0,21620
1,80	0,26808	0,13745	0,26513	0,14017	0,19187	0,20932
1,90	0,25476	0,12763	0,25161	0,13052	0,17123	0,20363
2,00	0,24244	0,11875	0,23900	0,12182	0,15110	0,19899
2,20	0,22028	0,10202	0,21618	0,10684	0,11202	0,19238
2,40	0,20091	0,09066	0,19608	0,09451	0,07396	0,18862
2,60	0,18387	0,07999	0,17824	0,08427	0,03643	0,18695
2,795	—	—	—	—	0,00000	0,18662
2,80	0,16880	0,07099	0,16226	0,07573	—	—
3,00	0,15539	0,06333	0,14786	0,06856	—	—
3,20	0,14340	0,05677	0,13476	0,06255	—	—
3,40	0,13262	0,05113	0,12278	0,05746	—	—
3,60	0,12289	0,04625	0,11172	0,05317	—	—
3,80	0,11408	0,04201	0,10146	0,04955	—	—
4,00	0,10605	0,03831	0,09186	0,04651	—	—
4,50	0,08884	0,03095	0,07012	0,04092	—	—
5,00	0,07477	0,02559	0,05059	0,03751	—	—
5,50	0,06301	0,02165	0,03235	0,03565	—	—
6,00	0,05295	0,01874	0,01475	0,03489	—	—
6,423	—	—	0,00000	0,03476	—	—
6,50	0,04414	0,01661	—	—	—	—
7,00	0,03624	0,01506	—	—	—	—
7,50	0,02901	0,01396	—	—	—	—
8,00	0,02222	0,01322	—	—	—	—
8,50	0,01574	0,01277	—	—	—	—
9,00	0,00942	0,01253	—	—	—	—
9,50	0,00318	0,01244	—	—	—	—
9,7558	0,00000	0,01243	—	—	—	—

[1] C. MIRANDA, Mem. Acc. Italia 5, 283, 1934.

II.

Lösungen der Thomas-Fermi-Diracschen Gleichung (9, 26) und die Ableitung der Lösungen nach x für Ar, Kr, und X für verschiedeneAnstiege $\psi'(0)$ der Anfangstangente nach Jensen, Meyer-Goßler und Rohde[1].

Soweit die Tabellen bei $x = 0,1$ beginnen, wurden sie durchgehend von $x = 0$ berechnet, und zwar von $x = 0$ bis $x = 0,1$ durch Reihenentwicklung, für die später beginnenden Spalten wurden die Anfangswerte bei den betreffenden x-Werten durch Interpolation aus den Werten anderer Spalten bestimmt und dann wurde weiter numerisch gerechnet. Bei den später beginnenden Spalten kann man also die Werte von ψ und ψ' von $x = 0$ bis zu den betreffenden Anfangswerten durch Interpolation bestimmen. Für alle Lösungen ist $\psi(0) = 1$. Bezüglich einiger weiterer Daten, die sich auf die Lösungen beziehen, vgl. man die Tab. 9 und 10. Die Lösungen für X sind in Abb. 10 graphisch dargestellt.

Tab. 56. Argon ($Z = 18$).

$-\psi'(0$	1,635		1,6353	
x	ψ	$-\psi'$	ψ	$-\psi'$
0,1	0,87739	1,03493	0,87736	1,03525
0,2	0,78511	0,82820	0,78505	0,82851
0,3	0,70953	0,69119	0,70946	0,69151
0,4	0,64569	0,59026	0,64559	0,59061
0,5	0,59074	0,51184	0,59060	0,51220
0,6	0,54281	0,44888	0,54263	0,44928
0,7	0,50061	0,39713	0,50036	0,39752
0,8	0,46312	0,35381	0,46283	0,35429
0,9	0,42962	0,31721	0,42929	0,31765
1,0	0,39951	0,28582	0,39912	0,28628
1,2	0,34765	0,23503	0,34716	0,23558
1,4	0,30472	0,19597	0,30409	0,19662
1,6	0,26871	0,16523	0,26794	0,16599
1,8	0,23821	0,14062	0,23730	0,14150
2,0	0,21217	0,12057	0,21106	0,12156
2,5	0,16164	0,08423	0,15995	0,08559
3,0	0,12588	0,05985	0,12340	0,06215
3,5	0,10008	0,04376	0,09058	0,04613
4,0	0,08135	0,03169	0,07652	0,03475
4,5	0,06790	0,02247	0,06134	0,02637
5,0	0,05856	0,01610	0,04980	0,02003
5,5	0,05260	0,00866	0,04108	0,01566
6,0	0,04959	0,00319	0,03458	0,01105
6,5	0,04931	— 0,00210	0,02992	0,00769
7,0	0,05171	— 0,00753	0,02683	0,00475
7,5	0,05690	— 0,01336	0,02516	0,00205
8,0	0,06519	— 0,02780	0,02476	— 0,00053
8,5	—	—	0,02568	— 0,00316
9,0	—	—	0,02794	— 0,00595
9,5	—	—	0,03167	— 0,00904

[1] Diese Lösungen für Ar, Kr und X sind zugleich, bzw. die Lösungen der Gleichung (11, 28) für Ti, Ma und Tb; man vgl. hierzu die Seite 102. — Die Tabellen wurden mir von Prof. Jensen freundlichst zugesendet, wofür ich ihm meinen Dank ausspreche.

 Anhang.

Argon.

$-\psi'(0)$	1,63532		1,63534	
x	ψ	$-\psi'$	ψ	$-\psi'$
1,2	—	—	0,34710	0,23567
1,4	—	—	0,30402	0,19673
1,6	—	—	0,26786	0,16612
1,8	—	—	0,23717	0,14162
2,0	—	—	0,21090	0,12173
2,5	—	—	0,15969	0,08580
3,0	0,12316	0,06233	0,12302	0,06243
3,5	0,09623	0,04637	0,09602	0,04650
4,0	0,07603	0,03505	0,07575	0,03522
4,5	0,06068	0,02676	0,06030	0,02698
5,0	0,04891	0,02051	0,04843	0,02078
5,5	0,03994	0,01567	0,03929	0,01601
6,0	0,03312	0,01179	0,03226	0,01222
6,5	0,02805	0,00861	0,02695	0,00914
7,0	0,02444	0,00589	0,02304	0,00654
7,5	0,02211	0,00348	0,02034	0,00429
8,0	0,02093	0,00124	0,01872	0,00227
8,5	0,02083	— 0,00095	0,01809	0,00028
9,0	0,02187	—	0,01846	— 0,00167
9,5	0,02407	— 0,00562	0,01980	— 0,00372
10,0	0,02753	— 0,00948	0,02221	— 0,00596

Argon.

$-\psi'(0)$	1,63535		1,63536	
x	ψ	$-\psi'$	ψ	$-\psi'$
3,0	0,12294	0,06249	0,12286	0,06256
3,5	0,09592	0,04657	0,09580	0,04664
4,0	0,07560	0,03530	0,07544	0,03541
4,5	0,06010	0,02708	0,05989	0,02721
5,0	0,04816	0,02093	0,04790	0,02108
5,5	0,03893	0,01619	0,03858	0,01638
6,0	0,03180	0,01244	0,03135	0,01269
6,5	0,02636	0,00942	0,02578	0,00971
7,0	0,02231	0,00690	0,02155	0,00726
7,5	0,01942	0,00472	0,01847	0,00517
8,0	0,01756	0,00277	0,01635	0,00333
8,5	0,01664	0,00095	0,01511	0,00163
9,0	0,01663	— 0,00085	0,01471	0,00000
9,5	0,01751	— 0,00270	0,01512	— 0,00165
10,0	0,01934	— 0,00468	0,01638	— 0,00339
10,5	—	—	0,01854	— 0,00531
11,0	—	—	0,02172	— 0,00748

Argon.

$-\psi'(0)$	1,63537		1,63540	
x	ψ	$-\psi'$	ψ	$-\psi'$
0,5	—	—	0,59054	0,51234
0,6	—	—	0,54257	0,44939
0,7	—	—	0,50028	0,39769
0,8	—	—	0,46274	0,35447
0,9	—	—	0,42917	0,31785
1,0	—	—	0,39899	0,28650
1,2	—	—	0,34700	0,23580
1,4	—	—	0,30391	0,19687
1,6	—	—	0,26772	0,16627
1,8	—	—	0,23699	0,14180
2,0	—	—	0,21068	0,12192
2,5	0,15953	0,08595	0,15938	0,08605
3,0	0,12278	0,06261	0,12255	0,06277
3,5	0,09568	0,04675	0,09538	0,04696
4,0	0,07526	0,03553	0,07484	0,03580
4,5	0,05964	0,02737	0,05907	0,02771
5,0	0,04755	0,02127	0,04680	0,02171
5,5	0,03812	0,01662	0,03713	0,01717
6,0	0,03076	0,01299	0,02946	0,01368
6,5	0,02502	0,01010	0,02333	0,01094
7,0	0,02058	0,00773	0,01843	0,00876
7,5	0,01723	0,00575	0,01451	0,00702
8,0	0,01479	0,00405	0,01137	0,00559
8,5	0,01316	0,00252	0,00980	0,00442
9,0	0,01226	0,00108	0,00693	0,00344
9,5	0,01215	—	0,00543	0,00260
10,0	0,01266	— 0,00169	0,00432	0,00187
10,5	0,01390	— 0,00327	0,00355	0,00122
11,0	0,01593	— 0,00494	0,00310	0,00061
11,5	0,01886	— 0,00687	0,00297	0,00001
12,0	—	—	0,00309	— 0,00059
12,5	—	—	0,00355	— 0,00125
13,0	—	—	0,00435	— 0,00197
13,5	—	—	0,00554	— 0,00221
14,0	—	—	0,00719	— 0,00379

Argon.

$-\psi'(0)$	1,635403		1,635404	
x	ψ	$-\psi'$	ψ	$-\psi'$
6,0	0,02930	0,01374	0,02924	0,01377
6,5	0,02314	0,01102	0,02307	0,01105
7,0	0,01819	0,00897	0,01810	0,00890
7,5	0,01420	0,00715	0,01552	0,00719
8,0	0,01099	0,00576	0,01085	0,00580
8,5	0,00840	0,00463	0,00918	0,00468
9,0	0,00633	0,00369	0,00613	0,00377
9,5	0,00469	0,00291	0,00444	0,00301
10,0	0,00340	0,00226	0,00310	0,00238
10,5	0,00241	0,00171	0,00204	0,00186
11,0	0,00168	0,00123	0,00122	0,00143
11,5	0,00117	0,00082	0,00059	0,00108
12,0	0,00086	0,00044	0,00012	0,00080
12,5	0,00071	0,00017	—	—
13,0	0,00077	— 0,00021	—	—
13,5	0,00100	— 0,00065	—	—
14,0	0,00143	— 0,00109	—	—
14,5	0,00210	— 0,00161	—	—
15,0	0,00306	— 0,00244	—	—
15,5	0,00436	— 0,00300	—	—
16,0	0,00608	— 0,00393	—	—
16,5	0,00831	— 0,00506	—	—

Argon.

$-\psi'(0)$	1,635405		1,635410	
x	ψ	$-\psi'$	ψ	$-\psi'$
1,2	—	—	0,34698	0,23582
1,4	—	—	0,30389	0,19689
1,6	—	—	0,26769	0,16629
1,8	—	—	0,23687	0,14182
2,0	—	—	0,21065	0,12196
2,5	—	—	0,15932	0,08610
3,0	—	—	0,12247	0,06284
3,5	—	—	0,09524	0,04702
4,0	—	—	0,07466	0,03589
4,5	0,05895	0,02778	0,05882	0,02785
5,0	0,04663	0,02184	0,04645	0,02189
5,5	0,03691	0,01726	0,03668	0,01739
6,0	0,02919	0,01379	0,02887	0,01396
6,5	0,02300	0,01108	0,02259	0,01129
7,0	0,01801	0,00895	0,01748	0,00920
7,5	0,01397	0,00726	0,01331	0,00756
8,0	0,01069	0,00590	0,00987	0,00625
8,5	0,00803	0,00480	0,00701	0,00523
9,0	0,00587	0,00390	0,00459	0,00444
9,5	0,00411	0,00318	0,00253	0,00386
10,0	0,00267	0,00259	0,00070	0,00347
10,5	0,00150	0,00212	—	—
11,0	0,00053	0,00177	—	—

Argon.

$-\psi'(0)$	1,635420		1,635430	
x	ψ	$-\psi'$	ψ	$-\psi'$
3,0	—	—	0,12228	0,06297
3,5	—	—	0,09498	0,04721
4,0	—	—	0,07430	0,03613
4,5	0,05858	0,02799	0,05834	0,02814
5,0	0,04614	0,02206	0,04581	0,02226
5,5	0,03627	0,01761	0,03583	0,01786
6,0	0,02835	0,01423	0,02777	0,01453
6,5	0,02191	0,01163	0,02118	0,01199
7,0	0,01662	0,00962	0,01569	0,01006
7,5	0,01222	0,00755	0,01104	0,00860
8,0	0,00850	0,00688	0,00702	0,00754
8,5	0,00529	0,00600	0,00346	0,00682
9,0	0,00245	0,00540	0,00017	0,00642

Argon.

$-\psi'(0)$	1,635445		1,635500	
x	ψ	$-\psi'$	ψ	$-\psi'$
0,1	—	—	0,87734	1,03540
0,2	—	—	0,78500	0,82871
0,3	—	—	0,70939	0,69168
0,4	—	—	0,64549	0,59068
0,5	—	—	0,59048	0,51248
0,6	—	—	0,54249	0,44954
0,7	—	—	0,50020	0,39783
0,8	—	—	0,46264	0,35464
0,9	—	—	0,42905	0,31805
1,0	—	—	0,39886	0,28670
1,2	—	—	0,34682	0,23603
1,4	—	—	0,30365	0,19706
1,6	0,26755	0,16642	0,26740	0,16656
1,8	0,23680	0,14197	0,23662	0,14213
2,0	0,21046	0,12212	0,21025	0,12232
2,5	0,15903	0,08635	0,15870	0,08663
3,0	0,12204	0,06215	0,12156	0,06352
3,5	0,09463	0,04743	0,09395	0,04791
4,0	0,07382	0,03641	0,07288	0,03704
4,5	0,05770	0,02848	0,05643	0,02927
5,0	0,04497	0,02270	0,04326	0,02368
5,5	0,03474	0,01832	0,03249	0,01962
6,0	0,02636	0,01522	0,02346	0,01671
6,5	—	0,01285	0,01564	0,01468
7,0	0,01341	0,01112	0,00867	0,01336
7,5	0,00817	—	0,00220	0,01265
8,0	0,00343	0,00914	—	—

Anhang.

Tab. 57. Krypton $(Z = 36)$.

$-\psi'(0)$	1,6175		1,61775	
x	ψ	$-\psi'$	ψ	$-\psi'$
0,1	0,87900	1,02016	—	—
0,2	0,78808	0,81553	—	—
0,3	0,71368	0,68022	—	—
0,4	0,65087	0,58067	—	—
0,5	0,59681	0,50342	—	—
0,6	0,54967	0,44146	—	—
0,7	0,50815	0,39059	—	—
0,8	0,47128	0,34810	—	—
0,9	0,43831	0,31212	—	—
1,0	0,40866	0,28131	0,40830	0,28179
1,2	0,35762	0,23149	0,35716	0,23205
1,4	0,31530	0,19320	0,31474	0,19385
1,6	0,27978	0,16311	0,27910	0,16383
1,8	0,24966	0,13901	0,24882	0,13982
2,0	0,22388	0,11939	0,22287	0,12031
2,5	0,17374	0,08384	0,17219	0,08506
3,0	0,13805	0,06047	0,13578	0,06209
3,5	0,11209	0,04427	0,10891	0,04636
4,0	0,09305	0,03249	0,08869	0,03515
4,5	0,07914	0,02353	0,07329	0,02687
5,0	0,06921	0,01641	0,06149	0,02059
5,5	0,06253	0,01048	0,05248	0,01565
6,0	0,05861	0,00527	0,04568	0,01166
6,5	0,05719	0,00045	0,04072	0,00830
7,0	0,05814	— 0,00425	0,03731	0,00537
7,5	0,06146	— 0,00810	0,03529	0,00273
8,0	—	—	0,03454	0,00022
8,5	—	—	0,03504	— 0,00223
9,0	—	—	0,03679	— 0,00475
9,5	—	—	0,03984	— 0,00748

Krypton.

$-\psi'(0)$	1,61780		1,617845	
x	ψ	$-\psi'$	ψ	$-\psi'$
0,1	—	—	0,87896	1,02052
0,2	—	—	0,78798	0,81588
0,3	—	—	0,71352	0,68064
0,4	—	—	0,65065	0,58114
0,5	—	—	0,59656	0,50393
0,6	—	—	0,54938	0,44200
0,7	—	—	0,50781	0,39116
0,8	—	—	0,47087	0,34868
0,9	—	—	0,43785	0,31272
1,0	0,40821	0,28189	0,40817	0,28195
1,2	0,35702	0,23267	0,35698	0,23223
1,4	0,31457	0,19399	0,31451	0,19405
1,6	0,27889	0,16403	0,27880	0,16410
1,8	0,24857	0,14005	0,24846	0,14013
2,0	0,22258	0,12058	0,22245	0,12066
2,5	0,17175	0,08543	0,17156	0,08554
3,0	0,13513	0,06256	0,13488	0,06273
3,5	0,10798	0,04698	0,10765	0,04716
4,0	0,08740	0,03593	0,08697	0,03619
4,5	0,07156	0,02779	0,07098	0,02818
5,0	0,05920	0,02187	0,05846	0,02220
5,5	0,04951	0,01716	0,04854	0,01764
6,0	0,04188	0,01351	0,04063	0,01409
6,5	0,03588	0,01054	0,03431	0,01127
7,0	0,03125	0,00808	0,02927	0,00897
7,5	0,02774	0,00600	0,02527	0,00706
8,0	0,02520	0,00418	0,02216	0,00544
8,5	0,02353	0,00253	0,01980	0,00404
9,0	0,02265	0,00098	0,01811	0,00279
9,5	0,02254	— 0,00052	0,01700	0,00164
10,0	0,02319	— 0,00203	0,01646	0,00054
10,5	0,02460	— 0,00361	0,01647	— 0,00054
11,0	0,02682	— 0,00531	0,01700	— 0,00163
11,5	—	—	0,01810	— 0,00277
12,0	—	—	0,01979	— 0,00403

Krypton.

$-\psi'(0)$	1,617849		1,617851	
x	ψ	$-\psi'$	ψ	$-\psi'$
1,0	—	—	0,40815	0,28198
1,2	—	—	0,35696	0,23228
1,4	—	—	0,31447	0,19212
1,6	—	—	0,27875	0,16416
1,8	—	—	0,24840	0,14019
2,0	—	—	0,22237	0,12073
2,5	—	—	0,17144	0,08565
3,0	0,13475	0,06280	0,13470	0,06285
3,5	0,10747	0,04729	0,10740	0,04733
4,0	0,08671	0,03634	0,08662	0,03638
4,5	0,07063	0,02838	0,07052	0,02844
5,0	0,05799	0,02245	0,05784	0,02254
5,5	0,04794	0,01791	0,04773	0,01800
6,0	0,03987	0,01446	0,03961	0,01459
6,5	0,03335	0,01170	0,03303	0,01208
7,0	0,02807	0,00950	0,02766	0,00969
7,5	0,02379	0,00769	0,02327	0,00794
8,0	0,02033	0,00621	0,01967	0,00650
8,5	0,01754	0,00496	0,01673	0,00530
9,0	0,01534	0,00388	0,01433	0,00428
9,5	0,01363	0,00258	0,01246	0,00341
10,0	0,01238	0,00207	0,01090	0,00264
10,5	0,01154	0,00128	0,00976	0,00195
11,0	0,01108	0,00053	0,00894	0,00131
11,5	0,01100	— 0,00019	0,00844	0,00072
12,0	0,01128	— 0,00093	0,00822	0,00014
12,5	0,01194	— 0,00170	0,00829	— 0,00043
13,0	0,01299	— 0,00252	0,00865	— 0,00102
13,5	0,01448	— 0,00343	0,00932	— 0,00164
14,0	—	—	0,01030	— 0,00231

Krypton.

$-\psi'(0)$	1,617853		1,6178547	
x	ψ	$-\psi'$	ψ	$-\psi'$
1,0	—	—	0,40814	0,28199
1,2	—	—	0,35695	0,23230
1,4	—	—	0,31445	0,19415
1,6	—	—	0,27873	0,16422
1,8	—	—	0,24838	0,14021
2,0	—	—	0,22235	0,12077
2,5	—	—	0,17140	0,08570
3,0	—	—	0,13465	0,06290
3,5	—	—	0,10732	0,04741
4,0	—	—	0,08651	0,03648
4,5	0,07045	0,02849	0,07036	0,02855
5,0	0,05776	0,02259	0,05762	0,02265
5,5	0,04764	0,01812	0,04745	0,01819
6,0	0,03948	0,01466	0,03924	0,01475
6,5	0,03285	0,01196	0,03257	0,01206
7,0	0,02743	0,00981	0,02710	0,00991
7,5	0,02298	0,00806	0,02258	0,00820
8,0	0,01932	0,00664	0,01884	0,00681
8,5	0,01630	0,00546	0,01573	0,00568
9,0	0,01381	0,00448	0,01313	0,00474
9,5	0,01179	0,00364	0,01097	0,00395
10,0	0,01015	0,00292	0,00917	0,00328
10,5	0,00884	0,00229	0,00767	0,00271
11,0	0,00784	0,00173	0,00645	0,00223
11,5	0,00712	0,00121	0,00545	0,00165
12,0	0,00664	0,00073	0,00464	0,00143
12,5	0,00639	0,00025	0,00402	0,00109
13,0	0,00639	— 0,00023	0,00355	0,00078
13,5	0,00662	— 0,00070	0,00324	0,00048
14,0	0,00709	— 0,00120	0,00307	0,00020
14,5	0,00782	— 0,00174	0,00304	— 0,00007
15,0	0,00883	— 0,00233	0,00315	— 0,00036
15,5	—	—	0,00340	— 0,00066
16,0	—	—	0,00381	— 0,00099
16,5	—	—	0,00466	— 0,00135
17,0	—	—	0,00516	— 0,00174

Krypton.

$-\psi'(0)$	1,6178552		1,6178556	
x	ψ	$-\psi'$	ψ	$-\psi'$
4,5	—	—	0,07029	0,02859
5,0	—	—	0,05755	0,02269
5,5	—	—	0,04737	0,01825
6,0	—	—	0,03914	0,01482
6,5	—	—	0,03242	0,01214
7,0	—	—	0,02690	0,01003
7,5	—	—	0,02233	0,00833
8,0	—	—	0,01852	0,00695
8,5	—	—	0,01534	0,00583
9,0	0,01284	0,00485	0,01267	0,00491
9,5	0,01061	0,00408	0,01041	0,00415
10,0	0,00874	0,00342	0,00849	0,00351
10,5	0,00716	0,00289	0,00687	0,00299
11,0	0,00584	0,00243	0,00584	0,00256
11,5	0,00472	0,00204	0,00429	0,00219
12,0	0,00379	0,00171	0,00327	0,00188
12,5	0,00301	0,00142	0,00238	0,00163
13,0	0,00237	0,00117	0,00162	0,00142
13,5	0,00184	0,00096	0,00095	0,00126
14,0	0,00140	0,00077	0,00036	0,00114
14,5	0,00106	0,00061	—	—
15,0	0,00079	0,00046	—	—
15,5	0,00058	0,00033	—	—
16,0	0,00044	0,00020	—	—
16,5	0,00036	0,00008	—	—
17,0	0,00035	— 0,00004	—	—
17,5	0,00039	— 0,00017	—	—
18,0	0,00050	— 0,00029	—	—
18,5	0,00068	— 0,00044	—	—
19,0	0,00094	— 0,00060	—	—
19,5	0,00129	— 0,00087	—	—
20,0	0,00173	— 0,00100	—	—
20,5	0,00205	— 0,00126	—	—
21,0	0,00299	— 0,00155	—	—

Krypton.

$-\psi'(0)$	1,6178558		1,6178561	
x	ψ	$-\psi'$	ψ	$-\psi'$
4,5	—	—	0,07025	0,02861
5,0	—	—	0,05748	0,02274
5,5	—	—	0,04727	0,01830
6,0	—	—	0,03901	0,01488
6,5	—	—	0,03225	0,01222
7,0	—	—	0,02669	0,01012
7,5	—	—	0,02207	0,00845
8,0	—	—	0,01820	0,00711
8,5	—	—	0,01493	0,00603
9,0	0,01245	0,00500	0,01215	0,00515
9,5	0,01014	0,00426	0,00976	0,00443
10,0	0,00817	0,00365	0,00769	0,00384
10,5	0,00677	0,00315	0,00589	0,00337
11,0	0,00500	0,00274	0,00431	0,00299
11,5	0,00372	0,00240	0,00289	0,00270
12,0	0,00258	0,00213	0,00159	0,00249
12,5	0,00147	0,00191	0,00038	0,00235
13,0	0,00065	0,00175	—	—

Krypton.

$-\psi'(0)$	1,6178570		1,6178650	
x	ψ	$-\psi'$	ψ	$-\psi'$
0,1	—	—	0,87896	1,02054
0,2	—	—	0,78797	0,81591
0,3	—	—	0,71351	0,68067
0,4	—	—	0,65063	0,58117
0,5	—	—	0,59654	0,50398
0,6	—	—	0,54935	0,44204
0,7	—	—	0,50777	0,39119
0,8	—	—	0,47083	0,34873
0,9	—	—	0,43781	0,31278
1,0	0,40814	0,28199	0,40813	0,28203
1,2	0,35694	0,23230	0,35693	0,23235
1,4	0,31444	0,19415	0,31443	0,19421
1,6	0,27872	0,16417	0,27870	0,16425
1,8	0,24836	0,14021	0,24834	0,14030
2,0	0,22234	0,12077	0,22230	0,12087
2,5	0,17139	0,08569	0,17128	0,08582
3,0	0,13460	0,06297	0,13444	0,06307
3,5	0,10723	0,04777	0,10711	0,04761
4,0	0,08637	0,03658	0,08608	0,03674
4,5	0,07016	0,02866	0,06978	0,02888
5,0	0,05737	0,02282	0,05685	0,02308
5,5	0,04711	0,01839	0,04646	0,01872
6,0	0,03880	0,01499	0,03798	0,01539
6,5	0,03199	0,01234	0,03095	0,01283
7,0	0,02637	0,01025	0,02505	0,01083
7,5	0,02166	0,00850	0,02004	0,00930
8,0	0,01770	0,00728	0,01570	0,00811
8,5	0,01434	0,00623	0,01189	0,00719
9,0	0,01144	0,00540	0,00847	0,00651
9,5	0,00891	0,00479	0,00534	0,00603
10,0	0,00668	0,00419	0,00240	0,00573
10,5	0,00469	0,00378	—	—
11,0	0,00287	0,00349	—	—
11,5	0,00118	0,00329	—	—

Krypton.

$-\psi'(0)$	1,6178840		1,618	
x	ψ	$-\psi'$	ψ	$-\psi'$
0,1	0,87896	1,02056	0,87895	1,02068
0,2	0,78797	0,81594	0,78794	0,81246
0,3	0,71351	0,68069	0,71348	0,67983
0,4	0,65063	0,58119	0,65059	0,58134
0,5	0,59653	0,50399	0,59646	0,50416
0,6	0,54933	0,44206	0,54924	0,44226
0,7	0,50775	0,39121	0,50765	0,39141
0,8	0,47080	0,34877	0,47069	0,34897
0,9	0,43777	0,31282	0,43763	0,31307
1,0	0,40808	0,28202	0,40788	0,28233
1,2	0,35688	0,23237	0,35659	0,23269
1,4	0,31438	0,19424	0,31401	0,19459
1,6	0,27864	0,16430	0,27819	0,16471
1,8	0,24826	0,14035	0,24772	0,14081
2,0	0,22220	0,12092	0,22157	0,12146
2,5	0,17116	0,08588	0,17023	0,08662
3,0	0,13430	0,06316	0,13293	0,06413
3,5	0,10683	0,04773	0,10491	0,04899
4,0	0,08583	0,03689	0,08318	0,03849
4,5	0,06944	0,02907	0,06590	0,03106
5,0	0,05641	0,02331	0,05177	0,02577
5,5	0,04588	0,01899	0,03989	0,02200
6,0	0,03725	0,01572	0,02958	0,01937
6,5	0,03005	0,01323	0,02037	0,01760
7,0	0,02393	0,01133	0,01186	0,01652
7,5	0,01863	0,00989	0,00376	0,01601
8,0	0,01397	0,00882	—	—
8,5	0,00977	0,00804	—	—
9,0	0,00588	0,00752	—	—
9,5	0,00221	0,00721	—	—

Anhang.

Tab. 58. Xenon ($Z = 54$).

$-\psi'(0)$	1,610		1,61065	
x	ψ	$-\psi'$	ψ	$-\psi'$
0,1	0,87969	1,01373	—	—
0,2	0,78938	0,80998	—	—
0,3	0,71549	0,67548	—	—
0,4	0,65311	0,57643	—	—
0,5	0,59947	0,49956	—	—
0,6	0,55271	0,43793	—	—
0,7	0,51153	0,38732	—	—
0,8	0,47496	0,34506	—	—
0,9	0,44230	0,30928	—	—
1,0	0,41294	0,27864	—	—
1,2	0,36240	0,22912	—	—
1,4	0,32056	0,19101	—	—
1,6	0,28548	0,16102	—	—
1,8	0,25576	0,13696	—	—
2,0	0,23040	0,11733	—	—
2,5	0,18133	0,08161	—	—
3,0	0,14685	0,05783	—	—
3,5	0,12239	0,04097	—	—
4,0	0,10519	0,02836	—	—
4,5	0,09260	0,01836	—	—
5,0	0,08658	0,00991	0,06447	0,02184
5,5	0,08354	0,00237	0,05477	0,01716
6,0	0,08411	— 0,00473	0,04717	0,01345
6,5	0,08927	— 0,01192	0,04124	0,01045
7,0	—	—	0,03668	0,00792
7,5	—	—	0,03278	0,00578
8,0	—	—	0,03038	0,00389
8,5	—	—	0,02887	0,00217
9,0	—	—	0,02820	0,00055
9,5	—	—	0,02820	— 0,00104
10,0	—	—	0,02911	— 0,00262
10,5	—	—	0,03034	— 0,00330

Xenon.

$-\psi'(0)$	1,61068		1,610707	
x	ψ	$-\psi'$	ψ	$-\psi'$
6,0	0,04459	0,01467	—	—
6,5	0,03799	0,01203	—	—
7,0	0,03263	0,00967	—	—
7,5	0,02827	0,00784	—	—
8,0	0,02475	0,00631	0,02350	0,00682
8,5	0,02193	0,00502	0,02041	0,00561
9,0	0,01971	0,00391	0,01787	0,00459
9,5	0,01802	0,00290	0,01580	0,00372
10,0	0,01680	0,00200	0,01414	0,00295
10,5	0,01601	0,00116	0,01283	0,00228
11,0	0,01564	0,00035	0,01185	0,00166
11,5	0,01564	— 0,00044	0,01117	0,00108
12,0	0,01602	— 0,00125	0,01077	0,00053
12,5	0,01689	— 0,00207	0,01064	0,00000
13,0	0,01810	— 0,00296	0,01077	— 0,00055
13,5	—	—	0,01185	— 0,00108
14,0	—	—	0,01233	— 0,00163
14,5	—	—	0,01283	— 0,00226

Xenon.

$-\psi'(0)$	1,610709		1,6107108	
x	ψ	$-\psi'$	ψ	$-\psi'$
10,0	0,01280	0,00345	—	—
10,5	0,01123	0,00288	—	—
11,0	0,00995	0,00230	0,00908	0,00258
11,5	0,00892	0,00183	0,00790	0,00215
12,0	0,00812	0,00140	0,00692	0,00178
12,5	0,00752	0,00101	0,00612	0,00144
13,0	0,00711	0,00064	0,00548	0,00115
13,5	0,00687	0,00030	0,00497	0,00088
14,0	0,00681	— 0,00004	0,00460	0,00062
14,5	0,00690	— 0,00039	0,00436	0,00037
15,0	0,00719	— 0,00077	0,00423	0,00013
15,5	0,00767	— 0,00116	0,00422	— 0,00010
16,0	0,00835	— 0,00157	0,00434	— 0,00034
16,5	0,00925	— 0,00202	0,00457	— 0,00060
17,0	—	—	0,00493	— 0,00089
17,5	—	—	0,00543	— 0,00116
18,0	—	—	0,00609	— 0,00148

Xenon.

$-\psi'(0)$	1,6107116		1,6107130	
x	ψ	$-\psi'$	ψ	$-\psi'$
11,0	0,00878	0,00267	—	—
11,5	0,00755	0,00226	—	—
12,0	0,00651	0,00191	—	—
12,5	0,00564	0,00159	—	—
13,0	0,00491	0,00132	—	—
13,5	0,00432	0,00107	—	—
14,0	0,00384	0,00085	0,00305	0,00110
14,5	0,00346	0,00064	0,00254	0,00093
15,0	0,00320	0,00044	0,00215	0,00078
15,5	0,00305	0,00026	0,00176	0,00064
16,0	—	0,00007	0,00147	0,00052
16,5	0,00303	— 0,00011	0,00124	0,00040
17,0	0,00314	— 0,00031	0,00107	0,00030
17,5	0,00334	— 0,00051	0,00094	0,00020
18,0	0,00365	— 0,00073	0,00087	0,00010
18,5	—	—	0,00084	0,00002
19,0	—	—	0,00085	— 0,00008
19,5	—	—	0,00092	— 0,00018
20,0	—	—	—	—
20,5	—	—	0,00121	— 0,00040

Xenon.

$-\psi'(0)$	1,6107135		1,6107137	
x	ψ	$-\psi'$	ψ	$-\psi'$
10,0	—	—	0,01173	0,00383
10,5	—	—	0,00996	0,00348
11,0	—	—	0,00844	0,00282
11,5	—	—	0,00713	0,00242
12,0	—	—	0,00601	0,00209
12,5	—	—	0,00504	0,00181
13,0	—	—	0,00420	0,00156
13,5	—	—	0,00348	0,00135
14,0	—	—	0,00285	0,00116
14,5	—	—	0,00231	0,00100
15,0	—	—	0,00185	0,00086
15,5	—	—	0,00145	0,00074
16,0	—	—	0,00110	0,00064
16,5	—	—	0,00081	0,00054
17,0	0,00075	0,00040	0,00056	0,00046
17,5	0,00057	0,00032	0,00035	0,00038
18,0	0,00043	0,00024	0,00018	0,00032
18,5	0,00033	0,00018	0,00003	0,00027
19,0	0,00025	0,00012	—	—
19,5	0,00021	0,00006	—	—
20,0	0,00019	0,00000	—	—
20,5	0,00021	— 0,00006	—	—

Xenon.

$-\psi'(0)$	1,6107140		1,6107150	
x	ψ	$-\psi'$	ψ	$-\psi'$
6,0	0,04356	0,01517	—	—
6,5	0,03668	0,01250	—	—
7,0	0,03099	0,01039	—	—
7,5	0,02625	0,00868	—	—
8,0	0,02226	0,00733	—	—
8,5	0,01889	0,00622	—	—
9,0	0,01602	0,00531	0,01570	0,00541
9,5	0,01357	0,00455	0,01319	0,00467
10,0	0,01142	0,00392	0,01101	0,00406
10,5	0,00964	0,00338	0,00912	0,00355
11,0	0,00806	0,00294	0,00745	0,00315
11,5	0,00669	0,00256	0,00596	0,00281
12,0	0,00549	0,00225	0,00463	0,00254
12,5	0,00444	0,00198	0,00342	0,00231
13,0	0,00359	0,00177	0,00231	0,00215
13,5	0,00267	0,00158	0,00127	0,00203
14,0	0,00192	0,00143	0,00028	0,00195
14,5	0,00123	0,00132	—	—
15,0	0,00060	0,00123	—	—
15,5	0,00001	0,00112	—	—

Xenon.

$-\psi'(0)$	1,6107600		1,611	
x	ψ	$-\psi'$	ψ	$-\psi'$
1,6	0,28333	0,16348	—	—
1,8	0,25310	0,13972	—	—
2,0	0,22716	0,12045	0,22618	0,12114
2,5	0,17626	0,08580	0,17492	0,08466
3,0	0,13940	0,06327	0,13753	0,06443
3,5	0,11182	0,04801	0,10930	0,04949
4,0	0,09065	0,03727	0,08730	0,03917
4,5	0,07406	0,02951	0,06965	0,02965
5,0	0,06081	0,02371	0,05506	0,02678
5,5	0,05003	0,01957	0,04263	0,02318
6,0	0,04108	0,01636	0,03170	0,02073
6,5	0,03355	0,01392	0,02177	0,01912
7,0	0,02708	0,01208	0,01248	0,01818
7,5	0,02141	0,01068	0,00352	0,01788
8,0	0,01634	0,00966	—	—
8,5	0,01170	0,00893	—	—
9,0	0,00738	0,00845	—	—
9,5	0,00323	0,00816	—	—

X e n o n.

$-\psi'(0)$	1,613		1,615	
x	ψ	$-\psi'$	ψ	$-\psi'$
0,3	—	—	0,71390	0,68125
0,4	—	—	0,65091	0,58270
0,5	—	—	0,59661	0,50630
0,6	—	—	0,54914	0,44529
0,7	—	—	0,50718	0,39527
0,8	—	—	0,46979	0,35012
0,9	—	—	0,43693	0,31844
1,0	—	—	0,40592	0,28847
1,2	—	—	0,35327	0,24046
1,4	0,31361	0,19883	0,30898	0,20402
1,6	0,27685	0,16995	0,27112	0,17586
1,8	0,24524	0,14709	0,23825	0,15381
2,0	0,21772	0,12880	0,20930	0,13637
2,5	0,16200	0,09689	0,14917	0,10695
3,0	0,11876	0,07773	0,10019	0,09069
3,5	0,08298	0,06641	0,05712	0,08265
4,0	0,05170	0,05923	0,01664	0,07980
4,5	0,02290	0,05649	—	—

III.

Zur numerischen Berechnung der Wechselwirkungsenergie von statistischen Atomen und Ionen.

Die Integrale in den Energietermen der Wechselwirkungsenergie (18, 9) bis (18, 12) sind von der Form

$$J = \int F(r_1, r_2)\, dv \,. \tag{III, 1}$$

Zur Auswertung dieser Integrale ist es zweckmäßig als unabhängige Variable r_1, r_2 und ϑ einzuführen[1], wo ϑ den Winkel um die Kernverbindungslinie bezeichnet (man vgl. Abb. 16). Für die Funktionaldeterminante, mit der sich bei der Transformation des Integrals das Volumenelement multipliziert, erhält man

$$\frac{\partial(x, y, z)}{\partial(r_1, r_2, \vartheta)} = \frac{r_1 r_2}{\delta} \,. \tag{III, 2}$$

Wenn man über ϑ die Integration ausführt, kann man in (III, 1) für dv schreiben

$$dv = \frac{2\pi}{\delta} r_1 r_2 \, dr_1 \, dr_2 \,. \tag{III, 3}$$

---

[1] H. Jensen, Zs. f. Phys. **77**, 722, 1932.

Es ist zweckmäßig, den Fall, daß die wechselwirkenden Atome, bzw. Ionen bis ins Unendliche auslaufende Elektronendichten besitzen, und den Fall, daß die Elektronendichten bei einem endlichen Radius abbrechen, gesondert in Betracht zu ziehen.

Wir befassen uns zunächst mit dem ersten Fall, setzen also voraus, daß die Elektronendichten bis ins Unendliche auslaufen, wie dies z. B. bei der LENZ-JENSENschen Dichteverteilung der Fall ist. Die Integrationsgrenzen sind dann die folgenden

$$0 \leq r_1 \leq \infty \, , \qquad\qquad \left.\begin{matrix} \\ \\ \end{matrix}\right\} \text{(III, 4)}$$
$$|\delta - r_1| \leq r_2 \leq \delta + r_1 \, .$$

Die Auswertung der Integrale in (18, 9) bis (18, 12) ist sehr mühsam, da diese nur durch Planimetrieren, in (18, 10) bis (18, 12) sogar nur durch doppeltes Planimetrieren durchgeführt werden kann.

(18, 9) läßt sich in eine für die numerische Berechnung zweckmäßigere Form bringen, in der nur ein Integral vorkommt. Mit Rücksicht auf die POISSONsche Gleichung $\Delta V_{ei} = 4 \pi e \varrho_i$ folgt nämlich durch partielle Integration

$$\int V_{e_1} \varrho_2 \, dv = \int V_{e_2} \varrho_1 \, dv \, . \qquad\qquad \text{(III, 5)}$$

Wenn man diesen Zusammenhang in (18, 5) berücksichtigt, so kann man u_e in folgender Form schreiben

$$u_e = - \left[N_1 \gamma_2(\delta) + \int \gamma_1 \varrho_2 \, dv \right] e \, . \qquad\qquad \text{(III, 6)}$$

Für $u_e + u_k$ läßt sich folgender analytischer Näherungsausdruck herleiten[1], der für $\delta > 4 \, a_0$ Gültigkeit hat,

$$u_e + u_k = -[N_2 \gamma_1(\delta) + N_1 \gamma_2(\delta)] e + (\alpha_1 + \beta_1) \varrho_2(\delta) + \beta_2 \varrho_1(\delta) \, , \quad \text{(III, 7)}$$

wo α_1, β_1 und β_2 Konstanten sind und folgende Bedeutung haben

$$\alpha_1 = 4 \pi e \int_0^\infty \gamma_1(r) \, r^2 \, dr \, , \qquad\qquad \text{(III, 8)}$$

$$\beta_i = \frac{20 \pi}{3} \varkappa_k \int_0^\infty [\varrho_i(r)]^{2/3} \, r^2 \, dr \, . \qquad\qquad \text{(III, 9)}$$

α_1, β_1 und β_2 kann man mit Hilfe der LENZ-JENSENschen Dichte- und Potentialverteilung (man vgl. § 8) einfach berechnen. Die Herleitung

---

[1] P. GOMBÁS, Zs. f. Phys. **93**, 378, 1935. Die Bezeichnungen der ursprünglichen Arbeit sind von den im folgenden benutzten Bezeichnungen verschieden.

dieses Näherungsausdruckes gründet sich auf ganz analoge Betrachtungen wie die Herleitung des Zusammenhanges (18, 18), bzw. (18, 19), nur wird hier bei der Aufteilung des Raumes neben den Teilen, in welchen $\varrho_1 > \varrho_2$, bzw. $\varrho_1 < \varrho_2$ ist, der Raumteil, in dem $\varrho_1 \cong \varrho_2$ ist, gesondert in Betracht gezogen. Die Unsymmetrie des Ausdruckes (III, 7) in den Indices 1 und 2 rührt daher, daß wir bei der Herleitung des Näherungsausdruckes aus der unsymmetrischen Form von u_e ausgingen.

Da u_c und u_n durch analytische Ausdrücke dargestellt sind, kann man für den Fall, daß u_a und u_w vernachlässigt werden können, mit Hilfe von (III, 7) die gesamte Wechselwirkungsenergie auf analytischem Wege berechnen. Wie ein Vergleich der aus (III, 7) gewonnenen Näherungswerte von $u_e + u_k$ mit dem auf numerischem Wege berechneten exakten Werten im Falle des RbBr und KCl zeigt[1], wird durch den Näherungsausdruck (III, 7) $u_e + u_k$ sehr gut approximiert.

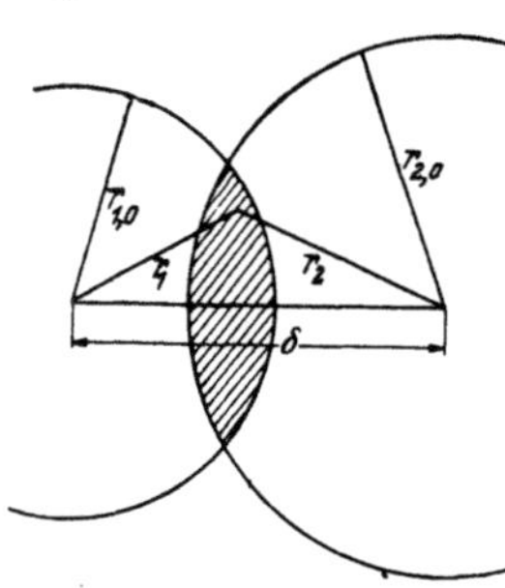

Abb. 57. Zur Berechnung der Wechselwirkungsenergie von zwei statistischen Atomen oder Ionen mit endlichem Grenzradius.

Im folgenden befassen wir uns im Anschluß an JENSEN[2] noch mit dem Fall, daß die Elektronendichte der wechselwirkenden Atome oder Ionen nicht bis ins Unendliche ausläuft, sondern bei einem endlichen Radius abbricht, wie dies z. B. beim THOMAS-FERMI-DIRACschen oder bei dem mit der Korrelation erweiterten Modell der Fall ist. Wenn wir die Grenzradien der beiden Atome oder Ionen mit $r_{1,0}$ und $r_{2,0}$ bezeichnen, so erhalten wir jetzt für die Integrationsgrenzen von r_1 und r_2

$$\delta - r_2 \leqq r_1 \leqq r_{1,0} \,, \quad \delta - r_{1,0} \leqq r_2 \leqq r_{2,0} \,. \qquad \text{(III, 10)}$$

Es ist zweckmäßig, statt r_i und δ die Abstände z_i vom Atom- oder Ionenrand und die Eintauchtiefe s (man vgl. Abb. 57) einzuführen. Es ist

$$z_i = r_{i,0} - r_i \,, \quad s = r_{1,0} + r_{2,0} - \delta \,, \qquad \text{(III, 11)}$$

$$dr_1 \, dr_2 = dz_1 \, dz_2 \qquad \text{(III, 12)}$$

und für die Integrationsgrenzen erhält man

$$0 \leqq z_1 \leqq s - z_2 \,, \quad 0 \leqq z_2 \leqq s \,. \qquad \text{(III, 13)}$$

Schließlich ist es aus Symmetriegründen zweckmäßig

$$z_1 + z_2 = \xi \quad \text{und} \quad z_1 - z_2 = \eta \qquad \text{(III, 14)}$$

---

[1] Man vgl. hierzu P. GOMBÁS, Zs. f. Phys. **93**, 378, 1935.

[2] H. JENSEN, Zs. f. Phys. **101**, 164, 1936.

als neue Variable einzuführen; dann ist

$$dz_1\, dz_2 = \frac{1}{2}\, d\,\xi\, d\,\eta \qquad \text{(III, 15)}$$

und die Integrationsgrenzen sind die folgenden

$$-\xi \le \eta \le +\xi,\ 0 \le \xi \le s\,. \qquad \text{(III, 16)}$$

Das Integral (III, 1) kann man dann folgendermaßen schreiben

$$J = \frac{\pi}{\delta} \int_0^s d\,\xi \int_{-\xi}^{+\xi} d\,\eta\, [r_1 r_2 F(r_1, r_2)]_{z_1 + z_2 = \xi}\,. \qquad \text{(III, 17)}$$

Hierbei ist für das Weitere wichtig, daß als Folge der endlichen Atom-, bzw. Ionenradien δ nur vor dem Integralzeichen im Faktor und in der oberen Grenze s auftritt. Zur Berechnung des Kernabstandes in der Gleichgewichtslage wird nur die Ableitung der Wechselwirkungsenergie nach δ gebraucht. Für die Ableitung von J nach δ erhält man mit Rücksicht auf die Beziehung $\frac{d}{d\,\delta} = -\frac{d}{d\,s}$ folgenden Ausdruck

$$\frac{dJ}{d\,\delta} = -\frac{J}{\delta} - \frac{\pi}{\delta} \int_{-s}^{+s} d\,\eta\, [r_1 r_2 F(r_1, r_2)]_{z_1 + z_2 = s}\,. \qquad \text{(III, 18)}$$

Von JENSEN wurde die Wechselwirkungsenergie für die gesamte Alkalihalogenidreihe — mit Ausnahme der Li-Halogeniden — berechnet (man vgl. Kap. VIII), wobei sich zeigte, daß das erste Glied auf der rechten Seite von (III, 18) nur etwa 10% des zweiten ausmacht; man hat also in diesem Fall nur das innere Integral in (III, 17) mit großer Genauigkeit zu berechnen, für das äußere genügt eine rohe Berechnung. Hierdurch wird die Berechnung der Wechselwirkungsenergie wesentlich vereinfacht.

IV.

Die Wentzel-Kramers-Brillouinsche Methode.

Wir geben hier einen kurzen Überblick über die von WENTZEL, KRAMERS und BRILLOUIN entwickelte Methode[1] zur näherungsweisen Bestimmung von Eigenfunktionen und Eigenwerten, und zwar beschränken wir uns hier auf den Fall eines Elektrons in einem zentralsymmetrischen Potentialfeld V.

---

[1] G. WENTZEL, Zs. f. Phys. **38**, 518, 1926; H. A. KRAMERS, Zs. f. Phys. **39**, 828, 1926; L. BRILLOUIN, Compt. Rend. **183**, 24, 1926; man vgl. weiterhin A. ZWAAN, Dissertation, Utrecht, 1929 und Arch. Néderl. **12**, 33, 1929; J. L. DUNHAM, Phys, Rev. (2) **41**, 713, 1932. Weitere Literaturangaben befinden sich z. B. bei SOMMERFELD, Atombau u. Spektrallinien, Bd. 2, 2. Aufl., S. 707 bis 714, Vlg. Vieweg, Braunschweig, 1939.

Wenn wir $f = rR$ setzen, wo R die radiale Eigenfunktion des Elektrons bezeichnet, so hat f im allgemeinen folgender SCHRÖDINGERschen Gleichung zu genügen

$$\frac{d^2 f}{d r^2} + \left[\frac{8 \pi^2 m}{h^2} (\varepsilon - \chi) - \frac{l(l+1)}{r^2}\right] f = 0 , \qquad (\text{IV}, 1)$$

wo ε den Energieparameter, $\chi = -eV$ die potentielle Energie des Elektrons im Potentialfeld V und l die Nebenquantenzahl bezeichnet [man vgl. (24, 3)]. Da sich die WENTZEL-KRAMERS-BRILLOUINsche Methode auf die ältere Quantentheorie stützt, ersetzen wir in dieser Gleichung $l(l+1)$ durch $(l + \frac{1}{2})^2$ gemäß dem üblichen Kompromiß zwischen der Wellenmechanik und der älteren Quantentheorie, und erhalten aus (IV, 1)

$$\frac{d^2 f}{d r^2} + \frac{4 \pi^2}{h^2} p^2 f = 0 \qquad (\text{IV}, 2)$$

mit

$$p = \left[2 m(\varepsilon - \chi) - \frac{h^2}{4 \pi^2} \frac{(l + \frac{1}{2})^2}{r^2}\right]^{1/2} , \qquad (\text{IV}, 3)$$

p entspricht dem Radialimpuls des Elektrons.

Zur näherungsweisen Lösung der Gl. (IV, 2), bzw. (IV, 1) macht man den Ansatz

$$f = A\, e^{\frac{2 \pi i}{h} \int y\, dr} , \qquad (\text{IV}, 4)$$

wo A einen Normierungsfaktor bezeichnet und erhält für $y(r)$ die RICCATIsche Gleichung

$$\frac{h}{2 \pi i} \frac{d y}{d r} = p^2 - y^2 , \qquad (\text{IV}, 5)$$

die sich durch die Reihenentwicklung

$$y = y_0 + \frac{h}{2 \pi i} y_1 + \left(\frac{h}{2 \pi i}\right)^2 y_2 + \cdots \qquad (\text{IV}, 6)$$

lösen läßt. Durch Einsetzen in (IV, 5) ergibt sich durch einen Vergleich der gleichen Potenzen von $\frac{h}{2 \pi i}$

$$y = \pm p - \frac{h}{2 \pi i} \frac{p'}{2 p} + \cdots , \qquad (\text{IV}, 7)$$

wo p' die Ableitung von p nach r bezeichnet. Mit diesem Ausdruck folgt aus (IV, 4) in erster Näherung

$$f_\pm = A_\pm \frac{1}{\sqrt{p}} e^{\pm \frac{2 \pi i}{h} \int p\, dr} . \qquad (\text{IV}, 8)$$

Welche dieser Lösungen eine brauchbare Eigenfunktion liefert und wie die Integrationsgrenzen im Integral des Exponenten festzulegen sind, hängt vom Verlauf der Funktion p^2 ab. Die Resultate seien hier kurz zusammengefaßt.

Wir wollen zunächst annehmen, daß p^2 nur bei r_1 und r_2 verschwindet und p^2 in dem Gebiet a $(r < r_1)$ negativ, in dem Gebiet b $(r_1 < r < r_2)$ positiv und schließlich in dem Gebiet c $(r > r_2)$ wieder negativ ist (man vgl. Abb. 58).

Das Gebiet b, in dem p reell ist, entspricht der klassischen Bahnbewegung und in den von uns behandelten Fällen (man vgl. § 24) ist besonders dieses Gebiet von Interesse. In diesem Gebiet ist die Eigenfunktion f eine lineare

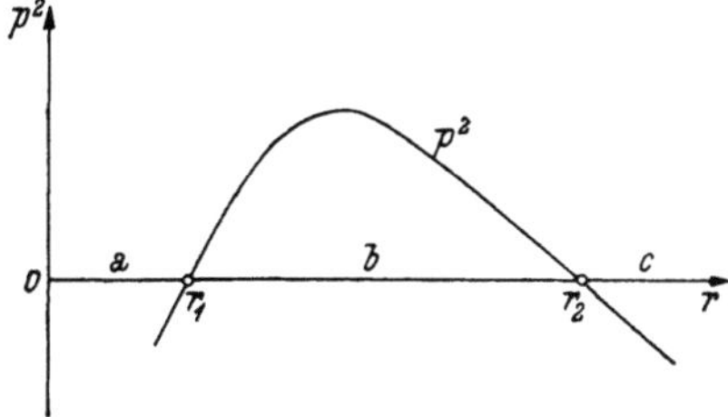

Abb. 58. Zur WENTZEL-KRAMERS-BRILLOUIN-schen Methode.

Kombination der Funktionen f_+ und f_-, die sich in diesem Intervall im komplexen Sinne oszillatorisch verhalten und kann folgendermaßen dargestellt werden

$$f = A_0 \frac{1}{p^{1/2}} \cos\left(\frac{2\pi}{h}\int_{r_1}^{r} p\, dr - \frac{\pi}{4}\right) = A_0 \frac{1}{p^{1/2}} \sin\left(\frac{2\pi}{h}\int_{r_1}^{r} p\, dr + \frac{\pi}{4}\right), \quad (\text{IV, 9})$$

wo wir die Normierungskonstante jetzt mit A_0 bezeichneten. Eine mit dieser identische Funktion ist

$$f = \pm A_0 \frac{1}{p^{1/2}} \cos\left(\frac{2\pi}{h}\int_{r}^{r_2} p\, dr - \frac{\pi}{4}\right) = \pm A_0 \frac{1}{p^{1/2}} \sin\left(\frac{2\pi}{h}\int_{r}^{r_2} p\, dr + \frac{\pi}{4}\right),$$

wobei das obere (untere) Vorzeichen gilt, wenn zwischen r_1 und r_2 eine gerade (ungerade) Anzahl Knoten von (IV, 9) liegen.

An diese oszillierende Eigenfunktion schließen sich im Gebiet a und c, in denen p^2 negativ, also p imaginär ist, die in diesen Gebieten exponentiellen Eigenfunktionen f_-, bzw. f_+ an, und zwar ist die Eigenfunktion im Gebiet a, wo $r < r_1$ ist,

$$f = A_0 \frac{1}{2} \frac{1}{|p|^{1/2}} e^{-\frac{2\pi}{h}\int_{r}^{r_1}|p|\, dr}, \quad (\text{IV, 10})$$

und im Gebiet c, wo $r > r_2$ ist,

$$f = \pm A_0 \frac{1}{2} \frac{1}{|p|^{1/2}} e^{-\frac{2\pi}{h} \int\limits_{r_2}^{r} |p|\, dr}, \qquad (\mathrm{IV},\,11)$$

hierbei gilt wieder das obere (untere) Vorzeichen, wenn zwischen r_1 und r_2 eine gerade (ungerade) Anzahl Knoten von (IV, 9) liegen. In a steigt also f mit wachsendem r exponentiell an, während in c f mit wachsendem r exponentiell abfällt.

Diese Gleichungen gelten nur dann, wenn die Nullstellen r_1 und r_2 von p weit von einander liegen und p^2 in den Nullstellen hinreichend linear ist. In den Punkten r_1 und r_2 und in ihrer Umgebung sind diese Lösungen nicht brauchbar, in der Nähe solcher Punkte müssen immer besondere Kunstgriffe angewendet werden.

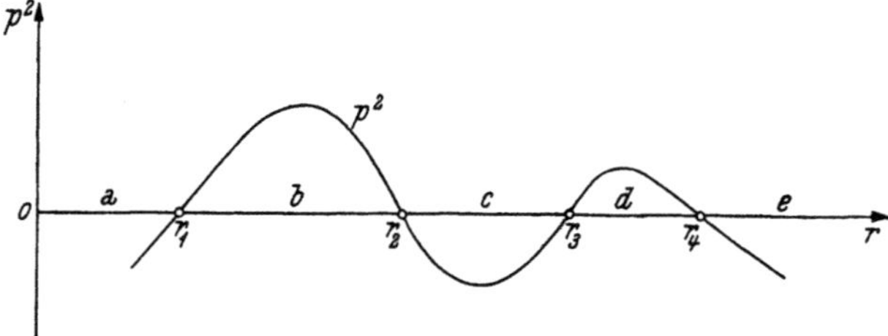

Abb. 59. Zur Wentzel-Kramers-Brillouinschen Methode.

Den Energieeigenwert erhält man mit der Wentzel-Kramers-Brillouinschen Methode aus der Bedingung

$$\oint p\, dr = \left(n_r + \frac{1}{2}\right) h, \qquad (\mathrm{IV},\,12)$$

wo n_r die radiale Quantenzahl bezeichnet und die Integration auf einen vollen Umlauf des Teilchens auf der klassischen Bahn auszudehnen ist. Dies ist also die Quantenbedingung der älteren Quantentheorie mit „halbzahliger“ Quantelung. Wir können für (IV, 12) auch schreiben

$$2 \int\limits_{r_1}^{r_2} p\, dr = \left(n - l - \frac{1}{2}\right) h, \qquad (\mathrm{IV},\,13)$$

hier ist n die Hauptquantenzahl.

Unsere bisherigen Betrachtungen gelten für den Fall, daß p^2 nur zwei Umkehrpunkte besitzt. Wu[1] hat den Fall behandelt, daß p^2 in zwei voneinander getrennten Gebieten positiv ist, also p^2 an vier Stellen,

---

[1] Ta-You Wu, Phys. Rev. (2) **44,** 727, 1933.

r_1, r_2, r_3, r_4, verschwindet. Unter Hinweis auf Abb. 59 sei p^2: im Gebiet a $(r < r_1)$ negativ; in b $(r_1 < r < r_2)$ positiv; in c $(r_2 < r < r_3)$ negativ; in d $(r_3 < r < r_4)$ positiv und schließlich in e $(r > r_4)$ negativ. Der klassischen Bahnbewegung entsprechen also jetzt b und d und es ist wesentlich, daß W U in b und d einen verschiedenen Verlauf von p^2 zuläßt.

Die Eigenfunktion ist in b und d wieder eine oszillierende Funktion, in a eine mit wachsendem r exponentiell anwachsende und in e eine mit wachsendem r exponentiell fallende Funktion; in c, also im Gebiet mit negativem p^2 zwischen den beiden Gebieten der klassischen Bahnbewegungen, ergibt sich die Eigenfunktion als lineare Kombination einer exponentiell fallenden und exponentiell ansteigenden Funktion.

Zur Bestimmung des Energieeigenwertes gilt jetzt folgende Bedingungsgleichung

$$2 \int_{r_1}^{r_2} p \, dr = \left(n - l - \frac{1}{2} \right) h - \delta \, h \qquad \text{(IV, 14)}$$

mit

$$\delta = \frac{1}{\pi} \operatorname{arc\,tang} \left[\frac{1}{4} e^{-\frac{4\pi}{h} \int_{r_2}^{r_3} |p| \, dr} \cdot \tan \frac{2\pi}{h} \int_{r_3}^{r_4} p \, dr \right]. \qquad \text{(IV, 15)}$$

Wenn die Länge des Gebietes d auf 0 zusammenschrumpft, wird $\delta = 0$, es geht also dann die Formel (IV, 14) in (IV, 13) über.

In dem Spezialfall, daß der Verlauf von p^2 im Gebiet b und d symmetrisch ist, läßt sich zeigen, daß

$$\delta = \pm \frac{1}{\pi} \operatorname{arc\,tang} \frac{1}{2} e^{-\frac{2\pi}{h} \int_{r_2}^{r_3} |p| \, dr} \qquad \text{(IV, 16)}$$

ist. Es wird also dann das Energieniveau in zwei Niveaus aufgespalten; diese liegen symmetrisch zu dem Niveau, das man erhält, wenn p^2 nur in b positiv ist, also d nicht existiert. Diese Aufspaltung ist eine Folge der Resonanz zwischen den beiden Energiezuständen in den beiden Gebieten b und d.

Die Fehlerabschätzung für die Näherungslösungen der WENTZEL-KRAMERS-BRILLOUINschen Methode ist eine schwierige Sache[1], praktisch kann man sich in den meisten Fällen mit der hier durchgeführten ersten Näherung begnügen.

---

[1] Man vgl. hierzu die Arbeit von E. C. KEMBLE, Phys. Rev. (2) **48**, 549, 1935 und sein Buch: Fundamental Principles of Quantum Mechanics, McGraw-Hill Book Comp., New York u. London, 1937.

Zahlenwerte häufig benutzter Konstanten und Einheiten.

Universelle Konstanten und Einheiten.

e = positive Elementarladung = $4{,}803.10^{-10}$ el. stat. c. g. s.

m = Masse des Elektrons = $9{,}108.10^{-28}$ g.

M = Masse des Protons = $1{,}673.10^{-24}$ g.

h = Plancksches Wirkungsquantum = $6{,}62_6.10^{-27}$ erg sec.

c = Lichtgeschwindigkeit = $2{,}998.10^{10}$ cm sec^{-1}.

k = Boltzmannsche Konstante = $1{,}380_7.10^{-16}$ erg grad^{-1}.

L = Loschmidtsche Zahl = $6{,}02_3.10^{23}$ Mol^{-1}.

$$Ry = \frac{2\,\pi^2\,m\,e^4}{h^3\,c} = \text{Rydbergsche Konstante für unendliche Kernmasse} =$$
$$= 109737{,}1\ \text{cm}^{-1}.$$

$$a_0 = \frac{h^2}{4\,\pi^2\,m\,e^2} = \text{kleinster Bohrscher Wasserstoffradius} = 0{,}529.10^{-8}\ \text{cm}.$$

$e^2/a_0 = 2\,Ry\,h\,c$ = doppelte Ionisierungsenergie des Wasserstoffatoms für unendliche Kernmasse = $27{,}23$ e-Volt.

1 e-Volt = $1{,}601.10^{-12}$ erg.

1 Mol e-Volt = $9{,}643.10^{11}$ erg = $23{,}03$ kcal.

1 kcal = $4{,}186.10^{10}$ erg.

Spezielle Konstanten der statistischen Theorie des Atoms.

$$\varkappa_k = \frac{3}{10}\,(3\,\pi^2)^{2/3}\,e^2\,a_0 = 2{,}871\,e^2\,a_0.$$

$$\varkappa_a = \frac{3}{4}\left(\frac{3}{\pi}\right)^{1/3} e^2 = 0{,}7386\,e^2.$$

$$\varkappa_a' = 0{,}8349\,e^2.$$

$$\sigma_0 = \left(\frac{3\,e}{5\,\varkappa_k}\right)^{3/2} = 0{,}09553\,\frac{1}{e^{3/2}\,a_0^{3/2}}.$$

$$\mu = \frac{1}{(4\,\pi\,\sigma_0)^{2/3}\,e\,Z^{1/3}} = 0{,}8853\,a_0/Z^{1/3}.$$

$$\mu^* = \mu\left(\frac{N}{N-1}\right)^{2/3} = \frac{0{,}8853\,a_0}{Z^{1/3}}\left(\frac{N}{N-1}\right)^{2/3}.$$

$$\iota_0 = \left(\frac{4\,\varkappa_a^2}{15\,\varkappa_k\,e}\right)^{1/2} = 0{,}2251\left(\frac{e}{a_0}\right)^{1/2}.$$

$$\tau_0' = \left(\frac{4\,\varkappa_a'^2}{15\,\varkappa_k\,e}\right)^{1/2} = 0{,}2544\left(\frac{e}{a_0}\right)^{1/2}.$$

$$\beta_0 = \frac{2\,\varkappa_a}{3\,(4\,\pi)^{1/3}\,e^2}\,\frac{1}{Z^{2/3}} = 0{,}2118/Z^{2/3}.$$

$$\beta_0' = \frac{2\,\varkappa_a'}{3\,(4\,\pi)^{1/3}\,e^2}\,\frac{1}{Z^{2/3}} = 0{,}2394/Z^{2/3}\,.$$

$$a_0 = \frac{5\,\varkappa_a}{6\,(4\,\pi)^{1/3}\,e^2}\,\frac{N^{1/3}}{Z^{2/3}\,(N-1)^{1/3}} = 0{,}2647\,\frac{N^{1/3}}{Z^{2/3}\,(N-1)^{1/3}}\,.$$

$$a_0' = \frac{5\,\varkappa_a'}{6\,(4\,\pi)^{1/3}\,e^2}\,\frac{N^{1/3}}{Z^{2/3}\,(N-1)^{1/3}} = 0{,}2993\,\frac{N^{1/3}}{Z^{2/3}\,(N-1)^{1/3}}\,.$$

$$\gamma_0 = \frac{1}{2}\,(3\,\pi^2)^{2/3}\,e\,a_0 = 4{,}785\,e\,a_0.$$

Literaturverzeichnis.

Im Text nicht angeführte Literatur der statistischen Theorie des Atoms und ihrer Anwendungen.

BEWILOGUA, L.: Phys. Zs. **32,** 114, 1931. (Streuung von Röntgen- u. Elektronenstrahlen.) Berichtigung: Phys. Zs. **32,** 232, 1931.

—, Phys. Zs. **32,** 265, 1931. (Streuung von Röntgen- u. Elektronenstrahlen.)

BRAGG, W. L. u. J. WEST: Zs. f. Kristallographie (A) **69,** 118, 1929. (Atomformfaktor.)

BRILLOUIN, L.: Die Quantenstatistik u. ihre Anwendung auf die Elektronentheorie der Metalle. Bd. XIII der Serie Struktur und Eigenschaften der Materie, S.416, Springer, Berlin, 1931. (Kurze Zusammenfassung der statistischen Theorie des Atoms u. ihrer Anwendungen.)

—, L'atome de Thomas-Fermi, Actualités scientifiques et industrielles **160,** Hermann u. Cie, Paris, 1934. (Kurze Zusammenfassung der statistischen Theorie des Atoms u. ihrer Anwendungen.)

BULLARD, E. C. u. H. S. W. MASSEY: Proc. Cambridge Phil. Soc. **26,** 556, 1930. (Streuung von Elektronenstrahlen an Atomen.)

DASCOLA, G.: Zs. f. Kristallographie (A) **100,** 537, 1939. (Atomformfaktor.)

FANO, U.: Nuovo Cimento (N. S.) **11,** 550, 1934. (Bericht über die Berechnungsmöglichkeiten optischer Terme.)

FERMI, E.: Nuovo Cimento (N. S.) **8,** 7, 1931. (Rydbergkorrektion der s-Terme von Ionen.)

FÉNYES, I.: Múzeumi Füzetek (Kolozsvár) **III,** 20, 1945. (Kinetische Energiekorrektion; das Resultat ist zufolge eines Rechenfehlers unrichtig.)

FOWLER, R. H.: Proc. Roy. Soc. London (A) **141,** 61, 1933. (Metalloberfläche.)

GÁSPÁR, R.: Hungarica Acta Physica, im Erscheinen. (Metalle.)

GLOCKER, R. u. K. SCHÄFER: Zs. f. Phys. **73,** 289, 1932. (Atomformfaktor.)

GOLDSTEIN, L.: Compt. Rend. **190,** 1502, 1930. (Elektronen- und Potentialverteilung in Molekülen.)

—, Compt. Rend. **191,** 521, 1930. (Elektronenverteilung in Molekülen.)

—, Compt. Rend. **191,** 606, 1930. (Elektrostatische Energie zweiatomiger Moleküle.) Berichtigung: Compt. Rend. **191,** 972, 1930.

—, Compt. Rend. **191,** 766, 1930. (Austauschkorrektion des statistischen Modells.)

—, Compt. Rend. **191,** 1306, 1930. (Austauschwechselwirkung eines Elektronengases.)

—, Journ. de Phys. et le Radium (7) **7,** 141, 1936. (Austauschwechselwirkung eines Elektronengases; Thomas-Fermi-Diracsche Gleichung.)

GOMBÁS, P.: Math. u. Naturwiss. Anz. d. ung. Akademie **LX,** 373, 1941. (Statistische Formulierung des Besetzungsverbotes der vollbesetzten Quantenzustände von Alkaliatomen.)

Gombás, P.: Bevezetés az atomfizikai többtestprobléma kvantummechanikai elméletébe. S. 100, Kolozsvár, 1943. (Kurze Übersicht der statistischen Theorie des Atoms u. ihrer Anwendungen.)
—, Mitteilungen d. Techn. Hochschule (Budapest) 1, 25, 1947. (Vorläufige Mitteilung der Theorie der Metalle.)
—, Phys. Rev. (2), im Erscheinen. (Verschiedene Anwendungen des statistischen Metallmodells.)

Hellmann, H. u. W. Jost: Zs. f. Elektrochem. 40, 806, 1934. (Deutung der chemischen Kräfte.)
Horning, W., W. O'Connell u. J. Weinberg: Phys. Rev. (2) 68, 106, 1945. (Wechselwirkungsenergie von Atomen.)
Horváth, J.: Nature (London) 161, 26, 1948. (Grobe Näherungslösung der Thomas-Fermi-Diracschen Gleichung.)

Jensen, H.: Zs. f. Phys. 93, 236, 1935. (Stabilität von Ionengittern; Kritik der Arbeit von G. Steensholt.)
Jost, W. s. Hellmann, H.

Kónya, A.: Nature (London), im Erscheinen. (Grüneisensche Konstante.)

Lal, K. s. Lal, P.
Lal, P. u. K. Lal: Indian Journ. Phys. 10, 1, 1936. (Elektronenenergie der Atome u. Atomradien.)

Massey, H. S. W. s. Bullard, E. C.
Menke, H.: Phys. Zs. 33, 593, 1932. (Streuung von Röntgenstrahlen.)
Mitchell, A. C. G.: Phys. Rev. (2) 33, 1068, 1929. (Streuung von Elektronen.)

O'Connell, W. s. Horning, W.

Pauli, W.: Zs. f. Phys. 41, 81, 1927. (Theorie des Elektronengases.)

Rozental, S.: Zs. f. Phys. 98, 742, 1936. (Approximation der Lösung der Thomas-Fermischen Gleichung.)
Rusterholz, A. A.: Zs. f. Phys. 65, 226, 1930. (Streuung von Röntgenstrahlen.)

Schäfer, K.: Zs. f. Phys. 86, 738, 1933. (Atomformfaktor.)
— s. Glocker, R.
Segrè, E.: Nuovo Cimento (N. S.) 7, 326, 1930. (Ionenterme.)
Solomon, J.: Compt. Rend. 207, 910, 1938. (Grenzen der Anwendbarkeit der statistischen Methode.)
Sommerfeld, A.: Atombau u. Spektrallinien, Bd. II, 2. Aufl., S. 690, Vieweg, Braunschweig, 1939. (Kurzer Überblick der statistischen Theorie des Atoms u. ihrer Anwendungen.)
Steensholt, G.: Zs. f. Phys. 91, 765, 1934. (Stabilität von Ionengittern. Die Arbeit beruht auf unrichtigen Annahmen; man vgl. die Kritik von H. Jensen: Zs. f. Phys. 93, 236, 1935.)

Takéuchi, T.: Proc. Phys.-Math. Soc. Japan (3) 12, 300, 1931. (Diamagnetische Suszeptibilität.)

Weinberg, J. s. Horning, W.
Wesselow, M. G.: Journ. exp. theoret. Phys. 7, 829, 1937. (Energie von Molekülen; diamagnetische Suszeptibilität und Atomformfaktor von Atomen.)
West, J. s. Bragg, W. L.

Verzeichnis der häufig vorkommenden Bezeichnungen.

Die nichteingeklammerten Zahlen sind die Seitenzahlen, wo das betreffende Zeichen gegebenenfalls näher definiert ist. Die griechischen Buchstaben sind nach ihrer Aussprache dem deutschen Alphabet eingeordnet. Die im Verzeichnis nicht angegebenen Bezeichnungen sind im Text erklärt.

a_0 kleinster Bohrscher Wasserstoffradius, 386.

a_0 Konstante in der Randbedingung (10, 7) für das modifizierte Modell mit Austauschkorrektion, 94.

a_0' Konstante in der Randbedingung (11, 39) für das modifizierte Modell mit Austausch- und Korrelationskorrektion, 106.

β_0 Konstante der Austauschkorrektion in der Gleichung (9, 26), 82.

β_0' Konstante der Austausch- und Korrelationskorrektion in der Gleichung (11, 28), 102.

c Lichtgeschwindigkeit, 386.

dv, dv' Volumenelement des Koordinatenraumes, 18.

$d\tau$ Volumenelement des Konfigurationsraumes, 16.

e $\begin{cases} \text{positive Elementarladung, 386.} \\ \text{Basis des natürlichen Logarithmus, 10.} \end{cases}$

E Gesamtenergie des Atoms oder des statistischen Systems, 33.

E_a Austauschenergie des Atoms oder des statistischen Systems, 78.

E_k kinetische Elektronenenergie des Atoms oder des statistischen Systems, 32.

E_p potentielle Energie des Atoms oder des statistischen Systems, 33.

E_p^e Wechselwirkungsenergie der Elektronen im Atom oder im statistischen System, 32.

E_p^k Wechselwirkungsenergie des Kernes oder der Kerne mit der Elektronenwolke im Atom, bzw. im statistischen System, 32.

E_w Korrelationsenergie des Atoms oder des statistischen Systems, 97.

$\varepsilon, \varepsilon_i, \varepsilon_{ik}$ Energieeigenwert, 14, 15.

η $\begin{cases} \text{im allgemeinen Störungsenergie, z. B. 20.} \\ \text{im Anhang III auch Koordinate, 380.} \end{cases}$

η_a, η_s Störungsenergie, 18.

η_0 Lösung der Gleichung (4, 27), 48, 49, 358.

φ Lösung der Thomas-Fermischen Gleichung (3, 52), 40, 357, 360.

φ_0 Lösung der Thomas-Fermischen Gleichung (3, 52) für das freie neutrale Atom, 41, 45, 358.

φ_k im § 16 Eigenfunktion, 126.

g Betrag der mittleren Korrelationsenergie eines freien Elektrons, 30.

γ_0 Konstante im Ausdruck des Zusatzpotentials F_i, 153, 387.

h Plancksches Wirkungsquantum, 386.

k $\begin{cases} \text{im Kap. I Boltzmannsche Konstante, 386.} \\ \text{in den §§ 3, 7, 10, 11 Konstante im Ausdruck (4, 26), bzw. (7, 20),} \\ \quad \text{48, 50, 69, 95, 109.} \\ \text{bisweilen hat } k \text{ auch noch andere Bedeutungen, die im Text erklärt} \\ \quad \text{werden.} \end{cases}$

$\varkappa_a$ Konstante im Ausdruck der Austauschenergie, 25.

$\varkappa_a{}'$ Konstante im Ausdruck der Austausch- und Korrelationsenergie, 99.

$\varkappa_k$ Konstante im Ausdruck der kinetischen Elektronenenergie, 7.

m Elektronenmasse, 386.

μ Konstante im Ausdruck (3, 49) von x, 40.

μ^* Konstante im Ausdruck (7, 11) von x, 67.

N Anzahl der Elektronen des Atoms oder des Systems, 35, 33, 4.

Ω $\begin{cases} \text{Volumen, 4.} \\ \text{im § 35 Volumen der Elementarkugel, 301.} \end{cases}$

Ω_0 Volumen der Elementarkugel im Gleichgewichtszustand, 305.

$p,\ p_j$ Impulsbetrag 4, 24.

p_μ Betrag des maximalen Impulses eines freien Elektronengases am absoluten Nullpunkt der Temperatur, 5.

P Druck.

ψ $\begin{cases} \text{Lösung der Thomas-Fermi-Diracschen Gleichung (9, 26), 82, 361,} \\ \text{außerdem auch Eigenfunktion, 14,} \\ \text{im § 4 die durch (4, 7) definierte Funktion, 46.} \end{cases}$

$\psi_i,\ \psi_{ik}$ Eigenfunktion, 15.

ψ^* die zu ψ konjugiert komplexe Funktion, 16.

q $\begin{cases} \text{im allgemeinen Ionisationsgrad, 41.} \\ \text{im § 1 Anzahl der Quantenzustände, 6.} \\ \text{im § 16 zusammengefaßte Bezeichnung der Koordinaten und Spin-} \\ \quad \text{variable, 126.} \\ \text{im § 35 relatives Metallvolumen, 326.} \end{cases}$

$\mathfrak{r}$ Ortsvektor, 17.

r $\begin{cases} \text{im allgemeinen Entfernung vom Kern, 36.} \\ \text{im § 2 Entfernung von einem Elektron, 26.} \end{cases}$

r_0 Grenzradius des Atoms und Ions.

R $\begin{cases} \text{im § 35 Radius der Elementarkugel, 301.} \\ \text{im § 29 Entfernung vom Atomzentrum, 244.} \\ \text{im § 20 Grenzradius eines sehr vereinfachten Atommodells, 165.} \\ \text{sonst radiale Eigenfunktion, 184.} \end{cases}$

R_0 Radius der Elementarkugel in der Gleichgewichtslage, 305.

Ry Rydbergsche Konstante für unendliche Kernmasse, 189.

ϱ $\begin{cases} \text{Elektronendichte, 5, 32.} \\ \text{im § 2 wellenmechanische Wahrscheinlichkeitsdichte, 16.} \end{cases}$

ϱ_0 — im allgemeinen Elektronendichte am Rand des Atoms oder Ions, 37, 80, 99.

im § 2 im wellenmechanischen Sinne gedeutete Dichteverteilung eines freien Elektrons, 22.

im § 13 Teildichte ϱ_l für $l=0$, 119.

im § 20 und § 30 ungestörte Elektronendichte, 162, 261.

$\varrho_i,\ \varrho_{ik}$ wellenmechanische Wahrscheinlichkeitsdichte, 17.

σ_0 Konstante definiert durch (3, 17), 34.

t Zeit, 160.

T absolute Temperatur, 7.

τ_0 Konstante im Ausdruck (9, 5) von ϱ, 78.

τ_0' Konstante im Ausdruck (11, 25) von ϱ, 101.

u_μ maximale kinetische Energie der Elektronen in einem freien Elektronengas am absoluten Nullpunkt der Temperatur, 5.

V — Gesamtpotential des Atoms, 34.

im § 2 ein näher nicht definiertes Potential, 15.

V_e Potential der Elektronenwolke des Atoms, bzw. des Systems, 36. 32.

V_k Potential des Atomkernes, bzw. der Atomkerne, 36, 64.

V^* das auf ein Elektron wirkende gesamte Potential im Atom nach Fermi und Amaldi, 66.

V_e^* das auf ein Elektron wirkende Potential der Elektronen im Atom nach Fermi und Amaldi, 66.

V_0 Lagrangescher Multiplikator von der Dimension eines Potentials.

x — r/μ oder r/μ^*, 40, 67.

im § 8 $(r\,\lambda/a_0)^{1/2}\,Z^{1/6}$, 73.

außerdem auch noch x-Koordinate, 3.

x_0 r_0/μ oder r_0/μ^*.

Z Ordnungszahl, 35.

Namenverzeichnis.

Amaldi, E.: Lösung der Gleichung für η_0 49; Korrektion der Elektronenselbstwechselwirkung 65ff.; Rydbergkorrektionen 194, 197.

Angus, W. R.: Diamagnetische Suszeptibilitäten 229, 231, 233.

Arnot, F. L.: Streuung von langsamen Elektronenstrahlen an Hg, Ar, Kr 255, 256.

Baker, E.: Ionen 42; Lösung der Thomas-Fermischen Gleichung 42f., 48, 349.

Bardeen, J.: Druck-Dichte-Beziehung für Metalle 327; Austrittsarbeit 329f.

Barnes, R. B.: Ultrarote Eigenschwingung von Ionengittern 297.

Bartelink, E. H. B.: Austrittsarbeit 332.

Bethe, H.: Elektronengas 4; Austauschenergie 23; Korrelationsenergie des He-Atoms 28; Umklappen der Spine 81; Korrektion für hohe Temperaturen 123ff.; Mittlere Anregungsenergien 181; He-Problem 201; Streuung von Elektronenstrahlen 243ff.; Bremsvermögen von Atomen 259; Energie des H^--Ions 279; Zweidimensionales Modell der Materie unter hohem Druck 346.

Bewilogua, L.: Streuung der Röntgen- u. Elektronenstrahlen 246ff.

Bloch, F.: Austauschenergie 23; Nicht-statische Behandlung des Elektronengases 160ff.; Bremsvermögen von Atomen 258ff.

Blochinzev, D.: Austrittsarbeit 329, 331.

Bohr, N.: Aufbau des periodischen Systems 167f.

Born, M.: Streuung von Elektronenstrahlen 243ff.; van der Waalssche Energie 273, 288, 297; Gitterkonstanten der Alkalihalogenidgitter 285f.; Halbempirische Gitterenergie, 291; Eigenschwingungen von Ionengittern 294f.

Bragg, W. L.: Atomformfaktor 388.

Braunbeck, W.: Atom- u. Ionenradien 228.

Breit, G.: Heliumterme 211.

Bridgman, P. W.: Druck-Dichte-Beziehung 327f., 351, 353, 356; Thermischer Ausdehnungskoeffizient 354.

Brillouin, L.: Randdichte u. Grenzradius des Thomas-Fermi-Diracschen Modells 81; Herleitung der statistischen Grundgleichungen 125; Austrittsarbeit 332; Metallrand 336; Wentzel-Kramers-Brillouinsche Methode 381; Statistische Theorie des Atoms 388.

Brindley, G. W.: Diamagnetische Suszeptibilitäten 229, 233, 236f.; Atomformfaktoren 247.

Brode, R. B.: Streuung von langsamen Elektronenstrahlen an Hg 255.

Bullard, E. C.: Streuung von Elektronenstrahlen 388.

Bullen, K. E.: Druckverlauf im Erdinneren 354; Massenverteilung der Erde 356.

Burkhardt, G.: Intensitätsverteilung der Compton-Linie 257f.

Bush, V.: Lösung der Thomas-Fermischen Gleichung 43f.

Caldwell, S. H.: Lösung der Thomas-Fermischen Gleichung 43f.

CHANDRASEKHAR, S.: Relativistische Druck-Dichte-Beziehung 350.
COOLIDGE, A. S.: H_2-Molekül 277.
COULSON, C. A.: Wellenmechanische Elektronenverteilung für Ne 258.

DASCOLA, G.: Atomformfaktor 388.
DEBYE, P.: Streuung der Röntgen- u. Elektronenstrahlen 246.
DERENZINI, T.: Atomformfaktoren für Ionen 247.
DIRAC, P. A. M.: FERMI-DIRAC-Statistik 4; Austauschkorrektion 77ff.; Herleitung der statistischen Grundgleichungen 125ff.; Dublettaufspaltung 217.
DUFFIN, R. J.: Energiebeziehungen, Virialsatz 60ff.
DU MOND, J.: Intensitätsverteilung der Compton-Linie 257f.
DUNCANSON, W. E.: Wellenmechanische Elektronenverteilung für Ne 258.
DUNHAM, J. L.: Wentzel-Kramers-Brillouinsche Methode 381.

ECKART, C.: 211.
EHRENBERG, W.: Streuung von Röntgen- u. Elektronenstrahlen 244.
EISENSCHITZ, R.: van der Waalssche Kräfte 272f.
EMDEN, R.: Theorie der Gaskugeln 40.
EUCKEN, A.: Diamagnetische Suszeptibilitäten 229; Streuung von Röntgen- u. Elektronenstrahlen 244, 246.
EWALD, P. P.: Coulombsche Gitterenergie 284.

FAJANS, K.: Polarisierbarkeiten 240.
FANO, U.: Rydbergkorrektionen 197; Optische Terme 200, 203ff., 388.
FAXÉN, H.: Streuung von langsamen Elektronenstrahlen 252.
FEINBERG, E. L.: Materie unter hohem Druck 339.
FERMI, E.: 1; Fermi-Diracsche Statistik 4; Thomas-Fermisches Modell 31; Transformation der Thomas-Fermischen Gleichung auf universelle Variable 40; Lösung der Thomas-Fermischen Gleichung 42f., 48f.; Korrektion der Elektronenselbstwechselwirkung 65ff.; Periodisches System 167ff.; Rydbergkorrektionen 190, 192, 194, 197, 388; Elektronenaffinitäten 205f.; Hyperfeinstruktur, 218; Seltene Erden 220.
FÉNYES, I.: Korrektion der kinetischen Energie 111, 388; Gruppierung der Elektronen nach der Nebenquantenzahl 117; Austauschkorrektion 132f.; Besetzungsverbot der vollbesetzten Quantenzustände 159.
FOCK, V.: Eigenfunktion des Vielelektronensystems 20; Virialsatz des Atoms u. Ions 62ff., 65; Methode des self-consistent field 126ff.; Totale Ionisierungsenergie 173f.; Austauschwechselwirkung der Valenzelektronen mit den Rumpfelektronen 212; Eigenfunktionen des Na-Atoms 216.
FOWLER, R. H.: Bremsvermögen von Atomen 264, 348; Metalloberfläche 388.
FRENKEL, J.: Freies Elektronengas 4; Austrittsarbeit 331f.; Metallrand 333f.
FRÖHLICH, H.: Metalle 301.
FUCHS, K.: Coulombscher Anteil der Gitterenergie 312; Gitterenergie des metallischen Cu 324; Stabilität von Metallgittern 328.
FUES, E.: Streuung von Röntgen- u. Elektronenstrahlen 250.

GÁSPÁR, R.: Metalle 388.
GENTILE, G.: Röntgenterme 188; 6p-Term des Cäsiums 199; Dublettaufspaltung 217f.; Intensität von Spektrallinien 219.
GLOCKER, R.: Atomformfaktor 388.
GOEPPERT-MAYER, M.: Seltene Erden, Transurane 220ff.; Eigenschwingungen von Ionengittern 249f.
GOLDSCHMIDT, V. M.: Atom- u. Ionenradien 222ff.
GOLDSTEIN, L.: Moleküle, Austauschwechselwirkung, Austauschkorrektion des statistischen Modells 388.

GOMBÁS, P.: Korrektion des statistischen Modells durch die Korrelation 96ff.; Störungsrechnung 133ff.; Korrelationskorrektion der Wechselwirkungsenergie 144f.; Zusammenhang zwischen potentieller u. kinetischer Energieänderung 148ff.; Statistische Formulierung des Besetzungsverbotes 150ff., 154ff., 388; Näherungsverfahren zur Termberechnung 157ff., 206ff.; Ionisierungsenergien 178ff.; Berechnung optischer Terme im modifizierten Potentialfeld 206ff., 213; Austauschwechselwirkung der Valenzelektronen mit den Rumpfelektronen 212f.; Diamagnetische Suszeptibilitäten 231ff.; Polarisierbarkeiten 238ff.; Elektronenverteilung im HCl-Molekül 271; van der Waalssche Energie 273; LiBr-Molekül 275f.; KCl- u. LiBr-Gitter 281, 288; Gitterkonstante des RbJ-Gitters 287f.; festes Krypton 298f.; Metalle 299ff., 389; Tiefstes Energieband der Valenzelektronen in Alkalimetallen 305; Verteilung der Metallelektronen in Alkalimetallen 306ff., 309; Statistisches Metallmodell 310; Metallische Bindung 310ff.; Metallkonstanten 310ff.; Vereinfachte Ausdrücke für die Gitterenergie u. Kompressibilität der Alkali- u. Erdalkalimetalle 322f.; Instabilität des statistischen Metallmodells für H u. He 324f.; Druck-Dichte-Beziehung für Metalle 326f.; Druckabhängigkeit der Kompressibilität für Metalle 328f.; Austrittsarbeit 329f.; Berechnung der Wechselwirkungsenergie statistischer Atome u. Ionen 379f.; Statistische Theorie des Atoms 389.

GOUDSMIT, S.: Optische Terme 201f., 221.

GRIMM, H.: Atom- u. Ionenradien 222.

GUTENBERG, B.: Geschwindigkeit der Longitudinalwellen im Erdinneren 354.

GUTH, E.: Statistische Ionen 42.

HARTREE, D. R.: 1; Verteilung der Elektronendichte im Ar-Atom 54; im Hg-Atom 55f.; im Rb+-Ion 57; im Cl⁻-Ion 70; Methode des self-consistent field 126ff.; Hartreesche Verteilung für K+ 155f., 207f., 320; für Rb+ 304; Hartree-Focksche Verteilung für K+ u. Ca++ 319f.; Diamagnetische Suszeptibilitäten 229f., 233; Streuung von Röntgen- u. Elektronenstrahlen 247ff.

HARTREE, W.: Verteilung der Elektronendichte im Ar-Atom 54; im Cl⁻-Ion 70; Hartree-Focksche Verteilung für K+ u. Ca++ 319f.; Diamagnetische Suszeptibilitäten 229f., 233.

HAURWITZ, E. S.: Ionisierungsenergie 173.

HEISENBERG, W.: Inkohärente Streuung von Röntgenstrahlen 248ff.

HEITLER, W.: Heitler-Londonsches Verfahren für Moleküle 277.

HELLMANN, H.: 7; Korrektion der kinetischen Energie 111ff.; Gruppierung der Elektronen nach der Nebenquantenzahl 117ff.; Gestörte Eigenfunktion 141; Zusammenhang zwischen potentieller u. kinetischer Energieänderung 148f.; Besetzungsverbot 159; Totale Ionisierungsenergie 173f.; Kinetischer Energieausdruck 174; van der Waalssche Energie 273; K_2- u. KH-Moleküle 278; Zusatzpotential für Alkaliatome 303f., 306; Metalle 326; Austrittsarbeit 331; Chemische Kräfte 389.

HELLMIG, E.: Rydbergkorrektionen 190ff.

HELMHOLTZ, L.: Elektronenaffinitäten 178; Gitterenergie u. Sublimationsenergie des RbBr-

Kristalls 274; van der Waalssche Energie 288; Gitterenergie der Alkalihalogenide 290f.

HENDRICKS, S. B.: Rb-Br-Molekül 274.

HENNEBERG, W.: Streuung von langsamen Elektronenstrahlen 252.

HERZBERG, G.: Li_2-Molekül 277; K_2-Molekül 278; KH-Molekül 279.

HERZFELD, K.: 222.

HERZOG, G.: Streuung von Röntgenstrahlen 247, 250.

HOARE, F. E.: Diamagnetische Suszeptibilitäten 236.

HOFFMANN, T. A.: RbJ-Gitter mit Korrelationskorrektion 298.

HOLTSMARK, J.: Streuung von langsamen Elektronenstrahlen 252.

HORNING, W.: Wechselwirkungsenergie von Atomen 389.

HORVÁTH, J.: Grobe Näherungslösung der Thomas-Fermi-Diracschen Gleichung 389.

HULTHÉN, L.: Gibbssches chemisches Potential 58f.; Energie des Atoms 59f.; Ionisierungsenergien 175ff.; Trägheitsmoment des AgH-Moleküls 271.

HUND, F.: Elektronen- u. Potentialverteilung in zweiatomigen Molekülen 267ff.; Materie unter hohem Druck 337, 348.

HUNTINGTON, H. B.: Nichtexistenz eines metallischen H 325.

HYLLERAAS, E. A.: Ionisierungsenergie 173; He-Problem 211; Eigenfunktion des Li^+-Ions im Grundzustand 275; Energie des H^--Ions 279.

JAMES, H. M.: H_2-Molekül 277.

JAMES, R. W.: Atomformfaktoren 247.

JENSEN, H.: Grenzradius des statistischen Modells 36f.; Verteilung der Elektronendichte im Ar-Atom 54; im Hg-Atom 55f.; im Rb^+-Ion 57; im Cl^--Ion 70; im K^+-Ion 70; Virialsatz 62, 65, 343; Variationsverfahren, 71ff.; Austauschkorrektion 77ff.; Transformation der Thomas-Fermi-Diracschen Gleichung in universelle Variable 82; Lösung der Thomas-Fermi-Diracschen Gleichung 84ff., 361ff.; Negative Ionen im Rahmen des Thomas-Fermi-Diracschen Modells 88; Austauschkorrektion des Dichteverlaufes 89ff.; Austauschenergie 89; Austauschkorrektion des Virialsatzes 88f.; Modifikation des Thomas-Fermi-Diracschen Modells 91ff.; Relativistische Korrektion 122; Störungsrechnung 143ff.; Nichtstatische Behandlung des Elektronengases 162ff,; Eigenschwingungen des statistischen Atoms 165f.; Eigenfrequenzen des statistischen Atoms 166; Ionisierungsenergien 176ff.; Elektronenaffinitäten 178; Atom- u. Ionenradien 224ff.; Diamagnetische Suszeptibilitäten 232ff.; Bremsvermögen von Atomen 264ff.; Oszillatorenstärken 264; Bindung heteropolarer Moleküle 271ff.; RbBr-Molekül 273ff.; RbBr-Gitter mit Lenz-Jensenscher Verteilung 281; Alkalihalogenidgitter mit korrigiertem Dichteverlauf 281ff.; Eigenschwingung von Ionengittern 294ff., 292; Materie unter hohem Druck 339ff.; Druck-Dichte-Beziehung 347ff.; Druckabhängigkeit der Kompressibilität 352ff.; Geophysikalische Fragen 354ff.; Berechnung der Wechselwirkungsenergie statistischer Atome u. Ionen 378ff.; Stabilität von Kristallgittern 389.

JOOS, G.: Polarisierbarkeiten 240.

JORDAN, E. B.: Streuung von langsamen Elektronenstrahlen an Hg 255.

JOST, W.: Chemische Kräfte 389.

KASSATOTSCHKIN, W.: Zusatzpotential für Alkaliatome 303; Metalle 326; Austrittsarbeit 331.

KEMBLE, E. C.: Wentzel-Kramers-Brillouinsche Methode 385.

KIRKWOOD, J. G.: Diamagnetische Suszeptibilität u. Polarisierbarkeit 240, 242; van der Waalssche Energie 273.

KÓNYA, A.: Ergänzung zum Besetzungsverbot 154 f.; Berechnung optischer Terme im modifizierten Potentialfeld 213 ff.; Eigenfunktionen des Na-Atoms 216; Intensitätsverteilung der Compton-Linie 257 f.; Grüneisensche Konstante 389.

KOTHARI, D. S.: Relativistische Behandlung des Elektronengases 121.

KOZMA, B.: Berechnung optischer Terme im modifizierten Potentialfeld 213 ff.; Eigenfunktionen des Na-Atoms 216.

KRAMERS, H. A.: Wentzel-Kramers-Brillouinsche Methode 381.

KRUTTER, H. M.: Lösung der Thomas-Fermischen Gleichung 43, 53, 356; Lösung der Thomas-Fermi-Diracschen Gleichung 84, 349; Modell der Materie unter hohem Druck 300, 339 ff.

LAL, K.: Energie der Atome, Atomradien 389.

LAL, P.: Energie der Atome, Atomradien 389.

LAMB, H.: Hydrodynamische Bewegungsgleichung des Gases 161.

LENNARD-JONES, J. E.: Zweidimensionales Modell der Materie unter hohem Druck 300, 345 f.

LENZ, W.: Begründung des Thomas-Fermischen Modells 31; Verteilung der Elektronendichte im Ar-Atom 54; im Hg-Atom 54 f.; im Rb+-Ion 57; im Cl−-Ion 70; im K+-Ion 70; Variationsverfahren 71 ff.; Störungsrechnung 143 ff.

LONDON, F.: van der Waalssche Kräfte 272 f.; Heitler-Londonsches Verfahren für Moleküle 277.

MADELUNG, E.: Coulombsche Gitterenergie 284.

MAJORANA, E.: Röntgenterme 188; 6p-Term des Cäsiums 199; Dublettaufspaltung 217 f.; Intensität von Spektrallinien 219.

MAMBRIANI, A.: Thomas-Fermi-Diracsche Gleichung 43.

MANN, K. E.: Diamagnetische Suszeptibilitäten 229, 233.

MARSHAK, R. E.: Korrektion für hohe Temperaturen 123 ff.

MASSEY, H. S. W.: Streuung von Elektronenstrahlen 389.

MAXWELL, L. R.: RbBr-Molekül 274.

MAYER, J. E.: Elektronenaffinitäten 178; van der Waalssche Energie 273, 288, 297; Gitterenergie und Sublimationsenergie des RbBr-Kristalls 274; Gitterkonstanten der Alkalihalogenidgitter 285 ff.; Gitterenergien der Alkalihalogenide 288, 290 f.

McDOUGALL, J.: Wechselbeziehungen des Valenzelektrons mit den Rumpfelektronen 199, 212.

MENKE, H.: Streuung von Röntgenstrahlen 389.

MEYER-GOSSLER, G.: Transformation der Thomas-Fermi-Diracschen Gleichung in universelle Variable 82; Lösung der Thomas-Fermi-Diracschen Gleichung 84 ff., 361 ff.; Ionisierungsenergien 176 ff.; Atom- und Ionenradien 224 ff.; Diamagnetische Suszeptibilitäten 236 f.; Materie unter hohem Druck 339 ff.

MILNE, E. A.: Integration des Energieausdruckes 60, 341.

MIRANDA, C.: Lösung der Thomas-Fermischen Gleichung 42 f., 49, 358 f.; Anfangstangente von φ_0 43.

MITCHELL, A. C. G.: Streuung von Elektronenstrahlen 389.

MIZUNO, Y.: Energiebeziehung in Molekülen 271.

MOHR, C. B. O.: Streuung von langsamen Elektronenstrahlen an Ar und Kr 255, 256.

MORSE, P. M.: Ionisierungsenergie 173.

MOSLEY, V. M.: RbBr-Molekül 274.

MOTT, N. F.: Streuung von Elektronenstrahlen 243 ff.

Møller, Chr.: Bremsvermögen von Atomen 258.

Mrowka, B.: Austrittsarbeit 332; Metallrand 334ff.

Neugebauer, Th.: van der Waalssche Energie 273; KCl-Gitter 281, 288.

Nicoll, F. H.: Streuung von langsamen Elektronenstrahlen an Ar und Kr 255.

Ochiai, K.: Energiebeziehung in Molekülen 271.

O'Connell, W.: Wechselwirkungsenergie von Atomen 389.

Pauli, W.: 4; Theorie des Elektronengases 389.

Pauling, L.: Atom- und Ionenradien 222; Atomformfaktoren 247.

Peierls, R.: Statistische Ionen 42.

Petrashen, M. J.: Totale Ionisierungsenergie 173f.; Austauschenergie der Valenzelektronen mit den Rumpfelektronen 212; Eigenfunktionen des Na-Atoms 216.

Péter, Gy.: Berechnung optischer Terme im modifizierten Potentialfeld 213ff.; Metallisches Rb 299; Tiefstes Energieband der Valenzelektronen für das Rb-Metall 305.

Pincherle, L.: Multiplettaufspaltung 218.

Rabinowitsch, R. D.: Sublimationsenergie von Metallen 316.

Rasetti, F.: Röntgenterme 186ff.

Recknagel, A.: Elektronenterme des N_2-Moleküls 270; Austrittsarbeit 332; Metallrand 334ff.

Richter, C.: Geschwindigkeit der Longitudinalwellen im Erdinneren 354.

Richtmyer, R. D.: Röntgenterme 186.

Rohde, H.: Transformation der Thomas-Fermi-Diracschen Gleichung in universelle Variable 82; Lösung der Thomas-Fermi-Diracschen Gleichung 84ff., 361ff.;

Ionisierungsenergien 176; Atom- und Ionenradien 224ff.; Diamagnetische Suszeptibilitäten 236f.; Materie unter hohem Druck 339ff.

Rozental, S.: Lösung der Thomas-Fermischen Gleichung 389.

Rusterholz, A. A.: Streuung von Röntgenstrahlen 389.

Sauvenier, H.: Lösung der Thomas-Fermischen Gleichung 53; Materie unter hohem Druck 339, 346.

Schäfer, K.: Streuung von Röntgen- und Elektronenstrahlen 244, Atomformfaktor 389.

Scorza-Dragoni, G.: Thomas-Fermische Gleichung 43.

Segrè, E.: Rydbergkorrektionen 190, 197f.; Optische Terme 198f., 389; Dublettaufspaltung 218; Hyperfeinstruktur 218.

Seitz, F.: Austauschenergie 25ff.; Korrelationsenergie 28ff.; Metalle 301; Eigenfunktion des metallischen Natriums 308.

Sherman, J.: Atomformfaktoren 247.

Siegbahn, M.: Röntgenterme 186; Dublettaufspaltung 217.

Singh, B. M.: Relativistische Behandlung des Elektronengases 121.

Slater, J. C.: Lösung der Thomas-Fermischen Gleichung 43, 53, 357f.; Näherungseigenfunktionen 76; Lösung der Thomas-Fermi-Diracschen Gleichung 84, 226, 349; Totale Ionisierungsenergie 173; van der Waalssche Energie 273; Kompressibilitäten 293; Materie unter hohem Druck 300, 339ff.

Sokolov, N.: Elektronenverteilung und Energie des Rb^+-Ions mit Berücksichtigung der kinetischen Energiekorrektion 116, 175.

Solomon, J.: Relativistische Korrektion 122; Anwendbarkeit der statistischen Methode 389.

Sommerfeld, A.: Elektronengas 4, 14; Grenzradius 42; Näherungslösung der Thomas-Fermischen Gleichung 44ff., 50ff., 54; Energie des Atoms 60; Umklappen der Spine 81; Periodisches System 170; Ionisierungsenergien 172ff.; Mittlere Anregungsenergien 181ff.; Diamagnetische Suszeptibilitäten 230, 233; Wentzel-Kramers-Brillouinsche Methode 381; Statistische Theorie des Atoms 389.

STONER, E. C.: Aufbau des periodischen Systems 167f.; Diamagnetische Suszeptibilitäten 230, 233.

SUTTON, P. P.: Elektronenaffinitäten 178.

SZ. NAGY, B. v.: Atomformfaktoren 247.

TAKÉUCHI, T.: Diamagnetische Suszeptibilität 389.

TAMM, IG.: Austrittsarbeit 329, 331.

TAMS, E.: Temperatur des Erdkerns 354.

THILO, E.: Sublimationsenergie von Metallen 316.

THOMAS, L. H.: 1; Thomas-Fermisches Modell 31.

ŢIŢEICA, Ş.: Mittlere Anregungsenergien 183.

UMEDA, K.: Lösung der Thomas-Fermi-Diracschen Gleichung 84.

VALLARTA, M. S.: Relativistische Korrektion 122.

VESELOV, M.: Li_2- und Na_2-Molekül 277.

VINTI, J. P.: Diamagnetische Suszeptibilität und Polarisierbarkeit 242.

WALLER, I.: Streuung von Röntgenstrahlen 243ff., 248, 250f.

WASASTJERNA, J. A.: Atom- und Ionenradien 222.

WEINBERG, W.: Wechselwirkungsenergie von Atomen 389.

WEIZSÄCKER, v. C. F.: Korrektion der kinetischen Energie 110ff., 122, 175.

WENTZEL, G.: Wentzel-Kramers-Brillouinsche Methode 381ff.

WESSELOW, M. G.: Energie von Molekülen, diamagnetische Suszeptibilität und Atomformfaktor von Atomen 389.

WEST, J.: Atomformfaktor 389.

WIECHERT, E.: Erdkern 354.

WIGNER, E.: Austauschenergie 25ff.; Korrelationsenergie 28ff.; Metalle 301; Eigenfunktion des metallischen Natriums 308; Nichtexistenz eines metallischen H 325; Austrittsarbeit 329f.

WOLFF, H.: Atom- und Ionenradien 222.

WOLLAN, E. O.: Streuung von Röntgenstrahlen an Ne und Ar 251f.

WOODS, H. J.: Zweidimensionales Modell der Materie unter hohem Druck 300, 345.

WU, TA-YOU, Optische Terme 200ff., 221; Dublettaufspaltung 217f.; Wentzel-Kramers-Brillouinsche Methode 384.

YOUNG, L. A.: Ionisierungsenergie 173.

ZWAAN, A.: Wentzel-Kramers-Brillouinsche Methode 381.

Sachverzeichnis.

Ac 202
Ag 69, 182, 188, 197, 264, 324, 346
AgH 271
Al 264
Al+ 213ff.
Al++ 213ff.
Alkalihalogenidkristalle 281ff.
Alkalihalogenidmoleküle 271
Alkaliionen, Grenzradius 87, 95, 109
—, Ionenradius 222ff.
Alkalimetalle 2, 13, 306ff.
Anfangstangente der Lösung der Thomas-Fermischen Gleichung 43, 52, 53, 85
Anregungsenergien (mittlere) 181ff.
Antisymmetrische Eigenfunktionen 17
Anzahl der Quantenzustände 5
Äquipotentiallinien im zweidimensionalem Modell der Materie unter hohem Druck 346
Ar 54ff., 75, 84ff., 95, 102, 107f., 109, 172, 179, 223, 229, 233, 240, 247, 250, 251, 255, 264, 343, 361
Atomformfaktor 244f.
Atommoleküle 266
Atomradien 222ff.
Atomspektren 183ff.
Au 201, 263, 264, 265, 324
Aufenthaltswahrscheinlichkeit 17
Ausbreitungsvektor 301
Austauschenergie 1, 2, 22ff., 78ff., 90, 146
Austauschkorrektion 66, 70, 77ff., 178
Austauschwechselwirkung 18 ff., 77ff., 96, 129, 187, 189
— der Valenzelektronen mit den Rumpfelektronen 212ff.
Austrittsarbeit 329ff.

B 174
Ba 220, 279, 317, 318, 323, 351, 353
Ba++ 75, 87, 95, 103f., 110, 223, 233, 240

Be 174, 300
Besetzungsverbot vollbesetzter Quantenzustände 150ff.
Besetzungszahl 8
Bohrsche Theorie 1
Bohrscher Wasserstoffradius (kleinster) 5
Boltzmannsche Beziehung 10
— Konstante 7, 123
Bose-Statistik 110
Br 178
Br⁻ 75, 85, 95, 109f., 223, 226, 233, 236, 238, 240
Bremsvermögen von Atomen 2, 150, 166, 167, 259ff.

C 174, 353
Ca 203, 213ff., 214, 317 bis 321, 323
Ca+ 213ff.
Ca++ 75, 87, 95, 103f., 110, 223, 233, 240
Cardanische Formel 315
Cd 324
Ce 69, 168, 197, 200, 219, 220
Chemisches Potential 58f.
Cl 178
Cl⁻ 70, 75, 76, 85, 95, 107f., 109, 223, 226, 230, 233, 236, 240
Compton-Band 257f.
— -Linie 257f.
— -Streuung 257f.
Cp 219
Cs 199, 200, 217f., 219, 220, 304, 305, 308, 317, 318, 322, 323, 327, 331, 335, 351, 353
Cs+ 75, 85ff., 87, 95, 103f., 109, 223, 226, 233, 236, 240
CsBr 231, 282, 286, 293, 297
CsCl 282, 286, 290, 291, 293, 297
— -Typ 282
CsF 286, 291
CsJ 282, 286, 291, 293, 297
Cu 84, 186, 264, 324
CuO 280
CuO₂ 280

de Broglie-Welle 345
Debye-Temperatur 293
Diamagnetische Suszeptibilitäten 2, 167, 229f.
Diamant 280
Dichte des Elektronengases 5, 34
— im Erdmittelpunkt 356
Dichtefunktion 131
Dichtematrix 128ff.
Dichteverteilung der Elektronen im Thomas-Fermischen Modell 54ff.; für Ar 54; für X 107; für Hg 55, 56; für Rb+ 57
— — — im Fermi-Amaldischen Modell für Cl− 70
— — — im Lenz-Jensenschen Modell 75f.; für Ar 54; für Hg 55, 56; für K+ 70; für Rb+ 57; für Cl− 70
— — — im Thomas-Fermi-Diracschen Modell 88ff.; für Ar 107f.
— — — im modifizierten Thomas-Fermi-Diracschen Modell 95; für Ar 108,; für X 107; für Rb+ 108; für Cl− 109
— — — im mit der Korrelation erweiterten und modifizierten Modell 107; für Ar 108; für X 107; für Rb+ 108; für Cl− 109
— — —, wellenmechanische nach Hartree, bzw. Hartree-Fock für Ar 54, 108; für Hg 55, 56; für Rb+ 57, 108; für Cl− 70, 109
Doppelschicht an der Metalloberfläche 329, 331, 335
Doppler-Effekt 257
Druckabhängigkeit der Kompressibilität 328f., 352ff.
Druck-Dichte Beziehung des Elektronengases 8, 38, 80, 350
— — für beliebige Elemente bei sehr hohen Drucken 347ff.
— — für Eisen, halbempirisch 355
— — für Metalle 2, 310, 326ff.
Dublettaufspaltung 167
Dublettintervalle 183, 217f.

Edelgase, Grenzradius 87, 95, 109
—, Atomradien 223
Eigenfrequenzen des statistischen Atoms 162ff., 165ff., 281, 292
— von Ionengittern 294ff., 298
Eigenfunktionen des Na-Atoms 216; des Ne-Atoms 258

Eigenfunktionen, symmetrische 16f.
—, antisymmetrische 16f.
Eigenschwingungen des Elektronengases 162ff.
— des statistischen Atoms 165f.
— von Ionengittern 294ff., 298
Einzentrensysteme 62
Elektrisches Moment der Wasserstoffhalogenide 271
Elektronenaffinitäten 178, 183, 189, 198, 205f.
Elektronendichte 17, 54ff; siehe auch Dichteverteilung der Elektronen
—, radiale 54
Elektronengas, freies 1ff.
Elektronenschalen 54
Elektronenspin 15
Elektronenstreuung 167
Elektronenverteilung des HCl-Moleküls 271; siehe auch Dichteverteilung der Elektronen
Elektrostatische Polarisationsenergie 147
— Selbstwechselwirkung des Elektrons 23, 27
— Wechselwirkungsenergie 18, 21, 32, 33
Elementarladung 5
Elementarkugel 301
Elementarzelle 301f.
Energie des Thomas-Fermischen Atoms 59, 60
— des durch äußeren Zwang zusammengedrängten Atoms 341f.
— eines Elektrons, maximale kinetische 5
— — —, mittlere kinetische 7
— — — Elektronengases 7, 25, 30
Energiebeziehungen (s. a. Virialsatz) für das Thomas-Fermische Atom 58ff.
— für das Thomas-Fermi-Diracsche Atom 90f.
— für das Atom mit Korrelationskorrektion 104f.
— für Moleküle 270f.
Entartung 1, 8ff.
Entartungskriterium 13
Erdalkaliionen, Grenzradius 87, 95, 109
—, Ionenradius 222
Erdalkalimetalle 2, 309

Erdkern 354
Euler-Mascheronische Konstante 260
Eulersche Bewegungsgleichungen 161
— — eines Gases 161

F^- 95, 109, 223, 233, 240
F_2 269
Fe 69, 174, 182, 197, 279, 349, 353
Fermi-Amaldische Gleichung 67 ff.
— — Korrektion 65 ff.
— — — für Atome, bzw. Ionen 69 f.
Fermi-Diracsche Statistik 3 ff., 8
— Verteilungsfunktion 6 ff.
Fermi-Gas 8, 32
Flächenzentriertes Gitter 282, 301
Focksche Gleichungen 126 ff.
Fourier-Komponente 130
Fouriersches Integral 130
Freie neutrale Atome 42
— positive Ionen 47
Freies Elektronengas 3 ff.

Ga 188, 197, 200, 217
Gemischte Dichte 17
Geophysikalische Fragen 354 ff.
Gibbssches chemisches Potential 58 f.
— thermodynamisches Potential 11,
　　123 ff.
Gitterenergie der Alkalihalogenid-
　　kristalle 281 ff.
— der Alkali- und Erdalkalimetalle
　　310 ff., 322 ff.
—, Anteile für metallisches K und
　　Ca 321 ff.
Gitterkonstanten der Alkalihaloge-
　　nidkristalle 281 ff., 289, 298
— der Alkali- und Erdalkalimetalle
　　310 ff.
Gleichwahrscheinlichkeit 8 f.
Greenscher Satz 145
Grenzradius des Thomas-Fermischen
　　Modells 36 ff., 52
— des Fermi-Amaldischen Modells 69
— des Thomas-Fermi-Diracschen
　　Modells 80
— des modifizierten Thomas-Fermi-
　　Diracschen Modells 95
— des mit der Korrelation erweiter-
　　ten Modells 98 f.
— der mit der Korrelation erweiter-
　　ten und modifizierten Modelle 109
Gruppierung der Elektronen nach der
　　Nebenquantenzahl 77, 117 ff., 159

H 174
—, metallisches 324 ff.
H_2 264, 276 f.
Halbleiter 279, 280
Halogenionen, Grenzradius 95, 109
—, Ionenradius 222 ff.
Hamilton-Operator 129 f.
Hankelsche Funktionen 346
Hartree-Focksche Methode 1, 125 ff.
Hartreesche Methode 1, 125 ff.
Hauptquantenzahl 168, 189, 210
HBr 271
HCl 271
He 174, 211, 264
—, metallisches 324 ff.
Heteropolare Moleküle 266, 271 ff.
Hexagonal dichteste Kugelpackung
　　301
Hg 55 f., 75, 69, 174, 197, 201, 254 ff.,
　　324
HJ 271, 272
Ho 69, 197
Homöopolare Moleküle 266, 276 ff.
Hydrodynamische Bewegungsglei-
　　chungen 161
Hyperfeinstruktur der Spektren 218

Impulskugel 5
Impulsraum 3
In 168
Inkohärente Streuung 248 ff., 257
Instabilität des Metallmodells für
　　metallisches H und He 324 f.
Intensität von Spektrallinien 167,
　　183, 218 f.
Intensitätsverteilung der Compton-
　　Linie 257 f.
Ionenkristalle 72, 279, 280 ff.
Ionenmoleküle 266
Ionenradien 2, 167, 222 f.
Ionisationsgrad 50, 52, 57, 83, 107,
　　231
Ionisierungsenergie 171 ff., 204 f.
—, stufenweise 172 ff.
—, totale 173 ff.
Iterationsverfahren 136 ff.

J 69, 178, 197, 205
J^- 75, 85, 95, 109 f., 223, 226, 233 f.,
　　236, 240

K 69, 155 f., 168, 197, 199, 207, 213 ff.,
　　304, 305, 308, 317 ff., 327, 331, 335

K+ 70f., 75, 76, 85, 87, 95, 103, 109, 155, 223, 226, 230, 233f., 240, 247
K_2-Molekül 278f.
KBr 286
KCl 281, 286, 288, 298, 380
— -Gitter 281
KF 286
KH-Molekül 278f.
Kirkwood-Vintische Formel 242
KJ 286
Kohärente Streuung 244ff., 252ff.
Kompressibilität der Alkalihalogenidkristalle 292ff., 298
— der Alkali- und Erdalkalimetalle 318ff.
—, Druckabhängigkeit 352
Kontinuitätsgleichung 161
Korrektion der kinetischen Energie 77, 110ff.
— durch den Austausch 77
— durch die Korrelation 96
— für sehr hohe Temperaturen 77, 123ff.
—, relativistische 97, 120ff.
— von Fermi und Amaldi 65ff.
Korrelation 27ff., 47, 96ff.
Korrelationskorrektion 66, 70, 96ff., 178, 289, 298
Kr 84, 90, 95, 102, 105, 109, 172, 179, 223, 233, 236, 240, 255, 298, 343, 361ff.
Kristalle 279ff.

La 220, 351, 353
Lagrangescher Multiplikator für das Thomas-Fermische Atom 33, 38
— — für das Fermi-Amaldische Atom 67
— — für das Thomas-Fermi-Diracsche Atom 81
— — für das Atom mit Korrelationskorrektion 100
— — für die modifizierten Modelle 93, 106
— — für das durch äußeren Zwang zusammengedrängte Atom 340, 343
Laplacescher Operator 267, 346
Laufzeitkurven der Erdbebenwellen 354
Lenz-Jensensches Verfahren 71ff.
Li 84, 174, 300, 335

Li+ 211, 237
Li_2-Molekül 277
LiBr-Gitter 275f., 281, 288
Longitudinalwellen im Erdinnern 354
Loschmidtsche Zahl 348
Lösung der Thomas-Fermischen Gleichung 41ff., 357ff; von Sommerfeld 52f., 57
— der Thomas-Fermi-Diracschen Gleichung 84ff., 361ff.
— der modifizierten Thomas-Fermi-Diracschen Gleichung 93ff.
— der mit der Korrelation erweiterten Gleichung 102ff.
— der mit der Korrelation erweiterten und modifizierten Gleichung 109f.
Luft, Bremsvermögen 264

Ma 162, 361ff.
Massenverteilung der Erde 354, 356
Materie unter hohem Druck 337ff.
Maxwellsche Verteilung 12
Mehrelektronenproblem 1, 19ff.
Metalle 299ff.
Metallelektronen 299
Metallische Bindung 310ff.
Metallmodell, statistisches 310ff.
Metallrand 332ff.
Methode des self-consistent field 125ff.
Mg 174, 218, 317, 318, 323
Mg++ 95, 107, 110, 223, 233, 240
Mikrozustand 9
Mittlere Anregungsenergien 167, 181ff.
Mittleres modifiziertes Potential für Rb+ 304
Mo 197, 258
Modell der Materie unter hohem Druck 338ff.
Modifikation des Thomas-Fermi-Diracschen Atommodells 91ff.
— des mit der Korrelation erweiterten Modells 105ff.
Modifiziertes Potential 157f., 206ff.
— — für Rb+ 304
Moleküle 266ff.
—, heteropolare 271ff.
—, homöopolare 276ff.
Molekülterme 270
Molrefraktion 240

N 174
N_2 269, 276
Na 84, 174, 213ff., 279, 304, 305, 308, 317, 318, 322, 323, 327, 331, 335
Na^+ 75, 95, 109, 223, 226, 230, 233, 236, 240, 247
Na_2 276ff.
NaBr 286
NaCl 271, 286
NaF 286
NaJ 286
Ne 69, 95, 109, 172, 174, 179, 197, 223, 229, 233f., 240, 251, 258
Nebenquantenzahl 117ff., 154ff., 159, 184, 189, 210
Nd 220
Nichtexistenz eines metallischen H und He 325
Nicht-statische Behandlung des Elektronengases 160ff.
Nullpunktsdruck 7
Nullpunktsenergie 7f., 80, 110
Nullpunktsschwingung 280

O 174
O_2 264, 266
Operator 129
Optische Terme 2, 183, 188ff., 198ff., 206ff.
Orthogonalität 22, 186, 257
Oszillatorenstärken 181, 262f.

Pa 202.
Pauli-Prinzip 4, 18, 20, 110f. 126, 127, 146, 150ff., 168, 206, 210
Pb 182, 201
Periodisches System der Elemente 167ff.
Phasenintegral 192
Phasenraum 3, 130f.
Plancksche Konstante 4
Poissonsche Gleichung 23, 34f., 67, 73, 79, 101, 119, 122, 346, 379
— Klammer 131
Polare Moleküle 72
Polarisationseffekt 28ff.
Polarisierbarkeiten 2, 167, 238ff.
Potentielle Energie 15
Pseudologarithmische Skala 55, 85

Ra 200
RaC' 263

Radiale Elektronendichte 54
— Quantenzahl 191
Randbedingungen für das Thomas-Fermische Modell 38ff.
— für das Fermi-Amaldische Modell 68
— für das Thomas-Fermi-Diracsche Modell 81ff.
— für das modifizierte Thomas-Fermi-Diracsche Modell 94
— für das mit der Korrelation erweiterte Modell 102
— für das mit der Korrelation erweiterte und modifizierte Modell 106
Randdichte des Thomas-Fermischen Modells 38
— des Fermi-Amaldischen Modells 67
— des Thomas-Fermi-Diracschen Modells 80f.
— des mit der Korrelation erweiterten Modells 98f.
Raumzentriertes Gitter 282, 301
Rb 69, 157, 197, 213ff., 304, 305, 308, 317, 318, 322, 323, 327, 331, 335
Rb^+ 57, 75, 85ff., 87, 95, 103, 107f., 109, 116, 223, 226, 230, 233f., 236, 238, 240, 247
RbBr 273f., 281, 286, 293, 297, 380
RbCl 286, 293, 297
RbF 286
RbJ 282, 286f., 293, 297, 298
Relativistische Korrektion 120ff.
Riccatische Differentialgleichung 382
Ritzsche Korrektion 189
Ritzsches Verfahren 71ff., 209ff.
Rote Zwerge 123, 125
Röntgenstreuung 167, 257
Röntgenterme 186ff., 183
Rumpfelektronen 150ff.
Rydberg-Frequenz 262
— -Korrektion 189ff.
Rydbergsche Termformel 189

Sb 204
Sc 168
Schalenaufbau des Atoms 1, 2, 54
Schrödingergleichung 14ff., 16, 31, 117, 157, 184, 188, 198, 205, 209, 253, 382
Schrödingersche Störungsrechnung 16, 140ff., 203f.

Selbstaustausch 21, 127, 132
Selbstenergie 21
Selbstwechselwirkung 2, 56, 65ff.,
   127, 132, 178
Self-consistent field 1, 55, 125ff.
Seltene Erden 2, 19ff., 167
Si 69, 197, 199
Sommerfeld-Fermische Näherungs-
   lösung 52, 55
Spektralterme 167
Spin 15
Spinfunktion 18
Sr 317, 318, 323
Sr++ 87, 95, 103f., 110, 223, 233ff.,
   240, 247
Stabilität von Ionengittern 290ff.
Stark-Effekt 238, 272, 286, 288
Statistische Methode, allgemeines 1
Statistisches Metallmodell 310ff.
Stirlingsche Formel 10
Stonersche Tabelle 170
Störungsenergie 18, 20, 21, 28, 187
Störungspotential 134f.
Störungsrechnung 136ff., 280
—, Iterationsverfahren 136ff.
—, Variationsverfahren 138ff.
—, wellenmechanische 140ff.
Streuintensität für langsame Elek-
   tronenstrahlen 253ff.
Streuintensität für rasche Elektro-
   nenstrahlen 244
— — — —, koherent 246
— — — —, nicht koherent 250
Streuintensität für Röntgenstrahlen
   244ff.
— — —, koherent 244
— — —, nicht koherent 246
Streuung von langsamen Elektronen-
   strahlen 252
Streuung von raschen Elektronen-
   strahlen 243ff.
— — — —, koherent 246ff.
— — — —, nicht koherent 250ff.
Streuung von Röntgenstrahlen 243ff.
— — —, koherent 244ff.
— — —, nicht koherent 248ff.
Streuvermögen 2, 243ff.
Strömungsgeschwindigkeit 160ff.
Strömungsgleichungen 160ff.
Strömungspotential 160ff.
Sublimationsenergie der Alkali- und
   Erdalkalimetalle 316ff., 331f.

Subzwerge 123, 125
Suszeptibilitäten, diamagnetische
   229ff.
Symmetrische Eigenfunktion 17

Taylorsche Reihenentwicklung 43
Tb 102, 361ff.
Termberechnung 184ff.
Th 202
Thomas-Fermische Gleichung 31ff.,
   132
— — für Atome und Ionen 36ff.
Thomas-Fermisches Modell 30ff.
Thomas-Fermi-Diracsche Gleichung
   77ff.; Transformation in univer-
   selle Variable 82f.
Thomas-Fermi-Diracsches Modell
   77ff.
Ti 102, 361ff.
Tl 200, 201
Transformation der Thomas-Fermi-
   schen Gleichung 40f.
— der Thomas-Fermi-Diracschen
   Gleichung 82f.
Transurane 221f.
Trägheitsmoment des AgH-Moleküls
   271
— der Erde 354
Tunneleffekt 93, 341

U 69, 188, 197, 201f., 202, 217
Ultrarote Eigenfrequenz von Ionengittern 292, 294ff., 298

V 197, 198
V^{4+} 218
Vakuumwellenlängen der Eigen-
   schwingung von Alkalihaloge-
   nidgittern 297, 298
Valenzelektronen 2, 54, 150ff.
Valenzkristalle 279
van der Waalssche Energie 147, 150,
   172f., 286, 288f.
— — — Kräfte 223, 266
— — — Kristalle 279, 280
— — — Moleküle 266, 276
Variationsverfahren 1, 138,ff. 206
—, Lenz-Jensensches 72ff.
—, Ritzsches 71ff.
Vereinfachung der erweiterten stati-
   stischen Gleichung 99ff.
Vertauschungsrelationen 130

Verteilung der Metallelektronen in Alkalimetallen 306ff.
Verteilungsfunktion, Fermi-Diracsche 3, 6ff., 12
Virialsatz für das Thomas-Fermische Atom 61ff.
— für Systeme mit mehreren Kernen 64f.
— für das Thomas-Fermi-Diracsche Atom 90f.
— für das mit der Korrelation erweiterte Atom 104f.
— für das Atom mit kinetischer Energiekorrektion 116f.
— für das durch äußeren Zwang zusammengedrängte Atom 343ff.
Vollkommene Entartung 8

W 69, 197, 353
Wasserstoffradius, kleinster 5
Wechselwirkung von Atomen und Ionen 143ff.
— von freien Elektronen 14ff.
Wechselwirkungsenergie von Atomen und Ionen 143ff., 272ff., 378ff.
— von Elektronen 14ff.
—, Austausch 18f., 78

Wechselwirkungsenergie, elektrostatische 18f., 32f.
—, Korrelation 28f., 96f.
— von freien Elektronen 22ff.
—, Zusammenhang zwischen Wechselwirkungsenergien 148ff.
Wechselwirkungskräfte im RbJ-Gitter 286f.
Weizsäckersche Korrektion 110ff.
Wentzel-Kramers-Brillouinsche Methode 192f., 200f., 253f., 381ff.
Wirkungsprinzip 160ff., 162

X 84ff., 102, 107, 109, 172, 173, 223, 233f., 240f., 343, 361ff.

Zn 204, 324
ZnO 280
Zusammengedrängte Atome 42, 53, 64, 83, 338ff.
Zusammenhang zwischen Wechselwirkungsenergien 248ff.
Zusatzpotential 153ff., 206ff.
Zustandsgleichung des Elektronengases 8
Zweielektronenproblem 1, 14ff.
Zweizentrenkoordinaten 144

MIX
Papier aus verantwortungsvollen Quellen
Paper from responsible sources
FSC® C105338

If you have any concerns about our products,
you can contact us on
ProductSafety@springernature.com

In case Publisher is established outside the EU,
the EU authorized representative is:
Springer Nature Customer Service Center GmbH
Europaplatz 3, 69115 Heidelberg, Germany

Printed by Libri Plureos GmbH
in Hamburg, Germany